“十三五”江苏省高等学校重点教材
(编号:2017-2-122)

大气环流基本分析方法及应用

Basic Analytic Methods and Their Applications on the General Circulation of Atmosphere

王盘兴　段明铿　李丽平
卢楚翰　郭　栋　孙晓娟　著

科学出版社
北　京

内 容 简 介

本书主要介绍大气环流的基本分析方法，这些方法包括环流分解、谐波分析、球函数分析、相关（相似）分析、经验正交函数分析及拓展、奇异值分析、气候资料空间均匀化订正、闭合气压系统环流指数定义和计算。作为教材，本书重视从几何角度阐述方法的实质及方法导出量的意义，也重视方法涉及的计算过程分析、计算结果检验及程序设计，习题及分析实例为学习基本分析方法及应用而设。

本书可用作大气科学、海洋科学、环境科学等专业的本科生、研究生学习大气环流及其异常分析的教材，也可供该领域教师、科研及业务人员参考。

审图号：GS（2019）3842 号

图书在版编目（CIP）数据

大气环流基本分析方法及应用／王盘兴等著．—北京：科学出版社，2019.9

“十三五”江苏省高等学校重点教材

ISBN 978-7-03-062204-4

Ⅰ.①大… Ⅱ.①王… Ⅲ.①大气环流-分析方法-高等学校-教材 Ⅳ.①P434

中国版本图书馆 CIP 数据核字（2019）第 188251 号

责任编辑：刘浩旻 韩 鹏 白 丹 倪东鸿／责任校对：张小霞

责任印制：徐晓晨／封面设计：铭轩堂

科学出版社 出版

北京东黄城根北街 16 号

邮政编码：100717

http://www.sciencep.com

北京虎彩文化传播有限公司 印刷

科学出版社发行 各地新华书店经销

*

2019 年 9 月第 一 版 开本：787×1092 1/16

2020 年 1 月第二次印刷 印张：20 3/4

字数：480 000

定价：188.00 元

（如有印装质量问题，我社负责调换）

前　言

20世纪50年代至今的60多年，是大气环流研究取得巨大进展的新时期。叶笃正、Lorenz等在全面总结前人工作的基础上做出了奠基性工作，阐明了全球大气运动平均状态及异常是大气环流研究的主要对象，指出人们关于大气环流的大部分知识是直接观测资料的分析结果，从而确定了分析在大气环流研究中的重要地位。在此期间，得益于电子计算和探测技术的飞速发展，全球大气观测及数据处理系统日臻完善，全球大气再分析资料（ECMWF、NCEP/NCAR等）终于在20世纪末问世，从而迎来了大气环流研究工作的黄金时期。

本书作者均来自南京信息工程大学（原南京气象学院）。近30年来，我们主要从事大气环流和气候异常的教学和研究工作，并参与了国家自然科学基金委员会地球科学部南京大气资料服务中心的创建和日常管理工作，本书是我们在该领域工作的总结。选择大气环流基本分析方法为写作内容，是教学和研究工作的需要。本书选择的基本分析方法是环流分解（第2章）、谐波分析（第3章）、球函数分析（第4章）、相关（相似）分析（第5章）、经验正交函数分析及拓展（第6章、第7章）和奇异值分析（第8章），还包含气候资料空间均匀化订正（第9章）和闭合气压系统环流指数（第10章），预备知识（第1章）介绍必要的数学知识，以帮助读者学习上述基本方法。本书写作分工为：王盘兴负责全书内容选定和写作定稿；段明铿参与第1章～第5章写作定稿，李丽平参与第3章、第6章～第8章写作定稿，卢楚翰参与第5章、第10章写作定稿，郭栋参与第4章写作定稿，孙晓娟参与第9章、第10章写作定稿。

本书是讲解方法的教材，每种方法的原理、计算和应用是讲解重点。我们采用以几何为主、几何与代数相结合的方法讲解方法原理，力求使抽象原理得到直观显示。在充分理解原理的前提下，通过反复实践培养读者的计算能力，书中包含不少重要计算的分析、演示，甚至程序设计。应用是方法学习的目的，本书提供了丰富的分析实例，并对功能接近的分析方法作比较研究，以帮助读者提高应用基本分析方法分析实际问题，并有所创新的能力。复习题是本书的重要组成部分，旨在帮助读者学习，也可供教师实施教学参考。

章基嘉先生于20世纪60年代开创了南京气象学院大气环流和中长期天气预报的教研工作，推动了随机函数论在该领域的应用，本书是章基嘉大气环流分析工作的延续和发展。多年来，国内外、校内外诸多专家学者、教师通过研究协作、教学切磋给予我们许多帮助和教益。众多莘莘学子在学习、研究过程中，贡献了他们的聪明才智。南京信息工程大学大气科学学院及有关部门的领导和工作人员对本书出版给予了大力支持。国家重点研发计划项目“中国北方地区极端气候的变化及成因研究”(编号:2016YFA0600700)、国家自然科学基金项目“基于大气随机动力学的米兰科维奇周期形成机理研究”(编号:41675056)、江苏省高等教育教改研究课题“国际一流大气科学专业建设的探索与实践”(编号:2015JSJG032),以及江苏高校品牌专业建设工程项目(编号:PPZY2015A016)为本书的出版提供了经费支持。谨致诚挚谢意!

由于作者水平有限,书中肯定存在很多不足,敬请读者批评指正。

王盘兴

2018年10月于南京

目　录

前言
第 1 章　预备知识 …… 1
1.1　向量分析 …… 1
1.2　数值积分初步 …… 15
1.3　矩阵 …… 19
1.4　说明 …… 27
1.5　小结 …… 28
参考文献 …… 28
复习题 …… 28
第 2 章　环流分解及应用 …… 30
2.1　环流分解原理 …… 30
2.2　时域环流分解应用实例——中国季气温、降水的气候变化分析 …… 36
2.3　时空域环流分解应用实例——$\boldsymbol{H}_{500}$、$\boldsymbol{V}_{850}$的环流分解 …… 42
2.4　物理量输送环流分解应用实例——西风角动量输送的环流分解 …… 51
2.5　小结 …… 60
参考文献 …… 60
复习题 …… 62
第 3 章　谐波分析及应用 …… 63
3.1　谐波分析原理 …… 63
3.2　时域谐波分析应用实例——中国季气温、降水年代际变化分析 …… 71
3.3　空域谐波分析应用实例——北半球中高纬 $\boldsymbol{H}_{500}$、低纬 $\boldsymbol{V}_{850}$ 波谱分析 …… 73
3.4　Morlet 小波分析方法 …… 83
3.5　两种数字滤波器的性能比较 …… 87
3.6　小结 …… 92
参考文献 …… 92
复习题 …… 93
第 4 章　球函数分析及应用 …… 95
4.1　球函数分析原理 …… 95
4.2　计算问题 …… 107
4.3　月平均位势高度场的球函数分析 …… 111

4.4　谱模式中的球函数 …… 120
4.5　小结 …… 128
参考文献 …… 129
复习题 …… 130
第5章　相关(相似)分析及应用 …… 131
5.1　相关分析原理 …… 131
5.2　一组(多组)相关系数的显著性检验 …… 136
5.3　滤波序列相关系数的显著性检验 …… 142
5.4　相似分析 …… 143
5.5　矢量序列(场)的相关(相似)分析 …… 149
5.6　小结 …… 150
参考文献 …… 151
复习题 …… 151
第6章　经验正交函数分析及应用 …… 153
6.1　EOF分析方法原理 …… 153
6.2　计算问题 …… 161
6.3　应用实例 …… 166
6.4　小结 …… 175
参考文献 …… 176
复习题 …… 177
第7章　经验正交函数分析方法拓展及应用 …… 180
7.1　矢量场EOF分析 …… 180
7.2　扩展EOF分析 …… 183
7.3　复变量EOF分析 …… 186
7.4　多变量EOF分析 …… 192
7.5　旋转EOF分析 …… 200
7.6　小结 …… 210
参考文献 …… 210
复习题 …… 212
第8章　奇异值分析及应用 …… 213
8.1　SVD方法原理 …… 213
8.2　计算问题 …… 219
8.3　应用实例 …… 223
8.4　SVD与MEOF分析结果比较 …… 232
8.5　小结 …… 234

参考文献 …… 235
复习题 …… 236
第 9 章　气候资料空间均匀化订正及应用 …… 238
9.1　站网不均匀性度量参数 …… 238
9.2　中国年、季气温全国平均值计算 …… 242
9.3　显著相关区面积及其显著性检验 …… 246
9.4　改进的 EOF 分析方法(AEOF) …… 251
9.5　改进的 SVD 方法(ASVD) …… 256
9.6　小结 …… 261
参考文献 …… 262
复习题 …… 263
第 10 章　闭合气压系统环流指数及应用 …… 264
10.1　闭合气压系统环流指数定义及计算 …… 264
10.2　蒙古高压的气候及异常特征 …… 269
10.3　蒙古高压与中国同期气候、天气关系 …… 274
10.4　冬季北半球大气活动中心指数及应用 …… 280
10.5　小结 …… 301
参考文献 …… 301
复习题 …… 303
附录:平均经圈环流质量流函数 ψ 的简易算法 …… 305
参考文献 …… 307
附表 …… 308
附表 A　中国 160 站站网站域面积 d_s、站网密度 m_s …… 308
附表 B　冬季北半球 ACA 环流指数(1850 ~ 2009 年) …… 312
附表 C　1 月北半球 ACA 环流指数(1850 ~ 2009 年) …… 317
附表 D　冬季北半球 ACA 遥联指数(1850 ~ 2009 年) …… 322
附表 E　1 月北半球 ACA 遥联指数(1850 ~ 2009 年) …… 323

第1章 预备知识

1.1 向量分析

本书从以几何为主、几何与代数相结合的角度，讲解大气环流基本分析方法及应用。作为全书的预备知识，本章主要介绍向量分析、数值积分及矩阵基本知识。

1.1.1 向量与场(演变)

1. 向量

初等几何及解析几何研究的向量，是现实空间(即欧几里得空间，其维数 $n=\overline{1,3}$)中的向量，它们具有直观性，可以用图或模型直观地表示出来。

线性代数中一组有序的实数

$$\boldsymbol{x}=(x_1 \quad x_2 \quad \cdots \quad x_n) \tag{1.1}$$

n 为自然数，被看作 n 维相空间 E^n 中的一个向量；微积分中定义域 Ω 上的一个实函数

$$\boldsymbol{f}=f(s), \quad s\in\Omega \tag{1.2}$$

也被看作无限维相空间 H 中的一个向量。

相空间中的向量 $\boldsymbol{x}$、$\boldsymbol{f}$ 一般不再具有直观性(E^n、$n=\overline{1,3}$中的 $\boldsymbol{x}$ 除外)，不可能在现实空间中用图或模型将它们直观地表示出来。

2. 场(演变)与向量

场和演变是大气环流分析的基本对象，它们在现实空间、时间中的图像是我们熟知的。例如，图1.1(a)左边是用我国160站气候资料绘制的中国1951年7月气温场，图1.1(b)左边是用北京1951~2010年气候资料绘制的北京7月气温60年演变，它们是用式(1.1)离散数据绘制的现实空间中场、演变，与图1.1右边 E^n 中的一个向量相对应。类似地，某一天(如1951年7月1日)中国真实气温场或某天(如1951年7月1日)北京站气温演变(图略)是连续形式的场、演变，它们对应 H 中的一个向量。

怎样将现实空间的一个场(演变)理解为相空间(E^n 或 H)中的一个向量，即怎样理解图1.1的对应关系，需要训练。例如，由北京、南京两站1951年7月平均气温 x_B、x_N 构成的两点场 $\boldsymbol{x}$ 可理解为 E^2 中一个向量[图1.2(a)]，由北京、南京和广州三站同期平均气温 x_B、x_N 和 x_G 构成的三点场 $\boldsymbol{x}$ 可理解为 E^3 中一个向量[图1.2(b)]。可见，容易将维数 n 很小($n=2,3$)的场理解为 E^n 空间中的一个向量。

不难从形式上将这种对应关系推广至高维相空间(E^n、$n\geqslant 4$)和∞维相空间(H)中去。例如，当 $n\geqslant 4$ 时，可类似于图1.2中 $n=2\to n=3$ 场的向量表示那样，在 E^n 中增加基向量至 n

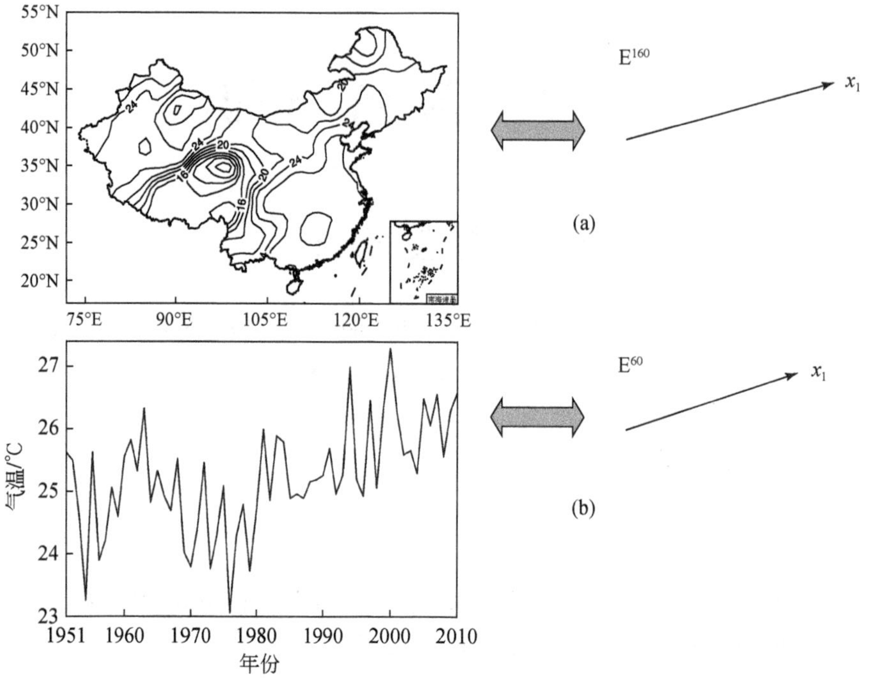

图 1.1　场或演变与 E^n 中向量关系示意

(a)用 1951 年 7 月中国 160 站平均气温资料绘制的场(单位:℃);

(b)用 1951～2010 年 7 月北京月平均气温资料绘制的演变

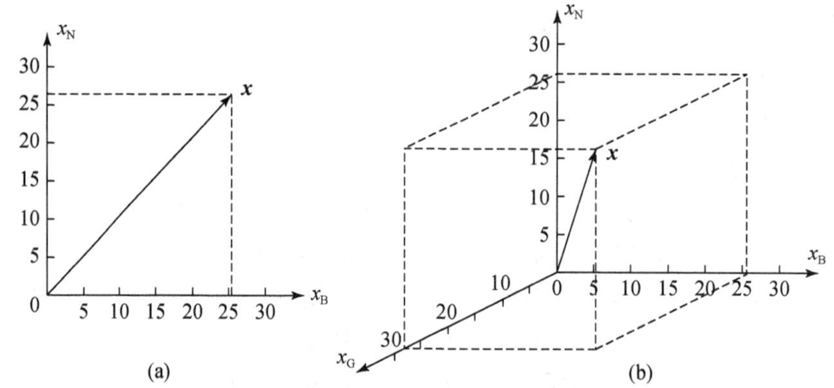

图 1.2　$n=2,3$ 的月平均气温场 $\boldsymbol{x}$ 对应的 E^n 中的向量

(a)$n=2$;(b)$n=3$。$x_B=25.6$,$x_N=26.3$,$x_G=27.8$;单位:℃

个,则由 n 个值构成的场(演变)就可表示为 E^n 中的一个向量。而对连续场(演变),可按差分概念,先将连续场(演变)所在空间(时间)域分割为有限均匀的 n 等分($i=\overline{1,n}$;注:全书用符号 $i=\overline{i_1,i_2}$、$i_2>i_1$ 表示从 i_1 到 i_2 的自然数序列,替代记法 $i=i_1,i_1+1,\cdots,i_2$),化无限维为有限维,将 $\boldsymbol{f}$ 近似看作 E^n 中的向量 $\hat{\boldsymbol{f}}=(\hat{f}_1 \quad \hat{f}_2 \quad \cdots \quad \hat{f}_n)$;然后令 $n\to\infty$,则 $E^n\to H$。这种想象

虽然不是严格的数学证明,但对通常的大气环流分析对象,不会导致错误。

至此,我们已能将现实空间域上的一个场(演变)理解为 E^n、H 中的一个向量,如图 1.1(a)的气温场是 E^{160} 中的一个向量,图 1.1(b)的气温演变是 E^{60} 中的一个向量。这样做的意义在于,我们可以抛开场、演变的具体形态(它们通常是复杂的),而仅保留一个简单得多的形象——向量,从而给分析带来极大的方便。

3. 大气环流基本分析对象

大气环流分析的基本对象,是如图 1.1 所示的单个要素场(演变),或由它们构成的一个场集[图 1.3(a)]、演变集[图 1.3(b)];在离散(连续)情形下,单个场(演变)被记为 $\boldsymbol{x}(\boldsymbol{f})$,场集(演变集)被记为 $\boldsymbol{X}(\boldsymbol{F})$,它们在现实空间中的形态通常是十分复杂的。但将它们看作 E^n、H 中的向量(图 1.1),向量集合(图 1.3)后,它们就被高度简化了,从而提供了分析大气环流时空特征的简捷途径。

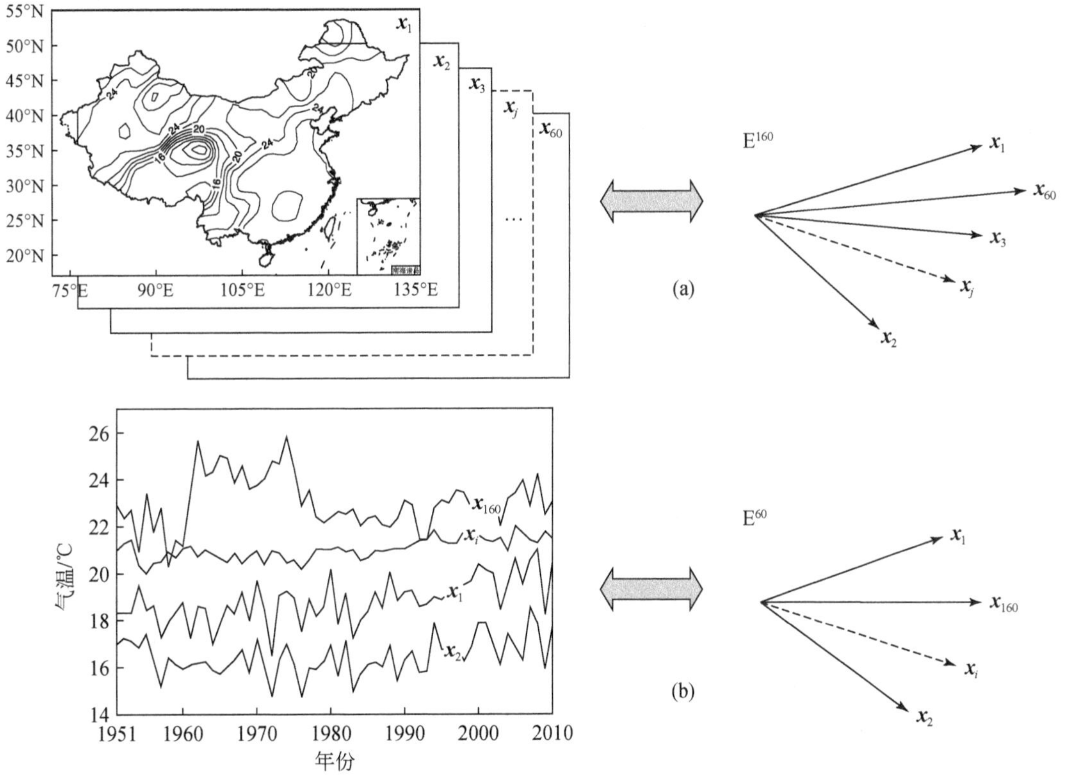

图 1.3　场集或演变集与 E^n 中向量集关系示意

(a)中国 60 年(1951～2010 年)160 站 7 月平均气温场集与 E^{160} 中的向量集 $\boldsymbol{x}_j$、$j=\overline{1,60}$;

(b)中国 160 站 60 年(1951～2010 年)7 月平均气温序列集合与 E^{60} 中的向量集 $\boldsymbol{x}_i$、$i=\overline{1,160}$

1.1.2　向量及其相互关系

既然现实空(时)间中的场(演变)可理解为相空间中的向量,那么,单个场(演变)的性质与相空间中单个向量的几何性质有关，两个场（演变）间的关系就与相空间中两个向量间的几何关系有关。单个向量的几何性质由其模、方向决定，两个向量的几何关系由其距离、交角决定。我们可以通过分析现实空间中向量的性质及相互关系，引出高维（$n>4$），甚至无限维相空间中向量的性质和相互关系。

1. 现实空间中向量及其相互关系

现实空间中，实数域(R)上的单个矢量 $\vec{r}$ 由它的长度和方向确定。注意，为区别现实空间、相空间中向量的差别，称现实空间向量为矢量，并用上标“→”表示。$\vec{r}$ 的长度即模 $\|\vec{r}\|$，记作 r，模的度量需要一个长度标准，如米(m)、千米(km)等；方向的度量需要一个角度标准和一个坐标系（参照系），角度标准取度(°)或弧度(rad)，方向由 $\vec{r}$ 与所选坐标系的关系确定。现实空间中矢量 $\vec{a}$、$\vec{b}$ 的基本关系是它们的矢端距离 $\rho(\vec{a},\vec{b})$ 和交角 $\langle\vec{a},\vec{b}\rangle$，其中交角为本书讨论重点。

为讨论矢量及其相互关系，定义非零矢量 $\vec{a}$、$\vec{b}$ 的内积

$$(\vec{a},\vec{b})=\|\vec{a}\|\ \|\vec{b}\|\cos\langle\vec{a},\vec{b}\rangle \tag{1.3}$$

由图 1.4(a)，内积 $(\vec{a},\vec{b})$ 是一个有明确几何意义的实数，其绝对值 $|(\vec{a},\vec{b})|$ 的大小等于图 1.4(a)中矩形的面积，+、−号取决于其夹角 $\langle\vec{a},\vec{b}\rangle$ 为锐角、钝角。当 $\langle\vec{a},\vec{b}\rangle$ 等于 0(π)时，称 $\vec{a}$、$\vec{b}$ 同向（反向），$(\vec{a},\vec{b})$ 达极大（极小）；当 $\langle\vec{a},\vec{b}\rangle$ 等于 π/2 时，称 $\vec{a}$、$\vec{b}$ 垂直或 $\vec{a}$、$\vec{b}$ 正交，记为 $\vec{a}\perp\vec{b}$[图 1.4(b)]，$(\vec{a},\vec{b})=0$。

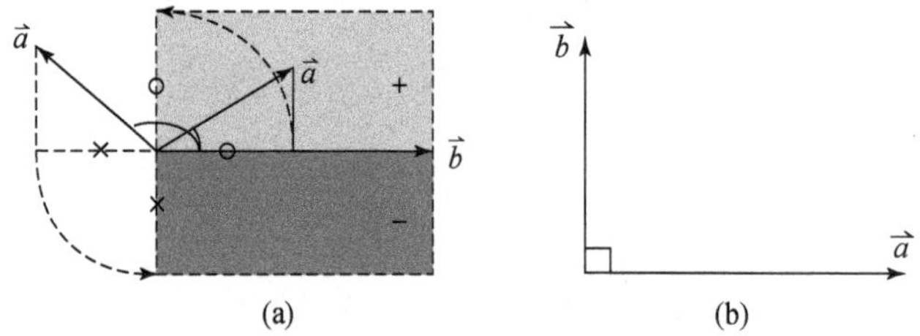

图 1.4 内积 $(\vec{a},\vec{b})$ 的几何意义

(a) $(\vec{a},\vec{b})$ 值的意义；(b) $(\vec{a},\vec{b})=0$ 时 $\vec{a}$、$\vec{b}$ 的关系。(a)中浅、深阴影区分别对应 $\langle\vec{a},\vec{b}\rangle$ 为锐角、钝角

现实空间中实变量矢量 $\vec{a}$、$\vec{b}$ 的内积 $(\vec{a},\vec{b})$ 具有如下三个性质。

(1) 对称性：$(\vec{a},\vec{b})=(\vec{b},\vec{a})$；

(2) 线性：$(\lambda\vec{a},\vec{b})=(\vec{a},\lambda\vec{b})=\lambda(\vec{a},\vec{b}),\ \lambda\in\mathrm{R}$

$(\vec{a}+\vec{b},\vec{c})=(\vec{a},\vec{c})+(\vec{b},\vec{c})$；

(3) 正定性：$(\vec{a},\vec{a})\geqslant 0$，当且仅当 $\vec{a}=0$ 时 $(\vec{a},\vec{a})=0$。

其中 $\vec{a}$、$\vec{b}$、$\vec{c}$ 是现实空间中的任意矢量。

用内积可以表示单个矢量的模：

$$\|\vec{a}\| = (\vec{a},\vec{a})^{1/2}$$
$$\|\vec{b}\| = (\vec{b},\vec{b})^{1/2} \tag{1.4}$$

用内积还可以表示两个非零矢量 $\vec{a}$、$\vec{b}$ 的矢端距离与交角：

$$\rho(\vec{a},\vec{b}) = \|\vec{a}-\vec{b}\| = (\vec{a}-\vec{b},\vec{a}-\vec{b})^{1/2}$$
$$\langle\vec{a},\vec{b}\rangle = \arccos[(\vec{a},\vec{b})/(\|\vec{a}\|\ \|\vec{b}\|)] \tag{1.5}$$

由此可证，两个非零矢量 $\vec{a}$、$\vec{b}$ 正交的充分必要条件是

$$(\vec{a},\vec{b}) = 0 \tag{1.6}$$

因此，内积是定量分析现实空间中单个矢量性质和两个矢量关系的有力工具。

现实空间中内积 $(\vec{a},\vec{b})$ 定义、性质及由此得到的式(1.4)～式(1.6)的结果可推广至相空间 E^n、H 中。

2. 相空间中向量及其相互关系

在相空间 E^n、H 中，类似于式(1.3)，可定义向量式(1.1)、式(1.2)的内积运算 $(\boldsymbol{x},\boldsymbol{y})$、$(\boldsymbol{f},\boldsymbol{g})$。定义了内积运算 $(\boldsymbol{x},\boldsymbol{y})$ 的 E^n 称为欧几里得(Euclid)空间，定义了内积 $(\boldsymbol{f},\boldsymbol{g})$ 的完备的 H 空间又称为希尔伯特(Hilbert)空间。此时，式(1.1)、式(1.2)的向量也就有了模和距离、交角这些几何概念和几何关系。

1) E^n 空间

若 $\boldsymbol{x}$、$\boldsymbol{y}$ 是在 E^n 中的两个非零向量，则它们的内积定义形式上与式(1.3)完全相同，

$$(\boldsymbol{x},\boldsymbol{y}) = \|\boldsymbol{x}\|\|\boldsymbol{y}\|\cos\langle\boldsymbol{x},\boldsymbol{y}\rangle \tag{1.7a}$$

且 $(\boldsymbol{x},\boldsymbol{y})$ 有类似于现实空间中内积 $(\vec{a},\vec{b})$ 的性质。故 $\boldsymbol{x}$、$\boldsymbol{y}$ 的交角为

$$\langle\boldsymbol{x},\boldsymbol{y}\rangle = \arccos\frac{(\boldsymbol{x},\boldsymbol{y})}{\|\boldsymbol{x}\|\ \|\boldsymbol{y}\|} \tag{1.7b}$$

如果 $(\boldsymbol{x},\boldsymbol{y})=0$，则 $\boldsymbol{x}$、$\boldsymbol{y}$ 的交角 $\langle\boldsymbol{x},\boldsymbol{y}\rangle=\pi/2$，$\boldsymbol{x}$ 与 $\boldsymbol{y}$ 正交。因 $\langle\boldsymbol{x},\boldsymbol{x}\rangle$、$\langle\boldsymbol{y},\boldsymbol{y}\rangle=0$，故 $\boldsymbol{x}$、$\boldsymbol{y}$ 的模为

$$\|\boldsymbol{x}\| = (\boldsymbol{x},\boldsymbol{x})^{1/2}$$
$$\|\boldsymbol{y}\| = (\boldsymbol{y},\boldsymbol{y})^{1/2} \tag{1.7c}$$

2) H 空间

若 $\boldsymbol{f}$、$\boldsymbol{g}$ 为 H 中的两个非零向量，则它们的内积定义为

$$(\boldsymbol{f},\boldsymbol{g}) = \|\boldsymbol{f}\|\|\boldsymbol{g}\|\cos\langle\boldsymbol{f},\boldsymbol{g}\rangle \tag{1.8a}$$

且 $(\boldsymbol{f},\boldsymbol{g})$ 有类似于现实空间中内积 $(\vec{a},\vec{b})$ 的性质。故 $\boldsymbol{f}$、$\boldsymbol{g}$ 的交角为

$$\langle\boldsymbol{f},\boldsymbol{g}\rangle = \arccos\frac{(\boldsymbol{f},\boldsymbol{g})}{\|\boldsymbol{f}\|\|\boldsymbol{g}\|} \tag{1.8b}$$

如果 $(\boldsymbol{f},\boldsymbol{g})=0$，则 $\boldsymbol{f}$、$\boldsymbol{g}$ 的交角 $\langle\boldsymbol{f},\boldsymbol{g}\rangle=\pi/2$，$\boldsymbol{f}$ 与 $\boldsymbol{g}$ 正交。因 $\langle\boldsymbol{f},\boldsymbol{f}\rangle$、$\langle\boldsymbol{g},\boldsymbol{g}\rangle=0$，故向量 $\boldsymbol{f}$、$\boldsymbol{g}$ 的模分别为

$$\|\boldsymbol{f}\| = (\boldsymbol{f},\boldsymbol{f})^{1/2}$$
$$\|\boldsymbol{g}\| = (\boldsymbol{g},\boldsymbol{g})^{1/2} \tag{1.8c}$$

E^n、H 空间中，向量模的单位与场或演变的要素单位相同，例如，对海平面气压(气温)场

或演变 $\boldsymbol{x}$、$\boldsymbol{f}$，其模 $\|\boldsymbol{x}\|$、$\|\boldsymbol{f}\|$ 的单位为 hPa(℃)；向量交角的单位同现实空间，仍为度(°)或弧度(rad)。

应当指出，$E^n(n\geq4)$、H 相空间中的向量谁也没有见过，它们只存在于我们的思维中，但它们的存在是合乎逻辑和毋庸置疑的。在建立这种抽象概念的过程中，关键是使用了"内积"运算这一数学工具。"内积"在认识 E^n、H 中向量的作用类似于用望远镜认识天体、用显微镜认识微观世界。

3. 内积、模、交角计算

相空间(E^n、H)中向量内积$(\boldsymbol{x},\boldsymbol{y})$、$(\boldsymbol{f},\boldsymbol{g})$的定义不依赖于坐标系；模、交角又可据内积确定，因而也不依赖于坐标系。但要进行内积、模、交角的实际计算，却需首先建立适当的坐标系。

1) E^n 中的计算

$\boldsymbol{E}=(e_i,i=\overline{1,n})$是 E^n 中一个标准化正交系，且它是完备正交系。这里，标准化指 $\|\boldsymbol{e}_i\|=1$、$i=\overline{1,n}$，正交指$\boldsymbol{e}_i\perp\boldsymbol{e}_{i'}$、$i\neq i'$，完备指 E^n 中的任何向量 $\boldsymbol{x}$、$\boldsymbol{y}$ 均可由 $\boldsymbol{E}$ 完整表示出，表达式为

$$\begin{aligned}\boldsymbol{x}&=\sum_{i=1}^{n}x_i\boldsymbol{e}_i\\ \boldsymbol{y}&=\sum_{i=1}^{n}y_i\boldsymbol{e}_i\end{aligned}\tag{1.9}$$

由内积运算的分配律和结合律，以及 $\boldsymbol{E}$ 的标准正交性可知，$\boldsymbol{x}$、$\boldsymbol{y}$ 的内积为

$$\begin{aligned}(\boldsymbol{x},\boldsymbol{y})&=\left(\sum_{i=1}^{n}x_i\boldsymbol{e}_i,\sum_{i'=1}^{n}y_{i'}\boldsymbol{e}_{i'}\right)=\sum_{i=1}^{n}\sum_{i'=1}^{n}x_iy_{i'}(\boldsymbol{e}_i,\boldsymbol{e}_{i'})\\ &=\sum_{i=1}^{n}\sum_{i'=1}^{n}x_iy_{i'}\cos\langle\boldsymbol{e}_i,\boldsymbol{e}_{i'}\rangle=\sum_{i=1}^{n}x_iy_i\end{aligned}\tag{1.10}$$

向量的模为

$$\begin{aligned}\|\boldsymbol{x}\|&=(\boldsymbol{x},\boldsymbol{x})^{1/2}=\left(\sum_{i=1}^{n}x_i^2\right)^{1/2}\\ \|\boldsymbol{y}\|&=(\boldsymbol{y},\boldsymbol{y})^{1/2}=\left(\sum_{i=1}^{n}y_i^2\right)^{1/2}\end{aligned}\tag{1.11}$$

向量的交角为

$$\langle\boldsymbol{x},\boldsymbol{y}\rangle=\arccos\frac{(\boldsymbol{x},\boldsymbol{y})}{\|\boldsymbol{x}\|\|\boldsymbol{y}\|}=\arccos\frac{\sum_{i=1}^{n}x_iy_i}{\left(\sum_{i=1}^{n}x_i^2\right)^{1/2}\left(\sum_{i=1}^{n}y_i^2\right)^{1/2}}\tag{1.12}$$

2) H 中的计算

在 H 中，一般将域 Ω 上的向量 $\boldsymbol{f}$、$\boldsymbol{g}$ 的内积定义为

$$(\boldsymbol{f},\boldsymbol{g})=\int_{\Omega}w(s)f(s)g(s)\,\mathrm{d}s\tag{1.13}$$

式中，$w(s)$为权函数，它满足 $w(s)\geq0$、$\int_{\Omega}w(s)\,\mathrm{d}s=1$。

向量的模为

$$\|\boldsymbol{f}\| = (\boldsymbol{f},\boldsymbol{f})^{1/2} = [\int_{\Omega} w(s) f^2(s)\,\mathrm{d}s]^{1/2}$$
$$\|\boldsymbol{g}\| = (\boldsymbol{g},\boldsymbol{g})^{1/2} = [\int_{\Omega} w(s) g^2(s)\,\mathrm{d}s]^{1/2} \tag{1.14}$$

向量的交角为

$$\langle \boldsymbol{f},\boldsymbol{g}\rangle = \arccos \frac{(\boldsymbol{f},\boldsymbol{g})}{\|\boldsymbol{f}\|\,\|\boldsymbol{g}\|} = \arccos \frac{\int_{\Omega} w(s) f(s) g(s)\,\mathrm{d}s}{[\int_{\Omega} w(s) f^2(s)\,\mathrm{d}s]^{1/2}\,[\int_{\Omega} w(s) g^2(s)\,\mathrm{d}s]^{1/2}} \tag{1.15}$$

在 $w(s)\equiv 1$、$s\in\Omega$ 的情况下,式(1.13)简化为

$$(\boldsymbol{f},\boldsymbol{g}) = \int_{\Omega} f(s) g(s)\,\mathrm{d}s \tag{1.16}$$

式(1.14)、式(1.15)相应地简化为

$$\|\boldsymbol{f}\| = (\int_{\Omega} f^2(s)\,\mathrm{d}s)^{1/2}$$
$$\|\boldsymbol{g}\| = (\int_{\Omega} g^2(s)\,\mathrm{d}s)^{1/2} \tag{1.17}$$

$$\langle \boldsymbol{f},\boldsymbol{g}\rangle = \arccos \frac{\int_{\Omega} f(s) g(s)\,\mathrm{d}s}{[\int_{\Omega} f^2(s)\,\mathrm{d}s]^{1/2}\,[\int_{\Omega} g^2(s)\,\mathrm{d}s]^{1/2}} \tag{1.18}$$

因为 E^n、H 中 $\boldsymbol{x}(\boldsymbol{y})$、$\boldsymbol{f}(\boldsymbol{g})$ 都是向量,所以它们的内积(,)、模‖ ‖和交角〈 , 〉称为向量函数(几何角度),也称为泛函(代数角度)。

讨论至此,我们已可将气象要素场和时间序列看作 E^n、H 中的向量。并且给出了场(演变)作为向量的一些纯几何量(模、交角)的定义及计算方法。

4. 自然基

1)E^n 中的自然基

E^n 的自然基(陈志杰,2000)是形式最简单的标准正交基 $\boldsymbol{E}=(\boldsymbol{e}_i、i=\overline{1,n})$,其第 i 个基向量为

$$\boldsymbol{e}_i = \begin{pmatrix} 0 & \cdots & 0 & 1 & 0 & \cdots & 0 \end{pmatrix} \atop {\begin{matrix} \uparrow & & \uparrow & \uparrow & \uparrow & & \uparrow \\ 1 & & i-1 & i & i+1 & & n \end{matrix}} \tag{1.19}$$

基向量 $\boldsymbol{e}_i$ 对应一个结构简单的场(序列),它的第 i 个场点(时刻)值为 1,其余所有场点(时刻)值均为 0。

用自然基 $\boldsymbol{E}$ 完整表达式(1.1)的向量 $\boldsymbol{x}=(x_1 \quad x_2 \quad \cdots \quad x_n)$ 的式子为 $\boldsymbol{x}=\sum_{i=1}^{n} x_i \boldsymbol{e}_i$,$x_i$ 是第 i 个场点(对场)或时刻(对序列)的要素值。$\boldsymbol{x}_i = x_i \boldsymbol{e}_i$ 是 $\boldsymbol{x}$ 的第 i 个分量,是第 i 个场点(时

刻)值为 x_i,而其余场点(时刻)值均为 0 的场(序列)。全体 $\boldsymbol{x}_i$ 之和 $\sum_{i=1}^{n}\boldsymbol{x}_i$ 构成 $\boldsymbol{x}$,它是场(序列)。

2)H 中的自然基

H 中的自然基是什么?我们从脉冲函数 δ(delta 函数)开始分析。

δ 函数是一种广义函数,它的定义为

$$\delta(s-s')=\begin{cases}0, & s\neq s'\\ \infty, & s=s'\end{cases}$$

$$\int_{\Omega}\delta(s-s')\mathrm{d}s=1 \tag{1.20}$$

这就是说,δ 函数在 s' 点取无限大值,而在 s' 点外取 0 值;并且它在 Ω 上的积分为 1。显然,δ 函数是 H 中的一个向量,可以记为 $\boldsymbol{\delta}(s')$。我们能够把 $\boldsymbol{\delta}(s')$ 想象为时(空)域 Ω 上一个振幅极大、占据范围极小(出现在 s'),且在 Ω 上积分为 1 的脉冲形场(或演变)。

当 Ω 为一维域时,图 1.5 给出了四种函数 $g(s',h)$,s'、h 是参数;容易验证,当 $h\to0$ 时,$g(s',h)$ 的极限满足式(1.20);故上述四种 $g(s',h)$ 的极限均是 δ 函数。

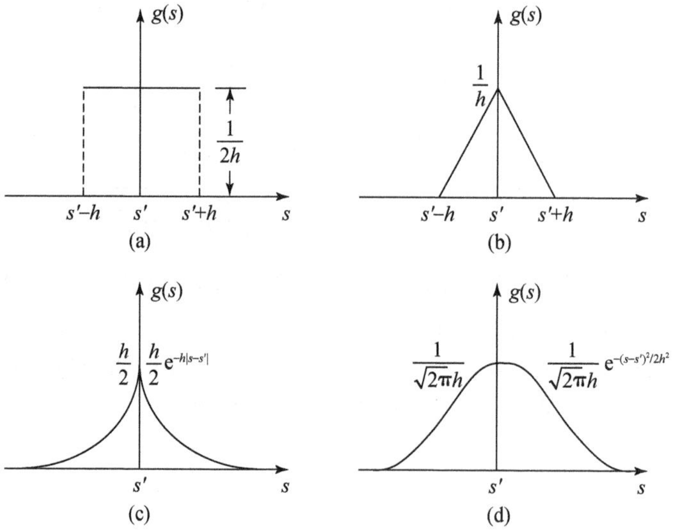

图 1.5　δ 函数的近似表示(引自布赖姆,1979)

(c)、(d)仅适于 $s\in(-\infty,\infty)$

δ 函数族的形式为

$$\Delta=\{\boldsymbol{\delta}(s),s\in\Omega\} \tag{1.21}$$

它具有正交性,

$$(\boldsymbol{\delta}(s'),\boldsymbol{\delta}(s''))=\int_{\Omega}\delta(s-s')\delta(s-s'')\mathrm{d}s=0,\quad s'\neq s'' \tag{1.22}$$

因为

$$(\boldsymbol{f},\boldsymbol{\delta}(s'))=\int_{\Omega}f(s)\delta(s-s')\mathrm{d}s=f(s') \tag{1.23}$$

故$\boldsymbol{\delta}(s')$在H中的地位类似于自然基基向量$\boldsymbol{e}_i$在E^n中的地位;Δ可视为H中的自然基。

E^n、H中的自然基基向量$\boldsymbol{e}_i$、$\boldsymbol{\delta}(s')$,其$i(s')$就是物理量场的位置参数(演变的时间参数),故$\boldsymbol{E}$、$\boldsymbol{\Delta}$是相空间中描述场、序列的最贴近自然的坐标系。引入自然基概念可以帮助我们更好地将现实空间中的场(演变)$\boldsymbol{x}$、$\boldsymbol{f}$理解为向量。

5. 复变量向量的内积、模、交角

当式(1.1)中x_i和式(1.2)中$f(s)$在复数域(C)上取值时,$\boldsymbol{x}$、$\boldsymbol{f}$为复变量向量(简称复向量),也可以对它们定义内积运算,其定义式全同于式(1.7a)、式(1.8a)。类似于实向量,可定义复向量内积$(\boldsymbol{x},\boldsymbol{y})$、$(\boldsymbol{f},\boldsymbol{g})$,它们也具有三个性质。以$(\boldsymbol{x},\boldsymbol{y})$为例,这三个性质如下:

(1)共轭对称性:$(\boldsymbol{x},\boldsymbol{y})=\overline{(\boldsymbol{y},\boldsymbol{x})}$;

(2)线性:$(k\boldsymbol{x},\boldsymbol{y})=k(\boldsymbol{x},\boldsymbol{y})$,$(\boldsymbol{x},k\boldsymbol{y})=\bar{k}(\boldsymbol{x},\boldsymbol{y})$, $k\in \mathrm{C}$

$(\boldsymbol{x}+\boldsymbol{y},\boldsymbol{z})=(\boldsymbol{x},\boldsymbol{z})+(\boldsymbol{y},\boldsymbol{z})$;

(3)正定性:$(\boldsymbol{x},\boldsymbol{x})\geqslant 0$,当且仅当$\boldsymbol{x}=0$时$(\boldsymbol{x},\boldsymbol{x})=0$。

性质(1)、(2)中的上划线"—"是共轭号。当$\boldsymbol{x}$、$\boldsymbol{y}$为非0向量时,$(\boldsymbol{x},\boldsymbol{y})$一般为复数;当且仅当$\boldsymbol{x}$、$\boldsymbol{y}$共线和正交时例外。

定义了内积的复向量空间称为酉空间,简记为U。我们将有限维酉空间记为U^n,无限维酉空间记为U^∞。

U^n中复向量$\boldsymbol{x}$、$\boldsymbol{y}$的内积为

$$(\boldsymbol{x},\boldsymbol{y})=\sum_{i=1}^{n}(x_i\bar{y}_i) \tag{1.24}$$

坐标x_i、y_i是复数。根据复向量内积的这一定义,$\boldsymbol{x}$、$\boldsymbol{y}$的模为

$$\begin{aligned}\|\boldsymbol{x}\| &= (\boldsymbol{x},\boldsymbol{x})^{1/2}=\left[\sum_{i=1}^{n}(x_i\bar{x}_i)\right]^{1/2}=\left[\sum_{i=1}^{n}|x_i|^2\right]^{1/2}\\ \|\boldsymbol{y}\| &= (\boldsymbol{y},\boldsymbol{y})^{1/2}=\left[\sum_{i=1}^{n}(y_i\bar{y}_i)\right]^{1/2}=\left[\sum_{i=1}^{n}|y_i|^2\right]^{1/2}\end{aligned} \tag{1.25}$$

式中,"| |"为复数的模,由此得复向量的模是实数,且对非零向量$\|\boldsymbol{x}\|\geqslant 0$、$\|\boldsymbol{y}\|\geqslant 0$。

复向量$\boldsymbol{x}$、$\boldsymbol{y}$交角的余弦为

$$\begin{aligned}\cos\langle\boldsymbol{x},\boldsymbol{y}\rangle &= (\boldsymbol{x},\boldsymbol{y})/(\|\boldsymbol{x}\|\|\boldsymbol{y}\|)\\ &= \sum_{i=1}^{n}(x_i\bar{y}_i)/\left\{\left[\sum_{i=1}^{n}|x_i|^2\right]^{1/2}\left[\sum_{i=1}^{n}|y_i|^2\right]^{1/2}\right\}\end{aligned} \tag{1.26}$$

因为$(\boldsymbol{x},\boldsymbol{y})$是复数,故$\cos\langle\boldsymbol{x},\boldsymbol{y}\rangle$及$\langle\boldsymbol{x},\boldsymbol{y}\rangle$均为复数,意义抽象。但当$(\boldsymbol{x},\boldsymbol{y})$取实值时,$\langle\boldsymbol{x},\boldsymbol{y}\rangle$为实值,几何意义明确。特别是当$\cos\langle\boldsymbol{x},\boldsymbol{y}\rangle$为1(-1)时,$\langle\boldsymbol{x},\boldsymbol{y}\rangle$为0(π),$\boldsymbol{x}$、$\boldsymbol{y}$同向(反向);当$\cos\langle\boldsymbol{x},\boldsymbol{y}\rangle=0$时,$\langle\boldsymbol{x},\boldsymbol{y}\rangle=\pi/2$,$\boldsymbol{x}$、$\boldsymbol{y}$正交。

无限维酉空间中向量$\boldsymbol{f}$、$\boldsymbol{g}$的内积、模、交角的讨论与此类同,差别仅在于求$(\boldsymbol{f},\boldsymbol{g})$时,将式(1.24)右端的有限求和$\sum_{i=1}^{n}(x_i\bar{y}_i)$改为积分$\int_\Omega f(s)\bar{g}(s)\mathrm{d}s$。

复变量向量内积在本书的应用,只出现在小波功率谱分析(第3.4节)、复经验正交函数分析(第7.3节)等少数场合。

1.1.3　场(演变)的正交分析

分析(分解、展开)和综合是人们认识复杂事物的一般方法,它适用于一切认知领域。例如,对纷繁的物质世界,物理学、化学已将其分解为约 100 种元素,由它们可构成所有分子,再构成世间万物;自然界千变万化的颜色,物理学将其分解为三原色(红、绿、蓝),由它们可构成全部颜色;一种语言可以分解为基本音、音节,再由它们构成该语言;社会科学将研究对象(国家、人群等)按关注属性作各种分析,再用它们来描述研究对象。一种理想的分析,不但要使其"基本部分"具有互相不可替代性(独立性、正交性),且力求可以用它们完整地表示出研究对象的全体(完备性)。

大气环流学的研究对象可视为各种环流量场(演变)的集合,它们中的每一个场(演变)均可视为一个复杂的函数。而一个正交函数系是一组具有独立性、完备性的相对简单的场(演变)的集合。所谓环流量场(演变)的正交分析,就是用这组相对简单的正交函数的线性和,表示出与实际环流量场(演变)对应的那个复杂的函数,目的在于通过对相对简单的正交函数系及展开系数的分析,认知复杂的研究对象。

1. 正交函数系

单个环流量场或演变可一般地记为式(1.1)、式(1.2)的 $\boldsymbol{x}$、$\boldsymbol{f}$,它们是 E^n 或 H 中的一个实向量,也可以是 U^n、U^∞ 中的一个复向量。因此,分析单个场或演变可如几何中分析一个向量那样进行。

不失一般性,我们对定义在实域 $s\in[a,b]$ 上的一元函数 $f(s)$(它对应 H 中的 $\boldsymbol{f}$),引入正交函数系:

$$\boldsymbol{\Phi}=\{\boldsymbol{\varphi}_k,k=\overline{1,\infty}\},\quad \boldsymbol{\varphi}_k=\varphi_k(s)、s\in[a,b] \tag{1.27}$$

对 E^n 中的 $\boldsymbol{x}$,引入正交函数系:

$$\boldsymbol{\Phi}=\{\boldsymbol{\varphi}_k,k=\overline{1,n}\},\quad \boldsymbol{\varphi}_k=\varphi_{ki}、i=\overline{1,n} \tag{1.28}$$

式(1.27)、式(1.28)给出的 $\boldsymbol{\Phi}$ 就是 H、E^n 中的基向量系,$\boldsymbol{\varphi}_k$ 是第 k 个基向量;$\boldsymbol{\Phi}$ 满足正交性和完备性。基函数(向量)序数 k 为整数,但在理论分析中,k 取自然数便于叙述。

1) $\boldsymbol{\Phi}$ 的正交性

H 中,假设 $w(s)=1$、$s\in[a,b]$,$\boldsymbol{\Phi}$ 的正交性为

$$(\boldsymbol{\varphi}_k,\boldsymbol{\varphi}_{k'})=\int_a^b\varphi_k(s)\varphi_{k'}(s)\mathrm{d}s=0,\quad k\neq k' \tag{1.29}$$

而当 $k'=k$ 时,求得 $\boldsymbol{\varphi}_k$ 的模方为

$$\|\boldsymbol{\varphi}_k\|^2=(\boldsymbol{\varphi}_k,\boldsymbol{\varphi}_k)=\int_a^b\varphi_k^2(s)\mathrm{d}s>0 \tag{1.30}$$

E^n 中,$\boldsymbol{\Phi}$ 的正交性为

$$(\boldsymbol{\varphi}_k,\boldsymbol{\varphi}_{k'})=\sum_{i=1}^n\varphi_{ki}\varphi_{k'i},\quad k\neq k' \tag{1.31}$$

而当 $k'=k$ 时,求得其模方为

$$\|\varphi_k\|^2 = (\boldsymbol{\varphi}_k, \boldsymbol{\varphi}_k) = \sum_{i=1}^{n} \varphi_{ki}^2 > 0 \tag{1.32}$$

式(1.30)、式(1.32)中的 $\|\boldsymbol{\varphi}_k\|$ 是 $\boldsymbol{\varphi}_k$ 的模(mode)或范数(norm),是 $\boldsymbol{\varphi}_k$ 的"长度";$\|\boldsymbol{\varphi}_k\|^2$ 是 $\boldsymbol{\varphi}_k$ 模的平方(简称模方),是 H、E^n 中以 $\|\boldsymbol{\varphi}_k\|$ 为边长的正方形的"面积"。注意,$\|\boldsymbol{\varphi}_k\|$ 不一定等于1,即 $\boldsymbol{\Phi}$ 不一定是标准化的正交系。

2)$\boldsymbol{\Phi}$ 的完备性

假如式(1.27)、式(1.28)给出的 $\boldsymbol{\Phi}$ 能够完全表示出 H、E^n 中所有的向量,则 $\boldsymbol{\Phi}$ 是 H、E^n 中的完备正交系。

以现实空间中平面(E^2)为例,如函数系仅由平面上的一个向量 $\vec{e}_1$ 构成[图1.6(a)],$\vec{e}_1$ 只能表示出平面上任意向量 $\vec{a}$ 的 $\vec{a}_1$ 部分(注:可完整表示出 E^2 中与 $\vec{e}_1$ 共线的 $\vec{a}$),它不是 E^2 的完备系;而若由两个向量 $\vec{e}_1$、$\vec{e}_2$ 构成[图1.6(b)],则可完整表示出平面上所有的向量,故它是 E^2 的完备系。一般地,对 E^n,基函数系 $\boldsymbol{\Phi}=\{\boldsymbol{\varphi}_k, k=\overline{1,n}\}$ 是完备系。

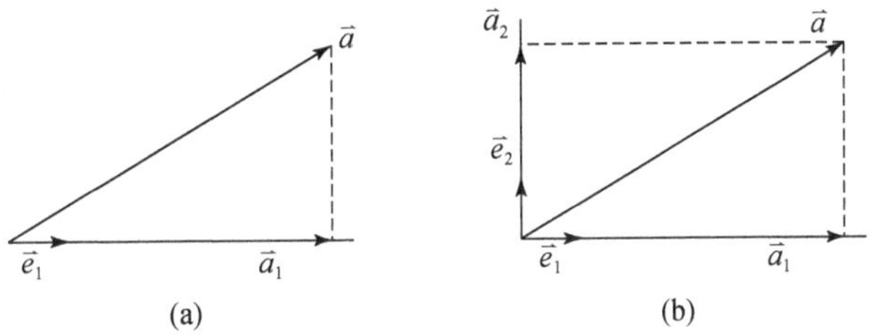

图1.6 E^2 中的不完备系(a)与完备系(b)

对 H,基函数系 $\boldsymbol{\Phi}=\{\boldsymbol{\varphi}_k, k=\overline{1,\infty}\}$ 是否为完备系需作具体分析。例如,对于满足狄利克雷条件的函数 $\boldsymbol{f}=f(\lambda)$、$\lambda\in[-\pi,\pi]$,傅里叶级数 $\boldsymbol{\Phi}$ 由 $\{\cos k\lambda, k=\overline{0,\infty}\}$ 和 $\{\sin k\lambda, k=\overline{1,\infty}\}$ 共同构成,它是描述 $\boldsymbol{f}$ 的完备正交系。将 $\lambda\in[-\pi,\pi]$ 上的 $\cos k\lambda$ 记为基向量 $\boldsymbol{c}_k$、$\sin k\lambda$ 记为基向量 $\boldsymbol{s}_k$,$\boldsymbol{\Phi}$ 由 $\{\boldsymbol{c}_k, k=\overline{0,\infty}\}$ 和 $\{\boldsymbol{s}_k, k=\overline{1,\infty}\}$ 构成,它们虽都包含∞项,却都不是完备系;因为,一般地,$\boldsymbol{f}=\boldsymbol{f}^++\boldsymbol{f}^-$,其中 $\boldsymbol{f}^+$、$\boldsymbol{f}^-$ 分别是 $\boldsymbol{f}$ 的奇、偶部分,$\{\boldsymbol{c}_k, k=\overline{0,\infty}\}$ 只能描述 $\boldsymbol{f}^-$,$\{\boldsymbol{s}_k, k=\overline{1,\infty}\}$ 只能描述 $\boldsymbol{f}^+$,它们对于 $\boldsymbol{f}$ 均非完备系。

2. 场(演变)的正交分析

场(演变)的正交分析,是指在 H 或 E^n 中用正交函数系 $\boldsymbol{\Phi}$ 表示出 $\boldsymbol{f}$、$\boldsymbol{x}$,其分解式为

$$\begin{aligned}\boldsymbol{f} &= \sum_{k=1}^{\infty} c_k\boldsymbol{\varphi}_k = \sum_k \boldsymbol{f}_k \\ \boldsymbol{x} &= \sum_{k=1}^{n} c_k\boldsymbol{\varphi}_k = \sum_k \boldsymbol{x}_k\end{aligned} \tag{1.33}$$

式中,$\boldsymbol{f}$、$\boldsymbol{x}$ 是分析对象,是已知的场或演变。$\boldsymbol{\Phi}=\{\boldsymbol{\varphi}_k\}$ 是正交函数系,或为选定(如傅里叶级数、球谐函数),或可由分析对象确定(如经验正交函数、奇异向量),因此也应认为是确定的。$\boldsymbol{f}_k=c_k\boldsymbol{\varphi}_k$、$\boldsymbol{x}_k=c_k\boldsymbol{\varphi}_k$ 是 $\boldsymbol{f}$、$\boldsymbol{x}$ 的第 k 个正交分量,其中展开系数 c_k 是场(演变)正交分析中的

待求未知量,全部 c_k 构成 $\boldsymbol{c}=\{c_k\}$。因为 $\boldsymbol{\Phi}$ 是正交系,故式(1.33)对 $\boldsymbol{f}$、$\boldsymbol{x}$ 的正交分解与 E^2 中对向量 $\vec{a}$ 的正交分解相似,我们可以通过对 E^2 中 $\vec{a}$ 的正交分解,确切了解分量 $\boldsymbol{f}_k$、$\boldsymbol{x}_k$ 及展开系数 $\boldsymbol{c}=\{c_k\}$ 的意义。

E^2 中,$\vec{a}$ 在正交基下的分解式为

$$\vec{a}=\vec{a}_1+\vec{a}_2 \tag{1.34}$$

图 1.7 是分解图,$\vec{a}_i$ 是 $\vec{a}$ 在 $\vec{e}_i$ 方向上的分量。由 $\vec{e}_1$、$\vec{e}_2$ 的正交性知,分量

$$\vec{a}_i=c_i\vec{e}_i=p_i\tilde{\vec{e}}_i \tag{1.35}$$

右端

$$p_i=p_{\vec{e}_i}\vec{a}=\|\vec{a}\|\cos\langle\vec{a},\vec{e}_i\rangle \tag{1.36}$$

是 $\vec{a}$ 在 $\vec{e}_i$ 上的投影;$\hat{\vec{e}}_i=\vec{e}_i/\|\vec{e}_i\|$ 是 $\vec{e}_i$ 的标准化形式。图 1.8 给出了 E^2 中向量 $\vec{a}$、$\vec{b}$ 在 $\vec{e}_i$ 上投影 $p_{\vec{e}_i}\vec{a}$ 的定义示意。

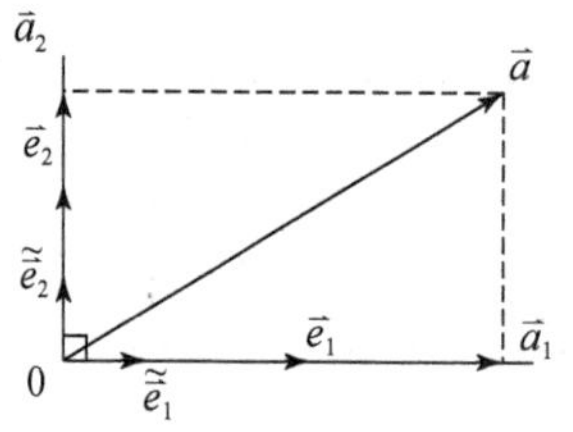

图 1.7　E^2 中 $\vec{a}$ 的分解为 $\vec{a}=\vec{a}_1+\vec{a}_2$

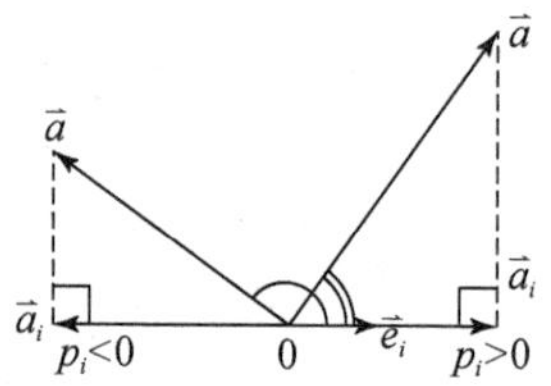

图 1.8　投影定义示意

单双弧线表示的夹角为 $\langle\vec{a},\vec{e}_i\rangle$

注意,实际分析中使用的 $\boldsymbol{\Phi}$ 通常不是标准化的正交系,由内积定义式(1.3),得投影的内积、模表达式

$$p_{\vec{e}_i}\vec{a}=(\vec{a},\vec{e}_i)/\|\vec{e}_i\| \tag{1.37}$$

将 $\|\vec{e}_i\|=(\vec{e}_i,\vec{e}_i)^{1/2}$ 代入式(1.37),得投影的内积表达式:

$$p_{\vec{e}_i}\vec{a}=(\vec{a},\vec{e}_i)/(\vec{a},\vec{e}_i)^{1/2} \tag{1.38}$$

式(1.36)~式(1.38)分别为一般情形下($\vec{e}_i$ 不一定标准化)$p_{\vec{e}_i}\vec{a}$ 的三种表达式。而若 $\vec{e}_i$ 为标准化向量($\|\vec{e}_i\|=1$),则此时式(1.37)、式(1.38)均变为

$$p_{\vec{e}_i}\vec{a}=(\vec{a},\vec{e}_i) \tag{1.39}$$

投影等于内积,投影的计算简化了。

E^2 中 $\vec{a}$ 有一个与式(1.33)对应的分解式

$$\vec{a}=c_1\vec{e}_1+c_2\vec{e}_2=\vec{a}_1+\vec{a}_2 \tag{1.40}$$

由 $\vec{a}_i=c_i\vec{e}_i=\vec{p}_{\vec{e}_i}\vec{a}$ 得系数 c_i 的投影、模表达式

$$c_i=p_{\vec{e}_i}\vec{a}/\|\vec{e}_i\|=\|\vec{a}\|\cos\langle\vec{a},\vec{e}_i\rangle/\|\vec{e}_i\| \tag{1.41}$$

故展开系数 c_i 是用 $|\vec{e}_i\|$ 度量 $p_{\vec{e}_i}\vec{a}$ 的结果;引入 $(\vec{a},\vec{e}_i)=\|\vec{a}\|\ \|\vec{e}_i\|\cos\langle\vec{a},\vec{e}_i\rangle$,得展开系数的内积、模表达式

$$c_i=(\vec{a},\vec{e}_i)/\|\vec{e}_i\|^2 \tag{1.42}$$

c_i 的内积表达式

$$c_i=(\vec{a},\vec{e}_i)/(\vec{e}_i,\vec{e}_i) \tag{1.43}$$

展开系数 c_i 的式(1.41)~式(1.43)与分量式(1.36)~式(1.38)一一对应。而若 $\vec{e}_i$ 为标准化向量,则式(1.41)~式(1.43)均变为

$$c_i=p_{\vec{e}_i}\vec{a}=(\vec{a},\vec{e}_i) \tag{1.44}$$

系数、投影等于内积,计算简化了。

图1.9给出了 E^2 中同一个 $\vec{a}$ 在标准、非标准正交基中展开系数的差别,它直观地给出了分析对象 $\vec{a}$ 的展开系数 c_i 与基(坐标系)的关系。

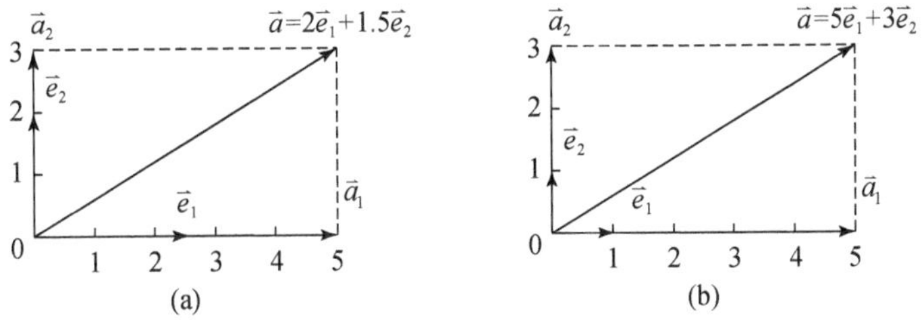

图1.9 E^2 中系数定义示意

(a)非标准系;(b)标准系

从几何角度看,E^n、H 中向量的分量和系数的定义与 E^2 中完全一致,而其计算则可以借助于 E^n、H 中的内积运算实现。因此,在 H、E^n 中,$\boldsymbol{f}$、$\boldsymbol{x}$ 在 $\boldsymbol{\varphi}_k$ 上的分量为

$$\begin{aligned}\boldsymbol{f}_k&=\boldsymbol{p}_{\varphi_k}\boldsymbol{f}=(\boldsymbol{f},\boldsymbol{\varphi}_k)/\|\boldsymbol{\varphi}_k\|\boldsymbol{\varphi}_k\\ \boldsymbol{x}_k&=\boldsymbol{p}_{\varphi_k}\boldsymbol{x}=(\boldsymbol{x},\boldsymbol{\varphi}_k)/\|\boldsymbol{\varphi}_k\|\tilde{\boldsymbol{\varphi}}_k\end{aligned} \tag{1.45a}$$

投影为

$$\begin{aligned}p_{\varphi_k}\boldsymbol{f}&=(\boldsymbol{f},\boldsymbol{\varphi}_k)/\|\boldsymbol{\varphi}_k\|\\ p_{\varphi_k}\boldsymbol{x}&=(\boldsymbol{x},\boldsymbol{\varphi}_k)/\|\boldsymbol{\varphi}_k\|\end{aligned} \tag{1.45b}$$

展开系数为

$$\begin{aligned}c_k&=p_{\varphi_k}\boldsymbol{f}/\|\boldsymbol{\varphi}_k\|=(\boldsymbol{f},\boldsymbol{\varphi}_k)/\|\boldsymbol{\varphi}_k\|^2\\ c_k&=p_{\varphi_k}\boldsymbol{x}/\|\boldsymbol{\varphi}_k\|=(\boldsymbol{x},\boldsymbol{\varphi}_k)/\|\boldsymbol{\varphi}_k\|^2\end{aligned} \tag{1.45c}$$

它是用 $\boldsymbol{\varphi}_k$ 度量 $\boldsymbol{f}_k$、$\boldsymbol{x}_k$ 的结果。

3. 模方分析

H、E^n 中的向量 $\boldsymbol{f}$、$\boldsymbol{x}$ 按式(1.33)分解后,利用 $\boldsymbol{f}_k$、$\boldsymbol{x}_k$ 的正交性,可以通过模方分析,区别各分量在构成 $\boldsymbol{f}$、$\boldsymbol{x}$ 中的绝对、相对重要性。

1)模方关系

这里仍从 E^2 中的分析开始,然后将结果推广至 E^n、H 中。E^2 中任意一个向量 $\vec{a}$,均可在正交基底($\vec{e}_1$,$\vec{e}_2$)上按式(1.40)做正交分解,它就是人们熟知的勾股定理:

$$\|\vec{a}\|^2=\|\vec{a}_1\|^2+\|\vec{a}_2\|^2 \tag{1.46}$$

只需比较等式右端两项的相对大小,即可判断 $\vec{a}$ 的构成中 $\vec{a}_1$、$\vec{a}_2$ 哪个分量更重要。如图 1.10 所示,明显有 $\|\vec{a}_1\|^2>\|\vec{a}_2\|^2$,说明对 $\vec{a}$ 而言,仅用 $\vec{a}_1$ 表示的误差小于仅用 $\vec{a}_2$ 表示的误差。

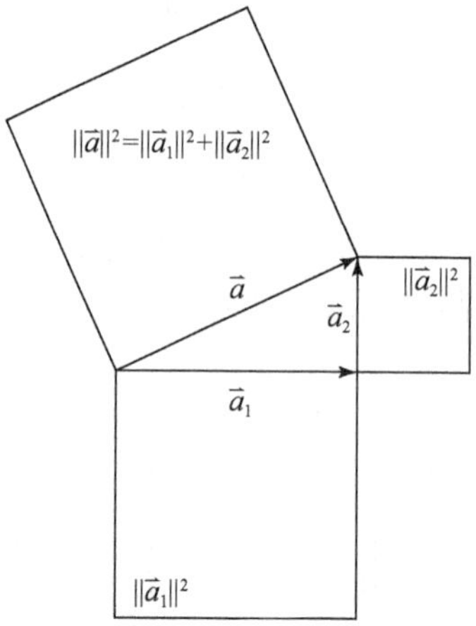

图 1.10　模方关系示意

因为向量的模方是其自身的内积,而内积可从 E^2 推广至 H、E^n,故式(1.46)亦可推广至 H、E^n 中,其形式分别为

$$\|\boldsymbol{f}\|^2=\sum_{k=1}^{\infty}\|\boldsymbol{f}_k\|^2 \quad \text{帕塞瓦尔(Parseval) 恒等式}$$
$$\|\boldsymbol{x}\|^2=\sum_{k=1}^{n}\|\boldsymbol{x}_k\|^2 \quad \text{毕达哥拉斯(Pythagoras) 定理} \tag{1.47}$$

通常称式(1.47)中的 $\|\boldsymbol{f}\|^2$、$\|\boldsymbol{x}\|^2$ 为模方,而称 $\|\boldsymbol{f}_k\|^2$、$\|\boldsymbol{x}_k\|^2$ 为分量模方。

2)模方拟合率、累积模方拟合率

以式(1.47)为基础,可以构造两类参数:模方拟合率、累积模方拟合率。

模方拟合率定义为

$$\rho_k=\|\boldsymbol{f}_k\|^2/\|\boldsymbol{f}\|^2$$
$$\rho_k=\|\boldsymbol{x}_k\|^2/\|\boldsymbol{x}\|^2 \tag{1.48}$$

$0\leqslant\rho_k\leqslant1$。$\rho_k$ 给出了$\boldsymbol{f}_k$、$\boldsymbol{x}_k$ 在拟合$\boldsymbol{f}$、$\boldsymbol{x}$ 模方中重要性的相对大小;对 E^n 中 $\boldsymbol{x}$ 的分解,$\sum_{k=1}^{n}\rho_k=1$。当$\boldsymbol{f}$、$\boldsymbol{x}$ 为中心化向量时,ρ_k 与统计学中的方差贡献意义相当、值相等。

累积模方拟合率定义为

$$P_k=\sum_{k'=1}^{k}\|\boldsymbol{f}_{k'}\|^2/\|\boldsymbol{f}\|^2=\sum_{k'=1}^{k}\rho_{k'}$$
$$P_k=\sum_{k'=1}^{k}\|\boldsymbol{x}_{k'}\|^2/\|\boldsymbol{x}\|^2=\sum_{k'=1}^{k}\rho_{k'} \tag{1.49}$$

显然,$0\leqslant P_k\leqslant1$;当 $k>k'$时,$P_k\geqslant P_{k'}$。P_k 给出了前 k 个分量对$\boldsymbol{f}$、$\boldsymbol{x}$ 模方的总拟合率。

实际分析中,还常将 $\boldsymbol{f}_k$、$\boldsymbol{x}_k$ 按其模方排作非升值序列 $\boldsymbol{f}_h$、$h=\overline{1,\infty}$ 和 $\boldsymbol{x}_h$、$h=\overline{1,n}$;新序列中 $\|\boldsymbol{f}_h\|^2 \geq \|\boldsymbol{f}_{h+1}\|^2$、$\|\boldsymbol{x}_h\|^2 \geq \|\boldsymbol{x}_{h+1}\|^2$,故低序分量 $\boldsymbol{f}_h$、$\boldsymbol{x}_h$ 在构成 $\boldsymbol{f}$、$\boldsymbol{x}$ 中比高序分量重要。此时,定义第 h 个分量 $\boldsymbol{f}_h$、$\boldsymbol{x}_h$ 对 $\boldsymbol{f}$、$\boldsymbol{x}$ 的模方拟合率为

$$\begin{aligned} \rho_h &= \|\boldsymbol{f}_h\|^2/\|\boldsymbol{f}\|^2 \\ \rho_h &= \|\boldsymbol{x}_h\|^2/\|\boldsymbol{x}\|^2 \end{aligned} \tag{1.50}$$

定义前 h 个分量(即最重要的 h 个分量)对 $\boldsymbol{f}$、$\boldsymbol{x}$ 的累积模方拟合率为

$$\begin{aligned} P_h &= \sum_{h'=1}^{h} \|\boldsymbol{f}_{h'}\|^2/\|\boldsymbol{f}\|^2 = \sum_{h'=1}^{h} \rho_{h'} \\ P_h &= \sum_{h'=1}^{h} \|\boldsymbol{x}_{h'}\|^2/\|\boldsymbol{x}\|^2 = \sum_{h'=1}^{h} \rho_{h'} \end{aligned} \tag{1.51}$$

显然,$0 \leq \rho_h \leq 1$、$0 \leq P_h \leq 1$。

3)截断误差率

截断误差率是用第 k 个或第 h 个(前 k 个或 h 个)$\boldsymbol{f}_k$、$\boldsymbol{x}_k$ 或 $\boldsymbol{f}_h$、$\boldsymbol{x}_h$ 近似表达 $\boldsymbol{f}$、$\boldsymbol{x}$ 模方时的相对误差率。按几何意义,称它为模方拟合误差率(累积模方拟合误差率)。

与式(1.48)和式(1.50)对应,得到仅用 $\boldsymbol{f}_k$、$\boldsymbol{x}_k$ 和 $\boldsymbol{f}_h$、$\boldsymbol{x}_h$ 近似表达 $\boldsymbol{f}$、$\boldsymbol{x}$ 模方时的模方拟合误差率

$$\begin{aligned} \varepsilon_k &= 1-\rho_k \\ \varepsilon_h &= 1-\rho_h \end{aligned} \tag{1.52}$$

与式(1.49)和式(1.51)对应,得用前 k 个、h 个 $\boldsymbol{f}_k$、$\boldsymbol{x}_k$ 和 $\boldsymbol{f}_h$、$\boldsymbol{x}_h$ 表达 $\boldsymbol{f}$、$\boldsymbol{x}$ 模方时的累积模方拟合误差率

$$\begin{aligned} E_k &= 1-P_k \\ E_h &= 1-P_h \end{aligned} \tag{1.53}$$

ρ_k、ρ_h、P_k、P_h 和 ε_k、ε_h、E_k、E_h 是相对度量参数,其几何意义可结合 E^2 中的分析得到确切理解。

1.2　数值积分初步

正交函数分析方法的理论阐述一般在 H 中进行。空域(时域)上的场(演变)表示为域 Ω 上的两个函数 $f(s)$、$g(s)$,$s \in \Omega$。它们可视为 H 中的向量 $\boldsymbol{f}$、$\boldsymbol{g}$,一切重要的计算,如向量的模、交角、投影、系数、模方拟合率、模方拟合误差率等,均可归结为向量内积 $(\boldsymbol{f},\boldsymbol{f})$、$(\boldsymbol{g},\boldsymbol{g})$、$(\boldsymbol{f},\boldsymbol{g})$ 的计算,并最终表示为 Ω 上的定积分

$$I = \int_{\Omega} q(s)\,\mathrm{d}s \tag{1.54}$$

被积函数 $q(s)$ 分别为 $f^2(s)$、$g^2(s)$、$f(s)g(s)$ 与权重 $w(s)$,$s \in \Omega$ 的积。但实际大气环流资料均以离散形式(站点网或格点网,时间序列)给出,故 I 的实际计算由数值积分实现。这里对数值积分作初步介绍。

1.2.1　数值积分的几何意义

由图1.11,一维域上的定积分 I 的意义与直线 $x=a$、$x=b(a<b)$ 及 x 轴、函数 $q(x)$ 围成的面积 A(阴影区)有关,它是域$[a,b]$上 $q(x)>0$ 部分(曲边三角形$\triangle bb'c$)面积与 $q(x)<0$ 部分(曲边三角形$\triangle aa'c$)面积之差。当 $q(x)$ 的原函数 $Q(x)$ 不可求时,I 用数值积分 $\hat{I}$ 近似替代。例如,在域$[a,b]$上用线性函数 $\hat{q}(x)$ 替代 $q(x)$,则求 I 变成计算数值积分 $\hat{I}=\int_a^b \hat{q}(x)dx$(注:假定 $w(x)\equiv 1$)。$\hat{I}$ 是域 $x\in[a,b]$ 上 $\hat{q}(x)$ 与 x 轴间的"面积",是$\triangle bb'c'$与$\triangle aa'c'$的面积之差。

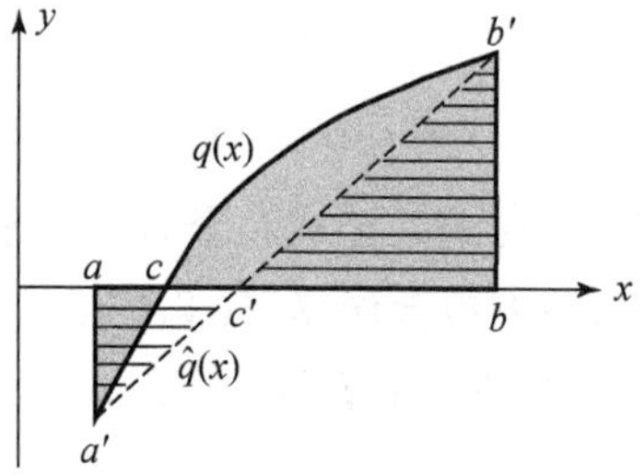

图1.11　定积分 I 与数值积分 $\hat{I}$ 的关系示意($\hat{q}(x)$ 取为直线)

实际计算 $\hat{I}$ 时,先用 $n+1$ 个结点将域$[a,b]$分作为 n 段,在均匀分段情况下,结点、子区间序及子区间宽度分别为

$$\begin{aligned}&a=x_0,x_1,\cdots,x_i,\cdots,x_{n-1},x_n=b\\&[x_{i-1},x_i],i=\overline{1,n}\\&h=x_i-x_{i-1}=(b-a)/n\end{aligned}\tag{1.55}$$

结点在 x 轴上的坐标为 $x_i=a+ih$、$i=\overline{0,n}$,$q(x_i)$ 记为 q_i、$i=\overline{0,n}$,是已知的,实际问题中由观测网和观测资料给出。此时

$$\begin{aligned}I&=\sum_{i=1}^{n}I_i\\\hat{I}&=\sum_{i=1}^{n}\hat{I}_i\end{aligned}\tag{1.56}$$

其中,

$$\begin{aligned}I_i&=\int_{x_{i-1}}^{x_i}q(x)\,\mathrm{d}x\\\hat{I}_i&=\int_{x_{i-1}}^{x_i}\hat{q}(x)\,\mathrm{d}x\end{aligned}\tag{1.57}$$

分别是第 i 个子区间$[x_{i-1},x_i]$上曲边梯形、梯形的"面积",I、$\hat{I}$ 则是它们的代数和。

实际分析使用的格站点网可以是均匀的，如时域上的格点网，或空域上沿一个纬圈的网格点分布；也可以是不均匀的，如站点网，或谱模式中空域上沿经线的高斯格点网；后者需根据具体问题给出处理方法。另外，考虑权重的数值积分 $\hat{I}$ 可表示为

$$\hat{I} = \sum_{i=1}^{n} w_i \hat{q}_i \tag{1.58}$$

其中，w_i 为 i 点的求积系数，它依赖于 $\hat{q}(x)$ 的函数形式，而与被积函数 $q(x)$ 无关。若 $q(x)$ 黎曼可积（一个有界函数为黎曼可积的充要条件是它几乎处处连续），有

$$\lim_{n\to\infty}\hat{I} = \lim_{n\to\infty}\sum_{i=1}^{n} w_i \hat{q}_i = I \tag{1.59}$$

即近似积分 $\hat{I}$ 收敛于定积分 I。

1.2.2 误差分析

数值积分的误差来自两个方面：截断误差 E、舍入误差 R。

截断误差 E 产生于用有限项之和替代积分的近似中，它与所选 $\hat{q}(x)$ 形式及 n 有关：

$$\int_a^b q(x)\mathrm{d}x = \sum_{i=1}^{n} w_i \hat{q}_i + E = \hat{I} + E \tag{1.60}$$

舍入误差 R 产生于计算机字长有限，它使 $\hat{I}$ 与实际计算结果 $\hat{I}^*$ 间存在误差：

$$\hat{I} = \sum_{i=1}^{n} w_i^* q_i^* + R = \hat{I}^* + R \tag{1.61}$$

因此，数值积分的实际误差是

$$I - \hat{I}^* = \int_a^b q(x)\mathrm{d}x - \hat{I}^* = E + R \tag{1.62}$$

1.2.3 代数精确度

截断误差 E 与近似求积公式及结点数 $n+1$ 有关，代数精确度概念用于讨论截断误差大小。代数精确度的定义为：如果数值积分公式对所有不超过 m 次的多项式 P_m 的积分成立 $\hat{I}=I$，即 $E(P_m)=0$，而对某一次数为 $m+1$ 的多项式 P_{m+1} 不成立 $\hat{I}=I$，即 $E(P_{m+1})\neq 0$，则称该积分公式具有 m 次代数精确度。

显然，要验证某近似求积公式的代数精确度为 m，只要验证 $E(x^k)=0$、$k=\overline{0,m}$，而 $E(x^{m+1})\neq 0$。

1.2.4 两种常见的求积公式

梯形求积公式和辛普森（Simpson）求积公式是对域 $[a,b]$ 作式（1.55）分割后的两种常用的求积公式，每个子区间长度 $h=(b-a)/n$。下面给出其截断误差及代数精确度。

1. 梯形求积公式

梯形求积公式是在每个子区间($[x_i, x_{i+1}]$)上以线性函数 $\hat{q}(x)$ 代替 $q(x)$ 的积分公式(图 1. 12),其形式为

$$I = \frac{h}{2}\left[(q_0 + q_n) + 2\sum_{i=1}^{n-1} q_i\right] \tag{1.63}$$

分析表明,梯形求积公式的截断误差:

$$E = -\frac{h^2}{12}(b-a)q''(\xi), \quad a < \xi < b \tag{1.64}$$

式中,角标“″”为二阶导数算符。如果 $q(x)$ 是$[a,b]$(图 1. 12)上的线性函数(一次多项式),则式(1. 64)中 $q''(\xi)=0, E=0$;而若 $q(x)$ 在$[a,b]$或其子区间上为非线性函数(如二次多项式),则 $q''(\xi)\neq 0, E\neq 0$。因此,梯形积分公式只有 1 次代数精确度。

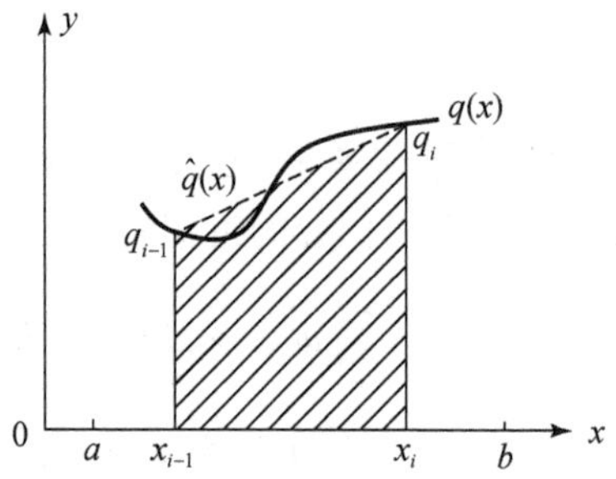

图 1. 12　矩形求积公式示意

$\hat{q}(x)$为连接(x_{i-1}, q_{i-1})与(x_i, q_i)的直线

2. 辛普森求积公式

辛普森求积公式是在每个宽为 $2h$ 的子区间$[x_{2i}, x_{2i+2}]$上以二次函数 $\hat{q}(x)$ 替代 $q(x)$ 的积分公式(图 1. 13)。对$[a,b]$作 $2n$ 份等距分割,每个子区间长度 $h=(b-a)/(2n)$ 时,其形式为

$$\hat{I} = \frac{h}{3}[(q_0+q_{2n})+4(q_1+q_3+\cdots+q_{2n-1})+2(q_2+q_4+\cdots+q_{2n-2})] \tag{1.65}$$

辛普森求积公式的实质,是在三个相邻结点间以二次曲线 $\hat{q}(x)$ 近似表达 $q(x)$,以 $\hat{q}(x)$ 为边的曲边梯形“面积”替代以 $q(x)$ 为边的曲边梯形“面积”。分析表明,辛普森求积公式的截断误差为

$$E = -\frac{h^4}{180}(b-a)q^{(4)}(\xi), \quad a<\xi<b \tag{1.66}$$

式中,角标“(4)”为四阶导数算符。如果 $q(x)$ 是$[a,b]$或其所有子区间(图 1. 13)上的三次或三次以下的多项式,则 $q^{(4)}(\xi)=0, E=0$;否则,$E\neq 0$。因此,辛普森求积公式有 3 次代数精确度。

由式(1. 64)和式(1. 66)两个求积公式的截断误差 E 的表达式知,对给定的 $q(x)$、$x\in[a,b]$,增加结点数(或缩小 h)可降低误差 E。一般地,$n+1$ 个结点的求积公式至少具有 n

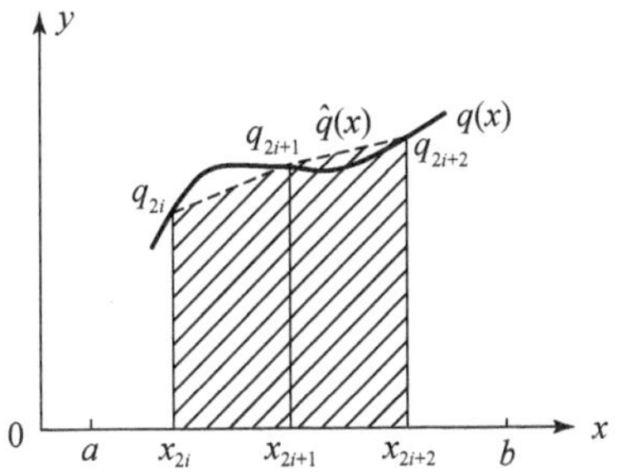

图 1.13　辛普森求积公式示意

(x_i,q_i)为通过(x_{2i},q_{2i})、(x_{2i+1},q_{2i+1})和(x_{2i+2},q_{2i+2})三点的二次曲线

次代数精确度。并且可以看出,辛普森求积公式较梯形求积公式误差减小更快。一些具有更高代数精确度的均匀格距结点积分方案和与非均匀格点网有关的数值积分问题,将在有关章节中介绍。

1.3　矩　　阵

实数(R)或复数(C)域上的 $m\times n$ 个数 x_{ij}、$i=\overline{1,m}$、$j=\overline{1,n}$,按一定的位置排成矩形阵列

$$\boldsymbol{X}_{m\times n}=\begin{pmatrix} x_{11} & x_{12} & \cdots & x_{1n} \\ x_{21} & x_{22} & \cdots & x_{2n} \\ \vdots & \vdots & & \vdots \\ x_{m1} & x_{m2} & \cdots & x_{mn} \end{pmatrix} \tag{1.67}$$

称为 $m\times n$ 矩阵。i、j 为矩阵的行(横排)、列(竖排)序,x_{ij}是矩阵第 i 行第 j 列元素。矩阵$\boldsymbol{X}_{m\times n}$可简记为 $\boldsymbol{X}_{m\times n}=(x_{ij})_{m\times n}$或 $\boldsymbol{X}=(x_{ij})$。

矩阵知识的系统介绍参考线性代数教材,这里仅对本书用到的主要矩阵知识作简要介绍。

1.3.1　矩阵与向量集合

矩阵 $\boldsymbol{X}$ 的第 i 行 $\boldsymbol{x}_i$ 是 E^n 中的一个向量,第 j 列 $\boldsymbol{x}_j$ 是 E^m 中的一个向量,

$$\boldsymbol{x}_i=(x_{i1}\quad x_{i2}\quad\cdots\quad x_{in})$$

$$\boldsymbol{x}_j=\begin{pmatrix} x_{1j} \\ x_{2j} \\ \vdots \\ x_{mj} \end{pmatrix}=(x_{1j}\quad x_{2j}\quad\cdots\quad x_{mj})^{\mathrm{T}} \tag{1.68}$$

故 $\boldsymbol{X}$ 也可写为

$$\boldsymbol{X} = \begin{pmatrix} \boldsymbol{x}_1 \\ \boldsymbol{x}_2 \\ \vdots \\ \boldsymbol{x}_m \end{pmatrix} = (\boldsymbol{x}_i)_m$$

$$\boldsymbol{X} = (\boldsymbol{x}_1 \quad \boldsymbol{x}_2 \quad \cdots \quad \boldsymbol{x}_n) = (\boldsymbol{x}_j)_n \tag{1.69}$$

可见,矩阵 $\boldsymbol{X}$ 既可看作 E^n 中的向量集合 $\boldsymbol{x}_i$、$i=\overline{1,m}$,也可看作 E^m 中的向量集合 $\boldsymbol{x}_j$、$j=\overline{1,n}$。因此,矩阵是有限维相空间中向量集合的表达式。因为一个场或时间序列[式(1.1)]可看作有限维相空间中的一个向量,故矩阵 $\boldsymbol{X}$ 是场向量或时间序列向量的集合。

为便于叙述和阅读,我们建立了一个全书适用的符号系统,具体可参见 1.4 节的说明。例如,图 1.3 给出的中国 160 站 7 月平均气温场 60 年序列,其矩阵(场集、序列集)、向量(场、序列)与元素 x_{ij} 的表式为

$$\begin{gathered} \boldsymbol{X}_{160\times60} = (x_{ij})_{160\times60} = (\boldsymbol{x}_j)_{60} = (\boldsymbol{x}_i)_{160} \\ \boldsymbol{x}_j = (x_{1j} \quad x_{2j} \quad \cdots \quad x_{160j})^{\mathrm{T}} \\ \boldsymbol{x}_i = (x_{i1} \quad x_{i2} \quad \cdots \quad x_{i60}) \end{gathered} \tag{1.70}$$

1.3.2 矩阵的秩

矩阵 $\boldsymbol{X}_{m\times n}$[式(1.67)]的秩 r(r 为 rank 的缩写),是 $\boldsymbol{X}$ 的行向量集合 $(\boldsymbol{x}_i)_m$ 或列向量集合 $(\boldsymbol{x}_j)_n$ 的极大线性无关向量组所含向量的个数。

以 $(\boldsymbol{x}_i)_m$ 为例(它是 E^n 中 m 个向量构成的集合),其任意子集 $(\boldsymbol{x}_{i'})_r$ 为线性无关向量组的充分必要条件,即

$$\sum_{i'=1}^{r} c_{i'}\boldsymbol{x}_{i'} = 0 \tag{1.71}$$

只对系数 $c_{i'}$ 全为 0 成立;否则,$(\boldsymbol{x}_{i'})_r$ 是线性相关向量组。若 $(\boldsymbol{x}_{i'})_r$ 是 $(\boldsymbol{x}_i)_m$ 的一个线性无关向量组,而所有向量个数 $r'>r$ 的向量组 $(\boldsymbol{x}_{i'})_{r'}$ 都是线性相关向量组,则 $(\boldsymbol{x}_{i'})_r$ 为 $(\boldsymbol{x}_i)_m$ 的极大线性无关向量组。所以,秩 r 是 $(\boldsymbol{x}_i)_m$ 的极大线性无关向量组所含的向量个数。同理,$(\boldsymbol{x}_j)_n$ 的秩 r 是 $(\boldsymbol{x}_j)_n$ 的极大线性无关向量组所含的向量个数。线性代数指出,$\boldsymbol{X}_{m\times n}$ 的行向量集合 $(\boldsymbol{x}_i)_m$、列向量集合 $(\boldsymbol{x}_j)_n$ 的极大线性无关向量组的向量个数同为 $r\leqslant\min(m,n)$,它就是 $\boldsymbol{X}_{m\times n}$ 的秩。

为直观显示矩阵秩 r 与行、列向量集合的关系,式(1.72)给出了 $m\times n=2\times3$ 的如下矩阵:

$$\boldsymbol{X} = \begin{pmatrix} 1 & 3 & 3 \\ 3 & 1 & 3 \end{pmatrix} \tag{1.72a}$$

$$\boldsymbol{Y} = \begin{pmatrix} 1 & 2 & 4 \\ 3 & 1/2 & 1 \end{pmatrix} \tag{1.72b}$$

$$\boldsymbol{Z} = \begin{pmatrix} 2 & 3 & 4 \\ 3/2 & 9/4 & 3 \end{pmatrix} \tag{1.72c}$$

它们的列向量集合如图 1.14,行向量集合如图 1.15。

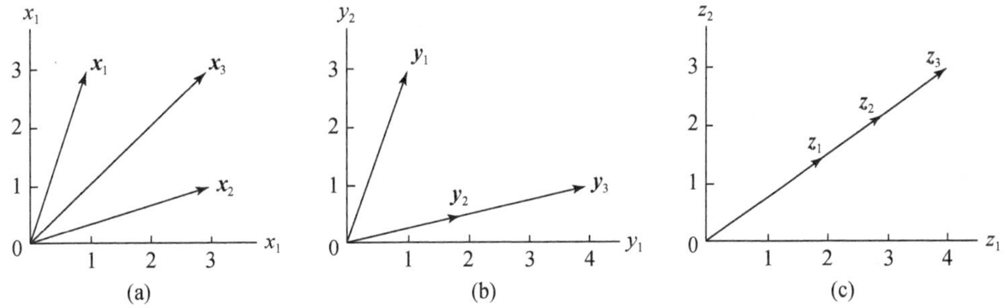

图1.14　E^2 中式(1.72)列向量集合及秩 r

(a)$\boldsymbol{X}(r=2)$;(b)$\boldsymbol{Y}(r=2)$;(c)$\boldsymbol{Z}(r=1)$

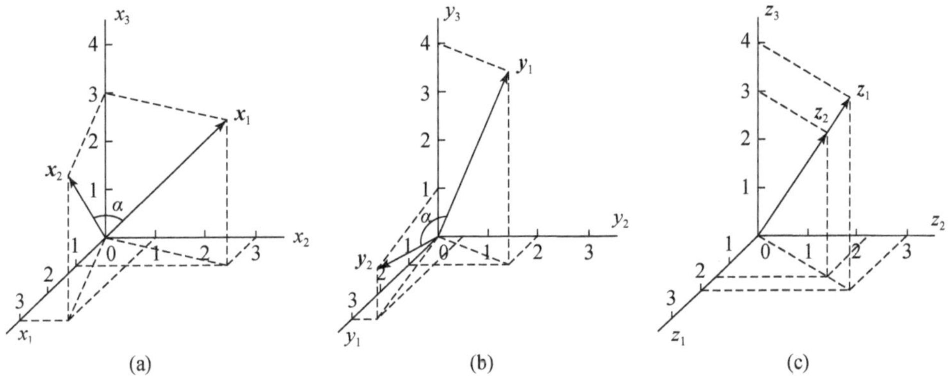

图1.15　E^3 中式(1.72)行向量集合、交角 α 及秩 r

(a)$\boldsymbol{X}(\alpha=42.07°、r=2)$;(b)$\boldsymbol{Y}(\alpha=63.28°、r=2)$;(c)$\boldsymbol{Z}(\alpha=0°、r=1)$

从几何角度看,矩阵的秩 r 是其行(或列)向量集合实际所占空间维数。在第6~8章多元分析方法中,分析对象矩阵的秩决定了正交模个数的上限。

1.3.3　方阵

方阵是行、列数相等(记为 l)的矩阵,如

$$\boldsymbol{A}=\begin{pmatrix} a_{11} & a_{12} & \cdots & a_{1l} \\ a_{21} & a_{22} & \cdots & a_{2l} \\ \vdots & \vdots & & \vdots \\ a_{l1} & a_{l2} & \cdots & a_{ll} \end{pmatrix} \tag{1.73}$$

方阵的主对角线由 $i=j=k$ 的元素 a_{kk}、$k=\overline{1,l}$ 构成。

这里介绍本书用到的几种方阵。

1. 实对称(反对称)矩阵

满足条件 $a_{ij}=a_{ji}(a_{ij}=-a_{ji})$、$i\neq j$ 的实数方阵称为实对称(反对称)矩阵。

实对称(反对称)矩阵具有性质:若 $\boldsymbol{A}$、$\boldsymbol{B}$ 为阶数相同的实对称(反对称)矩阵,则其转置矩阵 $\boldsymbol{A}^{\mathrm{T}}$、$\boldsymbol{B}^{\mathrm{T}}$ 仍为实对称(反对称)矩阵,且其逆矩阵 $\boldsymbol{A}^{-1}$、$\boldsymbol{B}^{-1}$($\det \boldsymbol{A} \neq 0$、$\det \boldsymbol{B} \neq 0$)也为实对称(反对称)矩阵。实对称矩阵 $\boldsymbol{A}$、$\boldsymbol{B}$ 的 $\boldsymbol{A}^k$、$\boldsymbol{B}^k$(k 为正整数)仍为实对称矩阵;若 $\boldsymbol{A}$、$\boldsymbol{B}$ 阶数相同,则 $\boldsymbol{A}+\boldsymbol{B}$ 均为 l 阶实对称矩阵。

实对称矩阵 $\boldsymbol{A}$ 的特征值 λ_k、$k=\overline{1,l}$均为实数,可据此将 $\boldsymbol{A}$ 分为五种类型:正定(λ_k 全>0)、半正定(λ_k 全$\geqslant 0$)、负定(λ_k 全<0)、半负定($\lambda_k \leqslant 0$)和不定矩阵(兼有 $\lambda_k>0$、$\lambda_k=0$、$\lambda_k<0$);半正定矩阵也称为非负定矩阵。

实矩阵 $\boldsymbol{X}_{m\times n}$与其转置 $\boldsymbol{X}^{\mathrm{T}}$ 的如下乘积

$$\begin{aligned}\boldsymbol{A}_{m\times m} &= \boldsymbol{X}\boldsymbol{X}^{\mathrm{T}} = (a_{ii'}), \quad a_{ii'} = (\boldsymbol{x}_i, \boldsymbol{x}_{i'}) = \sum_{j=1}^{n} x_{ij}x_{i'j} \\ \boldsymbol{B}_{n\times n} &= \boldsymbol{X}^{\mathrm{T}}\boldsymbol{X} = (b_{jj'}), \quad b_{jj'} = (\boldsymbol{x}_j, \boldsymbol{x}_{j'}) = \sum_{i=1}^{m} x_{ij}x_{ij'}\end{aligned} \tag{1.74}$$

为实对称($a_{ii'}=a_{i'i}$、$b_{jj'}=b_{j'j}$)、非负定(λ_h 全$\geqslant 0$)矩阵;其主对角线元素

$$a_{ii}=(\boldsymbol{x}_i,\boldsymbol{x}_i)=\|\boldsymbol{x}_i\|^2, \quad b_{jj}=(\boldsymbol{x}_j,\boldsymbol{x}_j)=\|\boldsymbol{x}_j\|^2$$

分别是 $\boldsymbol{X}_{m\times n}$的第 i 行向量、第 j 列向量的模方。

式(1.74)中矩阵 $\boldsymbol{A}$、$\boldsymbol{B}$ 的非零特征值对应的特征向量为实变量向量。

求实对称矩阵的特征值、特征向量,是实场序列 X 的经验正交函数(EOF)分析、奇异值分解(SVD)方法的数学基础(第 6 ~ 8 章)。

2\. 埃尔米特矩阵

满足条件 $a_{ij}=\bar{a}_{ji}$、i、$j=\overline{1,l}$($\bar{a}_{ji}$ 的上划线“-”为共轭号)的复变量方阵 $\boldsymbol{A}$ 称为埃尔米特(Hermit)矩阵。埃尔米特矩阵是复数域上的共轭对称方阵;实对称矩阵是其虚部为 0 时的特例。

埃尔米特矩阵具有性质:若 $\boldsymbol{A}$、$\boldsymbol{B}$ 是埃尔米特矩阵,则 $\boldsymbol{A}^{\mathrm{T}}$、$\boldsymbol{B}^{\mathrm{T}}$,$\boldsymbol{A}^{-1}$、$\boldsymbol{B}^{-1}$($\det \boldsymbol{A} \neq 0$、$\det \boldsymbol{B} \neq 0$)仍为埃尔米特矩阵;若 $\boldsymbol{A}$、$\boldsymbol{B}$ 阶数相同,则其和 $\boldsymbol{A}+\boldsymbol{B}$ 也为埃尔米特矩阵。

复矩阵 $\boldsymbol{X}_{m\times n}$的如下乘积

$$\begin{aligned}\boldsymbol{A} &= \boldsymbol{X}\boldsymbol{X}^{\mathrm{T}} = (a_{ii'}), \quad a_{ii'} = (\boldsymbol{x}_i, \boldsymbol{x}_{i'}) = \boldsymbol{x}_i\bar{\boldsymbol{x}}_{i'}^{\mathrm{T}} = \sum_{j=1}^{n} x_{ij}\bar{x}_{i'j} \\ \boldsymbol{B} &= \boldsymbol{X}^{\mathrm{T}}\boldsymbol{X} = (b_{jj'}), \quad b_{jj'} = (\boldsymbol{x}_j, \boldsymbol{x}_{j'}) = \boldsymbol{x}_j^{\mathrm{T}}\bar{\boldsymbol{x}}_{j'} = \sum_{i=1}^{m} x_{ij}\bar{x}_{ij'}\end{aligned} \tag{1.75}$$

为埃尔米特矩阵($a_{ii'}=\bar{a}_{i'i}$、$b_{jj'}=\bar{b}_{j'j}$);其主对角线元素

$$a_{ii}=(\boldsymbol{x}_i,\boldsymbol{x}_i)=\|\boldsymbol{x}_i\|^2, \quad b_{jj}=(\boldsymbol{x}_j,\boldsymbol{x}_j)=\|\boldsymbol{x}_j\|^2$$

分别是 $\boldsymbol{X}_{m\times n}$的第 i 行复向量、第 j 列复向量的模方,是非负实数。

式(1.75)定义的矩阵 $\boldsymbol{A}$、$\boldsymbol{B}$ 是非负定矩阵,其非零特征值对应的特征向量一般为复变量向量。

求埃尔米特矩阵的特征值、特征向量,是复场序列 $\boldsymbol{X}$ 的经验正交函数(CEOF)分析的数学基础(第 7 章)。

3. 对角矩阵

主对角线以外的元素全为零($d_{ij}=0$、$i\neq j$)的方阵称为对角矩阵,l 阶对角矩阵记作

$$\boldsymbol{D}_l=\begin{pmatrix} d_1 & & & 0 \\ & d_2 & & \\ & & \ddots & \\ 0 & & & d_l \end{pmatrix}=\mathrm{diag}(d_1\quad d_2\quad \cdots\quad d_l) \tag{1.76}$$

对角矩阵具有如下性质。

(1)$\boldsymbol{D}_m$ 左乘 $\boldsymbol{X}$:

$$\boldsymbol{D}_m\boldsymbol{X}=\begin{pmatrix} d_1 & & & 0 \\ & d_2 & & \\ & & \ddots & \\ 0 & & & d_m \end{pmatrix}\begin{pmatrix} x_{11} & x_{12} & \cdots & x_{1n} \\ x_{21} & x_{22} & \cdots & x_{2n} \\ \vdots & \vdots & & \vdots \\ x_{m1} & x_{m2} & \cdots & x_{mn} \end{pmatrix}=\begin{pmatrix} d_1x_{11} & d_1x_{12} & \cdots & d_1x_{1n} \\ d_2x_{21} & d_2x_{22} & \cdots & d_2x_{2n} \\ \vdots & \vdots & & \vdots \\ d_mx_{m1} & d_mx_{m2} & \cdots & d_mx_{mn} \end{pmatrix}=(d_ix_{ij})$$

(2)$\boldsymbol{D}_n$ 右乘 $\boldsymbol{X}$:

$$\boldsymbol{X}\boldsymbol{D}_n=\begin{pmatrix} x_{11} & x_{12} & \cdots & x_{1n} \\ x_{21} & x_{22} & \cdots & x_{2n} \\ \vdots & \vdots & & \vdots \\ x_{m1} & x_{m2} & \cdots & x_{mn} \end{pmatrix}\begin{pmatrix} d_1 & & & 0 \\ & d_2 & & \\ & & \ddots & \\ 0 & & & d_n \end{pmatrix}=\begin{pmatrix} d_1x_{11} & d_2x_{12} & \cdots & d_nx_{1n} \\ d_1x_{21} & d_2x_{22} & \cdots & d_nx_{2n} \\ \vdots & \vdots & & \vdots \\ d_1x_{m1} & d_2x_{m2} & \cdots & d_nx_{mn} \end{pmatrix}=(d_jx_{ij})$$

(3)阶数相同的两个对角矩阵可求和、差、积,其结果仍为对角矩阵。

4. 单位矩阵

称 $d_i=1$、$i=\overline{1,l}$的对角矩阵为单位矩阵,记作

$$\boldsymbol{I}=\begin{pmatrix} 1 & & & 0 \\ & 1 & & \\ & & \ddots & \\ 0 & & & 1 \end{pmatrix}=\mathrm{diag}(1\quad 1\quad \cdots\quad 1) \tag{1.77}$$

$\boldsymbol{I}$ 是 E^l 中自然基 $\boldsymbol{E}$ 的矩阵形式。

单位矩阵 $\boldsymbol{I}$ 具有性质:$\boldsymbol{I}_m\boldsymbol{X}=\boldsymbol{X}\boldsymbol{I}_n=\boldsymbol{X}$。

1.3.4　正交变换及其矩阵

正交矩阵是实现线性空间 E(即相空间)中事物(向量、向量集合、坐标系)正交变换的矩阵。旋转矩阵是正交矩阵的一种,它实现 E 中事物的旋转变换,是本书第 6 ~ 8 章的数学基础。这里,对正交变换、正交矩阵,特别是旋转矩阵作简要介绍。

1. 正交变换

相空间中事物之间的联系称为映射或变换。若欧几里得空间 E 中的变换 $\boldsymbol{\Gamma}$ 对属于 E 的任意向量 $\boldsymbol{a}$、$\boldsymbol{b}$ 都成立

$$(\boldsymbol{\Gamma a},\boldsymbol{\Gamma b})=(\boldsymbol{a},\boldsymbol{b}) \tag{1.78}$$

即变换前后内积不变，则称 $\boldsymbol{\Gamma}$ 为正交变换。

正交变换具有如下性质：

(1)由内积定义知，正交变换 $\boldsymbol{\Gamma}$ 作用于单个向量 $\boldsymbol{a}$ 时，$\boldsymbol{a}$ 的模不变(保模)，即 $\|\boldsymbol{\Gamma a}\|=\|\boldsymbol{a}\|$；作用于向量 $\boldsymbol{a}$、$\boldsymbol{b}$ 时，$\boldsymbol{a}$、$\boldsymbol{b}$ 间夹角不变(保角)，即 $\langle\boldsymbol{\Gamma a},\boldsymbol{\Gamma b}\rangle=\langle\boldsymbol{a},\boldsymbol{b}\rangle$。

(2)由 $\boldsymbol{\Gamma}$ 的保模保角性质知，如果 $\boldsymbol{E}$ 是 E 中的标准正交基，则 $\boldsymbol{\Gamma E}$ 也是 E 中的标准正交基。

2. 正交矩阵

满足条件 $\boldsymbol{\Gamma}^{\mathrm{T}}=\boldsymbol{\Gamma}^{-1}$ 的实数方阵 $\boldsymbol{\Gamma}$ 称为正交矩阵。

$\boldsymbol{\Gamma}$ 矩阵性质：若 $\boldsymbol{\Gamma}=(\gamma_{ij})$、$\Delta=(\delta_{ij})$ 是同为 l 阶的正交矩阵，则

(1)行列式 $\det\boldsymbol{\Gamma}=\pm1$；

(2)其逆矩阵 $\boldsymbol{\Gamma}^{-1}$、$\boldsymbol{\Delta}^{-1}$ 为正交矩阵，积 $\boldsymbol{\Gamma\Delta}$ 也为正交矩阵；

(3)行(列)向量标准正交，以 $\boldsymbol{\Gamma}$ 为例

$$(\boldsymbol{\gamma}_i,\boldsymbol{\gamma}_{i'})=\sum_{j=1}^{l}\gamma_{ij}\gamma_{i'j}=\begin{cases}1, & i=i'\\0, & i\neq i'\end{cases}$$

$$(\boldsymbol{\gamma}_j,\boldsymbol{\gamma}_{j'})=\sum_{i=1}^{l}\gamma_{ij}\gamma_{ij'}=\begin{cases}1, & j=j'\\0, & j\neq j'\end{cases}$$

该性质表明，正交矩阵 $\boldsymbol{\Gamma}$、$\boldsymbol{\Delta}$ 均是实欧几里得空间 E 中标准正交基的矩阵。

满足条件 $\overline{\boldsymbol{\Gamma}}^{\mathrm{T}}=\boldsymbol{\Gamma}^{-1}$ 的复数方阵 $\boldsymbol{\Gamma}$ 称为 U 矩阵，它是 U^l 空间中的正交矩阵。

U 矩阵性质：若 $\boldsymbol{\Gamma}=(\gamma_{ij})$、$\boldsymbol{\Delta}=(\delta_{ij})$ 是同为 l 阶的 U 矩阵，则

(1)行列式 $\det\boldsymbol{\Gamma}=1$、$\det\boldsymbol{\Delta}=1$；

(2)其逆矩阵 $\boldsymbol{\Gamma}^{-1}$、$\boldsymbol{\Delta}^{-1}$ 为 U 矩阵，积 $\boldsymbol{\Gamma\Delta}$ 也为 U 矩阵；

(3)行(列)向量标准正交，以 $\boldsymbol{\Gamma}$ 为例

$$(\boldsymbol{\gamma}_i,\boldsymbol{\gamma}_{i'})=\sum_{j=1}^{l}\gamma_{ij}\bar{\gamma}_{i'j}=\begin{cases}1, & i=i'\\0, & i\neq i'\end{cases}$$

$$(\boldsymbol{\gamma}_j,\boldsymbol{\gamma}_{j'})=\sum_{i=1}^{l}\gamma_{ij}\bar{\gamma}_{ij'}=\begin{cases}1, & j=j'\\0, & j\neq j'\end{cases}$$

该性质表明，U 矩阵 $\boldsymbol{\Gamma}$、$\boldsymbol{\Delta}$ 是复欧几里得空间 U^l 中标准正交基的矩阵。

3. 旋转矩阵

线性代数中，按行列式 $\det\boldsymbol{\Gamma}=\pm1$，可将正交变换矩阵 $\boldsymbol{\Gamma}$ 分为两类：$\det\boldsymbol{\Gamma}=+1$ 的正交变换称为旋转变换，又称第一类正交变换；$\det\boldsymbol{\Gamma}=-1$ 的正交变换称为镜面变换，又称第二类正交变换。旋转变换是本书第 6～8 章介绍的两类基本分析方法(经验正交函数分析方法和奇异值分解方法)的数学基础，这里对其基本原理作较详细的介绍。

m 维欧几里得空间中的旋转变换矩阵

$$\boldsymbol{\Gamma}_{pq}=(\gamma_{ij})=\begin{pmatrix}1&&&&&&&&\\&\ddots&&&&&&&\\&&1&&&&&&\\&&&\cos\varphi&\cdots&\sin\varphi&&&\\&&&\vdots&&\vdots&&&\\&&&-\sin\varphi&\cdots&\cos\varphi&&&\\&&&&&&1&&\\&&&&&&&\ddots&\\&&&&&&&&1\end{pmatrix}\begin{matrix}\\\\\\p\text{ 行}\\\\q\text{ 行}\\\\\\\\\end{matrix}\quad(p\text{ 列},\ q\text{ 列})\tag{1.79}$$

其转置矩阵 $\boldsymbol{\Gamma}_{pq}^{\mathrm{T}}$(也是其逆矩阵 $\boldsymbol{\Gamma}_{pq}^{-1}$)为

$$\boldsymbol{\Gamma}_{pq}^{\mathrm{T}}=(\gamma_{ij})^{\mathrm{T}}=\begin{pmatrix}1&&&&&&&&\\&\ddots&&&&&&&\\&&1&&&&&&\\&&&\cos\varphi&\cdots&-\sin\varphi&&&\\&&&\vdots&&\vdots&&&\\&&&\sin\varphi&\cdots&\cos\varphi&&&\\&&&&&&1&&\\&&&&&&&\ddots&\\&&&&&&&&1\end{pmatrix}\begin{matrix}\\\\\\p\text{ 行}\\\\q\text{ 行}\\\\\\\\\end{matrix}\quad(p\text{ 列},\ q\text{ 列})\tag{1.80}$$

$\boldsymbol{\Gamma}_{pq}$、$\boldsymbol{\Gamma}_{pq}^{\mathrm{T}}$ 都是 $\boldsymbol{I}$ 的第 p、q 行(列)向量 $\boldsymbol{e}_p$、$\boldsymbol{e}_q$ 旋转 φ 角,其余行(列)向量不变的结果。

4. $\boldsymbol{\Gamma}_{pq}$ 作用于 X 的分析

先分析 m 阶旋转矩阵 $\boldsymbol{\Gamma}_{pq}$ 作用于 $\boldsymbol{X}$ 的单个列向量 $x=(x_1\quad x_2\quad\cdots\quad x_m)^{\mathrm{T}}$,得

$$\hat{\boldsymbol{x}}=\boldsymbol{\Gamma}_{pq}x=(\hat{x}_1\quad\hat{x}_2\quad\cdots\quad\hat{x}_p\quad\cdots\quad\hat{x}_q\quad\cdots\quad\hat{x}_m)^{\mathrm{T}}\tag{1.81}$$

$$\hat{x}_p=x_p\cos\varphi+x_q\sin\varphi,\quad \hat{x}_q=-x_p\sin\varphi+x_q\cos\varphi$$

$$\hat{x}_i=x_i,\quad i\neq p、q$$

即 $\boldsymbol{\Gamma}_{pq}$ 作用于列向量 $\boldsymbol{x}$ 只改变其坐标 x_p、x_q,其余坐标不变,其实质是使向量 $\boldsymbol{x}$ 在 $\boldsymbol{e}_p$、$\boldsymbol{e}_q$ 平面上的分量 $\boldsymbol{x}_{pq}$ 保模地逆时针旋转 φ 角[图 1.16(a)];它等价于将 E 的基向量 $\boldsymbol{e}_p$、$\boldsymbol{e}_q$ 顺时针旋转 φ 角[图 1.16(b)]。由正交矩阵 $\boldsymbol{\Gamma}$ 的性质(2)知,改变 p、q 值可实现列向量 $\boldsymbol{x}$ 在 E^m 中的任意方向的保模旋转。

再分析 $\boldsymbol{\Gamma}_{pq}$ 作用于 E^m 中的场集 $\boldsymbol{X}_{m\times n}$,得

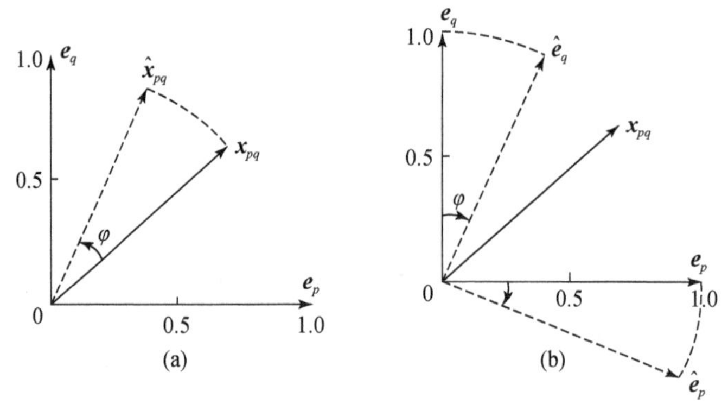

图 1.16　E^m 中单个向量 $\boldsymbol{x}$ 在 $\boldsymbol{x}_p$、$\boldsymbol{x}_q$ 平面上分量 $\boldsymbol{x}_{pq}$ 旋转变换示意($\varphi>0$)

(a)向量旋转 $\hat{\boldsymbol{x}}_{pq}=\boldsymbol{\Gamma}_{pq}\boldsymbol{x}_{pq}(\varphi>0)$;(b)坐标系旋转 $\hat{\boldsymbol{e}}_p=\boldsymbol{\Gamma}_{pq}^{\mathrm{T}}\boldsymbol{e}_p$、$\hat{\boldsymbol{e}}_q=\boldsymbol{\Gamma}_{pq}^{\mathrm{T}}\boldsymbol{e}_q$

$$\hat{\boldsymbol{X}}_{m\times n}=\boldsymbol{\Gamma}_{pq}\boldsymbol{X}_{m\times n}=\begin{pmatrix} & & \cdots & & \cdots & & \\ \hat{x}_{p1} & \cdots & \hat{x}_{pp} & \cdots & \hat{x}_{pq} & \cdots & \hat{x}_{pn} \\ & & \cdots & & \cdots & & \\ \hat{x}_{q1} & \cdots & \hat{x}_{qp} & \cdots & \hat{x}_{qq} & \cdots & \hat{x}_{qn} \\ & & \cdots & & \cdots & & \end{pmatrix} \tag{1.82}$$

由式(1.81)知,$\boldsymbol{X}$ 所有列向量在 $\boldsymbol{e}_p$、$\boldsymbol{e}_q$ 平面上的分向量集 $\boldsymbol{x}_{pq}(j)$,$j=\overline{1,n}$保模逆时针旋转 φ 角[图 1.17(a)],旋转是"刚性"的;旋转后的分量场集 $\hat{\boldsymbol{X}}_{pq}$和场集 $\hat{\boldsymbol{X}}$ 的结构与旋转前 $\boldsymbol{X}_{pq}$、$\boldsymbol{X}$ 相同,它等价于将 $\boldsymbol{e}_p$、$\boldsymbol{e}_q$ 顺时针旋转 φ 角[图 1.17(b)]。

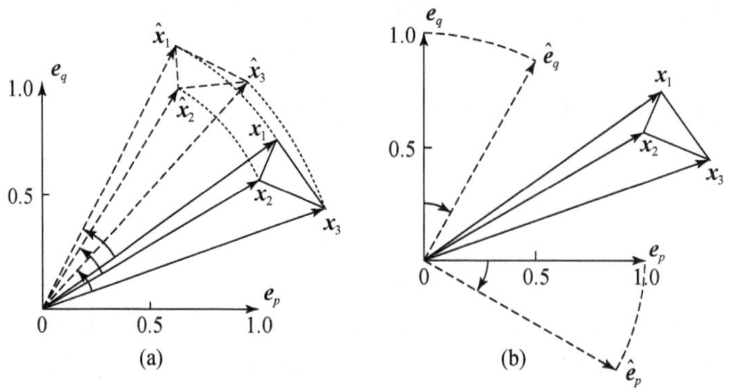

图 1.17　E^m 中向量集合 $\boldsymbol{X}$ 在 $\boldsymbol{e}_p$、$\boldsymbol{e}_q$ 平面上的旋转变换

(a)向量集旋转$\hat{\boldsymbol{X}}_{pq}=\boldsymbol{\Gamma}_{pq}\boldsymbol{X}_{pq}(\varphi>0)$;(b)坐标系旋转 $\hat{\boldsymbol{e}}_p=\boldsymbol{\Gamma}_{pq}^{\mathrm{T}}\boldsymbol{e}_p$、$\hat{\boldsymbol{e}}_q=\boldsymbol{\Gamma}_{pq}^{\mathrm{T}}\boldsymbol{e}_q$。$\boldsymbol{x}_j$、$\hat{\boldsymbol{x}}_j$、$j=\overline{1,3}$是 $\boldsymbol{e}_p$、$\boldsymbol{e}_q$ 平面上的向量集合

最后分析式(1.82)旋转后行向量 $\hat{\boldsymbol{x}}_p$、$\hat{\boldsymbol{x}}_q$ 与旋转前行向量 $\boldsymbol{x}_p$、$\boldsymbol{x}_q$ 的关系。

(1)模方关系:由式(1.79)可证

$$\begin{aligned}\|\hat{\boldsymbol{x}}_p\|^2 &= \sum_{j=1}^{n}(x_{pj}\cos\varphi + x_{qj}\sin\varphi)^2 \\ &= \cos^2\varphi\|\boldsymbol{x}_p\|^2 + \sin^2\varphi\|\boldsymbol{x}_q\|^2 + 2\cos\varphi\sin\varphi(\boldsymbol{x}_p,\boldsymbol{x}_q) \\ \|\hat{\boldsymbol{x}}_q\|^2 &= \sum_{j=1}^{n}(-x_{pj}\sin\varphi + x_{qj}\cos\varphi)^2 \\ &= \sin^2\varphi\|\boldsymbol{x}_p\|^2 + \cos^2\varphi\|\boldsymbol{x}_q\|^2 - 2\cos\varphi\sin\varphi(\boldsymbol{x}_p,\boldsymbol{x}_q)\end{aligned} \tag{1.83}$$

由 φ 和 $\|\boldsymbol{x}_p\|$、$\|\boldsymbol{x}_q\|$ 的任意性,旋转变换 $\boldsymbol{\Gamma}_{pq}$ 一般使 $\|\hat{\boldsymbol{x}}_p\|^2 \neq \|\boldsymbol{x}_p\|^2$、$\|\hat{\boldsymbol{x}}_q\|^2 \neq \|\boldsymbol{x}_q\|^2$,变换改变了行向量 $\boldsymbol{x}_p$、$\boldsymbol{x}_q$ 的模;但 $\|\hat{\boldsymbol{x}}_p\|^2 + \|\hat{\boldsymbol{x}}_q\|^2 = \|\boldsymbol{x}_p\|^2 + \|\boldsymbol{x}_q\|^2$,上述结论在图1.17上一目了然。

(2)交角关系:旋转前行向量 $\boldsymbol{x}_p$、$\boldsymbol{x}_q$ 的交角为

$$\langle\boldsymbol{x}_p,\boldsymbol{x}_q\rangle = \arccos\frac{(\boldsymbol{x}_p,\boldsymbol{x}_q)}{\|\boldsymbol{x}_p\|\ \|\boldsymbol{x}_q\|} \tag{1.84}$$

由式(1.81)求得旋转后行向量 $\hat{\boldsymbol{x}}_p$、$\hat{\boldsymbol{x}}_q$ 的内积

$$\begin{aligned}(\hat{\boldsymbol{x}}_p,\hat{\boldsymbol{x}}_q) &= \sum_{j=1}^{n}(x_{pj}\cos\varphi + x_{qj}\sin\varphi)(-x_{pj}\sin\varphi + x_{qj}\cos\varphi) \\ &= (\cos^2\varphi - \sin^2\varphi)(\boldsymbol{x}_p,\boldsymbol{x}_q) - \cos\varphi\sin\varphi(\|\boldsymbol{x}_p\|^2 - \|\boldsymbol{x}_q\|^2)\end{aligned}$$

及由式(1.83)给出的 $\|\hat{\boldsymbol{x}}_p\|^2$、$\|\hat{\boldsymbol{x}}_q\|^2$,易求得旋转后它们的交角

$$\begin{aligned}\langle\hat{\boldsymbol{x}}_p,\hat{\boldsymbol{x}}_q\rangle &= \arccos[(\hat{\boldsymbol{x}}_p,\hat{\boldsymbol{x}}_q)/\|\hat{\boldsymbol{x}}_p\|\ \|\hat{\boldsymbol{x}}_q\|] \\ &= \arccos\frac{(C^2 - S^2)(\boldsymbol{x}_p,\boldsymbol{x}_q) - CS(\|\boldsymbol{x}_p\|^2 - \|\boldsymbol{x}_q\|^2)}{[C^2\|\boldsymbol{x}_p\|^2 + S^2\|\boldsymbol{x}_q\|^2 - 2CS(\boldsymbol{x}_p,\boldsymbol{x}_q)]^{1/2}[S^2\|\boldsymbol{x}_p\|^2 + C^2\|\boldsymbol{x}_q\|^2 + 2CS(\boldsymbol{x}_p,\boldsymbol{x}_q)]^{1/2}}\end{aligned} \tag{1.85}$$

C、S 分别表示 $\cos\varphi$、$\sin\varphi$。由行向量模 $\|\boldsymbol{x}_p\|$、$\|\boldsymbol{x}_q\|$ 及旋转角 φ 的任意性,一般有 $\langle\hat{\boldsymbol{x}}_p,\hat{\boldsymbol{x}}_p\rangle \neq \langle\boldsymbol{x}_p,\boldsymbol{x}_p\rangle$。故对 $\boldsymbol{X}$ 列向量 $\boldsymbol{x}_p$、$\boldsymbol{x}_q$ 的旋转改变了 $\boldsymbol{X}$ 的行向量 $\boldsymbol{x}_p$、$\boldsymbol{x}_q$ 各自的模方及相互交角。

因 $\boldsymbol{\Gamma}^{\mathrm{T}}$、$\boldsymbol{\Gamma}$ 是互为转置的正交变换,易知 $\boldsymbol{\Gamma}^{\mathrm{T}}$ 作用于 $\boldsymbol{X}_{m\times n}$ 仅使其列向量 $\boldsymbol{x}_j$、$j=\overline{1,n}$ 在 $\boldsymbol{e}_p$、$\boldsymbol{e}_q$ 平面上的分量保模,顺时针旋转 φ 角,其余所有结论不变。

旋转变换是第6~8章经验正交函数分析、奇异值分解方法的基础。

1.4 说 明

本书按统一体例编写。补充如下三点说明:

(1)用大写英文或希腊字母表示大气环流或气象要素、统计量的名称,如 A、X、Λ;它们的单个数值以小写字母表示,如 a、x、λ。一般地,相空间、域以正体字母表示,如 E、H、R;相空间中的单个向量(即一个场、一个演变)以小写黑体字母表示(如 $\boldsymbol{a}$、$\boldsymbol{x}$、$\boldsymbol{\lambda}$),向量集合以大写黑体字母表示(如 $\boldsymbol{A}$、$\boldsymbol{X}$、$\boldsymbol{\Lambda}$);在变量场序列矩阵中,尽量将场表示为列向量,将时间序列表示

为行向量。但为方便阅读原文献,保留了大多数文献中原来使用的符号。

(2)选例分为演例和实例两类:演例用于演示方法原理和计算过程,使用假象数据;实例用来演示方法分析过程和功能,使用实际资料。

(3)用附表给出用本书方法求得的重要数据,因数据量大,放在书末。

1.5 小　　结

(1)建立了场(演变)与相空间 E^n、H 中向量的对应关系,定义了相空间 E^n、H 中的内积运算。分析了相空间中单个向量的性质及两个向量的相互关系。从几何角度阐明了场(演变)正交分解的实质及场(演变)正交分解主要统计量(内积、模、交角、投影、系数、模方拟合率、模方拟合误差率)的意义。它们是理解本书涉及分析方法的基础。

(2)介绍了与本书内容有关的数值积分及矩阵的知识。它们是完成分析方法计算的基础。

(3)简要说明了书中符号、选例、表格的类型和差别。

参考文献

北京大学数学系几何与代数教研室代数小组,1988. 高等代数[M]. 2 版. 北京:高等教育出版社.

布赖姆 E O,1979. 快速富里叶变换[M]. 柳群译. 上海:上海科学技术出版社.

陈志杰,2000. 高等代数与解析几何:上册[M]. 北京:高等教育出版社.

冯康,1978. 数值计算方法[M]. 北京:国防工业出版社.

柳重堪,1982. 正交函数及其应用[M]. 北京:国防工业出版社.

《数学手册》编写组,1979. 数学手册[M]. 北京:人民教育出版社.

徐萃薇,1985. 计算方法引论[M]. 北京:高等教育出版社.

郑崇友,王汇淳,侯忠义,等,2000. 几何学引论[M]. 2 版. 北京:高等教育出版社.

复　习　题

1. 分别给出气象场(场集)和气象要素演变(演变集)的实例,它们可映射为空间 E^n 或 H 中的向量或向量集合:

a)E^n 中一个向量;

b)H 中一个向量;

c)E^n 中一个向量集合;

d)H 中一个向量集合。

并说明将场(演变)或其集合看作 E^n、H 中的向量有何意义?

2. $\{\boldsymbol{e}_i, i=\overline{1,n}\}$ 是 E^n 中的一个非标准正交基。$\boldsymbol{x}=\sum_{i=1}^{n} x_i\boldsymbol{e}_i$、$\boldsymbol{y}=\sum_{i=1}^{n} y_i\boldsymbol{e}_i$ 是 E^n 中的两个向量;写出下列几何量的表达式或计算式:

a)$\boldsymbol{x}$、$\boldsymbol{y}$ 的第 i 个分量 $\boldsymbol{x}_i$、$\boldsymbol{y}_i$ 的表达式;

b)模 $\|\boldsymbol{x}\|$、$\|\boldsymbol{y}\|$ 和分量模 $\|\boldsymbol{x}_i\|$、$\|\boldsymbol{y}_i\|$ 的计算式;

c)交角 $\langle\boldsymbol{x},\boldsymbol{y}\rangle$,$\langle\boldsymbol{x},\boldsymbol{e}_i\rangle$、$\langle\boldsymbol{y},\boldsymbol{e}_i\rangle$ 的计算式;

d)投影 $P_y\boldsymbol{x}$、$P_x\boldsymbol{y}$ 的计算式。

3. $\{\vec{e}_i, i=\overline{1,3}\}$ 是 E^3 中的标准正交基，其上向量 $\vec{a}\sim(3\quad -2\quad 1)$、$\vec{b}\sim(1\quad 1\quad 1)$。求：

a) $\|\vec{a}\|$、$\|\vec{b}\|$；

b) $\vec{a}$、$\vec{b}$ 的交角 $\langle\vec{a},\vec{b}\rangle$；

c) $\vec{a}$ 在 $\vec{b}$ 上的投影 $P_{\vec{b}}\vec{a}$；

d)分量 $\vec{a}_1$ 对 $\vec{a}$ 的模方拟合率 ρ_1；

设另一正交基 $\{\vec{e}_i', i=\overline{1,3}\}$ 与标准化正交基 $\{\vec{e}_i, i=\overline{1,3}\}$ 的关系为 $\vec{e}_1'=-\vec{e}_1$、$\vec{e}_2'=\vec{e}_2/2$、$\vec{e}_3'=2\vec{e}_3$，写出：

e) $\vec{a}$、$\vec{b}$ 在基 $\{\vec{e}_i', i=\overline{1,3}\}$ 上的表达式；

f)用 e)中 $\vec{a}$、$\vec{b}$ 求得 a)至 d)中所有量的值。

4. 某区域 D 上均匀分布着 n 个测站，其上某两年1月的平均气温场 $\boldsymbol{t}_1$、$\boldsymbol{t}_2$ 分别为 $t_1(s)$、$t_2(s)$，$s=\overline{1,n}$。写出两个场作为 E^n 中的向量时的如下几何量的算式：

a)模 $\|\boldsymbol{t}_1\|$、$\|\boldsymbol{t}_2\|$；

b)交角 $\langle\boldsymbol{t}_1,\boldsymbol{t}_2\rangle$；

c)投影 $P_{t_1}\boldsymbol{t}_2$、$P_{t_2}\boldsymbol{t}_1$。

5. 验证：

a)梯形求积公式有一次代数精确度；

b)辛普森求积公式有三次代数精确度。

6. 用矩阵 $\boldsymbol{X}_{m\times n}$ 表示 E^m 中的场集合、E^n 中的序列集合时，指出集合元素 $\boldsymbol{x}_j$、$\boldsymbol{x}_i$ 与 $\boldsymbol{X}_{m\times n}$ 行、列向量的对应关系。矩阵 $\boldsymbol{X}_{m\times n}$ 的秩 r 的定义是什么？试以低 $m(n)$ 时的 $\boldsymbol{X}_{m\times n}$ 为例，说明 r 的几何意义。

7. 为什么当 $\boldsymbol{X}_{m\times n}$ 为实数(复数)矩阵时，$\boldsymbol{A}=\boldsymbol{X}\boldsymbol{X}^{\mathrm{T}}$ 为实对称非负定(共轭对称)矩阵？简要说明之。

8. m 阶旋转矩阵 $\boldsymbol{\Gamma}_{pq}$[式(1.79)]作用于矩阵 $\boldsymbol{X}_{m\times n}$ 的结果是什么？它等价于 E^m 中标准正交基的何种变换？试从 E^m 中单个列向量 $\boldsymbol{x}$ 和列向量集合 $(\boldsymbol{x}_j)_n$ 的变化说明之。此时，$\boldsymbol{X}_{m\times n}$ 的行向量集合 $(\boldsymbol{x}_i)_m$ 有何变化？

第2章 环流分解及应用

环流分解是大气环流时空结构分析及环流系统维持机制研究的基本方法(Starr and White,1954)。Lorenz(1967)系统地阐述了环流分解一般原理,论证了它在大气环流研究中的重要性(洛伦茨,1976)。2.1节简要给出环流分解的基本公式,从几何角度阐明了各分量的性质及相互关系;2.2~2.4节以实例说明其应用。

2.1 环流分解原理

2.1.1 分解对象

Lorenz环流分解的对象,是过子午面上点(φ,p)的一个完整纬圈$\lambda\in[0,2\pi)$上的环流量A的场序列$\boldsymbol{A}$,其矩阵形式为

$$\boldsymbol{A}=\begin{pmatrix} a_{11} & a_{12} & \cdots & a_{1j} & \cdots & a_{1n} \\ a_{21} & a_{22} & \cdots & a_{2j} & \cdots & a_{2n} \\ \vdots & \vdots & & \vdots & & \vdots \\ a_{i1} & a_{i2} & \cdots & a_{ij} & \cdots & a_{in} \\ \vdots & \vdots & & \vdots & & \vdots \\ a_{m1} & a_{m2} & \cdots & a_{mj} & \cdots & a_{mn} \end{pmatrix} \tag{2.1}$$

元素a_{ij}是i场点j时刻A的值,i在纬圈上、j在时域上均匀分布。$\boldsymbol{A}$的第i行行向量$\boldsymbol{a}_i=(a_{i1}\quad a_{i2}\quad\cdots\quad a_{in})$是$i$场点$A$的时间序列,是$\mathrm{E}^n$中的一个向量;$\boldsymbol{A}$的第$j$列列向量$\boldsymbol{a}_j=(a_{1j}\quad a_{2j}\quad\cdots\quad a_{mj})^{\mathrm{T}}$是$j$时刻沿完整纬圈的$A$场,是$\mathrm{E}^m$中的一个向量。而$\boldsymbol{A}$是序列$\boldsymbol{a}_i$(或向量$\boldsymbol{a}_i$)的集合,元素个数$m$;也是场$\boldsymbol{a}_j$(向量$\boldsymbol{a}_j$)的集合,元素个数$n$。$\boldsymbol{a}_i$、$\boldsymbol{a}_j$和$\boldsymbol{A}$是时域、空域和时空域上环流分解的直接对象。为简便,在不产生误解的情况下,我们将向量$\boldsymbol{a}_i$、$\boldsymbol{a}_j$均标为$\boldsymbol{a}$。

式(2.1)中选择纬圈为空域,是因为许多环流量纬向(东西向)分布随时间(季、年际)的变化远大于经向(南北向),且它们对大气环流气候态的维持和气候异常的形成十分重要。

2.1.2 分解式

$\boldsymbol{a}_i$、$\boldsymbol{a}_j$和$\boldsymbol{A}$的环流分解分别简称为时域、空域、时空域上的分解,下面给出其分解式。

1. 时域上的分解

A要素时间序列$\boldsymbol{a}$是$\boldsymbol{A}$的任意一行向量$\boldsymbol{a}_i$,其分解式为

$$\boldsymbol{a} = \bar{\boldsymbol{a}} + \boldsymbol{a}' \tag{2.2a}$$

式中各项均为 n 维行向量；右端，时间平均分量 $\bar{\boldsymbol{a}}$ 全由常数 $\bar{a}=\frac{1}{n}\sum_{j=1}^{n}a_j$ 构成，不随 j 变化；距平分量 $\boldsymbol{a}'$ 由 $a'_j=a_j-\bar{a}$ 构成，随 j 变化。"–"、"′"分别是时间平均、距平算符。

2. 空域上的分解

A 要素场 $\boldsymbol{a}$ 是 $\boldsymbol{A}$ 的任意一列向量 $\boldsymbol{a}_j$，其分解式为

$$\boldsymbol{a}=[\boldsymbol{a}]+\boldsymbol{a}^* \tag{2.2b}$$

式中各项均为 m 维列向量；右端，纬圈平均分量$[\boldsymbol{a}]$全由常数 $[a]=\frac{1}{m}\sum_{i=1}^{m}a_i$ 构成，不随 i 变化；纬偏分量 $\boldsymbol{a}^*$ 由 $a_i^*=a_i-[a]$ 构成，随 i 变化。"[ ]"、"*"分别是纬圈平均、纬偏算符。

3. 时空域上的分解

A 要素场序列 $\boldsymbol{A}$ 的分解，可按先时域后空域顺序分解，也可按先空域后时域顺序分解，最终分解结果等价。按先空域后时域的分解式为

$$\boldsymbol{A} = [\bar{\boldsymbol{A}}] + \bar{\boldsymbol{A}}^* + [\boldsymbol{A}'] + \boldsymbol{A}'^* = {}_1\boldsymbol{A} + {}_2\boldsymbol{A} + {}_3\boldsymbol{A} + {}_4\boldsymbol{A} \tag{2.2c}$$

式中各项均为场序列，均为 $m\times n$ 维矩阵。右端各项以左下标标识，第一项${}_1\boldsymbol{A}$ 是时间和纬圈平均分量$[\bar{\boldsymbol{A}}]$，全由常数 $[\bar{a}]=\frac{1}{m\times n}\sum_{i=1}^{m}\sum_{j=1}^{n}a_{ij}$ 构成，它不随 i、j 变化；其 i 行行向量${}_1\boldsymbol{a}_i$ 是由$[\bar{a}]$构成的常序列，j 列列向量${}_1\boldsymbol{a}_j$ 是由$[\bar{a}]$构成的常量场。第二项${}_2\boldsymbol{A}$ 是时间平均的纬偏分量 $\bar{\boldsymbol{A}}^*$，其每一列列向量${}_2\boldsymbol{a}_j$ 均是由 $\bar{a}_i^*=\bar{a}_i-[\bar{a}]$ 构成的纬偏场，$\bar{a}_i^*$ 随 i 变化、不随 j 变化。第三项${}_3\boldsymbol{A}$ 是距平场的纬圈平均分量$[\boldsymbol{A}']$，其每一行行向量${}_3\boldsymbol{a}_j$ 均是由 $[a']_j=\frac{1}{m}\sum_{i=1}^{m}a'_{ij}$ 构成的纬圈平均距平序列，$[a']_j$ 随 j 变化、不随 i 变化。第四项${}_4\boldsymbol{A}$ 是距平场的纬偏分量$\boldsymbol{A}'^*$，它是由元素 $a'^*_{ij}=a'_{ij}-[a']_i$ 构成的矩阵，a'^*_{ij} 随其 i、j 变化。

2.1.3 分量性质

分解式(2.2a)～(2.2c)右端各分量有如下性质：

(1)平均项(右端第一项)具有均匀性。即 $\bar{\boldsymbol{a}}$、$[\boldsymbol{a}]$、$[\bar{\boldsymbol{A}}]$分别为时域、空域、时空域上的均匀序列、均匀场、均匀场序列；其元素 $\bar{a}$、$[a]$、$[\bar{a}]$为常量。

(2)偏差项(右端带距平、纬偏各项)均为中心化分量，a'、a^*、$\bar{A}^*$、$[A']$、A'^* 的元素之和为 0，即

$$\sum_{j=1}^{n}a'_j=0,\quad \sum_{i=1}^{m}a_i^*=0$$

$$\sum_{i=1}^{m}\sum_{j=1}^{n}\bar{a}_{ij}^*=n\sum_{i=1}^{m}\bar{a}_i^*=0,\quad \sum_{i=1}^{m}\sum_{j=1}^{n}[a']_{ij}=m\sum_{j=1}^{n}[a']_j=0$$

$$\sum_{i=1}^{m}\sum_{j=1}^{n}a'^*_{ij}=0$$

(3)右端所有分量相互正交,即

$$(\bar{a},a')=0$$

$$([a],a^*)=0$$

$$([\bar{A}],\bar{A}^*)=([\bar{A}],[A'])=([\bar{A}],A'^*)=0,$$

$$(\bar{A}^*,[A'])=(\bar{A}^*,A'^*)=([A'],A'^*)=0$$

式中,(,)为相应域上向量内积算符,两个向量 x、y 正交的充分必要条件是$(x,y)=0$。时空域上环流分解各分量可理解为 $m\times n$ 维 E 空间向量,内积运算在 $E^{m\times n}$ 中进行。

环流分解是相空间中的正交分解,分量的正交性是模方分析的基础。

2.1.4　两类场序列的环流分解

场序列式(2.1),可按时间序列性质分为两类:① A 为某年某月的瞬时场序列(或称天气场序列),a_{ij}为该月 i 格点、j 时刻上 A 环流量瞬时值;它主要用于大气环流的动力诊断分析。② A 为某月平均场多年序列(或称为气候场序列),a_{ij}为 i 格点、j 年上该月 A 环流量的月平均值;它主要用于大气环流的气候及异常分析。分解式(2.2)适合上述两类场序列的分解,其环流分量的名称如表 2.1、表 2.2 所示。

表 2.1　瞬时场序列分解对象和分量名称

分解式	分解对象	右端第一项	右端第二项	右端第三项	右端第四项
式(2.2a)	瞬时序列 a_i	月均 $\bar{a}_i$	瞬变 a_i'	—	—
式(2.2b)	瞬时场 a_j	瞬变纬均$[a_j]$	瞬变涡旋 a_j^*	—	—
式(2.2c)	瞬时场序列 A	月纬均$[\bar{A}]$ (准定常纬均)	月均纬偏$\bar{A}^*$ (准定常波)	纬均瞬变距平$[A']$ (纬均瞬变)	瞬变纬偏A'^* (瞬变涡旋)

表 2.2　月均场序列分解对象和分量名称

分解式	分解对象	右端第一项	右端第二项	右端第三项	右端第四项
式(2.2a)	月均序列 a_i	多年平均 $\bar{a}_i$(气候)	月距平 a_i'(异常)	—	—
式(2.2b)	月均场 a_j	月纬均$[a_j]$	月纬偏 a_j^* (准定常波)	—	—
式(2.2c)	月均场序列 A	多年平均纬均$[\bar{A}]$ (气候纬均)	多年平均纬偏 $\bar{A}^*$ (定常波)	纬均距平$[A']$ (纬均异常)	距平纬偏 A'^* (定常波异常)

说明:①由表 2.1,A 求得的时间平均场 $\bar{A}$ 的任一列向量 $\bar{a}_j$,即表 2.2 分解对象月均场序列 A 的 j 年列向量 a_j;而月均场序列 A 的时间平均(多年平均)场,在 n 足够大($n\geqslant 30$)时称为气候场。②瞬时场序列的 A'称为“瞬变”,A^* 称为“涡旋”,A'^* 称为“瞬变涡旋”,是天气尺度系统;月均场序列的 A'称为“距平”或“异常”,A^* 称为准定常波,$\bar{A}^*$ 称为定常波,A'^* 称为准定常波异常(简称为定常波异常),是气候尺度系统。③在瞬时场序列的实际分析中,常

将式(2.2c)右端的第三、四项合并为 $\boldsymbol{A}'=[\boldsymbol{A}']+\boldsymbol{A}'^{*}$，此时式(2.2c)写为

$$\boldsymbol{A}=[\bar{\boldsymbol{A}}]+\bar{\boldsymbol{A}}^{*}+\boldsymbol{A}' \tag{2.3}$$

式(2.2c)中的 $\boldsymbol{A}'^{*}$ 仅是式(2.3)中的 $\boldsymbol{A}'$ 的一个部分，但很多文献也称式(2.3)中的 $\boldsymbol{A}'$ 为“瞬变涡旋”；显然，$\boldsymbol{A}'$、$\boldsymbol{A}'^{*}$ 的环流意义不同，实际分析中需据定义式区分。

2.1.5 环流分解的几何分析

时、空一维域上的环流分解有简明几何意义。

取空域分解对象为 1997 年 45°N 1 月 500hPa 位势高度 H_{500} 的月平均场 $\boldsymbol{h}$[图 2.1(a)中曲线、左坐标]；空域分解结果为 1997 年 1 月纬向平均量 $[\boldsymbol{h}]$（图中横轴位于 $[h]$=5413.6gpm①）和该年 1 月准定常波分量 $\boldsymbol{h}^{*}$[图 2.1(a)中曲线、右坐标]。时域分解对象为(90°E,45°N)格点(新疆将军庙以北)1 月 H_{500} 的 40 年(1958～1997 年)时间序列 $\boldsymbol{h}$[图 2.1(b)中曲线、右坐标]；时域分解结果为气候分量 $\bar{\boldsymbol{h}}$（图中横轴位于 $\bar{h}$=5494.5gpm）和异常分量 $\boldsymbol{h}'$[图 2.1(b)中曲线、右坐标]。

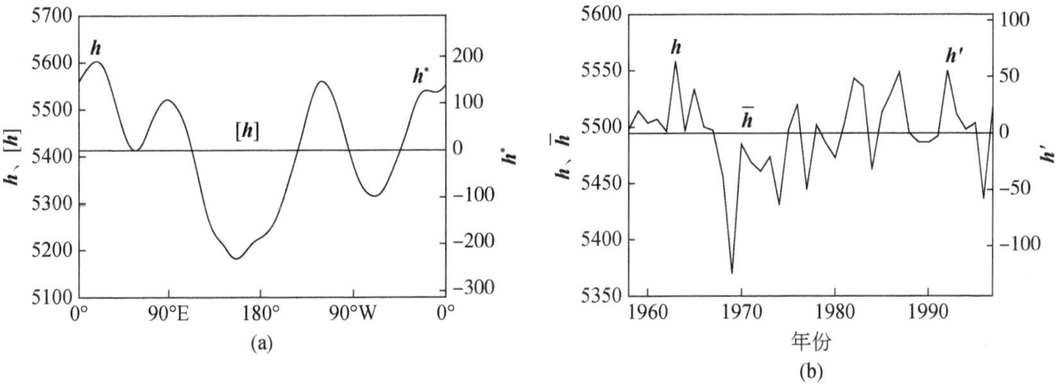

图 2.1　月均场序列时、空一维环流分解图(单位：gpm)

(a)1997 年 1 月 45°N H_{500} 月平均场；(b)1958～1997 年 1 月(90°E,45°N)格点 H_{500} 月平均值序列

由图 2.1，分解对象 $\boldsymbol{h}$ 与分量的几何关系表现为两个方面：①矢量和关系，即 $\boldsymbol{h}=[\boldsymbol{h}]+\boldsymbol{h}^{*}$、$\boldsymbol{h}=\bar{\boldsymbol{h}}+\boldsymbol{h}'$；②模方和关系，即 $\|\boldsymbol{h}\|^2=\|[\boldsymbol{h}]\|^2+\|\boldsymbol{h}^{*}\|^2$、$\|\boldsymbol{h}\|^2=\|\bar{\boldsymbol{h}}\|^2+\|\boldsymbol{h}'\|^2$，其原因是 $[\boldsymbol{h}]\perp\boldsymbol{h}^{*}$、$\bar{\boldsymbol{h}}\perp\boldsymbol{h}'$。它们由图 2.2 直观给出。

可以证明，图 2.2 中的 $[\boldsymbol{h}]$ 和 $\bar{\boldsymbol{h}}$ 有如下性质：

(1)它们是 E^m(E^n)中边长为 $[h]$($\bar{h}$)的超立方体的对角线，其模为

$$\begin{aligned}\|[\boldsymbol{h}]\| &= \sqrt{m}\,|[h]| \\ \|\bar{\boldsymbol{h}}\| &= \sqrt{n}\,|\bar{h}|\end{aligned} \tag{2.4}$$

① gpm：位势米，位势高度的单位。

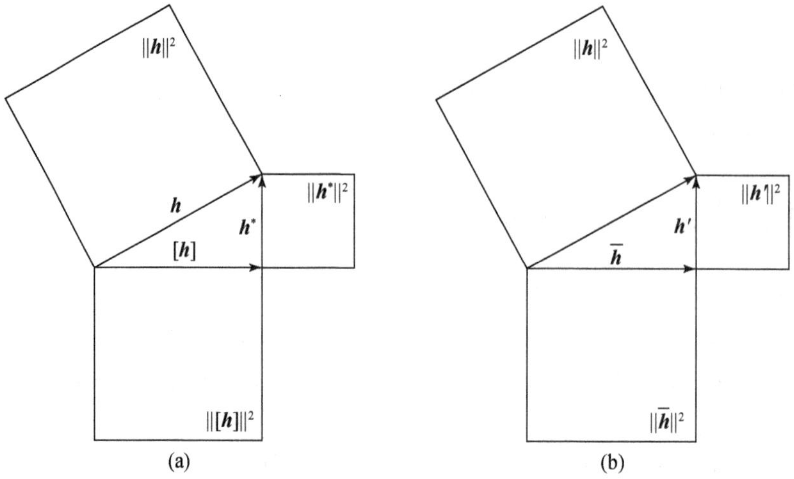

图 2.2　相空间中时、空一维域环流分解示意图

(a)场 $\boldsymbol{h}(E^m)$;(b)时间序列 $\boldsymbol{h}(E^n)$

对图 2.1 的例子,$\|[\boldsymbol{h}]\|=64963$gpm、$\|\bar{\boldsymbol{h}}\|=34750$gpm。

(2)它们与 $E^m(E^n)$ 中所有方向分量均为 1 的向量共线,并与所在相空间中自然基基向量 $\boldsymbol{e}_i$、$i=\overline{1,m}$ 或 $\boldsymbol{e}_j$、$j=\overline{1,n}$ 的交角为

$$\zeta=\langle[\boldsymbol{h}],\boldsymbol{e}_i\rangle=\arccos(\pm 1/\sqrt{m})$$
$$\eta=\langle\bar{\boldsymbol{h}},\boldsymbol{e}_j\rangle=\arccos(\pm 1/\sqrt{n}) \tag{2.5}$$

式右圆括号内的+、-与 $[h]$、$\bar{h}$ 的+、-相同。表 2.3 给出了 $\zeta(\eta)$ 随 $m(n)$ 的变化,当 $m(n)$ 趋于∞时,$\zeta(\eta)$ 趋于 $\pi/2$。

表 2.3　若干 $m(n)$ 对应的 $[h](\bar{h})$ 与 e_i、e_j 的交角 $\zeta(\eta)$ 值　　(单位:°)

$m(n)$	2	3	5	10	20	40	50	100	144	1000
$\bar{h}$、$[h]>0$	45	54.7	63.4	71.6	77.1	80.9	81.9	84.3	85.2	88.2
$\bar{h}$、$[h]<0$	135	125.3	116.6	108.4	102.9	99.1	98.1	95.7	94.8	91.8

注:$\zeta(m=144)=85.2°$、$\eta(n=40)=80.9°$,对应图 2.1(a)、(b)的 $[\boldsymbol{h}]$、$\bar{\boldsymbol{h}}$。

容易算出图 2.1 中 $\|\boldsymbol{h}^*\|=1485.6$gpm、$\|\boldsymbol{h}'\|=227.05$gpm,它们与 $\|[\boldsymbol{h}]\|$、$\|\bar{\boldsymbol{h}}\|$ 之比分别为 0.023、0.007,故它们远小于 $\|[\boldsymbol{h}]\|$、$\|\bar{\boldsymbol{h}}\|$;交角 $\langle[\boldsymbol{h}],\boldsymbol{h}\rangle=1.310°$、$\langle\bar{\boldsymbol{h}},\boldsymbol{h}\rangle=0.374°$。故图 2.2 只是 $\boldsymbol{h}$ 空域、时域分解的示意图。

2.1.6　物理量通量的分解

通量定义为单位时间内大气运动引起的通过单位面积面元 Ω 的物理量输送。$\vec{n}$ 为 Ω 的

法向方向,用 $\vec{w}$ 表示(λ,φ,p)处空气运动速度,a 表示该处单位体积大气所含物理量(图 2.3)。显然,$w_n=(\vec{w},\vec{n})=|\vec{w}|\cos\langle\vec{w},\vec{n}\rangle$是单位时间通过 Ω 的空气体积,而 aw_n 为其中所含物理量,即物理量通量。

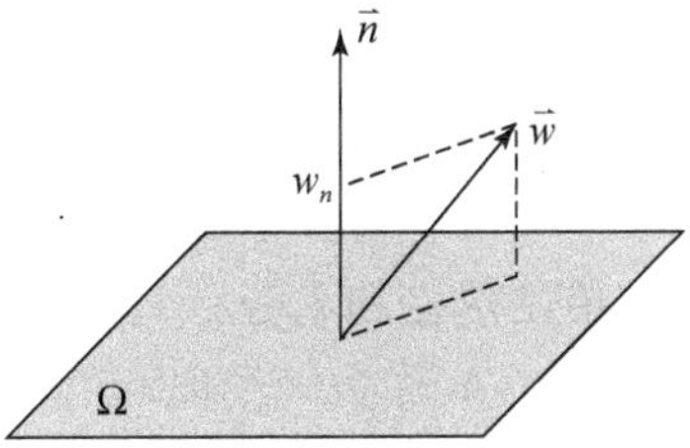

图 2.3　物理量 a 输送通量计算示意图

Ω 为单位面积面元,$\vec{n}$ 为法向单位矢量,$\vec{w}$ 为面元空气的三维运动分量$(\vec{w}=u\vec{i}+v\vec{j}+w_n\vec{n})$

在纬向对称大气环流维持机制研究中,重点分析子午面(φ,z)上的物理量通量,即向北$(\vec{j})$、向上$(\vec{k})$或向下$(\vec{p})$的通量。此时,Ω 为等 φ 面、等 z 面(或等 p 面)上的单位面积面元 Ω_φ、Ω_z(或 Ω_p);对输送有贡献的运动分量分别为 v、w(或 ω),通量分别为 av、aw(或 $a\omega$)。

物理量通量分解对瞬时场(即天气场)时间序列资料进行。以 t_y 年、t_m 月(φ,p)点上物理量 A 的向北输送通量 av 的计算为例,利用要素 A、V 的分解式(2.2c)右端各项的正交性,其月、纬圈的时空平均分解式为

$$[\overline{av}]=[\bar{a}][\bar{v}]+[\bar{a}^*\bar{v}^*]+\overline{[a'][v']}+[\overline{a'^*v'^*}] \tag{2.6}$$

右端第一项的名称为 t_y 年、t_m 月的平均经圈环流向北输送通量,$[\bar{a}][\bar{v}]=([\bar{\boldsymbol{a}}_i],[\bar{\boldsymbol{v}}])/n$;第二项为准定常波向北输送通量,$[\bar{a}^*\bar{v}^*]=(\bar{\boldsymbol{a}}_j^*,\bar{\boldsymbol{v}}^*)/m$;第三项为瞬变纬均向北输送通量,$\overline{[a'][v']}=([\boldsymbol{a}'_i],[\boldsymbol{v}'])/n$;第四项为瞬变涡旋向北输送通量,$[\overline{a'^*v'^*}]=(\boldsymbol{a}'^*,\boldsymbol{v}'^*)/(mn)$。式(2.6)左、右各项均是$(\varphi,p)$的函数,全部计算结果可用子午面图完整表达。

由式(2.3),将式(2.6)右端的两个瞬变项(第三、四项)合并,得其另一形式

$$[\overline{av}]=[\bar{a}][\bar{v}]+[\bar{a}^*\bar{v}^*]+[\overline{a'v'}] \tag{2.7}$$

右端末项$[\overline{a'v'}]$仍称为瞬变涡旋向北输送通量,但它显然不是式(2.6)中的$[\overline{a'^*v'^*}]$,实际计算与分析时,应该注意它们的区别。

对式(2.6)、式(2.7)计算结果作多年平均,当总年数 n 足够大时得通量及其分量的气候平均。式(2.7)右端第一项的多年平均反映了 Hadley、Ferrel 等平均经圈环流向北输送作用;第二项的多年平均反映与海陆分布及地形影响有关的大气活动中心、平均槽脊(即准定常波)的输送作用;第三项的多年平均反映瞬变涡旋的向北输送作用。

类似于向北输送通量 av 的分解,可以写出气压坐标下向下输送通量 $a\omega$ 的分解式

$$[\overline{a\omega}]=[\bar{a}][\bar{\omega}]+[\bar{a}^*\bar{\omega}^*]+\overline{[a'][\omega']}+[\overline{a'^*\omega'^*}] \tag{2.8}$$

和

$$[\overline{a\omega}]=[\bar{a}][\bar{\omega}]+[\bar{a}^*\bar{\omega}^*]+[\overline{a'\omega'}] \tag{2.9}$$

环流分解是研究大气环流异常特征及大气平均维持机制的重要方法。后面三节(2.2 ~

2.4 节）通过分析实例，说明环流分解的实际应用。2.2 节给出时域分解应用实例，结果可供空域分解参考；2.3 节给出时空域分解应用实例；2.4 节给出物理量输送的环流分解应用实例。实例所涉及的分析对象都是基本的，因此也是重要的。

2.2　时域环流分解应用实例——中国季气温、降水的气候变化分析

季、月平均气温和降水量，是与单站热量和水分有关的两个最重要的气候状态参数。当 $n\geqslant 30$ 年时，它们的 n 年平均值和均方差被称为气候值和气候变率，是表征单站气候和气候异常平均状态的两个统计量。一般认为，气候值、气候变率具有长期稳定性；但当气候系统发生变化时，它们将发生变化，称这种改变为气候变化；如过去百年的全球增暖（全球气温气候值的增高）伴随局域气候要素气候值、气候变率的改变。这里介绍基于时域上的环流分解方法，用中国 160 站 60 年（1951～2010 年）冬（12 月～次年 2 月）、夏（6～8 月）季平均气温（以 F 记）、总降水量（以 G 记）场序列资料 $\boldsymbol{F}$、$\boldsymbol{G}$，分析中国单站 F、G 气候值、气候变率的变化，以揭示全球增暖背景下的中国气候变化。下面给出分析方案，再简要给出分析结果。

2.2.1　分析对象和统计量

1. 分析对象

将中国 160 站季平均气温、季降水量（简称气温、降水）场 60 年序列 $\boldsymbol{F}_{m\times n}$、$\boldsymbol{G}_{m\times n}$ 统一表达为矩阵

$$\boldsymbol{X}_{m\times n}=\begin{pmatrix} x_{11} & x_{12} & \cdots & x_{1n} \\ x_{21} & x_{22} & \cdots & x_{2n} \\ \vdots & \vdots & & \vdots \\ x_{m1} & x_{m2} & \cdots & x_{mn} \end{pmatrix} \tag{2.10}$$

它们的行向量 $\boldsymbol{x}_i$ 是 i 站气温、降水的多年序列，元素 x_{ij} 为 i 站、j 年气温、降水值；$i=\overline{1,m}$、$j=\overline{1,n}$，$m=160$ 站、$n=60$ 年。$\boldsymbol{X}$（即 $\boldsymbol{F}$ 或 $\boldsymbol{G}$）是时域均匀、空域不均匀（见第 5 章、第 9 章）的气候资料，本节只给出其时域分解应用实例。

2. 统计量

将 $\boldsymbol{X}$ 的任一行向量 $\boldsymbol{x}$（它是 i 站 F 或 G 要素的 60 年序列）分成长为 n_1、n_2 的两个子序列 $\boldsymbol{x}_1$、$\boldsymbol{x}_2$，右下标 $k=1$、2 为子序列序；$n_1+n_2=n=60$ 年，$\boldsymbol{x}=(\boldsymbol{x}_1,\boldsymbol{x}_2)$。$\boldsymbol{x}$、$\boldsymbol{x}_1$、$\boldsymbol{x}_2$ 都是时域上环流分解的直接对象。

根据时域上的环流分解式（2.2a），

$$\begin{aligned} \boldsymbol{x} &= \bar{\boldsymbol{x}} + \boldsymbol{x}' \\ \boldsymbol{x}_k &= \bar{\boldsymbol{x}}_k + \boldsymbol{x}'_k \end{aligned} \tag{2.11}$$

其右端的均值序列 $\bar{\boldsymbol{x}}$、$\bar{\boldsymbol{x}}_k$ 是由均值（即气候值）

$$\bar{x} = \frac{1}{n}\sum_{j=1}^{n} x_j$$
$$\bar{x}_k = \frac{1}{n_k}\sum_{j=1}^{n_k} x_{kj} \tag{2.12}$$

构成的均匀序列;距平序列 $\boldsymbol{x}'$、$\boldsymbol{x}'_k$ 由距平(即异常)

$$x'_j = x_j - \bar{x}, \quad j = \overline{1,n}$$
$$x'_{kj} = x_{kj} - \bar{x}_k, \quad j = \overline{1,n_k}$$

构成,由此求得距平序列 $\boldsymbol{x}'$、$\boldsymbol{x}'_k$ 的模方

$$s = \|\boldsymbol{x}'\|^2 = (\boldsymbol{x}',\boldsymbol{x}') = \sum_{j=1}^{n} x'^2_j$$
$$s_k = \|\boldsymbol{x}'_k\|^2 = (\boldsymbol{x}'_k,\boldsymbol{x}'_k) = \sum_{j=1}^{n_k} x'^2_{kj} \tag{2.13}$$

s 是 $\boldsymbol{x}$ 的自由度为 $n-1$ 的 χ^2 统计量,s_k 是 $\boldsymbol{x}_k$ 的自由度为 n_k-1 的 χ^2 统计量,它们是距平序列对应向量的模方。因为 s、s_k 与序列 $\boldsymbol{x}$、$\boldsymbol{x}_k$ 的均方差 σ、σ_k 存在简单关系

$$s = n\sigma^2, \quad s_k = n_k\sigma_k^2$$

故这里用式(2.13)的 s、s_k 替代 σ、σ_k 作分析;为方便,简称 s、s_k 为方差或"模方"。

为分析 $\boldsymbol{x}_1$、$\boldsymbol{x}_2$ 的均值 $\bar{x}_1$、$\bar{x}_2$ 及模方 s_1、s_2 是否存在显著差异或是否发生显著变化,构造两个统计量 t、f:

(1)学生氏 t 检验变量

$$t = \sqrt{\frac{n_1 n_2}{n_1 + n_2}}(\bar{x}_2 - \bar{x}_1)/\sqrt{(s_1 + s_2)/(n - 2)} \tag{2.14}$$

其自由度为 $n-2$;t 变量用于 $\boldsymbol{x}_1$、$\boldsymbol{x}_2$ 的均值 $\bar{x}_1$、$\bar{x}_2$ 是否存在显著差异的检验。

(2)F 检验变量

$$f = \frac{s_2/(n_2 - 1)}{s_1/(n_1 - 1)} \tag{2.15}$$

其分子、分母自由度分别为 n_2-1、n_1-1;f 用于模方 s_1、s_2 是否存在显著差异的检验。

2.2.2　显著性检验的经验蒙特卡罗方法

统计学(费史,1962;穆德、格雷比尔,1963)称:一个有关随机变量的未知分布或其参数的假设为统计假设;一个仅牵涉随机变量分布的未知参数的假设为参数假设(以 Ho 记假设)。验证或判别给定的假设 Ho 的方法称为统计检验;判别参数假设的检验称为参数检验。如果检验的目的仅仅是判别一个假设是否成立,并不同时研究其他假设,则称这种检验为显著性检验。

若式(2.10)中样本序列 $\boldsymbol{x}$ 来自正态无相关母体,则式(2.14)中的统计量服从自由度 $n-2=58$ 的 t 分布,式(2.15)中的统计量 f 服从分子、分母自由度 n_2-1、n_1-1 的 F 分布。在给

定信度 α 下，可确定其临界值 $t_\alpha(n-2)$、$f_\alpha(n_2-1,n_1-1)$，从而对子序列 $\boldsymbol{x}_1$、$\boldsymbol{x}_2$ 的均值 $\bar{x}_1$、$\bar{x}_2$ 及其距平序列模方 s_1、s_2 是否存在显著差异做出判断。直接用此方法对统计量作显著性检验的前提，是样本的统计量（如上述 t、f）服从已知某种理论分布。对我们的分析对象——中国季降水、温度，研究（施能、陈辉，1988；谢瑶瑶等，2011）表明，它们不一定来自正态母体；因此，统计量 t、f 不一定服从学生氏 t 分布、F 分布。根据谢瑶瑶等（2011）的分析，中国 160 站 58 年（1951 ~2008 年）季气温样本距平序列 $\boldsymbol{f}'$ 服从 $N(0,\sigma)$ 分布的站数占总站数的比例近 90%，且分布的冬、夏季节差异甚小；季降水样本距平序列 $\boldsymbol{g}'$ 服从 $N(0,\sigma)$ 分布的站数占总站数的比例不足 50%，冬季明显低于夏季（站数约为夏季一半）。因此，理论检验方法适用于中国多数站季气温均值、模方差异的显著性检验（仍有 10% 以上的站不适用），而对半数以上站季降水均值、模方差异的显著性检验则不适用（冬季高达 74%）。

随机模拟（Random Simulation）方法，可用于对母体分布未知的样本序列的统计量作显著性检验，又称蒙特卡罗（Monte Carlo）方法，简记为 MC 法。用 MC 法解决实际问题的关键，是建立简单而又便于实现的概率统计模型，该模型产生的统计量的概率分布和数字特征，应当接近实际问题（梁宗巨等，2001）。早在 20 世纪 70 年代，MC 法便开始用于气象学中相关分析、EOF 分析的显著性检验（Lund，1970；Neumann et al.，1977；Zurndorfer and Glahn，1977；Barnett and Preisendorfer，1978）；之后，MC 法得到更广泛的应用（Livezey and Chen，1983；Shen and Lau，1995；Iwasaka and Wallace，1995）；施能（1996）、施能等（1997）首先在国内介绍了该方法在气象统计分析中的应用；我们从 20 世纪 90 年代起将其用于大气环流及气候异常分析中（马丽萍，1999；Wang et al.，2001；王蕊等，2009；谢瑶瑶等，2011）。

在早期应用 MC 法的气象学文献中，一般用随机数产生程序产生的随机数序列 $\boldsymbol{x}_l$ 模拟样本序列 $\boldsymbol{x}$，或用该方法产生的随机场序列 $\boldsymbol{X}_l$ 模拟样本场序列 $\boldsymbol{X}$，本书仍称它为 MC 法；Iwasaka 和 Wallace（1995）提出了将样本场序列 $\boldsymbol{X}$ 时序随机打乱的方式产生随机场序列 $\boldsymbol{X}_l$，用以模拟 $\boldsymbol{X}$，本书称它为经验蒙特卡罗（Empirical Monte Carlo）方法，简记为 EMC 法。EMC 法将用于本书多个分析方法中统计量的显著性检验。

1. 经验蒙特卡罗方法（EMC 法）

为对由式（2.10）的场序列求得的测站季气温（降水）前后 30 年均值差和模方比作显著性检验，直接用 EMC 法对式（2.10）样本场序列 $\boldsymbol{X}$

$$\boldsymbol{x}_j,\quad j=\overline{1,60} \tag{2.16}$$

作随机排序。式中，$\boldsymbol{x}_j$ 是 j 年中国 F 或 G 场。

EMC 法显著性检验的步骤如下：

（1）将式（2.16）场序列 $\boldsymbol{X}$ 随机排序 L 次（L 取 1000 或更大），得集合 $\boldsymbol{X}$ 的第 l 次随机模拟

$$\boldsymbol{X}_l=(\boldsymbol{x}_j,j=\overline{1,60}) \tag{2.17a}$$

（2）记 $\boldsymbol{X}_l$ 的任一行向量为 $\boldsymbol{x}_l$（它是 l 次随机排序的 i 站序列），将 $\boldsymbol{x}_l$ 分成长为 $n'=30$ 年的前后两个子序列 $\boldsymbol{x}_{l1}$、$\boldsymbol{x}_{l2}$；由此，求出其均值 $\bar{x}_{l1}$、$\bar{x}_{l2}$ 和距平序列模方 s_{l1}、s_{l2}，进而算出子序列的均值差绝对值 d_l、模方和 s'_l、模方比 r_l，

$$d_l=|\bar{x}_{l2}-\bar{x}_{l1}|,\quad s'_l=s_{l1}+s_{l2},\quad r_l=s_{l2}/s_{l1} \tag{2.17b}$$

按式(2.14)求 $\boldsymbol{x}_l$ 的统计量

$$t_l = 29.5 d_l / \sqrt{s_l'}, \quad f_l = s_{l2}/s_{l1} = r_l \tag{2.17c}$$

(3)将序列

$$t_l, \quad l=\overline{1,L}, \quad f_l, \quad l=\overline{1,L}$$

作非升值排序,得新序列(序数为 h)

$$t_h, \quad h=\overline{1,L}, \quad f_h, \quad h=\overline{1,L} \tag{2.17d}$$

对信度 α,得统计量 t、f 的临界值 $t_\alpha = t_{h_\alpha}$、$f_\alpha = f_{h_\alpha}$,$h_\alpha = \alpha L$。对 $\alpha = 0.05$、$L=1000$,有 $h_\alpha = 50$,$t_{0.05} = t_{50}$,$f_{0.05} = f_{50}$。

(4)若 $\boldsymbol{x}$ 的统计量 $t \geqslant t_\alpha (t \leqslant -t_\alpha)$,则判断 $\bar{x}_2$ 显著大于 $\bar{x}_1$($\bar{x}_2$ 显著小于 $\bar{x}_1$);若 $f \geqslant f_\alpha (f \leqslant 1/f_\alpha)$,则判断 s_2 显著大于 s_1(s_2 显著小于 s_1);否则,$\bar{x}_2$、s_2 较 $\bar{x}_1$、s_1 无显著增大。

该方法的核心是对式(2.16)的样本场序列 $\boldsymbol{x}_j, j=\overline{1,60}$作随机排序[步骤(1)]。其第 l 次随机排序的具体方法为:第一步,用随机数产生程序(刘德贵等,1983)产生一个均匀分布的随机数序列 $\boldsymbol{y}_l = (y_{lj}, j=\overline{1,n})$;第二步,用"冒泡法"将 $\boldsymbol{y}_l$ 作非升值排序,式(2.16)的样本场序列随之排序,得其第 l 次随机排序 $\boldsymbol{X}_l$。由此得到式(2.17a)的 $\boldsymbol{X}_l$,其所有测站 60 年要素序列 $\boldsymbol{x}_l$ 的分布、均值 $\bar{x}_l$、模方 s_l 全同于相应测站 $\boldsymbol{x}$ 的分布、均值 $\bar{x}$、模方 s,这种随机排序方法还保证了前后 30 年子序列 $\boldsymbol{x}_{l1}$、$\boldsymbol{x}_{l2}$的均值场、模方场有合理的空间结构(指一定的"组织性")。

EMC 法中"经验"(Empirical)一词指随机模拟是直接对样本序列 $\boldsymbol{x}$ 或样本场序列 $\boldsymbol{X}$ 的随机排序。EMC 法随机模拟的合理性源于样本与母体的关系,按统计学原理,样本的统计特征(分布、数字特征)应最接近于母体。

最后一个问题是 EMC 法显著性检验中随机排序次数 L 的取值,这涉及样本容量 n 及要检验的统计量。以 $n=60$、$n'=30$ 的 t、f 统计量检验为例,因为序列 $\boldsymbol{x}_l$ 及其子序列 $\boldsymbol{x}_{l1}$、$\boldsymbol{x}_{l2}$的均值、模方只与它们的元素取值有关,而与这些元素的排列次序无关;因此,由组合数算式知,影响 t、f 值的 $\boldsymbol{x}$ 随机排序总数为 $C_{60}^{30} \approx 2.653 \times 10^{32}$。第 3、5、8 章还涉及一些统计量(如波段模方 s_s、s_f 及相关系数 r),它们与 $\boldsymbol{x}_l$、$\boldsymbol{x}_{l1}$、$\boldsymbol{x}_{l2}$元素的值及排列顺序均有关;因此,由排列数算式知,影响统计量的随机排序总次数 $P_{60}^{30} \approx 3.317 \times 10^{49}$。EMC 法显著性检验中取随机排序数 $L=1000=10^3$(或更大),这对于 C_{60}^{30}、P_{60}^{30}而言都是很小的数,完全是沧海一粟;但实际计算表明,只要随机模拟方法合理,取 $L \geqslant 10^3$ 作 EMC 法显著性检验,结果依然是可靠的(王蕊等,2009;谢瑶瑶等,2011)。

2. EMC 法应用实例

以南京 1951～2010 年冬夏季气温、降水($\boldsymbol{f}$、$\boldsymbol{g}$)前后 30 年气候值($\bar{\boldsymbol{x}}_1$、$\bar{\boldsymbol{x}}_2$)、模方(s_1、s_2)(共 8 项)差异显著性检验为例,结果表明(表 2.4),只有冬季气温的后 30 年气候值显著高于前 30 年,其余 7 项均无显著变化。

表 2.4　南京 1951 ~ 2010 年前后 30 年季气温、降水均值、模方及其 EMC 法显著性检验

统计量	季节	$\bar{x}_1$、$\bar{x}_2$	$d(d_\alpha)$	$t(t_\alpha)$	s_1、s_2	$r(r_\alpha)$	$f(f_\alpha)$
气温	冬季	3.37、4.17	**0.80**(0.56)	**3.21**(2.15)	25.92、28.12	1.08(2.13)	1.08(2.13)
	夏季	26.77、26.81	0.04(0.47)	0.17(2.19)	22.65、19.76	0.87(1.85)	0.87(1.85)
降水	冬季	109.70、125.90	16.20(25.13)	1.26(1.99)	60214.31、83868.70	1.39(1.80)	1.39(1.80)
	夏季	464.30、524.27	59.97(95.10)	1.27(2.06)	921638.31、1016023.81	1.10(2.28)	1.10(2.28)

注：右下标 1、2 为前后 30 年标识，α 为临界值标识，黑体值通过信度 $\alpha=0.05$、$L=1000$ 的 EMC 法检验。

2.2.3　中国季气温、降水气候变化分析

对中国 1951 ~ 2010 年 160 站季气温、降水前后 30 年的气候值、模方变化作分析，结果如表 2.5 和图 2.4、图 2.5 所示。

表 2.5　中国 1951 ~ 2010 年 160 站前后 30 年季气温、降水均值、模方显著变化站数

统计量	季节	$\bar{x}_2 \gg \bar{x}_1$	$\bar{x}_1 \gg \bar{x}_2$	合计	$s_2 \gg s_1$	$s_1 \gg s_2$	合计
气温	冬季	115	0	115	4	3	7
	夏季	76	9	85	18	2	20
降水	冬季	7	2	9	13	5	18
	夏季	7	11	18	9	2	11

注：$\bar{x}_k$、s_k 为季气温、降水 30 年的均值、模方；$\gg$为显著大于号。

1. 气温

由表 2.5 可见，中国测站季气温前后 30 年均值(即气候值)发生显著变化的站数，冬季达 115 站，占总站数之比(简称占比)为 71.9%，且全部为升温($d>0$)；夏季达 85 站，占比 53.1%，其中升温 76 站，降温($d<0$)为 9 站。故中国气温气候变化总体与全球增暖一致，且冬季一致性更好。应当指出，由图 2.4(b)可见，夏季秦岭以南及长江中游出现大片显著变冷($d<0$)的区域，这与全球增暖的大趋势相反。

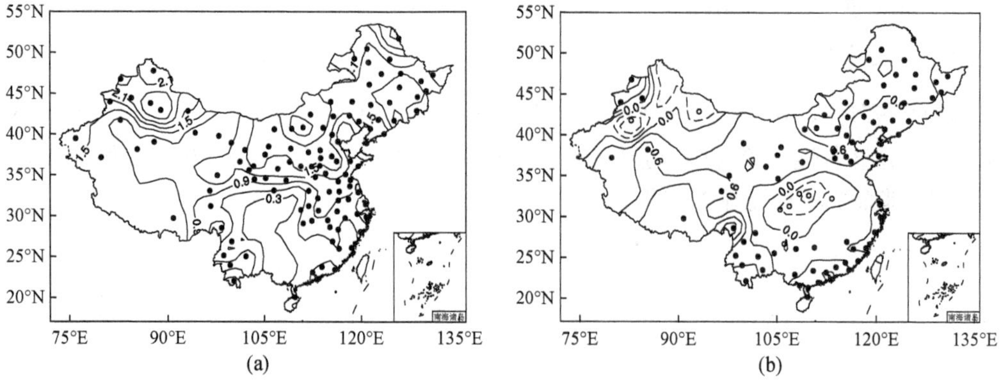

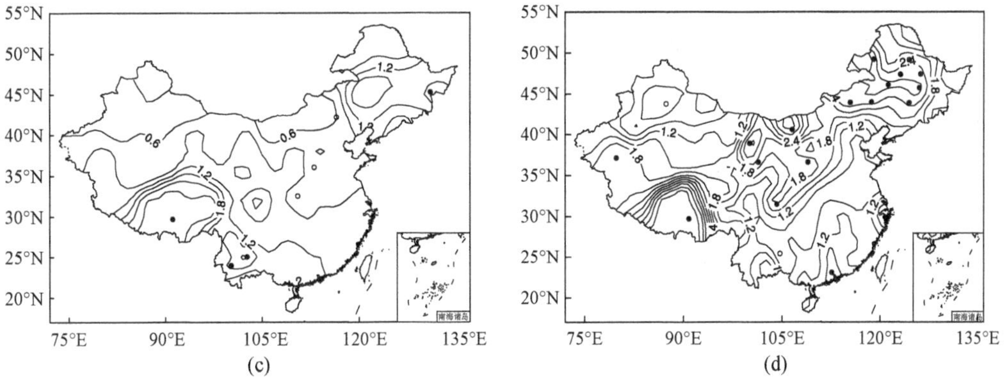

图 2.4　中国 1951 ~ 2010 年 160 站季气温前后 30 年均值、模方显著变化区域

(a)冬季 d;(b)夏季 d;(c)冬季 r;(d)夏季 r。●(○)号标出气温均值、模方后期显著大于(小于)前期的测站

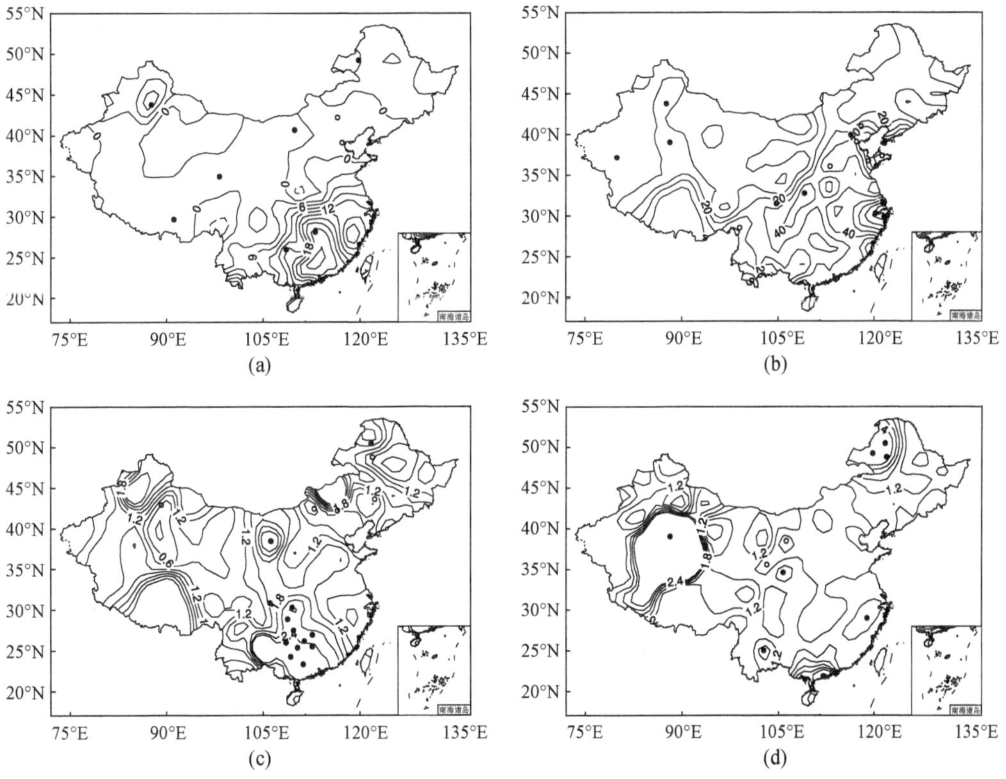

图 2.5　中国 1951 ~ 2010 年 160 站季降水前后 30 年均值、模方显著变化区域

(a)冬季 d;(b)夏季 d;(c)冬季 r;(d)夏季 r。●(○)号标出降水均值、模方后期显著大于(小于)前期的测站

与季气温的气候变化相比,其气候变率(模方)的变化要小得多,冬季变率变化不显著;夏季变率增大($f \geqslant f_\alpha$)的站数达 20 站,占比 12.5%,它主要出现在东北、华北区域,这些测站夏季气温增高的同时,伴有年际振荡增大。

2. 降水

由表 2.5，中国测站季降水前 30 年均值（即气候值）、气候变率发生显著变化的站数均在 20 站以下，占比均在 12% 以下，明显小于季气温。因此，分析时段内季降水的气候变化远小于气温。

综上，用时域环流分解分析了中国季气温、降水气候及变率的气候变化，结果表明，分析的 60 年间，主要气候变化是季气温气候值，冬季有全国一致的增暖，夏季有全国大部增暖、局部变冷。分析方案中给出的统计量显著性检验的经验随机模拟（EMC）法，将用于本书有关部分的分析。

2.3 时空域环流分解应用实例——$\boldsymbol{H}_{500}$、$\boldsymbol{V}_{850}$ 的环流分解

周国华等（2009）、周国华（2011）用环流分解方法分析了 $\boldsymbol{H}_{500}$ 的时空结构，王盘兴等（2008，2009）用环流分解方法分析了 $\boldsymbol{V}_{850}$ 的时空结构，本节给出 $\boldsymbol{H}_{500}$、$\boldsymbol{V}_{850}$ 的主要分解结果，及基于其上的定常波不平稳性分析。由于分析对象是一个纬带而非一个纬圈场的时间序列，分析结果是多个纬圈场序列的综合，故这里采用原始文献的符号系统。$\boldsymbol{H}_{500}$ 是 1958～1997 年北半球中纬（30°～60°N）月平均 500hPa 位势高度场 40 年序列，$\boldsymbol{V}_{850}$ 是 1948～2005 年低纬（30°S～30°N）月平均 850hPa 风场 58 年序列。

2.3.1 北半球中纬 $\boldsymbol{H}_{500}$ 环流分解

按式（2.2c），t_m 月北半球中纬（30°～60°N）间隔 2.5°的 13 个纬度上 H_{500} 的逐月平均高度场 40 年序列 $\boldsymbol{H}_{500}$ 被分解为四个部分，即气候纬均 $[\bar{\boldsymbol{H}}](\varphi,t_m)$、定常波 $\bar{\boldsymbol{H}}^*(\lambda,\varphi,t_m)$、$t$ 年纬圈平均异常 $[\boldsymbol{H}'](\varphi,t_m,t)$ 和定常波异常 $\boldsymbol{H}'^*(\lambda,\varphi,t_m,t)$，然后对它们作综合和简要分析。

1. $[\bar{\boldsymbol{H}}](\varphi,t_m)$

$[\bar{\boldsymbol{H}}]$ 由 t_m 月、φ 纬的 H_{500} 气候纬圈平均值 $[\bar{h}]$ 构成，是经向分布场的月序列。$[\bar{\boldsymbol{H}}]$ 的基本特征是南高北低、夏高冬低。南高北低决定了中纬全年西风，经向梯度冬大夏小与该纬带西风冬强夏弱对应。夏高冬低（7 月、8 月极大，1 月、2 月极小），是因为 $[\bar{h}]$ 与 H_{500} 等压面以下大气平均气温存在正变关系，故图 2.6 给出了对流层下半部平均气温随纬度、季节变化的特征。

2. $\bar{\boldsymbol{H}}^*(\lambda,\varphi,t_m)$

$\bar{\boldsymbol{H}}^*$ 是空间二维 (λ,φ) 的定常波图序列（$t_m=\overline{1,12}$），图 2.7 给出了 t_m 为 1 月、7 月的 $\bar{\boldsymbol{H}}^*$ 图。叶笃正和朱抱真（1958）指出，北半球中纬对流层中部定常波的特征是"冬强夏弱"、波数"冬 3 夏 4"，图 2.7 上该特征明显。与气候图 $\bar{\boldsymbol{H}}_{500}$（图 2.8）相比，$\bar{\boldsymbol{H}}^*_{500}$ 显示纬向波动要比 $\bar{\boldsymbol{H}}$ 清楚得多，尤其对于定常波较弱的 7 月。

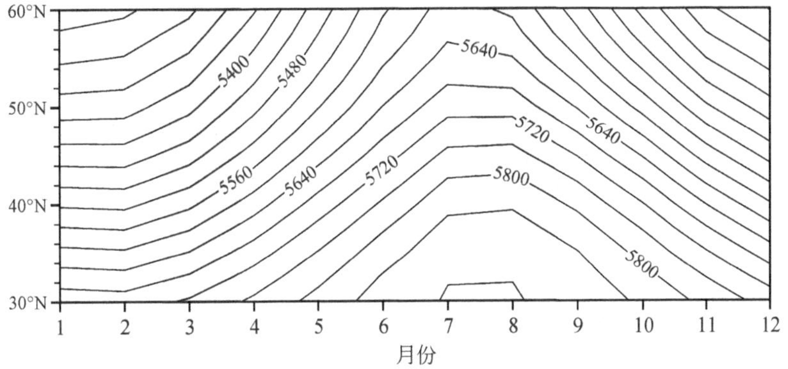

图2.6 40年(1958~1997年)$[\bar{\boldsymbol{H}}](\varphi,t_m)$图(单位:gpm)

等值线间隔40

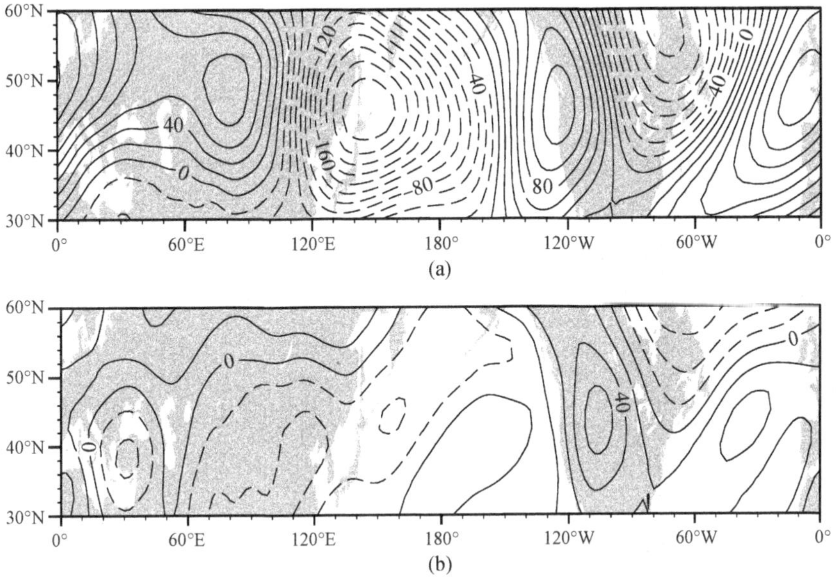

图2.7 1958~1997年40年定常波图$\bar{\boldsymbol{H}}^*_{500}$(单位:gpm)

(a)1月;(b)7月。等值线间隔20

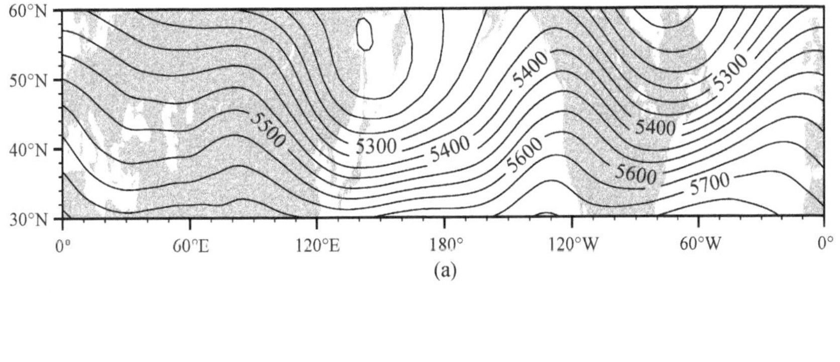

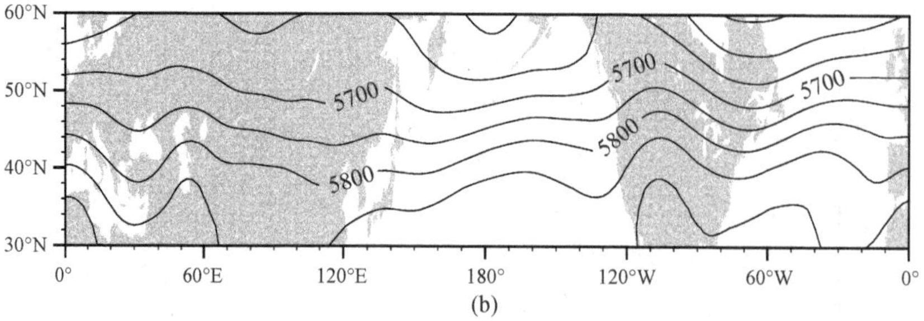

图 2.8　1958 ~ 1997 年 40 年气候图$\bar{H}_{500}$(单位:gpm)

(a)1 月;(b)7 月。等值线间隔 50

3. $[H'](\varphi,t_m,t)$

$[H']$是纬均异常序列$H'(\varphi,t)$的集合($t_m=\overline{1,12}$);图 2.9 给出 1 月、7 月的$[H'](t_m)$图。$[H'](t_m)$有复杂结构,自 20 世纪 80 年代起,1 月 50°N 以南对流层下部以增暖为主,50°N 以北以变冷为主,气温的年代际振荡加强。自 20 世纪 70 年代末起,7 月该纬带以增暖为主。可见,在过去 30 年中北半球中纬对流层下半部,存在一个明显的增暖过程。

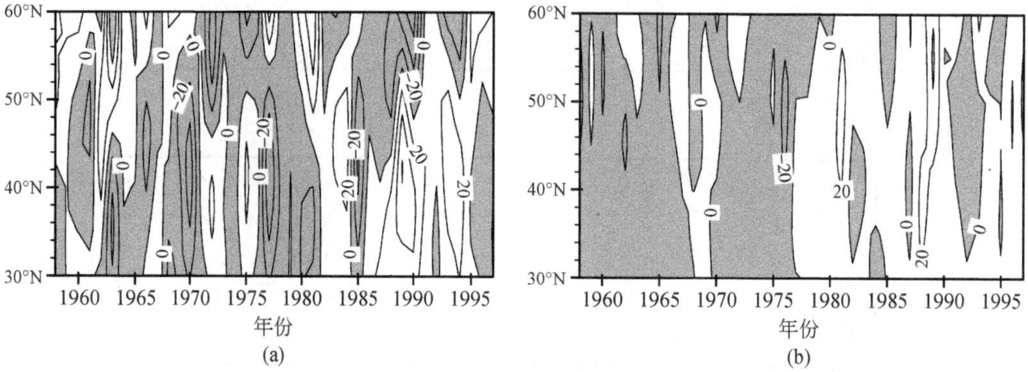

图 2.9　1958 ~ 1997 年 40 年$[H'_{500}]$图(单位:gpm)

(a)1 月;(b)7 月。等值线间隔 20;阴影区$[h'_{500}]\leqslant 0$,对流层下部气温偏低

4. $H'^{*}(\lambda,\varphi,t_m,t)$

H'^{*}是一个复杂的分量,它是由 12(月)×40(年)= 480 张中纬H'^{*}图构成的场集;图 2.10给出 1997 年 1 月、7 月两张H'^{*}图。由图可见,其上定常波异常存在明显的区域差异,该年 1 月欧洲脊、里海槽异常加强,东亚大槽减弱;两图反映的季节变化也很大。H'^{*}与同期区域气候异常关系密切,是分析短期气候异常环流成因的基本工具。

2.3.2　低纬V_{850}环流分解

按式(2.2c),王盘兴等(2008,2009)将 1948 ~ 2005 年(58 年)逐月低纬(30°S ~ 30°N)

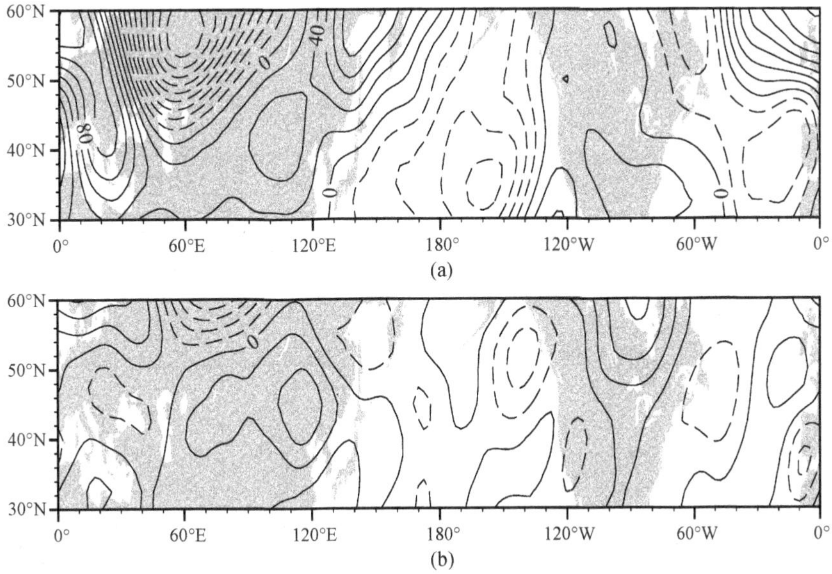

图 2.10　1997 年$\boldsymbol{H}'^{*}_{500}$图(单位:gpm)

(a)1 月;(b)7 月。等值线间隔 20

间隔 2.5°的 25 个纬度上的逐年月平均风场序列$\boldsymbol{V}_{850}(t)$分解为四个部分,即气候纬均$[\bar{\boldsymbol{V}}_{850}](\varphi,t_m)$、定常波$\bar{\boldsymbol{V}}^{*}_{850}(\lambda,\varphi,t_m)$、$t$ 年纬圈平均异常$[\boldsymbol{V}'_{850}](\varphi,t_m,t)$和定常波异常$\boldsymbol{V}'^{*}_{850}(\lambda,\varphi,t_m,t)$。下面根据 1 月($t_m=1$)分析结果来简要分析之。

1. $[\bar{\boldsymbol{V}}_{850}](\varphi,t_m)$

$[\bar{\boldsymbol{V}}_{850}]$即气候纬均 850hPa 风经向廓线。由图 2.11 可见,1 月低纬$[\bar{\boldsymbol{V}}_{850}]$以信风为主,北半球(1 月为冬半球)强于南半球(1 月为夏半球)。1 月气候纬均热赤道位于 10°S 附近,信风向热赤道辐合。

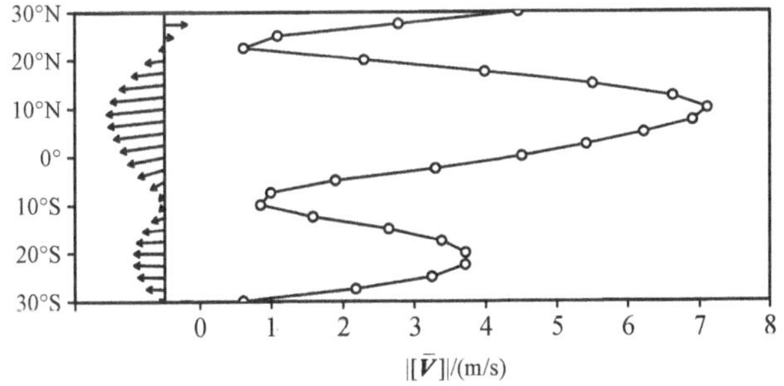

图 2.11　1948~2005 年 58 年 1 月$[\bar{\boldsymbol{V}}_{850}]$图

图中矢量为$[\bar{\boldsymbol{V}}]$、折线为$|[\bar{\boldsymbol{V}}](\varphi)|$

2. $\bar{\boldsymbol{V}}_{850}(\lambda,\varphi,t_{\mathrm{m}})$、$\bar{\boldsymbol{V}}^{*}_{850}(\lambda,\varphi,t_{\mathrm{m}})$

$\bar{\boldsymbol{V}}_{850}$是 1 月低纬区域的气候场,$\bar{\boldsymbol{V}}^{*}_{850}$是同期定常波场。由图 2.12(a)可见,1 月低纬三大

洋上一般为东北信风带，唯有南半球印度洋至西太平洋为季节性西风带；欧亚、北美、非洲、澳大利亚等大陆区域存在尺度较小的涡旋。而由图 2.12(b)可见，它能够更清楚地显示气候风场中的涡旋。

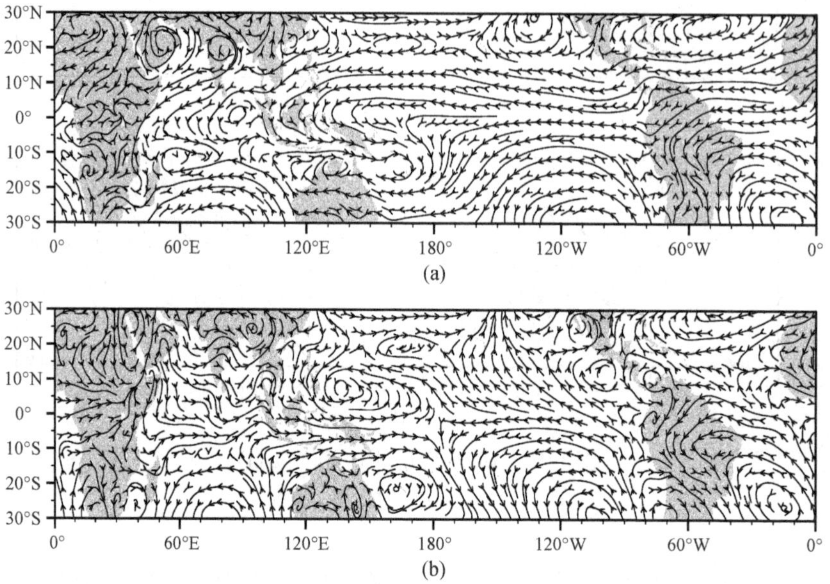

图 2.12　1948～2005 年 58 年 1 月气候场 $\bar{\boldsymbol{V}}_{850}$(a)和定常波场 $\bar{\boldsymbol{V}}^*_{850}$(b)流线图

3. $[\boldsymbol{V}'_{850}](\varphi,t_m,t)$

$[\boldsymbol{V}'_{850}]$是 t 年异常的纬均场序列。类似于图 2.9，1 月的$[\boldsymbol{V}'_{850}]$也有复杂的结构，这里不作讨论。

4. $\boldsymbol{V}'^*_{850}(\lambda,\varphi,t_m,t)$

类似于图 2.10，$\{\boldsymbol{V}'^*_{850}\}$也是场集，1 月共有 58 幅 $\boldsymbol{V}'^*_{850}$ 图，其中图 2.13 是 1983 年 1 月的图，它也有复杂的结构。

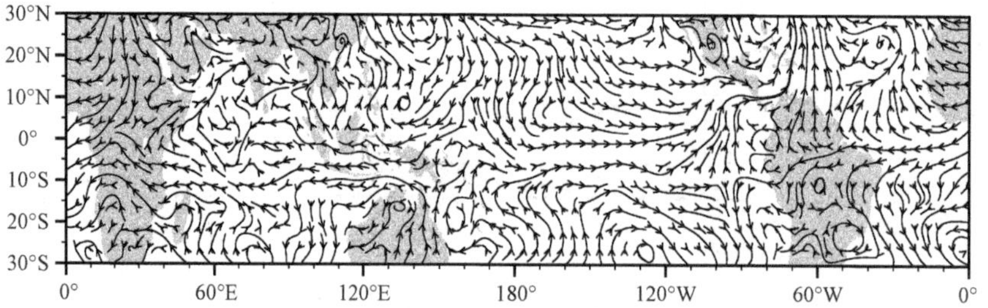

图 2.13　1983 年 1 月 850hPa 定常波 $\boldsymbol{V}'^*_{850}$ 的流线图

气候平均风压场以大尺度系统为主，故其空域分解的前两个分量($[\bar{\boldsymbol{H}}_{500}]$、$\bar{\boldsymbol{H}}^*_{500}$ 和 $[\bar{\boldsymbol{V}}_{850}]$、$\boldsymbol{V}^*_{850}$)结构($\varphi\sim t_m$ 或 $\lambda\sim\varphi$)相对简单。而异常场($[\boldsymbol{H}_{500}]'$、$\boldsymbol{H}'^*_{500}$ 和 $[\boldsymbol{V}_{850}]'$、$\boldsymbol{V}'^*_{850}$)涉及

年际变化,它们的结构复杂是必然的。这正是环流异常分析及预测困难的原因所在。

2.3.3　定常波不平稳性分析

定常波及其异常与区域气候及其异常直接相关,是大气环流异常及短期气候预测研究的基础。本节以周国华等(2009)、周国华(2011)的工作为例,介绍定常波不平稳性在环流异常及短期气候预测研究中的应用。

定常波不平稳性是与准定常波年际异常有关的环流异常的性质。本节以 45°N 纬圈 1 月、7 月 500hPa 月均高度场序列$\boldsymbol{H}_{500}$为例,给出定常波不平稳性概念及其度量参数——定常波不平稳度 I_{us}的定义。

观察 45°N 上 1 月、7 月定常波 $\bar{\boldsymbol{H}}^*$ 及其与准定常波场集$\{\boldsymbol{H}_{500}^*(t)\}$的关系(图 2.14),7 月定常波 $\bar{\boldsymbol{H}}^*$ 槽脊明显较 1 月弱;7 月准定常波$\boldsymbol{H}^*(t)$的年际变化虽较 1 月小,但其槽脊、强度的年际变化相对于 1 月大。我们称月平均环流的上述性质为定常波不平稳性(周国华等,2009)。显然,在衡量$\boldsymbol{H}^*(t)$的年际变化相对大小时,取了相应季节的定常波($\bar{\boldsymbol{H}}^*$)作为参照。这是定义定常波不平稳性度量参数——定常波不平稳度 I_{us}的基本考虑。

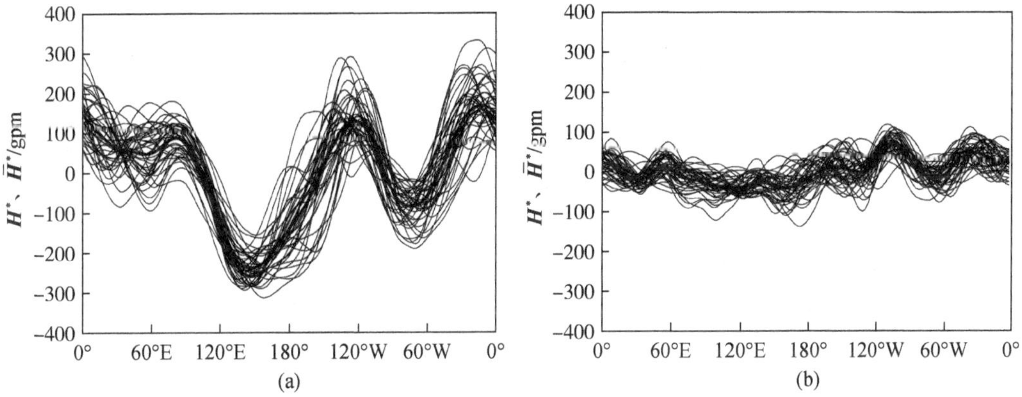

图 2.14　1958～1997 年 45°N $\boldsymbol{H}_{500}$准定常波场集$\{\boldsymbol{H}^*(t)\}$及定常波$\bar{\boldsymbol{H}}^*$(单位:gpm)

(a)1 月;(b)7 月。细实线为$\{\boldsymbol{H}^*(t)\}$,粗实线为$\bar{\boldsymbol{H}}^*$

1. 定常波不平稳度定义

定常波不平稳度是定常波不平稳性的度量。以 t_m 月、j 纬度、$t=\overline{1,n}$年高度场序列$\boldsymbol{H}_{500}$为例,定义定常波不平稳度为定常波异常($\boldsymbol{H}^{*\prime}$)强度与定常波($\bar{\boldsymbol{H}}^*$)强度之比,记作 I_{us}。

t_m 月、j 纬度定常波$\bar{\boldsymbol{H}}^*(j,t_m)$的强度用其模表示,

$$I_c(j,t_m) = \| \bar{\boldsymbol{H}}^* \| = \left\{ \sum_{i=1}^{m} \bar{H}^{*2}(i,j,t_m) \right\}^{1/2} \tag{2.18}$$

i 为纬圈上的格点序。

t 年相应纬度、月定常波异常强度也用其模表示,

$$I_a(j,t_m,t)=\| \boldsymbol{H}^{*\prime}(j,t_m,t)\| = \left\{\sum_{i=1}^{m}(H^{*\prime})^2(i,j,t_m,t)\right\}^{1/2} \tag{2.19}$$

其多年(几何)平均值为气候定常波异常强度

$$I_a(j,t_m)=\left\{\frac{1}{n}\sum_{t=1}^{n}\| \boldsymbol{H}'^{*2}(j,t_m,t)\|^2\right\}^{1/2}=\left\{\frac{1}{n}\sum_{t=1}^{n}I_a^2(j,t_m,t)\right\}^{1/2} \tag{2.20}$$

据此定义j纬度、t_m 月定常波不平稳度

$$I_{us}(j,t_m)=I_a(j,t_m)/I_c(j,t_m) \tag{2.21}$$

其意义为准定常波异常气候强度与定常波强度之比。

类似地,对t_m 月、j纬度、$t=\overline{1,n}$年风场序列$\boldsymbol{V}_{850}$,定常波不平稳度I_{us}定义为定常波异常($\boldsymbol{V}^{*\prime}$)强度I_a与定常波($\bar{\boldsymbol{V}}^*$)强度I_c之比,它们的定义和计算式为

$$I_c(j,t_m)=\|\bar{\boldsymbol{V}}^*\|=\left\{\sum_{i=1}^{m}|\bar{V}^*(i,j,t_m)|^2\right\}^{1/2} \tag{2.22}$$

$$I_a(j,t_m)=\left\{\frac{1}{n}\sum_{t=1}^{n}\|\boldsymbol{V}^{*\prime}(j,t_m,t)\|^2\right\}^{1/2}=\left\{\frac{1}{n}\sum_{t=1}^{n}\sum_{i=1}^{m}|\boldsymbol{V}^{*\prime}(i,j,t_m,t)|^2\right\}^{1/2} \tag{2.23}$$

$$I_{us}(j,t_m)=I_a(j,t_m)/I_c(j,t_m) \tag{2.24}$$

由I_{us}定义可知,定常波不平稳度是定常波异常相对于定常波的大小。I_{us}大的地方和季节,某些年份准定常波异常会比较大,I_{us}的环流意义清晰。

统计学中,随机变量样本序列$\boldsymbol{x}=\{x(t),t=\overline{1,n}\}$的变异系数$c_v$定义为样本$\boldsymbol{x}$的标准差$\sigma$与均值$\mu$之比(《数学手册》编写组,1979),即$c_v=\sigma/\mu$。若将准定常波序列$\boldsymbol{H}^*(t)(\boldsymbol{V}^*(t))$、$t=\overline{1,n}$看作随机向量样本序列$\boldsymbol{x}$,则$\mu$是$\boldsymbol{H}^*(\boldsymbol{V}^*)$的模$I_c$,$\sigma$是$\boldsymbol{H}^*(\boldsymbol{V}^*)$模的集合平均$I_a$,此时,定常波不平稳度$I_{us}$即是$\boldsymbol{H}^*(t)$、$\boldsymbol{V}^*(t)$模的变异系数。

2. 中纬$\bar{\boldsymbol{H}}_{500}^*$的不平稳性分析

由$\bar{\boldsymbol{H}}_{500}^*$的$I_{us}$、$I_c$和$I_a$的$t_m$–$\varphi$剖面图(图2.15)可见:①最大定常波不平稳带[图2.15(a)粗线]存在明显季节变化;3月、4月间从30°N向北推进,7月、8月达最北位置50°N,11月、12月间回到30°N;其间,北进南退速度及不平稳度均存在变化,6月北进加快、不平稳度相对降低($I_{us}<1.0$),可以看作“六月突变”(叶笃正、朱抱真,1958;叶笃正等,1959)在定常波不平稳性上的反映。②冬季中纬、夏季副热带纬度的定常波最平稳;前者主要由强的定常波[图2.15(b)]决定,后者主要由弱的定常波异常[图2.15(c)]和较强的定常波[图2.15(b)]共同决定。③春季副热带、盛夏中纬(50°N附近)的定常波最不平稳;前者主要由弱定常波[图2.15(b)]决定,后者由弱定常波[图2.15(b)]和较强的气候定常波异常[图2.15(c)]共同决定。

3. 低纬$\bar{\boldsymbol{V}}_{850}^*$不平稳性分析

由图2.16可见:①850hPa风场全域定常波不平稳区[图2.16(a)]主要出现在冬半球外热带,中心处$I_{us}\geqslant 1.0$,且可维持数月;内热带的定常波不平稳区弱($I_{us}<1.0$),出现在相应半球的秋季,持续时间2~3个月。比较而言,南半球不平稳区略强于北半球。②I_{us}的高值区都出现在I_c低值和I_a高值区[图2.16(b)、(c)]。在外热带,I_c、I_a为年单调振荡,冬半球I_c小、I_a大,故I_{us}维持高值,定常波不平稳。在内热带,I_c高中心出现在半球的夏季,北半球不

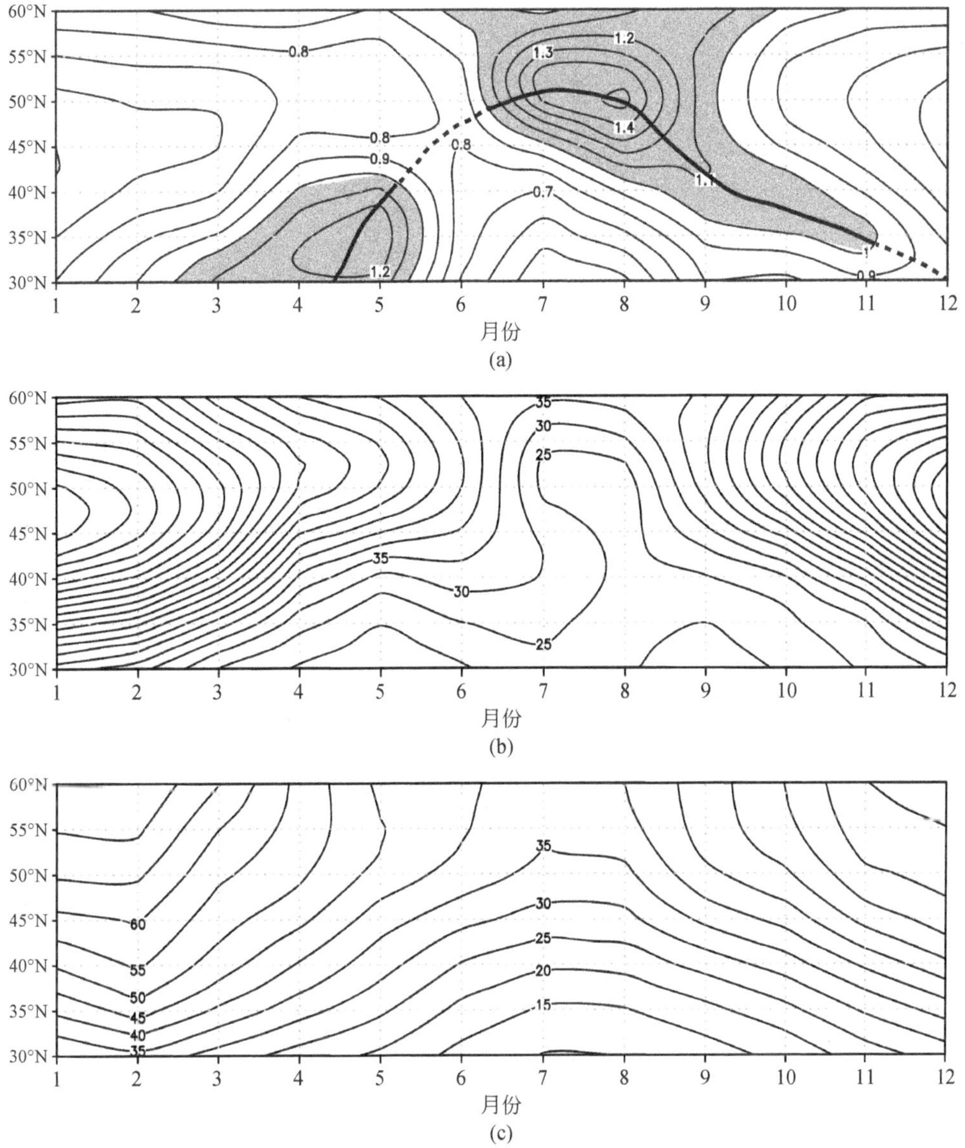

图 2.15 $\boldsymbol{H}_{500}$定常波统计量的纬度-月剖面图

(a)I_{us};(b)I_c;(c)I_a。粗实线、虚线为极大不平稳带,虚线处$I_{us}<1.0$;阴影为相对高值带,(b)、(c)单位为gpm

平稳性明显强于南半球;而I_a只在5月、6月相对较弱。由此造成如图2.16(a)所示的I_{us}结构。

统观中纬$\boldsymbol{H}_{500}$与低纬$\boldsymbol{V}_{850}$的I_{us}纬度-月剖面图[图2.15(a)、图2.16(a)],北半球风压场中I_{us}图上的极大不平稳带是全年存在的,冬季(12月~次年2月)位于北半球外热带[图2.16(a)],春、夏、秋季[图2.15(a)]经历一次明显的北进南退季节变化,它与北半球环流季节变化进程相伴随。

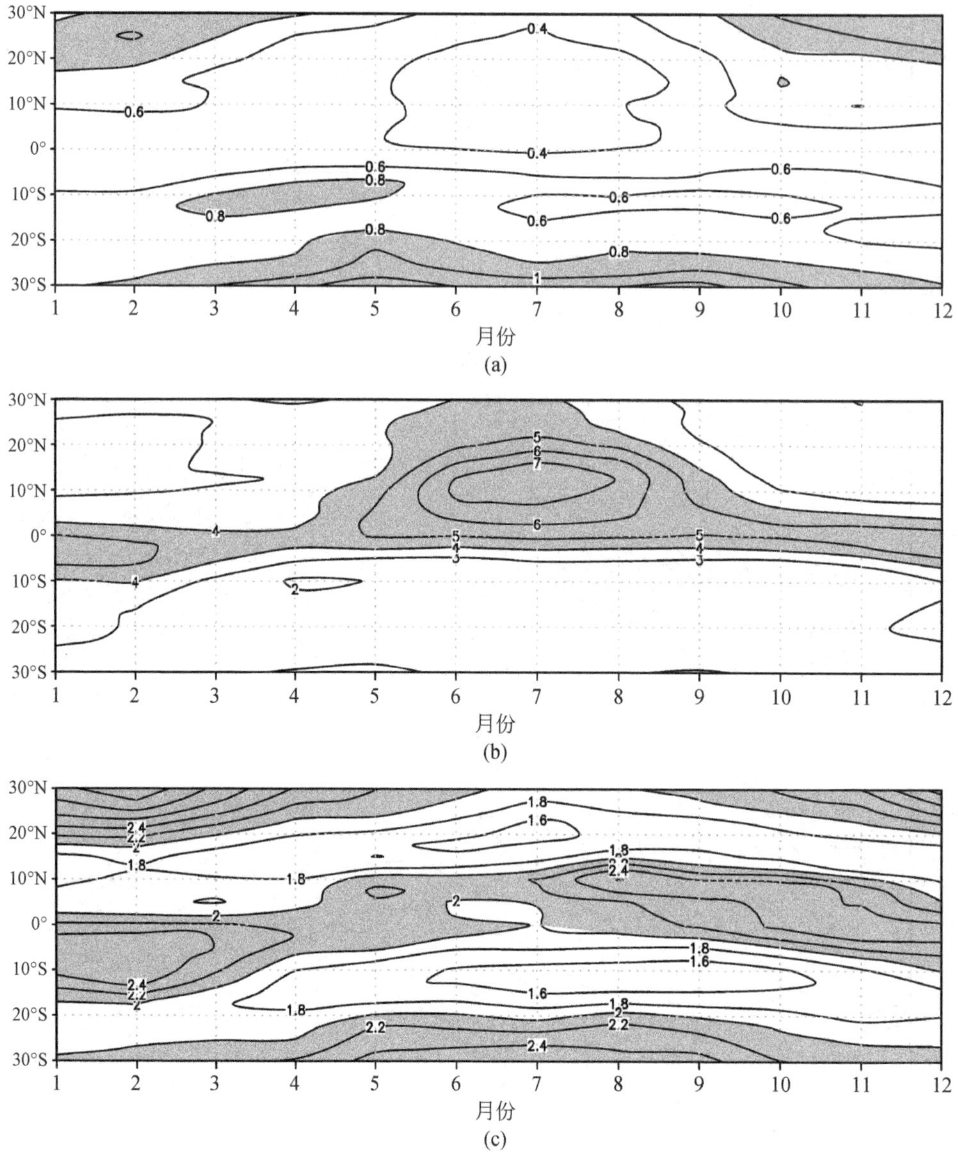

图 2.16　$\boldsymbol{V}_{850}$全域定常波统计量的纬度-月剖面图

(a)I_{us};(b)I_c;(c)I_a。阴影为相对高值带,(b)、(c)单位为 m/s

上述分析表明,定常波不平稳性是定常波的一种独立的统计属性。定常波不平稳度(I_{us})是定常波异常强度与定常波强度之比,是定常波不平稳性的度量。基于 Lorenz 环流分解的定常波不平稳性分析,揭示了定常波异常相对较大的纬带和它的季节变化特征。它随辐射平衡高值带做季节性北进南退;而对局域定常波不平稳性的分析,揭示了它是我国西北、华北、东北地区气候脆弱带的环流成因(周国华等,2009;周国华,2011)。

2.4　物理量输送环流分解应用实例——西风角动量输送的环流分解

纬向对称大气环流分量$[\bar{A}]$，是环流量 A 的气候序列 $\boldsymbol{A}$ 经式(2.2c)分解得到的右端第一项。大气三维运动速度场 $\vec{V}=u\vec{i}+v\vec{j}+w\vec{k}$ 的气候序列为 $\boldsymbol{V}=\boldsymbol{u}\vec{i}+\boldsymbol{v}\vec{j}+\boldsymbol{w}\vec{k}$，可由式(2.2c)分解为$[\bar{\vec{V}}]=[\bar{u}]\vec{i}+[\bar{v}]\vec{j}+[\bar{w}]\vec{k}$，其气候纬圈平均西风$[\bar{u}]$是纬向运动分量(图 2.17)；由$[\bar{v}]\vec{j}+[\bar{w}]\vec{k}$ 求得的气候纬圈平均质量流函数图$[\bar{\psi}]$是经圈环流分量(图 2.18)。图 2.18 中$[\bar{\psi}]$的具体算法见本书附录。

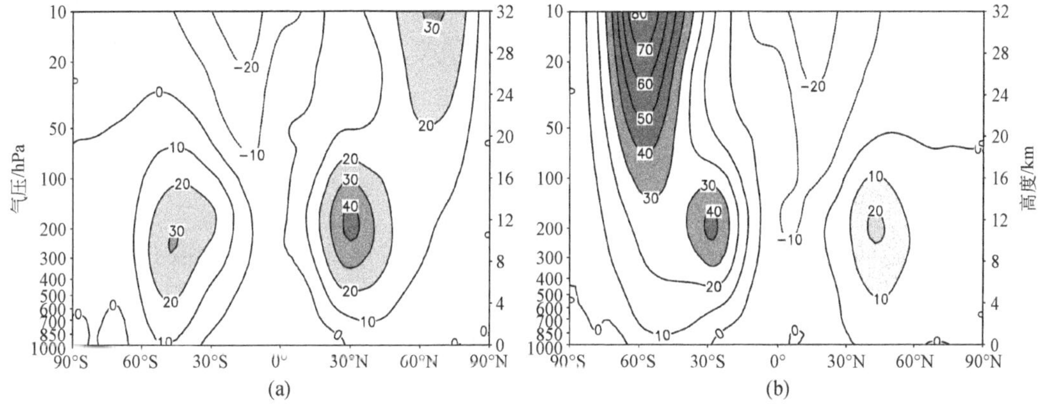

图 2.17　NCEP/NCAR 40 年(1958～1997 年)气候纬圈平均西风$[\bar{u}]$(单位：m/s)

(a)12 月～次年 2 月；(b)6～8 月。粗实线表示$[\bar{u}]=0$，阴影区表示急流中心区位置

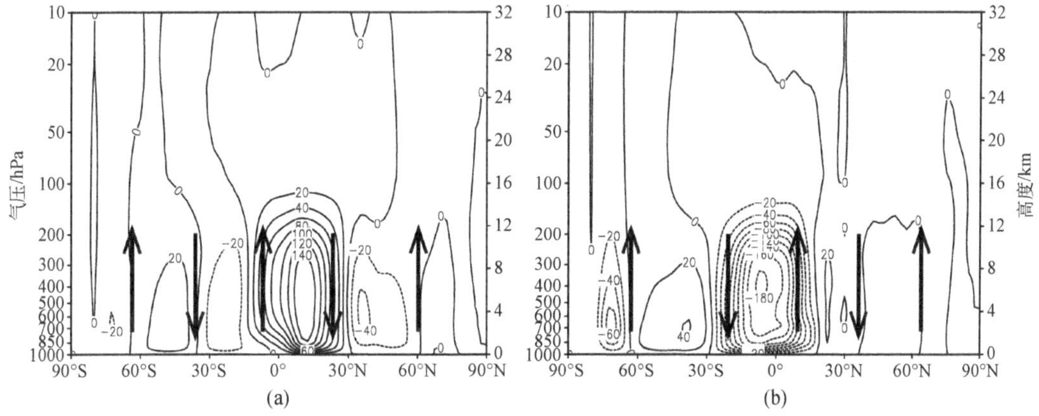

图 2.18　NCEP/NCAR 40 年(1958～1997 年)气候平均经圈环流质量流函数$[\bar{\psi}]$(单位：10^6t/s)

(a)12 月～次年 2 月；(b)6～8 月。箭头表示低中纬垂直环流圈质量输送方向

气候纬圈平均西风图(图 2. 17)上的东风区($[\bar{u}]<0$)主要位于对流层热带区域和整个平流层夏半球;对流层热带东风区南北宽度随高度减小,在对流层顶附近达最小;东风高值区出现在夏半球热带中平流层。西风区($[\bar{u}]>0$)主要位于对流层中高纬及平流层冬半球;副热带西风急流中心常年维持在对流层顶附近的 30° ~40°N(S)间,冬季强、靠近赤道,夏季弱、靠近中纬;极夜西风急流位于冬半球中平流层 60°N(S)附近。西风的半球际差异较东风明显。

气候平均经圈环流质量流函数$[\overline{\psi}]$图(图 2. 18)上,全年维持 6 个闭合环流圈;因大气质量的 95% 集中在对流层和低平流层中,故 6 个闭合环流圈全位于该层中。位于热带区域(30°S ~30°N)的是两个 Hadley 环流圈(H. C.),其分界为气候纬向平均热赤道;中心位于冬半球的 H. C. 远强于夏半球的 H. C. ;H. C. 是正热力环流圈(由热力强迫产生)。中纬区域(30° ~60°S(N))全年存在两个 Ferrel 环流圈(F. C.),其强度远弱于 H. C. ;F. C. 冬强夏弱,是热力反环流(由动力强迫产生)。位于极地区域(60° ~90°S(N))的是两个极地环流圈,其强度远弱于 F. C. ;极地环流圈是正热力环流圈。

2. 4. 1 绝对角动量守恒定律

由$[\bar{u}]$决定的大气环流是相对运动中绕地轴转动的部分,叶笃正和朱抱真(1958)通过绝对角动量守恒定律讨论其产生及维持机制,李丽平等(2013)对其作了简明的叙述。以地心为原点、北极为 Z 轴建立绝对坐标系 O-XYZ,地球系统(含大气)在 O-XYZ 中以角速度 Ω 绕 OZ 轴旋转。位于球面局地直角坐标系(它是相对坐标系)o-xyz 中(φ,z)处的气块以 x 方向风速 u 运动,则其绝对速度 $u_a=u_\Omega+u$,其中牵连速度 $u_\Omega=(a+z)\Omega\cos\varphi$,$a$、$\Omega$ 分别为地球半径、地转角速度;中平流层以下大气的 $a\gg z$,在大气角动量计算中可不考虑 z,故其中 $a+z\doteq a$,单位质量气块绕地轴旋转的绝对角动量 m_a、牵连角动量(或地转角动量)m_Ω 和相对角动量(或 u 角动量)m(m_u 的简记)的表达式分别为 $m_a=m_\Omega+m$、$m_\Omega=\Omega a^2\cos^2\varphi$、$m=ua\cos\varphi$。

绝对角动量 m_a 的个别变化方程为

$$\frac{\mathrm{d}m_a}{\mathrm{d}t}=-\frac{1}{\rho}\frac{\partial p}{\partial x}R+F_\lambda R \tag{2.25}$$

$R=a\cos\varphi$ 是气块离地轴距离,故式右端第一、二项分别为纬向气压梯度力矩、摩擦力矩。式(2. 25)表明,m_a 个别变化取决于两力矩之和。

利用连续方程 $\mathrm{d}\rho/\mathrm{d}t=-\rho\nabla\cdot\vec{V}$ 改写式(2. 25),得单位体积空气的绝对角动量倾向方程

$$\frac{\partial\rho m_a}{\partial t}=-\nabla\cdot\rho m_a\vec{V}-\frac{\partial p}{\partial x}R+\rho F_\lambda R \tag{2.26}$$

将它对极冠区(φ 纬度以北的整个区域;图 2. 19)大气求积分,得极冠区大气绝对角动量变率方程

$$\frac{\partial}{\partial t}\iiint\rho m_a\mathrm{d}\tau'=-\iiint\nabla\cdot\rho m_a\vec{V}\mathrm{d}\tau'-\iiint\frac{\partial p}{\partial x}R\mathrm{d}\tau'+\iiint\rho F_\lambda R\mathrm{d}\tau' \tag{2.27}$$

其左端为极冠区大气绝对角动量变率;右端三项依次为单位时间内极冠区大气绝对角动量

输送的辐散、辐合总和（记为 M_a），x 方向气压梯度力产生的力矩总和（记为 P），x 方向摩擦力产生的力矩总和（记为 F）；$d\tau'=dxdydz$ 是局地直角坐标中的体元。

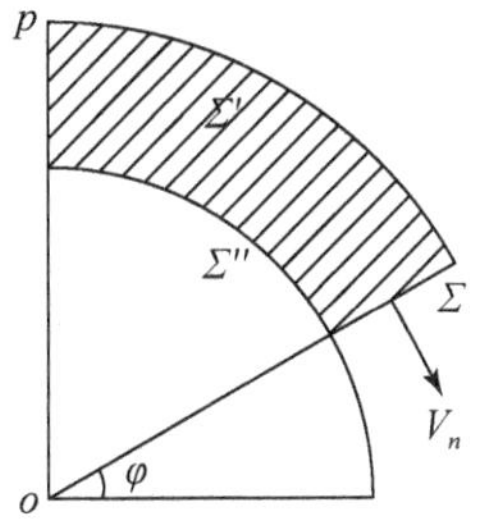

图 2.19　M_a、P、F 的积分域

o 为地心、p 为北极点

用高斯公式改写绝对角动量输送 M_a，因极冠区与外界的大气质量交换仅发生在侧边界 Σ 上（图 2.19），得

$$M_a=-\iiint \nabla\cdot \rho m_a\vec{V}d\tau'=-\iint_{\Sigma}\rho m_a v_n d\sigma=\iint_{\Sigma}\rho m_a v d\sigma \tag{2.28}$$

式中，Σ 为等 φ 面在大气层中的部分［图 2.20（a）中圆台侧面］；v 为经向风速，它与外法向风速 v_n 的关系为 $v=-v_n$。可见，M_a 是单位时间内，通过侧边界输入极冠区的绝对角动量净值（输入为正、输出为负）。

用环路积分改写式（2.27）右端第二、三项，得

$$P=-\iiint \frac{\partial p}{\partial x}Rd\tau'=-\iiint \frac{\partial p}{\partial x}Rdxdydz=-\iint_{\Sigma'}\left(R\oint\frac{\partial p}{\partial x}dx\right)dydz=\iint_{\Sigma'}R\Delta p dydz \tag{2.29}$$

$$F=\iiint \rho F_\lambda Rd\tau'=-\iiint R\frac{\partial \tau_{zx}}{\partial x}dxdydz=-\iint_{\Sigma''}R\left(\int_0^\infty\frac{\partial \tau_{zx}}{\partial z}dz\right)dxdy=\iint_{\Sigma''}R\tau_{zx0}dxdy \tag{2.30}$$

P 为山脉东西侧压差产生的、作用于极冠区大气的力矩总和，故称山脉力矩项。F 为地面摩擦（τ_{zx0} 为作用于地面的 x 方向切应力）产生的、对极冠区大气的力矩总和，故称摩擦力矩项。极冠区大气绝对角动量变率方程（2.27）可写作

$$\frac{\partial M_a}{\partial t}=M_a+P+F \tag{2.31}$$

大气环流气候态是定常的，$\partial M_a/\partial t=0$，得极冠区大气绝对角动量平衡方程

$$0=M_a+P+F \tag{2.32}$$

它表明，对气候大气环流，M_a、P、F 三者平衡。

由地转角动量 $m_\Omega=\Omega a^2\cos^2\varphi$ 主要决定于纬度 φ 知，v 是改变 m_Ω 的主要原因。在无外力矩作用时，m_a 守恒，气块向极点（赤道）运动时，伴随 m_Ω 向 m（m 向 m_Ω）的转换。地球山脉高度达到 5.5km 以上的区域很小，故 500hPa 以上大气的 P、F 甚小，图 2.17 上副热带西风急流位于图 2.18 中 H. C. 上部向极运动明显处（北半球 $v>0$、南半球 $v<0$），故有 m_Ω 向 m 的转换，它应是副热带西风急流的主要成因。图 2.18 中 H. C. 下部明显向赤道运动（北半球 $v<0$、南半球 $v>0$），也存在 m 向 m_Ω 的转换，但因 P、F 的存在阻碍东风增大（m 减小），使对流层热带维持一个弱东风带。

2.4.2　u 角动量通量分解

极冠区大气绝对角动量变率[式(2.31)]、平衡方程[式(2.32)]右端的通量项 M_a，由 Ω 角动量通量 M_Ω 及 u 角动量通量 M_u 之和构成。以气候态$[\bar{u}]$形成机制为目的的分析主要对 M_u 进行，为简化，将 M_u 记为 M，其单点值仍记为 m。

计算分两步进行，先算 t 年、t_m 月值，再算多年平均。使用 NCEP/NCAR 1958～1997 年全球 17 层逐日 4 次风场再分析资料。

p 坐标下(φ,p)点处 t 年、t_m 月的向北(以 y 标识)、向上(以 z 标识)的 u 角动量通量密度月均值的纬圈积分为

$$
\begin{aligned}
m_y(\varphi,p) &= \frac{2\pi a^2\cos^2\varphi}{g}[\overline{uv}] \\
m_z(\varphi,p) &= \frac{-2\pi a^2\cos^2\varphi}{g}[\overline{u\omega}]
\end{aligned}
\tag{2.33}
$$

g 为标准重力加速度。式(2.33)分量 m_{yk}、m_{zk}，$k=\overline{1,3}$的算式为

$$
\begin{aligned}
(m_{y1},m_{y2},m_{y3}) &= \frac{2\pi a^2\cos^2\varphi}{g}([\bar{u}][\bar{v}],[\bar{u}^*\bar{v}^*],[\overline{u'v'}]) \\
(m_{z1},m_{z2},m_{z3}) &= \frac{-2\pi a^2\cos^2\varphi}{g}([\bar{u}][\bar{\omega}],[\bar{u}^*\bar{\omega}^*],[\overline{u'\omega'}])
\end{aligned}
\tag{2.34}
$$

式中，m_y、m_z 的分量也均是位置参数 φ、p 和时间参数 t_m、t 的函数。

$m_y(m_z)$及其分量的确切含义，是 t_y 年、t_m 月单位时间内通过图 2.20(a)[2.20(b)]上圆台(球台)侧面向北(向上)输送的 u 角动量及其分量。图 2.20(a)上的圆台侧面的带宽 Δz 是该处单位压差 Δp(Pa)对应的高度差 Δz(m)，Δz 随 p、T 变化，表 2.6 给出了标准大气若干等压面处的 Δz 值。图 2.20(b)上的球带带宽 Δy 是经线上长为 1m 的弧；因等压面高度 z 远小于地球半径 a，它对 S_y、S_z 的影响可略，故 $S_y(\varphi)=2\pi a\Delta z\cos\varphi$、$S_z(\varphi)=2\pi a\cos\varphi$。

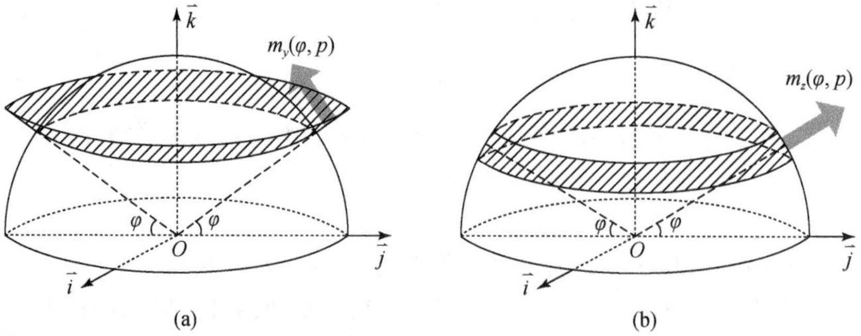

图 2.20　计算 $m_y(\varphi,p)$、$m_z(\varphi,p)$使用的几何面示意图

(a)圆台侧面；(b)球台侧面。斜线带为圆台(球台)侧面，阴影箭头为向北、向上 u 角动量通量

表 2.6　标准大气若干等压面处 1Pa 压差气柱对应高度差 Δz

气压 p/hPa	1000	500	100	10
温度差 $\overline{T}$/K	288.15	253.90	216.65	227.65
高度差 Δz/m	0.085	0.151	0.637	6.663

注：据公式 $\Delta z=(R_d\overline{T}/g)\ln(p_1/p_2)$ 计算；式中，干空气比气体常数 $R_d=287\text{J}/(\text{kg}\cdot\text{K})$，地球标准重力加速度 $g=9.80665\text{m/s}^2$，气柱平均气温 $\overline{T}$ 取标准气温，气柱底(z_1)、顶(z_2)气压取 $p_1=p+0.5$、$p_2=p-0.5$。

t 年、t_m 月通过整个等 φ 面输入极冠区的 u 角动量通量及其分量的定义式为

$$
\begin{aligned}
m_y(\varphi) &= \int_0^{p_0} m_y(\varphi,p)\,\mathrm{d}p \\
m_{yk}(\varphi) &= \int_0^{p_0} m_{yk}(\varphi,p)\,\mathrm{d}p, \quad k=\overline{1,3}
\end{aligned}
\tag{2.35}
$$

$p_0=1013.25$ hPa 为标准大气压。

由式(2.35)可得 t 年季节平均 m_y、m_z 及其分量值

$$
\begin{aligned}
&m_y(\varphi,p),m_y(\varphi),m_z(\varphi,p), \quad t_y=\overline{1,40} \\
&m_{yk}(\varphi,p),m_{yk}(\varphi),m_{zk}(\varphi,p), \quad t_y=\overline{1,40},k=\overline{1,3}
\end{aligned}
\tag{2.36}
$$

求式(2.34)各项的 40 年平均，得各季节的气候平均值及其分量值

$$
\begin{aligned}
&\bar{m}_y(\varphi,p),\bar{m}_y(\varphi),\bar{m}_z(\varphi,p) \\
&\bar{m}_{yk}(\varphi,p),\bar{m}_{yk}(\varphi),\bar{m}_{zk}(\varphi,p), \quad k=\overline{1,3}
\end{aligned}
\tag{2.37}
$$

下面根据杨玮等(2014)的计算和分析，简要介绍 12 月～次年 2 月、6～8 月两个季节 u 角动量输送及其分量[式(2.37)]的气候特征，以及它们与气候图[$\bar{u}$](图 2.19)上东、西风带和西风急流维持的关系。

2.4.3　u 角动量经向输送的气候特征

由图 2.21(a)、图 2.22(a)知，u 角动量经向强输送带(图上高绝对值区)均位于自由大气中。赤道对流层顶的强输送带方向随季节变化，12 月～次年 2 月向北半球输出东风角动量，6～8 月向南半球输出东风角动量，它们使对流层内东西风交界线([$\bar{u}$]=0)自下而上向赤道倾斜；叶笃正和杨大升(1955)指出，热带[$\bar{u}$]=0 线的这种结构与 Hadley 环流相结合，在西风角动量从低纬东风带向中高纬西风带输出中具有重要意义。中心位于副热带对流层顶附近的两个强输送带冬强夏弱，其辐合区与副热带西风急流位置基本重合。冬半球中纬中平流层顶(10hPa)附近有另一个强输送带，其辐合区与极夜急流位置重合；这和季劲钧(1979)的分析结果一致。

由图 2.21(b)～(d)知，与北半球冬季副热带西风急流有关的 $\bar{m}_y$ 由三个分量共同构成，对流层上部到平流层下部的辐合主要由 Hadley 环流向北、Ferrel 环流向南的西风角动量输送形成；中平流层与极夜急流有关的输送辐合由定常波、瞬变涡提供，以瞬变涡为主。南半球副热带西风急流主要由瞬变涡向南输送辐合引起，Ferrel 环流上部的向赤道输送也有一定

作用;因南半球中纬定常波弱,故其输送作用不明显。赤道对流层顶的负输送中心则主要由该处定常波输送引起;热带摩擦层中的强输送(北半球一侧)则主要由东风带内的 Hadley 环流完成。

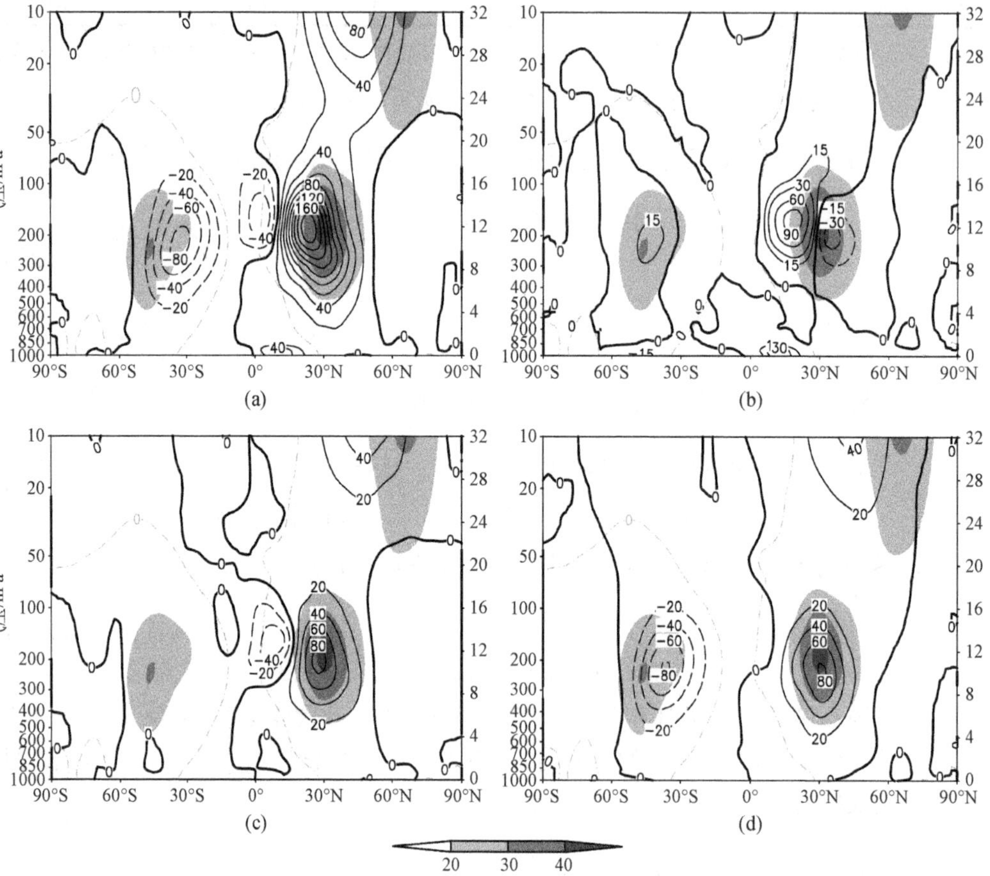

图 2.21　12 月～次年 2 月向北角动量通量 $\bar{m}_y(\varphi,p)$ 及其分量 $\bar{m}_{yk}(\varphi,p)$(单位:10^3 kg · m^2/s^2)

(a)$\bar{m}_y$;(b)$\bar{m}_{y1}$;(c)$\bar{m}_{y2}$;(d)$\bar{m}_{y3}$。阴影区为急流($[\bar{u}]\geqslant 20$m/s);等值线为向北角动量通量

由图 2.22(b)～(d)可见,与北半球夏季副热带西风急流有关的主要是定常波、瞬变涡输送及其辐合。而与南半球冬季副热带西风急流有关的主要是平均经圈环流输送、强辐合及瞬变涡旋强输送;与极夜急流有关的主要是瞬变涡旋、定常波输送及其辐合。赤道对流层顶附近的强向北输送与 Hadley 环流和定常波将东风角动量向南输送有关;热带摩擦层的强输送在北、南半球分别由定常波、Hadley 环流完成。

应当指出,在图 2.21(b)和图 2.22(b)中,对流层平均经圈环流(Hadley 环流、Ferrel 环流)中的强经向运动,伴随着 Ω 角动量与 u 角动量之间的相互转换,对流层上部 Hadley 环流向极(为主)和 Ferrel 环流向赤道(为辅)输送结合是副热带西风急流产生和维持的主要原因;而对流层下部 Hadley 环流向赤道(为主)和 Ferrel 环流向极(为辅)输送是热带东风带、中纬西风带产生的主要原因,实际的东西风带是 m 输送 m_Ω、m 转换及山脉力矩、摩擦力矩共同作用的结果。

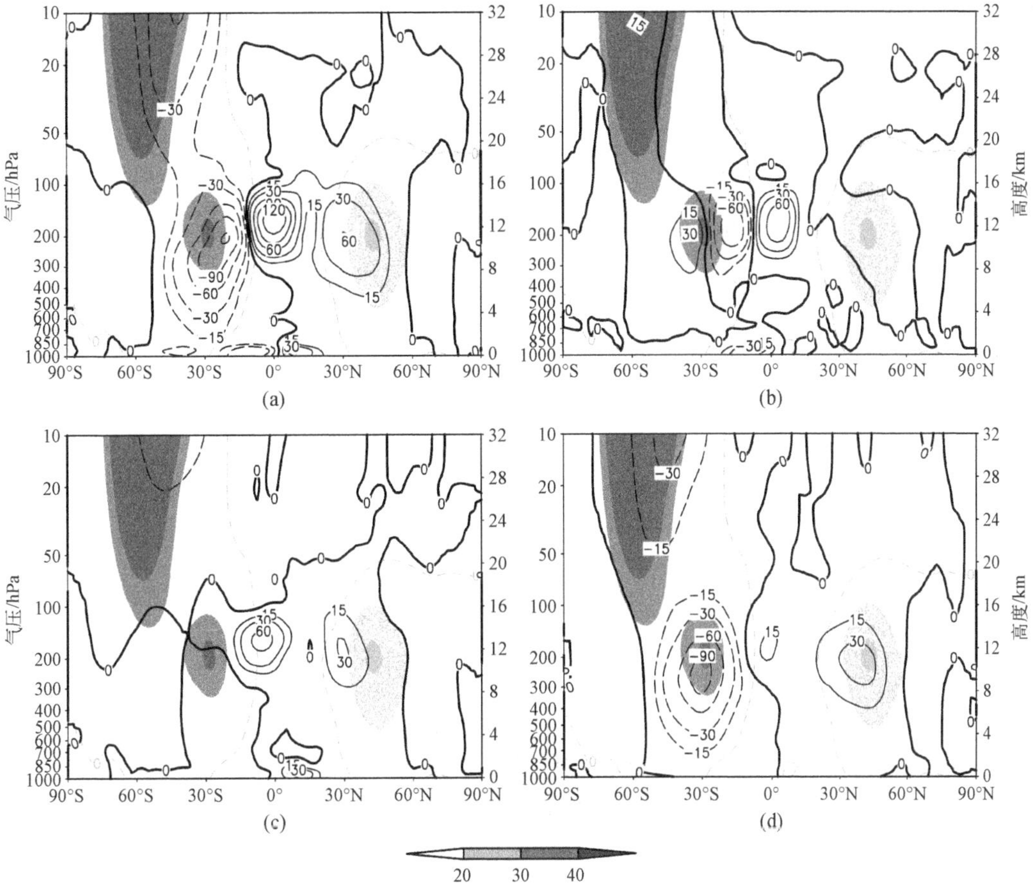

图 2.22　6~8 月向北角动量通量 $\bar{m}_y(\varphi,p)$ 及其分量 $\bar{m}_{yk}(\varphi,p)$（单位：10^{13} kg · m^2/s^2）

(a)$\bar{m}_y$；(b)$\bar{m}_{y1}$；(c)$\bar{m}_{y2}$；(d)$\bar{m}_{y3}$。北(南)半球阴影区为急流($[\bar{u}]\geqslant 10(30)$ m/s)；等值线为向北角动量通量

图 2.23 是据式(2.41)m_y、m_{yk}垂直积分的气候平均。可见，明显向极输送发生在南北纬 60°间，在 30°N(S)附近 $\bar{m}_y(\varphi)$ 达极值。同一季节经向输送 $\bar{m}_y(\varphi)$ 的半球际分量构成差异明显，瞬变涡绝对输送一般较定常波大；但就相对重要性而言，南半球明显大于北半球。平均经圈环流(Hadley 环流)在热带的重要性突出。

2.4.4　u 角动量垂直输送的气候特征

Newton(1971)、Madden 和 Speth(1995)指出，大气西风角动量的源在热带东风带地面，汇在中高纬西风带地面；而由 $\bar{m}_y$(图 2.21、图 2.22)知，其经向强输送均位于高空的对流层顶或中平流层顶；平衡要求热带东风区内有角动量向上输送，中高纬西风区内有角动量向下输送。因此需要分析 u 角动量的垂直输送及其构成。

图 2.24、图 2.25 表明，赤道附近有东风角动量向上输送。冬半球强副热带西风急流的低纬侧 u 角动量下传、中纬侧上传，存在明显垂直输送切变；夏半球弱副热带西风急流则位

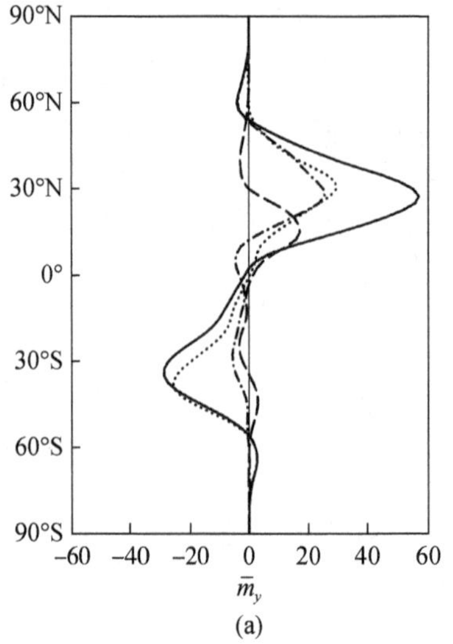

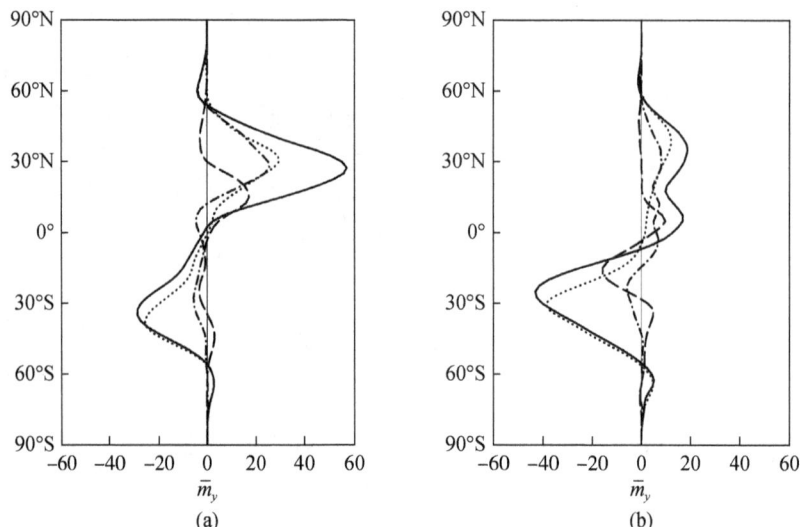

图 2.23　40 年(1958～1997 年)平均 $\bar{m}_y(\varphi)$ 及其分量 $\bar{m}_{yk}(\varphi)$ 的垂直积分(单位:10^{18}kg · m^2/s^2)

(a)12 月～次年 2 月;(b)6～8 月。实线为 $\bar{m}_y$、长虚线为 $\bar{m}_{y1}$、长短虚线为 $\bar{m}_{y2}$、短虚线为 $\bar{m}_{y3}$

于中纬弱 u 角动量上传区中。

图 2.24、图 2.25 的(b)～(d)表明,赤道对流层东风角动量上传,12 月～次年 2 月主要由平均经圈环流(对流层下部)和定常波(对流层上部)共同完成,6～8 月则由平均经圈环流(为主)和定常波(为辅)共同完成。而与副热带急流有关的西风角动量下传主要由位于西风带中的平均经圈环流(Hadley 环流、Ferrel 环流)下沉支完成;瞬变涡旋将西风角动量上传,部分抵消平均经圈环流的下传作用,这在南半球更明显。

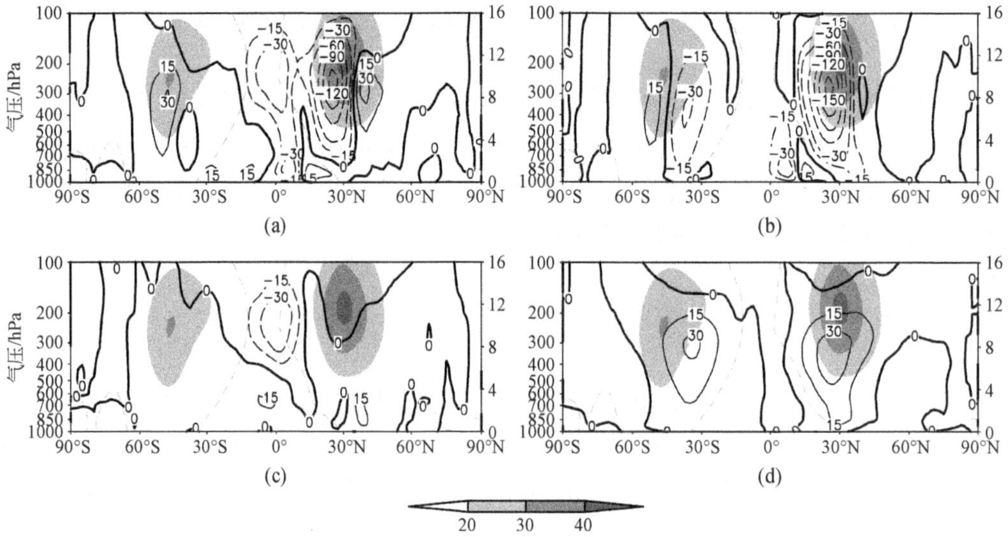

图 2.24　12 月～次年 2 月向上角动量通量 $\bar{m}_z(\varphi,p)$ 及其分量 $\bar{m}_{zk}(\varphi,p)$(单位:10^{11}kg · m^2/s^2)

(a)$\bar{m}_z$;(b)$\bar{m}_{z1}$;(c)$\bar{m}_{z2}$;(d)$\bar{m}_{z3}$。阴影区为急流($[\bar{u}]\geq 20$m/s);等值线为向上角动量通量

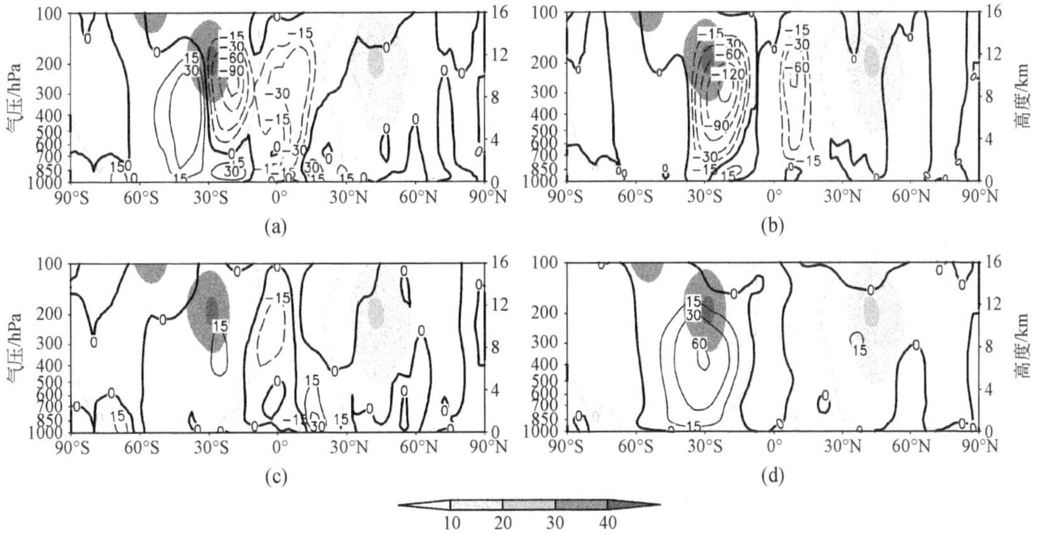

图 2.25　6～8 月向上角动量通量 $\bar{m}_z(\varphi,p)$ 及其分量 $\bar{m}_{zk}(\varphi,p)$（单位：10^{11}kg · m^2/s^2）

(a)$\bar{m}_z$；(b)$\bar{m}_{z1}$；(c)$\bar{m}_{z2}$；(d)$\bar{m}_{z3}$。北（南）半球阴影区为急流（$[\bar{u}]\geqslant 10(30)$m/s）；等值线为向上角动量通量

图 2.26 给出了 500hPa $\bar{m}_z$ 及其分量随纬度的变化。可见，冬半球外热带、副热带向下输送最强，它主要由平均经圈环流 Hadley 环流和 Ferrel 环流公共下沉支完成，并被瞬变涡、定常波向上输送削弱。赤道附近的冬半球侧全年保持次强的向下输送，它主要由平均经圈环流（东风区内的 Hadley 环流上升支）完成。半球际差异表现为南半球冬季中纬（40°S 附近）有强向上输送，三个分量对其均为正贡献，但以瞬变涡旋为主，说明南半球该纬带强西风急流上斜压瞬变涡旋活跃。

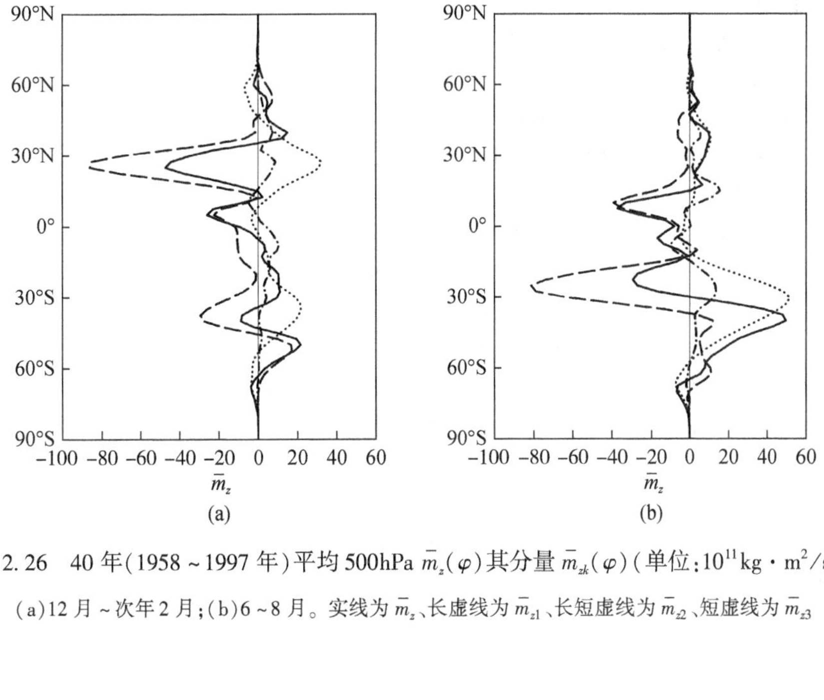

图 2.26　40 年（1958～1997 年）平均 500hPa $\bar{m}_z(\varphi)$ 其分量 $\bar{m}_{zk}(\varphi)$（单位：10^{11}kg · m^2/s^2）

(a)12 月～次年 2 月；(b)6～8 月。实线为 $\bar{m}_z$、长虚线为 $\bar{m}_{z1}$、长短虚线为 $\bar{m}_{z2}$、短虚线为 $\bar{m}_{z3}$

综上,以$[\bar{u}]$维持机制为例,演示了物理量输送环流分解在大气环流维持分析中的应用。物理量输送的环流分解还被用于热量(水汽)输送、能量转换与循环等的分析,它对于大气环流分析的重要性是不言而喻的。

2.5 小 结

(1)介绍了时域、空域、时空域上环流及物理量输送的分解方法,阐明了它们用于天气、气候资料环流分解时的差别与关系。

(2)将时域环流分解方法用于中国气候变化的分析,揭示了中国气候变化主要表现为气温均值上升、变率增大的特点;将时空域环流分解方法用于北半球中纬$\boldsymbol{H}_{500}$、低纬$\boldsymbol{V}_{850}$的分析,得到了它们的气候及异常特征的新认识。

(3)将物理量输送环流分解方法用于全球40年(1958~1997年)西风角动量输送分析,得到了具有气候意义的纬向风带维持机制的研究结果。

(4)阐明并验证了检验统计量显著与否的经验蒙特卡罗方法;引入了大气环流不平稳性概念及不平稳度参数。用实例给出了它们在分析中的应用价值。

参考文献

费史 M,1962. 概率论及数理统计[M]. 王福保译. 上海:上海科学技术出版社.

符淙斌,董文杰,温刚,等,2003. 全球变化的区域响应和适应[J]. 气象学报,61(2):245-250.

符淙斌,叶笃正,1995. 全球变化与我国未来的生存环境[J]. 大气科学,19(1):116-126.

季劲钧,1979. 斜压球面螺旋行星波和角动量输送[J]. 气象学报,37(2):93-96.

李丽平,秦育婧,智海,等,2013. 大气环流概论[M]. 北京:科学出版社.

李巧萍,王盘兴,李丽平,2003. 半球月平均位势高度场的若干环流指数及其变化特征[J]. 南京气象学院学报,26(3):341-348.

廉毅,沈柏竹,高枞亭,等,2005. 中国气候过渡带干旱化发展趋势与东亚夏季风、极涡活动相关研究[J]. 气象学报,63(5):740-749.

梁宗巨,王青建,沈宏安,2001. 世界数学通史(下)[M]. 沈阳:辽宁教育出版社.

刘德贵,费景高,于永江,等,1983. FORTRAN 算法汇编第二分册[M]. 北京:国防工业出版社.

洛伦茨 E N,1976. 大气环流的性质和理论[M]. 北京大学地球物理系气象专业译. 北京:科学出版社.

马丽萍. 1999. 热带海洋海气相互作用特殊性的初步分析及应用[D]. 南京:南京气象学院.

穆德 A M,格雷比尔 F A,1963. 统计学导论[M]. 史定华译. 北京:科学出版社.

秦育婧,王盘兴,管兆勇,等,2006. 两种再分析资料的 Hadley 环流比较[J]. 科学通报,5(12):1469-1474.

施能,1996. 气候诊断研究中 SVD 显著性检验的方法[J]. 气象科技,24(4):5-6.

施能,陈辉. 1988. 论我国季、月降水量的正态性和正态化[J]. 气象,14(3):9-13.

施能,魏凤英,封国林,等,1997. 气象场相关分析及合成分析中蒙特卡洛检验方法及应用[J]. 南京气象学院学报,20(3):355-359.

《数学手册》编写组,1979. 数学手册[M]. 北京:高等教育出版社.

王盘兴,华文漪,吴幸毓,等,2009. 热带异常风场序列的傅立叶分析方案及试验[J]. 南京气象学院学报,32(1):1-10.

王盘兴,吴幸毓,华文漪,等,2008. 热带气候风场的傅立叶分析方案及试验[J]. 南京气象学院学报,

31(3):300-307.
王蕊,王盘兴,吴洪宝,等,2009. 小波功率谱 Monte Carlo 显著性检验的一个简易方案[J]. 南京气象学院学报,32(1):140-145.
谢瑶瑶,李丽平,王盘兴,等,2011. 我国气温和降水序列年代际分量的显著性检验[J]. 大气科学学报,34(4):467-475.
杨玮,王盘兴,何金海,等,2014. 西风角动量输送的气候特征及其与急流关系研究[J]. 大气科学,38(2):363-372.
叶笃正,陶诗言,李麦村,1959. 在六月和十月大气环流的突变现象[J]. 气象学报,29(4):249-263.
叶笃正,杨大升,1955. 北半球大气中角动量的年变化和它的输送机构[J]. 气象学报,26(4):281-292.
叶笃正,朱抱真,1958. 大气环流的若干基本问题[M]. 北京:科学出版社.
周国华,2011. 风压场定常波不平稳性的统计学研究[D]. 南京:南京信息工程大学.
周国华,王盘兴,施宁,等,2009. 北半球 500hPa 高度场定常波不平稳性分析[J]. 气象学报,67(2):298-306.
Barnett T P,Preisendorfer R W,1978. Multifield analog prediction of short-term climate fluctuations using a climate state vector[J]. Journal of the Atmospheric Sciences,35(10):1771-1787.
Iwasaka N,Wallace J M,1995. Large scale air sea interaction in the Northern Hemisphere from a view point of variations of surface heat flux by SVD analysis[J]. Journal of the Meteorological Society of Japan,73(4):781-794.
Livezey R E,Chen W Y,1983. Statistical field significance and its determination by Monte Carlo techniques[J]. Monthly Weather Review,111(1):46-59.
Lorenz E N, 1967. The nature and theory of the general circulation of the atmosphere [M]. Geneva: World Meteorological Organization.
Lund I A,1970. A Monte Carlo method for testing the statistical significance of a regression equation[J]. Journal of Applied Meteorology,9(3):330-332.
Madden R A,Speth P,1995. Estimates of atmospheric angular momentum,friction,and mountain torques during 1987—1988[J]. Journal of Atmospheric Sciences,52(21):3681-3694.
McCarthy J J,Canziani O F,Leary N A,et al. ,2001. Climate Change 2001:Impacts,Adaptation and Vulnerability [R] //Contribution of Working Group II to the Third Assessment Report of the Intergovernmental Panel on Climate Change. Cambridge,United Kingdom:Cambridge University Press.
Neumann C J,Lawrence M B,Caso E L,et al. ,1977. Monte Carlo significance testing as applied to statistical tropical cyclone prediction models[J]. Journal of Applied Meteorology,16(11):1165-1174.
Newton C W,1971. Mountain torques in the global angular momentum balance [J]. Journal of Atmospheric Sciences,28(4):623-628.
Shen S,Lau K M,1995. Biennial oscillation associated with the East Asian summer monsoon and tropical sea surface temperatures[J]. Journal of the Meteorological Society of Japan,73(1):105-124.
Starr V P,White R M,1954. Balance Requirements of the General Circulation[M]. Cambridge,Mass:Geophysical Research Directorate,Air Force Cambridge Research Center.
Wang P X,He J H,Guo P W,et al. ,2001. Regional differences of temporal-spatial characteristics of air-sea interactions in tropical oceans[J]. Acta Meteorologica Sinica,15(4):407-419.
Zhou G H,Wang P X,Shi N,et al. ,2010. Analysis of stationary-wave nonstationarity in the Northern Hemisphere 500-hPa height field[J]. Acta Meteorologica Sinica,24(3):287-296.
Zurndorfer E A,Glahn H R,1977. Significance testing of regression equations developed by screening regression [C]. Fifth Conference on Probability and Statistics in Atmospheric Sciences,Las Vegas,American Meteorological Society,95-100.

复　习　题

1. Lorenz 环流分解中,场(序列)$\boldsymbol{f}$ 的空域(时域)通常是什么? 写出其分解式。场 $\boldsymbol{f}$ 的起伏、序列 $\boldsymbol{f}$ 的振荡仅由哪个分量决定? 为什么?

2. 画出 E^n 中 Lorenz 环流分解式 $\boldsymbol{f}=\bar{\boldsymbol{f}}+\boldsymbol{f}'$、$\boldsymbol{f}=[\boldsymbol{f}]+\boldsymbol{f}^*$ 的几何关系示意图;给出平均向量 $\bar{\boldsymbol{f}}$、$[\boldsymbol{f}]$ 的模及交角 $\langle\bar{\boldsymbol{f}},\boldsymbol{e}_i\rangle$、$\langle[\boldsymbol{f}],\boldsymbol{e}_i\rangle$ 与 n 的关系。

3. 时空域上的 Lorenz 环流分解针对哪两类场序列? 它们主要用于何种分析目的(场合)? 对两类场序列,其环流分解所得各个分量的名称和环流意义是什么?

4. 下图给出了 45°N 500 hPa 等压面上 1 月、7 月的气候高度场 $\bar{\boldsymbol{h}}_1$、$\bar{\boldsymbol{h}}_7$,以及 $[\bar{\boldsymbol{h}}]_1$、$[\bar{\boldsymbol{h}}]_7$(水平线);判断

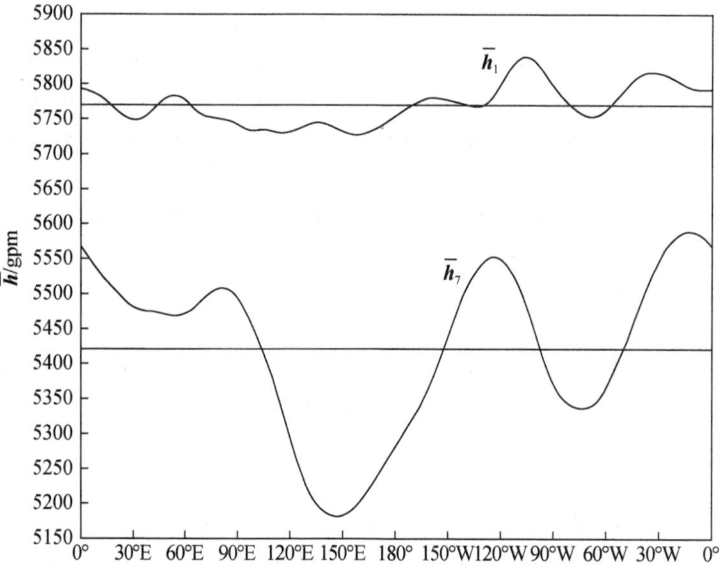

a) $\|\bar{\boldsymbol{h}}_1\|$、$\|\bar{\boldsymbol{h}}_7\|$ 的大小;为什么?

b) $\|\bar{\boldsymbol{h}}_1^*\|$、$\|\bar{\boldsymbol{h}}_7^*\|$ 的大小;为什么?

5. 对中国季气温、降水若干统计量作显著性检验时,为什么用蒙特卡罗方法替代 t、F 检验方法? 结合 2.2.2 节的实例,指出 EMC 方法与 MC 方法的主要差别是什么? 1951 ~ 2010 年期间中国季气温、降水气候变化的主要分析结果是什么?

6. 北半球中纬度 $\boldsymbol{H}_{500}^*$、热带 $\boldsymbol{V}_{850}^*$ 随季节、纬度变化的特征是什么? 定常波不平稳性描述何种环流特征? $\boldsymbol{H}_{500}^*$、$\boldsymbol{V}_{850}^*$ 定常波不平稳度的季-纬度剖面图上高值带的环流意义是什么?

7. 试用绝对角动量守恒定律,解释纬向平均西风$[\bar{u}]$图(图 2.17)上副热带西风急流位置、强度与$[\bar{\psi}]$图(图 2.18)上经向质量流高值区的关系。通过西风角动量输送分解获得的纬向风带的维持机制是什么?

第3章　谐波分析及应用

傅里叶(Fourier)级数即三角级数,又称谐波,19世纪20年代傅里叶在热传导方程求解中发现,任意复杂函数f均可以用谐波线性和表出(梁宗巨等,1995)。大气环流演变或场可以看作时域、空域上的函数,因此可以被谐波线性和表出;借助于谐波的正交性和单个谐波的简明结构(振幅固定的周期振荡),大气环流时、空特征的分析变得简单。另外,谐波分析是气象学中广泛应用的功率谱和交叉谱分析、数字滤波和小波分析的基础,也是本书第4章球函数分析的基础。本章首先介绍谐波分析原理,然后通过实例,给出其在大气环流及气候异常分析中的应用。

3.1　谐波分析原理

谐波分析的直接对象,是单要素的一个演变或沿纬圈分布的一个场。不失一般性①,以场$\boldsymbol{f}$分析为例,其直接分析对象为

$$\boldsymbol{f}(\lambda),\quad \lambda\in(0,2\pi] \tag{3.1}$$

自变量λ为经度,$\boldsymbol{f}$为某纬圈上要素F的场。F可以是气压、温度等实变量($f\in \mathrm{R}$),也可以是风、水汽通量等复变量($f\in \mathrm{C}$),因此$\boldsymbol{f}$是H、U^{∞}空间中的一个向量。本节在H、U^{∞}中给出谐波分析原理,包括实、谱谐波的图形和性质,场(演变)的谐波分析和模方分析。

3.1.1　谐波函数系的图形和性质

1. 函数系、图形

H空间中,实谐波函数系为

$$\begin{aligned}&\cos k\lambda,\quad k=\overline{0,\infty}\\&\sin k\lambda,\quad k=\overline{1,\infty}\end{aligned} \tag{3.2}$$

U^{∞}空间中,复谐波函数系为

$$\mathrm{e}^{\mathrm{I}k\lambda}=\cos k\lambda+\mathrm{I}\sin k\lambda,\quad k=\overline{-\infty,\infty} \tag{3.3}$$

式中,$\mathrm{I}=\sqrt{-1}$为虚数单位;k为波数,相应的谐波波长为$2\pi/k$。

以$\boldsymbol{c}_k$、$\boldsymbol{s}_k$记实谐波$\cos k\lambda$、$\sin k\lambda$、$\lambda\in(0,2\pi]$,以$\boldsymbol{e}_k$记复谐波$\mathrm{e}^{Ik\lambda}$、$\lambda\in(0,2\pi]$。图3.1和图3.2是部分$\boldsymbol{c}_k$、$\boldsymbol{s}_k$和$\boldsymbol{e}_k$的图像。下面讨论其性质,给出谐波分析方法。

---

① 对$t\in(0,T]$,作变量替换$t'=2\pi t/T$,则$f(t')$,$t'\in(0,2\pi]$。

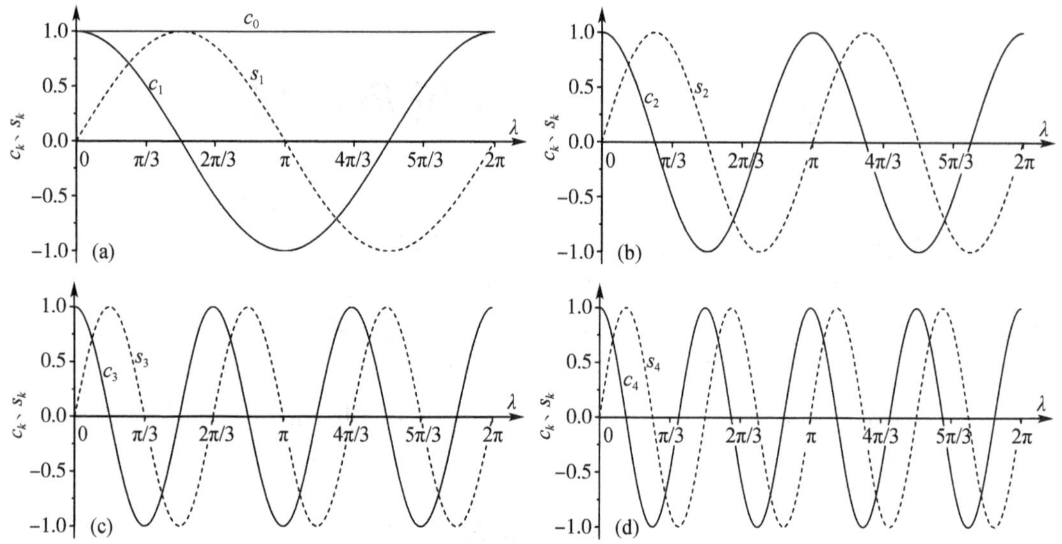

图 3.1　实谐波 $\boldsymbol{c}_k$(实线)、$\boldsymbol{s}_k$(虚线)图像

(a) $k=0$、1;(b) $k=2$;(c) $k=3$;(d) $k=4$

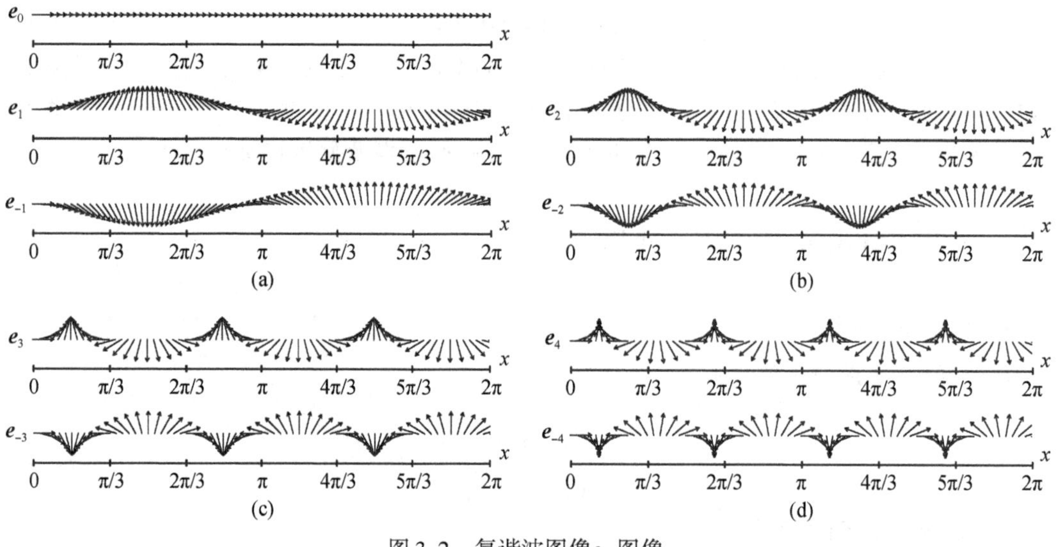

图 3.2　复谐波图像 $\boldsymbol{e}_k$ 图像

(a) $k=0$、±1;(b) $k=\pm2$;(c) $k=\pm3$;(d) $k=\pm4$。所有复变量(矢量)的模均为 1

2. 性质

实谐波(图 3.1)有如下重要性质。

(1)均匀性和中心化:$\boldsymbol{c}_0$ 是余弦波 $\cos 0\lambda=1$,全域($\lambda\in(0,2\pi]$)均匀。$\boldsymbol{c}_k$、$\boldsymbol{s}_k$、$k=\overline{1,\infty}$ 全域积分为 0,故它们是中心化向量。$\boldsymbol{s}_0$ 为零向量,不是基向量,不属于实谐波函数系。

(2)正交性和模:以 $(\boldsymbol{f},\boldsymbol{g})$ 记 $\boldsymbol{f}$、$\boldsymbol{g}$ 在域 $\lambda\in(0,2\pi]$ 上的内积,$(\boldsymbol{f},\boldsymbol{g})=\int_0^{2\pi} f(\lambda)g(\lambda)\mathrm{d}\lambda$,

则可证$\boldsymbol{c}_k$、$\boldsymbol{s}_k$ 满足正交性

$$\begin{aligned}&(\boldsymbol{c}_k,\boldsymbol{c}_{k'})=0, \quad k\neq k'\\&(\boldsymbol{s}_k,\boldsymbol{s}_{k'})=0, \quad k\neq k'\\&(\boldsymbol{c}_k,\boldsymbol{s}_{k'})=0, \quad \text{一切 } k、k'\end{aligned} \tag{3.4}$$

而其模

$$\|\boldsymbol{c}_k\|=(\boldsymbol{c}_k,\boldsymbol{c}_k)^{1/2}=\begin{cases}\sqrt{2\pi}, & k=0\\ \sqrt{\pi}, & k=\overline{1,\infty}\end{cases} \tag{3.5}$$

$$\|\boldsymbol{s}_k\|=(\boldsymbol{s}_k,\boldsymbol{s}_k)^{1/2}=\sqrt{\pi}, \quad k=\overline{1,\infty}$$

故谐波函数系是正交系,但不是标准(归一)正交系。

复谐波(图 3.2)有如下重要性质。

(1)均匀性和中心化:$\boldsymbol{e}_0$ 是复谐波 $e^{I0\lambda}=1$,全域($\lambda\in(0,2\pi]$)均匀。$k=\overline{1,\infty}$ 和$\overline{-1,-\infty}$ 的 $e^{Ik\lambda}$ 的全域($\lambda\in(0,2\pi]$)积分为 0,是中心化向量。

(2)正交性和模:以($\boldsymbol{f},\boldsymbol{g}$)记复向量 $\boldsymbol{f}$、$\boldsymbol{g}$ 在域 $\lambda\in(0,2\pi]$ 上的内积,$(\boldsymbol{f},\boldsymbol{g})=\int_0^{2\pi}f(\lambda)\hat{g}(\lambda)\mathrm{d}\lambda$,$\hat{g}(\lambda)$为 $g(\lambda)$的共轭;则可证$\boldsymbol{e}_k$ 满足正交性

$$(\boldsymbol{e}_k,\boldsymbol{e}_{k'})=0, \quad k\neq k' \tag{3.6}$$

而其模

$$\|\boldsymbol{e}_k\|=(\boldsymbol{e}_k,\boldsymbol{e}_k)^{1/2}=\sqrt{2\pi}, \quad k=\overline{-\infty,\infty} \tag{3.7}$$

故复谐波函数系是正交系,但不是标准(归一)正交系。

(3)完备性:对满足狄利克雷条件的实函,谐波函数系[式(3.2)]是完备函数系;对实、虚部满足狄利克雷条件的复函,复谐波函数系[式(3.3)]是完备函数系。

因此,$\{\boldsymbol{c}_k,\boldsymbol{s}_k\}$是 H 空间中的完备正交系,$\{\boldsymbol{e}_k\}$是 U^∞ 空间中的完备正交系。

3.1.2　*f* 的谐波分析

谐波函数系$\{\boldsymbol{c}_k,\boldsymbol{s}_k\}$、$\{\boldsymbol{e}_k\}$是分析单点要素演变或 φ 纬度纬圈上实、复环流量场$\boldsymbol{f}$波谱结构的工具。实践中,它主要用于自由大气高度场 $\boldsymbol{H}$(实变量场)、风场 $\boldsymbol{V}$(复变量场)波谱结构的分析。本节仍以 φ 纬度纬圈上某实、复变量要素场为分析对象,介绍谐波分析原理。

1. 实 $\boldsymbol{f}$ 谐波分析

$\boldsymbol{f}$ 是 φ 纬度纬圈上某实变量场,其实函数形式为

$$f(\lambda), \quad \lambda\in(0,2\pi] \tag{3.8}$$

其谐波分析式为

$$\boldsymbol{f}=\sum_{k=0}^{\infty}\boldsymbol{f}_k=a_0\boldsymbol{c}_0+\sum_{k=1}^{\infty}(a_k\boldsymbol{c}_k+b_k\boldsymbol{s}_k) \tag{3.9}$$

谐波系数

$$a_0=(\boldsymbol{f},\boldsymbol{c}_0)/\|\boldsymbol{c}_0^2\|=\frac{1}{2\pi}\int_0^{2\pi}f(\lambda)\mathrm{d}\lambda$$
$$a_k=(\boldsymbol{f},\boldsymbol{c}_k)/\|\boldsymbol{c}_k^2\|=\frac{1}{\pi}\int_0^{2\pi}f(\lambda)\cos k\lambda\mathrm{d}\lambda \tag{3.10}$$
$$b_k=(\boldsymbol{f},\boldsymbol{s}_k)/\|\boldsymbol{s}_k^2\|=\frac{1}{\pi}\int_0^{2\pi}f(\lambda)\sin k\lambda\mathrm{d}\lambda$$

式(3.9)右端第一项$\boldsymbol{f}_0$是纬圈平均场[$\boldsymbol{f}$],场量处处为

$$f_0=\frac{1}{2\pi}\int_0^{2\pi}f(\lambda)\mathrm{d}\lambda \tag{3.11}$$

式(3.9)右端第二项求和号中的部分是波分量$\boldsymbol{f}_k$、$k\neq0$,它的另一形式为

$$f_k(\lambda)=c_k\cos(k\lambda-\Lambda_k)=c_k\cos k(\lambda-\lambda_k) \tag{3.12}$$

式中,振幅c_k、初位相Λ_k为

$$c_k=(a_k^2+b_k^2)^{1/2}$$
$$\Lambda_k=\arctan(b_k/a_k) \tag{3.13}$$

故c_k是$\boldsymbol{f}_k$的振幅,Λ_k是$\boldsymbol{f}_k$在$\lambda\in(0,2\pi]$上第1波峰的位相角,$\lambda_k=\Lambda_k/k$,是与Λ_k对应的第1波峰所在经度。图3.3给出了$\boldsymbol{f}_k$波参数c_k、Λ_k、λ_k的意义。

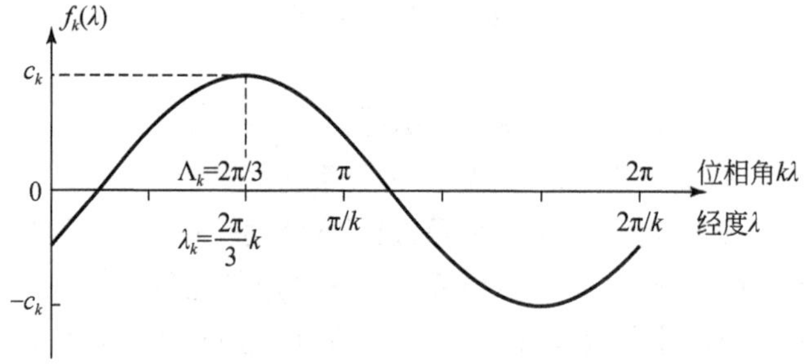

图3.3 $\boldsymbol{f}_k$波参数c_k、Λ_k、λ_k示意图

$c_k=\sqrt{a_k^2+b_k^2}$, $\Lambda_k=k\lambda_k=2\pi/3$, $\lambda_k=\frac{2\pi}{3}k$

2. 复$\boldsymbol{f}$谐波分析

$\boldsymbol{f}$是φ纬度纬圈上某复变量场,其复函数形式为

$$f(\lambda)=f_R(\lambda)+\mathrm{I}f_I(\lambda),\quad \lambda\in(0,2\pi] \tag{3.14}$$

其谐波分解式为

$$\boldsymbol{f}=\sum_{k=-\infty}^{\infty}\boldsymbol{f}_k=\sum_{k=-\infty}^{\infty}A_k\boldsymbol{e}_k=A_0\boldsymbol{e}_0+\sum_{k=1}^{\infty}(A_k\boldsymbol{e}_k+A_{-k}\boldsymbol{e}_{-k}) \tag{3.15}$$

谐波系数

$$A_k=(\boldsymbol{f},\boldsymbol{e}_k)/\|\boldsymbol{e}_k\|^2=A_{kR}+\mathrm{I}A_{kI} \tag{3.16}$$

其实部A_{kR}、虚部A_{kI}分别为

$$A_{kR}=\frac{1}{2\pi}\int_0^{2\pi}(f_R\cos k\lambda+f_I\sin k\lambda)\mathrm{d}\lambda$$

$$A_{kI}=\frac{1}{2\pi}\int_0^{2\pi}(f_I\cos k\lambda-f_R\sin k\lambda)\mathrm{d}\lambda$$

A_k 的模 $|A_k|$ 是 k 波分量 $\boldsymbol{f}_k$ 的振幅，与实谐波分析中 c_k 是 k 波分量 $\boldsymbol{f}_k$ 的振幅类似。

式(3.15)右端第一项是0波分量 $\boldsymbol{f}_0$，它是纬圈平均场 $[\boldsymbol{f}]$，场量处处为

$$f_0(\lambda)=\frac{1}{2\pi}\int_0^{2\pi}f_R(\lambda)\mathrm{d}\lambda+\frac{I}{2\pi}\int_0^{2\pi}f_I(\lambda)\mathrm{d}\lambda \tag{3.17}$$

式(3.15)右端括号中的两项分别为 $k\neq0$ 的 k、$-k$ 波分量 $\boldsymbol{f}_k$、$\boldsymbol{f}_{-k}$，它们由波长 $2\pi/k$ 的两个谐波 $\boldsymbol{e}_k$、$\boldsymbol{e}_{-k}$ 的线性和构成；因 $\boldsymbol{f}_k$、$\boldsymbol{f}_{-k}$ 波长相等，可将两项合并，记为 $\boldsymbol{f}_{|k|}$。$\boldsymbol{f}_{|k|}$、$\boldsymbol{f}_{|k|R}$、$\boldsymbol{f}_{|k|I}$ 在 λ 点上的值为

$$\begin{aligned}
f_{|k|}(\lambda)&=A_ke_k(\lambda)+A_{-k}e_{-k}(\lambda)=f_{|k|R}(\lambda)+f_{|k|I}(\lambda)\\
f_{|k|R}(\lambda)&=(A_{kR}+A_{-kR})\cos k\lambda-(A_{kI}+A_{-kI})\sin k\lambda\\
f_{|k|I}(\lambda)&=(A_{kR}-A_{-kR})\sin k\lambda+(A_{kI}+A_{-kI})\cos k\lambda
\end{aligned} \tag{3.18}$$

可见，$f_{|k|}(\lambda)$ 的实、虚部均为波长 $2\pi/k$ 的谐波。

3. 模方分析

模方分析的对象是纬偏场 $\boldsymbol{f}^*$ 或距平场 $\boldsymbol{f}'$，目的在于确定 $\boldsymbol{f}_k$ 在构成 $\boldsymbol{f}^*$ 或 $\boldsymbol{f}'$ 中所起作用的大小；模方分析的依据是谐波的正交性。

1）实 $\boldsymbol{f}^*(\boldsymbol{f}')$ 的模方分析

以实纬偏场 $\boldsymbol{f}^*$ 的模方分析为例，分析对象为

$$\boldsymbol{f}^*=\sum_{k=1}^{\infty}\boldsymbol{f}_k=\sum_{k=1}^{\infty}\{a_k\boldsymbol{c}_k+b_k\boldsymbol{s}_k\} \tag{3.19}$$

总模方为

$$S^*=\|\boldsymbol{f}^*\|^2=\int_0^{2\pi}f^{*2}(\lambda)\mathrm{d}\lambda \tag{3.20}$$

$k\neq0$ 的波分量 $\boldsymbol{f}_k$ 的模方为

$$S_k=\|\boldsymbol{f}_k\|^2=\pi(a_k^2+b_k^2)=\pi c_k^2 \tag{3.21}$$

$\boldsymbol{f}_k$ 对 $\boldsymbol{f}^*$ 的模方拟合率为

$$\rho_k^*=\frac{S_k}{S^*} \tag{3.22}$$

前 k 个波分量对 $\boldsymbol{f}^*$ 的累积模方拟合率为

$$P_k^*=\sum_{k'=1}^{k}\frac{S_{k'}}{S^*}=\sum_{k'=1}^{k}\rho_{k'}^* \tag{3.23}$$

2）复 $\boldsymbol{f}^*(\boldsymbol{f}')$ 的模方分析

以复纬偏场 $\boldsymbol{f}^*$ 的模方分析为例，分析对象为

$$\boldsymbol{f}^*=\sum_{k=1}^{\infty}(\boldsymbol{f}_k+\boldsymbol{f}_{-k})=\sum_{k=1}^{\infty}(A_k\boldsymbol{e}_k+A_{-k}\boldsymbol{e}_{-k}) \tag{3.24}$$

总模方为

$$S^* = \|\boldsymbol{f}^*\|^2 = \int_0^{2\pi} (|f_R(\lambda)|^2 + |f_I(\lambda)|^2) \mathrm{d}\lambda \tag{3.25}$$

$k \neq 0$ 的波分量$\boldsymbol{f}_k$ 的模方为

$$S_k = 2\pi |A_k|^2 \tag{3.26a}$$

以 $S_{|k|}$ 记$\boldsymbol{f}_{|k|}=\boldsymbol{f}_k+\boldsymbol{f}_{-k}$的模方法为

$$S_{|k|} = S_k + S_{-k} = 2\pi(|A_k|^2 + |A_{-k}|^2) \tag{3.26b}$$

$\boldsymbol{f}_k$ 对 $\boldsymbol{f}^*$ 的模方拟合率为

$$\rho_k^* = \frac{S_k}{S^*} \tag{3.27a}$$

$\boldsymbol{f}_{|k|}$对 $\boldsymbol{f}^*$ 的模方拟合率为

$$\rho_{|k|}^* = \frac{S_{|k|}}{S^*} = \rho_k^* + \rho_{-k}^* \tag{3.27b}$$

前 k 个$\boldsymbol{f}_{|k|}$波分量对$\boldsymbol{f}^*$ 的累积模方拟合率为

$$P_k^* = \sum_{k'=1}^{k} \frac{S_{|k'|}}{S^*} = \sum_{k'=1}^{k} \rho_{|k'|}^* \tag{3.28}$$

3.1.3　离散谐波分析

实际环流量场(时间序列)由离散资料给出,因此是 E^m、U^m 中的谐波分析,亦称离散傅里叶分析,简记为 DFA。这里给出实、复场(序列)$\boldsymbol{x}$ 的 DFA 实施方法。

1. 分析对象

谐波分析的对象 $\boldsymbol{x}$ 是 φ 纬度纬圈上离散化场或时间序列。以场为例,其分量形式为

$$x_i, \quad i=\overline{1,m} \tag{3.29}$$

i 为纬向格点序。将一个纬圈均匀分割为 m 份,m 为偶数,格距 $\Delta\lambda=2\pi/m$,第 i 格点所在经度 $\lambda_i=i\Delta\lambda$。当 x_i 为实、复数时,分析对象 $\boldsymbol{x}$ 是 E^m、U^m 中的向量。

2. 谐波函数系

E^m 中的实谐波函数系$\{\boldsymbol{c}_k,\boldsymbol{s}_k\}$是

$$\begin{aligned} &\cos(2\pi ki/m), k=\overline{0,m/2} \\ &\sin(2\pi ki/m), k=\overline{1,m/2-1} \end{aligned} \tag{3.30}$$①

故实谐波总个数为 m。

易证 E^m 中的实离散谐波函数系$\{\boldsymbol{c}_k,\boldsymbol{s}_k\}$严格满足正交性

---

① 实际资料中沿纬圈分布的场的 m 均为偶数,k 的值域对 m 为偶数写出;但时间序列中的 m 可以为奇数,此时,$\boldsymbol{c}_k$ 的 $k=\overline{0,(m-1)/2}$,$\boldsymbol{s}_k$ 的 $k=\overline{1,(m-1)/2}$,其总个数也为 m。

$$(\boldsymbol{c}_k,\boldsymbol{c}_{k'})=0,\quad k\neq k'$$
$$(\boldsymbol{s}_k,\boldsymbol{s}_{k'})=0,\quad k\neq k'$$
$$(\boldsymbol{c}_k,\boldsymbol{s}_{k'})=0,\quad 一切\ k、k'$$

而其模

$$\|\boldsymbol{c}_k\|=(\boldsymbol{c}_k,\boldsymbol{c}_k)^{1/2}=\begin{cases}\sqrt{m}, & k=0、m/2\\ \sqrt{m/2}, & k=\overline{1,m/2-1}\end{cases}$$
$$\|\boldsymbol{s}_k\|=(\boldsymbol{s}_k,\boldsymbol{s}_k)^{1/2}=\sqrt{m/2},\quad k=\overline{1,m/2-1}$$

因$\{\boldsymbol{c}_k,\boldsymbol{s}_k\}$由$m$个正交谐波构成，与$\boldsymbol{x}$所在空间$E^m$的维数$m$相等，故它是完备正交函数系；因$\|\boldsymbol{c}_k\|\neq1$、$\|\boldsymbol{s}_k\|\neq1$，故$\{\boldsymbol{c}_k,\boldsymbol{s}_k\}$不是标准正交函数系。

U^m中的复谐波函数系$\{\boldsymbol{e}_k\}$是

$$e^{I2\pi ki/m}=\cos(2\pi ki/m)+I\sin(2\pi ki/m),\quad k=\overline{-m/2+1,m/2}\tag{3.31}$$

故复谐波总个数也为m。

易证U^m中复离散谐波函数系$\{\boldsymbol{e}_k\}$也严格满足正交性

$$(\boldsymbol{e}_k,\boldsymbol{e}_{k'})=0,\quad k\neq k'$$

而其模

$$\|\boldsymbol{e}_k\|=(\boldsymbol{e}_k,\boldsymbol{e}_k)^{1/2}=\sqrt{m},\quad k=\overline{-m/2+1,m/2}$$

因$\{\boldsymbol{e}_k\}$由m个正交复谐波构成，与$\boldsymbol{x}$所在空间U^m的维数m相等，故它是完备正交系；因$\|\boldsymbol{e}_k\|\neq1$，故$\{\boldsymbol{e}_k\}$不是标准正交函数系。

3. $\boldsymbol{x}$的谐波分析

1）实$\boldsymbol{x}$谐波分析

分解式为

$$\boldsymbol{x}=a_0\boldsymbol{c}_0+a_{m/2}\boldsymbol{c}_{m/2}+\sum_{k=1}^{m/2-1}(a_k\boldsymbol{c}_k+b_k\boldsymbol{s}_k)\tag{3.32}$$

谐波系数为

$$a_0=(\boldsymbol{x},\boldsymbol{c}_0)/\|\boldsymbol{c}_0\|^2=\frac{1}{m}\sum_{i=1}^{m}x_i$$
$$a_{m/2}=(\boldsymbol{x},\boldsymbol{c}_{m/2})/\|\boldsymbol{c}_{m/2}\|^2=\frac{1}{m}\sum_{i=1}^{m}(-1)^i x_i$$
$$\left.\begin{aligned}a_k&=(\boldsymbol{x},\boldsymbol{c}_k)/\|\boldsymbol{c}_k\|^2=\frac{2}{m}\sum_{i=1}^{m}x_i\cos(2\pi ki/m),\\ b_k&=(\boldsymbol{x},\boldsymbol{s}_k)/\|\boldsymbol{s}_k\|^2=\frac{2}{m}\sum_{i=1}^{m}x_i\sin(2\pi ki/m),\end{aligned}\right\}\quad k=\overline{1,m/2-1}\tag{3.33}$$

$k\neq0$的波分量$\boldsymbol{f}_k$的振幅$c_k=(a_k^2+b_k^2)^{1/2}$，初位相$\Lambda_k=\arctan(b_k/a_k)$，第一波峰所在经度$\lambda_k=\Lambda_k/k$。

式(3.32)右端第一项$\boldsymbol{x}_0=a_0\boldsymbol{c}_0$是环流分解中的纬向均匀分量$[\boldsymbol{x}]$，它是由常数$a_0$构成的均匀场；其余部分为环流分解中的纬偏分量$\boldsymbol{x}^*$。

模方分析对 $\boldsymbol{x}^*$ 进行，$\boldsymbol{x}^*$ 的模方为

$$S^* = \sum_{i=1}^{m} x_i^{*2}$$

$k \neq 0$ 的波分量 $\boldsymbol{x}_k$ 的模方为

$$S_k = \begin{cases} \dfrac{m}{2}(a_k^2 + b_k^2), & k = \overline{1, m/2 - 1} \\ m a_{m/2}^2, & k = m/2 \end{cases}$$

$\boldsymbol{x}_k$ 对 $\boldsymbol{x}^*$ 的模方拟合率为

$$\rho_k^* = S_k / S^* \tag{3.34}$$

前 k 个 $\boldsymbol{x}_k$ 之和记为 $\boldsymbol{x}_{\overline{1,k}}^*$，它对 $\boldsymbol{x}^*$ 的累积模方拟合率

$$P_k^* = \sum_{k'=1}^{k} S_{k'} / S^* = \sum_{k'=1}^{k} \rho_{k'}^* \tag{3.35}$$

2）复 $\boldsymbol{x}$ 谐波分析

分解式为

$$\boldsymbol{x} = \sum_{k=-m/2+1}^{m/2} \boldsymbol{x}_k = A_0 \boldsymbol{e}_0 + A_{m/2} \boldsymbol{e}_{m/2} + \sum_{k=1}^{m/2-1} \{A_k \boldsymbol{e}_k + A_{-k} \boldsymbol{e}_{-k}\} \tag{3.36}$$

谐波系数为

$$A_0 = (\boldsymbol{x}, \boldsymbol{e}_0) / \| \boldsymbol{e}_0 \|^2 = \frac{1}{m} \sum_{i=1}^{m} x_i = \frac{1}{m}\left(\sum_{i=1}^{m} x_{Ri} + \mathrm{I} \sum_{i=1}^{m} x_{Ii} \right)$$

$$A_{m/2} = (\boldsymbol{x}, \boldsymbol{e}_{m/2}) / \| \boldsymbol{e}_{m/2} \|^2 = \frac{1}{m} \sum_{i=1}^{m} (-1)^i x_i = \frac{1}{m}\left(\sum_{i=1}^{m} (-1)^i x_{Ri} + \mathrm{I} \sum_{i=1}^{m} (-1)^i x_{Ii} \right)$$

$$A_k = (\boldsymbol{x}, \boldsymbol{e}_k) / \| \boldsymbol{e}_k \|^2 = \frac{1}{m} \sum_{i=1}^{m} x_i e^{-\mathrm{I}2\pi ki/m}$$

$$= \frac{1}{m} \sum_{i=1}^{m} [x_{Ri} \cos(2\pi ki/m) + x_{Ii} \sin(2\pi ki/m)] + \frac{\mathrm{I}}{m} \sum_{i=1}^{m} [x_{Ri} \sin(2\pi ki/m) - x_{Ii} \cos(2\pi ki/m)] \tag{3.37}$$

式(3.36)右端第一项 $\boldsymbol{x}_0 = A_0 \boldsymbol{e}_0$ 是环流分解中的均匀分量$[\boldsymbol{x}]$，它是由常数 A_0 构成的均匀场；其余部分为环流分解中的纬偏分量 $\boldsymbol{x}^*$。

模方分析对 $\boldsymbol{x}^*$ 进行，$\boldsymbol{x}^*$ 的模方为

$$S^* = \sum_{i=1}^{m} | x_i^* |^2 \tag{3.38}$$

$k \neq 0$ 波的波分量 $\boldsymbol{x}_k$ 的模方为

$$S_k = m | A_k |^2 \tag{3.39a}$$

$\boldsymbol{x}_{|k|} = \boldsymbol{x}_k + \boldsymbol{x}_{-k}$ 的模方为

$$\delta_{|k|} = \begin{cases} m(| A_k |^2 + | A_{-k} |^2) \\ m | A_{m/2} |^2 \end{cases} \tag{3.39b}$$

$\boldsymbol{x}_k$ 对 $\boldsymbol{x}^*$ 的模方拟合率为

$$\rho_k^* = S_k / S^* \tag{3.40a}$$

$\boldsymbol{x}_{|k|}$对$\boldsymbol{x}^*$的模方拟合率为

$$\rho_{|k|}^* = \begin{cases} (S_k + S_{-k})/S^* = \rho_k^* + \rho_{-k}^*, & k = \overline{1, m/2-1} \\ S_{m/2}/S^* = \rho_{m/2}, & k = m/2 \end{cases} \tag{3.40b}$$

前 k 个$\boldsymbol{x}_{|k|}$之和记为$\boldsymbol{x}^*_{\overline{1,|k|}}$，它对 $\boldsymbol{x}^*$ 的累积模方拟合率为

$$P_{|k|}^* = \sum_{k'=1}^{k} \rho_{|k'|}^*, \quad k = \overline{1, m/2} \tag{3.41}$$

综上，本节给出了离散化实、复场（时间序列）$\boldsymbol{x}$ 的谐波分析原理和分析方法。按第 2 章顺序，下面先给出谐波分析在时间序列分析中的应用（3.2 节）及其拓展（3.3、3.4 节），最后给出它在场结构分析中的应用（3.5 节）。

3.2　时域谐波分析应用实例——中国季气温、降水年代际变化分析

本书第 2 章（2.2 节）分析了中国 160 站季气温、降水多年序列均值、模方的气候变化，据此论证中国季气温、降水在全球增暖期间发生的变化，以及这种变化的季节、地域分布特征。20 世纪 90 年代以来，气候序列中年代际变化现象的研究受到极大关注，认为它可作为短期气候预测的背景。这里介绍谢瑶瑶等（2011）用时域上的谐波分析方法，将式（2.10）单站要素多年序列 $\boldsymbol{x}$（代表$\boldsymbol{f}$、$\boldsymbol{g}$）分解为年代际变化分量 $\boldsymbol{x}_s$（代表 $\boldsymbol{f}_s$、$\boldsymbol{g}_s$）和年际变化分量 $\boldsymbol{x}_f$（代表$\boldsymbol{f}_f$、$\boldsymbol{g}_f$），并用经验蒙特卡洛方法分析了它们的显著性。

3.2.1　单站要素距平序列年代际分量 $\boldsymbol{x}'_s$ 的分离

谢瑶瑶等（2011）使用了中国 160 站 58 年（1951～2008 年）冬、夏季气温和降水资料，以 $\boldsymbol{x}'$记 i 站、某季、某种要素的一个距平序列，长度 $n=58$；则 $\boldsymbol{x}'$中的年代际变化分量 $\boldsymbol{x}'_s$ 是序列

$$x'_s(j) = \sum_{k=1}^{6} \left(a_k \cos \frac{2\pi kj}{n} + b_k \sin \frac{2\pi kj}{n} \right), \quad j = \overline{1, n} \tag{3.42}$$

它由周期 $T_k = n/k$、$n=58$、$k=\overline{1,6}$的长周期波动构成，对应 $T_k=58.0$ 年、29.0 年、19.3 年、14.5 年、11.7 年和 9.7 年，故 $\boldsymbol{x}'_s$ 由 $k=\overline{1,6}$共 12 个实谐波线性和构成；它是多年序列中变化较慢的部分，故以右下标 s 区别之。$\boldsymbol{x}'$中的快变分量$\boldsymbol{x}'_f$（即年际变化分量）可据下式求得

$$x'_f(j) = x'(j) - x'_s(j), \quad j = \overline{1, n}$$

它由$\boldsymbol{c}_k$、$\boldsymbol{s}_k$、$k=\overline{7,28}$和$\boldsymbol{c}_{29}$共 45 个实谐波线性和构成。

3.2.2　$\boldsymbol{x}'_s$ 的 EMC 法显著性检验

由谐波分析知，分量序列$\boldsymbol{x}'_s$、$\boldsymbol{x}'_f$ 的自由度分别为 12、45，它们的χ^2 变量分别为

$$
\begin{aligned}
s_s &= \| \boldsymbol{x}'_s \|^2 = \sum_{j=1}^{58} x'^2_s(j) \\
s_f &= \| \boldsymbol{x}'_f \|^2 = \sum_{j=1}^{58} x'^2_f(j)
\end{aligned} \tag{3.43}
$$

构造统计量为

$$
f = \frac{s_s/12}{s_f/45} \tag{3.44}
$$

假如 $\boldsymbol{x}$ 来自正态母体，则 f 服从 $F(12,45)$ 分布，$\boldsymbol{x}'_s$ 在 $\boldsymbol{x}'$ 构成中的显著性可通过 F 检验进行。

由 2.2 节，因中国多数测站冬、夏季降水距平不服从 $N(0,\sigma)$ 分布，部分测站冬、夏季气温距平也不服从 $N(0,\sigma)$ 分布，故对距平场序列 $\boldsymbol{X}'$ 中 $\boldsymbol{x}'_s$、$\boldsymbol{x}'_f$ 的模方贡献的显著性检验，需用 EMC 法。类似于 2.2 节，其具体实施步骤如下：

(1)将距平场序列 $\boldsymbol{X}'_j$ 随机排序 L 次，得其随机序列场 $\boldsymbol{X}'_l$、$l=\overline{1,L}$，$L=1000$；其中所有随机序列 $\boldsymbol{x}'_l$ 的分布函数及均值、模方全同于样本序列 $\boldsymbol{x}'$。

(2)用谐波分析方法将 $\boldsymbol{x}'_l$ 分解为年代际分量 $\boldsymbol{x}'_{ls}$ 和年际分量 $\boldsymbol{x}'_{lf}$，得其模方 s_{ls}、s_{lf}，最终求得 F 检验统计量 $f_l(12,45)$、$l=\overline{1,L}$。

(3)用冒泡法将 f_l、$l=\overline{1,L}$ 作非升值排序，得 f_h、$h=\overline{1,L}$，它满足 $f_h \geqslant f_{h+1}$；取信度 $\alpha=0.05$，求得 f 的临界值 $f_\alpha = f_{h=50}$。

(4)若 $f \geqslant f_\alpha$，则 $\boldsymbol{x}'$ 中年代际分量模方显著。

由于步骤(1)的随机排序对场序列 $\boldsymbol{X}'_j$ 进行，故 EMC 法模拟(保留)了场量的空间代表性。另外，序列 $\boldsymbol{x}$ 的谐波分析与元素 x_j、$j=\overline{1,n}$ 的排列顺序有关，故随机排序的总数 $P_n = n!$。对气候序列，P_n 是很大的数，模拟排序数 L 取 1000，L 只占 P_n 极小的比例，模拟的可靠性取决于对 $\boldsymbol{x}'_j$、$j=\overline{1,n}$ 随机排序的合理性。实际计算表明，步骤(1)是合理的。

3.2.3 应用实例

用 EMC 法对中国 160 站冬、夏季气温和降水序列中年代际变化分量场的显著性作检验，结果列于表 3.1。可见，冬、夏季气温场和冬季降水场年代际变化分量增强显著；夏季降水场不显著。这一检验结果与 Livezey 法(Livezey and Chen, 1983)的检验结果相同。

表 3.1 中国 1951～2008 年 160 站季气温、降水年代际分量通过信度 α=0.05 的 EMC 法显著性检验的站数 k 及占比 γ

季节	气温		降水	
	k/个	γ/%	k/个	γ/%
冬季	**110**	68.75	**22**	13.75
夏季	**82**	51.25	9	5.63

注：黑体 k 值表示通过信度 α=0.05 的 EMC 法显著性检验

由于降水的年代际变化远较气温弱，这里只对季气温年代际变化分量显著测站的地理分布作简要分析。由图3.4，西北、华北和东北地区季气温年代际分量显著测站的地理分布季节差异小，其余地区则存在季节差异，如冬季长江中、下游和黄河下游气温的年代际变化不显著；夏季华中及华南西部区域也不显著。

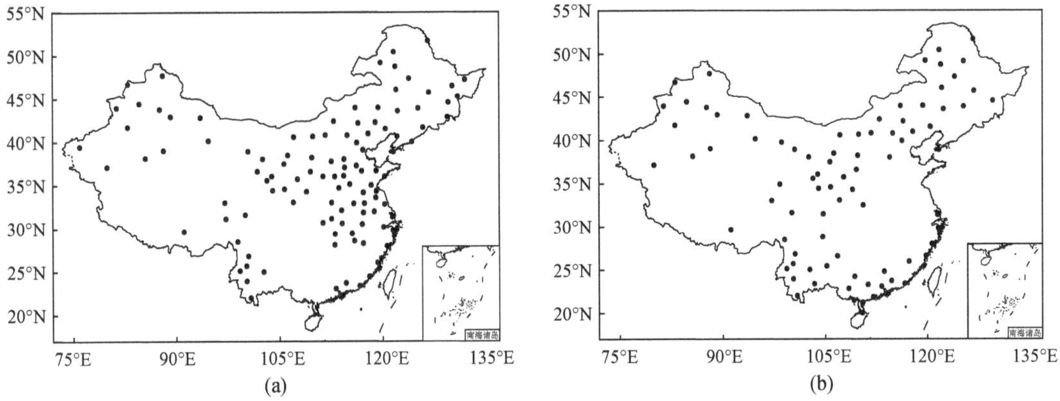

图3.4 中国1951～2008年160站季气温年代际分量通过显著性检验的站点分布（引自谢瑶瑶等，2011）
(a)冬季；(b)夏季

3.3 空域谐波分析应用实例——北半球中高纬 H_{500}、低纬 V_{850} 波谱分析

由第2章环流分解可知，大气环流空间（纬向）波动特征明显，这里介绍周国华（2011）、王盘兴等（2008，2009）、吴幸毓等（2012）关于北半球中纬$\boldsymbol{H}^*_{500}$、低纬$\boldsymbol{V}^*_{850}$的谐波分析结果。

3.3.1 北半球中高纬$\bar{\boldsymbol{H}}^*_{500}$及$\{\boldsymbol{H}'^*_{500}(t)\}$的波谱分析

周国华（2011）用环流分解方法，从1958～1997年北半球中纬（30°～60°N）500hPa月平均高度场序列$\{\boldsymbol{H}(t)\}$中，分离出1月、7月定常波$\bar{\boldsymbol{H}}^*$和定常波异常场序列$\{\boldsymbol{H}'^*(t)\}$；$\bar{\boldsymbol{H}}^*$见图2.7，1997年1月、7月的$\boldsymbol{H}'^*$见图2.10。这里给出$\bar{\boldsymbol{H}}^*$、$\{\boldsymbol{H}'^*(t)\}$的谐波分析结果。

1. $\bar{\boldsymbol{H}}^*$的谐波分析

图3.5是45°N 1月、7月的500hPa高度场定常波$_1\bar{\boldsymbol{H}}^*$、$_7\bar{\boldsymbol{H}}^*$，取自图2.7。表3.2和表3.3汇总了$\bar{\boldsymbol{H}}^*$谐波分析的主要计算结果；图3.6是$\bar{\boldsymbol{H}}^*$模方拟合率$\bar{\rho}_k^*$，图3.7是$\bar{\boldsymbol{H}}^*_{1,6}$。$\bar{\boldsymbol{H}}^*$的结构及季节变化特征可归纳为：①定常波冬季强于夏季，1月的$\bar{S}^*$较7月高一个量级。②冬、夏季$\bar{\boldsymbol{H}}^*$均为1波最强，次强波数为冬3夏4；但严格地讲，除1波之外，$\bar{\boldsymbol{H}}^*$结构的季节变化由1月的2、3波为主，变为7月的$\overline{4,6}$波为主（图3.6），北半球对流层中部定常波波数季节变化特征“冬3夏4”（叶笃正、朱抱真，1958）应作如是理解。③$\bar{\boldsymbol{H}}^*$ 1月主要由超长波

($\overline{1,3}$波)构成,7 月则由超长波和长波($\overline{4,6}$波)共同构成(注:以 $\bar{\rho}^* \geq 6.9\%$ 为评判标准,它是模方拟合率按波数 72 均分的 5 倍)。尤其对于 1 月前 6 个波分量已经能够很好拟合 $\bar{\boldsymbol{H}}^*$(图 3.7)。

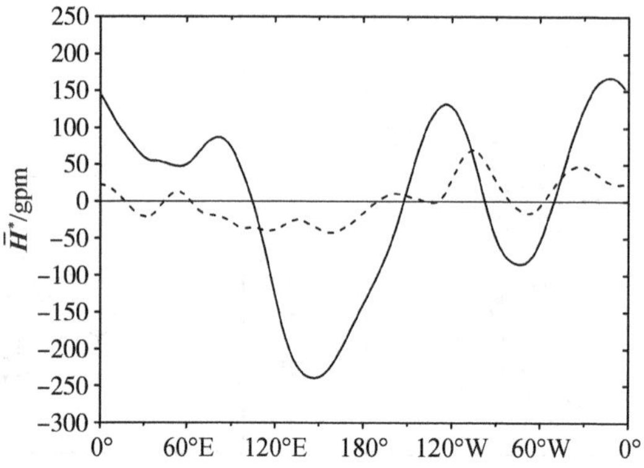

图 3.5　1958 ~ 1997 年 500hPa 45°N $\bar{\boldsymbol{H}}^*$(单位:gpm)

实线为 1 月$_1\bar{\boldsymbol{H}}^*$,虚线为 7 月$_7\bar{\boldsymbol{H}}^*$

表 3.2　45°N 1 月 500hPa $\bar{H}^*$ 谐波分析计算结果($\bar{s}^* = 86112\text{gpm}^2$)

k	$\bar{a}_k$/gpm	$\bar{b}_k$/gpm	$\bar{c}_k$/gpm	$\bar{\Lambda}_k$/(°)	$\bar{\lambda}_k$/(°)	$\bar{s}_k$/gpm^2	$\bar{\rho}_k^*$/%	$\bar{P}_k^*$/%
1	107.0	−28.3	110.7	345.2	345.2	38482	44.7	44.7
2	−7.3	80.4	80.8	95.2	47.6	20486	23.8	68.5
3	47.8	−73.2	87.4	303.1	101.0	24015	27.9	96.4
4	7.8	−24.9	26.1	287.4	71.8	2145	2.5	98.9
5	−10.6	12.4	16.3	130.7	26.1	834	1.0	99.8
6	1.1	−5.4	5.5	281.7	47.0	94	0.1	99.9

表 3.3　45°N 7 月 500hPa $\bar{H}^*$ 谐波分析计算结果($\bar{s}^* = 5126\text{gpm}^2$)

k	$\bar{a}_k$/gpm	$\bar{b}_k$/gpm	$\bar{c}_k$/gpm	$\bar{\Lambda}_k$/(°)	$\bar{\lambda}_k$/(°)	$\bar{s}_k$/gpm^2	$\bar{\rho}_k^*$/%	$\bar{P}_k^*$/%
1	15.0	−27.2	31.0	298.8	298.8	3028	59.1	59.1
2	0.6	8.5	8.5	86.1	43.1	227	4.4	63.5
3	6.2	−5.3	8.2	319.3	106.4	212	4.1	67.6
4	0.7	−12.9	13.0	272.9	68.2	528	10.3	77.9
5	−7.8	−10.3	12.9	232.3	46.6	520	10.1	88.1
6	0.0	10.8	10.8	89.9	15.0	367	7.2	95.2

对 30° ~ 60°N 逐纬 1 月、7 月 500hPa 的$\bar{\boldsymbol{H}}^*$作了谐波分析,表 3.4 是部分纬度的最强波的 $\bar{\rho}_k^*$(波数 k)及其 $\bar{P}_k^*$,可见,1 月、7 月 50°N 以南(含 50°N)1 波均为最强波分量,50°N 以北最强波 1 月为 2 波,7 月或为 3 波(55°N),或仍为 1 波(60°N);$\bar{\rho}_1^*$ 1 月随 φ 增高单调减小,7

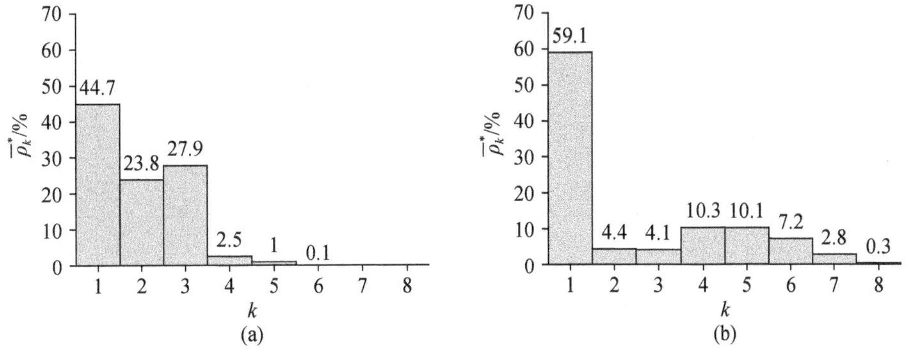

图 3.6　45°N 500hPa $\bar{\boldsymbol{H}}_k$ 对$\bar{\boldsymbol{H}}^*$的模方拟合率 $\bar{\rho}_k^*$

(a)1 月;(b)7 月

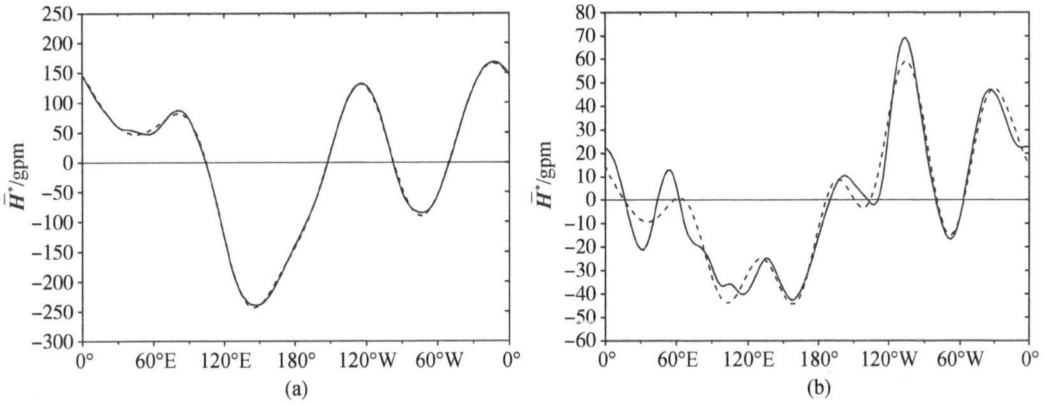

图 3.7　45°N 500hPa 前 6 个波分量 $\bar{\boldsymbol{H}}_{|k|}$ 对定常波$\bar{\boldsymbol{H}}^*$的拟合图 $\hat{\bar{\boldsymbol{H}}}^*_{\overline{1,6}}$(虚线)与$\bar{\boldsymbol{H}}^*$(实线)的比较

(a)1 月($\bar{P}_6^*$ =99.9%);(b)7 月($\bar{P}_6^*$ =95.2%)

月则在 40°N 达极大,向南、北减小。由图 3.8,1 月、7 月用 $k=\overline{1,6}$个波分量 $\bar{\boldsymbol{H}}_{|k|}$ 合成的 $\hat{\bar{\boldsymbol{H}}}^*_{\overline{1,6}}$ 均与图 2.7 中的定常波$\bar{\boldsymbol{H}}^*$ 十分相似,相似系数 a_1、a_7(算法见 5.4 节)分别达 99.95%、99.08%,故北半球中高纬(30° ~60°N)定常波由超长波、长波构成;此特征 1 月较 7 月更明显。

表 3.4　30° ~60°N 范围内若干纬度上 500hPa $\bar{H}^*$ 最强波分量的拟合率 $\bar{\rho}_k^*$ (波数 k)及 $\bar{P}_6^*$

月份	拟合率	30°N	35°N	40°N	45°N	50°N	55°N	60°N
1	$\bar{\rho}_k^*$/%(k)	83.3(1)	67.3(1)	53.8(1)	44.7(1)	35.5(1)	43.6(2)	59.9(2)
	$\bar{P}_6^*$/%	99.7	99.9	99.9	99.9	99.9	99.9	100.0
7	$\bar{\rho}_k^*$/%(k)	62.1(1)	69.8(1)	70.6(1)	59.1(1)	27.8(1)	35.8(3)	48.5(1)
	$\bar{P}_6^*$/%	94.8	88.7	91.4	95.2	97.5	99.1	99.7

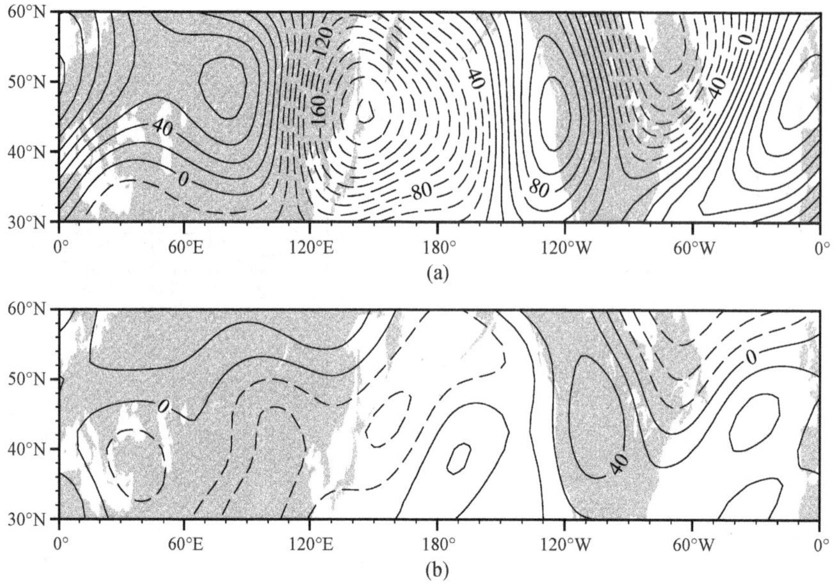

图 3.8　30° ~60°N 500hPa 定常波合成图 $\hat{\bar{\boldsymbol{H}}}^*_{1,6}$

(a)1 月;(b)7 月

2. $\{\boldsymbol{H}'^*(t)\}$的波谱分析

图 3.9 是 45°N 500hPa 高度场定常波异常场序列$\boldsymbol{H}'^*$,可见,1 月$\bar{\boldsymbol{H}}^*$起伏及其纬向差异均明显大于 7 月。图 3.10 是$\{\boldsymbol{H}'^*(t)\}$的模方拟合率直方图,可见,构成定常波异常的主要波段由 1 月的$\overline{1,4}$明显拓展为 7 月的$\overline{1,6}$(注:以$\rho'^*_k \geqslant 13.9\%$为评判标准,它是模方拟合率按波数 72 均分的 10 倍),故 45°N 500hPa 定常波异常的复杂性 7 月远大于 1 月。

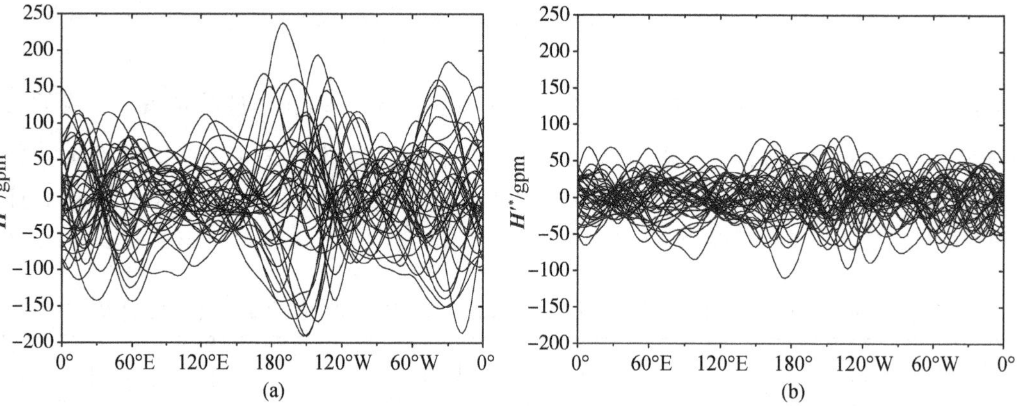

图 3.9　1958 ~1997 年 45°N 500hPa $\{\boldsymbol{H}'^*(t)\}$(单位:gpm)

(a)1 月;(b)7 月

根据表 3.5,对 30° ~60°N 逐纬$\{\boldsymbol{H}'^*(t)\}$的最强波及$\overline{1,6}$波累积模方拟合率作简单分

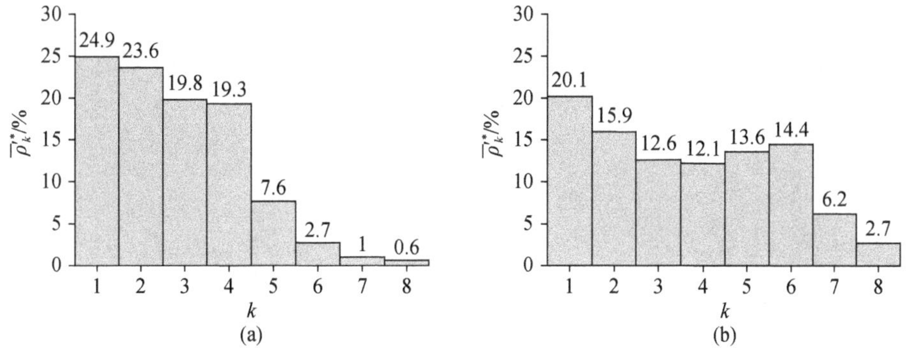

图 3.10　1958 ~ 1997 年 45°N 500hPa $\{\boldsymbol{H}'^*(t)\}$模方拟合率$\rho_k'^*$

(a)1 月;(b)7 月

析:1 月 45°N 以南(含 45°N)最强波为 1 波,模方拟合率随纬度增高而减小;45°N 以北最强波为 3、2 波,模方拟合率随纬度增高而增大。7 月除 60°N 外最强波均为 1 波,模方拟合率除 30°N 外均在 20% 上下。1 月、7 月$\overline{1,6}$波累积模方拟合率均随纬度增高而增大,且各纬度 7 月均明显小于 1 月;可见,整个中纬纬带 7 月定常波异常明显较 1 月复杂。

表 3.5　30° ~ 60°N 范围内若干纬度上 500hPa $\{\boldsymbol{H}'^*(t)\}$最强波的$\bar{\rho}_k'^*$(波数 k)及$\bar{P}_6'^*$

月份	拟合率	30°N	35°N	40°N	45°N	50°N	55°N	60°N
1	$\bar{\rho}_k'^*$/%(k)	36.7(1)	36.9(1)	31.6(1)	24.9(1)	25.2(3)	27.6(2)	32.1(2)
	$\bar{P}_6'^*$/%	94.2	96.1	97.4	97.9	98.4	99.0	99.5
7	$\bar{\rho}_k'^*$/%(k)	26.6(1)	19.8(1)	20.4(1)	20.1(1)	21.7(1)	21.5(1)	26.7(3)
	$\bar{P}_6'^*$/%	83.3	74.3	81.1	88.7	93.7	95.8	96.8

综上,北半球中纬 500hPa $\bar{\boldsymbol{H}}^*$、$\{\boldsymbol{H}'^*(t)\}$谐波波谱均有低阶、低维特征,模方主要集中在超长波、长波波段。它们存在明显的季节变化,$\bar{\boldsymbol{H}}^*$ 1 月、7 月 1 波均最重要,其余则 1 月超长波重要、7 月长波重要;$\{\boldsymbol{H}'^*(t)\}$ 1 月以超长波为主,7 月由超长波、长波共同构成。由冬入夏,构成定常波及其异常的重要波分量数增大,谱结构明显趋于复杂。

3.3.2　低纬 850hPa $\bar{\boldsymbol{V}}^*$及$\{\boldsymbol{V}'^*(t)\}$的谐波分析

王盘兴等(2008,2009)用环流分解方法,从 1948 ~ 2005 年(共 58 年)1 月低纬(30°S ~ 30°N)850hPa 风场序列$\{\boldsymbol{V}(t),t=\overline{1,58}\}$中分离定常波$\bar{\boldsymbol{V}}^*$和定常波异常场序列$\{\boldsymbol{V}'^*(t),t=\overline{1,58}\}$;$\bar{\boldsymbol{V}}^*$见图 2.12,1983 年 1 月的$\boldsymbol{V}'^*$见图 2.13。这里用 3.1 节谐波分析方法对$\bar{\boldsymbol{V}}^*$、$\{\boldsymbol{V}'^*(t)\}$作谐波分析。

1. $\bar{\boldsymbol{V}}^*$的谐波分析

图 3.11 给出了赤道、低纬$\bar{\boldsymbol{V}}^*$的前 8 个波的$\bar{\rho}_{|k|}^*$直方图。可见其重要波分量($\bar{\rho}_{|k|}^*\geqslant$

6. 9%) 均为 $|k|=\overline{1,4}$，$\bar{P}^*_{|4|}$ 分别为 90. 0% 、82. 6% ；与北半球中纬 $\bar{\boldsymbol{H}}^*_{500}$ 相同，1 月 $\bar{\boldsymbol{V}}^*_{850}$ 中 1 波也最重要，$\bar{\rho}^*_{|1|}$ 分别为 52. 2% 、38. 8% 。而由表 3. 6，$\bar{\rho}^*_{|k|}$、$\bar{P}^*_{|k|}$ 均存在明显纬际差异。

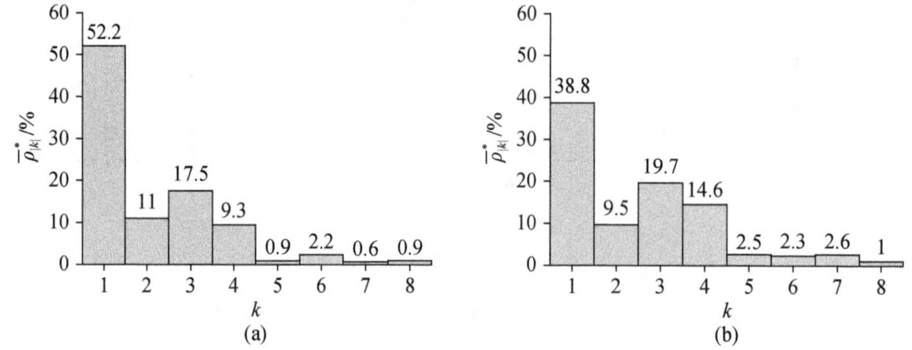

图 3. 11　1948 ~ 2005 年 1 月 850hPa $\bar{\boldsymbol{V}}^*$ 的模方拟合率 $\bar{\rho}^*_{|k|}$

(a) 赤道($\varphi=0°$) ; (b) 低纬(30°S ~ 30°N)

表 3. 6　1948 ~ 2005 年 1 月 850hPa 低纬 $\bar{\boldsymbol{V}}^*$ 的 $\bar{S}^*$ 和 $\bar{\rho}^*_{|k|}$、$\bar{P}^*_{|k|}$

φ	$\bar{S}^*$/(m²/s²)	$\bar{\rho}^*_{\|k\|}$/%						$\bar{P}^*_{\|k\|}$/%	
		1	2	3	4	5	6	4	6
30°N	93	29. 8	11. 1	38. 2	2. 4	1. 2	5. 2	81. 5	87. 9
20°N	38	23. 2	17. 6	0. 4	13. 2	3. 8	2. 9	54. 4	61. 1
10°N	53	66. 6	3. 4	3. 9	4. 8	1. 2	0. 4	78. 7	80. 3
0°	153	52. 2	11. 0	17. 5	9. 3	0. 9	2. 2	90. 0	93. 1
10°S	98	40. 6	14. 1	26. 0	8. 1	2. 2	2. 4	88. 8	93. 4
20°S	63	2. 6	7. 2	24. 3	46. 1	2. 8	4. 3	80. 2	87. 3
30°S	43	9. 0	3. 8	20. 6	40. 8	2. 8	1. 7	74. 2	78. 7
全区	82	38. 8	9. 5	19. 7	14. 6	2. 5	2. 3	82. 6	87. 4

由表 3. 6(全区) 和图 3. 11(b) ，$\bar{\boldsymbol{V}}_{|1|}$、$\bar{\boldsymbol{V}}_{|3|}$ 是 $\bar{\boldsymbol{V}}^*$ 的最大、次大波分量，图 3. 12、图 3. 13 给出了它们的流线图。正波数分量[图 3. 12(a) 、图 3. 13(a)] 为 ∪ 形流线，负波数分量[图 3. 12(b) 、图 3. 13(b)] 为 ∩ 形流线，其上无完整涡旋，这是由复谐波结构(图 3. 2) 决定的；$s^*_{|k|}\doteq 0$ 的纬度上出现流线的不连续，如图 3. 12(a) 上 15° ~ 17. 5°S，图 3. 13(a) 、(b) 上 20°N 附近。合成波分量[图 3. 12(c) 、图 3. 13(c)] 上出现完整涡旋，如图 3. 12(c) 的 17. 5°S、5. 0°N 和图 3. 13(c) 的 25. 0°S，涡旋对(由一个 C、一个 A 构成) 数量同 $|k|$。图 3. 13 和图 3. 12 有类似特征，差异仅在前者 $|k|=3$。

图 3. 14(a) 、(b) 是前 4、6 个 $\bar{\boldsymbol{V}}_{|k|}$ 合成的定常波图 $\hat{\bar{\boldsymbol{V}}}^*_{|h|}$，它们与完整定常波图(图 2. 12) 很接近，相似系数 a_4、a_6(算法见 5. 5 节) 分别达 0. 909、0. 934。

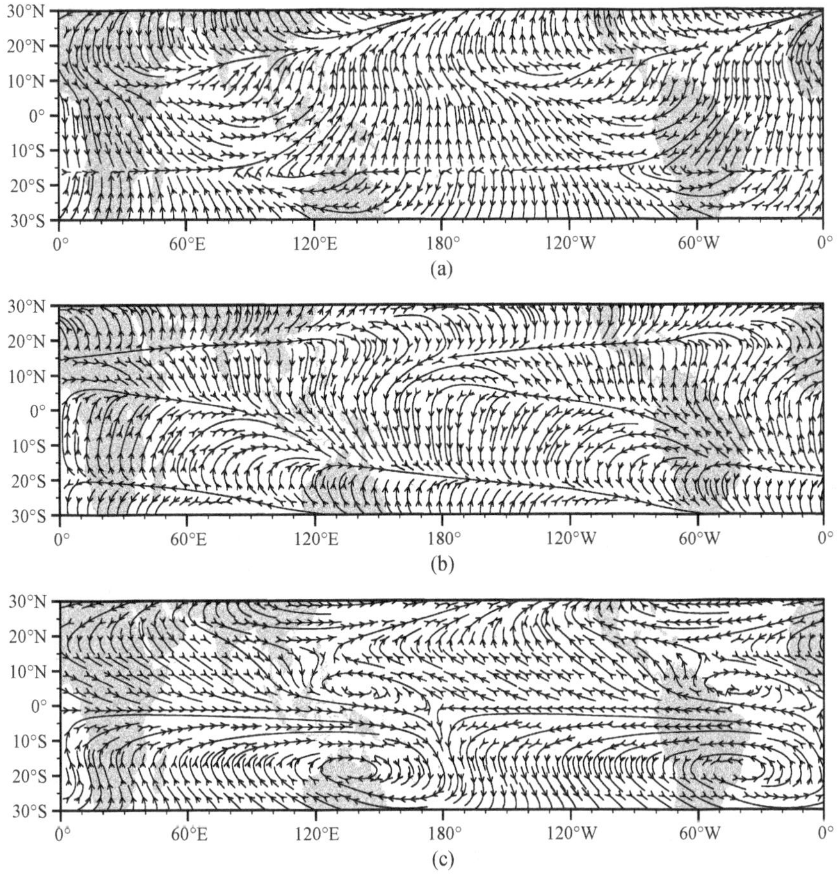

图 3.12　1 月 850hPa 定常波 $\bar{\boldsymbol{V}}^*$ 的 1 波分量流线图

(a) $\bar{\boldsymbol{V}}_1$；(b) $\bar{\boldsymbol{V}}_{-1}$；(c) $\bar{\boldsymbol{V}}_{|1|}=\bar{\boldsymbol{V}}_1+\bar{\boldsymbol{V}}_{-1}$

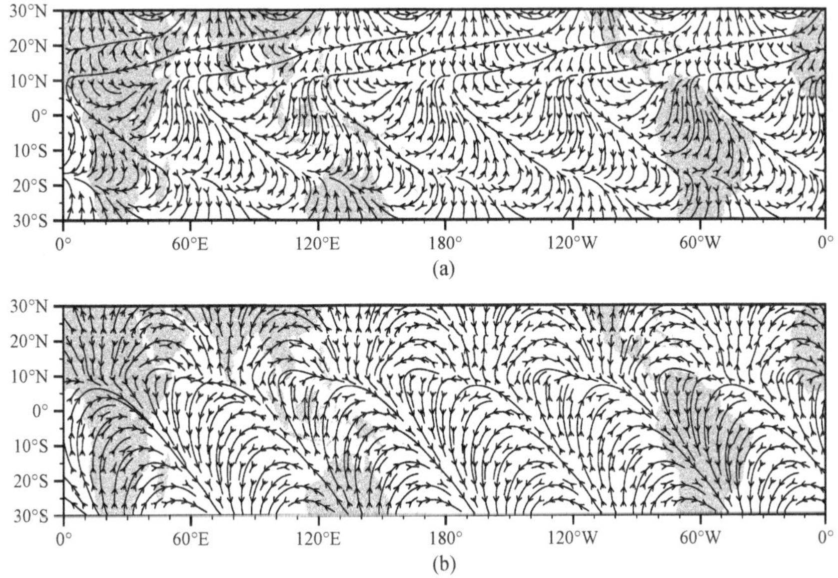

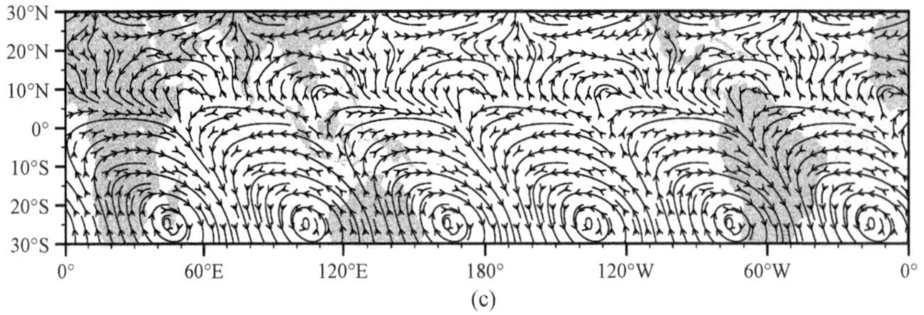

图 3.13　1 月 850hPa 定常波$\bar{\boldsymbol{V}}^*$的 3 波分量流线图

(a)$\bar{\boldsymbol{V}}_3$;(b)$\bar{\boldsymbol{V}}_{-3}$;(c)$\bar{\boldsymbol{V}}_{|3|}=\bar{\boldsymbol{V}}_3+\bar{\boldsymbol{V}}_{-3}$

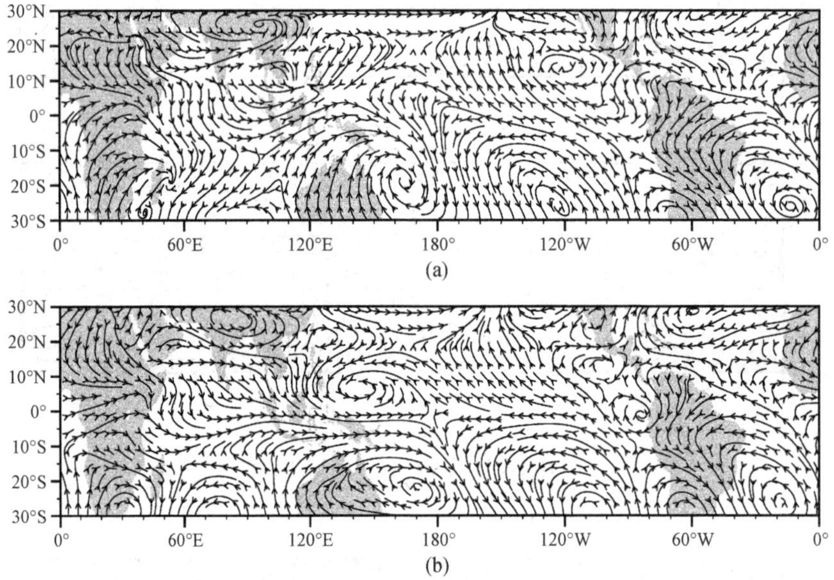

图 3.14　1 月 850hPa 前 h 个波分量$\bar{\boldsymbol{V}}_{|k|}$对定常波$\bar{\boldsymbol{V}}^*$的拟合图$\hat{\bar{\boldsymbol{V}}}^*_{1,h}$

(a)$\hat{\bar{\boldsymbol{V}}}^*_{1,4}$;(b)$\hat{\bar{\boldsymbol{V}}}^*_{1,6}$

2. $\{\boldsymbol{V}'^*(t)\}$的谐波分析

分析表明,1 月低纬(30°S ~ 30°N)850hPa 风场异常$\{\boldsymbol{V}'(t)\}$中,定常波异常$\{\boldsymbol{V}'^*(t)\}$的模方占 89.8%,是异常的主要部分(王盘兴等,2009)。

图 3.15 给出了赤道和低纬$|k|$、$-k$、k 波分量场集对$\{\boldsymbol{V}'^*_{|k|}(t)\}$模方拟合率$\rho'^*_{|k|}$、$\rho'^*_{-k}$、$\rho'^*_{+k}$的直方图,表 3.7 是它们的值。可见,$\rho'^*_{|k|,-k,k}$均随 k 增大而递减,重要波分量为$|k|=1$、2(按$\rho'^*_{|k|}\geqslant 13.9\%$标准)。

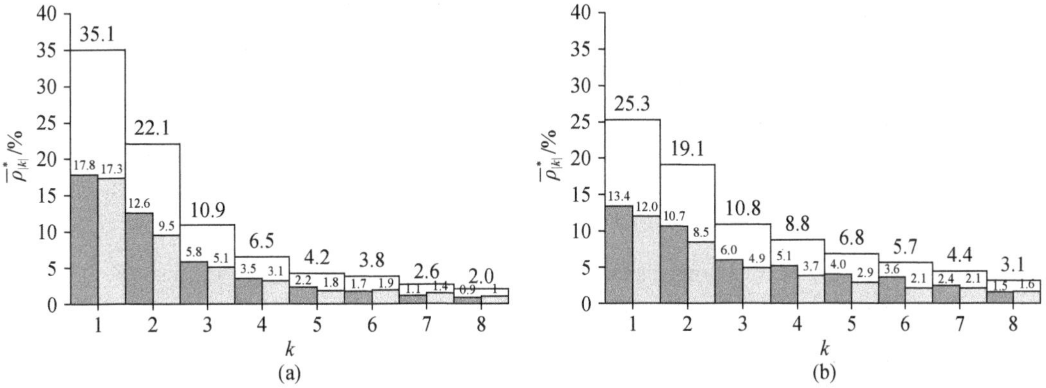

图3.15　1月850hPa $\{V'^*(t)\}$的模方拟合率$\rho'^*_{|k|}$(宽)、ρ'^*_{-k}(窄左)、ρ'^*_k(窄右)直方图

(a)赤道;(b)低纬(30°S～30°N)

表3.7　1月850hPa $\{V'^*(t)\}$的模方拟合率$\rho'^*_{|k|}$、ρ'^*_{-k}、ρ'^*_k

φ	模方拟合率	1	2	3	4	5	6	7	8
0°	ρ'^*_k	17.8	12.6	5.8	3.5	2.2	1.7	1.1	0.9
	ρ'^*_{-k}	17.3	9.5	5.1	3.1	1.8	1.9	1.4	1.0
	$\rho'^*_{\lvert k\rvert}$	35.1	22.1	10.9	6.5	4.2	3.8	2.6	2.0
30°S～30°N	ρ'^*_k	13.4	10.7	6.0	5.1	4.0	3.6	2.4	1.5
	ρ'^*_{-k}	12.0	8.5	4.9	3.7	2.9	2.1	2.1	1.6
	$\rho'^*_{\lvert k\rvert}$	25.3	19.1	10.8	8.8	6.8	5.7	4.4	3.1

谐波分析给出了1983年1月850hPa热带V'^*(图2.13),$k=1$、2的波分量(图3.16、图3.17),分量图V'^*_k、V'^*_{-k}、$V'^*_{|k|}$流线的基本特征与分量图3.12、图3.13类似。1983年1月处于强El Niño事件阶段,$V'^*_{|1|}$的整个热带太平洋、$V'^*_{|2|}$的中东太平洋区域均为强西风正异常,且它们的$\rho'^*_{|k|}$均高于气候平均值(表3.7)约10%;$V'^*_{|k|}=V'^*_{|1|}+V'^*_{|2|}$拟合了该年$V'^*$模方的67.0%,$V'^*_{|2|}$与该年$V'^*$(图2.13)的相似系数$a=0.819$。王盘兴等(2009)的分析指出,1983年1月850hPa $V'^*_{|k|}$,$k=1$、2的同时增强,在20世纪80年代以来4个强El Niño事件(1983年、1987年、1992年、1998年)中均发生,$V'^*_{|2|}$的增强也出现在3个强La Niña(拉尼娜)事件(1989年、1996年、2001年)中。因此,$V'^*_{|1|}$、$V'^*_{|2|}$揭示了ENSO事件热带太平洋信风异常减弱的基本特征。

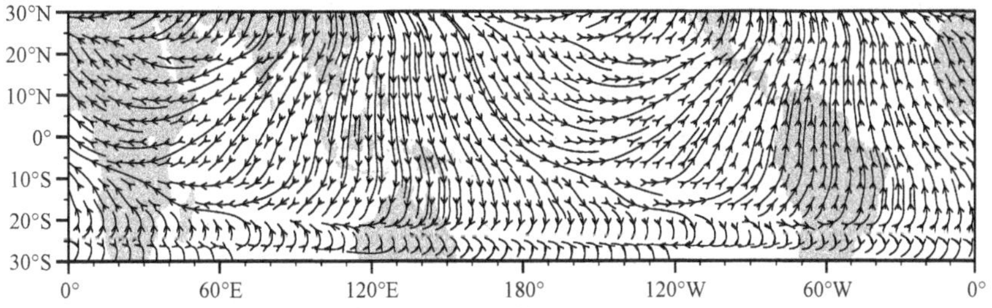

(a)

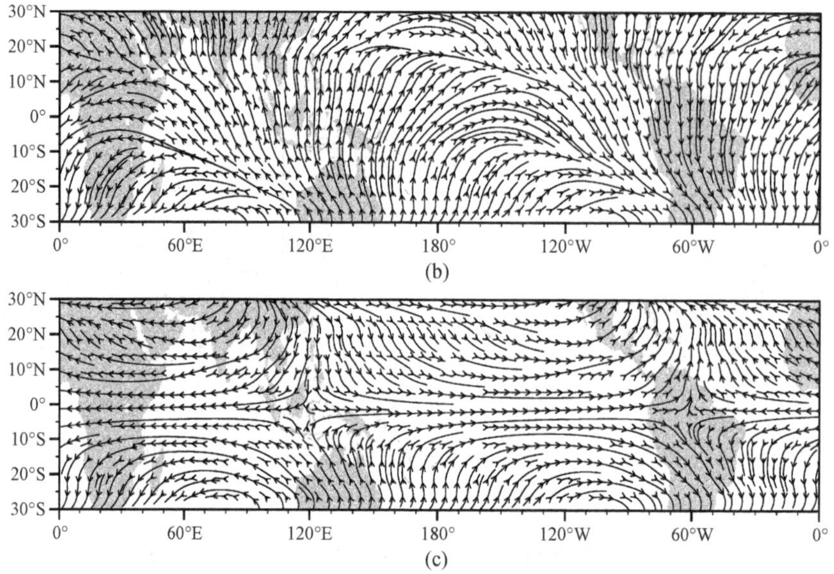

图 3.16　1983 年 1 月 850hPa 热带$\boldsymbol{V}'^*$的 1 波分量(ρ'^*)图

(a)$\boldsymbol{V}_1'^*$(16.8%);(b)$\boldsymbol{V}_{-1}'^*$(19.3%);(c)$\boldsymbol{V}_{|1|}'^*$(38.6%)

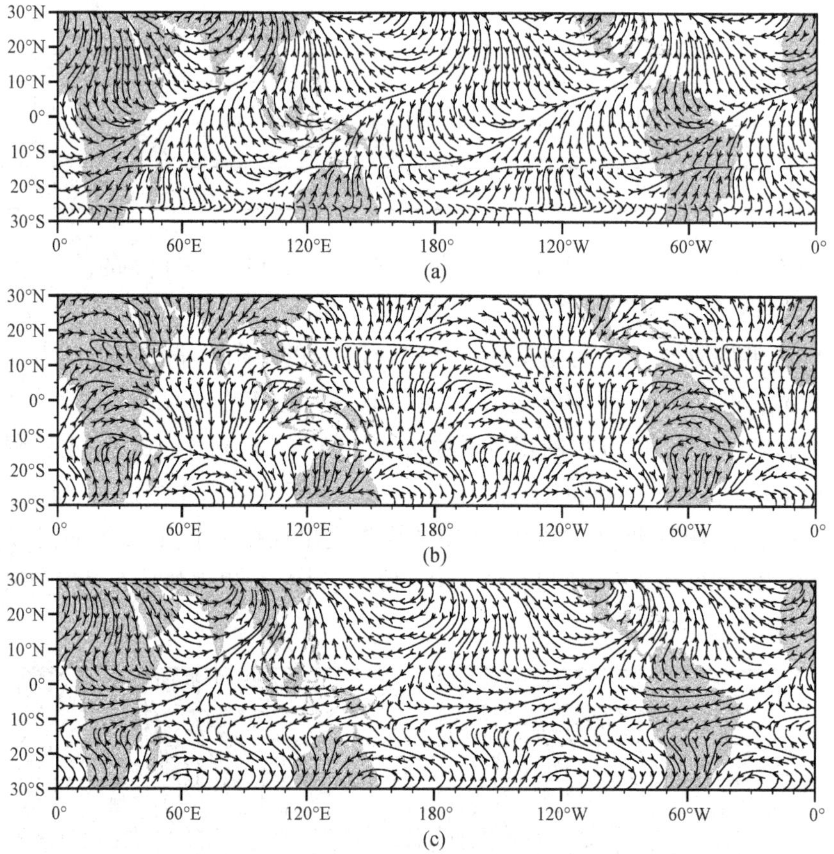

图 3.17　1983 年 1 月 850hPa 热带$\boldsymbol{V}'^*$的 2 波分量(ρ'^*)图

(a)$\boldsymbol{V}_2'^*$(17.3%);(b)$\boldsymbol{V}_{-2}'^*$(9.3%);(c)$\boldsymbol{V}_{|2|}'^*$(28.4%)

从几何角度看，中高纬 500hPa $\boldsymbol{H}^*$ 和低纬 850hPa $\boldsymbol{V}^*$ 谐波波谱分析的优越性，得益于谐波函数系 $\{\boldsymbol{c}_k,\boldsymbol{s}_k\}$、$\{\boldsymbol{e}_k\}$ 较自然基 $\boldsymbol{E}$ 更适合描述分析对象，因此有 $\boldsymbol{H}^*$、$\boldsymbol{V}^*$ 的模方更集中于少数谐波基向量上(图 3.6、图 3.10 和图 3.11、图 3.15)。

综上，低纬 1 月 850hPa $\bar{\boldsymbol{V}}^*$、$\{\boldsymbol{V}'^*(t)\}$ 谐波波谱也均有低阶、低维特征。$\bar{\boldsymbol{V}}^*$ 模方主要集中在超长波、长波波段(1 波最强、3 波次之)。$\{\boldsymbol{V}'^*(t)\}$ 模方拟合率随 k 增大而递减；1983 年 1 月 $\boldsymbol{V}'^*$ 的 1、2 波分量异常增强，它们与 El Niño 事件的环流异常特征相符。

3.4　Morlet 小波分析方法

小波分析方法是一种基于谐波分析，揭示波动局域特征的分析方法(Murakami，1984；Meyers et al.，1993；Torrence and Compo，1998)。观测表明，环流参数或气象要素的波动特征会随时空变化。例如，杨鉴初(1953)指出，气象要素周期变化本身是时间的函数，过去一度出现的周期随时间或完全消失而代之以另一种周期；又如，北半球中纬 1 月 500hPa 高度定常波场随 λ 的变化十分明显，东亚槽、北美槽和欧洲槽在波长、振幅两个基本特征上差异明显。谐波分析可以揭示时(空)域上波动的全域特征，小波分析则可揭示波动在时(空)域上的差异，即波动的局域特征。

小波分析方法的特殊分析功能源于小波函数的构造，而主要统计量是小波功率谱。本节以实 Morlet 小波分析为例，分析小波函数结构特征及关键性质，给出功率谱计算及显著性检验方法，并给出了一个时域上 Morlet 小波分析的应用实例。

3.4.1　Morlet 小波分析原理

以时域上的实序列 $\boldsymbol{x}$ 为分析对象，其标量形式为

$$x_j,\quad j=\overline{1,n} \tag{3.45}$$

$\boldsymbol{x}$ 是 E^n 中的一个向量。小波函数系是小波分析的工具，下面给出 Morlet 小波函数系，并分析其性质，最后给出小波功率谱计算及其显著性检验方法。

1. Morlet 小波函数系

Morlet 小波函数系定义为

$$\psi(j',k)=\exp\left[-\frac{1}{2}\left(\frac{\pi kj'}{n}\right)^2\right]\exp\left[I\frac{2\pi kj'}{n}\right] \tag{3.46}$$

式中，时序 $j'\in[-[n/2],[n/2]]$，波数 $k=\overline{0,[n/2]}$。显然，$\psi(j',k)$ 是 U^N 中的向量 $\boldsymbol{\psi}_k$，维数 $N=2\times[n/2]+1$，当 n 为奇数、偶数时分别有 $N=n$、$N=n+1$。

$\boldsymbol{\psi}_k$ 的实部、虚部分别为实函数

$$\begin{aligned}\psi c(j',k)&=\exp\left[-\frac{1}{2}\left(\frac{\pi kj'}{n}\right)^2\right]\cos\frac{2\pi kj'}{n}\\ \psi s(j',k)&=\exp\left[-\frac{1}{2}\left(\frac{\pi kj'}{n}\right)^2\right]\sin\frac{2\pi kj'}{n}\end{aligned} \tag{3.47}$$

它们是 E^N 中的向量 $\boldsymbol{\psi c}_k$、$\boldsymbol{\psi s}_k$。可见 $\boldsymbol{\psi c}_k$、$\boldsymbol{\psi s}_k$ 是用指数函数 $\exp\left[-\frac{1}{2}\left(\frac{\pi k j'}{n}\right)^2\right]$ 调幅后的余弦、正弦波，$\boldsymbol{\psi c}_k(\boldsymbol{\psi s}_k)$ 的振幅在 $j'=0$ 处与 $\boldsymbol{c}_k(\boldsymbol{s}_k)$ 同为 1(0)，并随 $|j'|$ 增大呈指数衰减。容易求得 $j' \in [-[n/2],[n/2]]$ 上 Morlet 小波的标准化基向量

$$\begin{aligned}\tilde{\boldsymbol{\psi c}}_k &= \boldsymbol{\psi c}_k / \| \boldsymbol{\psi c}_k \| \\ \tilde{\boldsymbol{\psi s}}_k &= \boldsymbol{\psi s}_k / \| \boldsymbol{\psi s}_k \|\end{aligned} \tag{3.48}$$

图 3.18 是 $n=60$ 时的若干 $\tilde{\boldsymbol{\psi c}}_k$、$\tilde{\boldsymbol{\psi s}}_k$ 的图(p_k 为周期)。

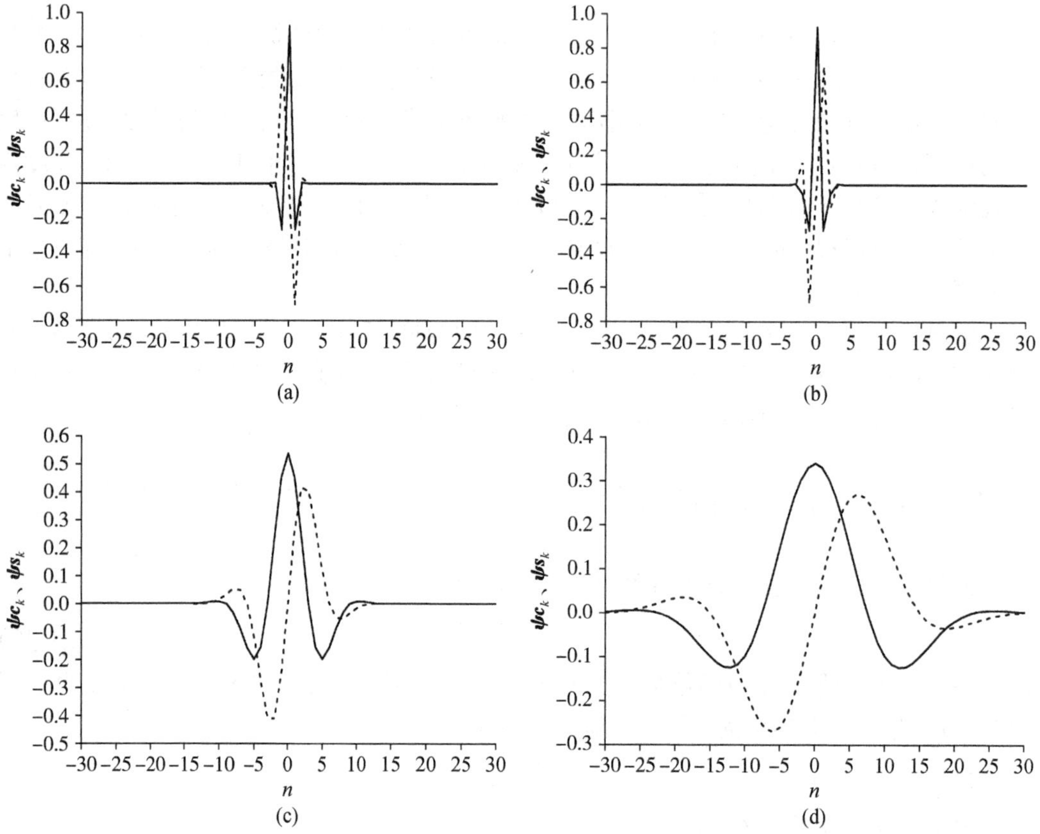

图 3.18　$n=60$ 的标准化 Morlet 小波 $\tilde{\boldsymbol{\psi c}}_k$(实线)、$\tilde{\boldsymbol{\psi s}}_k$(虚线)

(a) $k=30$、$p_k=2$；(b) $k=20$、$p_k=3$；(c) $k=5$、$p_k=12$；(d) $k=2$、$p_k=30$

2. Morlet 小波性质

本节先利用波数 k 与周期 p 的关系 $p=n/k$(单位 $\Delta t'$，$\Delta t'$是取样间隔)，改写式(3.47)为

$$\begin{aligned}\psi c(j',p) &= \exp\left[-\frac{1}{2}\left(\frac{\pi j'}{p}\right)^2\right]\cos\frac{2\pi j'}{p} \\ \psi s(j',p) &= \exp\left[-\frac{1}{2}\left(\frac{\pi j'}{p}\right)^2\right]\sin\frac{2\pi j'}{p}\end{aligned} \tag{3.49}$$

记为 $\boldsymbol{\psi c}_p$、$\boldsymbol{\psi s}_p$。周期 p 较 k 意义更明确，它是与分析序列长度 n 无关的波动参数。$\boldsymbol{\psi c}_p$、$\boldsymbol{\psi s}_p$ 的标准化向量 $\tilde{\boldsymbol{\psi c}}_p$、$\tilde{\boldsymbol{\psi s}}_p$ 类似于式(3.48)。

以下两个性质是 Morlet 小波功率谱计算及显著性检验的根据：

(1) $\boldsymbol{\psi c}_p$、$\boldsymbol{\psi s}_p$ 的正交性。由 $\boldsymbol{\psi c}_p$ 是偶函数、$\boldsymbol{\psi s}_p$ 是奇函数知，对一切 p、p'，$\boldsymbol{\psi c}_p$、$\boldsymbol{\psi s}_{p'}$ 正交，即有 $(\boldsymbol{\psi c}_p,\boldsymbol{\psi s}_{p'})=0$；其中，相同 p 的 $\boldsymbol{\psi c}_p$、$\boldsymbol{\psi s}_p$ 正交，是 Morlet 小波功率谱计算的基础。$p\neq p'$ 的两个余弦小波 $\boldsymbol{\psi c}_p$、$\boldsymbol{\psi c}_{p'}$ 或正弦小波 $\boldsymbol{\psi s}_p$、$\boldsymbol{\psi s}_{p'}$ 不正交，故实小波函数系 $\{\boldsymbol{\psi c}_p,\boldsymbol{\psi s}_p\}$、复小波函数系 $\{\boldsymbol{\psi}_p\}$ 均不是完全的正交函数系；这与谐波函数系 $\{\boldsymbol{c}_k,\boldsymbol{s}_k\}$ 有重大差异，由此决定小波分析中不存在累积模方拟合率的计算和分析。

(2) 调幅函数的性质。调幅函数 $\exp\left[-\dfrac{1}{2}\left(\dfrac{\pi j'}{p}\right)^2\right]$ 随 $|j'|$ 增大而衰减，在 $j'=0$ 处 $\boldsymbol{\psi c}_p$、$\boldsymbol{\psi s}_p$ 值与该处余弦、正弦函数值相等，在 $j'=\pm\sqrt{2}p/\pi\doteq\pm 0.450p$ 处则为该处余弦、正弦函数值 $1/e$（近似等于 0.368），故称 $\tau\doteq 0.450p$ 为 $\boldsymbol{\psi c}_p$、$\boldsymbol{\psi s}_p$ 的 e 折时间。对序列式(3.45)，Morlet 小波功率 $w(j,p)$ 在 $j=[1+\tau,n-\tau]$ 上计算结果较精确，可用于分析；而在序列的两端（$j=[1,\tau]$ 和 $[n-\tau+1,n]$），则计算结果误差大，不能用于分析；这是“头尾效应”(cone of influence)。

上述性质决定了 Morlet 小波有识别 j 时刻邻域内波动局域特征的能力，也限制了它的分析功能。

3.4.2 小波功率 $w(j,p)$ 的计算和检验

序列 $\boldsymbol{x}$ 的小波分析由两步构成，一是计算小波功率 $w(j,p)$ 谱，二是对 $w(j,p)$ 作显著性检验。

1. $w(j,p)$ 的计算

对序列式(3.45)作中心化处理，并将 $j=\overline{1,n}$ 向前、向后延拓 $[n/2]$，延拓部分 $x'(j)=0$，得序列 $\hat{\boldsymbol{x}}'_j$，其标量形式为

$$\hat{x}'(j),\quad j=\overline{1-[n/2],n+[n/2]} \tag{3.50}$$

其中，以 j 为中心，长为 $N=2[n/2]+1$ 的序列 $\boldsymbol{y}_j$，其标量形式为

$$y(j+j'),\quad j'=\overline{-[n/2],[n/2]} \tag{3.51}$$

它通常不是中心化序列（n 为奇数时 $j=[n/2]+1$、n 为偶数时 $j=\overline{[n/2]-1,[n/2]+1}$ 例外）。

对 $\boldsymbol{y}_j$ 作统计的中心化、标准化处理得 $\tilde{\boldsymbol{y}}'_j$，

$$\tilde{\boldsymbol{y}}'_j=\boldsymbol{y}'_j/\sigma_j \tag{3.52}$$

它是 E^N 中模方为 N 的向量。

$\tilde{\boldsymbol{y}}'_j$ 的周期 p 的小波系数

$$\begin{aligned}a(j,p)&=(\tilde{\boldsymbol{y}}'_j,\tilde{\boldsymbol{\psi c}}_p)=\sum_{j'=-[n/2]}^{[n/2]}\tilde{y}'_j(j+j')\tilde{\psi c}_p(j',p)\\ b(j,p)&=(\tilde{\boldsymbol{y}}'_j,\tilde{\boldsymbol{\psi s}}_p)=\sum_{j'=-[n/2]}^{[n/2]}\tilde{y}'_j(j+j')\tilde{\psi s}_p(j',p)\end{aligned} \tag{3.53}$$

对应的 j 时刻小波功率

$$w(j,p)=a^2(j,p)+b^2(j,p) \tag{3.54}$$

a、b 和 w 的计算对 $j=\overline{1+\tau,n-\tau}$、$p=\overline{2,n}$进行。

2. $w(j,p)$ 的 EMC 法显著性检验

王蕊等(2009)用 EMC 方法对小波功率 $w(j,p)$ 作信度为 α 的显著性检验,其步骤如下:

(1)将式(3.52)给出的 $\tilde{\boldsymbol{y}}_j'$ 随机排序 L 次,$L=1000$ 次,得

$$\tilde{\boldsymbol{y}}_l'(j+j'),\quad j'=\overline{-[n/2],[n/2]},\quad l=\overline{1,L} \tag{3.55}$$

(2)按式(3.53)求得式(3.55)随机序列的小波功率 $w_l(j,p)$、$l=\overline{1,L}$;将(j,p)点的 w_l、$l=\overline{1,L}$作非升值排序,得

$$w_h(j,p),\quad h=\overline{1,L} \tag{3.56}$$

它满足 $w_h(j,p)\geqslant w_{h+1}(j,p)$。对信度 α,取 $h=\alpha L$ 的 $w_h(j,p)$ 为检验 $w(j,p)$ 的阈值 $w_\alpha(j,p)$,如 $\alpha=0.05$、$L=1000$,阈值 $w_{0.05}(j,p)=w_{h=50}(j,p)$。

(3)检验:若 $w(j,p)\geqslant w_{0.05}(j,p)$,判断式(3.45)序列 $\boldsymbol{x}$ 在 j 时刻邻域内周期 p 的振荡显著;否则,不显著。

3.4.3　应用实例

王蕊等(2009)用标准化 Morlet 实小波函数 $\tilde{\boldsymbol{\psi}}\boldsymbol{c}_p$、$\tilde{\boldsymbol{\psi}}\boldsymbol{s}_p$(图 3.18),分析了 1948～2007 年(60 年)6 月南亚高压强度指数序列 $\boldsymbol{I}$:$I(j)$、$j=\overline{1,60}$(陈延聪等,2009),其标准化距平序列 $\tilde{\boldsymbol{I}}'$如图 3.19(a)所示。按 3.4.2 节给出的方法求得 $w(j,p)$[图 3.19(b)],用 EMC 法求得其信度 $\alpha=0.05$ 的阈值 $w_{0.05}(j,p)$[图 3.19(c)],由此得到 $\boldsymbol{w}$ 的显著性检验结果[图 3.19(d)]。

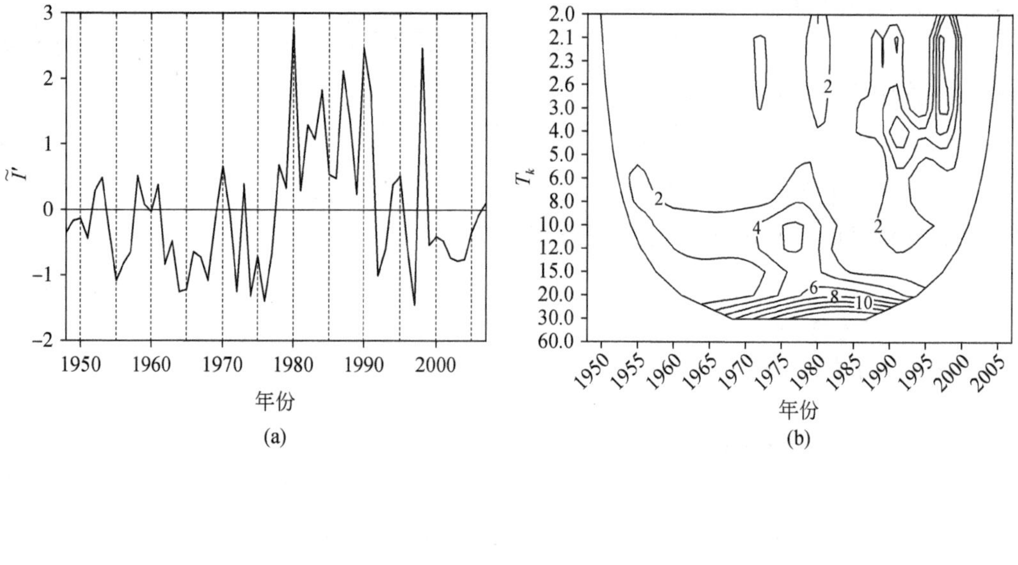

(a)　　(b)

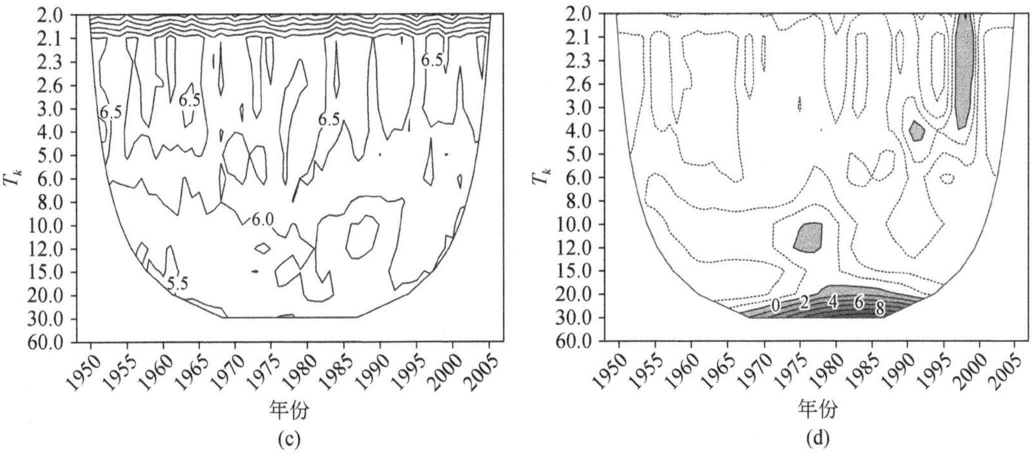

图3.19　1948～2007年6月标准化南亚高压强度指数的Morlet小波分析(引自王蕊等,2009)

(a)标准化距平 $\tilde{I}'$ 曲线;(b)小波功率谱 $\boldsymbol{w}$

(c)功率谱阈值 $\boldsymbol{w}_{0.05}$;(d)检验结果 $\Delta\boldsymbol{w}=\boldsymbol{w}-\boldsymbol{w}_{0.05}$(阴影区 $\Delta w>0$)

图3.19(a)中统计标准化序列 $\tilde{\boldsymbol{I}}'$ 的模方为60,图3.19(b)为 $\tilde{\boldsymbol{I}}'$ 的小波功率谱 $w(j,p)$,图3.19(c)为信度 $\alpha=0.05$ 的阈值 $w_{0.05}(j,p)$,图3.19(d)是 w、$w_{0.05}$ 之差 $\Delta w(j,p)$,其中 $\Delta w\geqslant0$(阴影区)则为振荡显著区。图3.19(b)～(d)上的U形线是 $1+\tau$、$n-\tau$ 线,考虑头尾效应,U形线以外的值误差较大,不取。

由图3.19(b),6月南亚高压强度振荡特征为:20世纪70年代、80年代前后 $p=\overline{20,30}$ 的振荡显著,70年代中期 $p=\overline{10,12}$ 年的振荡显著,它们反映了年代际尺度的异常;1998年前后 $p=\overline{2,4}$ 年的振荡显著,属于年际尺度异常。这一分析结果与 $\tilde{I}'$ 曲线[图3.19(a)]的主要振荡特征一致,说明Morlet小波分析确实可以很好地揭示振荡的局域特征。

应当说明,图3.19(c)给出的 $w_{0.05}$ 的 j-p(年–周期)域上大部分区域 $w_{0.05}$ 的取值近似为6.0,只有在取样周期 $p_{30}=2$ 年上明显地小,约为3.0;这是由于,对 $n=60$,取样周期 $p_{30}=2$ 年仅由一个小波($\tilde{\boldsymbol{\psi}}\boldsymbol{c}_{30}$)的功率构成,故其 $w_{0.05}(j,30)$ 近似为3.0。假如 n 为奇数,对应的 $w_{0.05}$ 图不会在取样周期上出现这一现象。

综上,本节介绍了小波分析原理,给出了小波功率谱显著性检验的EMC方法。并用一个分析实例,充分地显示了小波分析方法分析振荡局域特征的功能。

3.5　两种数字滤波器的性能比较

数字滤波是从实际环流场、时间序列资料中分离出所关注的波长段、周期段分量的分析方法,是大气环流常用分析方法;数字滤波器是实现数字滤波的工具,它以谐波分析为基础。燃料化学工业部石油地球物理勘探局计算中心站(1974)、吴洪宝和吴蕾(2005)对数字滤波原理作了系统阐述,本节从应用角度出发,以姚菊香等(2005)工作为基础,比较大气季节内振荡(MJO)研究中常用的 Butterworth 滤波器(简称 B. f)(Madden and Julian,1971,1972;Knutson and Weickmann,1987;Lau and Weng,1995)和较少使用的 Lanczos 滤波器(简称 L. f)(Duchon,1979)滤波性能,并通过它们学习数字滤波器及其应用。

3.5.1 B. f 和 L. f 的响应函数

理论分析指出,滤波器的性质由其响应函数 $R(f)$ 决定。MJO 研究(Madden and Julian,1971,1972;Knutson and Weickmann,1987)为了从 $\Delta=1$ 天、长为 n 的样本序列 $\boldsymbol{x}$,即

$$x(j),\quad j=\overline{1,n} \tag{3.57}$$

中很好地分离出 MJO 信息,要求滤波器的响应函数在通过带 $p=\overline{30,60}$ 上尽可能接近 1,在抑制带($p=\overline{30,60}$以外)尽可能接近 0;这里 p 为周期,单位为天。这就是判断 MJO 研究中数字滤波器性能优劣的基本考虑。

1. B. f 的响应函数

Murakami(1984)对式(3.57)x 定义 B. f 为

$$y_{\mathrm{B}}(j)=a[x(j)-x(j-2)-b_1y(j-1)-b_2y(j-2)] \tag{3.58}$$

其频率 f 上的响应函数为

$$R_{\mathrm{B}}(f)=\left|\frac{a(1-Z^2)}{1+b_1Z+b_2Z^2}\right|^2 \tag{3.59}$$

其中

$$\begin{aligned}&Z=\exp(-2\pi\mathrm{I}\Delta f),a=\frac{2q}{4+2q+p},b_1=\frac{2(p-4)}{4+2q+p},b_2=\frac{4-2q+p}{4+2q+p}\\&q=2\left|\frac{\sin2\pi f_1\Delta}{1+\cos2\pi f_1\Delta}\right|,p=\frac{4\sin2\pi f_1\Delta\sin2\pi f_2\Delta}{(1+\cos2\pi f_1\Delta)(1+\cos2\pi f_2\Delta)}\end{aligned} \tag{3.60}$$

式中,$\mathrm{I}=\sqrt{-1}$,Δ 表示取样间隔,f 为频率,f_1、f_2 为截断频率。对 $\Delta=1$ 天的样本时间序列[式(3.57)],为了滤出 MJO 波段的信息,取截断频率 $f_1=1/60\approx0.0167\ \mathrm{d}^{-1}$、$f_2=1/30\approx0.0333\ \mathrm{d}^{-1}$(这里“d”表示天),由式(3.59)给出的 $R_{\mathrm{B}}(f)$ 如图 3.20 中曲线所示。

作为对照,图 3.20 中以 3 条水平线给出了与之对应的理想带通滤波器(记为 P. f)的响应函数

$$R_{\mathrm{P}}(f)=\begin{cases}1, & f\in[f_1,f_2]\\0, & f\in[0,f_1)、(f_2,0.5]\end{cases} \tag{3.61}$$

其图像如图 3.20 直线所示。

由图 3.20 可见:①在通过带 $f\in[f_1,f_2]$ 上,$R_{\mathrm{B}}(f)$ 随 f 偏离中心频率 $f_0=\sqrt{f_1f_2}=0.0236\ \mathrm{d}^{-1}$,明显下降,B. f 滤波器严重削弱了 MJO 信号。②在抑制带 $f\notin[f_1,f_2]$ 上,尤其在 f_1 左邻域、f_2 右邻域处,滤波器 B. f 不能完全抑制非 MJO 信号。因此 B. f 不是一个好的$\overline{30,60}$天滤波器。

2. L. f 的响应函数

Dunchon(1979)对式(3.57)$\boldsymbol{x}$ 和截断频率 $f_1=1/60\ \mathrm{d}^{-1}$、$f_2=1/30\ \mathrm{d}^{-1}$,定义 L. f 为

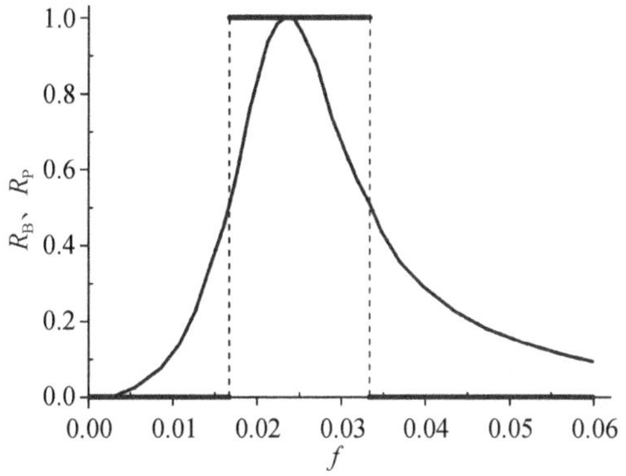

图 3.20 B.f 的响应函数 R_B(曲线)和相应 P.f 的响应函数 R_P(水平线)

$$y_L(j) = w(j) * x(j) = \sum_{\tau=-n}^{n} w(\tau)x(j-\tau) \tag{3.62}$$

* 为卷积算符。其响应函数为

$$R_L(f) = \sum_{t=-n}^{n} w(t)\exp(\mathrm{I}2\pi fj\Delta) \tag{3.63}$$

式(3.62)、式(3.63)中的 $w(j)$ 是 L.f 的权重函数,

$$w(j) = \left|\frac{\sin(2\pi f_2 j)}{\pi j} - \frac{\sin(2\pi f_1 j)}{\pi j}\right| \frac{\sin(\pi j/l)}{\pi j/l}, \quad j = \overline{-l, l} \tag{3.64}$$

它由$(2l+1)$个数构成。故原序列经式(3.60)的 L.f 滤波后,所得 MJO 序列 $\boldsymbol{y}_L$ 为

$$y_L(j), j = \overline{l+1, n-l} \tag{3.65}$$

较原序列 $\boldsymbol{x}$ 缩短 $2l$。

图 3.21 给出了参数 $l=20$、50、100、200 时 L.f 的 $R_L(f)$ 的图像。比较图 3.20、图 3.21 可见:在通过带上,当 l 较小时($l=20$、50),$R_L(f)$ 明显小于 $R_B(f)$;而随着 l 的增大($l=100$、200),$R_L(f)$ 明显大于 $R_B(f)$,且趋近于 $R_P(f)$。在抑制带上,$R_L(f)$ 总体上小于 $R_B(f)$;特别地,随着 l 的增大 $R_L(f)$ 迅速趋于 $R_P(f)$。因此,对于长序列资料的 MJO 信息分离,只要 l 足够大,L.f 的滤波效果肯定优于 B.f。

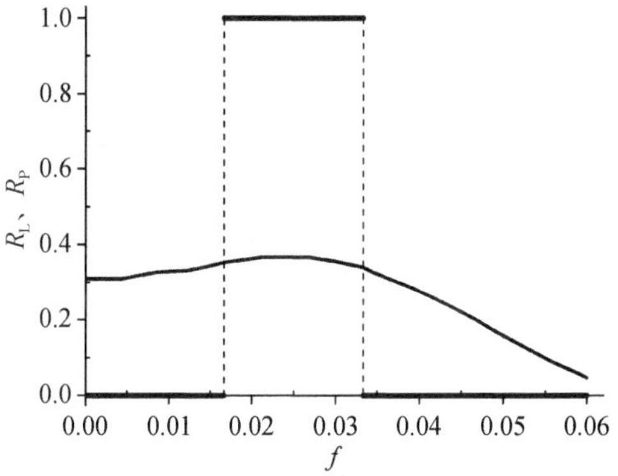

(a)

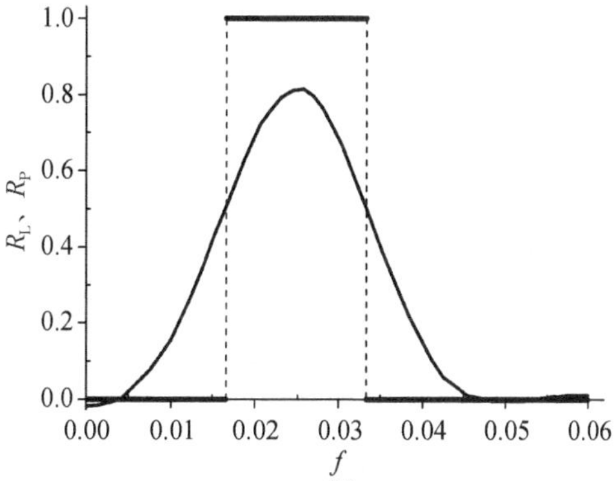

(b)

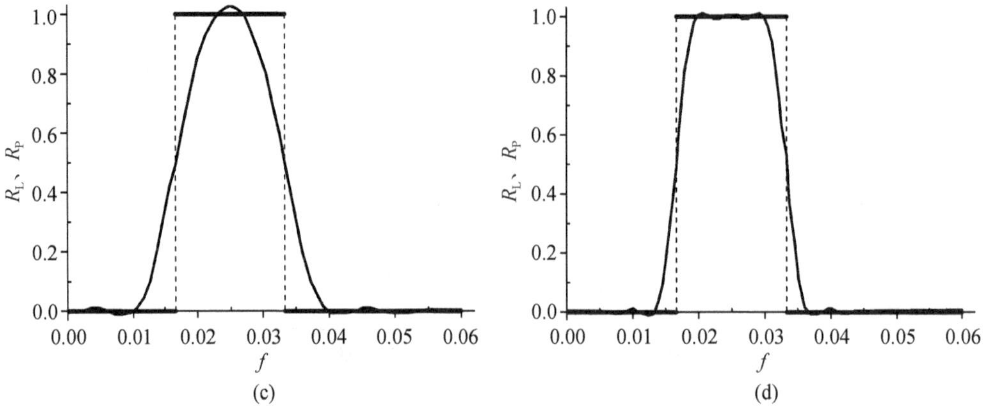

图 3.21　L. f 的响应函数 R_L(曲线)和相应 P. f 的响应函数 R_P(水平线)

(a)l=20;(b)l=50;(c)l=100;(d)l=200

3.5.2　B. f、L. f 滤波效果的定量分析

$|R(f)|$是频率f上滤波器输出与输入序列的振幅比，$\int_a^b R^2(f)\,\mathrm{d}f$表示$f\in[a,b]$频段上滤波器输出与输入序列的能量比(吴洪宝、吴蕾,2005)。为比较 L. f、B. f 的滤波效果,将整个频段$f\in[0,0.5]$分为通过带$[f_1,f_2]$、低频抑制带$[0,f_1)$、高频抑制带$(f_2,0.5]$,先用数值积分方法计算各频段上 B. f 滤波后的能量

$$
\begin{aligned}
{}_1S_B &= \int_{f_1}^{f_2} |R_B(f)|^2 \mathrm{d}f \approx 0.010725 \\
{}_2S_B &= \int_{0}^{f_1} |R_B(f)|^2 \mathrm{d}f \approx 0.000609 \\
{}_3S_B &= \int_{f_2}^{0.5} |R_B(f)|^2 \mathrm{d}f \approx 0.001752
\end{aligned}
\tag{3.66}
$$

然后,按同样方法求得参数为 l 的 L. f 的滤波结果中 i 波段上的能量${}_iS_L(l)$;最后,代入 i 波段 L. f、B. f 的能比公式

$$
{}_ir_l = \frac{{}_iS_L(l)}{{}_iS_B} \tag{3.67}
$$

求得不同 l(L. f 参数)时各频带上的能比(表 3.8)。由${}_ir_l$ 定义知,对通过带,${}_1r_l$ 大于(小于)1 表示 L. f 滤出 MJO 的性能优于(劣于)B. f;对抑制带,${}_2r_l$、${}_3r_l$ 大于(小于)1 表示 L. f 抑制 MJO 的性能劣于(优于)B. f。当${}_1r_l>1$ 和${}_2r_l<1$、${}_3r_l<1$ 均得到满足时,L. f 滤波效果全面优于 B. f。

表 3.8　能比${}_ir_l$ 的计算结果

l	20	50	60	68	69	70	80	100
${}_1r_l$	0.200	0.787	0.916	0.992	1.001	1.009	1.076	1.171
${}_2r_l$	2.881	1.302	1.036	0.906	0.894	0.882	0.785	0.640
${}_3r_l$	0.731	0.454	0.367	0.320	0.315	0.310	0.276	0.226

由表 3.8 可知：①通过带上，当 $l \geqslant 69$ 天时 $_1r_l$ 大于 1，L. f 已超过 B. f；②低频抑制带上，当 $l \geqslant 68$ 天时（实际为 $l \geqslant 62$ 天时）$_2r_l$ 小于 1，L. f 对非 MJO 振荡的抑制已优于 B. f；而在高频抑制带上，当 $l \geqslant 20$ 天时，L. f 对非 MJO 振荡的抑制就已优于 B. f。因此，L. f 参数 $l \geqslant 69$ 天时，其 MJO 滤波效果全面优于 B. f。

3.5.3　应用实例

1. 资料及预处理

从 NCEP/NCAR 逐日地面 2m 处温度（T）资料中，选取 87.5°E、42.5°N 格点（新疆乌鲁木齐市附近）1961～2001 年共 41 年的逐日温度序列 $\boldsymbol{t}$，作为分析对象。将其写为

$$t(j_y, j_d), \quad j_y = \overline{1, n_y}, \quad j_d = \overline{1, n_d}$$

式中，j_y、j_d 为年序、年内日序，$n_y = 41$ 为总年数，$n_d = 365$ 为年内总日数（为了简化，舍去闰年第 366 天）。此序列可改写为

$$t(j), \quad j = \overline{1, n} \tag{3.68}$$

$n = n_y \times n_d = 14965$ 是不计闰年时 41 年的总日数。

2. 滤波

用 B. f 和 $l = 182$ 天的 L. f 完成式（3.68）序列的滤波，得 $p = \overline{30, 60}$ 滤波序列，$_1t_{\mathrm{B}}(j)$、$j = \overline{1, 14965}$ 和 $_1t_{\mathrm{L}}(j)$、$j = \overline{1, 14783}$，以及相应时域上的 $_2t_{\mathrm{B}}(j)$、$_3t_{\mathrm{B}}(j)$ 和 $_2t_{\mathrm{L}}(j)$、$_3t_{\mathrm{L}}(j)$。从中取出 1962～2000 年的 39 年共 14235 天的部分，记为

$$_it_{\mathrm{B}}(j')、_it_{\mathrm{L}}(j'), \quad j' = \overline{1, 14235}, i = \overline{1, 3} \tag{3.69}$$

用谐波分析方法分析式（3.68）中 1962～2000 年的部分，共 39 年、14235 天的 T 序列（即 $t(j')$、$j' = \overline{1, 14235}$），从中分离出 3 个波段的谐波分量序列

$$_it_h(j'), \quad j' = \overline{1, 14235}, i = \overline{1, 3} \tag{3.70}$$

它是分析对象中最接近于理想滤波器滤出的 MJO 信息。

3. 滤波性能比较

滤波器效果比较的原则是：①通过带上 MJO 分量（即 $_1t_{\mathrm{B}}$、$_1t_{\mathrm{L}}$）的能量 α_{B}、α_{L} 越接近能量 α_h 越好；②抑制带上 MJO 分量（即 $_it_{\mathrm{B}}$、$_it_{\mathrm{L}}$，$i = 2$、3）的能量 β_{B}、β_{L} 越小越好。

在通过带上，$_1t_h$、$_1t_{\mathrm{B}}$ 和 $_1t_{\mathrm{L}}$ 的日均能量 α_h、α_{B} 和 α_{L}（单位：℃²/d）的计算结果为

$$\begin{aligned} \alpha_h &= \frac{1}{14235}\sum_{j'=1}^{14235} {}_1t_h^2(j') \approx 2.892 \\ \alpha_{\mathrm{B}} &= \frac{1}{14235}\sum_{j'=1}^{14235} {}_1t_{\mathrm{B}}^2(j') \approx 1.882 \\ \alpha_{\mathrm{L}} &= \frac{1}{14235}\sum_{j'=1}^{14235} {}_1t_{\mathrm{L}}^2(j') \approx 2.546 \end{aligned} \tag{3.71}$$

可见，α_{L} 比 α_{B} 更接近于 α_h，α_{B}、α_{L} 与 α_h 之比分别为 0.651、0.882，所以在通过带上，L. f 滤

波效果明显优于 B. f。

在抑制带上，${}_it_B$、${}_it_L$ 日均能量 β_B、β_L(单位：℃²/d)的计算结果为

$$\begin{aligned}\beta_B &= \frac{1}{14235}\sum_{j'=1}^{14235}\left[{}_2t_B^2(j') + {}_3t_B^2(j')\right] \approx 0.306 \\ \beta_L &= \frac{1}{14235}\sum_{j'=1}^{14235}\left[{}_2t_L^2(j') + {}_3t_L^2(j')\right] \approx 0.052\end{aligned} \tag{3.72}$$

比值 $\beta_L/\beta_B \approx 0.170$，$\beta_L$ 远小于 β_B，故抑制带上 L. f 滤波效果也明显优于 B. f。

综上，在滤波器参数 l 足够大时，Lanczos 滤波器对 MJO 信息的滤出和对非 MJO 信息的抑制均明显优于 Butterworth 滤波器。在分辨率 $\Delta=1$ 天和 MJO 定义为 $\overline{30,60}$ 天时，Lanczos 滤波器参数 l 的阈值为 69 天，当 $l \geqslant 69$ 天时，可以保证 Lanczos 滤波器优越性成立。

3.6 小　　结

(1)介绍了标量、矢量序列(场)的谐波分析原理，给出了其具体分析方法。

(2)用谐波分析方法提取了中国季气温、降水序列中的年代际分量，并对其作显著性检验，揭示了季气温序列中存在强年代际变化的特征。用谐波分析方法分析了中纬 $\boldsymbol{H}_{500}^*$、低纬 $\boldsymbol{V}_{850}^*$，揭示了其定常波($\bar{\boldsymbol{H}}_{500}^*$、$\bar{\boldsymbol{V}}_{850}^*$)低维、低阶的特征，以及定常波异常 $\{\boldsymbol{H}'^*(t)\}$、$\{\boldsymbol{V}'^*(t)\}$ 的波谱特征。

(3)介绍了 Morlet 小波分析原理，给出了其功率谱计算及显著性检验的方法。用实例演示了它揭示波动局域特征的功能。

(4)介绍了 Lanczos 滤波器(L. f)与 Butterworth 滤波器(B. f)滤波原理及使用方法。比较了它们的滤波功能，用实例分析了 L. f 优于 B. f 的条件。

参 考 文 献

陈兴跃，王会军，曾庆存，2005. 大气季节内振荡及其年际变化[M]. 北京：气象出版社.

陈延聪，王盘兴，周国华，等，2009. 夏季南亚高压的一组环流指数及其初步分析[J]. 大气科学学报，32(6)：832-838.

冯康，1978. 数值计算方法[M]. 北京：国防工业出版社.

何金海，徐海明，钟珊珊，等，2011. 青藏高原大气热源特征及其影响和可能机制[M]. 北京：气象出版社.

黄嘉佑，2007. 气象统计分析与预报方法[M]. 北京：气象出版社.

梁宗巨，王青建，孙宏安，1995. 世界数学通史(下册)[M]. 沈阳：辽宁教育出版社.

燃料化学工业部石油地球物理勘探局计算中心站，1974. 地震勘探数字技术(第二册)[M]. 北京：科学出版社.

王盘兴，华文漪，吴幸毓，等，2009. 热带异常风场序列的傅立叶分析方案及试验[J]. 南京气象学院学报，32(1)：1-10.

王盘兴，吴幸毓，华文漪，等，2008. 热带气候风场的傅立叶分析方案及试验[J]. 南京气象学院学报，31(3)：300-307.

王蕊，王盘兴，吴洪宝，等，2009. 小波功率谱 Monte Carlo 显著性检验的一个简易方案[J]. 南京气象学院学报，32(1)：140-144.

魏凤英,2007. 现代气候统计诊断与预测技术[M]. 北京:气象出版社.
吴洪宝,吴蕾,2005. 气候变率诊断和预测方法[M]. 北京:气象出版社.
吴幸毓,王盘兴,周国华,等,2012. 热带月平均风场谱结构的傅立叶分析 I ——气候风场分析[J]. 热带气象学报,28(1):50-60.
谢瑶瑶,李丽平,王盘兴,等,2011. 中国气温和降水序列年代际分量的显著性检验[J]. 大气科学学报,34(4):467-475.
杨鉴初,1953. 运用气象要素历史变演的规律性作一年以上的长期预告[J]. 气象学报,24(3):100-117.
姚菊香,王盘兴,李丽平,2005. 季节内振荡研究中两种数字滤波器的性能对比[J]. 南京气象学院学报,28(2):248-253.
叶笃正,朱抱真,1958. 大气环流的若干基本问题[M]. 北京:科学出版社.
周国华,2011. 风压场定常波不平稳性的统计学研究[D]. 南京:南京信息工程大学.
Duchon C E, 1979. Lanczos filtering in one and two dimensions[J]. Journal of Applied Meteorology, 18(8): 1016-1022.
Knutson T R, Weickmann K M, 1987. 30—60 day atmospheric oscillation: composite life cycles of convection and circulation anomalies[J]. Monthly Weather Review, 115(7): 1407-1436.
Lau K M, Weng H, 1995. Climate signal detection using wavelet transform: How to make a time series sing[J]. Bulletin of the American Meteorological Society, 76(12): 2391-2402.
Livezey R E, Chen W Y, 1983. Statistical field significance and its determination by Mante Carlo techniques[J]. Monthly Weather Review, 111(1): 46-59.
Lu C H, Guan Z Y, Wang P X, et al., 2009. Detecting the relationship between summer rainfall anomalies in eastern China and the SSTA in the global domain with a new significance test method[J]. Journal of Ocean University of China, 8(1): 15-22.
Madden R A, Julian P R, 1971. Detection of a 40—50 day oscillation in the zonal wind in the tropical Pacific[J]. Journal of Atmospheric Sciences, 28(5): 702-708.
Madden R A, Julian P R, 1972. Discription of global scale circulation cells in the tropics with a 40—50 day period [J]. Journal of Atmosphere Sciences, 29(6): 1109-1123.
Meyers S D, Kelly B G, O'Brien J J, 1993. An introduction to wavelet analysis in oceanography and meteorology: With application to the dispersion of Yanai waves[J]. Monthly Weather Review, 121(10): 2858-2866.
Murakami M, 1984. Analysis of deep convective activity over the western Pacific and southeast Asia. Part II: Seasonal and intraseasonal variation during the northern summer[J]. Journal of the Meteorological Society of Japan, 62(1): 88-108.
Torrence C, Compo G P, 1998. A practical guide to wavelet analysis[J]. Bulletin of the American Meteorological Society, 79(1): 61-78.

复 习 题

1. 大气环流及气候分析中广泛使用谐波分析的原因是什么？对满足狄利克雷条件的实函数$f(x)$、$x\in(0,2\pi]$，余弦函数系$\boldsymbol{c}_k$、$k=\overline{0,\infty}$（或正弦函数系$\boldsymbol{s}_k$、$k=\overline{1,\infty}$）是不是完备系？描述E^n中向量$\boldsymbol{x}$的完备谐波函数系由哪些$\boldsymbol{c}_k$、$\boldsymbol{s}_k$组成？

2. 实、复谐波分析的分析对象有何差别？举例说明。

3. 设多年序列f_j、$j=\overline{1,n}$的年代际分量$\boldsymbol{f}_s$由$T_k\geqslant 10$年的全部谐波组成，写出$\boldsymbol{f}_s$的谐波

分量和表达式；对 $\|\boldsymbol{f}_s\|^2$ 作显著性检验的统计量是什么？写出用 EMC 法对 $\boldsymbol{f}_s$ 作显著性检验的步骤。

4. 小波分析与谐波分析的分析目的有什么差别？直观说明小波函数系中 $\boldsymbol{\psi c}_k$、$\boldsymbol{\psi s}_k$ 的正交性及 $k\neq k'$ 时 $\boldsymbol{\psi c}_k$、$\boldsymbol{\psi c}_{k'}$（$\boldsymbol{\psi s}_k$、$\boldsymbol{\psi s}_{k'}$）的非正交性。小波分析显著性检验的统计量应是什么？写出其 EMC 法检验步骤。

5. L. f 和 B. f 滤波效果比较的结果是什么？比较过程中谐波分析的作用是什么？

第4章 球函数分析及应用

球函数 $\mathrm{Y}(\lambda,\varphi)$ 是球函数方程的解(郭敦仁,1965;梁昆淼,1978)。在大气科学中,球函数主要用作全球(半球)谱模式的基函数,同时也是全球(半球)要素场空间结构诊断分析的重要工具。中央气象局气象科学研究所数值预报组(1959)和中央气象台数值预报科(1980)用它诊断了北半球地形高度和500hPa等压面位势高度,结果用于数值预报和长期预报。球函数分析方法的原理与傅里叶(Fourier)级数分析方法的原理相同,但该方法使用的基函数——球函数形式上比较复杂,涉及更多的数学知识。本章重点讲解球函数基本知识(定义、结构、性质、图形),介绍我们用球函数分析500hPa等压面月平均位势高度场得到的主要结果;对谱模式中的球函数只作简单介绍。

4.1 球函数分析原理

4.1.1 定义

在实H中,球函数 $\mathbf{Y}_l^k$ 是矩形域 $\lambda\in(0,2\pi]$、$x\in[-1,1]$ 上如下形式的函数

$$\mathrm{Y}_l^k(\lambda,\varphi)=\begin{pmatrix}\cos k\lambda\ \mathrm{P}_l^k(x)\\ \sin k\lambda\ \mathrm{P}_l^k(x)\end{pmatrix} \tag{4.1}$$

k、l 为0和正整数,$x=\cos\theta\left(\text{余纬 }\theta=\dfrac{\pi}{2}-\varphi\right)$,故球函数的定义域为整个球面 $\lambda\in(0,2\pi]$、$\theta\in[0,\pi]$。球函数的另一形式

$$\mathrm{Y}_l^k(\lambda,\varphi)=\begin{pmatrix}Yc_l^k(\lambda,\varphi)\\ Ys_l^k(\lambda,\varphi)\end{pmatrix}=\begin{pmatrix}\cos k\lambda\,\mathrm{P}_l^k(\cos\theta)\\ \sin k\lambda\,\mathrm{P}_l^k(\cos\theta)\end{pmatrix} \tag{4.2}$$

$\mathbf{Y}\boldsymbol{c}_l^k$、$\mathbf{Y}\boldsymbol{s}_l^k$ 分别为余弦、正弦球函数,参数 k 为纬向波数,l 为全波数或二维指数,$k\leqslant l$。

由式(4.1)、式(4.2)知,每个球函数分量 $\mathbf{Y}_l^k$ 由两个部分之积构成:①沿纬线方向(纬向)波数为 k 的谐波 $\cos k\lambda$、$\sin k\lambda$;②沿经线方向(经向)参数为 k、l 的缔合勒让德函数 $\mathbf{P}_l^k$ (associated Legendre function, ALF)。

尽管球函数具有复杂的形式,但就其本质而言,一个 $\mathbf{Y}\boldsymbol{c}_l^k$ 或 $\mathbf{Y}\boldsymbol{s}_l^k$ 相当于H中的一个基向量($\boldsymbol{e}_i$);因为 k、l 均是无限的,故 $\mathbf{Y}\boldsymbol{c}_l^k$、$\mathbf{Y}\boldsymbol{s}_l^k$ 有无限多个。

由球函数构成知,只需搞清纬向谐波、经向缔合勒让德函数系的结构和性质,即可清楚了解球函数系。第3章已详细介绍了谐波函数系的结构和性质,这里介绍缔合勒让德函数系的结构和性质。

4.1.2 缔合勒让德函数结构、性质和图形

认识缔合勒让德函数(associated Legendre function,ALF)$P_l^k(x)$,可以从认识勒让德多项式(Legendre polynomial,LP)$P_l(x)$开始。

1. 勒让德多项式(LP)$P_l(x)$

$P_l(x)$的表达式为

$$P_l(x)=\frac{1}{2^l l!}\frac{\mathrm{d}}{\mathrm{d}x^l}(x^2-1)^l=\sum_{h=0}^{[l/2]}(-1)^h\frac{(2l-2h)!}{2^l h!\ (l-h)!\ (l-2h)!}x^{l-2h},\quad |x|\leqslant 1 \tag{4.3}$$

式中,l 为 $P_l(x)$的次数。第一个等号后为微分定义式。第二个等号后为显式,求和上限中的[ ]为取整号,当 l 为奇、偶数时,求和上限分别为$(l-1)/2$、$l/2$。

显然 $P_l(x)$是 x 的 l 次多项式($l'=0$,得最高次幂项$\frac{(2l!)}{2^l!\ l!\ l!}x^l$)。次数 $l=\overline{0,5}$的 $P_l(x)$为

$$\begin{aligned}
P_0(x)&=1\\
P_1(x)&=x\\
P_2(x)&=\frac{1}{2}(3x^2-1)\\
P_3(x)&=\frac{1}{2}(5x^3-3x)\\
P_4(x)&=\frac{1}{8}(35x^4-30x^2+3)\\
P_5(x)&=\frac{1}{8}(63x^5-70x^3+15x)
\end{aligned}\tag{4.4}$$

当 l 为奇数、偶数时,$P_l(x)$分别由奇、偶次幂的线性和组成,故为奇、偶函数。

引入 $\theta\in[0,\pi]$域上的内积算子$(\mathbf{P}_l,\mathbf{P}_{l'})_\theta$,可以证明(梁昆淼,1978)

$$(\mathbf{P}_l,\mathbf{P}_{l'})_\theta=\int_{-1}^{1}P_l(x)P_{l'}(x)\mathrm{d}x=\int_0^{\pi}P_l(\cos\theta)P_{l'}(\cos\theta)\sin\theta\mathrm{d}\theta=0,\quad l\neq l'$$

故满足正交性;正交性是可用它构成正交函数系的必要条件。而其模

$$\|\mathbf{P}_l\|=(\mathbf{P}_l,\mathbf{P}_l)_\theta^{1/2}=\frac{\sqrt{2}}{\sqrt{2l+1}} \tag{4.5}$$

可见 l 越大、$\|\mathbf{P}_l\|$越小;故 $P_l(x)$也不是标准(归一)正交多项式。标准化勒让德多项式为 $\tilde{\mathbf{P}}_l=\mathbf{P}_l/\|\mathbf{P}_l\|$。

由 $P_l(x)$图形(图 4.1)知,$P_l(x)$在$(-1,1)$上有 l 个位置不同的 0 点,即方程 $P_l(x)=0$ 有 l 个相异的实根;且它们对 $x=0$(赤道)点对称,故 l 为奇(偶)数时,$x=0$ 是(不是)$P_l(x)$的 0 点。

由式(4.3)和图 4.1(a),$P_l(x)$在北极点($x=1$)恒为 1,在南极点($x=-1$)为-1(l 为奇数)、1(l 为偶数)。在半球范围内,无论对于 x 或 θ,P_l 的 0 点分布都是不均匀的,图 4.2 给

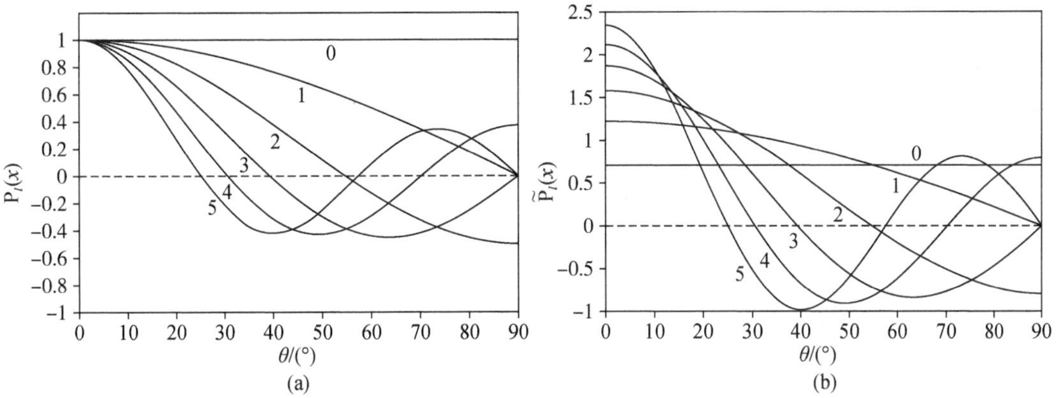

图 4.1　$P_l(x)$(a)和 $\tilde{P}_l(x)=P_l(x)/\parallel P_l(x)\parallel$(b)图(北半球部分)

线上数值为 l,横坐标为余纬

出了 0 点分布特点的示意图。

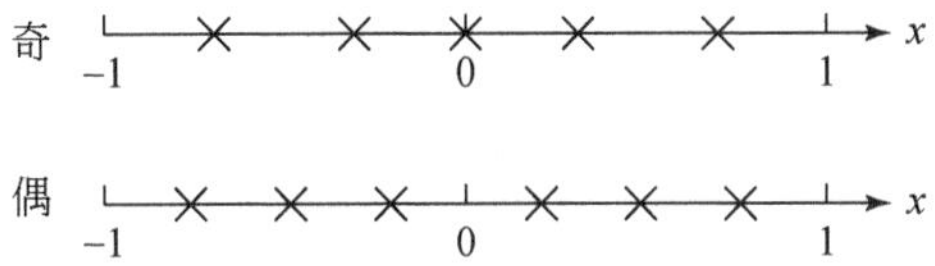

图 4.2　$P_l(x)$的 0 点关于 $x=0$ 对称但分布不均匀示意图

2. 缔合勒让德函数(ALF)$P_l^k(x)$

$P_l^k(x)$的表达式为

$$P_l^k(x)=(1-x^2)^{k/2}P_l^{[k]}(x) \tag{4.6}$$

式中,

$$P_l^{[k]}(x)=\frac{d^k}{dx^k}P_l(x)$$

因 $P_l(x)$为 l 次多项式,当 $k>l$ 时 $P_l^{[k]}(x)=0, x\in[-1,1]$,$\mathbf{P}_l^k$ 不能为基函数,故必须有 $k\leqslant l$。又因$(1-x^2)^{k/2}$当 k 为奇数时不是多项式,故 $P_l^k(x)$不一定是多项式,所以称 $P_l^k(x)$为缔合勒让德函数(ALF)(k 为偶数时,P_l^k 仍为 l 次多项式)。

当 $l-k$ 为奇(偶)数时,P_l^k 为奇(偶)函数。这是因为,无论 k 为奇数还是偶数,因式$(1-x^2)^{k/2}$都是偶函数,故 P_l^k 的奇偶性与 $P_l^{[k]}(x)$的奇偶性相同;而由 $P_l^{[k]}(x)$的定义及 $P_l(x)$的奇偶性知,当 $l-k$ 为奇(偶)数时,$P_l^{[k]}(x)$为奇(偶)函数;故当 $l-k$ 为奇(偶)数时,$P_l^{[k]}(x)$为奇(偶)函数。

P_l^k 的正交性只对相同 k 成立,可证(梁昆淼,1978),

$$(\mathbf{P}_l^k,\mathbf{P}_{l'}^k)_\theta=\int_{-1}^{1}P_l^k(x)P_{l'}^k(x)\,dx=\int_0^\pi P_l^k(\cos\theta)P_{l'}^k(\cos\theta)\sin\theta d\theta=0,\quad l\neq l' \tag{4.7}$$

故满足正交性。而其模

$$\parallel\mathbf{P}_l^k\parallel=(\mathbf{P}_l^k,\mathbf{P}_l^k)_\theta^{1/2}=\sqrt{\frac{(l+k)!}{(l-k)!}\cdot\frac{2}{2l+1}} \tag{4.8}$$

故 $\mathbf{P}_l^k, k=\overline{0,\infty}$、$l \geqslant k$ 不是标准正交函数系。标准化缔合勒让德函数为 $\tilde{\mathbf{P}}_l^k = \mathbf{P}_l^k / \| \mathbf{P}_l^k \|$。

由 $\mathrm{P}_l^k(x)$ 的图形(图 4.3)知,当 $k \neq 0$ 时,因 $(1-x^2)^{k/2}|_{x=\pm 1}=0$,故南北极点上 $\mathrm{P}_l^k(x)|_{x=\pm 1}=0$。而当 $k=0$ 时,$\mathrm{P}_l^0(x)$ 即为 $P_l(x)$,

$$\mathrm{P}_l^0(x) = (1-x^2)^0 \mathrm{P}_l^{[0]}(x) = \mathrm{P}_l(x) \tag{4.9}$$

其端点值同 $\mathrm{P}_l(x)$。

$\mathrm{P}_l^k(x)$ 在开区间 $(-1,1)$ 上有 $l-k$ 个位置不同的 0 点;原因是:在 $(-1,1)$ 上 $(1-x^2)^{k/2}>0$,$\mathrm{P}_l^{[k]}(x)$ 是 $l-k$ 次多项式,且方程 $\mathrm{P}_l^{[k]}(x)=0$ 有 $l-k$ 个互异实根。0 点在 $(-1,1)$ 上关于 $x=0$ $(\varphi=0$ 或 $\theta=\pi/2)$ 对称,但 0 点在每个半球上分布,无论对于 x、θ 都不均匀。

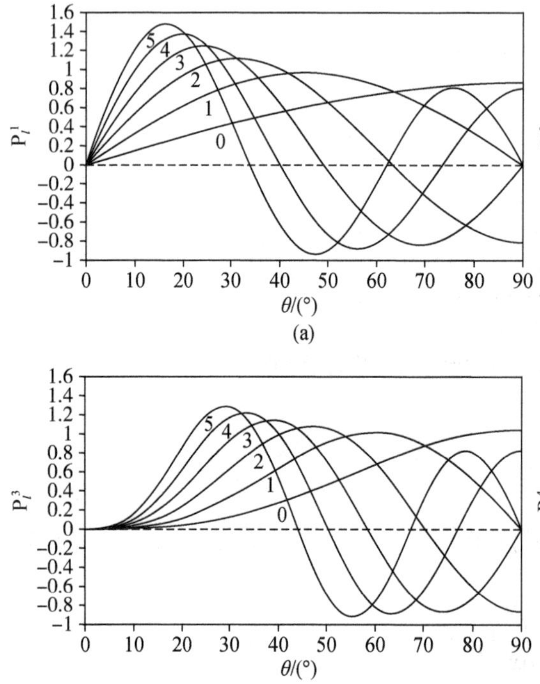

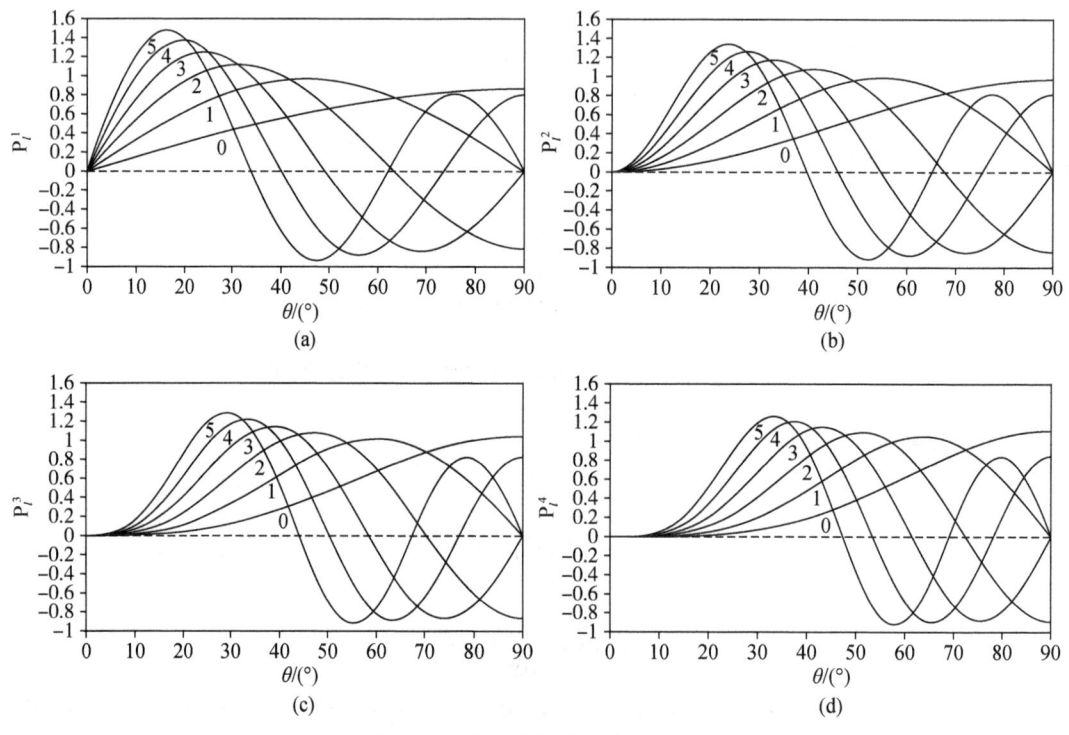

图 4.3　$\mathrm{P}_l^k(x)$ 图(北半球部分)

(a) $k=1$;(b) $k=2$;(c) $k=3$;(d) $k=4$。线上数字为 $l-k$

4.1.3　球函数结构、性质和图形

由式(4.2)知,当 k、l 确定后,构成 $\mathbf{Y}_l^k$ 的两个部分(傅里叶级数、缔合勒让德函数)是确定的,$\mathbf{Y}_l^k$ 随之确定。这里,先根据 $\cos k\lambda$、$\sin k\lambda$ 和 $\mathrm{P}_l^k(\cos\theta)$ 的性质,分析 $\mathbf{Y}_l^k$ 的结构特征。

球函数结构中,0 值经线、0 值纬线的条数及位置重要。0 值经线是 $\mathbf{Y}\boldsymbol{c}_l^k(\lambda,\theta)$、$\mathbf{Y}\boldsymbol{s}_l^k(\lambda,\theta)$ 在其上取 0 值的经线和纬线。

由表 4.1,$\cos k\lambda$、$\sin k\lambda$ 在 $(0,2\pi]$ 上有 $2k$ 个 0 点,故 $\mathbf{Y}_l^k(\lambda,\theta)$ 在 $2k$ 条经线上取 0 值,称其为“0 值经线”;其位置为

$$
\begin{aligned}
&\mathbf{Y}\boldsymbol{c}_l^k, \lambda=\left(h+\frac{1}{2}\right)\pi/k \\
&\mathbf{Y}\boldsymbol{s}_l^k, \lambda=h\pi/k
\end{aligned}
\qquad k\neq 0, h=\overline{0,2k-1} \tag{4.10}
$$

表 4.1　cos*kλ*、sin*kλ* 特征点个数、位置

函数	零(0)点		极大值(1)点		极小值(-1)点	
	个数	位置	个数	位置	个数	位置
$\cos k\lambda$	$2k$	$\left(2l+1\pm\frac{1}{2}\right)\frac{\pi}{k}$	k	$2l\frac{\pi}{k}$	k	$(2l+1)\frac{\pi}{k}$
$\sin k\lambda$	$2k$	$\left(2l+\frac{1}{2}\pm\frac{1}{2}\right)\frac{\pi}{k}$	k	$\left(2l+\frac{1}{2}\right)\frac{\pi}{k}$	k	$\left(2l+1+\frac{1}{2}\right)\frac{\pi}{k}$

注：$k=\overline{1,\infty}$、$l=\overline{0,k-1}$

因为 $P_l^k(\theta)$ 在 $\theta\in(0,\pi)$ 上有 $l-k$ 个 0 点，故 $\mathbf{Y}_l^k(\lambda,\theta)$ 在 $l-k$ 条纬线取 0 值，称其为“0 值纬线”。$l-k$ 为奇数时，$\theta=\pi/2$（赤道）为“0 值纬线”，其余 $l-k-1$ 条 0 值纬线以赤道为对称分布于南、北半球；$l-k$ 为偶数时，$\theta=\pi/2$ 不是“0 值纬线”，但 $l-k$ 条“0 值纬线”仍以赤道为对称，分布于南、北半球。

根据 0 值经、纬线的有无和分布特征，可将全部球函数分成 4 类：均匀球函数（k、$l=0$），无 0 值经、纬线；带形球函数（$k=0$、$l>0$），无 0 值经线、有 0 值纬线；扇形球函数（$k>0$、$l=k$），有 0 值经线、无 0 值纬线；田形球函数（$k>0$、$l>k$），既有 0 值经线，也有 0 值纬线。分别称它们为 0、1、2、3 类球函数。

对 1、2、3 类球函数，0 值经、纬线将整个球面分割为不同的区域。由 $\cos k\lambda$、$\sin k\lambda$ 和 $P_l^k(\cos\theta)$ 的图形知，0 不是其极值；被 0 值线隔开的、$\lambda-\theta$ 平面上相邻区域的 $\mathrm{Y}_l^k(\lambda,\theta)$ 值异号。因此，只要能确定一个区域的球函数符号，则全球所有区域的符号可随之确定。

无论 $l-k$ 为奇、偶，$P_l^k(\cos\theta)$ 在 $\theta=0$（北极点）的邻域内恒取正值；而 $\cos k\lambda$、$\sin k\lambda$ 在开区间 $\lambda\in(0,\pi/2k)$ 内均为正（图 4.4）。因此，除 $\mathbf{Y}_0^0$ 以外的所有球函数在北极点附近、0 子午线右侧域上恒为正值（图中网状区）。

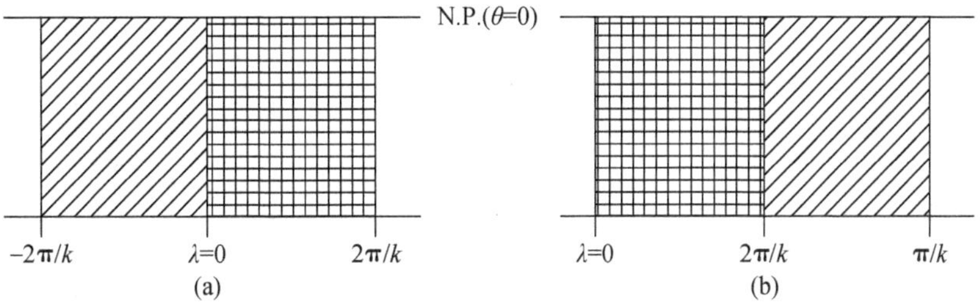

图 4.4　网状区为 $\mathbf{Y}_l^k$ 的恒为正值的区域

(a) $\mathbf{Y}\boldsymbol{c}_l^k$；(b) $\mathbf{Y}\boldsymbol{s}_l^k$

综上，只需给出 k、l 值，我们可以定性地画出 $\mathbf{Y}\boldsymbol{c}_l^k$、$\mathbf{Y}\boldsymbol{s}_l^k$ 的图形；反之，根据所给的球函数图形的 0 值等值线位置，可以确定它们是 $\mathbf{Y}\boldsymbol{c}$ 还是 $\mathbf{Y}\boldsymbol{s}$，以及它们的 k、l 值。图 4.5 给出了若

于 1、2、3 类球函数的例子。

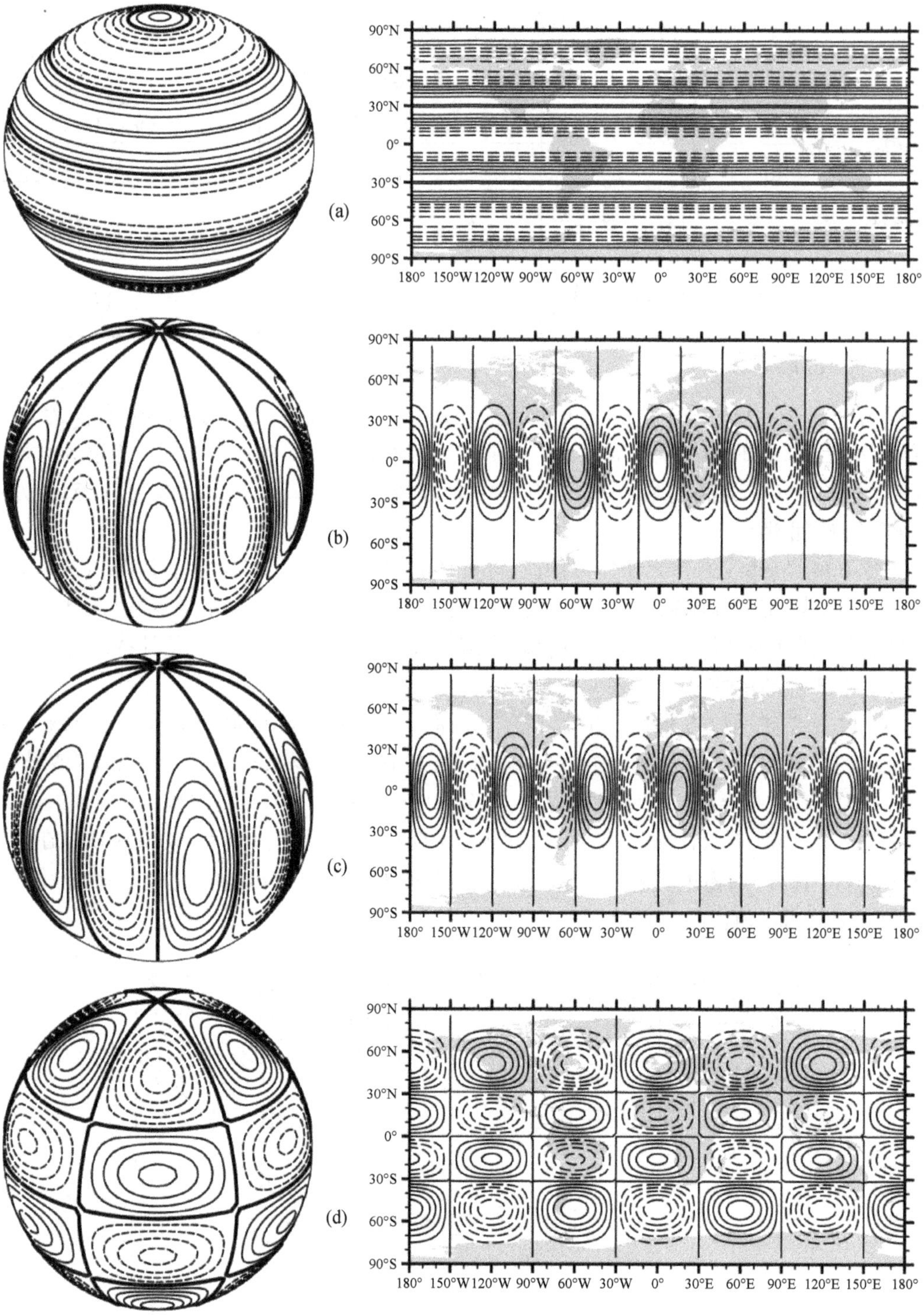

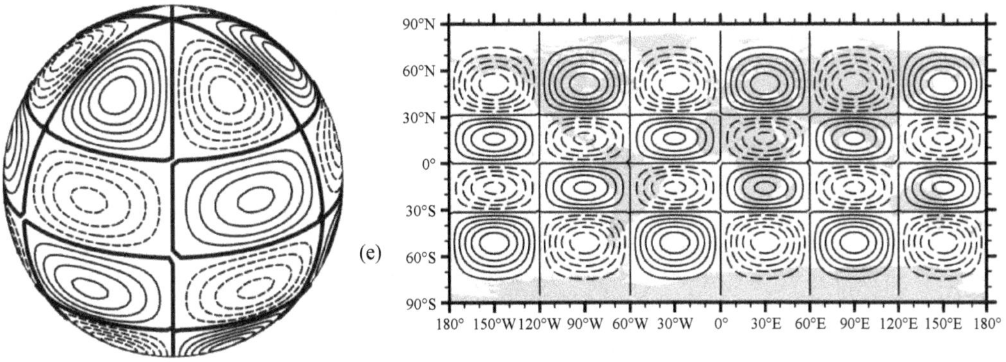

图 4.5　三类球函数图

(a)带形球函数 $\mathbf{Y}\boldsymbol{c}_6^0$;(b)扇形球函数 $\mathbf{Y}\boldsymbol{c}_6^6$;(c)扇形球函数 $\mathbf{Y}\boldsymbol{s}_6^6$;(d)田形球函数 $\mathbf{Y}\boldsymbol{c}_6^3$;(e)田形球函数 $\mathbf{Y}\boldsymbol{s}_6^3$。左为立体图,右为 $\lambda-\theta$ 矩形平面图(实、虚线分别为非负、负等值线)

由傅里叶级数及缔合勒让德函数的正交性知

$$
\begin{aligned}
&(\mathbf{Y}\boldsymbol{c}_l^k,\mathbf{Y}\boldsymbol{c}_{l'}^{k'})=0, \quad k\neq k' \text{或} \ l\neq l' \\
&(\mathbf{Y}\boldsymbol{s}_l^k,\mathbf{Y}\boldsymbol{s}_{l'}^{k'})=0, \quad k\neq k' \text{或} \ l\neq l' \\
&(\mathbf{Y}\boldsymbol{c}_l^k,\mathbf{Y}\boldsymbol{s}_{l'}^{k'})=0, \quad \text{一切} \ k、k'、l、l'
\end{aligned}
\tag{4.11}
$$

式中,(,)为球面域 $\lambda\in[0,2\pi)$、$\theta\in[0,\pi]$ 上的内积算子;因此,球函数系是正交函数系。

4.1.4　场的球函数分解

对于满足黎曼可积条件的全球域上的场,$\{\mathbf{Y}_l^k\}$ 是完备正交函数系。因为气象要素场通常满足该条件,故理论上可用球函数系精确表达它们。

1. 分解式

球面上的一个已知要素场 $H(\lambda,\theta)$(记为 $\boldsymbol{H}$)可由球函数的线性和表示出,

$$
\boldsymbol{H}=\sum_{k=0}^{\infty}\sum_{l=k}^{\infty}\{A_l^k\mathbf{Y}\boldsymbol{c}_l^k+B_l^k\mathbf{Y}\boldsymbol{s}_l^k\} \tag{4.12}
$$

其中,$A_l^k(B_l^k)$ 为 $H(\lambda,\theta)$ 的参数为 k、l 的余弦(正弦)球函数系数,

$$
\begin{aligned}
A_l^k&=(\boldsymbol{H},\mathbf{Y}c_l^k)/\|\mathbf{Y}c_l^k\|^2 \\
B_l^k&=(\boldsymbol{H},\mathbf{Y}s_l^k)/\|\mathbf{Y}s_l^k\|^2
\end{aligned}
\tag{4.13}
$$

式中,

$$
(\boldsymbol{H},\mathbf{Y}\boldsymbol{c}_l^k)=\int_0^{\pi}\left(\int_0^{2\pi}H(\lambda,\theta)\cos k\lambda\,\mathrm{d}\lambda\right)\mathrm{P}_l^k(\cos\theta)\sin\theta\,\mathrm{d}\theta
$$

$$
(\boldsymbol{H},\mathbf{Y}\boldsymbol{s}_l^k)=\int_0^{\pi}\left(\int_0^{2\pi}H(\lambda,\theta)\sin k\lambda\,\mathrm{d}\lambda\right)\mathrm{P}_l^k(\cos\theta)\sin\theta\,\mathrm{d}\theta
$$

$$
\|\mathbf{Y}\boldsymbol{c}_l^k\|^2=(\mathbf{Y}\boldsymbol{c}_l^k,\mathbf{Y}\boldsymbol{c}_l^k)=\frac{1}{2\pi\sigma_k}\int_0^{\pi}(\mathrm{P}_l^k)^2(\cos\theta)\sin\theta\,\mathrm{d}\theta
$$

$$\| \mathbf{Y}\boldsymbol{s}_l^k \|^2 = (\mathbf{Y}\boldsymbol{s}_l^k, \mathbf{Y}\boldsymbol{s}_l^k) = \frac{1}{\pi}\int_0^{\pi} (\mathrm{P}_l^k)^2(\cos\theta)\sin\theta \mathrm{d}\theta$$

其中 $\sigma_0 = 1$、$\sigma_{k\neq 0} = 1/2$。

式(4.12)只是展开式的一种方便的写法,而不是严格写法;因为,$k=0$ 时,$\mathbf{Y}\boldsymbol{s}_l^0$ 的模为0,它们不属于球函数系。展开式的严格写法为

$$\boldsymbol{H} = \sum_{l=0}^{\infty} A_l^0 \mathbf{Y}\boldsymbol{c}_l^0 + \sum_{k=1}^{\infty}\sum_{l=k}^{\infty}(A_l^k \mathbf{Y}\boldsymbol{c}_l^k + B_l^k \mathbf{Y}\boldsymbol{s}_l^k) \tag{4.14}$$

使用几何标准化球函数 $\tilde{\mathbf{Y}}\boldsymbol{c}_l^k$、$\tilde{\mathbf{Y}}\boldsymbol{s}_l^k$ 时,式(4.12)对应的分解式为

$$\boldsymbol{H} = \sum_{k=0}^{\infty}\sum_{l=k}^{\infty}(\tilde{A}_l^k \tilde{\mathbf{Y}}\boldsymbol{c}_l^k + \tilde{B}_l^k \tilde{\mathbf{Y}}\boldsymbol{s}_l^k) \tag{4.15}$$

其中,几何标准化球函数为

$$\begin{aligned} \tilde{\mathbf{Y}}\boldsymbol{c}_l^k &= \mathbf{Y}\boldsymbol{c}_l^k / \| \mathbf{Y}\boldsymbol{c}_l^k \| \\ \tilde{\mathbf{Y}}\boldsymbol{s}_l^k &= \mathbf{Y}\boldsymbol{s}_l^k / \| \mathbf{Y}\boldsymbol{s}_l^k \| \end{aligned} \tag{4.16}$$

它们与 $\tilde{\boldsymbol{c}}_k$、$\tilde{\boldsymbol{s}}_k$、$\tilde{\mathbf{P}}_l^k$ 的关系是

$$\tilde{\mathbf{Y}}\boldsymbol{c}_l^k = \tilde{\boldsymbol{c}}_k(\tilde{\mathbf{P}}_l^k)^{\mathrm{T}}$$

$$\tilde{\mathbf{Y}}\boldsymbol{s}_l^k = \tilde{\boldsymbol{s}}_k(\tilde{\mathbf{P}}_l^k)^{\mathrm{T}}$$

式中,标准化余弦、正弦函数 $\tilde{\mathbf{c}}_k$、$\tilde{\boldsymbol{s}}_k$ 和缔合勒让德函数 $\tilde{\mathbf{P}}_l^k$ 均为列向量。式(4.15)中系数 $\tilde{A}_l^k$、$\tilde{B}_l^k$ 具有简洁形式

$$\begin{aligned} \tilde{A}_l^k &= (\boldsymbol{H}, \tilde{\mathbf{Y}}\boldsymbol{c}_l^k) \\ \tilde{B}_l^k &= (\boldsymbol{H}, \tilde{\mathbf{Y}}\boldsymbol{s}_l^k) \end{aligned} \tag{4.17}$$

用式(4.15)作球函数分析最方便。

2. 系数计算

$\tilde{A}_l^k$、$\tilde{B}_l^k$ 的实际计算分两步进行:

(1)计算 $\boldsymbol{H}(\theta)$ 的谐波系数

$$\begin{aligned} \tilde{a}_k(\theta) &= (\boldsymbol{H}(\theta), \tilde{\boldsymbol{c}}_k)_\lambda = \int_0^{2\pi} H(\lambda,\theta)\,\mathrm{c}\tilde{\mathrm{o}}\mathrm{s}k\lambda\,\mathrm{d}\lambda \\ \tilde{b}_k(\theta) &= (\boldsymbol{H}(\theta), \tilde{\boldsymbol{s}}_k)_\lambda = \int_0^{2\pi} H(\lambda,\theta)\,\mathrm{s}\tilde{\mathrm{i}}\mathrm{n}k\lambda\,\mathrm{d}\lambda \end{aligned} \tag{4.18}$$

$\tilde{a}_k(\theta)$,$\theta=[0,\pi]$ 记为 $\tilde{\boldsymbol{a}}_k$,$\tilde{b}_k(\theta)$,$\theta=[0,\pi]$ 记为 $\tilde{\boldsymbol{b}}_k$;$(\ ,\ )_\lambda$ 为域 $\lambda\in[0,2\pi)$(完整纬圈)上的内积。

(2)计算球函数系数

$$\begin{aligned} \tilde{A}_l^k &= (\tilde{\boldsymbol{a}}_k, \tilde{\mathbf{P}}_l^k)_\theta = \int_0^{\pi} \tilde{a}_k(\theta)\tilde{\mathrm{P}}_l^k(\cos\theta)\sin\theta\mathrm{d}\theta \\ \tilde{B}_l^k &= (\tilde{\boldsymbol{b}}_k, \tilde{\mathbf{P}}_l^k)_\theta = \int_0^{\pi} \tilde{b}_k(\theta)\tilde{\mathrm{P}}_l^k(\cos\theta)\sin\theta\mathrm{d}\theta \end{aligned} \tag{4.19}$$

$(\ ,\ )_\theta$ 为域 $\theta=[0,\pi)$（完整经线）上的内积。

用式(4.18)、式(4.19)计算 $\tilde{A}_l^k$、$\tilde{B}_l^k$ 要比直接用式(4.17)节省计算资源（存储量和计算量）。

3. 模方分析

模方分析对偏差场 $\boldsymbol{H}^*$ 进行；$\boldsymbol{H}^*=\boldsymbol{H}-[\boldsymbol{H}]$，$[\boldsymbol{H}]$ 是 $\boldsymbol{H}$ 的全球均匀分量，是场量，处处为 $[H]=\frac{1}{4\pi}\iint_\Omega H(\lambda,\theta)\sin\theta\mathrm{d}\lambda\mathrm{d}\theta$ 的均匀场。$\boldsymbol{H}^*$ 的模方为

$$S^* = \|\boldsymbol{H}^*\|^2 = \iint_\Omega H^{*2}(\lambda,\theta)\sin\theta\mathrm{d}\lambda\mathrm{d}\theta \tag{4.20}$$

Ω 为整个球面，$\lambda\in[0,2\pi)$、$\theta=[0,\pi]$。

由分解式(4.15)，分量 $\boldsymbol{H}_{k,l}$ 的模方为

$$S_{k,l}=\|\boldsymbol{H}_{k,l}\|^2=(\boldsymbol{H}_{k,l},\boldsymbol{H}_{k,l})=\begin{cases}A_{0,l}^2\\ A_{k,l}^2+B_{k,l}^2,k\neq0\end{cases} \tag{4.21}$$

为书写方便，以下将右上标 k、下标 l 改为右下标 k、l。

$\boldsymbol{H}_{k,l}$（k、l 不全为 0）对 $\boldsymbol{H}^*$ 的模方拟合率为

$$\rho_{k,l}^*=S_{k,l}/S^*,k\text{、}l\text{ 不全为 }0 \tag{4.22}$$

除 $k=l=0$ 外的前 $(k+1)(l+1)-1$ 个低阶（指 k、l 值小）球函数分量对 $\boldsymbol{H}^*$ 的累积模方拟合率为

$$P_{k,l}^* = \sum_{k'=0}^{k}\sum_{l'=k}^{k+l}\rho_{k',l'},\quad k'\text{、}l'\text{ 不全为 }0 \tag{4.23}$$

$\rho_{k,l}^*$ 给出了 $\tilde{\mathbf{Y}}\boldsymbol{c}_{k,l}$、$\tilde{\mathbf{Y}}\boldsymbol{s}_{k,l}$ 在拟合 $\boldsymbol{H}^*$ 中重要性的相对度量，$P_{k,l}^*$ 给出了低阶 $\tilde{\mathbf{Y}}\boldsymbol{c}_{k,l}$、$\tilde{\mathbf{Y}}\boldsymbol{s}_{k,l}$ 在拟合 $\boldsymbol{H}^*$ 中重要性的相对度量。

将式(4.23)计算出的 $\rho_{k,l}^*$ 值作非升序排列，

$$\rho_{k_1,l_1}^*\geqslant\rho_{k_2,l_2}^*\geqslant\cdots\geqslant\rho_{k_h,l_h}^*\geqslant\cdots \tag{4.24}$$

并将下标改换为

$$\rho_1^*\geqslant\rho_2^*\geqslant\cdots\geqslant\rho_h^*\geqslant\cdots \tag{4.25}$$

得到拟合 $\boldsymbol{H}^*$ 最重要的第 h 个球函数分量的模方拟合率及与之相对应球函数参数

$$\rho_h^*=\rho_{k_h,l_h}^*,\quad h\sim(k_h,l_h) \tag{4.26}$$

而前 h 个最重要的球函数分量的累积模方拟合率

$$P_h^* = \sum_{h'=1}^{h}\rho_{h'}^* \tag{4.27}$$

需要注意，球函数分析中一般不求出 $\boldsymbol{H}$ 的全部分量，因此，排序只能在截留波数域上进行。故当 h 较大（接近截留总波数）时，ρ_h^* 不一定是拟合 $\boldsymbol{H}^*$ 真正的第 h 个最重要的球函数分量的模方拟合率，P_h^* 也不一定是拟合 $\boldsymbol{H}^*$ 真正的前 h 个最重要的球函数分量的累积模方拟合率。

4. 离散场的球函数分解

实际分析对象是离散化的全球场 $\hat{\boldsymbol{H}}$，其标量形式为

$$\hat{H}(\lambda_i,\theta_j),\quad i=\overline{0,m-1},\quad j=\overline{0,n} \tag{4.28}$$

$\Delta\lambda$、$\Delta\theta$ 为均匀经、纬矩形网格格距，$\Delta\lambda=2\pi/m$、$\Delta\theta=\pi/n$，$\lambda_i=i\Delta\lambda$、$\theta_j=j\Delta\theta$，网格总数为 $m\times(n+1)$，完全展开需要用到 $m\times(n+1)$ 个球函数。例如，对 NCEP/NCAR 再分析资料的月平均高度场，$\Delta\lambda$、$\Delta\theta=\pi/72$，$m=144$、$n=72$，完全展开需用到 $144\times(72+1)=10512$ 个球函数；其中，$\tilde{\mathbf{Y}}\boldsymbol{c}_{k,l}$ 为 $73\times73=5329$ 个，$\tilde{\mathbf{Y}}\boldsymbol{s}_{k,l}$ 为 $71\times73=5183$ 个。它们构成 E^{10512} 中一个完备标准正交基，式(4.28)中的场 $\hat{\boldsymbol{H}}$ 可视为 E^{10512} 中的一个向量。

$\hat{\boldsymbol{H}}$ 的球函数分解式为

$$\hat{\boldsymbol{H}}=\sum_{k=0}^{m/2}\sum_{l=k}^{k+n}(\hat{\tilde{A}}_{k,l}\hat{\tilde{\mathbf{Y}}}\boldsymbol{c}_{k,l}+\hat{\tilde{B}}_{k,l}\hat{\tilde{\mathbf{Y}}}\boldsymbol{s}_{k,l}) \tag{4.29}$$

$\hat{\tilde{\mathbf{Y}}}\boldsymbol{c}_{k,l}$、$\hat{\tilde{\mathbf{Y}}}\boldsymbol{s}_{k,l}$ 是标准化离散球函数，$\hat{\tilde{A}}_{k,l}$、$\hat{\tilde{B}}_{k,l}$ 是 $\hat{\boldsymbol{H}}$ 相应的球函数系数，但为叙述简便，表示离散的上标“^”省略。

实际分析对象 $\boldsymbol{H}^*$ 的高 k、l 分量一般很弱；且给出在径向均匀格点网上的 $\tilde{\mathbf{P}}_{k,l}$ 不严格正交(4.3 节中详细讨论)，故计算存在误差。因此，分解式(4.29)不严格成立。实际分析是基于经验，在一个截断波数域上进行的近似分解。

1）波数截断

在不同场合常用两种截断：一是平行四边形截断(rhombocidel trunction)，简称 R 截断；二是三角形截断(triangular trunction)，简称 T 截断。

R 截断[图 4.6(a)]中，设 $L=l_{\max}(k)-l_{\min}(k)$，它是不随 k 而变的常数；$K=k_{\max}$ 是最大波数。如图 4.6(a)所示，$L=4$、$K=3$；则展开用到的球函数总个数 ζ_R 和球函数分量(以 $\mathbf{Y}_{k,l}$ 计)总个数 η_R 为

$$\zeta_R=(L+1)\times(2K+1)$$

$$\eta_R=(L+1)\times(K+1)$$

对图 4.6(a)，$\zeta_R=35$、$\eta_R=20$。

T 截断[图 4.6(b)]中，设 $K=k_{\max}$，$L=l_{\max}=K$，则展开用到球函数总个数 ζ_T 和球函数分量总个数 η_T 为

$$\zeta_T=(K+1)2$$

$$\eta_T=(K+1)(K+2)/2$$

对图 4.6(b)，$\zeta_T=16$、$\eta_T=10$。

R 截断用于场的诊断分析，T 截断(或其变形)用于谱模式。

2）半球场的开拓

北、南半球地面海陆分布和地形差异巨大，且热带外区域季节相差半年，环流差异明显；故直接对全球季(月)平均环流作球函数分解，所得结果意义不清，分析需对北、南半球环流分别进行；但球函数系 $\{\mathbf{Y}\boldsymbol{c}_l^k,\mathbf{Y}\boldsymbol{s}_l^k\}$ 的定义域为整个球面，其正交性、完备性也只对整个球面区域成立，这是一个矛盾。解决的办法是用偶开拓方法将季(月)北、南半球场处理为全球场。

某季(月)北半球 ${}_nH(\lambda,\theta)$，$\theta\in[0,\pi/2]$、$\lambda\in[0,2\pi]$，偶开拓是将北半球场量 ${}_nH(\lambda,\theta)$

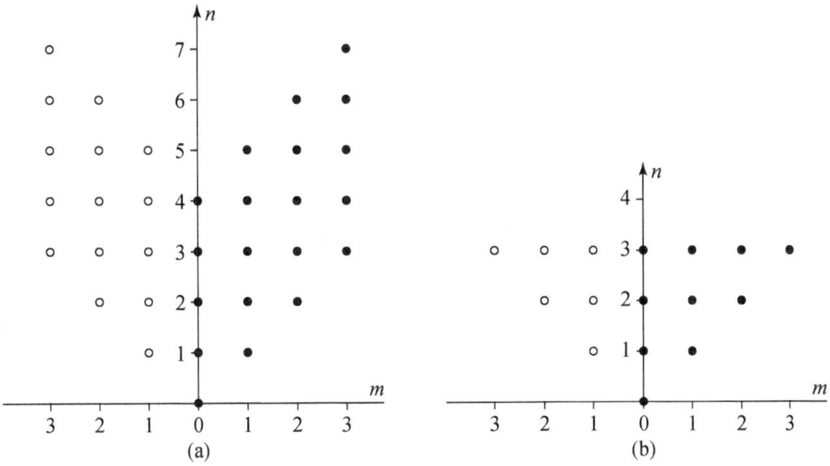

图 4.6　波数截断示意图

(a) R 截断($M=3, N=4$);(b) T 截断($M=3$)。● 对应一个 $\boldsymbol{Yc}_{k,l}$,○对应一个 $\boldsymbol{Ys}_{k,l}$

经度不变地移至另一半球的 $\pi-\theta$ 纬度上,得其偶开拓部分

$$_{\mathrm{n}}\hat{H}(\lambda,\pi-\theta)={}_{\mathrm{n}}H(\lambda,\theta),\theta\in[0,\pi/2]、\lambda\in[0,2\pi]$$

由此得到偶开拓至全球的北半球场

$$_{\mathrm{n}}\boldsymbol{H}=\begin{cases}{}_{\mathrm{n}}H(\lambda,\theta), & 0\leqslant\theta\leqslant\pi/2\\ {}_{\mathrm{s}}H(\lambda,\theta), & \pi/2\leqslant\theta\leqslant\pi\end{cases}\tag{4.30}$$

对$_{\mathrm{n}}\boldsymbol{H}$ 的球函数分解,将得到该季(月)北半球场的空间结构。用同样的方法,可将南半球场偶开拓为全球场$_{\mathrm{s}}\boldsymbol{H}$。左下标 n、s 为北、南半球标识。

由于$_{\mathrm{n}}\boldsymbol{H}$、$_{\mathrm{s}}\boldsymbol{H}$ 对 $\theta=\pi/2$(赤道)对称,所以展开只需用到 $l-k$ 为 0 和偶数的 $\mathrm{P}_{k,l}$构成的球函数。引进参数 $d=(l-k)/2$、$d=\overline{0,D}$,它是 P_l、$\mathrm{P}_{k,l}$的半球 0 点个数(图 4.2、图 4.4),也是半球 0 值纬线条数。

并利用图 4.7,可导出 R 截断中偶开拓场展开用到的球函数个数 ζ_{R} 和球函数分量个数 η_{R}

$$\begin{aligned}\zeta_{\mathrm{R}}&=(D+1)\times(2K+1)\\ \eta_{\mathrm{R}}&=(D+1)\times(K+1)\end{aligned}\tag{4.31}$$

式中,D 为 d 的截断数;K 为 k 的截断数。

实际分析中使用的 ζ、η 通常远小于全(半)球格点总数。如李雅芬等(2003)对 500hPa 月平均高度场及其距平场集(半球偶开拓)所做的分析,NCEP/NCAR 再分析资料半球格点总数为 $144\times37=5328$;R 截断参数 $K=10$、$D=10$,由式(4.26)求得 $\zeta_{\mathrm{R}}=231$,它只有格点数的 4.3%;对应的 $\eta_{\mathrm{R}}=121$。

3)偶开拓时半球场的分解式

对于式(4.30)偶开拓场$_{\mathrm{n}}\boldsymbol{H}$,在 $\tilde{\mathbf{Y}}\boldsymbol{c}_{k,d}$、$\tilde{\mathbf{Y}}\boldsymbol{s}_{k,d}$正交的假设下,展开式为

$$_{\mathrm{n}}\boldsymbol{H}=\sum_{d=0}^{n/2}{}_{\mathrm{n}}\tilde{A}_{0,d}\tilde{\mathbf{Y}}\boldsymbol{c}_{0,d}+\sum_{k=1}^{m/2}\sum_{d=0}^{n/2}({}_{\mathrm{n}}\tilde{A}_{k,d}\tilde{\mathbf{Y}}\boldsymbol{c}_{k,d}+{}_{\mathrm{n}}\tilde{B}_{k,d}\tilde{\mathbf{Y}}\boldsymbol{s}_{k,d})\tag{4.32}$$

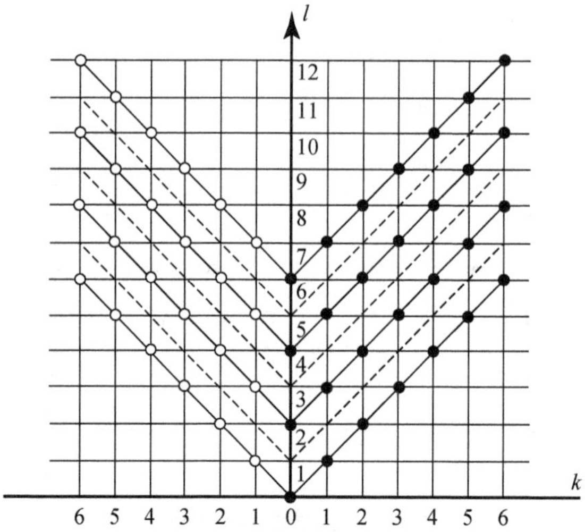

图 4.7　R 截断半球偶开拓场展开时用到的球函数示意图($K=6$、$D=3$)

● 对应一个 $\boldsymbol{Yc}_{k,l}$，○对应一个 $\boldsymbol{Ys}_{k,l}$

式中，$\tilde{\boldsymbol{Y}}\boldsymbol{c}_{k,d}$、$\tilde{\boldsymbol{Y}}\boldsymbol{s}_{k,d}$即 $\tilde{\boldsymbol{Y}}\boldsymbol{c}_{k+2d}^{k}$、$\tilde{\boldsymbol{Y}}\boldsymbol{s}_{k+2d}^{k}$，系数 $\tilde{A}_{k,d}$、$\tilde{B}_{k,d}$即 $\tilde{A}_{k+2d}^{k}$、$\tilde{B}_{k+2d}^{k}$，

$$
\begin{aligned}
{}_{\mathrm{n}}\tilde{A}_{k,d} &= ({}_{\mathrm{n}}\boldsymbol{H}, \tilde{\boldsymbol{Y}}\boldsymbol{c}_{k,d}) \\
{}_{\mathrm{n}}\tilde{B}_{k,d} &= ({}_{\mathrm{s}}\boldsymbol{H}, \tilde{\boldsymbol{Y}}\boldsymbol{s}_{k,d})
\end{aligned}
\tag{4.33}
$$

对 k、d 截断数为 K、D，系数的计算只需对 $k=\overline{0,K}$、$d=\overline{0,D}$进行。

${}_{\mathrm{s}}\boldsymbol{H}$ 的展开式、展开系数式同式(4.32)、式(4.33)，只需将式中${}_{\mathrm{n}}\boldsymbol{H}$ 改为${}_{\mathrm{s}}\boldsymbol{H}$。

4)模方分析

模方分析对${}_{\mathrm{n}}\boldsymbol{H}^{*}$(${}_{\mathrm{s}}\boldsymbol{H}^{*}$)进行。以${}_{\mathrm{n}}\boldsymbol{H}_{k,d}$记${}_{\mathrm{n}}\boldsymbol{H}^{*}$的一个分量，它是式(4.32)右端求和号下 k、d 不全为 0 的一项。

${}_{\mathrm{n}}\boldsymbol{H}^{*}$的分解式为

$$
{}_{\mathrm{n}}\boldsymbol{H}^{*} = \sum_{k=0}^{m/2} \sum_{d=0}^{n/2} {}_{\mathrm{n}}\boldsymbol{H}_{k,d}, \quad k、d \text{ 不全为 } 0 \tag{4.34}
$$

它的 Parseval 恒等式为

$$
\| {}_{\mathrm{n}}\boldsymbol{H}^{*} \|^{2} = \sum_{k=0}^{m/2} \sum_{d=0}^{n/2} \| {}_{\mathrm{n}}\boldsymbol{H}_{k,d} \|^{2}, \quad k、d \text{ 不全为 } 0 \tag{4.35}
$$

${}_{\mathrm{n}}\boldsymbol{H}^{*}$的模方为

$$
{}_{\mathrm{n}}S^{*} = \| {}_{\mathrm{n}}\boldsymbol{H}^{*} \|^{2} = ({}_{\mathrm{n}}\boldsymbol{H}^{*}, {}_{\mathrm{n}}\boldsymbol{H}^{*}) \tag{4.36}
$$

${}_{\mathrm{n}}\boldsymbol{H}_{k,d}$的模方为

$$
{}_{\mathrm{n}}S_{k,d} = \| {}_{\mathrm{n}}\boldsymbol{H}_{k,d} \|^{2} = \begin{cases} \tilde{A}_{0,d}^{2}, & d \neq 0 \\ \tilde{A}_{k,d}^{2} + \tilde{B}_{k,d}^{2}, & k \neq 0 \end{cases} \tag{4.37}
$$

被 R 截断(参数为 M、D)截取的${}_{\mathrm{n}}\boldsymbol{H}^{*}$的模方近似为

$$ {}_{\mathrm{n}}\hat{S}_{k,d} = \| {}_{\mathrm{n}}\hat{\boldsymbol{H}} \|^2 = \sum_{k=0}^{M}\sum_{d=0}^{D} \| {}_{\mathrm{n}}\boldsymbol{H}_{k,d} \|^2, \quad k、d \text{ 不全为 } 0 \tag{4.38} $$

对适当大的 K、D，以${}_{\mathrm{n}}\hat{S}^*$替代${}_{\mathrm{n}}S^*$，可以近似求得相应的非升序序列为

$$ {}_{\mathrm{n}}\rho_{k,d}^* = {}_{\mathrm{n}}S_{k,d} / {}_{\mathrm{n}}\hat{S}^*, \quad {}_{\mathrm{n}}P_{k,d}^* = \sum_{k'=0}^{k}\sum_{d'=0}^{d} {}_{\mathrm{n}}\rho_{k',d'}^*, \quad k'、d' \text{ 不全为 } 0 \tag{4.39} $$

$$ {}_{\mathrm{n}}\rho_h^* = {}_{\mathrm{n}}S_h / {}_{\mathrm{n}}\hat{S}^*, \quad {}_{\mathrm{n}}P_h^* = \sum_{h'=0}^{h} {}_{\mathrm{n}}\rho_{h'}^* \tag{4.40} $$

它们是离散场${}_{\mathrm{n}}\boldsymbol{H}^*$模方分析的主要统计量。类似地，可对${}_{\mathrm{s}}\boldsymbol{H}^*$作模方分析。

综上，本节给出了场球函数分析的原理和方法。

4.2 计算问题

本节讨论球函数分析的两个计算问题：$\tilde{\mathbf{P}}_{k,l}$计算和经向数值积分问题，并给出计算方案。

4.2.1 $\tilde{\mathbf{P}}_{k,l}$计算

在早期的球函数分析工作中，计算球函数系数时使用的 $\tilde{\mathbf{P}}_{k,l}$ 可通过查表获得（中央气象局气象科学研究所数值预报组，1959），不涉及 $\tilde{\mathbf{P}}_{k,l}$ 的计算。用电子计算机进行的球函数分析，因为 $\tilde{\mathbf{P}}_{k,l}$ 不是计算机内部函数，为求 $\tilde{A}_{k,l}$、$\tilde{B}_{k,l}$，需首先算出 $\tilde{\mathbf{P}}_{k,l}$。

下面给出 $\tilde{\mathbf{P}}_{k,l}$ 的计算方案。

1. $\tilde{\mathbf{P}}_l(x)$ 的计算

第一步，根据 $\mathbf{P}_0$、$\mathbf{P}_1$ 定义式(4.4)及其模式(4.5)，求得 $\tilde{\mathbf{P}}_0$、$\tilde{\mathbf{P}}_1$，

$$ \mathrm{P}_0(x) = \frac{1}{\sqrt{2}}, \mathrm{P}_1(x) = \sqrt{\frac{3}{2}}x, \quad x \in [-1, 1] \tag{4.41} $$

第二步，利用 $\tilde{\mathbf{P}}_1$ 的递推公式

$$ \tilde{\mathrm{P}}_{l+1}(x) = \frac{2l+1}{l+1}\sqrt{\frac{2l+3}{2l+1}}x\,\tilde{\mathrm{P}}_l(x) - \frac{l}{l+1}\sqrt{\frac{2l+3}{2l-1}}\tilde{\mathrm{P}}_{l-1}(x) \tag{4.42} $$

从 $\tilde{\mathbf{P}}_0$、$\tilde{\mathbf{P}}_1$ 出发求出 $\tilde{\mathbf{P}}_l$，$l=\overline{2,n}$。

2. $\tilde{\mathbf{P}}_{k,l}(x)$ 的计算

利用递推公式，

$$ \tilde{\mathrm{P}}_{k+1,k+1}(x) = \left[\frac{2k+3}{2k+2}(1-x^2)\right]^{1/2}\tilde{\mathrm{P}}_{k,k}(x) \tag{4.43a} $$

$$ \tilde{\mathrm{P}}_{k,k+1}(x) = (2k+3)^{1/2}x\tilde{\mathrm{P}}_{k,k}(x) \tag{4.43b} $$

$$ \tilde{\mathrm{P}}_{k,l+1}(x) = \frac{1}{D_{k,l+1}}x\tilde{\mathrm{P}}_{k,l}(x) - \frac{D_{k,l}}{D_{k,l+1}}\tilde{\mathrm{P}}_{k,l-1}(x) \tag{4.43c} $$

可由 $\tilde{\mathbf{P}}_l$ 推出全部 $\tilde{\mathbf{P}}_{k,l}$，式中

$$D_{k,l}=\left[\frac{l^2-k^2}{4l^2-1}\right]^{1/2}$$

上述计算方案，既可用于 $\tilde{\mathbf{P}}_{k,l}(x)$ 公式的递推，也可用于 x 点 $\tilde{\mathbf{P}}_{k,l}(x)$ 值的递推。

3. 完整 $\tilde{\mathbf{P}}_{k,l}$ 计算方案图示

图 4.8 给出了一个求 $\tilde{\mathbf{P}}_{k,l}$ 的方案，Ⅰ是由式(4.41)求出 $\tilde{\mathbf{P}}_0$、$\tilde{\mathbf{P}}_1$，Ⅱ是用式(4.42)由 $\tilde{\mathbf{P}}_{l-1}$、$\tilde{\mathbf{P}}_l$ 求出 $\tilde{\mathbf{P}}_{l+1}$，a、b、c 是用式(4.43)的相应式子求出全部 $\tilde{\mathbf{P}}_{k,l}$。该方案用于欧洲中期数值预报中心(ECMWF)谱模式中球函数的计算，求得的 $\tilde{\mathbf{P}}_{k,l}$ 有很高的精度(雷兆崇、章基嘉，1991)。

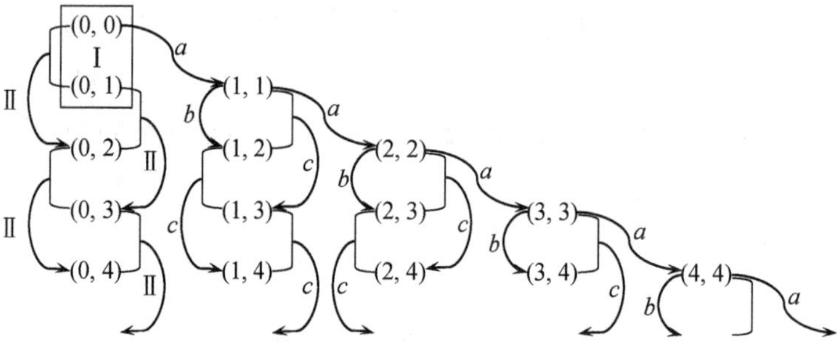

图 4.8　$\tilde{\mathbf{P}}_{k,l}$ 的一个递推方案

括号内的数字为参数 (k,l)；→是由一个 $\tilde{\mathbf{P}}_{k,l}$ 出发的递推关系；

]→是由两个 $\mathbf{P}_{k,l}$(由竖直线联系)出发的递推关系

4.2.2　经向数值积分

球函数系 $\{\mathbf{Y}_{k,l}\}$ 的正交性是球函数分析的基础。由 4.1 节，$\{\mathbf{Y}_{k,l}\}$ 的正交性基于纬向傅里叶级数 $\{\boldsymbol{c}_k,\boldsymbol{s}_k\}$ 的正交性和经向缔合勒让德函数 $\{\mathbf{P}_{k,l}\}$ 的正交性。在 H 中，$\{\boldsymbol{c}_k,\boldsymbol{s}_k\}$、$\{\mathbf{P}_{k,l}\}$ 均是正交系，故 $\{\mathbf{Y}_{k,l}\}$ 是正交系。

用于全(半)球气候场分析的是离散形式的 $\{\mathbf{Y}_{k,l}\}$，它由离散形式的 $\{\tilde{\boldsymbol{c}}_k,\tilde{\boldsymbol{s}}_k\}$、$\{\tilde{\mathbf{P}}_{k,l}\}$ 之积构成。例如，NCEP/NCAR 月平均位势高度场再分析资料 $H(i,j)$ 的纬向格点数为 $m=144$、格距 $\Delta\lambda=2\pi/m$，经向分段数 $n=72$、格距 $\Delta\theta=\pi/n$。分析使用的 $\{\tilde{\boldsymbol{c}}_k,\tilde{\boldsymbol{s}}_k\}$、$\{\tilde{\mathbf{P}}_{k,l}\}$ 的形式为

$$\begin{aligned}&\widetilde{\cos}k\lambda_i=\cos ki\Delta\lambda/\sqrt{2\pi\sigma_k},\quad i=\overline{0,m-1},k=\overline{0,m/2}\\&\widetilde{\sin}k\lambda_i=\sin ki\Delta\lambda/\sqrt{\pi},\quad i=\overline{0,m-1},k=\overline{0,m/2-1}\end{aligned}\tag{4.44}$$

$$\mathrm{P}_{k,l}(\cos\theta_j)=\mathrm{P}_{k,l}(\cos j\Delta\theta)\left[\frac{(l+k)!}{(l-k)!}\cdot\frac{2}{2l+1}\right]^{-1/2},\quad j=\overline{0,n},k\leqslant l,l-k=\overline{0,n}\tag{4.45}$$

$\{\tilde{\boldsymbol{c}}_k,\tilde{\boldsymbol{s}}_k\}$ 的正交性严格成立，但 $\{\tilde{\mathbf{P}}_{k,l}\}$ 的正交性不严格成立。前者指 $(\tilde{\boldsymbol{c}}_k,\tilde{\boldsymbol{c}}_{k'})=0$、$(\tilde{\boldsymbol{s}}_k,\tilde{\boldsymbol{s}}_{k'})=0$(对 $k\neq k'$)和 $(\tilde{\boldsymbol{c}}_k,\tilde{\boldsymbol{s}}_{k'})=0$(对一切 k、k')；后者指 $(\tilde{\mathbf{P}}_{k,l},\tilde{\mathbf{P}}_{k,l'})\neq0$(对 $l\neq l'$)。因此，离散域上

场的球函数系$\{\tilde{\mathbf{Y}}_{k,l}\}$不再是严格的标准正交系；具体地，其中纬向波数$k$相等但经向波数$l$不等的余弦（正弦）球函数分量全不正交，即$(\mathbf{Yc}_l^k,\mathbf{Yc}_{l'}^k)\neq 0$、$(\mathbf{Ys}_l^k,\mathbf{Ys}_{l'}^k)\neq 0$、$l\neq l'$，这是影响全（半）球球函数分析精度的主要因子。诊断分析中改进的方法，是选择尽可能好的经向数值积分方案。

1. 评价指标

王盘兴等（2000）提出了比较不同经向数值积分方案精度的评价指标。连续域上标准化缔合勒让德函数$\tilde{\mathbf{P}}_{k,l}$的模应当为1，即

$$\zeta_{k,l} = \|\tilde{\mathbf{P}}_{k,l}\| = (\tilde{\mathbf{P}}_{k,l},\tilde{\mathbf{P}}_{k,l})^{1/2} = \left[\int_0^{\pi}(\tilde{\mathrm{P}}_{k,l})^2\sin\theta\mathrm{d}\theta\right]^{1/2} = 1$$

相同k不同$l(l\neq l')$ $\tilde{\mathbf{P}}_{k,l}$、$\tilde{\mathbf{P}}_{k,l'}$的交角应为$\pi/2$，即

$$\eta_{k,l,l'} = \arccos(\tilde{\mathbf{P}}_{k,l},\tilde{\mathbf{P}}_{k,l'}) = \arccos\left(\int_0^{\pi}\tilde{\mathrm{P}}_{k,l}\tilde{\mathrm{P}}_{k,l'}\sin\theta\mathrm{d}\theta\right) = \frac{\pi}{2}$$

离散情况下，数值积分只能给出$\zeta_{k,l}$、$\eta_{k,l,l'}$的近似值

$$\zeta_{k,l}^{+} = \|\tilde{\mathbf{P}}_{k,l}\|^{+} = [(\tilde{\mathbf{P}}_{k,l},\tilde{\mathbf{P}}_{k,l})+]^{1/2}$$

$$\eta_{k,l,l'}^{+} = \arccos\left(\frac{(\tilde{\mathbf{P}}_{k,l},\tilde{\mathbf{P}}_{k,l'})^{+}}{\|\tilde{\mathbf{P}}_{k,l}\|^{+}\|\tilde{\mathbf{P}}_{k,l'}\|^{+}}\right)$$

右上角标“+”表示该量值为数值积分的计算结果。$\zeta_{k,l}^{+}$、$\eta_{k,l,l'}^{+}$的误差可能来源于$\tilde{\mathbf{P}}_{k,l}$的计算和数值积分两方面。但因为$\tilde{\mathbf{P}}_{k,l}$的计算使用了高精度的算法，其计算误差可忽略，故$\zeta_{k,l}^{+}$、$\eta_{k,l,l'}^{+}$的误差来源于数值积分。

半球环流的偶开拓场的球函数分析只用到由$\tilde{\mathbf{P}}_{k,k+2d}$构成的、关于赤道（$\theta=\pi/2$）对称的球函数，与前面类似，它被记为$\tilde{\mathbf{P}}_{k,d}$。

引入$\|\tilde{\mathbf{P}}_{k,d}\|$数值积分误差度量参数

$$d\zeta_{k,d} = \zeta_{k,d}^{+} - \zeta_{k,d} = \zeta_{k,d}^{+} - 1 \tag{4.46}$$

和$\tilde{\mathbf{P}}_{k,d}$、$\tilde{\mathbf{P}}_{k,d'}$交角数值积分误差度量参数

$$d\eta_{k,d,d'} = \eta_{k,d,d'}^{+} - \eta_{k,d,d'} = \eta_{k,d,d'}^{+} - \pi/2 \tag{4.47}$$

它们是ζ、η数值积分结果与理论值的偏差。实际分析中，因$d\eta_{k,d,d'}$数据量太大，以另一参数$d\eta_{k,d}$代替之，

$$d\eta_{k,d} = \max\{|\eta_{k,d,d'}|,\quad d-d' = \overline{1,10}\} \tag{4.48}$$

它显然是$\tilde{\mathbf{P}}_{k,d}$、$\tilde{\mathbf{P}}_{k,d'}$交角偏离$\pi/2$的最大值，以度（°）为单位给出。所以，$d\zeta_{k,d}$和$d\eta_{k,d}$越接近于零，计算误差越小，积分方案的精度越高。

2. 三种数值积分公式精度比较

郭栋等（2007）采用上述评价指标比较了三种等距结点数值积分公式求$\zeta_{k,d}^{+}$、$\eta_{k,d,d'}^{+}$（被积函数记为$q(\theta)$）的精度，三种数值积分公式分别如下：

1）梯形求积公式（Ⅰ）

$$\int_0^{\pi} q(\theta)\sin\theta d\theta \approx \frac{\pi}{n}\left[\frac{1}{2}(q_0\sin\theta_0 + q_n\sin\theta_n) + \sum_{j=1}^{n-1} q_j\sin\theta_j\right]$$

因 $j=0$、n 时 $\sin\theta_j=0$，简化得

$$\int_0^{\pi} q(\theta)\sin\theta d\theta \approx \frac{\pi}{n}\sum_{j=1}^{n-1} q_j\sin\theta_j$$

它具有 1 次代数精确度。

2）辛普森求积公式（Ⅱ）

$$\int_0^{\pi} q(\theta)\sin\theta d\theta \approx \frac{\pi}{3n}\left[q_0\sin\theta_0 + q_n\sin\theta_n + 4\sum_{j=1}^{n/2} q_{2j-1}\sin\theta_{2j-1} + 2\sum_{j=1}^{n/2-1} q_{2j}\sin\theta_{2j}\right]$$

因 $j=0$、n 时 $\sin\theta_j=0$，简化得

$$\int_0^{\pi} q(\theta)\sin\theta d\theta \approx \frac{\pi}{3n}\left[4\sum_{j=1}^{n/2} q_{2j-1}\sin\theta_{2j-1} + 2\sum_{j=1}^{n/2-1} q_{2j}\sin\theta_{2j}\right]$$

它具有 3 次代数精确度。

3）吴新元求积公式（Ⅲ）

$$\int_0^{\pi} q(\theta)\sin\theta d\theta \approx \frac{\pi}{15n}\left[7(q_0\sin\theta_0 + q_n\sin\theta_n) + 16\sum_{j=1}^{n/2} q_{2j-1}\sin\theta_{2j-1} + 14\sum_{j=1}^{n/2-1} q_{2j}\sin\theta_{2j}\right]$$
$$+ \frac{\pi^2}{15n^2}\left[(q'_0\sin\theta_0 + q_0\cos\theta_0) - (q'_n\sin\theta_n + q_n\cos\theta_n)\right]$$

式中，“ ′”为导数。因 $j=0$、n 时，$\sin\theta_j=0$，$\cos\theta_j=1$、-1，简化得

$$\int_0^{\pi} q(\theta)\sin\theta d\theta \approx \frac{\pi}{15n}\left[16\sum_{j=1}^{n/2} q_{2j-1}\sin\theta_{2j-1} + 14\sum_{j=1}^{n/2-1} q_{2j}\sin\theta_{2j}\right] + \frac{\pi^2}{15n^2}(q_0 + q_n)$$

它具有 5 次代数精确度（吴新元，1988）。

3. 分析结果

对 $n=72(\Delta\theta=2.5°)$，用三种积分公式求出了 $k=\overline{0,10}$、$d=\overline{0,10}$的 $d\zeta_{k,d}$和 $d\eta_{k,d}$，表 4.2 和表 4.3 分别给出了 $k=\overline{0,3}$、$d=\overline{0,8}$时的值。

表 4.2　三种方案计算 $\tilde{\mathbf{P}}_{k,d}$模的误差 $d\zeta_{k,d}$比较　（单位：10^{-3}）

方案	k	d								
		0	1	2	3	4	5	6	7	8
Ⅰ	0	-0.079	-0.397	-0.716	-1.036	-1.359	-1.685	-2.015	-2.351	-2.693
	1	0.000	0.000	0.001	0.003	0.007	0.012	0.019	0.030	0.043
	2	-0.000	-0.000	-0.000	-0.000	-0.000	-0.000	-0.000	-0.001	-0.001
	3	-0.000	-0.000	-0.000	-0.000	-0.000	-0.000	-0.000	-0.000	-0.000
Ⅱ	0	-0.000	0.000	0.001	0.003	0.006	0.010	0.017	0.027	0.040
	1	-0.000	-0.000	-0.001	-0.003	-0.005	-0.009	-0.014	-0.020	-0.029
	2	-0.000	-0.000	0.000	0.000	0.000	0.000	0.000	0.001	0.001
	3	-0.000	-0.000	-0.000	-0.000	-0.000	-0.000	-0.000	-0.000	-0.000

续表

方案	k	d								
		0	1	2	3	4	5	6	7	8
Ⅲ	0	-0.000	0.000	0.000	0.000	0.000	0.000	0.000	0.000	0.000
	1	-0.000	-0.000	-0.000	-0.000	-0.000	-0.000	-0.000	-0.000	-0.000
	2	-0.000	-0.000	0.000	0.000	0.000	0.000	0.000	0.000	0.000
	3	-0.000	-0.000	-0.000	-0.000	-0.000	-0.000	-0.000	-0.000	-0.000

表4.3　三种方案计算 $\tilde{\mathbf{P}}_{k,d}$ 和 $\tilde{\mathbf{P}}_{k,d'}$ 交角的误差 $d\eta_{k,d}$ 比较

方案	k	d								
		0	1	2	3	4	5	6	7	8
Ⅰ	0	0.596	1.404	1.977	2.489	2.975	3.451	3.926	4.406	4.894
	1	0.002	0.007	0.015	0.028	0.045	0.068	0.097	0.134	0.179
	2	0.000	0.000	0.000	0.000	0.001	0.002	0.003	0.006	0.009
	3	0.000	0.000	0.000	0.000	0.000	0.000	0.000	0.000	0.001
Ⅱ	0	0.009	0.020	0.033	0.049	0.070	0.095	0.127	0.165	0.212
	1	0.003	0.006	0.012	0.021	0.032	0.046	0.064	0.087	0.116
	2	0.000	0.000	0.000	0.001	0.001	0.002	0.004	0.006	0.010
	3	0.000	0.000	0.000	0.000	0.000	0.000	0.000	0.001	0.001
Ⅲ	0	0.000	0.000	0.000	0.001	0.001	0.001	0.002	0.004	0.005
	1	0.000	0.000	0.000	0.000	0.001	0.001	0.002	0.003	0.005
	2	0.000	0.000	0.000	0.000	0.000	0.000	0.001	0.001	0.002
	3	0.000	0.000	0.000	0.000	0.000	0.000	0.000	0.000	0.000

模的计算误差：由表4.2可知，$k=0$ 时，积分公式Ⅰ误差量级为10^{-3}、积分公式Ⅱ为10^{-5}、积分公式Ⅲ为$10^{-6}\sim10^{-7}$；当 $k=1$ 时，积分公式Ⅰ、Ⅱ接近，积分公式Ⅲ误差降1个量级；k 继续增大时，三者的误差都已趋于零。

交角的计算误差：由表4.3可知，$k=0$ 时，积分公式Ⅲ的误差（最大为10^{-3}），比积分公式Ⅰ、Ⅱ至少小1个量级。当 $k\neq0$，且增大时，积分公式Ⅰ、Ⅱ交角误差减小、趋近于0，但均大于积分公式Ⅲ的误差。

离散化 $\tilde{\mathbf{P}}_{k,d}$ 的模的计算误差可以通过二次标准化订正完全消除，故它对球函数分析的精度无影响，而 $\tilde{\mathbf{P}}_{k,d}$ 交角误差无法订正，故后者是离散球函数分析误差的主要来源。方案Ⅲ在 $\tilde{\mathbf{P}}_{k,d}$ 交角计算中的优良性能，特别是它在 $k=0$ 时的高精度，对提高高度场球函数分析的精度有重要意义，应是精确球函数分析首选的数值积分公式。

4.3　月平均位势高度场的球函数分析

本节主要介绍北、南半球1958～1997年1月、7月500hPa月平均位势高度气候及异常场序列的球函数分析主要结果,材料取自李雅芬(1999)、李雅芬等(2000,2003)的有关论文。

4.3.1 资料和分析方案

1. 资料

使用 NCEP/NCAR 偶开拓至全球的北、南半球 1958 ~ 1997 年 1 月、7 月 500hPa 月平均位势高度场资料,记为

$$H(\lambda_i,\theta_j,t),\quad i=\overline{0,143}、j=\overline{0,72}、t=\overline{1,40} \tag{4.49}$$

式中,$\Delta\lambda=\Delta\theta=\pi/72$,$\lambda_i=i\Delta\lambda$、$\theta_j=j\Delta\theta$;$m=144$,$n=72$。

2. 分析方案

分析中使用标准化球函数 $\tilde{\mathbf{Y}}\boldsymbol{c}_{k,d}$、$\tilde{\mathbf{Y}}\boldsymbol{s}_{k,d}$,取 $K=10$、$D=10$ 的 R 截断,求得了式(4.49)场序列的标准化球函数系数序列

$$\tilde{A}_{k,d}(t),\tilde{B}_{k,d}(t),\quad t=\overline{1,40} \tag{4.50}$$

按环流分解给出 t 年某半球、某月偶开拓至全球的高度场,$\boldsymbol{H}(t)$ 可分解为

$$\boldsymbol{H}(t)=[\overline{\boldsymbol{H}}]+\overline{\boldsymbol{H}}^*+\boldsymbol{H}'(t) \tag{4.51}$$

右端第一项$[\overline{\boldsymbol{H}}]$为气候场的半球均匀场,场量处处为$[\overline{\boldsymbol{H}}]$,北半球 1 月、7 月分别为 5599.0gpm、5790.1gpm,南半球 1 月、7 月分别为 5663.4gpm、5577.7gpm。可见,南半球冬季(7 月)、夏季(1 月)500hPa 高度场的半球平均值均低于北半球相同季节(1 月、7 月),尤以夏季明显,差值达 126.7gpm,故南半球是冷半球。第二项 $\overline{\boldsymbol{H}}^*$ 是定常波,它是气候场的空间起伏。第三项 $\boldsymbol{H}'(t)$为 t 年的气候异常场,其全体构成气候异常场集 $\boldsymbol{H}'(t)$。$\overline{\boldsymbol{H}}^*$、$\{\boldsymbol{H}'(t)\}$ 对认识 500hPa 气候及其异常场特征重要,是气候及其异常分析的对象。下面分别给出其球函数分析的主要结果。

4.3.2 500hPa 高度场定常波 $\overline{\boldsymbol{H}}^*$ 谱结构分析

500hPa 半球偶开拓高度场的定常波 $\overline{\boldsymbol{H}}^*=\overline{\boldsymbol{H}}-[\overline{\boldsymbol{H}}]$,这里,$[\overline{\boldsymbol{H}}]$是对整个球面的平均,故 $\overline{\boldsymbol{H}}^*$ 中既有纬向偏差,也有经向偏差,包含了 $\overline{\boldsymbol{H}}$ 的全部空间起伏,是二维定常波。下面给出球函数分析的主要结果及论据。

(1)低阶、低维特征:高 $\bar{\rho}^*_{k,d}$值集中在表 4.4 ~ 表 4.7 的波数空间左上角,且随 k、d 的增大而迅速减小;$\bar{\rho}^*_h$ 随 h 增大而迅速减小(表 4.8、表 4.9),且重要球函数分量(模方贡献达 1%)的 k、d 一般在超长波范围(指 $0\leqslant k$、$d\leqslant 3$,k、d 不全为 0);用北(南)半球的 20(约 10)个最重要的球函数分量,即可相当好地重建 $\boldsymbol{H}^*$(图 4.9、图 4.10),其累积模方贡献率达 99.4% 以上。因此,半球 500hPa 定常波场 $\overline{\boldsymbol{H}}^*$ 有低阶、低维的特征。

(2)强纬向对称特征:带形球函数分量($k=0$、$d\neq 0$)模方通常占 $\overline{\boldsymbol{H}}^*$ 总模方的约 95% 以

上，而与纬向波动有关的球函数分量（$k \neq 0$）模方只占总模方的很小部分。因此，500hPa 定常波 $\overline{\boldsymbol{H}}^*$ 的基本特征是强纬向气流上叠加了纬向小波动。而由 $\bar{\rho}_{0,1}^*$ 很大及 $\bar{\tilde{A}}_{0,1}<0$（北半球 1 月、7 月 $\bar{\tilde{A}}_{0,1}$ 值为 −1508. 8、−213. 4）知，以极地为中心的低涡（对应纬向均匀西风）是 $\overline{\boldsymbol{H}}^*$ 最基本和最重要的分量。

（3）季节变化特征：由冬入夏，$\| \overline{\boldsymbol{H}}^* \|$ 减小。但由表 4. 4 ~ 表 4. 7 知，它们在波数域上的范围向高 k、d 方向扩展，意味着夏季半球环流的结构趋于复杂化。在北半球，它具体表现在纬向均匀分量（$k=0$）的构成由冬季的 $\overline{\boldsymbol{H}}_{0,1}^*$ 唯一重要转变为夏季的 $\overline{\boldsymbol{H}}_{0,1}^*$、$\overline{\boldsymbol{H}}_{0,2}^*$ 均很重要，后者反映了由冬入夏副高带的北移（北半球 1 月、7 月 $\bar{\tilde{A}}_{0,2}$ 值为 −90. 1、−167. 8）；纬向非均匀分量则向短波方向弥散（表 4. 4、表 4. 5），与气候学分析（叶笃正、朱抱真，1958；叶笃正等，1958）及第 3 章谐波分析所得中纬西风带上波数季节变化特征相符。南半球 $\overline{\boldsymbol{H}}^*$ 也有类似的季节变化特征（表 4. 6、表 4. 7）。

表 4. 4　北半球 1 月 $\overline{\boldsymbol{H}}_{500}^*$ 的 $\bar{\boldsymbol{\rho}}_{k,d}^*$　（单位：%）

d \ k	0	1	2	3	4	5	6	7	8
0	—	0. 49	0. 06	0. 05	0. 00	0. 00	0. 00	0. 00	0. 00
1	93. 29	0. 78	0. 88	0. 83	0. 05	0. 02	0. 01	0. 00	0. 00
2	0. 00	0. 35	0. 51	0. 37	0. 04	0. 02	0. 00	0. 00	0. 00
3	0. 98	0. 40	0. 23	0. 04	0. 00	0. 00	0. 00	0. 00	0. 00
4	0. 33	0. 10	0. 05	0. 02	0. 01	0. 00	0. 00	0. 00	0. 00
5	0. 00	0. 03	0. 00	0. 01	0. 00	0. 00	0. 00	0. 00	0. 00
6	0. 00	0. 01	0. 00	0. 00	0. 00	0. 00	0. 00	0. 00	0. 00

表 4. 5　北半球 7 月 $\overline{\boldsymbol{H}}_{500}^*$ 的 $\bar{\boldsymbol{\rho}}_{k,d}^*$　（单位：%）

d \ k	0	1	2	3	4	5	6	7	8
0	—	0. 63	0. 10	0. 04	0. 00	0. 01	0. 00	0. 01	0. 00
1	80. 40	0. 08	0. 17	0. 06	0. 10	0. 03	0. 05	0. 04	0. 01
2	13. 02	1. 26	0. 32	0. 11	0. 06	0. 03	0. 05	0. 02	0. 01
3	1. 99	0. 04	0. 02	0. 09	0. 07	0. 01	0. 01	0. 00	0. 00
4	0. 01	0. 05	0. 01	0. 00	0. 01	0. 01	0. 01	0. 00	0. 00
5	0. 71	0. 09	0. 00	0. 07	0. 00	0. 01	0. 00	0. 00	0. 00
6	0. 03	0. 05	0. 01	0. 01	0. 01	0. 00	0. 00	0. 00	0. 00

表 4.6　南半球 1 月 H_{500}^* 的 $\overline{\rho}_{k,d}^*$　(单位:%)

d \ k	0	1	2	3	4	5	6	7	8
0	—	0.03	0.00	0.00	0.00	0.00	0.00	0.00	0.00
1	90.66	0.48	0.00	0.01	0.01	0.00	0.00	0.00	0.00
2	4.02	0.06	0.01	0.04	0.01	0.00	0.00	0.00	0.00
3	3.71	0.25	0.00	0.00	0.00	0.00	0.00	0.00	0.00
4	0.31	0.11	0.02	0.01	0.00	0.00	0.00	0.00	0.00
5	0.16	0.00	0.00	0.00	0.00	0.00	0.00	0.00	0.00
6	0.05	0.00	0.00	0.00	0.00	0.00	0.00	0.00	0.00

表 4.7　南半球 7 月 $\overline{H}_{500}^*$ 的 $\overline{\rho}_{k,d}^*$　(单位:%)

d \ k	0	1	2	3	4	5	6	7	8
0	—	0.08	0.00	0.01	0.01	0.00	0.00	0.00	0.00
1	96.64	0.28	0.00	0.09	0.03	0.00	0.00	0.00	0.00
2	1.45	0.34	0.03	0.03	0.00	0.00	0.00	0.00	0.00
3	0.51	0.09	0.03	0.00	0.00	0.00	0.00	0.00	0.00
4	0.01	0.26	0.04	0.01	0.00	0.00	0.00	0.00	0.00
5	0.03	0.01	0.00	0.00	0.00	0.00	0.00	0.00	0.00
6	0.01	0.01	0.00	0.00	0.00	0.00	0.00	0.00	0.00

(4)半球际差异特征:相同季节北半球 $\overline{H}^*$ 远较南半球复杂。由表 4.8、表 4.9 知,北半球 $\overline{H}^*$ 重要球函数分量数约为南半球的两倍;而由图 4.9、图 4.10 知,重建相同精度的 $\overline{H}^*$,北半球需更多球函数分量。另外,北半球的纬向均匀分量($k=0$)的相对重要性弱于南半球,而纬向非均匀分量($k\neq0$)则强于南半球;即北半球纬向均匀环流弱于南半球,纬向波动强于南半球。显然,这与北、南半球大气下界面不均匀性(海陆面积比、地形及其分布)半球际差异有关。

表 4.8　北半球 1 月、7 月 500hPa $\overline{H}^*$ 的 $\overline{\rho}_h^*$、$\overline{P}_h^*$

h	1月				7月			
	k	d	$\overline{\rho}_h^*$/%	$\overline{P}_h^*$/%	k	d	$\overline{\rho}_h^*$/%	$\overline{P}_h^*$/%
1	0	1	93.29	93.29	0	1	80.40	80.40
2	0	3	0.98	94.27	0	2	13.02	93.42
3	2	1	0.88	95.15	0	3	1.99	95.41
4	3	1	0.83	95.98	1	2	1.26	96.67
5	1	1	0.78	96.75	0	5	0.71	97.38

续表

h	1 月				7 月			
	k	d	$\overline{\rho}_h^*/\%$	$\overline{P}_h^*/\%$	k	d	$\overline{\rho}_h^*/\%$	$\overline{P}_h^*/\%$
6	2	2	0.51	97.27	1	0	0.63	98.01
7	1	0	0.49	97.75	2	2	0.32	98.33
8	1	3	0.40	98.15	2	1	0.17	98.50
9	3	2	0.37	98.52	3	2	0.11	98.61
10	1	2	0.35	98.87	4	1	0.10	98.71
11	0	4	0.33	99.20	2	0	0.10	98.80
12	2	3	0.23	99.42	1	5	0.09	98.90
13	1	4	0.10	99.53	3	3	0.09	98.98
14	2	0	0.06	99.58	1	1	0.08	99.07
15	4	1	0.05	99.64	3	5	0.07	99.13
16	3	0	0.05	99.69	4	3	0.07	99.20
17	2	4	0.05	99.74	3	1	0.06	99.26
18					4	2	0.06	99.32
19					1	6	0.05	99.37
20					6	2	0.05	99.42

表 4.9　南半球 1 月、7 月 500hPa $\overline{H}^*$ 的 $\overline{\rho}_h^*$、$\overline{P}_h^*$

h	1 月				7 月			
	k	d	$\overline{\rho}_h^*/\%$	$\overline{P}_h^*/\%$	k	d	$\overline{\rho}_h^*/\%$	$\overline{P}_h^*/\%$
1	0	1	90.66	90.66	0	1	96.64	96.64
2	0	2	4.02	94.68	0	2	1.45	98.09
3	0	3	3.71	98.39	0	3	0.51	98.60
4	1	1	0.48	98.87	1	2	0.34	98.94
5	0	4	0.31	99.17	1	1	0.28	99.21
6	1	3	0.25	99.43	1	4	0.26	99.48
7	0	5	0.16	99.58	1	3	0.09	99.57
8	1	4	0.11	99.70	3	1	0.09	99.65
9	1	2	0.06	99.76	1	0	0.08	99.73
10	0	6	0.05	99.81				

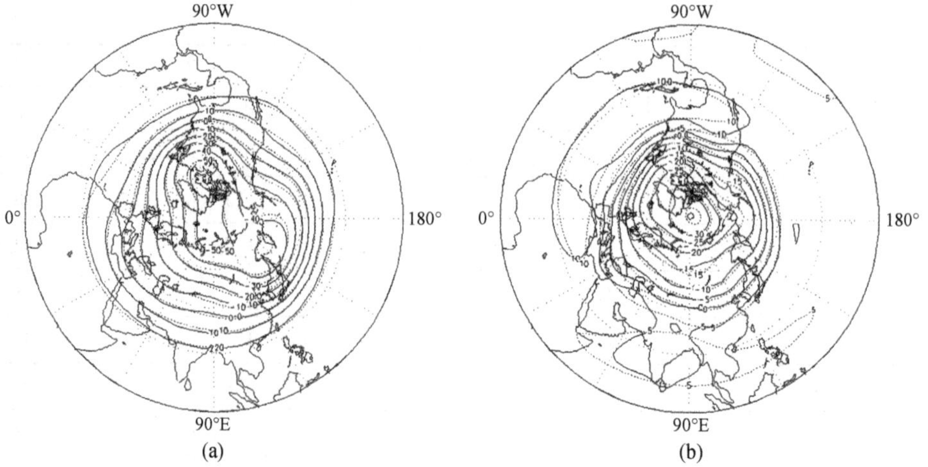

图 4.9　北半球 500hPa $\overline{\boldsymbol{H}}^*$ 及拟合图 $\hat{\overline{\boldsymbol{H}}}^*$

(a)1 月,$\overline{P}_{17}^*=99.73\%$;(b)7 月,$\overline{P}_{21}^*=99.43\%$。实线为 $\overline{\boldsymbol{H}}^*$,虚线为拟合图 $\hat{\overline{\boldsymbol{H}}}^*$

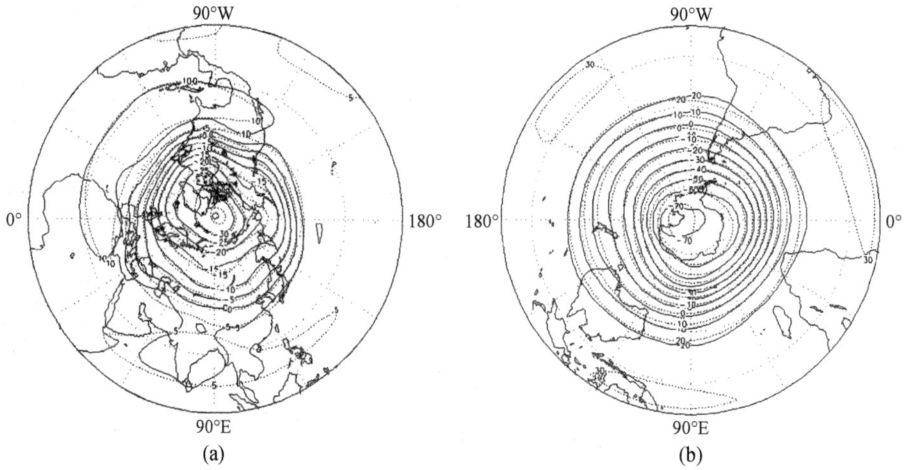

图 4.10　南半球 500hPa $\overline{\boldsymbol{H}}^*$ 及拟合图 $\hat{\overline{\boldsymbol{H}}}^*$

(a)1 月,$\overline{P}_{10}^*=99.80\%$;(b)7 月,$\overline{P}_{9}^*=99.73\%$。实线为 $\overline{\boldsymbol{H}}^*$,虚线为拟合图 $\hat{\overline{\boldsymbol{H}}}^*$

4.3.3　500hPa 高度场异常场集$\{\boldsymbol{H}'(t)\}$谱结构分析

t 年 500hPa 高度异常场 $\boldsymbol{H}'(t)=\boldsymbol{H}(t)-\overline{\boldsymbol{H}}$,其中包含全球均匀分量 $\boldsymbol{H}'_{0,0}(t)$。下面给出北半球 500hPa 1 月、7 月高度异常场集$\{H'(t)\}$的球函数分析主要结果及论据。

(1)低阶、低维特征:$\rho'_{k,d}$的高值偏于表 4.10 和表 4.11 的左上方,ρ'_h收敛速度较快(表 4.12),均证明$\{\boldsymbol{H}'(t)\}$谱结构有低阶低维特征。通常,用少数(总数为 121 个)球函数分量可以拟合大部分的$\{\boldsymbol{H}'(t)\}$模方。

表 4.10　北半球 1 月$\{H'_{500}(t)\}$的$\rho'_{k,d}$　（单位:%）

d \ k	0	1	2	3	4	5	6	7	8
0	2.01	1.02	0.85	0.47	0.36	0.34	0.16	0.06	0.02
1	6.83	5.08	5.83	5.39	4.03	1.74	0.73	0.28	0.10
2	9.68	10.84	6.79	5.98	3.57	1.02	0.35	0.14	0.08
3	3.88	4.80	4.23	1.21	0.77	0.31	0.17	0.08	0.04
4	2.28	2.40	1.10	0.35	0.23	0.12	0.05	0.03	0.02
5	0.45	1.06	0.36	0.13	0.12	0.05	0.02	0.02	0.01
6	0.23	0.29	0.16	0.07	0.05	0.02	0.01	0.01	0.01

表 4.11　北半球 7 月$\{H'_{500}(t)\}$的$\rho'_{k,d}$　（单位:%）

d \ k	0	1	2	3	4	5	6	7	8
0	8.25	2.38	0.36	0.17	0.11	0.13	0.12	0.06	0.03
1	2.58	2.35	1.63	1.55	1.33	1.25	1.21	0.63	0.24
2	4.81	3.45	3.23	4.43	3.10	2.27	1.84	0.76	0.33
3	3.98	5.40	4.64	3.76	2.19	1.34	0.69	0.26	0.17
4	2.41	4.03	3.49	2.17	0.95	0.55	0.29	0.22	0.10
5	1.30	2.19	1.33	0.82	0.45	0.26	0.14	0.10	0.00
6	0.76	1.50	0.59	0.39	0.20	0.12	0.07	0.06	0.04

（2）季节变化特征：冬季异常场集结构较夏季简单，它的阶数低、维数小。例如，由表 4.12，北半球 1 月 P'_h 达到 80% 以上的球函数分量数为 15，最高阶数 $k=d=4$；而 7 月 P'_h 达到 80% 以上 $h=26$、$k=d=6$，均较冬季明显增大。

表 4.12　北半球 1 月、7 月 H'_{500} 的 $\rho'_h \geq 1\%$ 的全部球函数分量

h	1月				7月			
	k	d	ρ'_h/%	P'_h/%	k	d	ρ'_h/%	P'_h/%
1	1	2	10.84	10.84	0	0	8.25	8.25
2	0	2	9.68	20.52	1	3	5.40	13.66
3	0	1	6.83	27.35	0	2	4.81	18.46
4	2	2	6.79	34.14	2	3	4.64	23.10
5	3	2	5.98	40.12	3	2	4.43	27.53
6	2	1	5.83	45.95	1	4	4.03	31.50
7	3	1	5.39	51.34	0	3	3.98	35.53
8	1	1	5.08	56.42	3	3	3.76	39.29
9	1	3	4.80	61.22	2	4	3.49	42.77

续表

h	1 月				7 月			
	k	d	$\rho'_h/\%$	$P'_h/\%$	k	d	$\rho'_h/\%$	$P'_h/\%$
10	2	3	4.23	65.46	1	2	3.45	46.22
11	4	1	4.03	69.49	2	2	3.23	49.45
12	0	3	3.88	73.36	4	2	3.10	52.55
13	4	2	3.57	76.93	0	1	2.58	55.13
14	1	4	2.40	79.33	0	4	2.41	57.54
15	0	4	2.28	81.61	1	0	2.38	59.92
16	0	0	2.01	83.63	1	1	2.35	62.27
17	5	1	1.47	85.37	5	2	2.27	64.54
18	3	3	1.21	86.58	4	3	2.19	66.73
19	2	4	1.10	87.68	1	5	2.19	68.92
20	1	5	1.06	88.73	3	4	2.17	71.09
21	5	2	1.02	89.75	6	2	1.84	72.93
22	1	0	1.02	90.77	2	1	1.63	74.56
23					3	1	1.55	76.11
24					1	6	1.50	77.61
25					5	3	1.34	78.95
26					2	5	1.33	80.28
27					4	1	1.33	81.61
28					0	5	1.30	82.90
29					5	1	1.25	84.16
30					6	1	1.21	85.36

(3)年际变化特征：表 4.12 给出的 1 月、7 月 15 个、26 个球函数并不能使每年的异常场集($t=\overline{1,40}$)均满足 $P'_h(t)\geqslant 80\%$。表 4.13 给出了使 1 月、7 月 $P'_h(t)\geqslant 80\%$、$t=\overline{1,40}$的最重要的球函数分量出现频数和它们的参数域，它们分别包含 31 个、44 个球函数分量，而最高参数 1 月为 $k=d=6$、7 月为 $k=d=7$。

由表 4.13 可见，超长波 $0\leqslant k$、$d\leqslant 3$ 球函数分量($d=0$ 和 $k=\overline{1,3}$除外)几乎对于每年的异常场拟合都重要。我们用它制作了逐年 1 月、7 月异常场的超长波拟合场，并统计了它们的拟合率 $\rho'_{ul}(t)$，$t=\overline{1,40}$，从中选出极大值、极小值及出现年份，绘制 1 月、7 月的超长波高精度拟合图(图 4.11)和低精度拟合图(图 4.12)，比较可见，拟合率、拟合效果的年际差异十分明显。

表 4.13　使北半球 1 月、7 月 H'_{500} 的 $P'_h(t) \geq 80\%$、$t=\overline{1,40}$ 的 $Y_{k,d}$ 出现频数

d \ k	0	1	2	3	4	5	6	7
0	16/29	5/17	3/2	0/0	1/0	0/0	1/0	0/0
1	24/20	28/20	30/16	31/15	28/15	11/15	4/18	0/7
2	23/23	35/27	29/27	29/30	22/30	5/19	0/21	0/6
3	15/20	28/34	27/35	8/26	5/25	1/17	0/8	0/0
4	13/19	18/31	6/28	0/25	0/10	0/3	0/0	0/0
5	1/16	7/23	2/17	0/9	0/3	0/0	0/0	0/0
6	1/9	0/10	0/5	0/2	0/0	0/0	0/0	0/0
7	0/3	0/5	0/1	0/0	0/0	0/0	0/0	0/0

注：表中分子（分母）为 1 月（7 月）频数；粗实（虚）线为 1 月（7 月）非 0 频数域界。

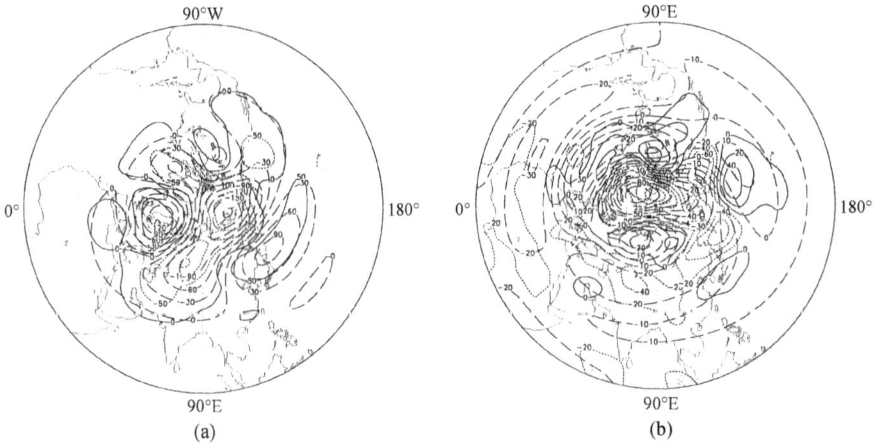

图 4.11　北半球 $H'_{500}(t)$ 的超长波（$0 \leq k、d \leq 3$）高精度拟合图

（a）1 月（1973 年，$P'_{3,3}=86\%$）；（b）7 月（1964 年，$P'_{3,3}=71\%$）。实线、点线为实际场 $H'(t)$，断线为拟合场 $H'_{ul}(t)$

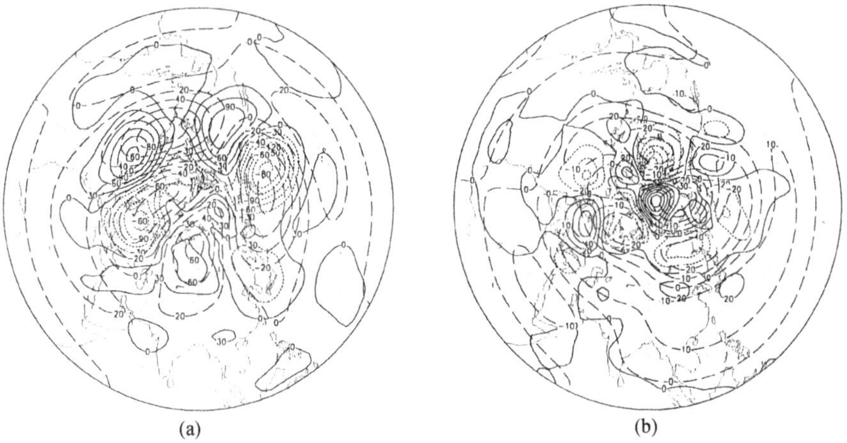

图 4.12　北半球 $H'_{500}(t)$ 的超长波（$0 \leq m、k \leq 3$）低精度拟合图

（a）1 月（1986 年，$P'_{3,3}=86\%$）；（b）7 月（1995 年，$P'_{3,3}=71\%$）。实线、点线为实际场 $H'(t)$，断线为拟合场 $H'_{ul}(t)$

上述分析结果，对于深入认识 500hPa 高度场气候及异常态的结构、对于月平均环流异常的预测，以及它作为因子使用时的重点所在等一系列问题，有着十分重要的意义。

4.4 谱模式中的球函数

数值天气预报业务和大气环流研究的全球或半球数值模式有两种基本形式：格点模式和谱模式。两种形式数值模式的根本差别是，格点模式用规则网格点上预报变量的值积分得到下一时间步的物理量场，即时间积分对网格点数据进行；而谱模式则将网格点上的部分要素场转变为谱的形式，其时间积分对谱系数进行。

1972 年以前，所有投入运行的数值预报模式均为格点模式。20 世纪 70 年代中期至 80 年代初各国的业务短、中期数值预报相继改用谱模式，例如，澳大利亚和加拿大于 1976 年，美国于 1980 年，法国于 1982 年、日本和欧洲中期天气预报中心于 1983 年分别开始使用谱模式。鉴于谱模式在当时分辨率相对较低条件下的高效率和特别适于长时间全球积分，许多用于气候模拟的全球大气环流模式（GCM）也采用了谱模式。所有投入运行的全（半）球谱模式，其基函数均采用球函数。

谱模式得以广泛应用的原因，简言之，是由于它具有计算精度高、稳定性好、程序简单有效的优点。雷兆崇和章基嘉（1991）将其优点归纳如下：①计算空间微商精确，故谱方法估计位相速度比差分法准确；②对于二次型的非线性项的计算，可消除混淆现象，避免由此引起的计算不稳定；③极点不需作特殊处理（差分法需处理），且如用三角形截断，可得全球均匀的水平分辨率；④自动、彻底滤去短波，较差分法中用平滑算子好；⑤因球函数正好是球面上 Laplace 算子（∇^2的特征函数），故在模式中计算水平扩散项（∇^{2p}，p 为正整数）、求解 Poisson 方程和 Helmholtz 方程时无需迭代，非常方便；⑥易于在时间积分中应用半隐式方案，可以更多地节省 CPU 计算时间。

与诊断分析不同，谱模式在其时间积分过程中需要不断地将部分要素场在网格点形式与谱形式之间进行转换，即格谱转换。由场的球函数分析过程知，转换由两种不同基本计算构成：一是傅里叶变换（逆变换），它完成要素沿纬圈的分布向其傅氏系数的计算（逆变换反之）；二是勒让德变换（逆变换），它完成由傅氏系数向球函数系数的计算（逆变换反之）。由此产生的两个问题：傅里叶变换（逆变换）的计算速度和勒让德变换（逆变换）的精度。1970 年以前，采用传统的算法，傅里叶变换（逆变换）的计算量太大，使谱模式难以投入实际应用，直至采用库里 - 图基给出的快速傅里叶变换法（布赖姆，1979）替代传统算法，该问题才得以解决。通过采用高斯积分公式则可解决勒让德变换（逆变换）中计算精度的问题。

至 20 世纪 90 年代，随着 ECMWF 谱模式的分辨率由二次高斯格点的 T106L19 快速发展到 T319L31，其计算代价大致需要增大 50 倍，但由于计算方法取得了巨大的改进，实际上增加的计算代价相对较小。这主要得益于：①简化的高斯格点消除了极区的冗余计算（Hortal and Simmons, 1991）；②三时间层半拉格朗日方案（Ritchie et al., 1995）的实现以及随后转换为二时间层半拉格朗日方案（Temperton et al., 2001）；③二时间层优化方案的线性高斯格点的应用（Hortal, 2002）。

但是，随着全球谱模式的水平分辨率越来越高，其计算效率显著降低。因为谱模式的预报变量在积分计算时需要进行全球交换(如果格点模式的时间积分方案采用半隐式方案也是如此),这严重影响了谱模式的并行计算效率;另外,当时勒让德变换(Legendre transforms)算法的计算代价巨大(对于截断波数为 M 的谱模式,每一个积分时间步增加 M^3 倍计算量)。对于当时 ECMWF 分辨率最高的全球谱模式 T639,其中勒让德变换就耗费了 20% 的总 CPU 计算时间,这严重限制了谱模式在实际预报业务中的有效应用(Temperton,1998)。

全球谱模式在经历了 20 多年的业务应用发展后,又重新转变为全球格点模式,其主要原因有:①随着模式分辨率的不断提高,格点差分计算的精度已与谱展开计算的精度相当;②谱模式分辨率提高后,计算量剧增,而其计算精度并非随之明显提高;③谱模式并行编程比格点模式要复杂得多,并行效率也不如后者;④由于谱模式的计算是全球展开,因此有可能将一个“局地”对流问题变为“全球”问题;⑤谱模式的连续性需要较光滑的“谱”地形,而这在地形复杂区域容易导致虚假地形波问题。

目前,世界上主要的数值预报业务中心基本上都将谱模式转变为格点模式。如德国于 1998 年完成了谱模式(T106L19)向格点模式的转换;加拿大于 1998 年完成了全球和区域模式均为统一的经-纬度格点模式的多尺度环境统一模式(GEM)的更新换代;日本于 2005 年前后更换为格点模式;而英国则始终坚持格点模式。ECMWF 在 2000 年后研究发展了高分辨率全球谱模式中类似快速傅里叶变换的快速勒让德变换算法,有效解决了计算效率和并行计算等问题,直到现在仍然坚持发展全球谱模式。但随着全球数值预报模式向超高分辨率(小于 10 km)模式的快速发展,全球谱模式中快速勒让德变换算法的计算效率依然是全球谱模式发展过程中所面临的重大挑战。

系统地介绍数值模式中的谱方法已超出本书的范围,但初步了解球函数用作谱模式基函数时遇到的上述两个计算问题,对离散域上球函数性质的认识是有益的,下面简单介绍之。

4.4.1　离散傅里叶变换和快速傅里叶变换

从向量角度看,傅里叶正变换是将其从自然基上的形式变为谐波函数为基的表达形式,逆变换反之。快速傅里叶变换是离散傅里叶变换的一种快速计算方法,它的出现使科学分析的许多方面完全改观。这里简要介绍离散傅里叶变换和快速傅里叶变换要点。

1. 离散傅里叶变换

离散傅里叶变换是对时域(或一维空域)上有限多个等间距数据进行谐波分析的工具,它亦称为有限傅里叶变换。以 $\boldsymbol{f}$ 记分析对象、W 记复傅里叶级数、F 记傅氏系数,则正变换为

$$F_k = \frac{1}{m}(\boldsymbol{f}, W_k) = \frac{1}{m}\sum_{i=0}^{m-1} f_i W^{-ik}, \quad k = \overline{0, m-1} \tag{4.52}$$

逆变换为

$$f_i = (F_i, W_i^*) = \sum_{k=0}^{m-1} F_k W^{ik}, \quad i = \overline{0, m-1} \tag{4.53}$$

式中, * 为共轭号,分析对象 $\boldsymbol{f}$ 为

$$\boldsymbol{f} = (f_0 \quad f_1 \quad \cdots \quad f_i \quad \cdots \quad f_{m-1}) \tag{4.54}$$

f_i 是其第 i 个时刻(场点)的值。$\boldsymbol{W}_k$ 是波数为 k 的复傅里叶级数,

$$\boldsymbol{W}_k=(W_k^0 \quad W_k^1 \quad \cdots \quad W_k^i \quad \cdots \quad W_k^{m-1}) \tag{4.55}$$

其 i 点上的值为

$$W_k^i=\exp\frac{\mathrm{I}2\pi ik}{m}=\cos\frac{2\pi ik}{m}+\mathrm{I}\sin\frac{2\pi ik}{m}$$

$\mathrm{I}=\sqrt{-1}$;$\boldsymbol{W}_i$ 是 i 点上不同波数值构成的级数,

$$\boldsymbol{W}_i=(W_i^0 \quad W_i^1 \quad \cdots \quad W_i^k \quad \cdots \quad W_i^{m-1}) \tag{4.56}$$

其 k 波的值为

$$W_i(k)=\exp\frac{\mathrm{I}2\pi ik}{m}=\cos\frac{2\pi ik}{m}+\mathrm{I}\sin\frac{2\pi ik}{m}$$

$\boldsymbol{W}_i^*$ 则是$\boldsymbol{W}_i$ 的共轭,其 k 波的值为

$$W_i^*(k)=\exp\frac{-\mathrm{I}2\pi ik}{m}=\cos\frac{2\pi ik}{m}-\mathrm{I}\sin\frac{2\pi ik}{m}$$

$\boldsymbol{F}$ 是$\boldsymbol{f}$ 的傅里叶系数向量

$$\boldsymbol{F}=(F_0 \quad F_1 \quad \cdots \quad F_k \quad \cdots \quad F_{m-1}) \tag{4.57}$$

$\boldsymbol{f}$、$\boldsymbol{W}_k$、$\boldsymbol{F}$、$\boldsymbol{W}_i^*$ 均为 N 维复向量。

记 $W=W_L=\exp(2\pi\mathrm{I}/L)$,它是 $W^L=1$ 的一个 L 次原根,即有

$$W^l=1,\quad 当且仅当\ l\equiv 0(\mathrm{mod}\ L) \tag{4.58}$$

算符 $l\equiv 0(\mathrm{mod}\ L)$指 l 是 L 的整数倍。式(4.58)的意义是当且仅当 l 是 L 的整数倍时,$W^l=1$。这个性质是简化离散傅里叶变换的一个基本点。

当$\boldsymbol{f}$ 为实序列(或场)对应的向量时(此时,$f_i=f_i^*$),离散傅里叶变换有如下性质:

(1) $\boldsymbol{f}$ 为一般实序列时,$\boldsymbol{F}$ 为复序列且共轭对称,即 $F_{m-k}=F_k^*$。

(2) $\boldsymbol{f}$ 为实对称(即$f_{m-i}=f_i$)时,$\boldsymbol{F}$ 为实序列且对称,即 $F_{m-k}=F_k$。

(3) $\boldsymbol{f}$ 为实反对称(即$f_{m-i}=-f_i$)时,$\boldsymbol{F}$ 为纯虚数序列且反对称,即 $F_{m-k}=-F_k$。

因为一般实序列$\boldsymbol{f}$ 总可分解为一个对称序列与一个反对称序列之和,离散傅里叶变换又是一个线性分解,故(1)是(2)、(3)的和。

由式(4.52)知,求一个 F_k 值需进行 m 次复运算(一次复数乘法和一次复数加法称一次复运算);而$\boldsymbol{F}$ 由 m 个 F_k 构成,故由$\boldsymbol{f}$ 变换为$\boldsymbol{F}$ 需 m^2 次复运算。同理,由式(4.53)知,求一个 f_i 需进行 m 次复运算,而由$\boldsymbol{F}$ 变换为$\boldsymbol{f}$ 也需 m^2 次复运算。当 m 很大时是一个严重的问题(计算量大)。而利用离散傅里叶变换的上述性质(对称性、反对称性),可将离散傅里叶变换的计算量减半;还可以利用 W_k 的对称性、周期性等减少运算次数,但运算量量级不变。

2. 快速傅里叶变换

快速傅里叶变换是选择特定 m,大幅度提高式(4.52)、式(4.53)计算速度的办法。

设 m 可分解为两个整数因子 m_1、m_2 的乘积,即

$$m=m_1\cdot m_2 \tag{4.59}$$

此时,式(4.52)、式(4.53)中的 i、k 可分别表示为 m_1、m_2 进制的数,

$$
\begin{aligned}
&i=i_1m_1+i_0, \quad i_0=\overline{0,m_1-1}, i_1=\overline{0,m_2-1} \\
&k=k_1m_2+k_0, \quad k_0=\overline{0,m_2-1}, k_1=\overline{0,m_1-1}
\end{aligned} \tag{4.60}
$$

于是,式(4.52)、式(4.53)中的

$$
\begin{aligned}
ik &= (i_1m_1+i_0)(k_1m_2+k_0) \\
&= i_1k_1m_1m_2+i_1k_0m_1+i_0k_1m_2+i_0k_0 \\
&= i_1k_1m+i_1k_0m_1+i_0(k_1m_2+k_0)
\end{aligned} \tag{4.61}
$$

由式(4.58),$W^{-i_1k_1m}=1$,故

$$
W^{-ik}=W^{-i_1k_0m_1}W^{-i_0(k_1m+k_0)} \tag{4.62}
$$

令$f_i=f(i_1,i_0)$、$F_k=F(k_1,k_0)$,于是

$$
\begin{aligned}
F_k &= F(k_1,k_0) \\
&= \frac{1}{m}\sum_{i=0}^{m-1} f_i W^{-ik} \\
&= \frac{1}{m_1m_2}\sum_{i_0=0}^{m_1-1}\sum_{i_1=0}^{m_2-1} f(i_1,i_0)W^{-i_1k_0m_1}W^{-i_0(k_1m_2+k_0)} \\
&= \frac{1}{m_1}\sum_{i_0=0}^{m_1-1}\left[\frac{1}{m_2}\sum_{i_1=0}^{m_2-1} f(i_1,i_0)W^{-i_1k_0m_1}\right]W^{-i_0(k_1m_2+k_0)}
\end{aligned} \tag{4.63}
$$

式(4.63)给出的从$\boldsymbol{f}$求$\boldsymbol{F}$的逆推算法为

开始:$f^{(0)}(i_1,i_2)=f_{i_1m_1+i_0}, i_0=\overline{0,m_1-1}, i_1=\overline{0,m_2-1}$

第一步:$f^{(1)}(k_0,i_0)=\dfrac{1}{m_2}\sum\limits_{i_1=0}^{m_2-1} f^{(0)}(i_1,i_0)W^{-i_1k_0m_1}, k_0=\overline{0,m_2-1}, i_0=\overline{0,m_1-1}$

第二步:$f^{(2)}(k_0,k_1)=\dfrac{1}{m_1}\sum\limits_{i_0=0}^{m_1-1} f^{(1)}(k_0,i_0)W^{-i_0(k_1m_2+k_0)}, k_0=\overline{0,m_2-1}, k_1=\overline{0,m_1-1}$

结束:$F_{k_1m_2+k_0}=F(k_1,k_0)=f^{(2)}(k_0,k_1)$　　(4.64)

这个算法的第一步共求出m个$f^{(1)}(k_0,i_0)$值;每个$f^{(1)}(k_0,i_0)$值的计算需m_2次复运算,故总运算次数为mm_2。同理可知,第二步的总运算次数为mm_1。两步共需$m(m_1+m_2)$次复运算。因此,用式(4.64)的递推算法,实现$\boldsymbol{f}$到$\boldsymbol{F}$的变换,快速傅里叶变换与离散傅里叶变换算法的运算次数之比为

$$
\gamma=\frac{m(m_1+m_2)}{m^2}=\frac{m_1+m_2}{m} \tag{4.65}
$$

γ值一般均小于1($m=4$,m_1、$m_2=2$时$\gamma=1$除外),例如,对$m=6$,有$m_1=2$、$m_2=3$,可求得$\gamma=5/6<1$。

又因为在式(4.64)第一步中,$i_1=0$使$W^{-i_1k_0m_1}=W^0=1$,复运算次数减为m_2-1;第二步中,$i_0=0$使$W^{-i_0(k_1m_2+k_0)}=W^0=1$,复运算次数减为$m_1-1$;故式(4.65)中$\gamma=(m_1+m_2-2)/m$。例如,对于$m=6$,$\gamma=3/6=1/2$。

快速傅里叶变换的效率可因为m的适当选择而提高。如果将m选为$m=\prod\limits_{l=1}^{p} m_l$,则相

应的$\gamma=(\sum_{l=1}^{p}m_l-p)/m$。例如,选$m=2^p$时,$\sum_{l=1}^{p}m_l=2p$,$\gamma_p=p/m$。① 又例如,当$m=1024=2^{10}$时,$\gamma=10/1024\approx1/100$,完成同样的变换,快速傅里叶变换的计算量不到离散傅里叶变换的1/100。

傅里叶逆变换[式(4.53)]与傅里叶变换[式(4.52)]结构相似,快速傅里叶变换用于$\boldsymbol{F}$到$\boldsymbol{f}$的变换亦可收到同样的节省计算量的效果。

3. 快速傅里叶变换与截断波数M的关系

由求傅里叶变换的矩形积分公式(4.52)知,为使变换精确成立,必须保证

$$m-1\geqslant M_{\max} \tag{4.66}$$

式中,$M_{\max}$为$\boldsymbol{f}$中包含的最大波数。

设沿纬圈的两种要素A、B的截断波数均为M,则

$$\begin{aligned}A(\lambda)&=\sum_{k=-M}^{M}A_k\exp(\mathrm{I}k\lambda)\\B(\lambda)&=\sum_{k=-M}^{M}B_k\exp(\mathrm{I}k\lambda)\end{aligned} \tag{4.67}$$

按谱变换法,模式的非线性项(即A、B的乘积项,如平流项)AB的计算是在格点上进行的,有

$$c(\lambda)=A(\lambda)B(\lambda) \tag{4.68}$$

计算结果再正变换回谱空间

$$F_k=\frac{1}{2\pi}\int_0^{2\pi}c(\lambda)\exp(-\mathrm{I}k\lambda)\,\mathrm{d}\lambda=\frac{1}{2\pi}\int_0^{2\pi}A(\lambda)B(\lambda)\exp(-\mathrm{I}k\lambda)\,\mathrm{d}\lambda \tag{4.69}$$

式右被积函数是三个三角函数的乘积,由此可以产生的最大波数$M_{\max}=3M$。为避免混淆(aliasing)现象的发生,模式的纬向格点数m应不小于$3M$,故纬向格点数m的取值必须满足

$$m\geqslant 3M+1 \tag{4.70}$$

在实践中,m的选取要考虑快速傅里叶变换的效率,故常取$m=2^p3^q5^r$(指数p、q、r为正整数或0)。根据这一要求,调整M,使$3M+1$刚好等于或略小于某一个可作如上分解的整数m。表4.14给出了常用于谱模式的截断波数。由于采用了快速傅里叶变换算法,如谱模式T213中,傅里叶变换(逆变换)计算量仅占模式总计算量的5%,而勒让德变换(逆变换)约占50%。

表4.14 谱模式常用的M及相应的m及p、q、r值

M	15	21	31	42	63	85	95	106	213	319	639	1279
$3M+1$	46	64	94	127	190	256	286	319	640	958	1918	3838
m	48	64	96	128	192	256	288	320	640	960	1920	3840
$2^p3^q5^r$	2^43^1	2^6	2^53^1	2^7	2^63^1	2^8	2^53^2	2^65^1	2^75^1	$2^63^15^1$	$2^73^15^1$	$2^83^15^1$

① 布赖姆(1979)只计算复数乘法次数得此式为$\gamma_p=p/(2m)$。

4.4.2　高斯积分公式

在谱模式中,在傅氏系数 $\boldsymbol{F}$ 与球函数系数 $\boldsymbol{A}$ 间,需要反复进行勒让德变换和逆变换。其中,勒让德变换为

$$A_l^k = (\boldsymbol{F}, \tilde{\mathbf{P}}_l^k) = \int_{-1}^{1} F_k(x)\tilde{\mathrm{P}}_l^k(x)\mathrm{d}x \tag{4.71}$$

勒让德逆变换为

$$F_k(x) = (\boldsymbol{A}^k, \tilde{\mathbf{P}}_l^k) = \sum_{l=|k|}^{N(k)} A_l^k \tilde{\mathrm{P}}_l^k(x) \tag{4.72}$$

式中,A_l^k 是波参数为 k、l 的球函数系数,$\boldsymbol{A}^k$ 是纬向波数为 k 的全部球函数系数构成的向量,$\boldsymbol{A}^k = (A_{|k|}^k \quad A_{|k|+1}^k \quad \cdots \quad A_{N(k)}^k)$;$F_k(x)$ 是余纬 θ 对应纬圈上的 k 波傅氏系数,$\boldsymbol{F}_k$ 是经向全部 k 波傅氏系数 $F_k(x)$,$x\in[-1,1]$ 构成的向量;$\tilde{\mathrm{P}}_l^k(x=\cos\theta)$ 是 θ 余纬上参数为 l、k 的标准化缔合勒让德函数值,向量 $\tilde{\mathbf{P}}_l^k$ 为 $\tilde{\mathrm{P}}_l^k(x=\cos\theta)$,$\theta\in[0,\pi]$。

式(4.71)通过数值积分计算 A_l^k,$\tilde{\mathbf{P}}_l^k$ 精度影响正变换中 A_l^k 的计算精度,且通过式(4.72)影响逆变换中的 $F_k(x)$ 的计算精度。对于 n 个均匀格距结点,4.2 节提供的、均匀格距求积公式用于式(4.71)、式(4.72)的积分计算,精度失之过低。根本问题是,均匀格距结点上的 $\tilde{\mathbf{P}}_l^k$、$\tilde{\mathbf{P}}_l^{k'}$ 不正交。现在的问题是:对于给定的经向格点总数 n,如允许格距不均匀,采用怎样的积分方案才可以使其达到最高的代数精确度呢?这个代数精确度又是多少?由此导出高斯积分公式。

1. 高斯型积分公式

不失一般性,考虑积分

$$I = \int_a^b w(x)f(x)\mathrm{d}x \tag{4.73}$$

其中 $w(x)\geqslant 0$、$\int_a^b w(x)\mathrm{d}x = 1$,为已知的权函数。

对于上述积分,假设采用具有 n 个结点的积分公式:

$$\int_a^b w(x)f(x)\mathrm{d}x \approx \sum_{j=1}^{n} c_j f(x_j) \tag{4.74}$$

其中系数 c_j,$j=\overline{1,n}$与函数 $f(x)$ 无关,但是可以依赖于权函数 $w(x)$。我们的目的,就是要适当地选择 n 个结点的坐标 $x_1,x_2,\cdots,x_n$ 和相应的 n 个系数 $c_1,c_2,\cdots,c_n$,使得求积公式(4.74)具有最高次数的代数精确度。

首先考察对于固定的 n 值,式(4.74)最多可以达到多少次的代数精确度?

假设式(4.74)对于 J 次多项式(J 待定)

$$a_J x^J + a_{J-1}x^{J-1} + \cdots + a_1 x + a_0$$

是精确成立的。将此多项式代入式(4.74),得到

$$
\begin{aligned}
& a_J\int_a^b w(x)x^J\mathrm{d}x + a_{J-1}\int_a^b w(x)x^{J-1}\mathrm{d}x + \cdots + a_0\int_a^b w(x)\mathrm{d}x \\
&= \sum_{j=1}^{n} c_j(a_J x^J + a_{J-1}x^{J-1} + \cdots + a_1 x + a_0)
\end{aligned}
\tag{4.75}
$$

令

$$
\mu_k = \int_a^b w(x)x^k\mathrm{d}x,\quad k = \overline{0,J}
$$

并重新组合式(4.75)右端各项,得到

$$
a_J\mu_J + a_{J-1}\mu_{J-1} + \cdots + a_0\mu_0 = a_J\sum_{j=1}^{n} c_j x_j^J + a_{J-1}\sum_{j=1}^{n} c_j x_j^{J-1} + \cdots + a_0\sum_{j=1}^{n} c_j \tag{4.76}
$$

式(4.76)中由于权系数 $w(x)$ 已知,故 μ_k 是已知的常数。根据 J 次多项式的系数 $a_J,a_{J-1},\cdots,a_0$ 所具有的任意性,使式(4.76)成立的充分必要条件是

$$
\begin{cases}
c_1+c_2+\cdots+c_n=\mu_0\\
c_1x_1+c_2x_2+\cdots+c_nx_n=\mu_1\\
c_1x_1^2+c_2x_2^2+\cdots+c_nx_n^2=\mu_2\\
\cdots\\
c_1x_1^J+c_2x_2^J+\cdots+c_nx_n^J=\mu_n
\end{cases}
\tag{4.77}
$$

由于 $2n$ 个待定参数$(c_1,c_2,\cdots,c_n;x_1,x_2,\cdots,x_n)$最多只能满足 $2n$ 个独立的条件,因此可知 J 最多为 $2n-1$。由此得出,对于 n 个结点的积分公式,其可能达到的最高代数精确度的次数是 $2n-1$;并且可以证明,方程(4.77)当取 $J=2n-1$ 时是可解的。因此确实可以找到一组 x_j、c_j,$j=\overline{1,n}$,使求积公式(4.74)达到 $2n-1$ 次代数精确度。这样的公式就是高斯型求积公式。

高斯型求积公式的结点和系数可以从方程(4.77)解得,但求解非线性方程组比较困难,一般是利用正交多项式来确定它们,这里仅给出有关结果。

(1)高斯型求积公式(4.74)的 n 个结点 x_j, $j=\overline{1,n}$,是$[a,b]$上关于 $w(x)$ 的 n 次正交多项式 $Q_n(x)$ 的 n 个零点,即它是方程 $Q_n(x)=0$ 的解。

(2)高斯型求积公式的 n 个系数为

$$
c_j = \frac{1}{\tilde{Q}'_n(x_j)}\int_a^b \frac{w(x)\tilde{Q}_n(x)}{x-x_j}\mathrm{d}x = \frac{a_n(b-a)}{a_{n-1}\tilde{Q}'_n(x_j)\tilde{Q}_{n-1}(x_j)},\quad j=\overline{1,n} \tag{4.78}
$$

其中 $\tilde{Q}_n(x)$ 是$[a,b]$上关于权函数 $w(x)$ 的 n 次标准化正交多项式,即

$$
\frac{1}{b-a}\int_a^b w(x)\tilde{Q}_n^2(x)\mathrm{d}x = 1 \tag{4.79}
$$

$\tilde{Q}'_n(x)$ 是其一阶导数:而 a_n 和 a_{n-1} 分别是 n 次和 $n-1$ 次标准化正交多项式 $\tilde{Q}'_n(x)$ 和 $\tilde{Q}'_{n-1}(x)$ 的首项系数。

此外,可以证明,只要 $f(x)$ 在 (a,b) 上连续,那么当 $n\to\infty$ 时,高斯型积分公式收敛于定积分,即有

$$
\lim_{n\to\infty}\sum_{j=1}^{n} c_j f(x_j) = \int_a^b w(x)f(x)\mathrm{d}x \tag{4.80}
$$

2. 高斯积分公式

高斯积分公式是权函数 $w(x)=1$ 时的高斯型求积公式。

不失一般性，我们直接讨论积分区间 (a,b) 为 $(-1,1)$ 的情况（$x\in(a,b)$ 可通过 $t=[x-(a+b)/2]/[(b-a)/2]$ 变换为 $t\in(-1,1)$），即 $I=\int_{-1}^{1}f(x)\mathrm{d}x$ 的数值积分。

由勒让德多项式微分定义[式(4.3)]及其模[式(4.5)]，得标准化勒让德多项式

$$\tilde{\mathrm{P}}_n(x)=\frac{\sqrt{2n+1}}{\sqrt{2}}\frac{1}{2^n n!}\frac{\mathrm{d}^n}{\mathrm{d}x^n}(x^2-1)^n=\frac{(2n)!}{2^n(n!)^2}\sqrt{\frac{2n+1}{2}}x^2+\cdots \tag{4.81}$$

是 $(-1,1)$ 上关于权函数 $w(x)=1$ 的正交多项式，其首项系数为

$$a_n=\frac{(2n)!}{2^n(n!)^2}\sqrt{\frac{2n+1}{2}} \tag{4.82}$$

因此，根据前面介绍的高斯积分公式的结点和系数的确定法，高斯-勒让德求积公式中的 n 个结点 $x_j, j=\overline{1,n}$ 就是 $\mathrm{P}_n(x)$ 的 n 个零点。而按式(4.78)，并再利用勒让德多项式的一个递推公式

$$(1-x^2)\mathrm{P}'_n(x)=n[\mathrm{P}_{n-1}(x)-x\mathrm{P}_n(x)] \tag{4.83}$$

可得系数

$$c_j=\frac{2}{(1-x_j^2)[\tilde{\mathrm{P}}'_n(x_j)]^2},\quad j=\overline{1,n} \tag{4.84}$$

或

$$c_j=\frac{2(1-x_j^2)}{[n\mathrm{P}_{n-1}(x_j)]^2},\quad j=\overline{1,n} \tag{4.85}$$

据此可以对给定的 n 求得高斯积分公式的 x_j、c_j，$j=\overline{1,n}$。例如，对 $n=2$，由 $\mathrm{P}_2(x)=(3x^2-1)/2=0$，求得 $x_{1,2}\approx\mp0.57735$、$c_{1,2}=1$。对 $n=3$，由 $\mathrm{P}_3(x)=(5x^3-3x)/2=0$，求得 $x_{1,3}\approx\mp0.77460$、$x_2=0$、$c_{1,3}=0.\dot{5}\approx0.55556$、$c_2=0.\dot{8}\approx0.88889$（注：$j$ 按 x 升序排列）。表 4.15 给出了 $n=\overline{2,8}$ 时高斯积分公式的全部结点 x_j 及系数 c_j。

表 4.15　高斯积分公式结点 x_j 及系数 c_j

n	2	3	4	5	6	7	8
x_j	±0.57735	0	±0.33998	0	±0.23862	0	±0.18343
		±0.77460	±0.86114	±0.53847	±0.66121	±0.40585	±0.52553
				±0.90618	±0.93247	±0.74153	±0.79667
						±0.94911	±0.96029
c_j	1	0.88889	0.65215	0.56889	0.46791	0.41796	0.36368
		0.55556	0.34785	0.47863	0.36076	0.38183	0.31371
				0.23693	0.17132	0.27971	0.22238
						0.12948	0.10123

图 4. 13 提供了 $n=2$、3 的高斯积分几何示意图。可见,系数 c_j 是结点 x_j 所在区间的宽度。对 $f(x)\geqslant 0$,积分 $\int_{-1}^{1} f(x)\,\mathrm{d}x$ 的精确值为 $x\in(-1,1)$ 间横坐标轴与 $f(x)$ 所夹曲边梯形的面积 S_n(图中阴影区);而数值积分结果为 $x\in(-1,1)$ 间模坐标轴与阶梯函数所夹区域的面积 $\hat{S}_n$。由高斯求积公式代数精确度为 $2n-1$ 知,对 $n=2$、3,若 $f(x)$ 为 3 次、5 次或以下次多项式,则图 4. 13(a)、(b) 的 $\hat{S}_n=S_n$;否则 $\hat{S}_n\approx S_n$。

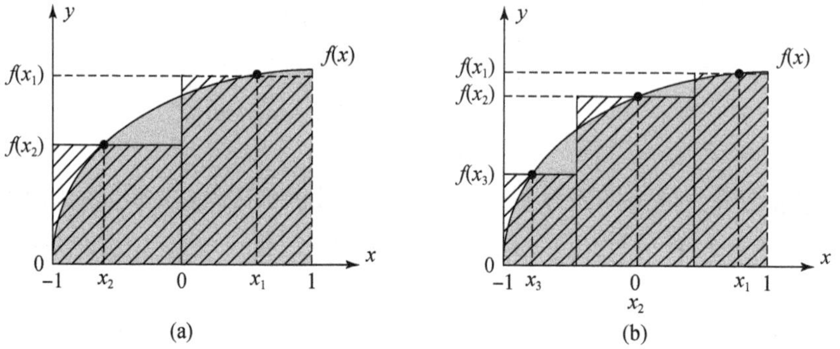

图 4. 13　高斯求积公式几何示意

(a) $n=2$;(b) $n=3$。阴影区为 S_n,斜线区为 $\hat{S}_n$; c_j、x_j 的数据见表 4. 15

在应用高斯求积公式时,应注意:①高斯求积公式的结点和系数仅与结点的总数 n 有关而与被积函数 $f(x)$ 的形式无关。如果 $f(x)$ 是一个多项式,且最高次数小于或等于 $2n-1$,则此求积公式是精确成立的,实际计算时仅有舍入误差的影响;否则,此公式便是近似成立的,除了舍入误差外,尚有截断误差存在。②高斯求积公式的结点刚好是 n 次勒让德多项式的零点,结点之间是非等距的。③运算时与各结点取的先后顺序无关,故被积函数的对称项可予以合并,以减少乘法运算的次数,在改变求和顺序时,应注意保持结点与所对应的系数不变。

高斯求积公式的结点和系数有完整的表可供查用。如不够用,亦可自编程序计算;其计算步骤可参阅冯康(1978)或雷兆崇和章基嘉(1991)的著作。

3. n 与截断方式和截断波数 M 的关系

在谱模式中,经向格点数 n 由截断方式和纬向截断波数 M 确定。对截断波数为 M 的三角形(T)截断,$n\geqslant(3M+1)/2$。对截断波数为 M、K 且 $K=M$ 的平行四边形(R)截断,$n\geqslant(5M+1)/2$。因此,T、R 截断下,n 约为 $m/2$、$5m/6$。如谱模式 T213(表示截断波数 $M=213$ 的三角形谱截断)中,其半球高斯格点数为 160。

4.5　小　　结

(1)系统地介绍了球函数系 $\{\mathbf{Y}_l^k\}$ 或 $\{\mathbf{Y}\boldsymbol{c}_l^k,\mathbf{Y}\boldsymbol{s}_l^k\}$ 的定义、结构、性质和图形。深入讨论了实际分析中球函数系不严格正交造成的分析误差,给出了减小分析误差的数值积分方案。指出球函数分析虽然形式复杂,但它们与 E^2 中向量的正交分解具有完全可比性。

(2)对气候及其异常位势高度场的球函数分析,揭示出其空间结构具有低维、低阶的特征,并且具有冬季简单、夏季复杂(维数和阶数域增大)的季节变化和明显的年际差异;半球际差异则表现为南半球较北半球低维、低阶特征更明显,以及带形球函数拟合部分明显增大。为定量认识大气环流特征提供了依据。

(3)简要介绍了从全(半)球格点模式到谱模式的发展,介绍了谱模式中球函数的特点、快速傅里叶变换以及高斯积分公式,给出了谱模式中球函数的波数截断 M、纬向格点数 m、经向格点数 n 的确定方法。为读者学习谱模式提供了基础。

参考文献

布赖姆 E O, 1979. 快速富里叶变换[M]. 柳群译. 上海: 上海科学技术出版社.

冯康, 1978. 数值计算方法[M]. 北京: 国防工业出版社.

郭栋, 王盘兴, 严厉, 2007. 一种数值积分方案用于球函数分析的试验[J]. 南京气象学院学报, 30(4): 551-555.

郭敦仁, 1965. 数学物理方法[M]. 北京: 人民教育出版社.

雷兆崇, 章基嘉, 1991. 数值模式中的谱方法[M]. 北京: 气象出版社.

李雅芬, 1999. 全球大气月平均高度场的球函数分析[D]. 南京: 南京气象学院.

李雅芬, 王盘兴, 何金海, 等, 2003. 500hPa 气候异常高度场强度及谱结构的季节变化与半球际差异[J]. 南京气象学院学报, 26(5): 577-587.

李雅芬, 王盘兴, 张瑞桂, 等, 2000. 全球大气气候位势高度场的时空结构分析[J]. 南京气象学院学报, 23(4): 494-504.

梁昆淼, 1978. 数学物理方法[M]. 北京: 人民教育出版社.

王盘兴, 李雅芬, 李巧萍, 等, 2000. 球函数分析中经向积分的改进方案[J]. 南京气象学院学报, 23(3): 417-421.

吴新元, 1988. 一个高精度数值积分公式[J]. 计算物理, 8(4): 437-441.

叶笃正, 陶诗言, 李麦村, 1958. 在六月和十月大气环流的突变现象[J]. 气象学报, 29(4): 249-263.

叶笃正, 朱抱真, 1958. 大气环流的若干基本问题[M]. 北京: 科学出版社.

中央气象台数值预报科, 1980. 长期天气预报物理量的计算和应用[J]. 气象, 6(4): 27-29.

中央气象局气象科学研究所数值预报组, 1959. 用球函数展开北半球地形的计算[J]. 气象学报, 30(4): 405-413.

Blackmon M L, 1976. A climatological spectral study of the 500 mb geopotential height of the Northern Hemisphere[J]. Journal of the Atmospheric Sciences, 33(8): 1607-1623.

Hortal M, 2002. The development and testing of a new two-time-level semi-Lagrangian scheme (SETTLS) in the ECMWF forecast model[J]. Quarterly Journal of the Royal Meteorological Society, 128(583): 1671-1687.

Hortal M, Simmons A J, 1991. Use of reduced Gaussian grids in spectral models[J]. Monthly Weather Review, 119(4): 1057-1074.

Ritchie H, Temperton C, Simmons A, et al., 1995. Implementation of the semi-Lagrangian method in a high-resolution version of the ECMWF forecast model[J]. Monthly Weather Review, 123(2): 489-514.

Temperton C, 1998. An overview of recent developments in numerical methods for atmospheric modelling[C]// ECMWF Seminar Proceedings, ECMWF, 7-11 September, 1998.

Temperton C, Hortal M, Simmons A, 2001. A two-time-level semi-Lagrangian global spectral model[J]. Quarterly Journal of the Royal Meteorological Society, 127(571): 111-127.

Wang P X, Wu H B, 1995. Analysis of spherical function spectral structure of northern 500hPa monthly mean height[J]. Acta Meteorologica Sinica, 9(2): 237-248.

复 习 题

1. 球函数的定义域是什么？球函数分析的直接分析对象是什么？

2. 在如下(λ,φ)矩形底图上绘制下列球函数的示意图：$\mathbf{Y}_2^0$、$\mathbf{Yc}_2^2$、$\mathbf{Yc}_3^2$、$\mathbf{Ys}_4^2$、$\mathbf{Yc}_4^2$、$\mathbf{Ys}_5^3$。注：以实线画正、零等值线，虚线画负等值线，用+、−号标出正、负中心。

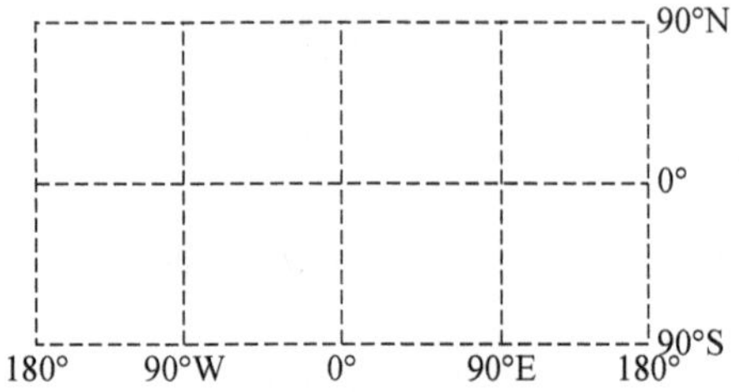

3. 在下面 $n-m$、m 表格中的 4 个区域填写 4 类球函数的名称

$n-m$	m	
	0	$\overline{1,[M/2]}$
0		
$\overline{1,N}$		

注：M 为纬向格点总数，[ ]为取整号；N+1 为经向格点总数

4. 通常将 H 空间中 $H(\lambda,\theta)$ 的球函数展开式写作

$$H(\lambda,\theta)=\sum_{m=0}^{\infty}\sum_{n=m}^{\infty}(A_n^m \mathrm{Y}c_n^m + B_n^m \mathrm{Y}s_n^m)$$

它们是严格准确的写法吗？为什么？写出其准确的展开式。

5. 写出给定在 $\Delta\lambda\times\Delta\varphi=10°\times5°$的均匀矩形经纬度格点网上的全球高度场 $H(\lambda,\theta)$ 的准确球函数展开式。它用到了多少个球函数（$\mathbf{Yc}_n^m$，$\mathbf{Ys}_n^m$）和球函数分量（$\mathbf{Y}_n^m$）？所用球函数个数与格点总数有何关系？

6. 均匀格距矩形经纬格点网上的离散形式的 $\mathbf{Y}_n^m$ 是严格正交的函数系吗？其原因是什么？球函数分析中选用的梯形、辛普森、吴新元积分公式，哪一种精确度最高？

7. 试用 4.3 节提供的 $\overline{\boldsymbol{H}}^*$、$\{\boldsymbol{H}'\}$ 球函数分析结果，说明北半球 500hPa $\overline{\boldsymbol{H}}^*$ 和 $\{\boldsymbol{H}'\}$ 为什么是低阶、低维的？构成 1 月、7 月 $\overline{\boldsymbol{H}}^*$ 和 $\{\boldsymbol{H}'\}$ 的重要球函数分量（指 $\bar{r}^*$、$r'\geq 0.05\%$）个数 ns 大约是多少？它们大致分布在 m、$k=(n-m)/2$ 的什么区域？最重要的带型、田型球函数分量描述 $\overline{\boldsymbol{H}}^*$、$\{\boldsymbol{H}'\}$ 中的什么环流实体？

8. 谱模式中的球函数与球函数分析中的球函数在表示方式上有何差异？为什么在谱模式中要使用快速傅里叶变换（FFT）？试阐述近 50 年来数值天气预报模式类型（格点模式、谱模式）的变化过程和原因。

第5章 相关(相似)分析及应用

相关(相似)分析研究两个随机变量演变(场)之间的关联,它与本书前三章(第2~4章)研究单个演变(场)结构存在明显差别。本章仅涉及线性相关(相似)分析,相关系数 r(相似系数 a)是其度量参数,是讲解的着眼点。相关分析是回归分析的基础,又是本书后三章(第6~8章)的基础,因此是讲解重点。相似分析涉及站点网密度计算的部分放在第9章介绍,实例则散见于本章及第3、4、9章。

5.1 相关分析原理

统计学对相关分析原理做了全面介绍(复旦大学数学系,1961;费史,1962;穆德、格雷比尔,1963;张尧庭、方开泰,2013),本节着重从几何角度分析相关系数 r 及其显著性检验。

5.1.1 r 的几何意义

按统计学,实数域(R)随机变量 X、Y 的一对容量为 n 的样本

$$x_j、y_j, \quad j=\overline{1,n} \tag{5.1}$$

的线性相关系数 r 定义为

$$r = \frac{\frac{1}{n}\sum_{j=1}^{n}(x'_j y'_j)}{\sqrt{\frac{1}{n}\sum_{j=1}^{n}x_j'^2}\sqrt{\frac{1}{n}\sum_{j=1}^{n}y_j'^2}} \tag{5.2}$$

式中,x_j'、y_j'为 j 时刻距平,$x_j'=x_j-\bar{x}$、$y'_j=y_j-\bar{y}$;时间平均值 $\bar{x}=\frac{1}{n}\sum_{j=1}^{n}x_j$、$\bar{y}=\frac{1}{n}\sum_{j=1}^{n}y_j$。

将样本序列式(5.1)记为 E^n 中的向量

$$\boldsymbol{x}=(x_1 \quad x_2 \quad \cdots \quad x_n), \quad \boldsymbol{y}=(y_1 \quad y_2 \quad \cdots \quad y_n) \tag{5.3}$$

它们可分解为

$$\boldsymbol{x}=\bar{\boldsymbol{x}}+\boldsymbol{x}', \quad \boldsymbol{y}=\bar{\boldsymbol{y}}+\boldsymbol{y}' \tag{5.4}$$

式中距平分量为

$$\boldsymbol{x}'=(x_1' \quad x_2' \quad \cdots \quad x_n'), \quad \boldsymbol{y}'=(y_1' \quad y_2' \quad \cdots \quad y_n') \tag{5.5}$$

约简式(5.2)右端,分子 $\sum_{j=1}^{n}(x'_j y'_j)$ 是 $\boldsymbol{x}'$、$\boldsymbol{y}'$的内积,分母是 $\boldsymbol{x}'$、$\boldsymbol{y}'$模的积,代入得 r 的几何定义式

$$r=\frac{(\boldsymbol{x}',\boldsymbol{y}')}{\|\boldsymbol{x}'\|\ \|\boldsymbol{y}'\|}=\cos\langle\boldsymbol{x}',\boldsymbol{y}'\rangle \tag{5.6}$$

可见，相关系数是 $\boldsymbol{x}$、$\boldsymbol{y}$ 距平向量夹角的余弦。

由内积的线性性，将式(5.6)分母移入内积号内，得 r 的另一表达式

$$r=(\boldsymbol{x}'/\|\boldsymbol{x}'\|,\boldsymbol{y}'/\|\boldsymbol{y}'\|)=(\tilde{\boldsymbol{x}}',\tilde{\boldsymbol{y}}')=\cos\langle\tilde{\boldsymbol{x}}',\tilde{\boldsymbol{y}}'\rangle \tag{5.7}$$

故相关系数也是标准化距平向量夹角的余弦。因为标准化不改变单个向量的方向，也不改变两个向量的夹角，故 $r=\cos\langle\boldsymbol{x}',\boldsymbol{y}'\rangle=\cos\langle\tilde{\boldsymbol{x}}',\tilde{\boldsymbol{y}}'\rangle$。

因式(5.4)中 $\bar{\boldsymbol{x}}$、$\bar{\boldsymbol{y}}$ 与 n 维相空间 E 中向量 $\boldsymbol{l}=(1\quad 1\quad\cdots\quad 1)$ 共线，而 $\boldsymbol{x}'\perp\bar{\boldsymbol{x}}$、$\boldsymbol{y}'\perp\bar{\boldsymbol{y}}$(见 2.1 3 节)，故 $\boldsymbol{x}'$、$\boldsymbol{y}'$ 落在 E(n 维)中垂直于 $\boldsymbol{l}$ 向量的子空间 E′(n-1 维)上[图 5.1(a)]。标准化使 $\|\tilde{\boldsymbol{x}}'\|=\|\tilde{\boldsymbol{y}}'\|=1$，故 $\tilde{\boldsymbol{x}}'$、$\tilde{\boldsymbol{y}}'$ 落在 E′中的单位半径超球球面(简称单位超球球面)E″(n-2 维)上[图 5.1(b)]。从几何角度看，因为相关系数 $r=\cos\langle\tilde{\boldsymbol{x}}',\tilde{\boldsymbol{y}}'\rangle$，而 $\tilde{\boldsymbol{x}}'$、$\tilde{\boldsymbol{y}}'$ 的维数为 $n-2$，故 r 的自由度为 $n-2$ 的统计量。

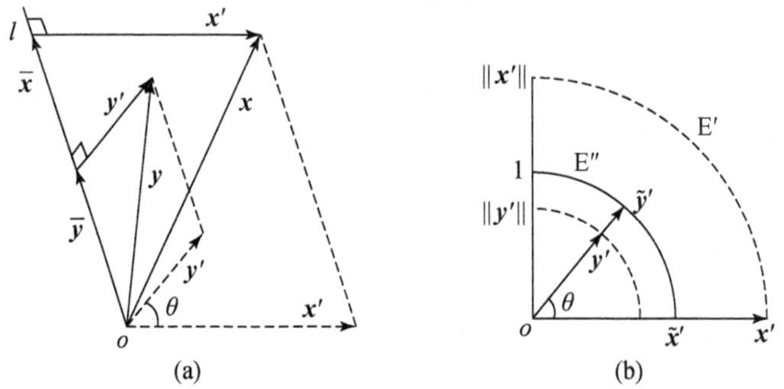

图 5.1　相空间中 $\boldsymbol{x}$、$\boldsymbol{y}$ 分解的几何示意图

(a)E(n 维)中 $\boldsymbol{x}$、$\boldsymbol{y}$ 的分解；(b)E′(n-1 维)中的 E″(n-2 维)及 $\boldsymbol{x}$、$\boldsymbol{y}$ 的标准化。$\theta=\langle\boldsymbol{x}',\boldsymbol{y}'\rangle=\langle\tilde{\boldsymbol{x}}',\tilde{\boldsymbol{y}}'\rangle$

5.1.2　r 显著性检验几何意义

按统计学(费史，1962)，当样本式(5.1)来自独立正态母体 X、Y 时，其样本相关系数 r 的概率密度函数为

$$f(r)=\frac{n-2}{n}(1-r^2)^{\frac{n-4}{2}}\int_0^1 z^{n-2}(1-z^2)^{-1/2}\mathrm{d}z \tag{5.8}$$

作变换

$$t=\frac{r}{\sqrt{1-r^2}}\sqrt{n-2} \tag{5.9}$$

t 服从自由度为 n-2 的学生氏 t 分布，其概率密度函数为

$$p(t)=\frac{1}{\sqrt{n-2}}\cdot\frac{1}{\mathrm{B}\left(\dfrac{n-2}{n},\dfrac{1}{2}\right)}\cdot\frac{1}{\left(1+\dfrac{t^2}{n-2}\right)^{\frac{n-1}{2}}} \tag{5.10}$$

式中，$\mathrm{B}\left(\dfrac{n-2}{n},\dfrac{1}{2}\right)$ 是参数为 $\dfrac{n-2}{n}$、$\dfrac{1}{2}$ 的 B 函数。

对给定的信度 α(通常取一个小量,如 $\alpha=0.01$、0.05)和样本容量 n,可由式(5.10) $p(|t|\geqslant t_{\alpha,n-2})=\alpha$ 计算出 t 的临界值 $t_{\alpha,n-2}$,然后据式(5.9)求得 r 的临界值

$$r_{\alpha,n}=\sqrt{\frac{t_{\alpha,n-2}^2}{(n-2)+t_{\alpha,n-2}^2}} \tag{5.11}$$

"实际推断原理"认为,小概率事件(p 接近于0)在一次试验(抽样)中不可能出现,大概率事件(p 接近于1)在一次试验(抽样)中必然出现(复旦大学数学系,1961)。假如样本式(5.1)来自正态无相关母体,则 $|r|\geqslant r_{\alpha,n}$ 是概率等于 α 的小概率事件,按照实际推断原理,认为它在一次试验中不可能出现;故当样本的 $|r|\geqslant r_{\alpha,n}$ 时,判断 $\boldsymbol{x}$、$\boldsymbol{y}$ 来自相关母体;反之,判断它们来自无相关母体。这是 r 显著性检验的基本思想。

从几何角度看:①当样本 $\boldsymbol{x}$、$\boldsymbol{y}$ 来自正态母体时,其单个距平随机向量 $\boldsymbol{x}'$(或 $\boldsymbol{y}'$)是 E′中各向同性的向量。各向同性是指 $\boldsymbol{x}'$(或 $\boldsymbol{y}'$)均匀地出现在 E′中所有方向上,或 $\tilde{\boldsymbol{x}}'$,($\tilde{\boldsymbol{y}}'$)均匀地出现在 E″上。②当样本 $\boldsymbol{x}$、$\boldsymbol{y}$ 的母体无相关时,$\boldsymbol{x}'$、$\boldsymbol{y}'$ 在 E′中的指向或 $\tilde{\boldsymbol{x}}'$、$\tilde{\boldsymbol{y}}'$ 在 E″上的位置无关。

我们可以用低维空间中的随机试验数据直观显示上述几何性质①和②。取维数 $n=3$,则 E^n、E′、E″分别为 E^3、E^2、E^1。先由 $N(0,1)$ 随机数产生程序给出100对 $n=3$ 的随机序列(或向量)$\boldsymbol{x}_l$、$\boldsymbol{y}_l$、$l=\overline{1,100}$,$\boldsymbol{x}_l$、$\boldsymbol{y}_l$ 相互独立。

图5.2(a)给出了与$\{\boldsymbol{x}_l\}$对应的距平向量矢端集合$\{\boldsymbol{x}_l'\}$在 E′(它是垂直于 E^3 中么向量的平面)上的分布,图5.2(b)给出了标准化距平向量矢端集合$\{\tilde{\boldsymbol{x}}_l'\}$在 E″(它是 E′上的单位圆)上的分布,矢端在 E′上取向均匀、在 E″上取位均匀。类似地,$\{\boldsymbol{y}_l'\}$、$\{\tilde{\boldsymbol{y}}_l'\}$ 也有相同的性质。它们直观地显示了几何性质②。

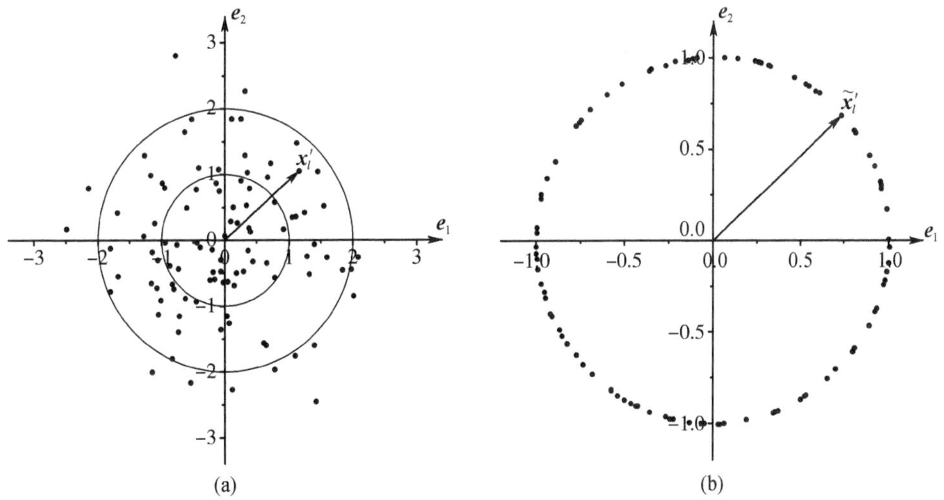

图5.2　由 $N(0,1)$ 随机数产生器产生的 E^3 中100个 $\boldsymbol{x}$ 的 $\boldsymbol{x}_l'$、$\tilde{\boldsymbol{x}}_l'$

(a)E′中的$\{\boldsymbol{x}_l'\}$;(b)E″中的$\{\tilde{\boldsymbol{x}}_l'\}$

当 X、Y 为正态无相关母体时,$\boldsymbol{x}'$、$\boldsymbol{y}'$ 在 $n-1$ 维空间 E′中的取向无关,其标准化向量 $\tilde{\boldsymbol{x}}'$、

$\tilde{\boldsymbol{y}}'$在 $n-2$ 维空间 E″上的位置无关。若在 E′中取 $\boldsymbol{x}'$为参照(极坐标的轴),则 $\boldsymbol{y}'$将在 E′中均匀取向;同理,若在 E″中取 $\tilde{\boldsymbol{x}}'$为参照,则 $\tilde{\boldsymbol{y}}'$将在 E″上均匀取位。这是几何性质②的直观显示。

实际问题的 n 一般较大($n\gg 3$),E′是垂直于么向量(所有分量均为 1 的向量)的超平面($n-1$ 维),E″是 E′中的单位超球球面($n-2$ 维)。但对来自正态无相关母体的 $\boldsymbol{x}$、$\boldsymbol{y}$,前述几何性质(取向、取位均匀性)不变。因此,对于给定的小量 α 及样本容量 n,上述几何均匀性将使一次试验的 $\boldsymbol{y}'$出现在 E′中余纬 $\theta\in[0,\hat{\theta}_{\alpha,n}]$角域内的概率等于 E′中 $\theta\in[0,\hat{\theta}_{\alpha,n}]$对应的超球极冠区立体角度$(\Theta_{\alpha,n})_{n-1}$与 $\theta\in[0,\pi/2]$对应的超球半球立体角度$(\Theta_{\pi/2})_{n-1}$之比,或 $\tilde{\boldsymbol{y}}'$出现在 E″中 $\theta\leqslant\hat{\theta}_{\alpha,n}$的极冠区上的概率等于 E″的极冠区面积$(S_{\hat{\theta}_{\alpha,n}})_{n-1}$与半球面积$(S_{\pi/2})_{n-1}$之比,即

$$p(0\leqslant\theta\leqslant\hat{\theta}_{\alpha,n})=\frac{(\Theta_{\hat{\theta}_\alpha})_{n-1}}{(\Theta_{\pi/2})_{n-1}}=\frac{(S_{\hat{\theta}_\alpha})_{n-1}}{(S_{\pi/2})_{n-1}}=\alpha \tag{5.12}$$

式(5.12)已考虑了超球对 $\theta=\pi/2$ 的对称性,只给出了超球 $\theta\in[0,\pi/2]$的部分。

因为 α 是一个小量,故对来自无相关母体的样本 $\boldsymbol{x}$、$\boldsymbol{y}$,其"$\boldsymbol{y}'$落在 $\theta\leqslant\hat{\theta}_{\alpha,n}$角域"或"$\tilde{\boldsymbol{y}}'$落在 $\theta\leqslant\hat{\theta}_{\alpha,n}$极冠区"是小概率事件,按实际推断原理,认为它在一次试验中不可能出现;因此,可据是否出现 $\theta\in[0,\hat{\theta}_{\alpha,n}]$判断正态 $\boldsymbol{x}$、$\boldsymbol{y}$ 的母体 X、Y 是否相关。

这是 r 显著性检验的几何意义。

5.1.3　r 显著性检验几何意义的验证

对于给定的 α 和 n,式(5.11)给出了来自正态母体的样本序列式(5.1)的相关系数的统计学临界值 $r_{\alpha,n}$;由式(5.12)确定的 $\hat{\theta}_{\alpha,n}$可以给出其几何学临界值 $\hat{r}_{\alpha,n}$。上述几何理解是否正确归结为下式是否成立

$$\hat{r}_{\alpha,n}=r_{\alpha,n} \tag{5.13}$$

式中,

$$\hat{r}_{\alpha,n}=\cos\hat{\theta}_{\alpha,n} \tag{5.14}$$

为了验证式(5.13),姚菊香等(2007)对给定的 α、n 求出了式(5.12)中的 $\hat{\theta}_{\alpha,n}$,并据式(5.14)求得了相应的 $\hat{r}_{\alpha,n}$。

求 n 重积分(华东师范大学数学系,2002),可得式(5.12)中与 $\hat{\theta}_{\alpha,n}$对应的单位超球极冠区面积为

$$(S_{\hat{\theta}_{\alpha,n}})_{n-1}=\begin{cases}\dfrac{2^{\frac{n-1}{2}}\cdot\pi^{\frac{n-3}{2}}}{(n-4)!!}\displaystyle\int_0^{\hat{\theta}_{\alpha,n}}\sin^{n-3}\theta\mathrm{d}\theta, & n\text{ 为奇数}\\[2ex]\dfrac{2^{\frac{n-2}{2}}\cdot\pi^{\frac{n-2}{2}}}{(n-4)!!}\displaystyle\int_0^{\hat{\theta}_{\alpha,n}}\sin^{n-3}\theta\mathrm{d}\theta, & n\text{ 为偶数}\end{cases} \tag{5.15}$$

半球面积为

$$(S_{\pi/2})_{n-1}=\begin{cases}\dfrac{1}{2}\cdot\dfrac{(2\pi)^{\frac{n-1}{2}}}{(n-3)!!}, & n \text{ 为奇数}\\ \dfrac{1}{2}\cdot\dfrac{\pi^{\frac{n-2}{2}}\cdot 2^{\frac{n}{2}}}{(n-3)!!}, & n \text{ 为偶数}\end{cases} \tag{5.16}$$

将它们代入式(5.12),得积分方程

$$\int_0^{\hat{\theta}_{\alpha,n}}\sin^{n-3}\theta\mathrm{d}\theta=\begin{cases}\dfrac{\alpha\pi(n-4)!!}{2(n-3)!!}, & n \text{ 为奇数}\\ \dfrac{\alpha(n-4)!!}{(n-3)!!}, & n \text{ 为偶数}\end{cases} \tag{5.17}$$

式中,!! 为双阶乘号(注:双阶乘为间隔 2 的自然数连乘),并规定 0!!=1!!=1、2!!=2。

对 $\alpha=0.01$、0.05 和一些 n 值,从积分方程(5.17)中解得 $\hat{\theta}_{\alpha,n}$,并据式(5.14)求得 $\hat{r}_{\alpha,n}$,结果列于表 5.1。将它们与式(5.11)求得的 $r_{\alpha,n}$ 比较,结果表明,式(5.13)成立。因此,这里对 r 显著性检验几何意义的理解正确。

表 5.1　几何分析求得的 $\hat{\theta}_{\alpha,n}$ 及 $\hat{r}_{\alpha,n}$

α	n	3	4	5	7	10	20	50	100	200	500	1000
0.05	$\hat{\theta}_{\alpha,n}/(°)$	4.50	18.19	28.56	41.02	50.81	63.65	73.82	78.66	82.02	84.97	86.45
	$\hat{r}_{\alpha,n}$	0.9969	0.950	0.878	0.755	0.632	0.444	0.279	0.197	0.139	0.088	0.062
0.01	$\hat{\theta}_{\alpha,n}/(°)$	0.90	8.11	16.52	29.01	40.13	55.85	68.84	75.14	79.53	83.39	85.33
	$\hat{r}_{\alpha,n}$	0.9999	0.990	0.959	0.875	0.765	0.561	0.361	0.257	0.182	0.115	0.081

式(5.15)、式(5.16)E′中单位超球极冠区,半球面积 $S_{\hat{\theta}_\alpha}$、$S_{\pi/2}$ 的算式,还可以通过它们与 E′($n-1$ 维空间)中超球扇形,半球体积 $V_{\hat{\theta}_\alpha}$、$V_{\pi/2}$ 的关系

$$S_{\hat{\theta}_\alpha}=(n-1)V_{\hat{\theta}_\alpha},\quad S_{\pi/2}=(n-1)V_{\pi/2}$$

求得,该关系已由意大利数学家卡佛来利于 17 世纪中叶给出(斯科特,2002),其意义更直观。

我们可以在低维空间中直观地显示 r 显著性检验的几何意义。对信度 $\alpha=0.05$ 和 $n=3$、4 [注:r 的定义式(5.2)中 $n\geqslant 3$],E′为 2、3 维空间,E″为其中的单位圆、球(图 5.3)。对 $n=3$ [图 5.3(a)],E″是图上半个单位圆;若 $\boldsymbol{x}$、$\boldsymbol{y}$ 无相关,$\tilde{\boldsymbol{y}}'$ 应在半圆弧 $\widehat{CC'}$ 上均匀取位,圆弧长 $\widehat{BB'}$、$\widehat{CC'}$ 之比应等于 0.05,由此求得 $\hat{\theta}_{0.05,3}=4.50°$,$\hat{r}_{0.05,3}=0.9969$。对 $n=4$[图 5.3(b)],E″是图中半个单位半径球面;若 $\boldsymbol{x}$、$\boldsymbol{y}$ 无相关,$\tilde{\boldsymbol{y}}'$ 应在极冠区(阴影区)球面上均匀取位,极冠区面积与该半球面积之比 $(S_{\hat{\theta}_{0.05}})_3/(S_{\pi/2})_3=0.05$,由此求得 $\hat{\theta}_{0.05,4}=18.19°$,$\hat{r}_{0.05,4}=0.9500$。将 $\hat{r}_{0.05,3}$、$\hat{r}_{0.05,4}$ 与 t 检验法求得的临界值比较,有 $\hat{r}_{0.05,3}=r_{0.05,3}$、$\hat{r}_{0.05,4}=r_{0.05,4}$。因此,验证了 r 显著性检验的几何意义。

由几何分析知:r 显著性检验的 t 检验法虽对正态分布母体 X、Y 给出,但利用的只是 $\boldsymbol{x}'$、

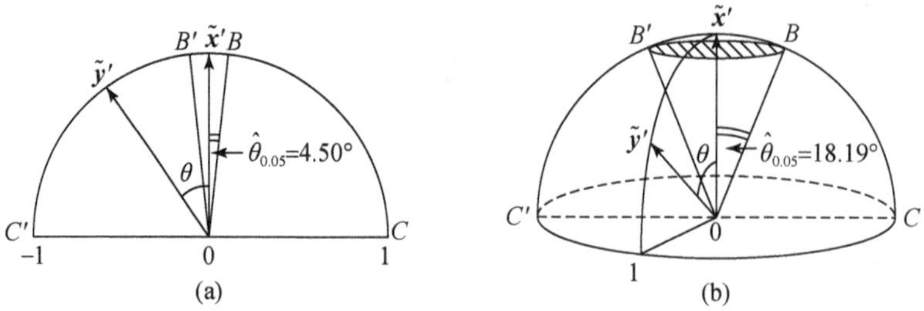

图 5.3　r 显著性检验几何意义验证

(a) $n=3$($\widehat{BB'}/\widehat{CC'}=\alpha$)；(b) $n=4$(极冠面积(阴影区)与半球面积之比为 α)

$\boldsymbol{y}'$在 E′中各向同性的性质。故该理论显著性检验方法应适用于 E′中一切各向同性的 $\boldsymbol{x}'$、$\boldsymbol{y}'$ 样本 r 的显著性检验。

5.1.4　r 显著性检验的 EMC 法

用 t 检验法作 r 的显著性检验的前提是式(5.1)的样本序列 $\boldsymbol{x}$、$\boldsymbol{y}$ 来自正态母体，当实际分析对象来自非正态母体时，需要寻找适当的检验方法。参照 2.2 节，这里对不一定来自正态母体的、长为 n 的样本序列 $\boldsymbol{x}$、$\boldsymbol{y}$，给出 r 显著性检验的 EMC 法主要步骤：

(1)对样本序列的距平序列 $\boldsymbol{x}'$、$\boldsymbol{y}'$做几何标准化处理，得 $\tilde{\boldsymbol{x}}'=\boldsymbol{x}'/\|\boldsymbol{x}'\|$、$\tilde{\boldsymbol{y}}'=\boldsymbol{y}'/\|\boldsymbol{y}'\|$，按式(5.7)求得样本相关系数 $r=(\tilde{\boldsymbol{x}}',\tilde{\boldsymbol{y}}')$，它是 EMC 法显著性的检验对象。

(2)取 $\tilde{\boldsymbol{x}}'$、$\tilde{\boldsymbol{y}}'$之一(这里取 $\tilde{\boldsymbol{y}}'$)随机排序 L 次，得 $\tilde{\boldsymbol{y}}_l'$、$l=\overline{1,L}$，$L=10^3$；按

$$r_l=(\tilde{\boldsymbol{x}}',\tilde{\boldsymbol{y}}_l') \tag{5.18}$$

求得模拟序列的相关系数集合 r_l、$l=\overline{1,L}$。

(3)将 $|r_l|$、$l=\overline{1,L}$ 作非升值排序，得 $|r_h|$、$h=\overline{1,L}$；对给定信度 $\alpha=0.05$ 和 $L=1000$，得 $h_\alpha=\alpha L=50$，$r_\alpha=|r_{h_\alpha}|=|r_{50}|$是检验 r 的阈值。

(4)若 $|r|\geqslant r_\alpha$，则判断 $\boldsymbol{x}$、$\boldsymbol{y}$ 在信度 α 下显著相关；否则，不相关。

步骤(2)中对样本序列 $\boldsymbol{y}$ 的随机排序不改变 $\boldsymbol{y}$ 的分布函数及数字特征，因此求得的模拟统计量 r_l 的概率密度函数 $p(r_l)$ 最接近样本的 $p(r)$，用 $p(r_l)$ 确定 r 的阈值 r_α 是合理的；而如果用 MC 法通过随机数产生程序产生服从某种理论分布随机序列 $\boldsymbol{y}_l$，违反了随机模拟的基本要求，用它确定的阈值 r_α 不适合 r 的检验。用对 $\tilde{\boldsymbol{y}}'$的随机排序替代对 $\boldsymbol{y}$ 的随机排序，它不改变 r_l 的值，仅为节省计算资源。

5.2　一组(多组)相关系数的显著性检验

5.1 节分析了单个相关系数 r 的意义及显著性检验，实际问题涉及一组，甚至多组 r 的分析及检验。本节给出一组 r 和多组 r 的分析原理和实例。

5.2.1　一组 r 的显著性检验

1. 原理和方法

按实际推断原理,当检验对象为一组(含 m 个)样本相关系数

$$r_i, \quad i=\overline{1,m} \tag{5.19}$$

时,即使样本来自无相关母体,只要 m 足够大,其中出现部分 $|r_i| \geqslant r_\alpha$ 也将不是小概率事件。

实际分析中,式(5.19)给出的一组相关系数 r(记为 $\boldsymbol{r}$,由 m 个相关系数构成)来自两类样本

$$\boldsymbol{x}、\boldsymbol{y}_i, \quad i=\overline{1,m} \tag{5.20a}$$

$$\boldsymbol{x}_i、\boldsymbol{y}_i, \quad i=\overline{1,m} \tag{5.20b}$$

式(5.20a)的样本是要素 X 的样本序列 $\boldsymbol{x}$ 与要素 Y 的一组(含 m 个)样本序列 $\boldsymbol{y}_i$、$i=\overline{1,m}$;式(5.20b)是要素 X、Y 的 m 对样本序列,序列长度均为 n。

假设式(5.19)中的所有 r_i 均来自无相关母体,则其中一个 r_i 出现 $|r_i| \geqslant r_\alpha$ 是小概率(概率 $p=\alpha$)事件,按实际推断原理,它在一次试验中不会出现。但式(5.19)是多次(m 次)试验,按伯努利(Bernoulli)定理,m 个 r_i 出现 k 个 $|r_i| \geqslant r_\alpha$ 的概率为

$$p_m(k)=\binom{m}{k}\alpha^k(1-\alpha)^{m-k} \tag{5.21}$$

式中,$\binom{m}{k}$ 是从 m 中取出 k 的组合数。$p_m(k)$ 即二项分布概率函数,其极大值出现在 $k=\alpha m$ 处;$p_m(k)$ 对应的分布函数为

$$P_m(k)=\sum_{k'=0}^{k} p_m(k') \tag{5.22}$$

Livezey 和 Chen(1983)由式(5.21)和式(5.22)求出 k 的临界值 k_α,它满足

$$\sum_{k=0}^{k_\alpha-1} p_m(k') < 1-\alpha \leqslant \sum_{k'=0}^{k_\alpha} p_m(k') \tag{5.23}$$

k_α 由参数 α、m 唯一确定。可据 $k \geqslant k_\alpha$ 判断式(5.19)中 $\boldsymbol{r}$ 来自相关母体;否则,$\boldsymbol{r}$ 来自无相关母体,其上 $|r_i| \geqslant r_\alpha$ 是随机产生的。为方便,我们称上述对一组 $\boldsymbol{r}$ 的显著性检验方法为 Livezey 法。

为了确定 Livezey 法中 k 的临界值 k_α,泊松(Possion)给出了一个 $P_m(k)$ 的高精度计算公式(复旦大学数学系,1962)

$$P_m(k)=\frac{\lambda^k}{k!}e^{-\lambda} \tag{5.24}$$

式中,$\lambda=\alpha m$。针对中国 160 站站网上 $\boldsymbol{r}$ 的检验($m=160$),表 5.2 给出了 $\alpha=0.05$、$m=160$ 的 $p_m(k)$[由式(5.21)求出]、$P_m(k)$[由式(5.24)求出],由它们确定的 $k_{0.05}$ 均为 13。5.2.2 节用于一张相关系数图上 $\boldsymbol{r}$($m=868$)及多张($m=12$)相关系数图 $\boldsymbol{R}$ 显著性检验的临界值 k_α,也用此方法确定。

表 5.2　用式(5.21)、式(5.24)求得的 $p_m(k)$、$P_m(k)$ (α=0.05、m=160)

k	0	1	2	3	4	5	6	7	8	9	10	11	12	13
$p_m(k)$	0.000	0.003	0.011	0.029	0.057	0.092	0.122	0.140	0.140	0.124	0.099	0.072	0.048	0.030
$P_m(k)$	0.000	0.003	0.013	0.042	0.099	0.191	0.313	0.453	0.592	0.716	0.816	0.888	0.936	0.965

2. 应用实例

这里提供一反一正两个实例。

实例 1：甘肃旱涝相关普查指标的显著性检验(徐国昌,1963)

在大气科学早期文献中,可以找到因忽视多次试验而做出误判的工作。徐国昌(1963)用相关普查方法为甘肃旱涝长期预测寻找预报指标时,普查了 18958 对关系(相当于 m=18958);用 α=0.01 和 α=0.05 对每个相关系数作了显著性检验,获得预测指标 k_1=159 条(通过信度 α=0.01 检验),参考指标 k_2=771 条(通过信度 α=0.05,但未通过信度 α=0.01 检验)。若从多次试验角度考察,在母体无相关假定下,k_1、k_2 的均值应为 190、758,实际 k_1=159<$\bar{k}_1$、k_2=771≈$\bar{k}_2$;它们与假定普查关系全来自无相关母体时由大数定理给出的 k 值相差无几。这说明上述预测指标、参考指标绝大部分来自无相关母体,不可能用它们取得有技巧的预测结果。

实例 2：中国季气温、降水相关系数图分析(周晓霞等,2007)

相关系数图 $\boldsymbol{r}$ 是式(5.19)的常见形式,i 是图上格(站)点序数,m 为格(站)点总数 $\boldsymbol{r}$ 在环流分析和短期气候预测中有广泛应用。这里给出用相关系数图 $\boldsymbol{r}$ 对中国季气温、降水局地同期相关联系的分析,主要分析 $\boldsymbol{r}$ 的季节差异及气候变化。

周晓霞等(2007)对中国 160 站 44 年(1955～1998 年)冬、夏季单站季平均气温 F、降水量 G 局地同时相关系数图 $\boldsymbol{r}$(略)做了显著性检验,其主要做法为:①单站 r_i 的显著性用 t 检验法,α=0.05、n=44 时 r_α=0.297;②用 Livezey 法检验 r 图,α=0.05、m=160 时,其显著相关站数 k 的临界值 k_α=13。统计得冬、夏季图上 $|r_i|\geqslant r_\alpha$ 的点数 k 分别为 20、108。夏季 k 明显大于 k_α,故认为夏季中国气温、降水来自相关母体;冬季 k 略大于 k_α,相关明显弱于夏季。

考虑到季降水量 G 的非正态性,这里在做单站 r_i 检验时用 EMC 法,其中 x、y 为 60 年(1951～2010 年)资料,随机排序对场序列 $\tilde{\boldsymbol{g}}'$进行;对 $\boldsymbol{r}$ 的检验用 Livezey 法,k_α=13 不变。由表 5.3 可见:①夏季 k=127 远大于冬、春、秋季,是 F、G 相关最强的季节,且夏季显著相关站几乎全为负相关;这与周晓霞等(2007)的分析结论一致。②春、夏季 k 的构成类似,k_-均占绝对优势,与秋、冬季差别明显;可据 r 的这个特征,将中国季 F、G 局地相关分为春夏强,尤以夏为主,秋冬季弱两种类型。

表 5.3　中国 60 年 160 站季气温和降水局地相关系数场显著站数及性质统计

季节	冬季	春季	夏季	秋季
k_+	7	0	1	5
k_-	33	58	126	32
k	**40**	**58**	**127**	**37**

注:k_+、k_-为正、负显著相关站数,k=k_++k_-;黑体数据通过信度 α=0.05 显著性检验

众所周知,中国夏季各种尺度天气系统(中小尺度如雷暴,天气尺度如台风、低涡及副高、冷空气活动等)有关的降水大都伴随气温降低,反之亦然;夏季 $\boldsymbol{r}$ 图上 F、G 局地同期的强显著负相关联系是它们在气候上的反映。由周晓霞等(2007)的夏季 $\boldsymbol{r}$ 图(略)知,显著负相关站存在区域差异,我国东南部(105°E 以东,35°N 以南)相对集中,计算了夏季华北区、江淮区、华南区标准化区域平均气温、降水异常序列 $[\tilde{\boldsymbol{f}}']$、$[\tilde{\boldsymbol{g}}']$,统计结果(表 5.4)表明,江淮区、华南区 A 型($[\tilde{g}']<0$、$[\tilde{f}']>0$,干热)和 B 型($[\tilde{g}']>0$、$[\tilde{f}']<0$,湿凉)夏季出现的总频率达 30/44,通过了信度 $\alpha=0.05$ 的显著性检验,A 型、B 型出现频率显著偏高;这两个区应常见"干热""湿凉"型夏季。而华北区 A 型和 B 型出现的总频率偏低,为 21/44,A 型、B 型出现不显著。

表 5.4　夏季(6~8 月)华北区、江淮区、华南区标准化区域平均气温、降水距平序列及异常类型

年份	华北区			江淮区			华南区			年份	华北区			江淮区			华南区		
	$[\tilde{g}']$	$[\tilde{f}']$	型	$[\tilde{g}']$	$[\tilde{f}']$	型	$[\tilde{g}']$	$[\tilde{f}']$	型		$[\tilde{g}']$	$[\tilde{f}']$	型	$[\tilde{g}']$	$[\tilde{f}']$	型	$[\tilde{g}']$	$[\tilde{f}']$	型
1955	0.06	1.63	C	0.61	-0.54	B	0.47	-1.63	B	1977	0.26	-0.40	B	0.85	-0.79	B	-0.41	0.84	A
1956	2.08	-1.67	B	-0.03	0.75	A	-1.50	0.28	A	1978	0.54	0.93	C	-1.87	1.45	A	-0.84	0.59	A
1957	0.30	-1.49	B	-0.19	-0.33	C	-0.68	-0.66	C	1979	-0.52	-0.52	C	-0.34	0.60	A	-0.15	0.31	A
1958	0.29	-0.16	B	-1.22	0.46	A	0.03	-0.88	B	1980	-1.05	-0.85	C	2.22	-1.78	B	-0.47	0.96	A
1959	0.63	0.84	C	-1.08	1.30	A	1.54	-1.03	B	1981	-0.74	0.68	A	-1.05	0.91	A	-0.11	0.14	A
1960	0.50	0.32	C	-0.83	0.34	A	-0.18	-0.39	C	1982	-0.11	-0.65	C	0.40	-1.64	B	-0.65	-0.20	C
1961	0.01	1.40	C	-1.03	2.27	A	-0.06	0.30	A	1983	-1.84	0.37	A	1.31	-1.01	B	-1.41	1.97	A
1962	0.40	-0.18	B	0.57	0.16	C	-0.64	0.21	A	1984	0.23	-0.41	B	0.09	0.39	C	0.72	0.71	A
1963	2.02	0.65	C	-0.99	0.10	A	-0.26	-0.02	C	1985	-0.57	0.39	A	-1.06	0.05	A	-0.35	0.07	A
1964	1.66	-0.25	B	-0.68	0.39	A	0.30	-0.30	B	1986	-1.37	-0.16	C	-0.15	-0.38	C	0.08	0.49	C
1965	-0.98	0.12	A	-0.19	-1.17	C	-1.01	-1.15	C	1987	-0.53	-0.50	C	0.47	-1.17	B	-0.56	0.35	A
1966	0.31	0.86	C	-1.11	0.61	A	1.11	-1.43	B	1988	-0.09	-0.07	C	-0.18	1.00	A	-0.67	1.14	A
1967	0.04	1.18	C	-1.28	1.78	A	-0.49	0.84	A	1989	-1.11	-0.82	C	0.86	-1.39	B	-2.18	1.34	A
1968	-1.92	0.59	A	-0.91	-0.56	C	1.26	-0.95	B	1990	0.45	0.23	C	-0.54	1.63	A	-0.85	1.73	A
1969	-0.40	-0.35	C	2.25	-1.03	B	-0.62	-0.46	C	1991	-0.85	0.36	A	0.42	0.21	C	0.25	1.06	C
1970	0.20	-1.38	B	0.20	-0.84	B	-0.60	-0.20	C	1992	-1.38	-0.35	C	-0.28	-1.05	C	-0.20	0.24	A
1971	1.67	-0.56	B	-0.85	1.52	A	0.33	-0.72	B	1993	0.12	-1.42	B	1.52	-1.38	B	0.44	1.14	C
1972	-1.25	0.04	A	-1.05	-0.20	C	0.55	-0.22	B	1994	0.51	2.32	C	0.17	1.30	C	3.85	-1.13	B
1973	1.16	-0.79	B	0.22	-0.24	B	0.84	-1.44	B	1995	0.56	0.01	C	0.81	0.14	C	1.51	0.00	C
1974	-0.02	-0.81	C	-0.03	-1.35	C	0.79	-1.54	B	1996	1.49	-0.63	B	1.66	-0.18	B	0.44	0.73	C
1975	0.19	0.52	C	0.38	-0.22	B	-0.51	-0.43	C	1997	-2.29	2.86	A	0.45	-0.18	B	1.71	-1.10	B
1976	0.73	-2.41	B	-0.76	-0.83	C	0.59	-1.99	B	1998	0.56	0.53	C	2.25	0.92	C	0.02	2.40	C

注:A-干热型,B-湿凉型,C-其他型

进一步分析中国夏季气温、降水 $\boldsymbol{r}$ 图的气候变化。先求出中国 60 年(1951~2010 年)的前 30 年(1951~1980 年)、后 30 年(1981~2010 年)两个时段的季 F、G 局地同期相关系数

场 $\boldsymbol{r}_1$、$\boldsymbol{r}_2$(图 5.4)；考虑到样本的非正态性，单站 r 和场 $\boldsymbol{r}_1$、$\boldsymbol{r}_2$ 的检验均用 EMC 法，其中随机排序对前(后)30 年样本场序列 $\tilde{\boldsymbol{g}}_1'(\tilde{\boldsymbol{g}}_2')$ 进行，故它们的随机相关系数场 $\boldsymbol{r}_{1l}$(前 30 年)、$\boldsymbol{r}_{2l}$(后 30 年)存在较好的组织性。

统计了图 5.4、$\boldsymbol{r}_1$、$\boldsymbol{r}_2$ 上的显著相关总站数 $k_1(k_2)$ 及其中负相关总站数 $k_{1-}(k_{2-})$，定义了它们的差值 $k_d=k_2=k_1(k_{d-}=k_{2-}-k_{1-})$ 和相关性质不变站数 k_c，$k_d(k_{d-})$ 可理解为前后两个气候时段显著相关(负相关)站数增加值，k_c 可理解为 F、G 显著相关稳定存在的站数。

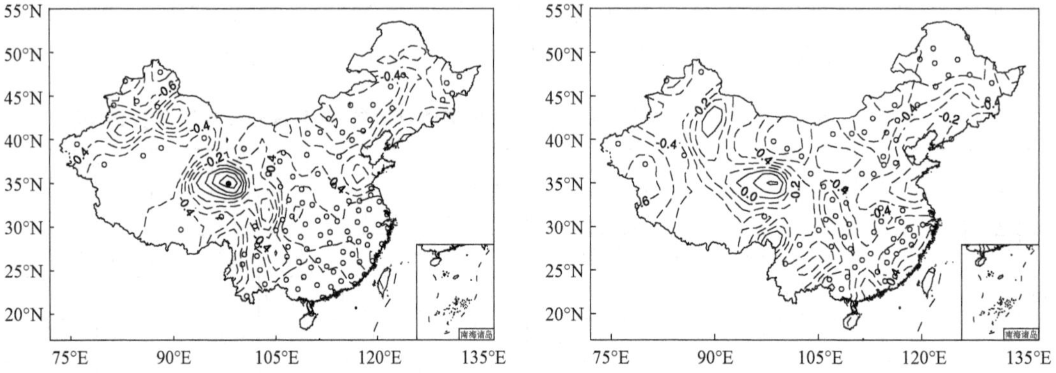

(a)　　(b)

图 5.4　夏季中国 160 站气温、降水局地相关系数场

(a)前 30 年的 $\boldsymbol{r}_1$；(b)后 30 年的 $\boldsymbol{r}_2$。●(○)号为通过 $\alpha=0.05$ EMC 显著性检验的正(负)相关台站

由表 5.5 知：①$\boldsymbol{r}_1$、$\boldsymbol{r}_2$ 显著相关几乎全为负相关，这是夏季天气在气候上的反映。②由 k_c 知，前 30 年显著相关的 75 站中约 80% 延续到后 30 年，且性质(负相关)未变，显著相关区有较强的地域稳定性(我国中南部)。③后 30 年 F、G 显著相关站数较之前 30 年约减少 1/3；这表明，中国基本气候要素(F、G)的局地相关存在明显的气候变化。

表 5.5　夏季中国 160 站前、后 30 年 r 的 k、k_-、k_d、k_c

统计量	k_1	k_2	k_d	k_{1-}	k_{2-}	k_{d-}	k_c
值/站	109	75	−34	108	75	−33	61

注：前、后 30 年显著相关总站数 k_1、k_2，显著负相关总站数 k_{1-}、k_{2-}，它们的差值 $k_d=k_2-k_1$、$k_{d-}=k_{2-}-k_{1-}$，显著负相关其性质不变站数 k_c。下角 1，2 分别表示前 30 年、后 30 年

5.2.2　多组 r 的显著性检验

1. 原理和方法

以 $\boldsymbol{R}$ 记 m 张相关系数图

$$\boldsymbol{r}_i、i=\overline{1,m} \tag{5.25}$$

它是多组 r 的例子。$\boldsymbol{R}$ 的显著性检验类同于 $\boldsymbol{r}$ 的显著性检验，可叙述为：假设母体无相关，在信度 α 下，m 张 $\boldsymbol{r}_i$ 中出现 k 张显著相关系数图的概率为 $p_m(k)$，$p_m(k)$ 由式(5.21)确定；其临

界值 k_α 则可据式(5.23)确定。当样本 $\boldsymbol{R}$ 中通过显著相关系数图张数 $k \geqslant k_\alpha$ 时,判断 $\boldsymbol{R}$ 中通过显著性检验的这 k 张 $\boldsymbol{r}_i$ 有统计意义,可用于实际分析和预测。

2. 应用实例

实例:中国东部三区(华北、江淮、华南)夏季降水量 R 与全球海表温度 SST 时滞相关系数图的检验(Lu et al. ,2009)。为预测我国东部三区夏季(6~8月)降水量 R,分析了各区 R 的指数 I_R 与前期1~12月逐月全球 SST 的相关系数图。计算 I_R 使用了1960~2001年42年的6~8月指标站逐月降水量,故 $n=42$;计算 SST 使用了1959年6月~2001年5月 NOAA-CIRES Climate Diagnostics Center 提供的 COADS 数据集,取 $\Delta\lambda \times \Delta\varphi = 8° \times 4°$,其全球海洋格点数 $m'=868$、$m=12$,由此求得各区的12张(SST-R 时滞)相关系数图

$$\boldsymbol{r}_i、i=\overline{1,12} \tag{5.26}$$

取信度 $\alpha=0.05$,用 t 检验方法求得一次试验($n=42$)的 $r_\alpha=0.304$,得 $\boldsymbol{r}_i$ 的显著相关点数临界值 $k'_\alpha=54$,$\boldsymbol{R}$ 的显著相关图张数临界值 $k_\alpha=2$。统计得各区逐月图 $\boldsymbol{r}_i$ 上 $|r| \geqslant r_\alpha$ 的格点数 k(表5.6)。可见,从多组试验角度看,华北、江淮两个区的 SST 与 I_R 的时滞相关显著,且江淮区最典型($k=12>k_\alpha$);而华南区只有一个月(前一年的12月)的 SST 与 I_R 的相关显著($k=1<k_\alpha$),从多组试验看,该区域 I_R 与 SST 相关不显著。

表5.6　中国东部三区夏季降水与前期全球海温的相关图上 $|r| \geqslant r_\alpha$ 的格点数 k'

地区	上年月份							当年月份				
	6	7	8	9	10	11	12	1	2	3	4	5
华北	17	9	17	17	38	33	44	33	**84**	**108**	**72**	**71**
江淮	**199**	**163**	**153**	**123**	**139**	**145**	**156**	**152**	**169**	**216**	**186**	**210**
华南	27	33	23	16	15	45	**58**	27	49	39	26	21

注:黑体数据为 $k' \geqslant k'_{0.05}=54$

图5.5是江淮区夏季降水与前期(当年3月、5月)全球 SST 相关系数图。可见,江淮夏季降水与前期热带海表温度有着密切且稳定的相关联系,显著相关海区主要在热带三大洋区和邻近我国的西太平洋,且以正相关关系为主;因为 El Niño 事件中热带东太平洋 SST 为正异常,故前期(当年3月、5月)出现 El Niño,该年夏季江淮区降水可能偏多,反之亦然。

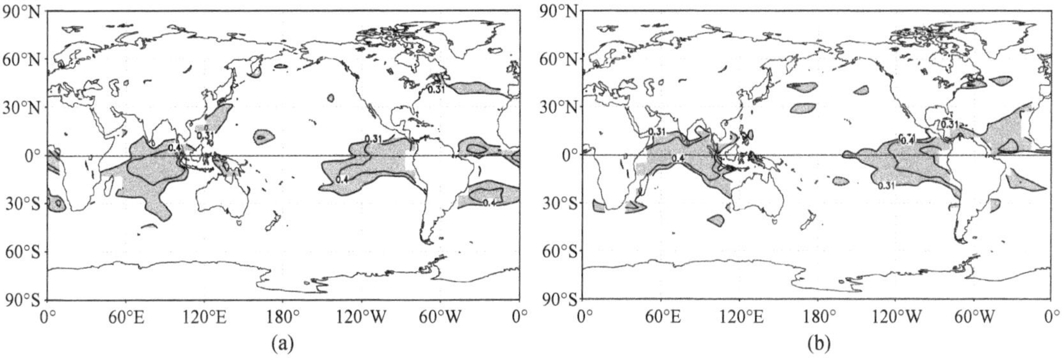

图5.5　江淮区夏季降水与前期全球 SST 相关系数图

(a)当年3月;(b)当年5月。阴影区 $|r| \geqslant r_{0.05}$

图 5.6 是华北、华南区的两张 *SST-R* 时滞相关系数图。因为其均满足 $k \geqslant k_\alpha$，故从 1 张 $\boldsymbol{r}$ 检验角度看，它们均与后期 I_R 显著相关。但因为它们分属于通过、未通过多张 $\boldsymbol{r}$ 显著性检验情况，按统计原理，华北区[图 5.6(a)]所给出的相关信息可供预测参考，华南区[图 5.6(b)]则不可。

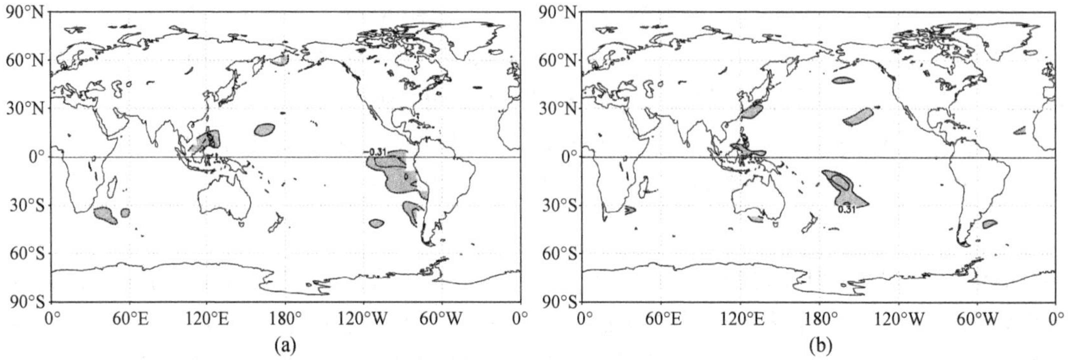

图 5.6 区域夏季降水与前期全球 *SST* 相关系数图

(a)华北区，当年 4 月；(b)华南区，上年 12 月。阴影区 $|r| \geqslant r_{0.05}$

5.3 滤波序列相关系数的显著性检验

大气环流异常及短期气候预测研究中，常需滤出式(5.1)样本序列 $\boldsymbol{x}$、$\boldsymbol{y}$ 中某些特定波段的信息，用以研究其相关联系主要由哪个波段分量的相关决定。由第 3 章知，滤波序列一般均较原序列简化，实质是滤波序列自由度较原序列减小。因此，对给定的信度 α，其相关系数 r 的显著性检验方法应当不同于原序列。这里，主要给出谐波滤波序列 r 的显著性检验方法，对其他滤波序列的显著性检验方法只作概括介绍。

5.3.1 谐波滤波序列 r 显著性检验

设式(5.1)样本序列 $\boldsymbol{x}$、$\boldsymbol{y}$ 是来自正态母体 X、Y 的长为 n 年的序列，其距平序列为 $\boldsymbol{x}'$、$\boldsymbol{y}'$。为分析年代际(以 s 标记)、年际(以 f 标记)变化对 r 构成的贡献，将 $\boldsymbol{x}'$、$\boldsymbol{y}'$ 作如下分解

$$\boldsymbol{x}'=\boldsymbol{x}'_s+\boldsymbol{x}'_f, \quad \boldsymbol{y}'=\boldsymbol{y}'_s+\boldsymbol{y}'_f \tag{5.27}$$

由 3.2 节知，

$$\begin{aligned} \boldsymbol{x}'_s &= \sum_{k=1}^{k_s} ({}_x a_k \boldsymbol{c}_k + {}_x b_k \boldsymbol{s}_k), \quad \boldsymbol{x}'_f = \boldsymbol{x}' - \boldsymbol{x}'_s \\ \boldsymbol{y}'_s &= \sum_{k=1}^{k_s} ({}_y a_k \boldsymbol{c}_k + {}_y b_k \boldsymbol{s}_k), \quad \boldsymbol{y}'_f = \boldsymbol{y}' - \boldsymbol{y}'_s \end{aligned} \tag{5.28}$$

求和上限 k_s 是周期约为 10 年的谐波波数，即 $k_s \doteq n/10$；$\boldsymbol{x}'$、$\boldsymbol{y}'$ 的自由度为 $n-1$，$\boldsymbol{x}'_s$、$\boldsymbol{y}'_s$ 的自由度为 $2k_s$，$\boldsymbol{x}'_f$、$\boldsymbol{y}'_f$ 的自由度为 $n-1-2k_s$。年代际、年际分量的相关系数为

$$r_s=\frac{(\boldsymbol{x}_s',\boldsymbol{y}_s')}{\|\boldsymbol{x}_s'\|\ \|\boldsymbol{y}_s'\|},\quad r_f=\frac{(\boldsymbol{x}_f',\boldsymbol{y}_f')}{\|\boldsymbol{x}_f'\|\ \|\boldsymbol{y}_f'\|} \tag{5.29}$$

由 5.1 节的分析知,检验 r_s、r_f 的 t 变量自由度分别为 $2k_s-1$、$n-2k_s-2$。

在母体 X、Y 无相关假定下,可据信度 α 和自由度 $2k_s-1(n-2k_s-2)$ 求得 $r_s(r_f)$ 临界值 $r_{s\alpha}(r_{f\alpha})$;当 $|r_s|\geqslant r_{s\alpha}(|r_f|\geqslant r_{f\alpha})$ 时,可判断 $r_s(r_f)$ 显著相关,否则不相关。

5.3.2　应用实例

周晓霞等(2007)按上述方法分析了中国 160 站 44 年(1955 ~ 1998 年)冬、夏季气温 F、降水 G 序列

$$\boldsymbol{f}_i、\boldsymbol{g}_i,\quad i=\overline{1,160} \tag{5.30}$$

取 $k_s=5$,对应 $T_{k_s}=8.8$ 年,年代际分量由周期为 44 年、22 年、14.7 年、11 年、8.8 年的 5 对正、余弦波构成。检验 r、r_s、r_f 的 t 变量自由度分别为 42、9、32;在信度 $\alpha=0.05$ 时,检验样本相关系数 r、r_s、r_f 的临界值 r_α、$r_{s\ \alpha}$、$r_{f\ \alpha}$ 分别为 0.297、0.602、0.339,它们的差别很大。

周晓霞等(2007)给出了 6 张季气温、降水同期相关系数图 $\boldsymbol{r}$、$\boldsymbol{r}_s$、$\boldsymbol{r}_f$(冬、夏季各 3 张,图略),表 5.7 给出了图上通过信度 $\alpha=0.05$ 相关系数显著性检验的站数,黑体表示相关系数图通过了信度 $\alpha=0.05$ 的显著性检验($k\geqslant k_\alpha=13$)。可见,$\boldsymbol{r}$ 主要由年际变化分量相关构成。尤以夏季明显。

表 5.7　中国季气温和降水及其慢、快变分量的局地相关系数的显著站数

项目	冬季			夏季		
	k_+	k_-	k	k_+	k_-	k
$\boldsymbol{f}'$-$\boldsymbol{g}'$	3	17	**20**	0	108	**108**
$\boldsymbol{f}_s'$-$\boldsymbol{g}_s'$	0	10	10	1	25	**26**
$\boldsymbol{f}_f'$-$\boldsymbol{g}_f'$	3	27	**30**	1	111	**112**

注:k_+、k_-分别为通过信度 $\alpha=0.05$ 的 t 检验的显著正、负相关站数;$k=k_++k_-$为显著相关总站数;黑体 k 值数字$\geqslant k_\alpha$

由 5.1 节,r 显著性检验的 t 方法只适合于样本母体为正态分布的情况,周晓霞等的工作是在 F、G 服从正态分布假定下进行的,它并不严谨;对第 3 章提及的数字滤波器(如 B. f、L. f 等)的滤波序列,其自由度数肯定已减小但具体数字难以确定。此时,可用 EMC 法检验,因为 EMC 法检验既不要求知道样本来自何种分布,也不需要确切知道滤波序列的自由度。

5.4　相 似 分 析

相似分析的基本对象是某地理区域 D 上同一种环流(或气候量)的两个场 $\boldsymbol{x}$、$\boldsymbol{y}$,目的在揭示它们空间分布的关联;相似系数 a 是场 $\boldsymbol{x}$、$\boldsymbol{y}$ 线性相似的度量。相似系数 a 与相关系数 r 的几何定义结构相同,只需将式(5.6)中的 $\boldsymbol{x}'$、$\boldsymbol{y}'$改为 $\boldsymbol{x}^*$、$\boldsymbol{y}^*$,将式(5.7)中的 $\tilde{\boldsymbol{x}}'$、$\tilde{\boldsymbol{y}}'$改为 $\tilde{\boldsymbol{x}}^*$、$\tilde{\boldsymbol{y}}^*$ 即可得 a 的定义式。但由于 E^n 中 $\boldsymbol{x}$、$\boldsymbol{y}$ 给出在格(站)网上,而格(站)点在二维域上的分布总是不均匀的(详见 9.1 节),因此,相似系数的计算必须考虑面积权重,较相关系数

计算复杂；还由于外强迫对平均环流的影响极大，因此，月(季)平均大范围环流，气候场 $\boldsymbol{x}$、$\boldsymbol{y}$ 的年际差异甚小，其相似系数 a 一般比较大，因此有意义的分析一般对异常场 $\boldsymbol{x}'$、$\boldsymbol{y}'$进行，而将其相似系数记为 a'。本节简要介绍相似系数 a、a'的定义及算法，并通过实例给出其应用。

5.4.1　相似系数的定义及算法

1. 定义

设某地理区域 Ω 上、由 m 个点构成的格(站)网，其上两个不同时次的同种环流(气候)量(假定为实变量)场

$$\boldsymbol{x}=(x_1\quad x_2\quad \cdots\quad x_m)^{\mathrm{T}},\quad \boldsymbol{y}=(y_1\quad y_2\quad \cdots\quad y_m)^{\mathrm{T}} \tag{5.31}$$

它们是 E^m 中的向量。按空域环流分解，得它们的准定常波场 $\boldsymbol{x}^*$、$\boldsymbol{y}^*$ 及空间标准化准定常波 $\tilde{\boldsymbol{x}}^*$、$\tilde{\boldsymbol{x}}^*$

$$\boldsymbol{x}^*=(x_1^*\quad x_2^*\quad \cdots\quad x_m^*)^{\mathrm{T}},\quad \boldsymbol{y}^*=(y_1^*\quad y_2^*\quad \cdots\quad y_m^*)^{\mathrm{T}}$$

$$\tilde{\boldsymbol{x}}^*=(\tilde{x}_1^*\quad \tilde{x}_2^*\quad \cdots\quad \tilde{x}_m^*)^{\mathrm{T}},\quad \tilde{\boldsymbol{y}}^*=(\tilde{y}_1^*\quad \tilde{y}_2^*\quad \cdots\quad \tilde{y}_m^*)^{\mathrm{T}} \tag{5.32}$$

它们均是 E^m 中的中心化向量。类似于 r 的定义[式(5.6)、式(5.7)]，可用 $\boldsymbol{x}^*$、$\boldsymbol{y}^*$($\tilde{\boldsymbol{x}}^*$、$\tilde{\boldsymbol{y}}^*$)定义 $\boldsymbol{x}$、$\boldsymbol{y}$ 的相似系数

$$a=\frac{(\boldsymbol{x}^*,\boldsymbol{y}^*)}{\|\boldsymbol{x}^*\|\ \|\boldsymbol{y}^*\|}=\cos\langle \boldsymbol{x}^*,\boldsymbol{y}^*\rangle,a=(\tilde{\boldsymbol{x}}^*,\tilde{\boldsymbol{y}}^*)=\cos\langle \tilde{\boldsymbol{x}}^*,\tilde{\boldsymbol{y}}^*\rangle \tag{5.33}$$

式中，$\langle,\rangle$为交角符号；~为空间标准化算符；可见，a 是准定常波场 $\boldsymbol{x}$、$\boldsymbol{y}$ 起伏的关联。

又对式(5.31)的异常场 $\boldsymbol{x}'$、$\boldsymbol{y}'$的空间偏差异常场

$$\boldsymbol{x}'^*=\boldsymbol{x}'-[\boldsymbol{x}'],\quad \boldsymbol{y}'^*=\boldsymbol{y}'-[\boldsymbol{y}'] \tag{5.34}$$

它们也是 E^m 中的空间中心化向量。可用它们定义异常场 $\boldsymbol{x}'$、$\boldsymbol{y}'$的相似系数

$$a'=\frac{(\boldsymbol{x}'^*,\boldsymbol{y}'^*)}{\|\boldsymbol{x}'^*\|\ \|\boldsymbol{y}'^*\|}=\cos\langle \boldsymbol{x}'^*,\boldsymbol{y}'^*\rangle,\quad a'=(\tilde{\boldsymbol{x}}'^*,\tilde{\boldsymbol{y}}'^*)=\cos\langle \tilde{\boldsymbol{x}}'^*,\tilde{\boldsymbol{y}}'^*\rangle \tag{5.35}$$

可见，a'是异常场 $\boldsymbol{x}'$、$\boldsymbol{y}'$起伏的关联。

2. 计算

从几何角度看，式(5.33)、式(5.35)定义的相似系数 a、a'与式(5.2)相关系数 r 定义式的构造相同。但由于大气环流(气候量)场资料通常给出在离散格(站)网上，空域 Ω 上的离散化一般是不均匀的，其单个格(站)点代表的区域面积(注：简称为元面积)$d_s\neq$常数；故式(5.33)、式(5.35)中内积、模、交角的计算均与元面积 d_s、$s=\overline{1,m}$有关，a、a'的计算必须考虑面积权重。

以 S 记区域 Ω 的面积，$S=\sum_{s=1}^{m}d_s$。对给定的资料，其格(站)点位置是已知的，可由它求得 d_s、$s=\overline{1,m}$；由此求得的面积权重函数为

$$w_s=d_s/S,\quad s=\overline{1,m} \tag{5.36}$$

并有 $0<w_s<1$，$\sum_{s=1}^{m}w_s=1$。

用式(5.36)给出的 w_s 可写出式(5.33)、式(5.35)a、a'的计算式

$$a=\frac{\sum_{s=1}^{m}(w_s x_s^* y_s^*)}{\left[\sum_{s=1}^{m}(w_s x_s^{*2})\right]^{1/2}\left[\sum_{s=1}^{m}(w_s y_s^{*2})\right]^{1/2}} \tag{5.37}$$

$$a'=\frac{\sum_{s=1}^{m}(w_s x'^*_s y'^*_s)}{\left[\sum_{s=1}^{m}(w_s x_s'^{*2})\right]^{1/2}\left[\sum_{s=1}^{m}(w_s y_s'^{*2})\right]^{1/2}} \tag{5.38}$$

并有,a、$a'\in[-1,1]$。$|a|$大时 $\boldsymbol{x}$、$\boldsymbol{y}$ 相似($a>0$)或反相似($a<0$),这里,反相似即相反、与相关分析中负相关可比;$|a|$小时 $\boldsymbol{x}$、$\boldsymbol{y}$ 不相似;a'值域及与 $\boldsymbol{x}'$、$\boldsymbol{y}'$相似与否的关系同 a 与 $\boldsymbol{x}$、$\boldsymbol{y}$。

5.4.2　应用实例

这里以北半球 1 月、7 月 $H_{500}(H'_{500})$场年际相似系数 $a(a')$的计算与分析为例。分析使用 NCEP/NCAR 全球月平均再分析资料,λ、φ 的值域取为 $\lambda\in[0,2\pi)$、$\varphi\in[-\pi/2,\pi/2]$,格点距 $\Delta\lambda=\Delta\varphi=2\pi/144$,是 λ-φ 上的均匀矩形格点网。以 $i(j)$为纬向(经向)格点序数,并将$(i,j)=(0,0)$点取在$(\lambda,\varphi)=(0,0)$处,则(i,j)格点位于 $\lambda_i=i\Delta\lambda\ (i=\overline{0,143})$、$\varphi_j=j\Delta\varphi\ (j=\overline{-36,36})$处。用立体几何知识,容易由图 5.7(对全纬圈 $i=\overline{0,m-1}$、北半球 $j=\overline{0,n}$)写出北半球区域格点(i,j)对应的单位半径球面上元面积的一般公式

$$d(i,j)=\begin{cases}\Delta\lambda\left(1-\cos\dfrac{\Delta\varphi}{2}\right), & j=n(\text{北极点})\\ 2\Delta\lambda\sin\dfrac{\Delta\varphi}{2}\cos(j\Delta\varphi), & j=\overline{1,n-1}\\ \Delta\lambda\sin\dfrac{\Delta\varphi}{2}, & j=0(\text{赤道})\end{cases} \tag{5.39}$$

因为 $\Delta\lambda=$常数,故 $d(i,j)$仅与经向格点序数 j 有关。注意,为计算方便,北极点处理为 $i=\overline{0,m-1}$共 m 个格点。北半球单位半径球面面积 $S=2\pi$,故纬度 φ_j 上一个格点的面积权重系数为

$$w(i,j)=d_s(i,j)/2\pi \tag{5.40}$$

利用二维序数(i,j)与一维点序 s 关系

$$s=j\times m+i+1,\ j=\overline{0,n}、\ i=\overline{0,m-1}$$

易将 $d(i,j)$、$w(i,j)$转换为 d_s、w_s。

由式(5.37)、式(5.38)求得 60 年(1951~2010 年)北半球 1 月、7 月 H_{500}的不同年份 $k<k'$距平场($\boldsymbol{h}'_k$、$\boldsymbol{h}'_{k'}$)、平均场($\boldsymbol{h}_k$、$\boldsymbol{h}_{k'}$)的相似系数

$$a'(k,k')、a(k,k'),\ k=\overline{1,n-1},\ k'=\overline{k+1,n} \tag{5.41}$$

1 月、7 月 a'、a 的总个数均为$\binom{n}{2}=\binom{60}{2}=1770$。这里,首先分析 a'、a 的频数分布特征,然后

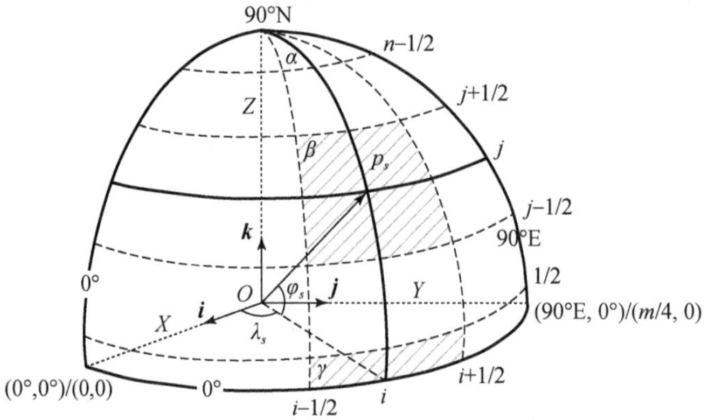

图 5.7　计算 $d(i,j)$ 的坐标系($m=4n$,m 为偶数)
阴影区 α、β、γ 是与格点(i,n)、(i,j)、$(i,0)$对应的面元

分析 H'_{500} 场的年际相似性。

1) a'、a 频数分布特征分析

将 $a'_l(a_l)$、$l=\overline{1,1770}$作非升值排序,它们对应年份($k_l,k_{l'}$)随之排序,得

$$a'_h、(k_h,k'_h)、h=\overline{1,1770},\quad a_h、(k_h,k'_h)、h=\overline{1,1770} \tag{5.42}$$

据此制作 $a'_l(a_l)$的频数直方图 5.8(图 5.9)。可见,a'的频数分布(图 5.8)近于 $N(0,\sigma)$,a(图 5.9)则严重偏离于 $N(0,\sigma)$。图 5.9 上 a 集中分布在 $a\doteq1$,表明 $\boldsymbol{h}$ 年际相似度极高;这是由于 $\boldsymbol{h}$ 受大气环流基本控制因子的制约(叶笃正、朱抱真,1958),所有年份 $\boldsymbol{h}$ 南高北低和纬向准定常波差异甚小(这在球函数分析中已作了定量的分析论证)。因此,就行星尺度月平均 500hPa 高度场年际相似分析而言,应当分析 $\boldsymbol{h}'$的年际相似系数 a'。下面用 a'对 $\boldsymbol{h}'$的年际相似性做简要分析。

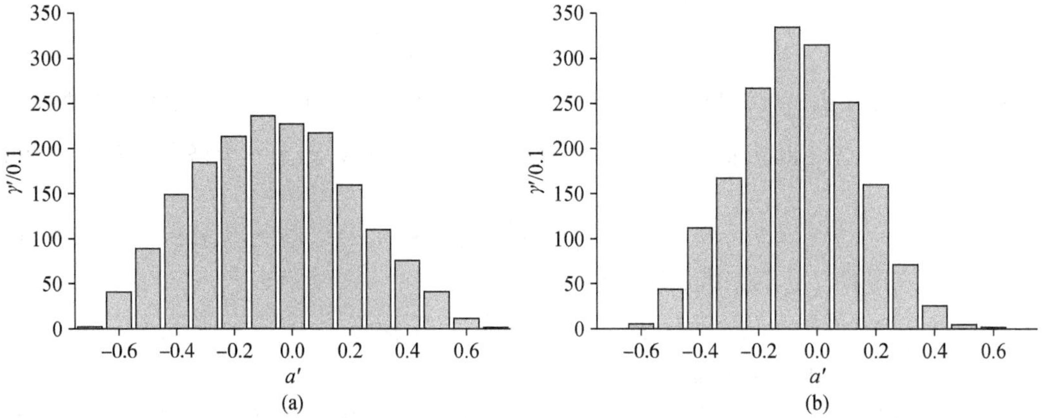

图 5.8　北半球 500hPa $\boldsymbol{h}'$年际相似系数 a'频数直方图
(a)1 月;(b)7 月

2) h'年际相似性年份分析

据式(5.42)的 a'非升序排序,易求得 1 月、7 月与 $\varepsilon=0.01$、0.05 对应的 a'的阈值 a'_ε

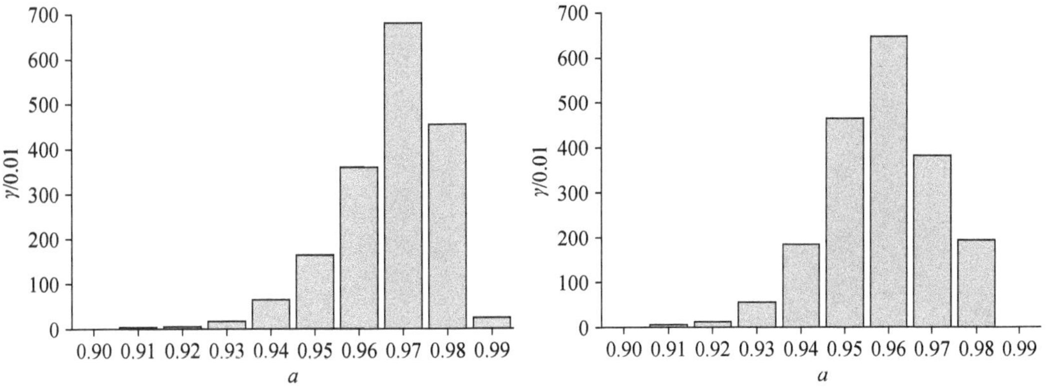

(a)　　(b)

图 5.9　北半球 500hPa $\boldsymbol{h}$ 年际相似系数 a 频数直方图

(a)1 月;(b)7 月

(表 5.8),以及 $|a'| \geqslant a'_\varepsilon$ 的出现年份(表 5.9)。由表 5.8 知,1 月的 a'_ε 明显大于 7 月,说明冬季异常环流年际相似性强于夏季,原因是影响冬季环流异常的因子少而强,如海洋外强迫因子的海冰异常和 El Niño、La Niña 事件;影响夏季的因子变得复杂而又相对较弱。表 5.9 给出了 1 月、7 月 $|a'| \geqslant a'_{0.01}$ 的相似(反相似)最强的 17 对 $\boldsymbol{h}'_k$、$\boldsymbol{h}'_{k'}$ 及其出现年份 k、k',可见:其正/反相似年份数分别为 9/8、7/10,比较均匀,这是因为 a' 基本服从 $N(0,\sigma)$ 分布;对最强相似、反相似年份 k、k' 的初步分析表明,1 月 k、k' 集中在 20 世纪 80 年代前后的 30 年间,7 月在 60 年中相对地分散。

表 5.8　北半球 1 月、7 月 h'_{500} 强相似(反相似)年 a' 的临界值 a'_ε 值

参数	1		7	
ε	0.01	0.05	0.01	0.05
a'_ε	0.632	0.511	0.494	0.399

表 5.9　北半球 1 月、7 月 h'_{500} 最强相似(反相似)年的 $a'(\times 10^{-3})$、k、k'

月份	h	1	2	3	4	5	6	7	8	9	10	11	12	13	14	15	16	17
1	a'_h	-0.75	-0.72	0.72	0.69	0.69	0.67	-0.66	-0.66	0.65	-0.65	-0.65	0.64	-0.64	-0.64	0.64	0.64	0.63
	k_h	1957	1972	1964	1989	1975	1977	1958	1977	1964	1975	2003	1974	1996	1977	1964	1973	1975
	k'_h	1958	1981	1973	1993	1989	1985	1991	1993	1989	2010	2008	1991	2007	1989	1992	1989	1993
7	a'_h	-0.63	0.62	0.60	0.57	-0.56	-0.55	0.547	-0.54	-0.54	-0.54	0.54	-0.53	0.51	-0.51	0.50	-0.50	-0.49
	k_h	1954	1982	2001	1954	1958	1973	1958	1960	1979	1987	1994	1989	1989	1964	1968	1967	1954
	k'_h	1995	1983	2010	1974	1989	1999	2009	1989	2010	2003	2006	2009	1996	1978	1978	1977	2006

注:$\varepsilon=0.01$

图 5.10、图 5.11 给出了 60 年(1951 ~ 2010 年)中 1 月、7 月最强相似[图 5.10(a)、图 5.11(a)]、反相似[图 5.10(b)、图 5.11(b)]的 $\boldsymbol{h}'^{*}_k$、$\boldsymbol{h}'^{*}_{k'}$ 图,它们与 a' 的关系类似于相关分析中距平曲线图 $\boldsymbol{x}'$、$\boldsymbol{y}'$ 与 r 的关系。

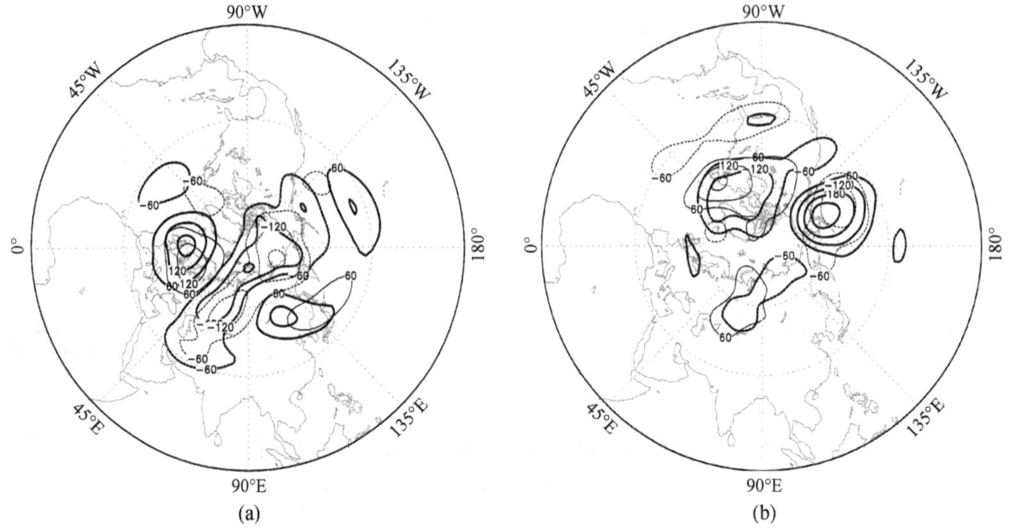

图 5.10　1 月最强相似(反相似)年的 $\boldsymbol{h}'^{*}_{500}$ 图

(a)最强相似年($a'=0.720$、$k=1964$、$k'=1973$);(b)最强反相似年($a'=-0.751$、$k=1957$、$k'=1958$)。粗线(细线)为 $k(k')$ 年的 $\boldsymbol{h}'^{*}_{500}$,等值线间隔 60gpm(实线为正,虚线为负,0 线未绘)

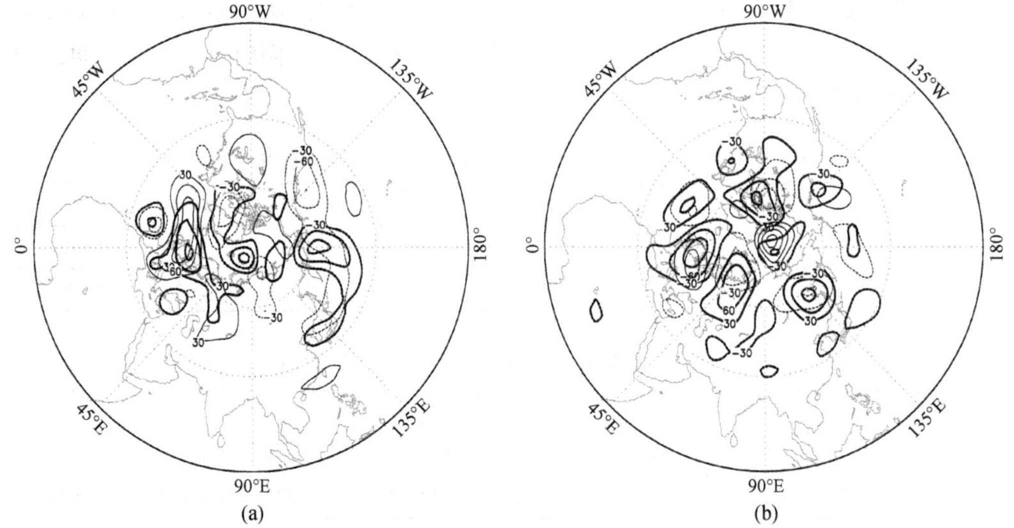

图 5.11　7 月最强相似(反相似)年的 $\boldsymbol{h}'^{*}_{500}$ 图

(a)最强相似年($a'=0.618$、$k=1982$、$k'=1983$);(b)最强反相似年($a'=-0.632$、$k=1954$、$k'=1995$)。粗线(细线)为 $k(k')$ 年的 $\boldsymbol{h}'^{*}_{500}$,等值线间隔 30gpm(实线为正,虚线为负,0 线未绘)

站点网的站点元面积 d_s 计算方法较格点网复杂,本书第 9 章给出了中国 160 站站点面积权重函数 w_s、$s=\overline{1,160}$的计算方法和计算结果,可用它们计算中国 160 站站网上 $\boldsymbol{x}$、$\boldsymbol{y}$ 场的 a、a'。

5.5　矢量序列(场)的相关(相似)分析

在本章前四节讨论中,相关(相似)分析对象 $\boldsymbol{x}$、$\boldsymbol{y}$ 均为实变量序列(场),本节讨论矢量序列(场)的相关(相似)。这里取现实空间中风矢量序列(场)$\vec{\boldsymbol{v}}$、$\vec{\boldsymbol{v}}_2$ 为分析对象。

$\vec{\boldsymbol{v}}_1$、$\vec{\boldsymbol{v}}_2$ 是由 l 个风矢量构成的序列(场),

$$\vec{\boldsymbol{v}}_1=(\vec{\mathrm{v}}_{1k},k=\overline{1,l}),\quad \vec{\boldsymbol{v}}_2=(\vec{\mathrm{v}}_{2k},k=\overline{1,l}) \tag{5.43}$$

式中,k 为时(空)点序数;$\vec{\mathrm{v}}_{1k}$、$\vec{\mathrm{v}}_{2k}$为 k 时(空)点上风矢量,

$$\vec{\mathrm{v}}_{1k}=u_{1k}\vec{i}+v_{1k}\vec{j},\quad \vec{\mathrm{v}}_{2k}=u_{2k}\vec{i}+v_{2k}\vec{j} \tag{5.44}$$

$\vec{i}$、$\vec{j}$ 为球面局地直角坐标基向量;u_{1k}、u_{2k}(v_{1k}、v_{2k})为 k 时(空)点西风(南风)分量。下面,先给出 $\vec{\boldsymbol{v}}_1$、$\vec{\boldsymbol{v}}_2$ 的 r、a'几何定义式,再给出它们的算法。

5.5.1　r、a'的定义

风序列 $\vec{\boldsymbol{v}}_1$、$\vec{\boldsymbol{v}}_2$ 的相关系数 r 定义为

$$r=\frac{(\vec{\boldsymbol{v}}_1',\vec{\boldsymbol{v}}_2')}{\|\vec{\boldsymbol{v}}_1'\|\ \|\vec{\boldsymbol{v}}_2'\|}=(\tilde{\vec{\boldsymbol{v}}}_1',\tilde{\vec{\boldsymbol{v}}}_2') \tag{5.45}$$

它与式(5.6)、式(5.7)标量序列 r 定义的结构相同。异常风场的相似系数 a'定义为

$$a'=\frac{(\vec{\boldsymbol{v}}_1'^{*},\vec{\boldsymbol{v}}_2'^{*})}{\|\vec{\boldsymbol{v}}_1'^{*}\|\ \|\vec{\boldsymbol{v}}_2'^{*}\|}=(\tilde{\vec{\boldsymbol{v}}}_1'^{*},\tilde{\vec{\boldsymbol{v}}}_2'^{*}) \tag{5.46}$$

它与式(5.35)标量场 a'定义的结构相同。

5.5.2　r、a'的计算

由式(5.45)、式(5.46)知,r、a'是标准中心化向量的内积,这里简要介绍其计算。

1)$\vec{\boldsymbol{v}}$ 的中心化、标准化处理

矢量序列 $\vec{\boldsymbol{v}}$、矢量距平场 $\vec{\boldsymbol{v}}'$的中心化为

$$\vec{\boldsymbol{v}}'=\vec{\boldsymbol{v}}-\overline{\vec{\boldsymbol{v}}},\ \vec{\boldsymbol{v}}'^{*}=\vec{\boldsymbol{v}}'-[\vec{\boldsymbol{v}}'] \tag{5.47}$$

右端的时间平均序列 $\overline{\vec{\boldsymbol{v}}}$ 是常矢量向量,所有元素均为 $\bar{u}\,\vec{i}+\bar{v}\,\vec{j}$,“$-$”是简单算术平均;空间平均场$[\vec{\boldsymbol{v}}']$是常矢量场,所有元素均为$[u']\vec{i}+[v']\vec{j}$,$[\quad]$是以 w_k、$k=\overline{1,l}$为权重的加权平均。

标准化对时域中心化序列 $\vec{\boldsymbol{v}}'$、空域中心化距平场 $\vec{\boldsymbol{v}}'^{*}$ 进行,定义式为

$$\tilde{\vec{\boldsymbol{v}}}'=\frac{\vec{\boldsymbol{v}}'}{\|\vec{\boldsymbol{v}}'\|}=\frac{\vec{\boldsymbol{v}}'}{(\vec{\boldsymbol{v}}',\vec{\boldsymbol{v}}')^{1/2}}$$

$$\tilde{\vec{\boldsymbol{v}}}'^{*}=\frac{\vec{\boldsymbol{v}}'^{*}}{\|\vec{\boldsymbol{v}}'^{*}\|}=\frac{\vec{\boldsymbol{v}}'^{*}}{(\vec{\boldsymbol{v}}'^{*},\vec{\boldsymbol{v}}'^{*})^{1/2}} \tag{5.48}$$

故标准化涉及矢量向量的内积运算。

我们将矢量向量的内积定义为

$$(\vec{v}_1,\vec{v}_2)=(\boldsymbol{u}_1,\boldsymbol{u}_2)+(\boldsymbol{v}_1,\boldsymbol{v}_2) \tag{5.49}$$

$\boldsymbol{u}_1$、$\boldsymbol{v}_1$($\boldsymbol{u}_2$、$\boldsymbol{v}_2$)是$\vec{v}_1$($\vec{v}_2$)的西风、南风分量的向量,它们均是 E^l 中的实向量。($\vec{v}_1,\vec{v}_2$)的计算式一般为

$$(\vec{v}_1,\vec{v}_2)=\sum_{k=1}^{l}(w_k u_{1k} u_{2k})+\sum_{k=1}^{l}(w_k v_{1k} v_{2k}) \tag{5.50}$$

当$\vec{v}_1$、$\vec{v}_2$ 为矢量序列时,取 $w_k=1$;当$\vec{v}_1$、$\vec{v}_2$ 为矢量场时,w_k 为式(5.40)定义的面积权重。

按式(5.47)求得中心化矢量向量 $\vec{v}_1'$、$\vec{v}_2'$($\vec{v}_1'^*$、$\vec{v}_2'^*$),将它们代入式(5.50)求得内积($\vec{v}_1'$,$\vec{v}_2'$)($\vec{v}_1'^*$,$\vec{v}_2'^*$),将中心化矢量向量及其内积代入式(5.48)得标准中心化矢量向量 $\tilde{\vec{v}}_1'$、$\tilde{\vec{v}}_2'$($\tilde{\vec{v}}_1'^*$、$\tilde{\vec{v}}_2'^*$)。

风矢量可以表示为复数,$\vec{v}_1$、$\vec{v}_2$ 可以表示为 l 维空间中的复变量向量,式(1.24)给出了复变量向量内积的定义,按此定义求得的 r、a'一般为复数,不便于应用。而按式(5.49)的内积定义,r、a'为实数,便于应用。式(5.49)内积定义的实质是取复向量内积的实部作为矢量序列(场)向量的内积。

2)r、a'的计算及检验

将标准中心化矢量向量代入式(5.45)、式(5.46)右端,求得 r、a'。

对于 r、a'的显著性检验,若矢量 $\vec{v}=u\vec{i}+v\vec{j}$ 的 u、v 来自正态母体,则 r、a'的显著性检验可用 t 检验法,其样本容量为 $2n$,自由度 $f=2n-3$[注:3 个约束,2 个来自式(5.47),1 个来自式(5.48)];否则,需要用 EMC 法。

本书第 3 章 3.3 节按介绍方法计算了 1 月低纬(30°S ~ 30°N)850hPa 等压面风场定常波 $\bar{\vec{v}}^*$ 与它的前 4 个、6 个谐波分量合成图 $\bar{\vec{v}}_4^*$、$\bar{\vec{v}}_6^*$ 的相似系数,结果为 $a_4=0.909$、$a_6=0.934$,用它们论证了低纬定常波低阶、低维的结构特征。读者可以尝试用本节提供的方法,作矢量序列(场)相关(相似)的分析。

5.6 小　　结

(1)从几何角度深入分析了相关系数 r 及其显著性检验的意义,它是深刻理解相关分析原理的基础。

(2)给出了 r 显著性检验的 EMC 法,介绍了一组 r(Livezey and Chen, 1983)和多组 r(Lu et al.,2009)显著性检验原理及方法。用它们揭示了中国季气温、降水四季存在显著负相关、夏季相关最显著的特征;并指出了热带海洋 *SST* 与我国东部三区(江淮、华北、华南)夏季降水时滞相关的显著差异。

(3)给出了滤波序列 r 显著性检验方法,用它揭示了中国气温、降水局地同期显著负相关主要由年际变化造成的特征。给出了矢量序列相关系数的定义、计算和检验方法。

(4)简要介绍了相似分析原理,给出了相似系数的算法,并用实例说明了它们的应用价值。

参考文献

段明铿, 王盘兴, 林开平, 2005. 我国夏季东部区域降水异常年代际、年际变化分析[J]. 南京气象学院学报, 28(1): 93-100.

费史 M, 1962. 概率论及数理统计[M]. 王福保译. 上海:上海科学技术出版社.

冯康, 1978. 数值计算方法[M]. 北京: 国防工业出版社.

复旦大学数学系, 1961. 概率论与数理统计[M]. 上海: 上海科学技术出版社.

华东师范大学数学系, 2002. 数学分析:下册[M]. 3 版. 北京: 高等教育出版社.

么枕生,丁裕国, 1995. 气候统计[M]. 北京:气象出版社.

穆德 A M, 格雷比尔 F A, 1963. 统计学导论[M]. 史定华译. 北京: 科学出版社.

施能, 魏凤英, 封国林, 等, 1997. 气象场相关分析及合成分析中蒙特卡洛检验方法及应用[J]. 南京气象学院学报, 20(3): 355-359.

斯科特, 2002. 数学史[M]. 侯德润, 张兰译. 桂林: 广西师范大学出版社.

王盘兴, 李丽平, 周伟灿, 2001. 某些气象统计学问题的几何学分析[J]. 气象教育与科技, 23(1): 1-5.

徐国昌, 1963. 长期预报方法中相关概率的统计和检验[J]. 气象通讯,(10/11): 19-20.

姚菊香, 王盘兴, 鲍学俊, 等, 2007. 相关系数显著性检验的几何意义[J]. 南京气象学院学报,30(4): 566-570.

叶笃正, 黄荣辉, 1996. 长江黄河流域旱涝规律和成因研究[M]. 济南:山东科学技术出版社, 20-35.

叶笃正, 朱抱真, 1958. 大气环流的若干基本问题[M]. 北京: 科学出版社.

张尧庭, 方开泰, 2013. 多元统计分析引论[M]. 北京:科学出版社.

赵宗慈, 高学杰, 罗勇, 等, 1997. 气候模式做季年预报的几个问题[R]//LASG, Technical Report, No. 3 (1997): 78-90.

周晓霞, 王盘兴, 段明铿, 等, 2007. 我国季平均气温和降水局地同时相关的时空特征[J]. 应用气象学报,18(5): 601-609.

Livezey R E, Chen W Y, 1983. Statistical field significance and its determination by Monte Carlo techniques[J]. Monthly Weather Review, 111(1): 46-59.

Lu C H, Guan Z Y, Wang P X, et al., 2009. Detecting the relationship between summer rainfall anomalies in eastern China and the SSTA in the global domain with a new significance test method[J]. Journal of Ocean University of China, 8(1): 15-22.

复习题

1. 试证明:两个单点要素时间序列 $\boldsymbol{x}\sim(x_1\quad x_2\quad\cdots\quad x_n)$、$\boldsymbol{y}\sim(y_1\quad y_2\quad\cdots\quad y_n)$的相关系数 r 与距平向量 $\boldsymbol{x}'$、$\boldsymbol{y}'$存在关系 $r=\cos\langle\boldsymbol{x}',\boldsymbol{y}'\rangle$;给出 E^n 中 r 与 $\boldsymbol{x}'$、$\boldsymbol{y}'$几何关系的示意图。r 与标准化距平序列 $\tilde{\boldsymbol{x}}'$、$\tilde{\boldsymbol{y}}'$的关系是什么?

2. 结合图 5.3,从几何角度说出你对 r 显著性检验几何实质的理解,及对“信度为 α 时,r 显著性检验的自由度为 $n-2$”的理解(注:n 为样本容量)。

3. 为什么单个相关系数的显著性检验方案不能直接用于相关系数图的检验?为什么一张相关系数图的显著性检验方案不能直接用于一组相关系数图的检验?(提示:比喻或反证)。

4. 归纳 5.2 节分析中国季气温、降水局地同期相关关系得到的主要结果。为什么夏季两者的负相关强于冬季?这种关系在 1980 年前后发生了什么变化?

5. 样本容量为 n 的随机序列 $\boldsymbol{x}$，其相关系数显著性检验的自由度是 $n-2$。当慢变分量 $\boldsymbol{x}_s$ 由 k 个波构成时，其快（慢）变分量序列 $\boldsymbol{x}_f(\boldsymbol{x}_s)$ 间相关系数 r 显著性检验的自由度应怎样确定？

6. 域 D 上的两个要素场 $\boldsymbol{f}\sim f(s)$、$\boldsymbol{g}\sim g(s)$，$s\in\boldsymbol{\Sigma}$；试证明它们的相似系数 a 与空间偏差场 $\boldsymbol{f}^*$、$\boldsymbol{g}^*$ 存在关系 $a=\cos\langle\boldsymbol{f}^*,\boldsymbol{g}^*\rangle$，并给出 a 与 $\boldsymbol{f}^*$、$\boldsymbol{g}^*$ 的几何关系示意图。

第 6 章　经验正交函数分析及应用

在大气环流及气候异常的分析中，以下两类问题是基本的：一类是单种要素场时间序列 $\boldsymbol{F}$ 的时空特征分析；另一类是两种要素场时间序列 $\boldsymbol{F}$、$\boldsymbol{G}$ 间相关联系的时空特征分析。经验正交函数（Empirical Orthogonal Function，EOF）分析方法是第一类基本问题的分析方法；奇异值分解（Singular Value Decomposition，SVD）方法是第二类基本问题的分析方法。

与谐波分析、球函数分析方法等相同，EOF 分析方法和 SVD 方法最终也导致对 E^m（或 E^n）中分析对象的正交分解。而与谐波分析、球函数分析方法等不同的是，EOF 分析方法和 SVD 方法的直接分析对象是场集 $\boldsymbol{F}$ 和两个场集 $\boldsymbol{F}$、$\boldsymbol{G}$，而不是单个场（序列）；它们的基函数由分析对象 $\boldsymbol{F}$ 或 $\boldsymbol{F}$、$\boldsymbol{G}$ 决定，而非独立于分析对象。

早在 20 世纪 50 年代，Lorenz（1956）就阐明了 EOF 分析方法在大气环流及气候异常演变问题分析中的应用价值。在此前后，Hotelling（1933）和若干苏联学者对该方法的理论问题和展开性质作了探讨（卡扎凯维奇，1974）。该方法以场（也可以是多个变量）的时间序列为分析对象，对计算条件要求甚高，故直到十余年后，才在大气环流及气候异常的分析中得到实际应用（Craddock and Flood，1969；Kutzback，1970；Kidson，1975）。在之后的实际分析中，拓展出了适于各种分析目的的 EOF 分析方法。现在，EOF 分析方法已作为一种基本的分析手段，频繁地出现在大气科学文献中。

本章介绍 EOF 分析方法，侧重于从几何角度给出方法实质及其主要统计量的意义和性质，对 EOF 分析方法涉及的计算问题作简要说明，并用分析实例说明其基本应用。第 7 章对多种常用的拓展 EOF 分析方法进行逐一介绍。

6.1　EOF 分析方法原理

6.1.1　分析对象

EOF 分析方法的分析对象为一种要素场的时间序列 $\boldsymbol{F}$，其矩阵形式为

$$\boldsymbol{F}=\begin{pmatrix} f_{11} & f_{12} & \cdots & f_{1n} \\ f_{21} & f_{22} & \cdots & f_{2n} \\ \vdots & \vdots & & \vdots \\ f_{m1} & f_{m2} & \cdots & f_{mn} \end{pmatrix} \tag{6.1}$$

其中，行序 i 即场点序，i 行行向量 $\boldsymbol{f}_i$ 是 i 场点要素时间序列；列序 j 即时（时刻、时段）序，j 列列向量 $\boldsymbol{f}_j$ 是 j 时要素场。$\boldsymbol{F}$ 的元素 f_{ij} 即 i 点、j 时要素值。

因场 $\boldsymbol{f}_j$ 可视为相空间 E^m 中一个向量，序列 $\boldsymbol{f}_i$ 可看作相空间 E^n 中的一个向量；因此，$\boldsymbol{F}$ 既可视为 E^m 中一个向量的集合（元素个数 n），

$$\boldsymbol{F}=\{\boldsymbol{f}_j,j=\overline{1,n}\} \tag{6.2}$$

也可视为 E^n 中一个向量的集合(元素个数 m),

$$\boldsymbol{F}=\{\boldsymbol{f}_i,i=\overline{1,m}\} \tag{6.3}$$

实际分析中,$\boldsymbol{F}$ 通常取三种基本类型:①原始场序列 $\boldsymbol{F}$,其行向量 $\boldsymbol{f}_i$、$i=\overline{1,m}$均是时域上的非中心化序列,如海平面气压场时间序列;②距平场序列 $\boldsymbol{F}'$,其行向量 $\boldsymbol{f}'_i$、$i=\overline{1,m}$均是中心化序列,如海平面气压距平场序列;③标准化距平场序列 $\tilde{\boldsymbol{F}}'$,其行向量 $\tilde{\boldsymbol{f}}'_i$、$i=\overline{1,m}$均是标准化距平序列,如海平面气压标准化距平场序列。

为直观,给出 $m=2$、$n=3$ 的一个场集,其 $\boldsymbol{F}_{2\times3}$ 及相应 $\boldsymbol{F}'_{2\times3}$、$\tilde{\boldsymbol{F}}'_{2\times3}$ 为

$$\begin{aligned}\boldsymbol{F}_{2\times3}&=\begin{pmatrix}9&7&14\\14&10&12\end{pmatrix}\\ \boldsymbol{F}'_{2\times3}&=\begin{pmatrix}-1&-3&4\\2&-2&0\end{pmatrix}\\ \tilde{\boldsymbol{F}}'_{2\times3}&=\begin{pmatrix}-0.196&-0.588&0.784\\0.707&-0.707&0.000\end{pmatrix}\end{aligned} \tag{6.4}$$

它是 EOF 分析方法演例的数据。区别于实例,本书的演例专门用于方法原理及计算结果的直观演示;为此,演例所选分析对象必须极为简单。图 6.1 给出了演例分析对象[式(6.4)]在相空间 E^2 中的图像。

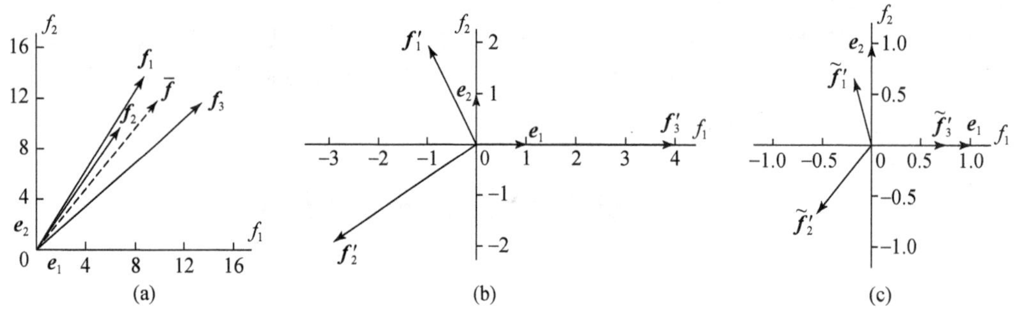

图 6.1 EOF 分析方法演例场集在 E^2 中的图像

(a)$\boldsymbol{F}$;(b)$\boldsymbol{F}'$;(c)$\tilde{\boldsymbol{F}}'$。(a)中$\bar{\boldsymbol{f}}$(箭头虚线)是 $\boldsymbol{F}$ 的时间平均场

根据环流分解,图 6.1(a)中的$\bar{\boldsymbol{f}}=(10\quad 12)^{\mathrm{T}}$ 是时间平均场,若将 $\boldsymbol{F}$ 的全部元素的矢端看作 E^2 中的一个点集,则$\bar{\boldsymbol{f}}$矢端是该点集的中点。图 6.1(b)中,中心化对序列(行向量$\boldsymbol{f}_i$)进行,结果得距平场集 $\boldsymbol{F}'=(\boldsymbol{f}'_j)$、$\boldsymbol{f}'_j=\boldsymbol{f}_j-\bar{\boldsymbol{f}}$,$\boldsymbol{F}'$是将图 6.1(a)中自然基 $\boldsymbol{E}$ 坐标原点平移至$\bar{\boldsymbol{f}}$矢端的结果。而图 6.1(c)中,标准化对距平序列(行向量)$\boldsymbol{f}'_i$进行,且为几何标准化($\|\tilde{\boldsymbol{f}}'_i\|=1$);$j$ 时刻场 $\tilde{\boldsymbol{f}}'_j$是由标准化距平值 $\tilde{f}'_{ij}$、$i=\overline{1,m}$构成,它通常不是标准化向量(注:$\|\tilde{\boldsymbol{f}}'_j\|\neq1$)。

在环流和气候异常特征分析中,分析对象选择 $\boldsymbol{F}'$、$\tilde{\boldsymbol{F}}'$;但 EOF 分析方法原理对 $\boldsymbol{F}$ 的三种

基本类型 $\boldsymbol{F}$、$\boldsymbol{F}'$、$\tilde{\boldsymbol{F}}'$ 均适用。因此,符号 $\boldsymbol{F}$ 有两种意义,一是特指原始场序列 $\boldsymbol{F}$,二是泛指三种类型场序列 $\boldsymbol{F}$、$\boldsymbol{F}'$、$\tilde{\boldsymbol{F}}'$,读者需要根据上下文做出判断。

6.1.2　EOF 分析方法的几何实质

模方 $\|\boldsymbol{F}\|^2$ 是分析对象 $\boldsymbol{F}$ 信息总量的度量。一般情况下,$\|\boldsymbol{F}\|^2$ 较均匀地分布在自然基 $\boldsymbol{E}$ 的所有基向量 $\boldsymbol{e}_i$ 上(图6.1),故用 $\boldsymbol{E}$ 分析 $\boldsymbol{F}$ 的时空特征时,几乎涉及 E^m 的所有变量 x_i、$i=\overline{1,m}$,分析过程复杂。EOF 分析方法通过正交变换中的旋转变换(见1.5节),求得 E^m 中一个新基 $\tilde{\boldsymbol{X}}=(\tilde{\boldsymbol{x}}_h)$,使分析对象的模方 $\|\boldsymbol{F}\|^2$ 最大程度地集中在前少数几个基向量 $\tilde{\boldsymbol{x}}_h$、$h=1$、2、…上,$\boldsymbol{F}$ 的时空特征分析可以通过对少数基向量 $\tilde{\boldsymbol{x}}_h$ 及其系数 $\boldsymbol{t}_h$ 的分析实现,从而简化分析过程。这种考虑类似于运动学中描述质点平面运动时以自然坐标($\vec{\tau}$,$\vec{n}$)替代局地直角坐标($\vec{i}$,$\vec{j}$)(图6.2),自然基 $\boldsymbol{E}$ 相当于($\vec{i}$,$\vec{j}$),新基 $\tilde{\boldsymbol{X}}$ 相当于($\vec{\tau}$,$\vec{n}$)。所以,EOF 分析也称为自然正交函数(Nature Orthogonal Function)分析,简记为 NOF 分析。

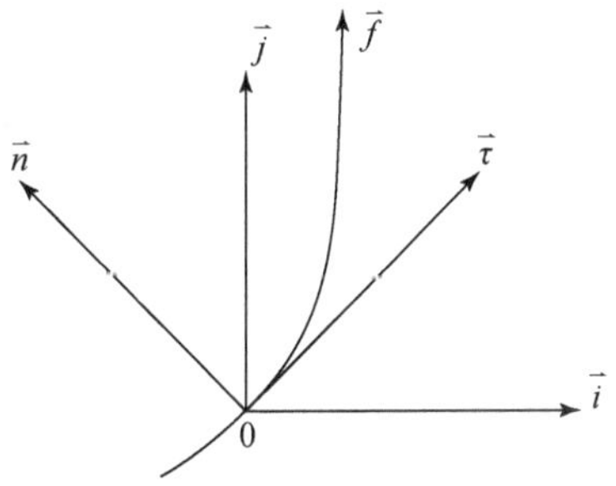

图6.2　局地直角坐标系($\vec{i}$,$\vec{j}$)与自然坐标系($\vec{\tau}$,$\vec{n}$)关系示意

新基 $\tilde{\boldsymbol{X}}$ 的选择取决于 $\|\boldsymbol{F}\|^2$ 在 E^m 中的各向异性。从几何角度观测相空间 E^2 中演例的场集(图6.1),$\boldsymbol{F}$[图6.1(a)]的模方主要集中在1(或3)象限中 $\bar{\boldsymbol{f}}$(或 $-\bar{\boldsymbol{f}}$)附近,$\boldsymbol{F}'$[图6.1(b)]的模方主要集中在1(或3)象限中偏向 $\boldsymbol{e}_1$(或 $-\boldsymbol{e}_1$)方向,$\tilde{\boldsymbol{F}}'$[图6.1(c)]的模方则集中在1(或3)象限中分线附近,它们应为新基的 $\boldsymbol{x}_1$,场集在其上的模方最大;新基的 $\boldsymbol{x}_2$ 应垂直于 $\boldsymbol{x}_1$,场集在其上的模方最小。

问题归结为在相空间 E^m 中确定分析对象 $\boldsymbol{F}$ 的新基 $\tilde{\boldsymbol{X}}$。为此,在 E^m 中设单位自由向量 $\tilde{\boldsymbol{x}}=(\tilde{x}_1\quad \tilde{x}_2\quad \cdots\quad \tilde{x}_m)^{\mathrm{T}}$(注:$\|\tilde{\boldsymbol{x}}\|=1$、方向自由),$\boldsymbol{F}$ 的全部元素 $\boldsymbol{f}_j$、$j=\overline{1,n}$在 $\tilde{\boldsymbol{x}}$ 上的投影平方和为

$$V(\tilde{\boldsymbol{x}})=\sum_{j=1}^{n}p_j^2=\sum_{j=1}^{n}(\boldsymbol{f}_j,\tilde{\boldsymbol{x}})^2=\sum_{j=1}^{n}\left(\sum_{i=1}^{m}f_{ij}\tilde{x}_i\right)^2 \tag{6.5}$$

式中,$p_j=p_{\tilde{x}}\boldsymbol{f}_j$ 是 j 时刻场 $\boldsymbol{f}_j$ 在 $\tilde{\boldsymbol{x}}$ 上的投影,p_j、$j=\overline{1,n}$构成 $\boldsymbol{F}$ 在 $\tilde{\boldsymbol{x}}$ 上的投影向量

$$\boldsymbol{p}=(p_1 \quad p_2 \quad \cdots \quad p_n)=\tilde{\boldsymbol{x}}^{\mathrm{T}}\boldsymbol{F}$$

故 $V(\tilde{\boldsymbol{x}})$ 是场集 $\boldsymbol{F}$ 在 $\tilde{\boldsymbol{x}}$ 上的投影向量模方。

线性代数给出，$V(\tilde{\boldsymbol{x}})$ 是实数域上一个 m 元非负定二次型

$$\begin{aligned}V(\tilde{\boldsymbol{x}})=&a_{11}\tilde{x}_1^2+2a_{12}\tilde{x}_1\tilde{x}_2+\cdots+2a_{1m}\tilde{x}_1\tilde{x}_m\\&+a_{22}\tilde{x}_2^2+2a_{23}\tilde{x}_2\tilde{x}_3+\cdots+2a_{2m}\tilde{x}_2\tilde{x}_m\cdots+a_{mm}\tilde{x}_m^2\end{aligned} \tag{6.6}$$

它决定了 E^m 中一个 H 维超椭球球面

$$\frac{t_1^2}{\lambda_1}+\frac{t_2^2}{\lambda_2}+\cdots+\frac{t_H^2}{\lambda_H}=1 \tag{6.7}$$

坐标原点到 $\tilde{\boldsymbol{x}}$ 方向上超椭球球面上一点的矢径 $\boldsymbol{r}$ 的模 $|\boldsymbol{r}|=\sqrt{V(\tilde{\boldsymbol{x}})}$，它是坐标原点至 $\tilde{\boldsymbol{x}}$ 方向上超椭球球面上点的距离；轴向单位向量 $\tilde{\boldsymbol{x}}_h$、$h=\overline{1,H}$，半轴长依次为 $\sqrt{\lambda_h}=\sqrt{V(\tilde{\boldsymbol{x}}_h)}$、$h=\overline{1,H}$。因为超椭球轴相互正交，故 $\tilde{\boldsymbol{x}}_h\perp\tilde{\boldsymbol{x}}_{h'}$、$h\neq h'$，$V(\tilde{\boldsymbol{x}})$ 在 $\boldsymbol{x}_h$ 方向上取极值 $\lambda_h=V(\tilde{\boldsymbol{x}}_h)$。$\tilde{\boldsymbol{x}}_h$、$h=\overline{1,H}$ 是 E^m 中的新标准正交基，其矩阵为 $\tilde{\boldsymbol{X}}_{m\times H}$。

对式(6.4)演例，容易求出 E^2 中使场集 $\boldsymbol{F}$ 的 $V(\tilde{\boldsymbol{x}})$ 取极值的单位向量 $\tilde{\boldsymbol{x}}_h$、极值 $V_h=V(\boldsymbol{x}_h)$、$h=\overline{1,2}$。为此，在 E^2 中构造单位自由向量

$$\tilde{\boldsymbol{x}}=\cos\varphi\boldsymbol{e}_1+\sin\varphi\boldsymbol{e}_2 \tag{6.8}$$

其中，$\varphi=\langle\tilde{\boldsymbol{x}},\boldsymbol{e}_1\rangle$；$\boldsymbol{F}$ 全部元素在 $\tilde{\boldsymbol{x}}$ 上的投影平方和为

$$\begin{aligned}V(\tilde{\boldsymbol{x}})&=\sum_{j=1}^{3}p_x^2\boldsymbol{f}_j=\sum_{j=1}^{3}(f_{1j}\cos\varphi+f_{2j}\sin\varphi)^2\\&=a_{11}\cos^2\varphi+a_{22}\sin^2\varphi+a_{12}\sin2\varphi\end{aligned} \tag{6.9}$$

式右系数 $a_{11}=\|\boldsymbol{f}_1\|^2=\sum_{j=1}^{3}f_{1j}^2$，$a_{22}=\|\boldsymbol{f}_2\|^2=\sum_{j=1}^{3}f_{2j}^2$，$a_{12}=(\boldsymbol{f}_1,\boldsymbol{f}_1)=\sum_{j=1}^{3}f_{1j}f_{2j}$，它们是已知常数，故 $V(\tilde{\boldsymbol{x}})$ 是 φ 的一元函数。

令 $\mathrm{d}V(\tilde{\boldsymbol{x}})/\mathrm{d}\varphi=0$，得 V 取极值时的 $\tilde{\boldsymbol{x}}$ 与 $\boldsymbol{e}_1$ 的夹角

$$\varphi=\frac{1}{2}\arctan\frac{a_{11}-a_{22}}{a_{12}} \tag{6.10}$$

由它可求得 φ_1、φ_2，将它们代入式(6.9)及式(6.8)，得到场集 $\boldsymbol{F}$ 投影向量平方的极值 V_1、V_2 及标准化向量 $\tilde{\boldsymbol{x}}_1$、$\tilde{\boldsymbol{x}}_2$。

表6.1给出了演例 $\boldsymbol{F}$、$\boldsymbol{F}'$、$\tilde{\boldsymbol{F}}'$ 的 V_h、φ_h、$\tilde{\boldsymbol{x}}_h$、$h=\overline{1,2}$，并按 V_h 大小作了非升值排序；由此得场集 $\boldsymbol{F}$、$\boldsymbol{F}'$、$\tilde{\boldsymbol{F}}'$ 与 V_h、$\tilde{\boldsymbol{x}}_h$ 的关系(图6.3)；可见，$\tilde{\boldsymbol{x}}_1$、$\tilde{\boldsymbol{x}}_2$ 是 $\tilde{\boldsymbol{e}}_1$、$\tilde{\boldsymbol{e}}_2$ 逆时针旋转 φ_h 角的结果，V_1、V_2 是场集全部元素在 $\tilde{\boldsymbol{x}}_1$、$\tilde{\boldsymbol{x}}_2$ 上的投影平方和，分别为 $V(\tilde{\boldsymbol{x}})$ 的极大值、极小值。由图6.3上椭圆知，$\boldsymbol{F}$ 各向异性最强，$\boldsymbol{F}'$ 其次，$\tilde{\boldsymbol{F}}'$ 最弱。

表 6.1　演例中 EOF 分析对象 F、F'、$\tilde{F}'$ 的模方 S 及 φ_h、V_h、$\tilde{x}_h$、$h=\overline{1,2}$

分析对象	h	S	$\varphi_h/(°)$	V_h	$\tilde{x}_{1h}$	$\tilde{x}_{2h}$
F	1	766	49.46	751.4	0.650	0.760
	2		139.46	14.6	-0.760	0.650
F'	1	34	11.98	26.85	0.978	0.208
	2		101.98	7.15	-0.208	0.978
$\tilde{F}'$	1	2	45	1.277	0.707	0.707
	2		135	0.723	-0.707	0.707

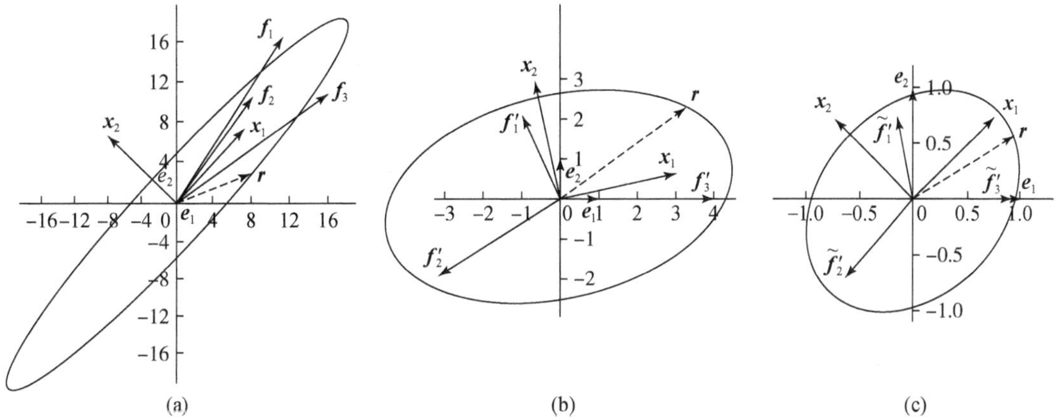

图 6.3　演例场集与投影向量模方 $V(\tilde{x})$ 和 V 取极值方向 $\tilde{x}_1$、$\tilde{x}_2$

(a)$F_{2\times3}$;(b)$F'_{2\times3}$;(c)$\tilde{F}'_{2\times3}$。椭圆是$|r|=\sqrt{V(\tilde{x})}$的极坐标方程,其长、短半轴长度为$\sqrt{V_1}$、$\sqrt{V_2}$;(a)、(b)、(c)中 $\tilde{x}_1$、$\tilde{x}_2$ 模分别为 10、3、1

E^2 中的上述分析可推广到 E^m 中,可见,EOF 分析方法的几何实质,是在 E^m 中选择新基 $\tilde{X}$ 替代自然基 E,场集 F 在新基基向量 $\tilde{x}_h$ 上的投影向量模方 $V(\tilde{x}_h)$ 取极值;对 $V(\tilde{x}_h)$ 作非升值排序($\tilde{x}_h$ 随之排序)后,$\|F\|^2$ 将集中在前少数几个 $\tilde{x}_h$ 上,故在新基 $\tilde{X}$ 中分析 F 的时空特征,可以简化分析过程。

6.1.3　主要统计量的几何意义及性质

将式(6.5)的 $V(\tilde{x})$ 改写为

$$\begin{cases} V(x) = \sum_{j=1}^{n} (f_j, x)^2 \\ \|x\|^2 = 1 \end{cases} \tag{6.11}$$

用拉格朗日(Lagrange)乘数法则求 $V(x)$ 的极值 λ,及对应于 λ 的向量 x。为此,构造拉格朗

日函数

$$L(\boldsymbol{x})=V(\boldsymbol{x})+\lambda\varphi(\boldsymbol{x}) \tag{6.12}$$

式中，λ 为拉格朗日乘数，$\varphi(\boldsymbol{x})$ 是等价于 $\|\boldsymbol{x}\|^2=1$ 的约束

$$\varphi(\boldsymbol{x})=\|\boldsymbol{x}\|^2-1=0$$

λ、$\boldsymbol{x}$ 是联立方程

$$\begin{cases}\dfrac{\mathrm{d}}{\mathrm{d}\boldsymbol{x}}L(\boldsymbol{x})=0\\ \varphi(\boldsymbol{x})=0\end{cases} \tag{6.13}$$

的解。

式(6.13)中上式是线性齐次方程组

$$\boldsymbol{A}\boldsymbol{x}=\lambda\boldsymbol{x} \tag{6.14}$$

式中，

$$\boldsymbol{A}=\boldsymbol{F}\boldsymbol{F}^{\mathrm{T}}=\begin{pmatrix}a_{11} & a_{12} & \cdots & a_{1m}\\ a_{21} & a_{22} & \cdots & a_{2m}\\ \vdots & \vdots & & \vdots\\ a_{m1} & a_{m2} & \cdots & a_{mm}\end{pmatrix} \tag{6.15}$$

是已知的，其 p 行、q 列元素 $a_{pq}=(\boldsymbol{f}_p,\boldsymbol{f}_q)=\sum\limits_{j=1}^{n}f_{pj}f_{qj}$，是 $\boldsymbol{F}$ 的 p、q 点序列的内积；因 $a_{pq}=a_{qp}$、$a_{pp}\geqslant0$，故 $\boldsymbol{A}$ 为实对称、非负定矩阵。λ、$\boldsymbol{x}=(x_1\quad x_2\quad\cdots\quad x_m)^{\mathrm{T}}$ 是 $\boldsymbol{A}$ 的特征值、特征向量，可从线性齐次方程组(6.14)中解出。

EOF 分析方法的主要统计量指 $\boldsymbol{A}$ 的特征值 λ_h、特征向量 $\boldsymbol{x}_h$、$\boldsymbol{F}$ 关于 $\boldsymbol{x}_h$ 的时间系数 $\boldsymbol{t}_h$ 及由 $\boldsymbol{F}$ 模方 S 和 λ_h 求得的模方拟合率 ρ_h、累积模方拟合率 P_h，下面导出这些统计量，并从几何角度说明其意义。

1. 特征值 λ_h、特征向量 $\boldsymbol{x}_h$

由 1.5 节知，当 $\boldsymbol{A}$ 为实对称非负定矩阵时，线性齐次方程组(6.14)有解 λ_h、$\boldsymbol{x}_h$、$h=\overline{1,H}$。这里实数 λ_h 是 $\boldsymbol{A}$ 的第 h 个特征值，$\lambda_h>0$；$\boldsymbol{x}_h$ 是 $\boldsymbol{A}$ 的属于 λ_h 的特征向量，不同 $\boldsymbol{x}_h$ 正交，即$\boldsymbol{x}_h\perp\boldsymbol{x}_{h'}$、$h\neq h'$；$H$ 是 $\boldsymbol{A}$ 的秩，它与 $\boldsymbol{F}$ 的秩相同，实际问题中一般有

$$H=\begin{cases}\min(m,n), & \text{对 } \boldsymbol{F}\\ \min(m,n-1), & \text{对 } \boldsymbol{F}'、\tilde{\boldsymbol{F}}'\end{cases} \tag{6.16}$$

将 λ_h、$h=\overline{1,H}$作非升值排序并写成对角阵

$$\boldsymbol{\Lambda}_{H\times H}=\begin{pmatrix}\lambda_1 & & & \\ & \lambda_2 & & \\ & & \ddots & \\ & & & \lambda_H\end{pmatrix}=\mathrm{diag}(\lambda_1\quad\lambda_2\quad\cdots\quad\lambda_H) \tag{6.17}$$

列向量 $\boldsymbol{x}_h$、$h=\overline{1,H}$作相应排序，并将 $\boldsymbol{x}_h$ 标准化为 $\tilde{\boldsymbol{x}}_h=\boldsymbol{x}_h/\|\boldsymbol{x}_h\|$、$h=\overline{1,H}$，它们构成新基矩阵

$$\tilde{\boldsymbol{X}}_{m\times H}=\begin{pmatrix}\tilde{x}_{11} & \tilde{x}_{12} & \cdots & \tilde{x}_{1H}\\ \tilde{x}_{21} & \tilde{x}_{22} & \cdots & \tilde{x}_{2H}\\ \vdots & \vdots & & \vdots\\ \tilde{x}_{m1} & \tilde{x}_{m2} & \cdots & \tilde{x}_{mH}\end{pmatrix}=(\tilde{\boldsymbol{x}}_1 \quad \tilde{\boldsymbol{x}}_2 \quad \cdots \quad \tilde{\boldsymbol{x}}_H) \tag{6.18}$$

因此,从几何角度看,特征向量 $\boldsymbol{x}_h$ 是 $\boldsymbol{F}$ 在其上投影向量模方 $V(\tilde{\boldsymbol{x}})$ 取极值的方向,特征值 λ_h 是 $\boldsymbol{F}$ 在 $\tilde{\boldsymbol{x}}_h$ 上的投影向量模方。由投影定义知,$p_x^2\boldsymbol{f}_j=p_{kx}^2\boldsymbol{f}_j$、$k\neq0$,故特征向量 $\boldsymbol{x}_h$ 可以有非0常数倍之差。因为超椭球轴正交,$\boldsymbol{x}_h$ 与超椭球轴共线,故不同 $\boldsymbol{x}_h$ 正交。对非升值排序后的 λ_h、$\boldsymbol{x}_h$,$\boldsymbol{x}_1$ 是 E^m 中 $\boldsymbol{F}$ 在其上投影向量模方取极大值的方向,$\boldsymbol{x}_2$ 是 $\boldsymbol{F}$ 在垂直于 $\boldsymbol{x}_1$ 剩余空间(即 E^{m-1})中分量在其上投影向量模方取极大值的方向,其余类推;在这个意义上,$\boldsymbol{x}_h$ 是一定剩余空间中 $V(\tilde{\boldsymbol{x}})$ 取极大值的方向,特征值 λ_h 则是 $\boldsymbol{F}$ 在该空间中 $V(\tilde{\boldsymbol{x}})$ 的极大值。

另外,丁裕国和施能(1992)发现,原始场序列 $\boldsymbol{F}$[图6.1(a)]的第一特征向量 $\boldsymbol{x}_1$ 的形态往往与平均场 $\bar{\boldsymbol{f}}$ 的形态相似或相反(即反相似),这一现象易从几何角度解释。因为,多数要素的原始场序列 $\boldsymbol{F}$ 在 E^m 中的结构与图6.1(a)中 $\boldsymbol{F}$ 的结构相同,它们的元素(向量 $\boldsymbol{f}_j$)相对集中地指向 E^m 中与 $\bar{\boldsymbol{f}}$ 接近的超立方体主对角线附近方向,因此,$\boldsymbol{F}$ 的统计量 $\boldsymbol{x}_1$ 与 $\bar{\boldsymbol{f}}$ 的形态往往接近或相反。但是,从几何角度看,$\boldsymbol{x}_1$、$\bar{\boldsymbol{f}}$ 存在如下实质差异:$\bar{\boldsymbol{f}}$ 是指向 E^m 中 $\boldsymbol{F}$ 矢端点集几何中心的常向量;$\boldsymbol{x}_1$ 则是 $\boldsymbol{F}$ 全部元素在其上投影平方和达极值的向量,是可有非0常数倍之差的可变向量。因此,$\boldsymbol{x}_1$、$\bar{\boldsymbol{f}}$ 是场集 $\boldsymbol{F}$ 的两个不同的统计量,原始场序列 $\boldsymbol{F}$ 的 $\boldsymbol{x}_1$ 与 $\bar{\boldsymbol{f}}$ 形态相似或相反是表象。王盘兴等(1998)给出了一个实际的 $\boldsymbol{F}$,其 $\boldsymbol{x}_1$ 与 $\bar{\boldsymbol{f}}$ 既不相似也不相反。

2. 时间系数序列 $\boldsymbol{t}_h$

$\boldsymbol{F}$ 的全部元素 $\boldsymbol{f}_j$ 均可由新基$\{\tilde{\boldsymbol{x}}_h, h=\overline{1,H}\}$的线性和完全表出,即

$$\boldsymbol{f}_j=\sum_{h=1}^{H}t_{hj}\tilde{\boldsymbol{x}}_h, j=\overline{1,n}$$

由第1章知,这里使用标准化特征向量 $\tilde{\boldsymbol{x}}_h$ 仅为方便,而非必要。式中,t_{hj} 为 j 时刻场 $\boldsymbol{f}_j$ 中 $\tilde{\boldsymbol{x}}_h$ 的时间系数,由 $\tilde{\boldsymbol{x}}_h$ 标准正交性,

$$t_{hj}=(\boldsymbol{f}_j,\tilde{\boldsymbol{x}}_h)=\sum_{i=1}^{m}f_{ij}\tilde{x}_{ih} \tag{6.19}$$

t_{hj}、$j=\overline{1,n}$构成时间系数向量 $\boldsymbol{t}_h$,

$$\boldsymbol{t}_h=(t_{h1} \quad t_{h2} \quad \cdots \quad t_{hm}) \tag{6.20}$$

因此,从几何角度看,$\tilde{\boldsymbol{x}}_h$ 的时间系数 $\boldsymbol{t}_h$,是 $\boldsymbol{F}$ 在 $\boldsymbol{x}_h$ 上的投影向量,它是 E^n 中的一个向量。

全部时间系数向量 $\boldsymbol{t}_h$、$h=\overline{1,H}$构成时间系数矩阵

$$\boldsymbol{T}=\begin{pmatrix} t_{11} & t_{12} & \cdots & t_{1n} \\ t_{21} & t_{22} & \cdots & t_{2n} \\ \vdots & \vdots & & \vdots \\ t_{H1} & t_{H2} & \cdots & t_{Hn} \end{pmatrix}=\begin{pmatrix} \boldsymbol{t}_1 \\ \boldsymbol{t}_2 \\ \vdots \\ \boldsymbol{t}_H \end{pmatrix} \tag{6.21}$$

以 $\tilde{\boldsymbol{x}}_{h'}^{\mathrm{T}}$ 左乘式(6.14),由 $\tilde{\boldsymbol{x}}_h$ 的标准正交性,易证

$$(\boldsymbol{t}_{h'},\boldsymbol{t}_h)=\tilde{\boldsymbol{x}}_{h'}^{\mathrm{T}}\boldsymbol{A}\tilde{\boldsymbol{x}}_h=\tilde{\boldsymbol{x}}_{h'}^{\mathrm{T}}\boldsymbol{F}(\boldsymbol{F}^{\mathrm{T}}\tilde{\boldsymbol{x}}_h)=\begin{cases}\lambda_h, & h=h' \\ 0, & h\neq h'\end{cases} \tag{6.22}$$

故 $\tilde{\boldsymbol{x}}_h$ 的时间系数 $\boldsymbol{t}_h$ 的模方 $\|\boldsymbol{t}_h\|^2=\lambda_h$;异序时间系数正交,即 $\boldsymbol{t}_h\perp\boldsymbol{t}_{h'}$、$h\neq h'$。因此得时间系数矩阵 $\boldsymbol{T}$ 与特征值矩阵 $\boldsymbol{\Lambda}$ 的关系

$$\boldsymbol{T}_{H\times n}\boldsymbol{T}_{H\times n}^{\mathrm{T}}=\boldsymbol{\Lambda}_{H\times H} \tag{6.23}$$

至此,可写出 $\boldsymbol{F}$ 的 EOF 分解的矩阵式

$$\boldsymbol{F}=\tilde{\boldsymbol{X}}\boldsymbol{T}=\sum_{h=1}^{H}\tilde{\boldsymbol{x}}_h\boldsymbol{t}_h=\sum_{h=1}^{H}\boldsymbol{F}_h \tag{6.24}$$

式右,$\boldsymbol{F}_h=\tilde{\boldsymbol{x}}_h\boldsymbol{t}_h$ 为 $\boldsymbol{F}$ 的第 h 个正交分量,有性质 $\|\boldsymbol{F}_h\|^2=\lambda_h$,$(\boldsymbol{F}_h,\boldsymbol{F}_{h'})=0$、$h\neq h'$。

气象文献中也称标准化的时间系数向量 $\tilde{\boldsymbol{t}}_h=\boldsymbol{t}_h/\sqrt{\lambda_h}$ 为 $\boldsymbol{F}$ 的主成分(Principal Component,PC),$\boldsymbol{x}_h=\sqrt{\lambda_h}\tilde{\boldsymbol{x}}_h$ 为 $\boldsymbol{F}$ 在 $\tilde{\boldsymbol{t}}_h$ 上的载荷向量(loading vector),$\|\boldsymbol{x}_h\|^2=\lambda_h$;故 EOF 分析也称为 $\boldsymbol{F}$ 的主成分分析(PCA)。

3. 模方拟合率 ρ_h、累积模方拟合率 P_h

$\boldsymbol{F}$ 的全部元素的模方之和称为总模方 S,

$$S=\|\boldsymbol{F}\|^2=\sum_{j=1}^{n}\|\boldsymbol{f}_j\|^2=\sum_{i=1}^{m}\|\boldsymbol{f}_i\|^2=\sum_{i=1}^{m}\sum_{j=1}^{n}f_{ij}^2 \tag{6.25}$$

λ_h 是 S 中被 $\boldsymbol{x}_h$ 拟合的部分,故第 h 个特征向量的模方拟合率为

$$\rho_h=\lambda_h/S \tag{6.26}$$

在 λ_h 作非升值排序后,前 h 个特征向量对 $\boldsymbol{F}$ 的累积模方拟合率为

$$P_h=\sum_{h'=1}^{h}\lambda_{h'}\Big/S=\sum_{h'=1}^{h}\rho_{h'} \tag{6.27}$$

$0\leqslant\rho_h$、$P_h\leqslant1$,其值越大,拟合越好。对中心化场序列 $\boldsymbol{F}'$、$\tilde{\boldsymbol{F}}'$,ρ_h、P_h 的值及统计意义全同于方差贡献、累计方差贡献;对非中心化场序列 $\boldsymbol{F}$,ρ_h、P_h 仍有明确的几何意义。故式(6.26)、式(6.27)给出的 ρ_h、P_h,是涵盖了方差贡献、累积方差贡献的统计量。

从几何角度看,λ_h、ρ_h 均给出了 $\boldsymbol{F}$ 的全部元素在 $\boldsymbol{x}_h$ 方向上集中程度的度量,λ_h 是绝对度量,ρ_h 是相对度量;用 ρ_h 判断分析对象 $\boldsymbol{F}$ 在 E^m 中的各向异性更直观,且可以相互比较。P_h 则给出了 $\boldsymbol{F}$ 的总模方 S 在最重要的 h 个特征向量 $\tilde{\boldsymbol{x}}_{h'}$、$h'=\overline{1,h}$构成的子空间中集中程度的相对度量。

式(6.4)演例 $\boldsymbol{F}$、$\boldsymbol{F}'$、$\tilde{\boldsymbol{F}}'$经验正交函数 $\boldsymbol{x}_1$、$\boldsymbol{x}_2$ 已绘于图6.3,它们的特征值 λ_1、λ_2 即表6.1中的 V_1、V_2,它们是图6.3椭圆长、短半轴轴长的平方。标准化特征向量 $\boldsymbol{x}_1$、$\boldsymbol{x}_2$ 的时间系数向量 $\boldsymbol{t}_1$、$\boldsymbol{t}_2$ 正交,$\|\boldsymbol{t}_1\|^2=\lambda_1$、$\|\boldsymbol{t}_2\|^2=\lambda_2$;注意,$\boldsymbol{t}_h$ 的正交性不一定要求 $\boldsymbol{t}_h$ 是 $\tilde{\boldsymbol{x}}_h$ 的系数,但

$\| t_h \|^2=\lambda_h$ 要求 t_h 必须是 $\tilde{x}_h$ 的系数。λ_h 与序列模方 $\| f_i \|^2$ 的关系为 $\lambda_1 > \| f_1 \|^2$、$\| f_2 \|^2 > \lambda_2$，EOF 分析使 $\| F \|^2$ 最大(最小)程度集中于 $\tilde{x}_1(\tilde{x}_2)$。

综上，本节从几何角度解释了 EOF 分析方法的实质，给出了其主要统计量(λ_h、x_h、t_h、ρ_h、P_h，$h=\overline{1,H}$)的意义。这对深刻理解 EOF 分析方法原理和灵活应用 EOF 分析方法分析实际问题，都是非常重要的。

6.2 计算问题

EOF 分析方法中，求 A 的特征值、特征向量 λ_h、x_h、$h=\overline{1,H}$及与之有关的"时空转换"是两个重要的计算问题，另外，EOF 分析方法的通用程序设计较复杂，本节将它们列为三个问题，逐一介绍。

6.2.1 Jacobi 法

求实对称非负定矩阵 A 的特征值、特征向量有多种方法，雅可比(Jacobi)法是目前计算机上最有效的求解方法之一(冯康，1978)，它通过对 A 作多次旋转变换(1.5 节)，近似地求得 A 的全部特征值 Λ 及标准化特征向量 $\tilde{X}$。

1. Jacobi 法原理

用 1.5 节中式(1.79)、式(1.80)的旋转变换矩阵 $\Gamma_{pq}^{(k)}$、$\Gamma_{pq}^{(k)\mathrm{T}}$ 对 $A^{(k-1)}$ 作第 k 次旋转变换

$$A^{(k)}=\Gamma_{pq}^{(k)\mathrm{T}}A^{(k-1)}\Gamma_{pq}^{(k)} \tag{6.28}$$

式中，$A^{(k-1)}$、$A^{(k)}$ 分别为第 k 次变换前、后的 A。以 A、A' 分别记 $A^{(k-1)}$、$A^{(k)}$，则第 k 次旋转变换得

$$A'=\begin{pmatrix} & & a'_{1p} & & a'_{1q} & & \\ & & \vdots & & \vdots & & \\ a'_{p1} & \cdots & a'_{pp} & \cdots & a'_{pq} & \cdots & a'_{pm} \\ & & \vdots & & \vdots & & \\ a'_{q1} & \cdots & a'_{qp} & \cdots & a'_{qq} & \cdots & a'_{qm} \\ & & \vdots & & \vdots & & \\ & & a'_{mp} & & a'_{mq} & & \end{pmatrix}\begin{matrix} \\ \\ p\text{ 行} \\ \\ q\text{ 行} \\ \\ \\ \end{matrix} \tag{6.29}$$

（第 p 列、第 q 列）

其 p、q 行(列)上的元素被改变，其他元素不变。其中，

$$\begin{aligned} a'_{pp}&=a_{pp}\cos^2\varphi+2a_{pq}\sin\varphi\cos\varphi+a_{qq}\sin^2\varphi \\ a'_{qq}&=a_{qq}\sin^2\varphi-2a_{pq}\sin\varphi\cos\varphi+a_{qq}\cos^2\varphi \\ a'_{pq}&=a'_{qp}=-(a_{pp}-a_{qq})\sin\varphi\cos\varphi+a_{pq}(\cos^2\varphi-\sin^2\varphi) \end{aligned} \tag{6.30}$$

令 $a'_{pq}=a'_{qp}=0$，得第 k 次旋转变换的转角

$$\varphi^{(k)}=\frac{1}{2}\arctan\frac{a_{pp}-a_{qq}}{2a_{pq}} \tag{6.31}$$

第 k 次旋转变换使 $a'_{pq}=a'_{qp}=0$；主对角线上的元素和不变（即 $a'_{pp}+a'_{qq}=a_{pp}+a_{qq}$），但差增大（即 $|a'_{pp}-a'_{qq}|>|a_{pp}-a_{qq}|$）。

Jacobi 法求 $\boldsymbol{A}$ 的 $\boldsymbol{\Lambda}$、$\boldsymbol{X}$ 由多次旋转变换完成，每次变换选择 $\max(|a_{ij}|,i<j)$ 的元素 a_{ij}（注：$\boldsymbol{A}$ 的主对角线外的绝对值最大的元素）进行，i、j 即 p、q 值。按式(6.31)求 φ，然后用 p、q、$\varphi^{(k)}$ 构造 $\boldsymbol{\Gamma}_{pq}^{(k)}$，并按式(6.28)对 $\boldsymbol{A}$（即第 $k-1$ 次旋转变换结果 $\boldsymbol{A}^{(k-1)}$）作旋转变换得 $\boldsymbol{A}'$。可设置阈值 $\varepsilon=10^{-4}\sum_{i=1}^{m}a_{ii}\Big/H$（注：特征值均值的万分之一）控制旋转变换过程，当 $\boldsymbol{A}'$ 的 $\max(|a_{ij}|,i<j)\leqslant\varepsilon$ 时终止旋转变换，可得足够精确的计算结果。

假定旋转变换共经 k 次完成，则得 $\boldsymbol{A}^{(k)}$ 和 $\boldsymbol{\Gamma}^{(k')}$、$k'=\overline{1,k}$，它们与特征值矩阵 $\boldsymbol{\Lambda}=\mathrm{diag}(\lambda_1\quad\lambda_2\quad\cdots\quad\lambda_m)$ 和标准化特征向量矩阵 $\tilde{\boldsymbol{X}}$ 的关系为

$$\boldsymbol{\Lambda}\doteq A^{(k)},\quad \tilde{\boldsymbol{X}}\doteq\prod_{k'=1}^{k}\boldsymbol{\Gamma}^{(k')}=\boldsymbol{\Gamma} \tag{6.32}$$

$\boldsymbol{A}$ 的全部特征值 λ_h、$h=\overline{1,m}$ 在 $\boldsymbol{A}^{(k)}$ 主对角线上；λ_h 对应的标准化特征向量 $\tilde{\boldsymbol{x}}_h$ 在 $\boldsymbol{\Gamma}$ 的相应列上。由 Jacobi 法的过程知，所得 λ_h、$\tilde{\boldsymbol{x}}_h$ 是近似的，且并未按 λ_h 大小排序，对 λ_h、$\tilde{\boldsymbol{x}}_h$ 的排序需另外进行。

2. Jacobi 法几何实质

Jacobi 法的每一次旋转变换，是对 E^m 中 $\boldsymbol{F}$ 在 $\boldsymbol{e}_p$、$\boldsymbol{e}_q$ 平面上的分量场序列

$$\boldsymbol{F}_{2\times n}=\begin{pmatrix} f_{p1} & f_{p2} & \cdots & f_{pn}\\ f_{q1} & f_{q2} & \cdots & f_{qn}\end{pmatrix}$$

的 EOF 分析，其几何实质可利用图 6.3 演例直观理解。对式(6.4)给出的三种场集（$\boldsymbol{F}$、$\boldsymbol{F}'$、$\tilde{\boldsymbol{F}}'$），先由式(6.15)求得 $\boldsymbol{A}$，再由式(6.31)求得转角 φ，

$$\varphi=\begin{cases}-40.45^\circ, & \text{对 } \boldsymbol{F}\\ 11.98^\circ, & \text{对 } \boldsymbol{F}'\\ 45.00^\circ, & \text{对 } \tilde{\boldsymbol{F}}'\end{cases}$$

然后按式(1.79)、式(1.80)构造旋转变换矩阵 $\boldsymbol{\Gamma}_{12}^{(1)}$、$\boldsymbol{\Gamma}_{12}^{(1)\mathrm{T}}$，对 $m=2$ 的场集，$\boldsymbol{\Gamma}^{(1)}=\boldsymbol{\Gamma}$、$\boldsymbol{\Gamma}^{(1)\mathrm{T}}=\boldsymbol{\Gamma}^{\mathrm{T}}$，故一次旋转变换即可求得 $\boldsymbol{A}$ 的特征值 $\boldsymbol{\Lambda}=\mathrm{diag}(\lambda_1\ \lambda_2)$、标准化特征向量 $\tilde{\boldsymbol{X}}=(\tilde{\boldsymbol{x}}_1\ \tilde{\boldsymbol{x}}_2)$；结果为

$$(\lambda_1\lambda_2),(\tilde{\boldsymbol{x}}_1,\tilde{\boldsymbol{x}}_2)=\begin{cases}(751.436\quad 14.563), & \begin{pmatrix}-0.760 & 0.650\\ 0.650 & 0.760\end{pmatrix}\\ (26.849\quad 7.151), & \begin{pmatrix}0.978 & -0.208\\ 0.208 & 0.978\end{pmatrix}\\ (1.277\quad 0.723), & \begin{pmatrix}0.707 & -0.707\\ 0.707 & 0.707\end{pmatrix}\end{cases}$$

由 1.5 节旋转变换性质：λ_1、λ_2 是顺时针旋转后的场集 $\boldsymbol{\Gamma}^{\mathrm{T}}(\boldsymbol{F}$、$\boldsymbol{F}'$、$\tilde{\boldsymbol{F}}')$ 在自然基 $\boldsymbol{e}_1$、$\boldsymbol{e}_2$ 上

的投影平方和，$\tilde{\boldsymbol{x}}_1$、$\tilde{\boldsymbol{x}}_2$ 是逆时针旋转后的自然基向量 $\boldsymbol{\Gamma e}_1$、$\boldsymbol{\Gamma e}_2$。由 $(\lambda_1\ \lambda_2)$ 值知，Jacobi 法得到的 λ_h、$\tilde{\boldsymbol{x}}_h$ 未按 λ_h 作非升值排序(注：$\boldsymbol{\Gamma}^{\mathrm{T}}\boldsymbol{F}$ 的 $\lambda_1<\lambda_2$)；而图 6.3 给出的 λ_h、$\tilde{\boldsymbol{x}}_h$ 已按 λ_h 作了非升序排列。

对实际问题，m 一般大于 2，需经多次旋转变换才可求得 $\boldsymbol{\Lambda}$、$\tilde{\boldsymbol{X}}$。

因此，从几何角度看，Jacobi 法是在 E^m 中对 $\boldsymbol{F}$ 作多次旋转变换，使其在自然基每个基向量 $\boldsymbol{e}_h$ 上的投影向量模方取极值；或对 E^m 中自然基向量作多次旋转变换，使 $\boldsymbol{F}$ 在所得新基 $\tilde{\boldsymbol{X}}$ 的每个基向量 $\tilde{\boldsymbol{x}}_h$ 上的投影向量模方取极值。

6.2.2　时空变换

Jacobi 法求 $\boldsymbol{A}$ 的 $\boldsymbol{\Lambda}$、$\boldsymbol{X}$ 时，$\boldsymbol{A}$ 阶数的大小决定了对计算机资源(内存和 CPU 时间)的需要；引入“时空变换”，可以在 n 远小于 m(时间序列长度远小于空间点数)时，大大降低实对称矩阵的阶数(m 阶 $\boldsymbol{A}$ 变为 n 阶 $\boldsymbol{B}$)，从而降低对计算机资源的需要。大气环流异常及短期气候预测的 EOF 分析，一般对广大地理区域上的场序列 $\boldsymbol{F}$ 进行。为保证空间分辨率，m 通常较大；而受气候资料积累的限制，时间序列的长度 n 往往较小；因此分析中经常出现 m 明显大于 n 的情况。此时，可利用时空变换，先求出线性变换 $\boldsymbol{B}_{n\times n}=\boldsymbol{F}^{\mathrm{T}}_{m\times n}\boldsymbol{F}_{m\times n}$ 的特征值 $\boldsymbol{\Lambda}\sim(\lambda_h$、$h=\overline{1,n})$、标准化时间系数 $\tilde{\boldsymbol{T}}\sim(\tilde{\boldsymbol{t}}_h$、$h=\overline{1,n})$(又称公因子，见第 8 章)，再求特征向量 $\boldsymbol{X}\sim(\boldsymbol{x}_h$、$h=\overline{1,n})$(又称载荷向量，见第 8 章)；然后将它们变换为标准化特征向量 $\tilde{\boldsymbol{x}}_h=\boldsymbol{x}_h/\sqrt{\lambda_h}$ 及其时间系数 $\boldsymbol{t}_h=\sqrt{\lambda_h}\,\tilde{\boldsymbol{t}}_h$。这种处理，习惯称为“时空变换”。

时空变换的主要步骤如下：①求 n 阶方阵 $\boldsymbol{B}_{n\times n}$，$\boldsymbol{B}_{n\times n}=\boldsymbol{F}^{\mathrm{T}}_{n\times n}\boldsymbol{F}_{n\times n}$；其主对角线元素 b_{jj} 是 j 年场的模方，主对角线外的元素 $b_{jj'}=(\boldsymbol{f}_j,\boldsymbol{f}_{j'})$、$j\neq j'$ 是 j、j' 年场的内积(注意：因中心化对时间变量进行，故 $b_{jj'}$ 不是 $\boldsymbol{f}_j$、$\boldsymbol{f}_{j'}$ 场的相似性度量)。②用 Jacobi 法求 $\boldsymbol{B}_{n\times n}$ 的特征值 λ_h、$h=\overline{1,n}$，其矩阵为 $\boldsymbol{\Lambda}=\mathrm{diag}(\lambda_1\quad\lambda_2\quad\cdots\quad\lambda_n)$；对应标准化特征向量 $\tilde{\boldsymbol{t}}_h$、$h=\overline{1,n}$(实际是标准化时间系数向量，又称主成分)，其矩阵为 $\tilde{\boldsymbol{T}}_{n\times n}$；$\tilde{\boldsymbol{t}}_h$ 是 $\tilde{\boldsymbol{T}}_{n\times n}$ 的第 h 列列向量。因为 n 小于 m，这一步计算节省了计算资源。③求 $\boldsymbol{A}$ 的非标准化的特征向量(即载荷向量)$\boldsymbol{X}_{m\times n}$，算式为

$$\boldsymbol{X}_{m\times n}=\boldsymbol{F}_{m\times n}\tilde{\boldsymbol{T}}^{\mathrm{T}}_{n\times n}\tag{6.33}$$

其第 h 列列向量 $\boldsymbol{x}_h$ 是 $\boldsymbol{F}$ 在主成分 $\tilde{\boldsymbol{t}}_h$ 上的载荷向量。④将 $\boldsymbol{X}$、$\tilde{\boldsymbol{T}}$ 换算为 $\boldsymbol{A}$ 的标准化特征向量 $\tilde{\boldsymbol{X}}$ 及其时间系数矩阵 $\boldsymbol{T}$，算式分别为

$$\tilde{\boldsymbol{X}}_{m\times n}=\boldsymbol{X}_{m\times n}\boldsymbol{\Lambda}^{-1/2},\quad \boldsymbol{T}_{n\times n}=\boldsymbol{\Lambda}^{1/2}\tilde{\boldsymbol{T}}_{n\times n}\tag{6.34}$$

式右，$\boldsymbol{\Lambda}^{-1/2}=\mathrm{diag}(1/\sqrt{\lambda_1}\quad 1/\sqrt{\lambda_2}\quad\cdots\quad 1/\sqrt{\lambda_n})$、$\boldsymbol{\Lambda}^{1/2}=\mathrm{diag}(\sqrt{\lambda_1}\quad\sqrt{\lambda_2}\quad\cdots\quad\sqrt{\lambda_n})$，$\tilde{\boldsymbol{X}}$ 的第 h 列列向量 $\tilde{\boldsymbol{x}}_h$ 为 $\boldsymbol{A}$ 的第 h 个标准化特征向量，$\boldsymbol{T}$ 的第 h 行行量 $\boldsymbol{t}_h$ 为 $\boldsymbol{F}$ 对 $\tilde{\boldsymbol{x}}_h$ 的时间系数序列。

6.2.3　EOF 分析方法程序设计

这里介绍一个我们设计的适于标量场时间序列 EOF 分析的标准化程序 SEOF。图 6.4 是程序 SEOF 的框图,它已考虑时空变换。用户只需正确填写 6 个控制参数和按要求输入原观测场时间序列 $\boldsymbol{F}$,运行 SEOF 便可得到全部分析结果。

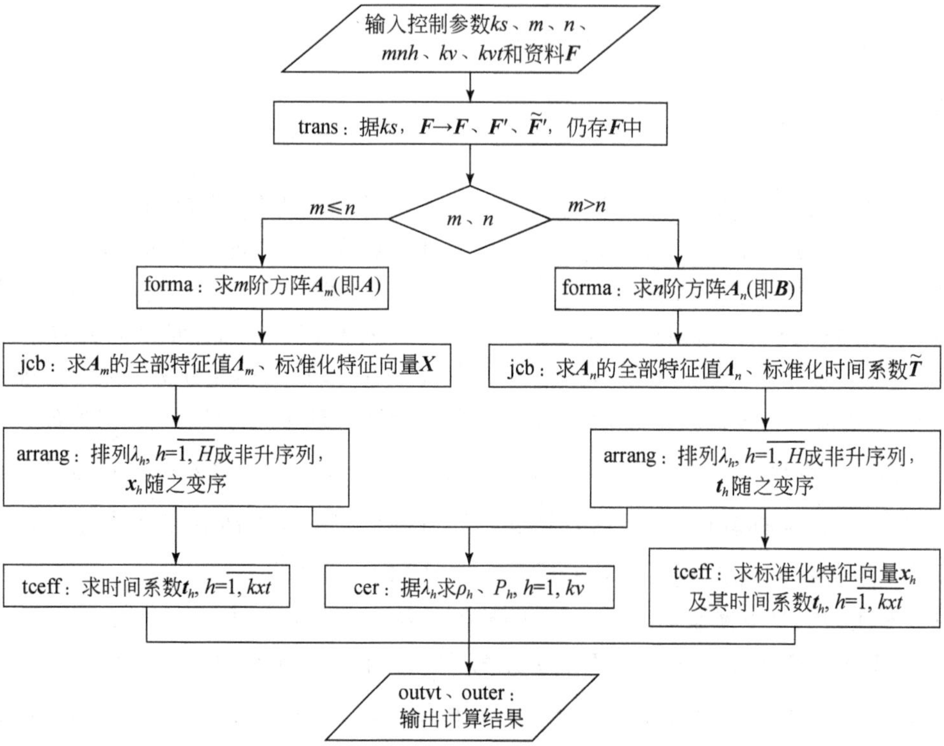

图 6.4　标量场序列 $\boldsymbol{F}$ 的 EOF 分解程序 SEOF 设计框图

1. 程序 SEOF 说明

(1)控制参数(共 6 个):

m:场的格(站)点数;

n:时间序列长度;

mnh:$\min(m,n)$;

ks:需分析的 $\boldsymbol{F}$ 种类,$ks=-1$、0、1 分别对应 $\boldsymbol{F}$、$\boldsymbol{F}'$、$\tilde{\boldsymbol{F}}'$;

kv:输出 λ_h、ρ_h、P_h 的个数,即 $h=\overline{1,kv}$($kv \leqslant mnh$);

kvt:输出 $\boldsymbol{X}_h$、$\boldsymbol{T}_h$ 的个数,即 $h=\overline{1,kvt}$($kvt \leqslant mnh$)。

程序根据参数 m、n 大小,自动实现了"时空变换"。

(2)输入:原始场序列 $\boldsymbol{F}$(即非中心化)资料。

如果资料已为 $\boldsymbol{F}'$,则选项 $ks=-1$、0 的分析结果均是 $\boldsymbol{F}'$的分析结果,选项 $ks=1$ 的分析结

果是 $\tilde{\boldsymbol{F}}'$的分析结果。如果输入资料已为 $\tilde{\boldsymbol{F}}'$,则选项 $ks=-1$、0、1 的分析结果均是 $\tilde{\boldsymbol{F}}'$的分析结果。

(3)输出(共 4 类):

① 模方拟合率分析结果($h=\overline{1,kv}$个 λ_h、$\sum_{h'=1}^{h}\lambda_{h'}$、$\rho_h$、$P_h$),存于 $er(kv,4)$ 中;

② 标准化特征向量($h=\overline{1,kvt}$个 $\tilde{\boldsymbol{x}}_h$),存于 $egvt(m,kvt)$ 中;

③ 标准化特征向量时间系数($h=\overline{1,kvt}$个 $\boldsymbol{t}_h$),存于 $ecof(n,kvt)$ 中;

④ 平均场 $\bar{\boldsymbol{f}}$(存于 $avf(m)$ 中)和模场 m(存于 $df(m)$ 中)。

(4)子程序功能:

trans:按 ks 将 $\boldsymbol{F}$ 处理为 $\boldsymbol{F}$、$\boldsymbol{F}'$、$\tilde{\boldsymbol{F}}'$;

forma:形成 $\boldsymbol{A}$,考虑了时空变换;

jcb:用 Jacobi 法求 $\boldsymbol{A}$ 的特征值、标准化特征向量;

arrang:对 λ_h 作非升值排序,$\tilde{\boldsymbol{x}}_h$ 顺序作相应变化;

cer:据排序后的 λ_h、$h=\overline{1,kv}$求 ρ_h、P_h;

tceff:求标准化特征向量 $\tilde{\boldsymbol{x}}_h$ 的时间系数 $\boldsymbol{t}_h$;

outer:输出 λ_h、$\sum_{h'=1}^{h}\lambda_{h'}$、$\rho_h$、$P_h$,$h=\overline{1,kvt}$;

outvt:输出 $\tilde{\boldsymbol{x}}_h$、$\boldsymbol{t}_h$,$h=\overline{1,kvt}$。

Jacobi 法子程序 jcb 引自郭富印等(1983)。

2. 计算试验

试验数据取自演例式(6.4)的原始场时间序列 $\boldsymbol{F}$;参数语句中 $ks=-1$、0、1(对应分析对象 $\boldsymbol{F}$、$\boldsymbol{F}'$、$\tilde{\boldsymbol{F}}'$,其余 5 个参数同为 $m=2$、$n=3$、$mnh=2$、$kv=2$、$kvt=2$。表 6.2 给出了用 SEOF 程序计算演例式(6.4)数据的全部结果。这些数据是制作图 6.3 的依据,也可供调试 SEOF 程序参考。

表 6.2　EOF 分析方法演例[式(6.4)]$\boldsymbol{F}$、$\boldsymbol{F}'$、$\tilde{\boldsymbol{F}}'$的 SEOF 主要计算结果

统计量	ks/分析对象		
	−1/式(6.4)$\boldsymbol{F}$	0/式(6.4)$\boldsymbol{F}'$	1/式(6.4)$\tilde{\boldsymbol{F}}'$
$\boldsymbol{A}$	$\begin{pmatrix}326 & 364\\364 & 440\end{pmatrix}$	$\begin{pmatrix}26 & 4\\4 & 8\end{pmatrix}$	$\begin{pmatrix}1.000 & 0.720\\0.720 & 1.000\end{pmatrix}$
$\begin{pmatrix}\lambda_1 & \rho_1 & P_1\\\lambda_2 & \rho_2 & P_2\end{pmatrix}$	$\begin{pmatrix}751.436 & 0.981 & 0.981\\14.563 & 0.019 & 1.000\end{pmatrix}$	$\begin{pmatrix}26.849 & 0.790 & 0.790\\7.151 & 0.210 & 1.000\end{pmatrix}$	$\begin{pmatrix}1.277 & 0.639 & 0.639\\0.723 & 0.361 & 1.000\end{pmatrix}$
$(\tilde{\boldsymbol{x}}_1\ \ \tilde{\boldsymbol{x}}_2)$	$\begin{pmatrix}0.650 & -0.760\\0.760 & 0.650\end{pmatrix}$	$\begin{pmatrix}0.978 & -0.208\\0.208 & 0.978\end{pmatrix}$	$\begin{pmatrix}0.707 & -0.707\\0.707 & 0.707\end{pmatrix}$
$\begin{pmatrix}\boldsymbol{t}_1\\\boldsymbol{t}_2\end{pmatrix}$	$\begin{pmatrix}16.489 & 12.149 & 18.220\\2.263 & 1.182 & -2.836\end{pmatrix}$	$\begin{pmatrix}-0.563 & -3.350 & 3.913\\2.164 & -1.333 & -0.830\end{pmatrix}$	$\begin{pmatrix}0.361 & -0.916 & 0.555\\0.639 & -0.084 & -0.555\end{pmatrix}$

6.3 应用实例

这里给出标量场时间序列 EOF 分析的两个实例：一是 Kutzback(1970)对北半球 1 月、7 月海平面气压(SLP)距平场序列的分析，包含两个 EOF 分析；二是李丽平等(2018)对中国冬、夏季气温(F)、降水(G)标准化距平场序列的分析，包含四个 EOF 分析。这些工作给出了实际 EOF 分析工作的要点，且分析结果十分重要。

6.3.1 北半球月海平面气压距平场序列的 EOF 分析

Kutzback(1970)的工作分别对 1 月、7 月海平面气压(SLP)距平场多年序列(记为 $\boldsymbol{F}_1'$、$\boldsymbol{F}_7'$)进行。

1. 分析对象

北半球 1899~1969 年 1 月、7 月月平均海平面气压距平场多年序列分别为 $\boldsymbol{F}_1'$、$\boldsymbol{F}_7'$，距平场是对相应月多年平均场 $\bar{\boldsymbol{f}}_1$、$\bar{\boldsymbol{f}}_7$ 的偏差，故不含季节变化。其主要参数：$m=180$，$n=66$(1 月)、64(7 月)，故 $H=65$(1 月)、63(7 月)(注：因第二次世界大战期间资料缺测，$n<71$)。

2. 模方分析

注意表 6.3 如下特点：①收敛速度较快，P_3 达到 48.3%(1 月)、34.6%(7 月)，P_{10} 达到 83.8%(1 月)、68.0%(7 月)，明显大于 3 个、10 个自由度上平均占比(约 4.7%、15.6%)。②1 月收敛速度高于 7 月。

表 6.3 北半球 1 月、7 月海平面气压距平场序列 EOF 分析的 ρ_h、P_h (单位：%)

月份	统计量	h									
		1	2	3	4	5	6	7	8	9	10
1	ρ_h	22.0	14.6	11.7	8.7	7.0	5.2	5.1	3.4	3.2	2.9
	P_h	22.0	36.6	48.3	57.0	64.0	69.2	74.3	77.7	80.9	83.8
7	ρ_h	15.4	10.2	9.0	7.1	5.8	5.5	4.7	4.0	3.2	3.1
	P_h	15.4	25.6	34.6	41.7	47.5	53.0	57.7	61.7	64.9	68.0

3. 时空特征分析

由图 6.5、图 6.6，1 月、7 月的 $\boldsymbol{x}_1$、$\boldsymbol{x}_2$、$\boldsymbol{x}_3$ 均以超长波系统为主；同序特征向量上 1 月的系统尺度更大一些，这与超长波波数季节特征(冬 3、夏 4)有关。

由图 6.7，1 月的 $\boldsymbol{t}_1$、$\boldsymbol{t}_2$、$\boldsymbol{t}_3$ 的振幅均大于 7 月，即主要特征向量型环流异常冬强于夏；年际变化以$\overline{2,4}$年的短周期变化为主。但也存在着长期持续异常趋势，如 $\boldsymbol{t}_1$ 显示出低值期(20 世纪 20 年代中期以前)、高值期(50 年代以后)和正常期(20 年代中期起到 40 年代)，它们对应大气活动中心的年代际变化。图 6.8 给出了 1 月两个 15 年(20 世纪初的 1903~1917 年、20 世纪中的 1955~1969 年)的 SLP 平均场，其中高纬的阿留申低压内圈等压线分别为 1008hPa、

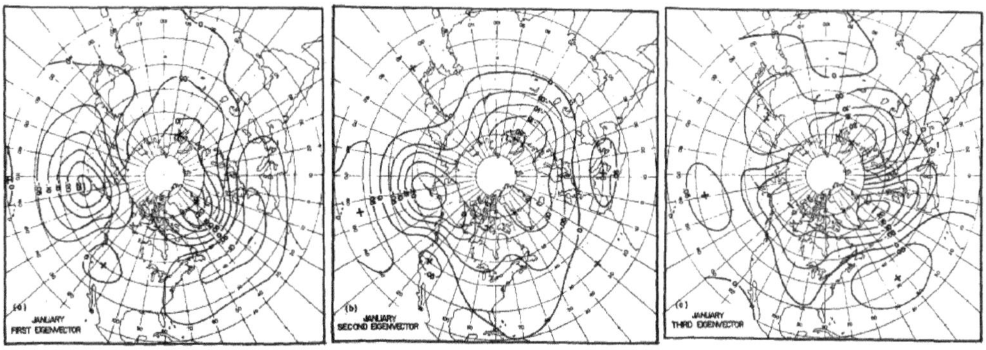

(a)　　(b)　　(c)

图6.5　北半球1月海平面气压距平场序列EOF分析的前3个特征向量(Kutzback, 1970)

(a)$\boldsymbol{x}_1$;(b)$\boldsymbol{x}_2$;(c)$\boldsymbol{x}_3$

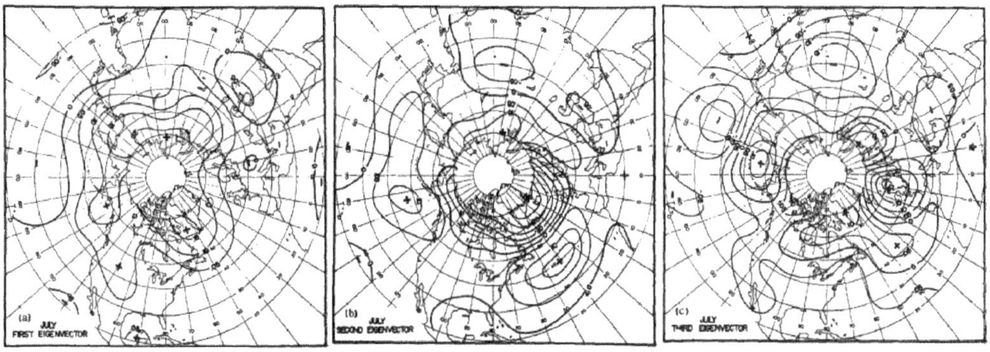

(a)　　(b)　　(c)

图6.6　北半球7月海平面气压距平场序列EOF分析的前3个特征向量(Kutzback, 1970)

(a)$\boldsymbol{x}_1$;(b)$\boldsymbol{x}_2$;(c)$\boldsymbol{x}_3$

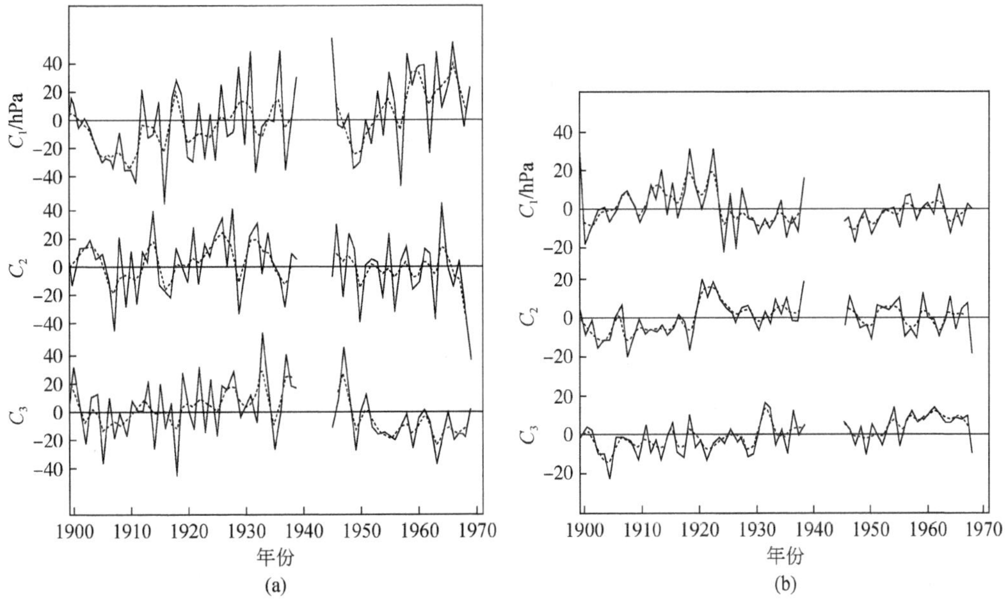

(a)　　(b)

图6.7　北半球海平面气压距平场序列EOF分析的前3个特征向量的时间系数$\boldsymbol{t}_1$、$\boldsymbol{t}_2$、$\boldsymbol{t}_3$(Kutzback, 1970)

(a)1月;(b)7月

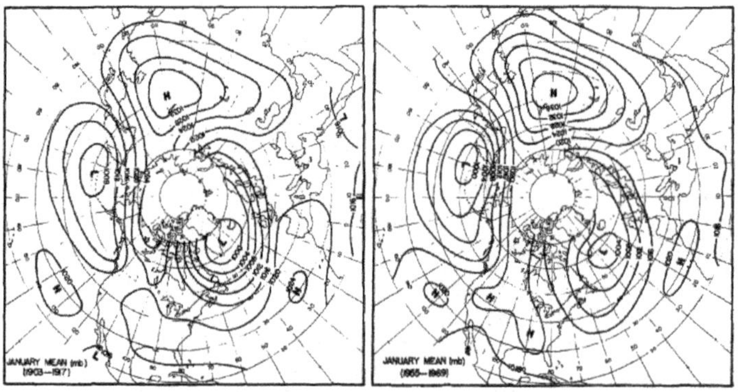

(a)　　(b)

图 6.8　1 月北半球 15 年平均海平面气压场 $\bar{f}$（引自 Kutzback, 1970）
(a) 1903～1917 年；(b) 1955～1969 年

1000hPa，蒙古高压分别为 1032hPa、1036hPa，冰岛低压分别为 1000hPa、1004hPa。说明 20 世纪初 t_1 的低值期，持续有阿留申低压、蒙古高压偏弱，冰岛低压偏强；而 20 世纪中 t_2 的高值期，三系统异常趋势相反。

显然，涉及广大区域的环流异常分析，中心化处理是必要的，它可以消除异常强度的空间不均匀性。而对 EOF 分析结果的基本分析，主要包括模方拟合率（方差贡献）、时域特征和空域特征三个方面的分析。

6.3.2　中国季气温、降水标准化距平场序列的 EOF 分析

1. 分析对象

李丽平等（2018）的工作包含四个独立的 EOF 分析，它们的分析对象分别是中国 160 站 1951～2010 年冬（夏）季的气温、降水标准化距平场序列 $\boldsymbol{F}_{冬季}$、$\boldsymbol{G}_{冬季}$（$\boldsymbol{F}_{夏季}$、$\boldsymbol{G}_{夏季}$）；它们的空间格站点数 $m=160$、时间序列长度 $n=60$、正交模总数 $H=59$。中心化、标准化均对站要素序列进行，且为几何标准化，故 $\boldsymbol{F}$、$\boldsymbol{G}$ 的行向量（时间序列）是中心化（$\sum_{j=1}^{60} f_{ij} = \sum_{j=1}^{60} g_{ij} = 0$）、标准化（$\|\boldsymbol{f}_i\| = \|\boldsymbol{g}_i\| = 1$）向量，$\boldsymbol{F}$、$\boldsymbol{G}$ 的总模方 $S = \|\boldsymbol{F}\|^2 = \|\boldsymbol{G}\|^2 = 160$。

2. 模方分析

表 6.4 给出了季气温、降水的前 10 个正交模的 ρ_h、P_h；因 $\boldsymbol{F}$、$\boldsymbol{G}$ 总模方 S 均为 160，故 $\lambda_h = S\rho_h$。由表 6.4 可见：气温的收敛明显快于同季节降水，冬季气温、降水收敛明显快于夏季。这里，收敛快指低 h 段 ρ_h（P_h）随 h 增大而减小（增大）得快；收敛快的分析对象，其 EOF 分析所得低序正交模态的特征向量、时间系数相对简单，物理意义（环流、气候、天气学意义）可能较易被揭示。从物理角度考虑，$m(n)$ 相同的两个分析对象，其收敛快慢取决于要素 F 的空间代表性（representativeness）及时滞相关性。就空间代表性而言，无论冬、夏季，季平均气温代表性均大于降水，故气温收敛快于降水；类似地，无论气温、降水，其冬季代表性均大

于夏季,故同一要素冬季收敛快于夏季。

表6.4 1951～2010年中国160站季气温、降水标准化距平场序列 F、GEOF分析的 ρ_h、P_h (单位:%)

分析对象	统计量	h									
		1	2	3	4	5	6	7	8	9	10
$F_{冬季}$	ρ_h	59.1	12.2	6.6	4.1	3.1	2.0	1.5	1.1	0.9	0.8
	P_h	59.1	71.3	77.9	82.0	85.1	87.1	88.6	89.7	90.6	91.4
$G_{冬季}$	ρ_h	23.0	9.8	6.7	5.5	5.1	4.0	3.2	2.9	2.7	2.3
	P_h	23.0	32.8	39.5	45.0	50.1	54.0	57.2	60.1	62.8	65.1
$F_{夏季}$	ρ_h	32.5	14.5	12.4	5.1	4.7	3.5	2.9	2.9	2.1	1.9
	P_h	32.5	47.0	59.4	64.6	69.2	72.7	75.6	78.5	80.6	82.5
$G_{夏季}$	ρ_h	9.5	8.5	7.3	5.7	4.7	3.7	3.5	3.0	2.9	2.7
	P_h	9.5	18.0	25.3	31.0	35.7	39.4	42.9	45.9	48.8	51.5

模方分析可以为确定EOF分析所得正交模($\boldsymbol{x}_h$、$\boldsymbol{q}_h$)、($\boldsymbol{y}_h$、$\boldsymbol{r}_h$)有无统计意义提供参考。North等(1982)对已作非升值排序的 λ_h 序列给出了如下判别方法(也称North准则):①计算 λ_h 的取样误差 $\Delta\lambda_h=\sqrt{2/H}\lambda_h$,对本实例,$H=\min(m,n-1)=59$;②确定 λ_h 随 h 改变的绝对量 $|\lambda'_h-\lambda_h|=\min(\lambda_{h-1}-\lambda_h,\lambda_h-\lambda_{h+1})$;③若 $|\lambda'_h-\lambda_h|=\Delta\lambda_h$,则第 h 个正交模态有统计意义,否则无统计意义。因为 λ_h、ρ_h 差常数 S 倍,故可用 ρ_h 替代 λ_h 作上述判别。将North准则用于表6.4中四个EOF分析结果的 λ_h 序列,得冬(夏)季气温的前7(1)个正交模态有统计意义,冬(夏)季降水的前2(0)个正交模态有统计意义,差别很大。吴洪宝和吴蕾(2005)建议,对具体问题可在试验基础上运用专业知识判断有意义的正交模个数。张尧庭和方开泰(2013)从统计原理出发指出解决该问题的困难,给出了类同于吴洪宝和吴蕾(2005)处理该问题的方法。我们认为,从统计力学中能量按自由度均分的原理出发,可以给出一个判断 λ_h 大小的阈值 $\lambda_c=c\bar{\lambda}(\rho_c=c\bar{\rho})$,其中 $\bar{\lambda}(\bar{\rho})$ 是 $\lambda_h(\rho_h)$ 的均值,c 是大于1.0的常数,取值视分析对象与分析目的定;若 $\lambda_h>\lambda_c$,则其所属正交模($\tilde{\boldsymbol{x}}_h$、$\boldsymbol{q}_h$)有统计意义。因为 c 值的选定依赖于经验,故此法可称为**经验判别方法**。例如,对实例2,$\bar{\lambda}=160/59=2.712$,$\bar{\rho}=100\%/59=1.695\%$;若选 $c=5.0$,则 $\lambda_c=13.56$、$\rho_c=8.47\%$,表6.4中冬(夏)季气温 $\boldsymbol{F}$ 的前2(3)个和冬(夏)季降水 $\boldsymbol{G}$ 的前2(2)个正交模有统计意义;若选 $c=3.0$,则 $\lambda_c=8.14$、$\rho_c=5.08\%$,冬(夏)季 $\boldsymbol{F}$ 的前3(4)个和冬(夏)季 $\boldsymbol{G}$ 的前5(4)个正交模有统计意义。

比较North方法、经验判别方法对表6.4的应用,可以看到North准则用于本实例的明显不合理处:$\boldsymbol{F}_{冬}$ 的 λ_h、$h=\overline{5,7}$ 与 $\bar{\lambda}$ 相差无几($h=\overline{5,6}$),甚至小于 $\bar{\lambda}$($h=7$),它们应是所谓的"噪声",却被判为有统计意义的正交模;$\boldsymbol{F}_{夏}$ 的 λ_h、$h=\overline{2,3}$ 远大于 $\bar{\lambda}$,$\boldsymbol{G}_{夏}$ 的 λ_h、$h=\overline{1,2}$ 也明显大于 $\bar{\lambda}$,但它们都被列入无统计意义的正交模;这些结论有悖于方差分析基本原理。当然,由于实际分析对象的复杂性,经验方法提供的正交模是否真有统计意义,需要对这些正交模作具体分析,才有可能做出合理判断。

3. 时空特征分析

按经验方法选每个分析对象($\boldsymbol{F}_{\text{冬}}$、$\boldsymbol{G}_{\text{冬}}$、$\boldsymbol{F}_{\text{夏}}$、$\boldsymbol{G}_{\text{夏}}$)的前3个正交模,用以分析中国60年气候异常最基本的时空特征及其季节差异。为方便叙述,据特征向量($\tilde{\boldsymbol{x}}_h$、$\tilde{\boldsymbol{y}}_h$)、时间系数($\boldsymbol{q}_h$、$\boldsymbol{r}_h$)可以改变方向(同乘-1)的性质,将它们的 $\boldsymbol{q}_h$、$\boldsymbol{r}_h$ 中的线性趋势项均调整为上升趋势,$\tilde{\boldsymbol{x}}_h$、$\tilde{\boldsymbol{y}}_h$ 符号作了相应改变。

1)$\boldsymbol{F}$、$\boldsymbol{G}$ 的空域特征

冬、夏季 $\boldsymbol{F}$ 前3个特征向量 $\tilde{\boldsymbol{x}}_h$、$h=\overline{1,3}$(图6.9、图6.11)图上的高绝对值区有很强的“组织性”,其上高、低值区(深、浅阴影区)具有空间连续性,它是由测站季平均气温的代表性强决定的。因为冬、夏季 $\boldsymbol{F}$ 的 ρ_1 分别为59.1%、32.5%,故第一模态在 $\boldsymbol{F}$ 的实际异常构成中起决定性作用,由冬、夏季 $\boldsymbol{F}$ 的 $\tilde{\boldsymbol{x}}_h$[图6.9(a)、图6.11(a)],它在全国范围内几乎全为正值,冬季从华北、华东至华南东部为大片正高值区,夏季华北、东北和西北局部及长江下游也为连片正高值区。故分析期间中国区域增暖带有全域性,尤以上述区域增暖明显。$\boldsymbol{F}$ 的 ρ_2 冬、夏季值分别为12.2%、14.5%,也很重要,由 $\tilde{\boldsymbol{x}}_2$[图6.9(b)、图6.11(b)],它们在东北大部、西北局部出现正高值区,而在冬季西南、华南西部及夏季的长江中下游流域为大片负值区。故

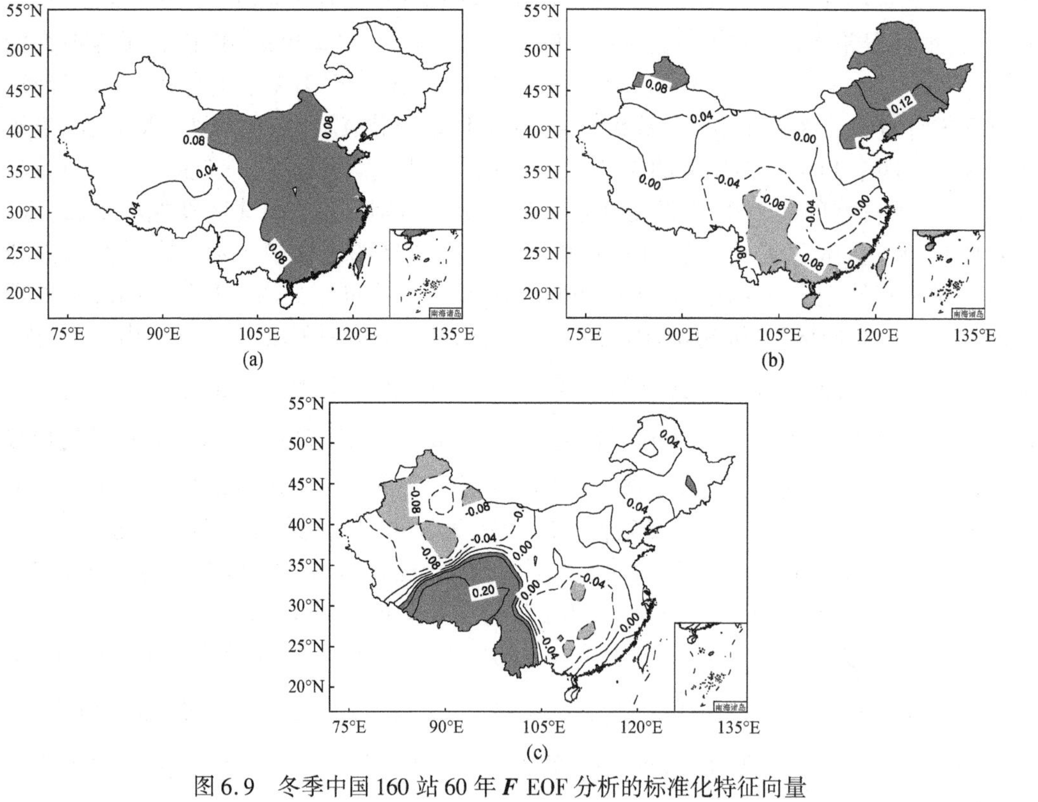

图6.9　冬季中国160站60年 $\boldsymbol{F}$ EOF分析的标准化特征向量

(a)$\tilde{\boldsymbol{x}}_1$;(b)$\tilde{\boldsymbol{x}}_2$;(c)$\tilde{\boldsymbol{x}}_3$。深(浅)阴影区为高绝对值正(负)区

我国北方(冬、夏季)、华东及华南东部(冬季)为增暖明显区;由于冬、夏季 $\tilde{\boldsymbol{x}}_2$ 南方局部地区(长江上游及西南;长江中下游)出现明显负值区,不排除全球增暖背景下这些地区可能增暖不明显,甚至变冷。

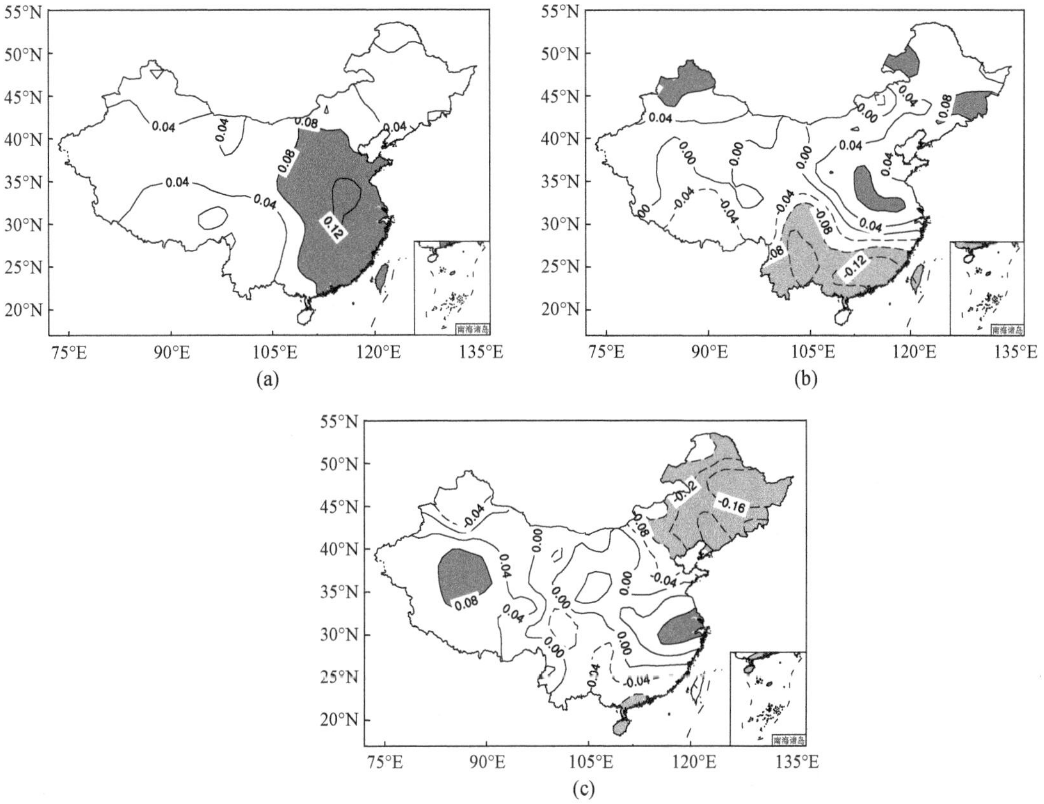

图 6.10　冬季中国 160 站 60 年 ***G*** EOF 分析的标准化特征向量

(a) $\tilde{\boldsymbol{y}}_1$;(b) $\tilde{\boldsymbol{y}}_2$;(c) $\tilde{\boldsymbol{y}}_3$。深(浅)阴影区为高绝对值正(负)区

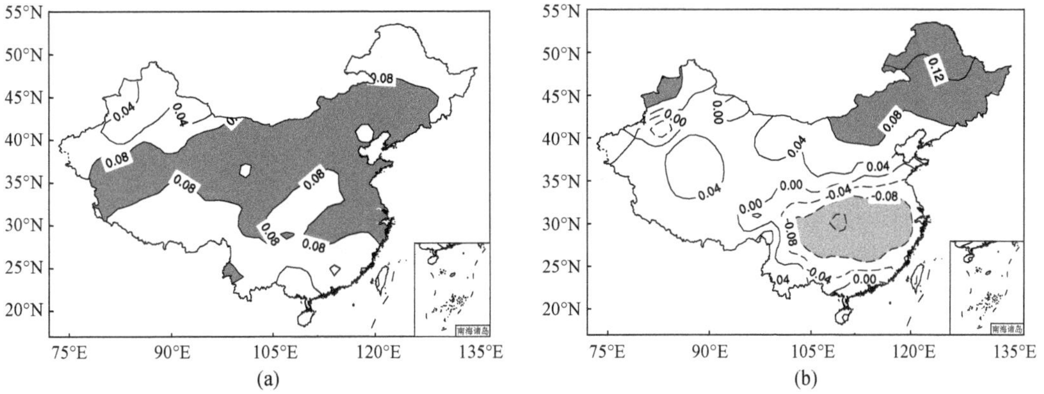

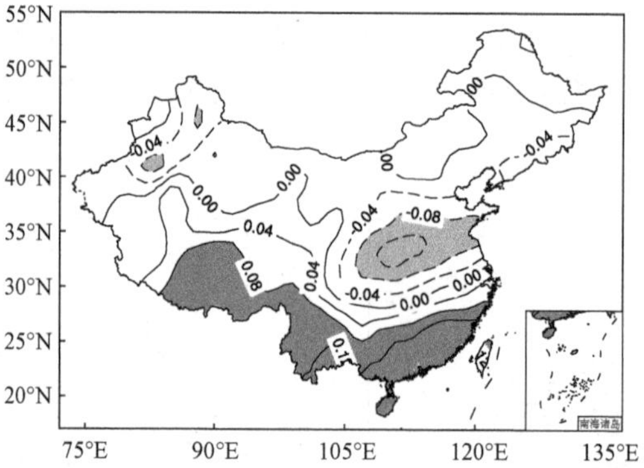

图 6.11　夏季中国 160 站 60 年 ***F*** EOF 分析的标准化特征向量

(a)$\tilde{\boldsymbol{x}}_1$;(b)$\tilde{\boldsymbol{x}}_2$;(c)$\tilde{\boldsymbol{x}}_3$。深(浅)阴影区为高绝对值正(负)区

图 6.10、图 6.12 是冬、夏季 ***G*** 前 3 特征向量 $\tilde{\boldsymbol{y}}_h$、$h=\overline{1,3}$,图上的高绝对值区仍有较好的"组织性",但与 ***F*** 的图 6.9、图 6.11 比较,"组织性"明显减弱,这是降水的空间代表性较气温差所致。另外,我国中东部地区 $\tilde{\boldsymbol{y}}_h$ 的季节差异明显,主要表现为冬季 $\tilde{\boldsymbol{y}}_1$ 上为单一正值区,夏季则为正、负区共存,故 ***G*** 的空域特征较 ***F*** 复杂。

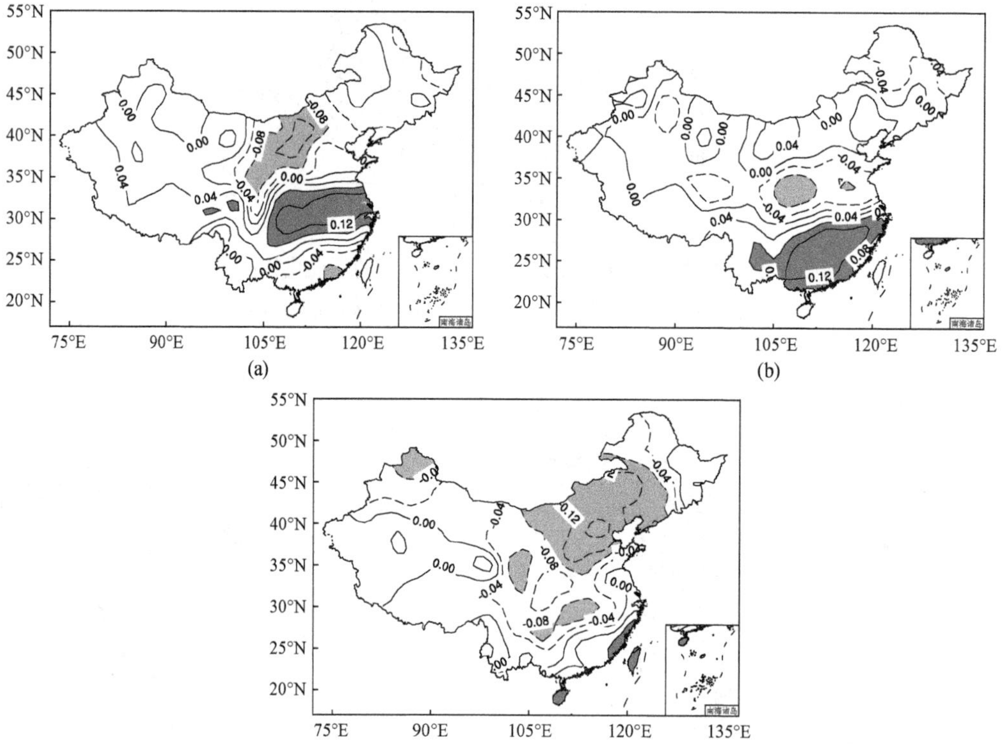

图 6.12　夏季中国 160 站 60 年 ***G*** EOF 分析的标准化特征向量

(a)$\tilde{\boldsymbol{y}}_1$;(b)$\tilde{\boldsymbol{y}}_2$;(c)$\tilde{\boldsymbol{y}}_3$。深(浅)阴影区为高绝对值正(负)区

2) **F**、**G** 的时域特征

对冬(夏)季 **F**、**G** 的前 3 个特征向量的时间系数序列 $\boldsymbol{q}_h$、$\boldsymbol{r}_h$、$h=\overline{1,3}$ 图 6.13、图 6.14(图 6.15、图 6.16)的线性趋势分量(记为 $\boldsymbol{q}_{hl}$、$\boldsymbol{r}_{hl}$)及年代际变化分量(记为 $\boldsymbol{q}_{hs}$、$\boldsymbol{r}_{hs}$)作分析。

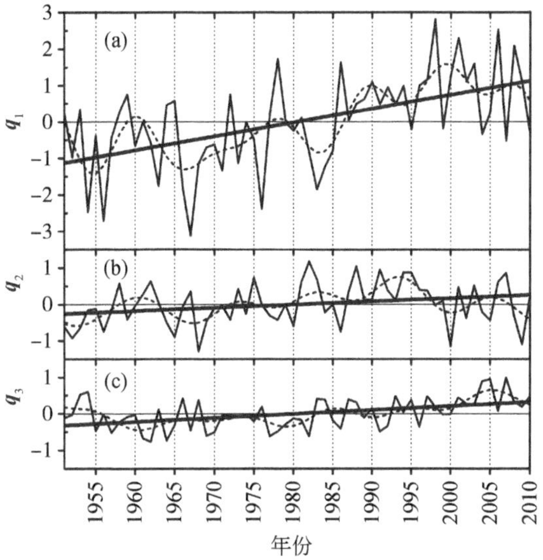

图 6.13　冬季中国 160 站 60 年 **F** EOF 分析的标准化特征向量时间系数

(a)$\boldsymbol{q}_1$;(b)$\boldsymbol{q}_2$;(c)$\boldsymbol{q}_3$。实斜线(虚曲线)为线性趋势(年代际变化)分量 $\boldsymbol{q}_{hl}$($\boldsymbol{q}_{hs}$)

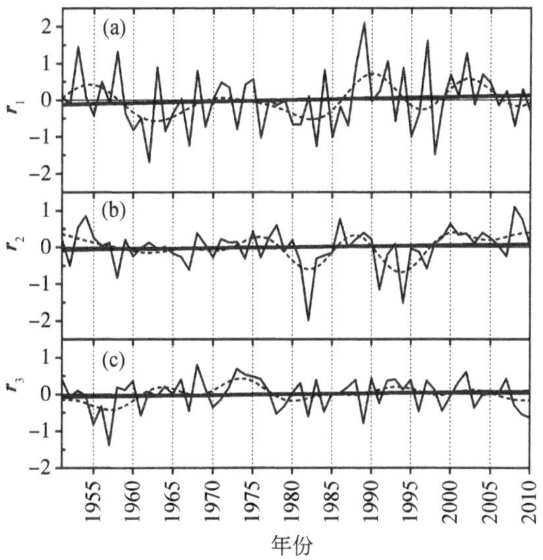

图 6.14　冬季中国 160 站 60 年 **G** EOF 分析的标准化特征向量时间系数

(a)$\boldsymbol{r}_1$;(b)$\boldsymbol{r}_2$;(c)$\boldsymbol{r}_3$。实斜线(虚曲线)为线性趋势(年代际变化)分量 $\boldsymbol{r}_{hl}$($\boldsymbol{r}_{hs}$)

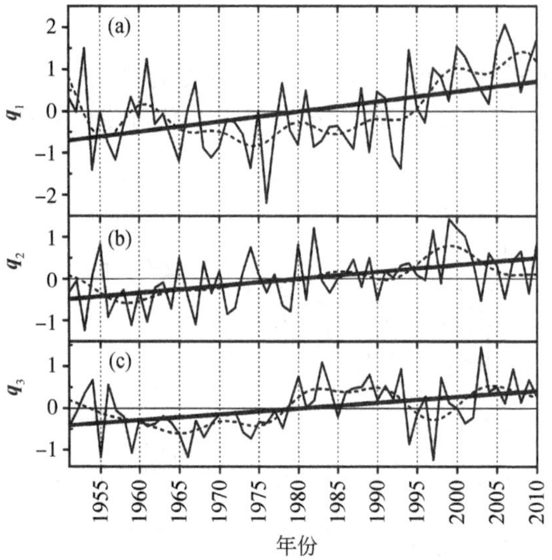

图 6.15　夏季中国 160 站 60 年 ***F*** EOF 分析的标准化特征向量时间系数

(a)$\boldsymbol{q}_1$;(b)$\boldsymbol{q}_2$;(c)$\boldsymbol{q}_3$。实斜线(虚曲线)为线性趋势(年代际变化)分量 $\boldsymbol{q}_{hl}$($\boldsymbol{q}_{hs}$)

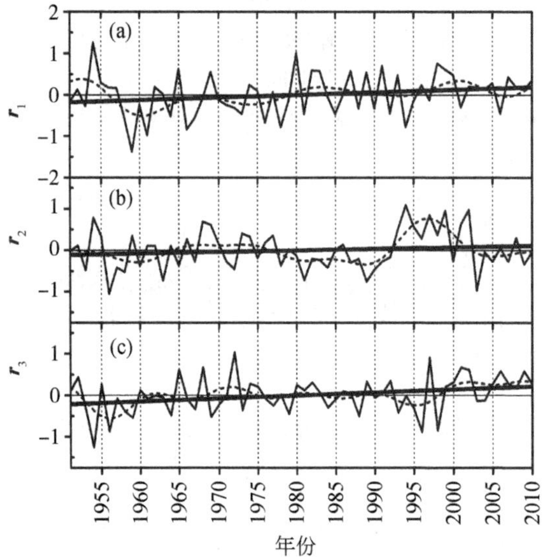

图 6.16　夏季中国 160 站 60 年 ***G*** EOF 分析的标准化特征向量时间系数

(a)$\boldsymbol{r}_1$;(b)$\boldsymbol{r}_2$;(c)$\boldsymbol{r}_3$。实斜线(虚曲线)为线性趋势(年代际变化)分量 $\boldsymbol{r}_{hl}$($\boldsymbol{r}_{hs}$)

因为 $\boldsymbol{q}_h$、$\boldsymbol{r}_h$ 为中心化序列,以 $\boldsymbol{z}_h$ 记它们,则其趋势分量方程为 $\boldsymbol{z}_h = b^* \boldsymbol{j}'$,趋势系数 $b^* = (\boldsymbol{j}', \boldsymbol{z}_h)/\|\boldsymbol{j}'\|^2$, $\boldsymbol{j}'$是 E^n 中的中心化时序向量 $j-(n+1)/2$、$j=\overline{1,n}$,故 b^* 是用$\boldsymbol{j}'$度量 $\boldsymbol{z}_h$ 在其上分量的结果。与 b^* 对应的统计量 $r^* = (\boldsymbol{j}', \boldsymbol{z}_h)/(\|\boldsymbol{j}'\| \|\boldsymbol{z}_h\|)$,是 $\boldsymbol{z}_h$、$\boldsymbol{j}'$夹角的余弦,它类似于相关系数,但又不是相关系数(注:$\boldsymbol{j}'$不是随机变量序列),故称 r^* 为类相关系数;r^* 的显著性

检验全同于相关系数 r。对 $n=60$，$\|\boldsymbol{j}'\|^2=n(n^2-1)/12=17995$、$\|\boldsymbol{j}'\|=134.15$，$\|\boldsymbol{z}_h\|^2=\lambda_h$；故有 $b^*=(\boldsymbol{j}',\boldsymbol{z}_h)/17995$，$r^*=(\boldsymbol{j}',\boldsymbol{z}_h)/\sqrt{\lambda_h}134.15$。统计学(黄嘉佑,2004)指出，$b^*$、$r^*$ 显著性检验等价，故 b^* 可通过 r^* 作显著性检验，统计量为

$$t=\frac{r^*}{\sqrt{(1-r^{*2})/58}} \tag{6.35}$$

同理，用第 3 章谐波分析方法中的式(3.42)可求得 $\boldsymbol{z}_h$ 的年代际分量 $\boldsymbol{z}_{hs}$ 和年际变化分量 $\boldsymbol{z}_{hf}$，它们的模方分别为 s_{hs}、s_{hf}；对 $n=60$，$\boldsymbol{z}_{hs}$ 由 $k=\overline{1,6}$ 对谐波构成，对应自由度为 12，$\boldsymbol{z}_{hf}$ 由 $k=\overline{7,29}$ 对谐波和 $\boldsymbol{c}_{30}$ 构成，对应自由度 47，故可按式(3.43)构造统计量

$$f_{hs}(12,47)=\frac{s_{hs}/12}{s_{hf}/47}=\frac{s_{hs}/12}{(\lambda_h-s_{hs})/47} \tag{6.36}$$

表 6.5 的显著性检验表明，冬、夏气温的趋势分量 $\boldsymbol{q}_{hl}$、$h=\overline{1,3}$ 均显著，降水的 $\boldsymbol{r}_{hl}$、$h=\overline{1,3}$ 大部(5/6)不显著(夏季 $\boldsymbol{r}_{3l}$ 例外)；显著性检验还表明，冬、夏气温的年代际变化分量 $\boldsymbol{q}_{hs}$、$h=1$、3 显著、$\boldsymbol{q}_{2s}$ 则不显著，而冬、夏季降水的 $\boldsymbol{r}_{hs}$、$h=\overline{1,3}$ 均不显著。这一检验结果与图 6.13 ~ 图 6.16 相符。由气温特征向量 $\tilde{\boldsymbol{x}}_h$、$h=\overline{1,3}$ 的图(图 6.9、图 6.11)知，伴随全球增暖，冬季中国东部(主要是华北、东北)、夏季中国北部(华北、东北)和南部(两广、云贵)显著增暖；只有 $h=2$、3 的 $\tilde{\boldsymbol{x}}_h$ 上的局部区域(浅阴影区)可能增暖不明显。比较而言，此期间中国季降水的趋势及年代际变化均不显著。

表 6.5　实例 2 时间系数趋势 q_{hl}、r_{hl} 的 r_h^* 及年代际分量 q_{hs}、r_{hs} 的 $f(12,47)$ 及显著性检验

分析对象	统计量	冬季			夏季		
		$h=1$	$h=2$	$h=3$	$h=1$	$h=2$	$h=3$
$\boldsymbol{q}_{hl}$	r_h^*	**0.527**	**0.266**	**0.448**	**0.444**	**0.468**	**0.421**
$\boldsymbol{r}_{hl}$		0.091	0.081	0.019	0.214	0.135	**0.284**
$\boldsymbol{q}_{hs}$	$f(12,47)$	**3.375**	1.816	**2.806**	**3.741**	1.582	**2.745**
$\boldsymbol{r}_{hs}$		0.951	1.895	0.924	0.901	1.804	1.169

注：r_h^* 是 $\boldsymbol{q}_{hl}$ 与 $\boldsymbol{r}_{hl}$ 的类相关系数，$f(12,47)=(\|\boldsymbol{t}_{hs}\|^2/12)/(\|\boldsymbol{t}_{hf}\|^2/47)$；黑体数字通过信度 $\alpha=0.05$ 的显著性检验，$t_{0.05,58}=0.254$、$f_{0.05}(12,47)=1.946$

综上，实例 2 对中国季气温、降水标准化距平场序列 $\boldsymbol{F}$、$\boldsymbol{G}$ 的 EOF 分析结果，揭示了全球增暖背景下中国季气温也存在显著增暖趋势和年代际变化增强特征，且该特征存在明显的地域差异；比较而言，中国季降水异常的线性趋势及年代际变化不显著。EOF 分析结果与第 2、3 章基于 $\boldsymbol{F}$、$\boldsymbol{G}$ 单站序列的分析结果一致，但 EOF 分析结果更为简要和集中，充分体现了 EOF 分析的优越性。

6.4　小　　结

(1) EOF 分析方法与谐波分析、球函数分析方法同为正交分解，但它们在直接分析对象、基函数与分析对象关系这两方面存在本质差异。

(2)从几何角度给出了 EOF 分析方法实质及主要统计量的意义和性质,分析了算法要点(Jacobi 法和时空变换),设计了方便的标准化程序 SEOF。

(3)用实例(北半球月海平面气压距平场和中国季气温降水标准化距平场多年序列的 EOF 分析)演示了该方法在环流与气候异常分析中的基本应用,论证了其优越性。

参考文献

丁裕国, 施能, 1992. 气象场经验正交函数不同展开方案收敛性问题的探讨[J]. 大气科学, 16(4): 436-443.

冯康, 1978. 数值计算方法[M]. 北京: 国防工业出版社.

郭富印, 冯国环, 石中岳, 等, 1983. Fortran 算法汇编:第三分册[M]. 北京: 国防工业出版社.

黄嘉佑, 2004. 气象统计分析与预报方法[M]. 3 版. 北京: 气象出版社.

蒋正新, 施国梁, 1988. 矩阵理论及其应用[M]. 北京: 北京航空学院出版社.

卡札凯维奇 Д И,1974. 随机函数论原理及其在水文气象中的应用[M]. 章基嘉译. 北京: 科学出版社: 245-270.

李丽平, 马晨誉, 倪语蔓, 等. 2018. 中国冬夏季气温和降水异常耦合关系的 SVD 与 MEOF 分析对比[J]. 大气科学学报, 41(5): 647-656.

柳重堪, 1982. 正交函数及其应用[M]. 北京: 国防工业出版社.

王盘兴, 刘家铭, 沈素红, 1991. IAP GCM 模式大气背景环流及其在 El Niño 年的异常[J]. 南京气象学院学报, 14(4): 503-509.

王盘兴, 李刚, 王建新, 等, 1998. 原观测场时间序列两个统计场的相似性讨论[J]. 气象学报, 56(6): 746-751.

吴洪宝, 吴蕾, 2005. 气候变率诊断和预测方法[M]. 北京: 气象出版社.

张邦林, 丑纪范, 1991. 经验正交函数在气候数值模拟中的应用[J]. 中国科学(B 辑), 21(4): 442-447.

张尧庭, 方开泰, 2013. 多元统计分析引论[M]. 武汉:武汉大学出版社.

郑庆林, 杜行远, 1973. 使用多时刻观测资料的数值天气预报新模式[J]. 中国科学(A 辑), 16(3): 289-297.

Craddock J M, Flood C R, 1969. Eigenvectors for representing the 500mb geopotential surface over the Northern Hemisphere[J]. Quarterly Journal of the Royal Meteorological Society, 95(405): 576-593.

Hoskins B, Pearce R, 1983. Large - scale dynamical processes in the atmosphere[M]. London: Academic Press Inc.

Hotelling H, 1933. Analysis of complex of statistical variables into principal components[J]. Journal of Educational Psychology, 24(6): 417-441.

Kidson J W, 1975. Eigenvector analysis of monthly mean surface data[J]. Monthly Weather Review, 103(3): 177-186.

Kutzback J E, 1970. Large - scale features of monthly mean Northern Hemisphere anomaly maps of sea - level pressure[J]. Monthly Weather Review, 98(9): 708-716.

Lorenz E N, 1956. Empirical orthogonal functions and statistical weather prediction[R]//Scientific Report No. 1, MIT Statistical Forecasting Project, Air force Research Laboratories, office of Aerospace Research, USAF, Bedford, MA.

North G R, Bell T L, Cahalan R F, 1982. Sampling errors in estimation of Empirical orthogonal function[J]. Monthly Weather Review, 110(7): 699-706.

复　习　题

1. EOF 分析方法的直接分析对象和分析目的是什么？它与第 3、4 章谐波、球函数分析方法的主要相同、不同之处是什么？

2. EOF 分析通常对三种基本形式 $\boldsymbol{F}$、$\boldsymbol{F}'$、$\tilde{\boldsymbol{F}}'$ 进行，试说明其意义。为什么在环流异常及气候预测研究中 EOF 分析一般对 $\boldsymbol{F}'$、$\tilde{\boldsymbol{F}}'$ 进行？对 $\tilde{\boldsymbol{F}}'$ 的 EOF 分析出于何种考虑？

3. 假定 λ_h 已作非升值排序，试说明 EOF 分析方法中统计量 λ_h、$\boldsymbol{x}_h$、$\boldsymbol{t}_h$ 的几何意义。并解释：

a) 为什么 $\boldsymbol{x}_h$ 可以有非零常数倍之差？

b) 为什么实际分析对象 $\boldsymbol{F}_{m\times n}$ 的特征值（特征向量、时间系数）总个数一般为

$$H=\begin{cases}\min(m,n), & \text{对 } \boldsymbol{F}\\ \min(m,n-1), & \text{对 } \boldsymbol{F}'、\tilde{\boldsymbol{F}}'\end{cases}$$

4. 对如图的 E^2 中两个场集 $\boldsymbol{F}_{2\times3}$、$\boldsymbol{G}_{2\times3}$，根据 EOF 分析方法中统计量的几何意义，要求：

a) 近似地给出它们的 $\boldsymbol{x}_1$、$\boldsymbol{x}_2$（用实线箭头）；

b) 判断特征值 ${}_f\lambda_1$、${}_g\lambda_1$ 的大小（以>、<表示）；

c) 判断模方拟合率 ${}_f\rho_1$、${}_g\rho_1$ 的大小（以>、<表示）。

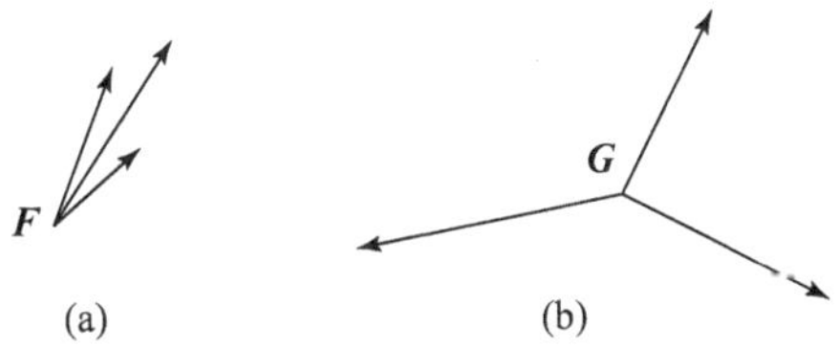

(a)　　(b)

5. 已知标准化距平场序列

$$\tilde{\boldsymbol{F}}'_{3\times5}=\begin{Bmatrix}9/\sqrt{280} & 7/\sqrt{280} & 1/\sqrt{280} & -10/\sqrt{280} & -7/\sqrt{280}\\ 4/\sqrt{178} & 7/\sqrt{178} & 2/\sqrt{178} & -3/\sqrt{178} & -10/\sqrt{178}\\ 3/\sqrt{104} & -1/\sqrt{104} & -6/\sqrt{104} & -3/\sqrt{104} & 7/\sqrt{104}\end{Bmatrix}$$

对阈值 $\varepsilon=10^{-2}$（特征值均值的百分之一），用 Jacobi 法求矩阵 $\boldsymbol{A}_{3\times3}=\tilde{\boldsymbol{F}}'\tilde{\boldsymbol{F}}'^{\mathrm{T}}$ 的近似的特征值、标准化特征向量 λ_h、$\boldsymbol{x}_h$，$h=\overline{1,3}$，并将中间数据填写在下表中。

k	1	2	3	4	5
$p^{(k)}$、$q^{(k)}$	1、2	2、3			
$a_{pq}^{(k-1)}$	0.838	−0.375			
$a_{pp}^{(k-1)}-a_{qq}^{(k-1)}$	0	0.838			
$\varphi^{(k)}(°)$	45	−20.928			

注：k 为旋转次序数；p、q 为场点序数，$p<q$

6. 用 6.3 节实例 2 中的中国季气温、降水标准化距平场序列 EOF 分析结果，归纳异常

的时空特征。为什么主要特征向量图(图6.9～图6.12)上的高绝对值区(即阴影区)主要出现在我国东、中部?

7*. 根据图(a)、(b),E^2、E^3 中的单位自由向量 $\boldsymbol{x}$ 可分别表示为

$$E^2:\quad \boldsymbol{x}=x_1\boldsymbol{e}_1+x_2\boldsymbol{e}_2=\cos\alpha\boldsymbol{e}_1+\sin\alpha\boldsymbol{e}_2,\quad \alpha\in[0°,360°)$$

$$E^3:\quad \boldsymbol{x}=x_1\boldsymbol{e}_1+x_2\boldsymbol{e}_2+x_3\boldsymbol{e}_3=\cos\beta\cos\alpha\boldsymbol{e}_1+\cos\beta\sin\alpha\boldsymbol{e}_2+\sin\beta\boldsymbol{e}_3,\quad \alpha\in[0°,360°),\beta\in[-90°,90°]$$

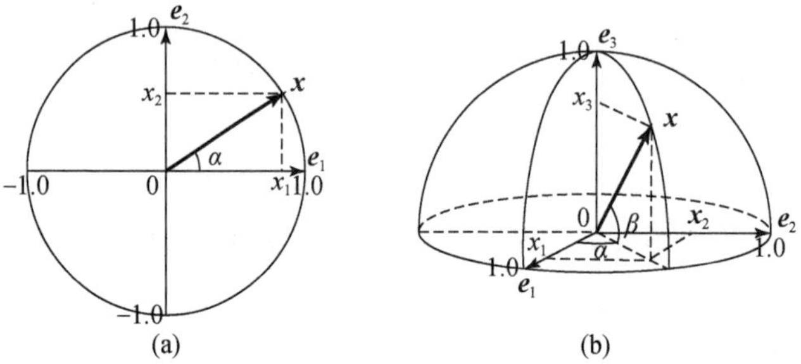

要求:

a)取分辨率 $\Delta\alpha=\Delta\beta=1°$,写出计算场序列 $\boldsymbol{F}_{2\times n}$、$\boldsymbol{F}_{3\times n}$ 在 $\boldsymbol{x}$ 上的投影向量模方 $\|\boldsymbol{p}_x\boldsymbol{F}\|^2$ 的算式和计算程序;

b)对 x_2 中的场序列 $\boldsymbol{F}_{2\times3}$、$x_3$ 中的场序列 $\boldsymbol{F}_{3\times5}$,计算投影向量模方 $S_2(\alpha)$、$S_3(\alpha,\beta)$;

$$\boldsymbol{F}_{2\times3}=\begin{pmatrix}-1 & -3 & 4\\ 2 & -2 & 0\end{pmatrix}、\boldsymbol{F}_{3\times5}=\begin{pmatrix}9 & 7 & 1 & -10 & -7\\ 4 & 7 & 2 & -3 & -10\\ 3 & -1 & -6 & -3 & 7\end{pmatrix}$$

c)在如下底图(a)上绘制曲线 $S_2(\alpha)=\|\boldsymbol{p}_x\boldsymbol{F}_{2\times3}\|^2$、(b)上绘制等值线 $S_3(\alpha,\beta)=\|\boldsymbol{p}_x\boldsymbol{F}_{3\times5}\|^2$。

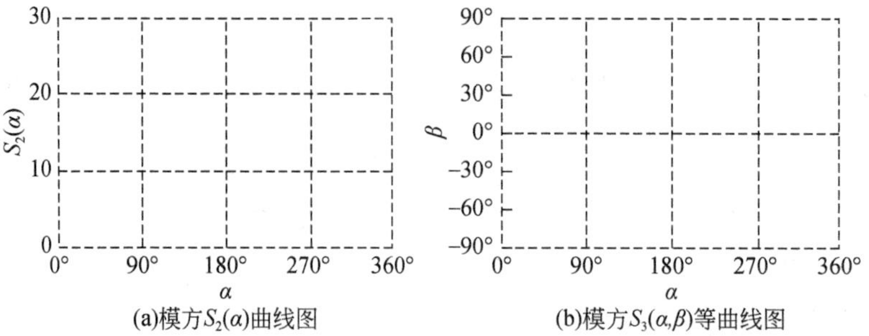

(a)模方 $S_2(\alpha)$ 曲线图　　(b)模方 $S_3(\alpha,\beta)$ 等曲线图

d)图(a)上 S_2 有几个极值? S_2 的极值及由 S_2 极值对应的 α 值确定的向量 $\boldsymbol{x}$ 与 $\boldsymbol{F}_{2\times3}$ 的

---

* 带*的复习题可作为一个实习,下同。

EOF 分析的 λ_h、$\boldsymbol{x}_h$ 有何对应关系？图(b)上 S_3 有几个极值？S_3 的极值(含鞍点值)及由 S_3 极值对应的(α,β)值确定的向量 $\boldsymbol{x}$ 与 $\boldsymbol{F}_{3\times5}$的 EOF 分析的 λ_h、$\boldsymbol{x}_h$ 有何对应关系？

8*. 求 $\boldsymbol{A}_{m\times m}=\boldsymbol{F}_{m\times n}\boldsymbol{F}^{\mathrm{T}}_{m\times n}$的特征值 λ_h、标准化特征向量 $\boldsymbol{x}_h$ 的一般方法分两步完成：

a)求解 $\boldsymbol{A}$ 的特征方程 $\varphi(\lambda)=|\boldsymbol{A}-\lambda\boldsymbol{I}|=0$(| |为行列式算符)，得特征值 λ_h、$h=\overline{1,m}$(假定 $\boldsymbol{F}$ 的秩为 m)；$\boldsymbol{A}$ 的特征矩阵为

$$\boldsymbol{A}-\lambda\boldsymbol{I}=\begin{pmatrix} a_{11}-\lambda_1 & a_{12} & \cdots & a_{1m} \\ a_{21} & a_{22}-\lambda_2 & \cdots & a_{2m} \\ \vdots & \vdots & & \vdots \\ a_{m1} & a_{m2} & \cdots & a_{mm}-\lambda_m \end{pmatrix}$$

其中 $\boldsymbol{I}$ 为么矩阵。

b)将特征值 λ_h，$h=\overline{1,m}$代入线性齐次方程组

$$(\boldsymbol{A}-\lambda_h\boldsymbol{I})\boldsymbol{x}_h=\boldsymbol{0}$$

求得特征向量 $\boldsymbol{x}_h$，$h=\overline{1,m}$，并标准化。

c)用上述方法计算第 7*题中距平场序列 $\boldsymbol{F}_{2\times3}$、$\boldsymbol{F}_{3\times5}$的 λ_h、$\boldsymbol{x}_h$、$h=\overline{1,H}$，并将它们与第 7*题求得的 S_h、$\boldsymbol{x}_h$、$h=\overline{1,H}$作比较，指出哪个结果是 $\boldsymbol{F}$ 的 EOF 分析的精确解，哪个是近似解。

第7章　经验正交函数分析方法拓展及应用

近50年来，在EOF分析方法的实际应用中，发展出适于各种分析目的的EOF分析方法，我们将其称为拓展EOF分析。本章择其有特色且常用的5种方法扼要介绍之，它们是矢量场EOF(VEOF)分析方法(王盘兴，1981)、扩展EOF(EEOF)分析方法(Kutzback, 1967; Prohaska, 1976; Weare and Nasstom, 1982)、复变量EOF(CEOF)分析方法(Rasmusson et al., 1981; Barnett, 1983; 王盘兴等，1993, 1994)、多变量EOF(MEOF)分析方法(Bretherton et al., 1992; Wang, 1992)、旋转EOF(REOF)分析方法(Horel, 1981; Walsh and Richman, 1981)。介绍这些方法固然因为它们本身有重要应用价值，但更主要的是想通过它们达到开阔读者思路、启发创新的目的。

7.1　矢量场EOF分析

7.1.1　分析对象与目的

VEOF分析方法的分析对象$\vec{\boldsymbol{F}}$是矢量场时间序列；这里，“矢量”指现实空间的向量，以上标“$\rightharpoonup$”标识，如风、水汽通量、热通量等，它们是有明确环流意义的二维或三维矢量。相对VEOF，第6章的EOF分析方法可称为标量场的EOF分析，记为SEOF分析。VEOF分析方法的目的全同于SEOF，它揭示矢量场时间序列$\vec{\boldsymbol{F}}$的最强拟合空间型及其时间演变。下面以风场序列为例，介绍该方法。

7.1.2　方法要点

给定在m个空间点上的风场的时间序列

$$\vec{\boldsymbol{F}}=\{\vec{\boldsymbol{f}}_j, j=\overline{1,n}\} \tag{7.1}$$

其元素为

$$\vec{\boldsymbol{f}}_j=(\vec{f}_{j1}\quad \vec{f}_{j2}\quad \cdots\quad f_{jm})^{\mathrm{T}},\quad \vec{f}_{ij}=u_{ij}\vec{i}+v_{ij}\vec{j}$$

王盘兴(1981)将$\vec{\boldsymbol{F}}$的EOF分析，转化为$2m$个空间点上的标量场的时间序列$\boldsymbol{F}$的EOF分析；这里

$$\boldsymbol{F}=\{\boldsymbol{f}_j, j=\overline{1,n}\} \tag{7.2}$$

其元素为

$$f_j = (u_{j1} \quad u_{j2} \quad \cdots \quad u_{jm} \quad v_{j1} \quad v_{j2} \quad \cdots \quad v_{jm})^{\mathrm{T}}$$
$$= (f_{j1} \quad f_{j2} \quad \cdots \quad f_{jm} \quad f_{j(m+1)} \quad f_{j(m+2)} \quad \cdots \quad f_{j(2m)})^{\mathrm{T}}$$

是相空间 E^{2m} 中的一个实向量,而式(7.2)$\boldsymbol{F}$ 的 EOF 分析问题已在 6.1 节解决。由 5.5 节对矢量向量 $\vec{f}$ 的内积定义知,VEOF 分析中的特征向量 $\tilde{\boldsymbol{x}}_h$(复变量向量)是矢量场集 $\vec{\boldsymbol{F}}$ 在其上投影向量模方取极值的方向。

7.1.3 程序设计

VEOF 的程序设计可利用 SEOF,其核心步骤如下:①用存放 u、v 分量的 $\boldsymbol{U}$、$\boldsymbol{V}$(它们是 $m\times n$矩阵)构成标量矩阵 $\boldsymbol{F}$(它是 $2m\times n$ 矩阵),并将其处理为合乎分析目的的形态($\boldsymbol{F}$、$\boldsymbol{F}'$或 $\tilde{\boldsymbol{F}}'$)。②以参数 $2m$ 替代 m,调用 SEOF 程序,得主要分析结果 λ_h、$\boldsymbol{x}_h$、$h=\overline{1,H}$,其中实特征值 $\lambda_h>0$,$\boldsymbol{x}_h$ 为标准化 $2m$ 维实向量,$H=\min(2m,n-1)$(中心化序列)。③求时间系数序列集合 $\boldsymbol{T}=\boldsymbol{X}^{\mathrm{T}}\boldsymbol{F}$,它是实序列集合 $\boldsymbol{t}_h=(t_{h1} \quad t_{h2} \quad \cdots \quad t_{hn})$、$h=\overline{1,H}$;用$\|\boldsymbol{F}\|^2$、$\lambda_h$ 求 ρ_h、P_h。④将 $\boldsymbol{x}_h$ 变为 $\vec{\boldsymbol{x}}_h$,其第 i 点上的值为 $\vec{x}_{ih}=x_{ih}\vec{i}+x_{(m+i)h}\vec{j}$。

7.1.4 应用实例

以王盘兴和张国华(1985)的工作为例。

(1)分析对象:1979 年夏季(5~7 月)东亚和南亚季风区 700 hPa 逐日距平风场的时间序列。其主要参数:$m=30$,$n=72$(使用该期间的 MONEX 资料,但缺 20 天),$H=60$。因为距平风场是相对于 72 天平均风场的偏差,故距平风场时间序列中包含该年夏季季内各种尺度的变化。

(2)模方分析:表 7.1 最重要的特点是南亚区收敛明显快于东亚区,南亚区 ρ_1 大于东亚区 $\rho_1+\rho_2$,其 $\rho_1/\rho_2\doteq3$,而东亚区 $\rho_1/\rho_2\doteq1.5$。可见南亚区第一模态($\vec{\boldsymbol{x}}_1$、$\boldsymbol{t}_1$)在描述其环流变化中的作用远大于东亚区;或者说,南亚区环流演变较东亚区简单,它用 1 个(2 个)模态描述的环流变化在东亚区需要由 2 个(3 个)模态才能描述。

表 7.1 1979 年 5~7 月 700hPa 逐日距平风场序列 EOF 分析的 ρ_h、P_h (单位:%)

区域	统计量	h				
		1	2	3	4	5
东亚区(EA)	ρ_h	21.7	14.1	11.9	7.5	6.1
	P_h	21.7	35.7	47.6	55.0	61.2
南亚区(SA)	ρ_h	37.0	12.0	8.4	7.1	5.0
	P_h	37.0	49.0	57.5	64.6	69.6

(3)空间特征:由图 7.1,5~7 月东亚、南亚区分别位于孟加拉湾和中南半岛西风槽前、后。图 7.2的 $\vec{\boldsymbol{x}}_1$ 上,西太平洋副高位置偏南(华南前汛期形势),江淮在西风槽后;$\vec{\boldsymbol{x}}_2$、$\vec{\boldsymbol{x}}_3$ 是有利副高北进的形势。图 7.3(a)的南亚区 $\vec{\boldsymbol{x}}_1$ 上印度为低压控制(雨季形势);由图 7.3(b),南

亚区 t_1 于 6 月 18 日前后越过 0 点，同日该年印度夏季风建立；t_1 与印度中部平原 21 站逐日平均降水量变化关系密切。而东亚区季节变化比较复杂，需由 t_1、t_2、t_3（图略）的共同变化加以描述。

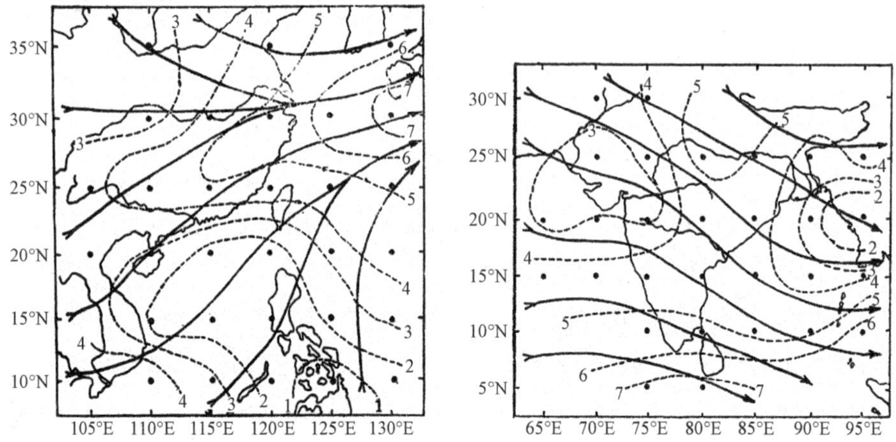

图 7.1　1979 年 5 ~ 7 月 700 hPa 平均风场 $\vec{f}$

（a）东亚区；（b）南亚区。虚线为等风速线（单位：m/s）

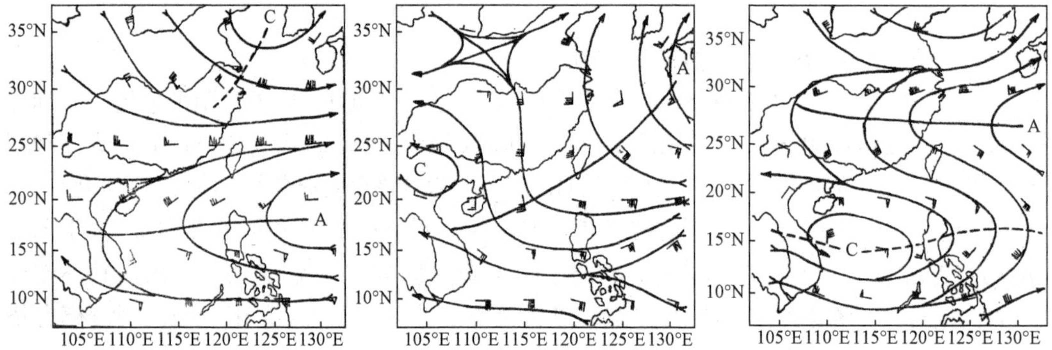

图 7.2　东亚区 1979 年 5 ~ 7 月 700 hPa 逐日距平风场序列 EOF 分析的特征向量

（a）$\vec{x}_1$；（b）$\vec{x}_2$；（c）$\vec{x}_3$

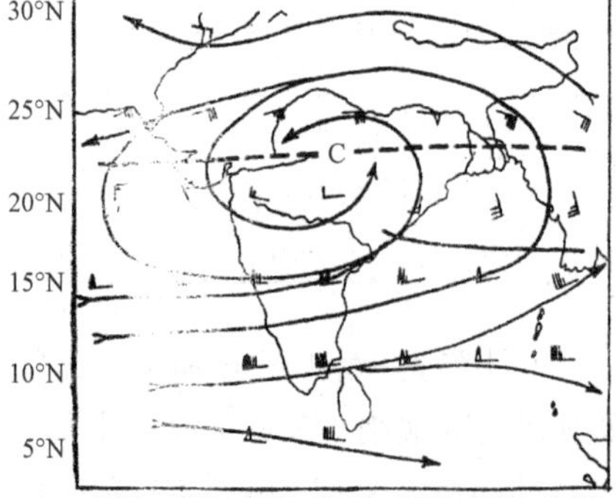

(a)

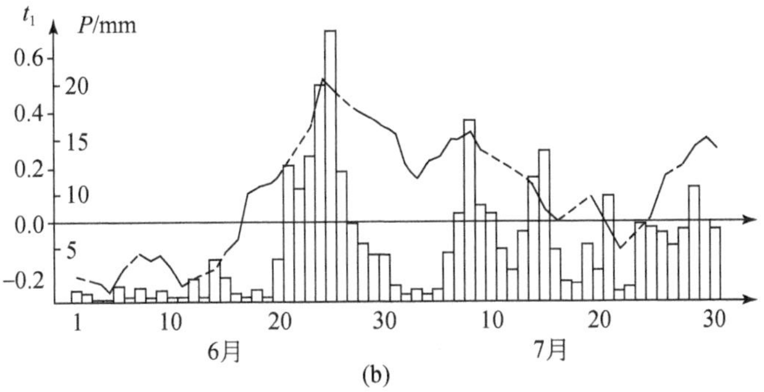

图7.3　南亚区1979年5~7月700 hPa逐日距平风场序列EOF分析结果

(a)第一特征向量 $\vec{x}_1$；(b)时间系数 t_1 与同期印度21站日平均降水量关系。图(b)曲线为 t_1(虚线为缺测)，直方图为印度中部平原21站日平均降水量

7.2　扩展EOF分析

7.2.1　分析对象与目的

EEOF分析方法的直接分析对象是在SEOF(VEOF)分析对象 $\boldsymbol{F}(\vec{\boldsymbol{F}})$ 的 j 时刻场 $\boldsymbol{f}_j(\vec{\boldsymbol{f}}_j)$ 中引进时滞场信息构成的场序列 $\boldsymbol{G}(\vec{\boldsymbol{G}})$，目的是使分析所得的单个特征向量 $\boldsymbol{y}_h$ 连同其时间系数 $\boldsymbol{q}_h$，具有描述系统移动及振荡传播时空特征的分析功能。下面以一个标量场序列的EEOF分析为例，介绍该方法。

7.2.2　方法要点

Weare和Nasstom(1982)给出的EEOF分析方法，将一个标量场序列

$$\begin{aligned}\boldsymbol{F}_{m\times n} &= \{\boldsymbol{f}_j, j=\overline{1,n}\}\\ \boldsymbol{f}_j &= (f_{j1}\quad f_{j2}\quad \cdots\quad f_{jm})^{\mathrm{T}}\end{aligned} \tag{7.3}$$

改写为

$$\begin{aligned}\boldsymbol{G}_{3m\times(n-2\tau)} &= \{\boldsymbol{g}_j, j=\overline{1,n-2\tau}\}\\ \boldsymbol{g}_j &= (\boldsymbol{f}_j\quad \boldsymbol{f}_{j+\tau}\quad \boldsymbol{f}_{j+2\tau})^{\mathrm{T}}\\ &= (\underbrace{f_{j1}\quad\cdots\quad f_{jm}}_{f_j}\quad \underbrace{f_{(j+\tau)1}\quad\cdots\quad f_{(j+\tau)m}}_{f_{j+\tau}}\quad \underbrace{f_{(j+2\tau)1}\quad\cdots\quad f_{(j+2\tau)m}}_{f_{j+2\tau}})^{\mathrm{T}}\end{aligned} \tag{7.4}$$

场集 $\boldsymbol{G}$ 的第 j 列列向量 $\boldsymbol{g}_j$ 中包含了式(7.3)中 j、$j+\tau$、$j+2\tau$ 三个时刻场的信息，τ 为扩展使用的时间间隔；EEOF分析对象 $\boldsymbol{G}$ 的行数(场点数)形式地增大为 $3m$、列数(时刻数)形式地

减小为 $n-2\tau$。

$\boldsymbol{G}$ 的 EEOF 分析所得单个特征向量

$$\begin{aligned}\boldsymbol{y}_h &= (\boldsymbol{y}_{ha} \quad \boldsymbol{y}_{hb} \quad \boldsymbol{y}_{hc})^{\mathrm{T}} \\ &= (\underbrace{y_{h1} \ \cdots \ y_{hm}}_{a} \ \underbrace{y_{h(m+1)} \ \cdots \ y_{h(2m)}}_{b} \ \underbrace{y_{h(2m+1)} \ \cdots \ y_{h(3m)}}_{c})^{\mathrm{T}}\end{aligned} \tag{7.5}$$

包含了间隔为 τ 的三个时次(a、b、c)的系统强度、位置的信息;假如在相隔 τ 时次间隔上系统位置变化有明显规律,则 $\boldsymbol{y}_h$ 中三个间隔 τ 时次场 $\boldsymbol{y}_{ha}$、$\boldsymbol{y}_{hb}$、$\boldsymbol{y}_{hc}$ 中的系统强度、位置会有明显变化,可以用它分析包含在 $\boldsymbol{F}$ 中的系统移动和波的传播。

EEOF 方法的关键,是选择的时间间隔 τ 与关注的传播型振荡或系统移动的主要周期 T 间有一个适当的数量关系。对波动传播分析,建议 τ 取 $T/8$ 左右;τ 取得过小不能分辨所关注的传播,过大则将遗漏所关注的传播。因此,用 EEOF 分析方法分析 $\boldsymbol{F}$,需要分析者对 $\boldsymbol{F}$ 中包含的传播型振荡有相当的了解。

7.2.3 程序设计

EEOF 的程序设计也可利用 SEOF。对于扩展时间间隔为 τ 的情况,具体步骤如下:

(1)将 $\boldsymbol{F}_{m\times n}$ 转变为 $\boldsymbol{G}_{3m\times(n-2\tau)}$,也可根据实际情况决定 $\boldsymbol{G}$ 的具体组织形式。

(2)将 EEOF 的参数 m、n、$mnh=\min(m,n)$ 改写为 $3m$、$n-2\tau$、$\min(3m,n-2\tau)$,然后对 $\boldsymbol{G}$ 进行 EEOF 分析。

(3)将 $\boldsymbol{y}_h$ 以 $\boldsymbol{y}_{ha}$、$\boldsymbol{y}_{hb}$、$\boldsymbol{y}_{hc}$ 三幅图输出,$\boldsymbol{q}_h$ 以一幅图输出($j=\overline{1,n-2\tau}$)。

7.2.4 应用实例

这里提供 Weare 和 Nasstom(1982)给出的两个 EEOF 分析实例。

1. 中纬度相对涡度距平场序列分析

(1)分析对象:1963～1979 年 30°～60°N、180°～30°W 区域 300 hPa 逐月月平均相对涡度距平(ζ')场时间序列 $\boldsymbol{Z}'$(由美国国家气象中心 NMC 提供),其 $m=48$(点),$n=17\times12=204$(月)。τ 取为 1 个月,故相应的 EEOF 直接分析对象为 $\boldsymbol{G}_{3m\times(n-2)}=\boldsymbol{G}_{144\times202}$。

(2)空间特征:该例的 EEOF 分析第一特征向量 $\boldsymbol{y}_1$(图 7.4)表明,主要相对涡度异常场中的系统中心随时间西移。

2. 热带海表温度距平场序列分析

(1)分析对象:1957～1976 年 20 年逐月热带(30°S～30°N)太平洋海表温度距平场序列 $\boldsymbol{SST}'$,其 $m=85$(点)、$n=240$(月)。考虑到 $\boldsymbol{SST}'$ 的主要变化与 El Niño、La Niña 事件有关,而 El Niño、La Niña 现象传播较缓慢,在 $\boldsymbol{G}$ 构成中,取 $\tau=3$(月),故 g_j 由 j、$j+3$、$j+6$(月)的场构成,相应 EEOF 分析对象为 $\boldsymbol{G}_{3m\times(n-6)}=\boldsymbol{G}_{255\times234}$。

(2)空间特征:该例的 EEOF 分析第一特征向量 $\boldsymbol{y}_1$(图 7.5)表明,$\boldsymbol{SST}'$ 的正中心(+)随时间自热带东太平洋东部向西部移动,给出了此期间 El Niño 事件中 $\boldsymbol{SST}'$ 的主要传播规律。

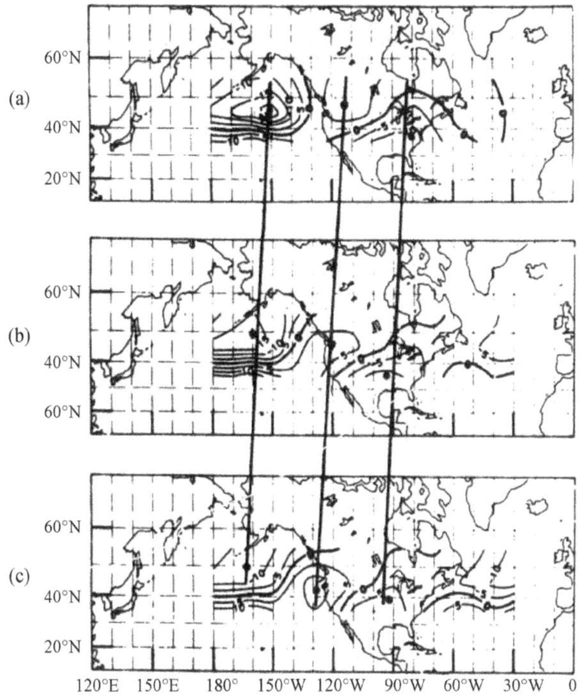

图 7.4　300 hPa 月相对涡度距平场序列 EEOF 的 $\boldsymbol{y}_1$(Weare and Nasstom,1982)

(a)$\boldsymbol{y}_{1a}$;(b)$\boldsymbol{y}_{1b}$;(c)$\boldsymbol{y}_{1c}$

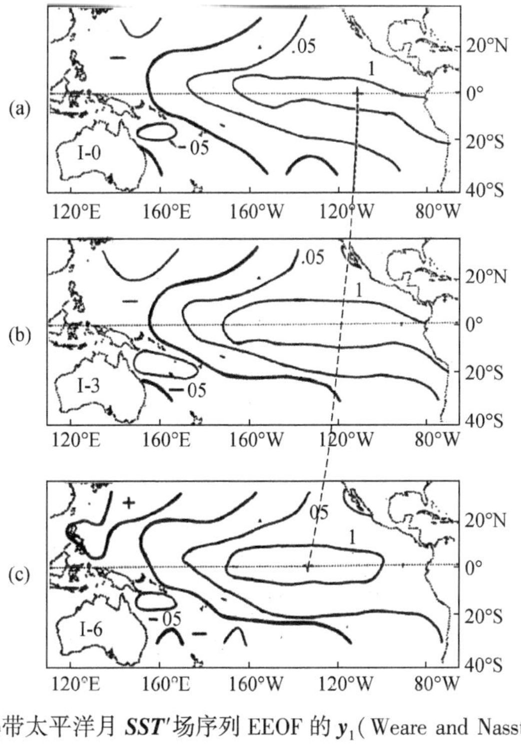

图 7.5　热带太平洋月 ***SST'*** 场序列 EEOF 的 $\boldsymbol{y}_1$(Weare and Nasstom,1982)

(a)$\boldsymbol{y}_{1a}$;(b)$\boldsymbol{y}_{1b}$;(c)$\boldsymbol{y}_{1c}$。连接+中心的虚线是引用者所加

7.3　复变量 EOF 分析

7.3.1　分析对象与目的

CEOF 分析方法的分析对象(实变量场序列 $\boldsymbol{F}_r$)及分析目的全同于 EOF 分析,但其直接分析对象 $\boldsymbol{F}$ 是复变量场时间序列 $\boldsymbol{F}=\boldsymbol{F}_r+\mathrm{I}\boldsymbol{F}_i$。$\boldsymbol{F}$ 的实部 $\boldsymbol{F}_r$ 是一个实变量场时间序列,它是 SEOF 分析方法的直接分析对象;其虚部 $\boldsymbol{F}_i$ 是包含 $\boldsymbol{F}_r$ 中系统移动和波传播完整信息的实场序列 $\boldsymbol{F}_i$。CEOF 分析对复变量场序列 $\boldsymbol{F}$ 进行,由此得到的单个正交模(它由复特征向量 $\boldsymbol{z}_h$、复时间系数 $\boldsymbol{t}_h$ 构成),具有显示要素场驻波振荡及行波传播的双重功能。CEOF 分析方法较 EEOF 在理论上更严格,分析结果更合理。

7.3.2　资料处理

对一个实变量距平场时间序列 $\boldsymbol{F}_r$,其 i 点序列 $\boldsymbol{f}_r$ 的标量形式为

$$f_r(i,j),\quad j=\overline{1,n} \tag{7.6}$$

可以用两种等价方法,构造与之对应的实变量序列 $\boldsymbol{f}_i=f_i(i,j)$、$j=\overline{1,n}$作为 $f_r(i,j)$ 的虚部。

(1)直接法(即周期分析法):将 i 点实部时间序列 $f_r(i,j)$、$j=\overline{1,n}$作谐波展开

$$f_r(i,j)=\sum_{k=1}^{[n/2]}\left[a_k(i)\cos\frac{2\pi kj}{n}+b_k(i)\sin\frac{2\pi kj}{n}\right] \tag{7.7}$$

右端[ ]内为 $\boldsymbol{f}_r$ 的 k 波分量,其周期 $T_k=n\Delta t/k$、角频率 $\omega_k=2\pi k/(n\Delta t)$,截断周期 $T_{[n/2]}=n\Delta t/[n/2]$、截断角频率 $\omega_{[n/2]}=2\pi[n/2]/(n\Delta t)$。

构造 i 点虚部时间序列

$$f_i(i,j)=\sum_{k=1}^{[n/2]}\left[b_k(i)\cos\frac{2\pi kj}{n}-a_k(i)\sin\frac{2\pi kj}{n}\right] \tag{7.8}$$

右端[ ]内为 $\boldsymbol{f}_i$ 的 k 波分量;因为 $\cos(\alpha+\pi/2)=\sin\alpha$、$\sin(\alpha+\pi/2)=-\cos\alpha$,故 $\boldsymbol{f}_i$ 是由滞后于 $\boldsymbol{f}_r$ $\pi/2$ 位相角的所有振荡构成的序列,$\boldsymbol{F}_i$ 是由滞后于 $\boldsymbol{F}_r$ $\pi/2$ 位相角的所有振荡构成的场序列。

由复变量 $f(i,j)=f_r(i,j)+\mathrm{I}f_i(i,j)$ 构造复变量场集

$$\boldsymbol{F}=\boldsymbol{F}_r+\mathrm{I}\boldsymbol{F}_i=\{\boldsymbol{f}_{rj}+\mathrm{I}\boldsymbol{f}_{ij},j=\overline{1,n}\} \tag{7.9}$$

其 j 时刻的场 $\boldsymbol{f}_j$ 中包含了不同时刻场的信息,$\boldsymbol{f}_{rj}$是当时的,$\boldsymbol{f}_{ij}$是滞后 $\pi/2$ 位相角的,故它的单个特征可给出传播型振荡和驻波振荡的信息。

(2)卷积法(或称"滤波法"):将 i 场点的时间序列 $f_r(i,j)$ 作希尔伯特(Hilbert)变换

$$f_i(i,j)=\sum_{l=-L}^{L}f_r(i,j-l)h(l) \tag{7.10}$$

其中,滤波器的时间函数为

$$h(l)=\begin{cases}\dfrac{2}{\pi l}\sin^2\dfrac{\pi l}{2}, & l\neq 0\\ 0, & l=0\end{cases} \tag{7.11}$$

实际工作取 $L=\overline{7,25}$的奇数,图 7.6 是 $L=25$ 时的 $h(l)$ 图形。

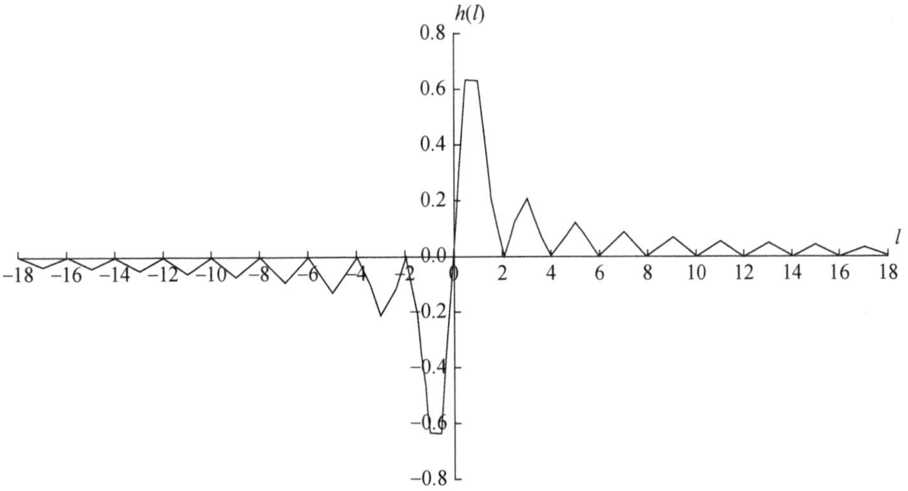

图 7.6　Hilbert 变换的时间函数 $h(l)$

由于用卷积法得到的 $\boldsymbol{F}_i$ 在时域上比 $\boldsymbol{F}_r$ 短 $2L$,故由 $\boldsymbol{F}_r$ 变为 $\boldsymbol{F}$ 时,序列长度也缩短 $2L$,分析对象的序列长度由 $j=\overline{1,n}$变为 $j-\overline{1+l,n-l}$。

可以证明:当 $L\to\infty$ 时,式(7.10)中的 $f_i(i,j)$ 与式(7.8)所得结果相同,即它也是 $f_r(i,j)$ 中每一单波位相滞后 $\pi/2$ 后的叠加结果。从滤波器的角度看,Hilbert 变换是纯位相滤波器,它只改变 $f_r(i,j)$ 的位相而不改变 $f_r(i,j)$ 的振幅。

比较构造 $\boldsymbol{F}_i$ 的两种方法,直接法简单,得到的 $\boldsymbol{F}_i$ 序列与 $\boldsymbol{F}_r$ 同长,处理方便。

7.3.3　分析步骤

(1)将 $\boldsymbol{F}_r$ 转变为 $\boldsymbol{F}(\boldsymbol{F}_r\Rightarrow\boldsymbol{F}=\boldsymbol{F}_r+\mathrm{I}\boldsymbol{F}_i)$,方法见 7.3.2 节中资料处理。

(2)由 $\boldsymbol{F}$ 求协方差矩阵 $\boldsymbol{A}(\boldsymbol{F}=\boldsymbol{F}_r+\mathrm{I}\boldsymbol{F}_i\Rightarrow\boldsymbol{A})$

$$\boldsymbol{A}_{m\times n}=\boldsymbol{F}_{m\times n}\bar{\boldsymbol{F}}^{\mathrm{T}}_{m\times n} \tag{7.12}$$

式中,¯、T 分别为矩阵共轭、转置符号。$\boldsymbol{A}$ 的第 p 行 q 列元素

$$a_{pq}=(\boldsymbol{f}_p,\boldsymbol{f}_q)=\boldsymbol{f}_p\bar{\boldsymbol{f}}^{\mathrm{T}}_q \tag{7.13}$$

式中,(,)为内积算符。因为 $a_{qp}=(\boldsymbol{f}_q,\boldsymbol{f}_p)=\boldsymbol{f}_q\bar{\boldsymbol{f}}^{\mathrm{T}}_p=\overline{\boldsymbol{f}^{\mathrm{T}}_p\bar{\boldsymbol{f}}_q}=\bar{a}_{pq}$,故

$$\boldsymbol{A}^{\mathrm{T}}=\bar{\boldsymbol{A}} \tag{7.14}$$

满足式(7.14)的复变量矩阵 $\boldsymbol{A}$ 是埃尔米特(Hermit)矩阵,它有实非负特征值。

(3)求 Hermit 矩阵 $\boldsymbol{A}$ 的特征值矩阵 $\boldsymbol{\Lambda}$ 和标准化特征向量矩阵 $\tilde{\boldsymbol{Z}}(\boldsymbol{A}\Rightarrow\lambda_h、\tilde{z}_h,h=\overline{1,m})$。

Hermit 矩阵 $\boldsymbol{A}$ 存在分解式

$$\boldsymbol{A}=\bar{\tilde{\boldsymbol{Z}}}^{\mathrm{T}}\boldsymbol{\Lambda}\tilde{\boldsymbol{Z}} \tag{7.15}$$

其中，$\tilde{Z}$ 是 m 阶 U 矩阵（见1.5 节第4 部分），其第 h 列列向量 $\tilde{z}_h$ 为复标准化特征向量，不同 $\tilde{z}_h$ 标准正交，即

$$(\tilde{z}_h,\tilde{z}_{h'})=\bar{\tilde{z}}_h^{\mathrm{T}}\tilde{z}_{h'}=\begin{cases}1, & h=h'\\0, & h\neq h'\end{cases} \tag{7.16}$$

复特征向量可以有非 0 常数倍之差，故可一般记为 $\boldsymbol{z}_h$；特征值 $\boldsymbol{\Lambda}$ 为 m 阶对角阵

$$\boldsymbol{\Lambda}=\mathrm{diag}(\lambda_1\quad\lambda_2\quad\cdots\quad\lambda_m) \tag{7.17}$$

其对角线上元素 $\lambda_h\geqslant0$，且已作非升值排序。

关于 Hermit 矩阵的理论可参考蒋正新和施国梁（1988）；求 Hermit 矩阵 $\boldsymbol{A}$ 的 $\boldsymbol{\Lambda}$、$\tilde{\boldsymbol{Z}}$ 的标准化程序可参考郭富印等(1983)。

（4）由 $\boldsymbol{F}$、$\tilde{\boldsymbol{Z}}$ 求时间系数 $\boldsymbol{T}(\boldsymbol{F}、\tilde{z}_h\Rightarrow\boldsymbol{t}_h)$。

因为 $\boldsymbol{F}$ 的分解式为

$$\boldsymbol{F}=\sum_{h=1}^{H}\tilde{z}_h\boldsymbol{t}_h \tag{7.18}$$

式中，$\tilde{z}_h$ 为 $\tilde{\boldsymbol{Z}}$ 的 h 列列向量；$\boldsymbol{t}_h$ 为 $\boldsymbol{T}$ 的 h 行行向量。以 $\bar{\tilde{z}}_h^{\mathrm{T}}$ 左乘式(7.18)，由 $\tilde{z}_h$ 的标准正交性，

$$\boldsymbol{t}_h=\bar{\tilde{z}}_h^{\mathrm{T}}\boldsymbol{F} \tag{7.19}$$

$\boldsymbol{t}_h$ 是第 h 个特征向量的时间系数序列，其 t 时刻的值 $t_h(j)$ 是 $\boldsymbol{f}_j$ 在 $\tilde{z}_h$ 上的投影；显然 $t_h(j)$ 也是复变量，$\boldsymbol{t}_h$ 是复变量向量。$\|\boldsymbol{t}_h\|^2=(\boldsymbol{t}_h,\boldsymbol{t}_h)=\boldsymbol{t}_h\bar{\boldsymbol{t}}_h^{\mathrm{T}}=\lambda_h$、$h=\overline{1,H}$；$(\boldsymbol{t}_h,\boldsymbol{t}_{h'})=\boldsymbol{t}_h\bar{\boldsymbol{t}}_{h'}^{\mathrm{T}}=0$、$h\neq h'$。时间系数矩阵为

$$\boldsymbol{T}=\bar{\tilde{\boldsymbol{Z}}}^{\mathrm{T}}\boldsymbol{F} \tag{7.20}$$

（5）模方分析。

对已作非升值排序的 λ_h，定义第 h 个 $\tilde{z}_h$ 对 $\boldsymbol{F}$ 模方的拟合率 ρ_h、前 h 个 $\tilde{z}_h$ 对 $\boldsymbol{F}$ 的累积模方拟合率 P_h，

$$\rho_h=\lambda_h/S,\qquad P_h=\sum_{h'=1}^{h}\lambda_{h'}\Big/S=\sum_{h'=1}^{h}\rho_{h'} \tag{7.21}$$

式中，场集总模方

$$S=\|\boldsymbol{F}\|^2=\sum_{t=1}^{n}(\boldsymbol{f}_j,\boldsymbol{f}_j)=\sum_{i=1}^{m}\sum_{j=1}^{n}f(i,j)\bar{f}(i,j)=\sum_{i=1}^{m}a_{ii}\quad\text{或}\quad S=\sum_{h=1}^{H}\lambda_h \tag{7.22}$$

由 $\lambda_h>0$、$h=\overline{1,H}$，得 $0\leqslant\rho_h(P_h)\leqslant1$。

7.3.4　结果显示

CEOF 分析方法中的 $\boldsymbol{z}_h$、$\boldsymbol{t}_h$ 为复变量场、序列，其直观显示是一个难题。这里给出两种

方法。

1. 传统显示方法(Barnett,1983)

$z_h(i)$、$t_h(j)$均是复变量,它们的写法为

$$\begin{aligned} z_h(i) &= z_{hr}(i) + \mathrm{I} z_{hi}(i) \\ t_h(j) &= t_{hr}(j) + \mathrm{I} t_{hi}(j) \end{aligned} \tag{7.23}$$

它们可改写为振幅位相形式

$$\begin{aligned} z_h(i) &= c_h(i)\, \mathrm{e}^{\mathrm{I}\psi_h(i)} \\ t_h(j) &= d_h(j)\, \mathrm{e}^{\mathrm{I}\varphi_h(j)} \end{aligned} \tag{7.24}$$

$c_h(i)$、$d_h(j)$分别为 i 点、j 时刻 $z_h(i)$、$t_h(j)$值的模

$$\begin{aligned} c_h(i) &= \sqrt{z_{hr}^2(i) + z_{hi}^2(i)} \\ d_h(j) &= \sqrt{t_{hr}^2(j) + t_{hi}^2(j)} \end{aligned} \tag{7.25}$$

$\psi_h(i)$、$\varphi_h(j)$是它们的辐角,由下列两组式子确定

$$\begin{aligned} &\begin{cases} \cos\psi_h(i) = z_{hr}(i)/c_h(i) \\ \sin\psi_h(i) = z_{hi}(i)/c_h(i) \end{cases} \\ &\begin{cases} \cos\varphi_h(j) = t_{hr}(j)/d_h(j) \\ \cos\varphi_h(j) = t_{hi}(j)/d_h(j) \end{cases} \end{aligned} \tag{7.26}$$

CEOF 早期文献用式(7.23)或式(7.24)显示 CEOF 方法分析结果,我们称它为传统显示方法;传统显示方法涉及两个复变量的乘法运算,使 CEOF 分析结果的显示很不直观。

2. 直观显示方法(王盘兴等,1993,1994)

直观显示方法只适用于空间一维场(沿一直线或曲线)时间序列 $\boldsymbol{F}_r$ 的分析,空间一维最好选在传播发生的主要途径上。在求得其主要特征向量 $\boldsymbol{z}_h$ 和时间系数 $\boldsymbol{t}_h$ 后,可据表达式(7.24)~式(7.26)将它们转变为各自的振幅和辐角。$\boldsymbol{F}$ 的分量 $\boldsymbol{f}_h$ 可表达为

$$f_h(i,j) = t_h(j) z_h(i) = b_h(i,j)\, \mathrm{e}^{\mathrm{I}\theta_h(i,j)} \tag{7.27}$$

式中,

$$\begin{aligned} b_h(i,j) &= c_h(i) d_h(j) \\ \theta_h(i,j) &= \psi_h(i) + \varphi_h(j) \end{aligned} \tag{7.28}$$

因为 $b_h(i,j)$、$\theta_h(i,j)$是时间和空间的函数,故称 $b_h(i,j)$为第 h 个模态的**时空振幅函数**,$\theta_h(i,j)$为第 h 个模态的**时空位相函数**。因为我们的分析对象是物理空间中的一维场时间序列,故可以将它们绘成一张时空剖面图,从而得到一张**时空振幅位相图**(简记为 AP_h),它能直观地给出分量 $\boldsymbol{f}_h$ 中包含的系统移动和波动传播特征。

时空振幅位相图的引入,大大提高了一维空域(直线或曲线)上场序列 CEOF 分析结果显示的直观性。

7.3.5　应用实例

这里提供关于赤道西风分量 u 的 CEOF 分析的两个实例。实例 1 是 Barnett(1983)对印

度洋-太平洋、10°S ~ 10°N 间 1950 ~ 1978 年双月平均下垫面西风分量 u 异常的分析结果，用传统方法显示分析结果。实例 2 是王盘兴等(1993)对印度洋-太平洋(90°E ~ 90°W)赤道 1980 年 1 月 1 候至 1981 年 3 月 3 候和 1981 年 4 月 6 候至 9 月 2 候 850 hPa 层 u 准 40 天分量的分析结果，用直观方法显示分析结果。

1. 热带地面西风分量标准化距平场序列

Barnett(1983)用 CEOF 方法分析了 1950 ~ 1978 年 10°S ~ 10°N 间印度洋-太平洋 2 个月平均地面西风分量标准化距平场时间序列 $\tilde{\boldsymbol{U}}'$，因 $\Delta\lambda \times \Delta\varphi = 10° \times 2°$、$\Delta t = 2$ 月，故 $m = 240$、$n = 174$。

图 7.7 给出了第一特征向量 $\boldsymbol{z}_1$，它由空间振幅函数[图 7.7(a)]和空间位相函数[图 7.7(b)]联合给出。而其第 51 ~ 78 时段(对应 1958 年 5 月、6 月至 1962 年 11 月、12 月)第一特征向量时间系数 $\boldsymbol{t}_1$ 由图 7.8 以两种等价形式给出，图 7.7(a)为标量形式(时间系数的振幅、位相)，图 7.7(b)为矢量形式(stick)。这里，振荡特点由给出的两个模态($\boldsymbol{z}_h$、$\boldsymbol{t}_h$)之积确定，每个模态又都是复变量场、序列，用它们判断系统移动的时空特征很不直观。

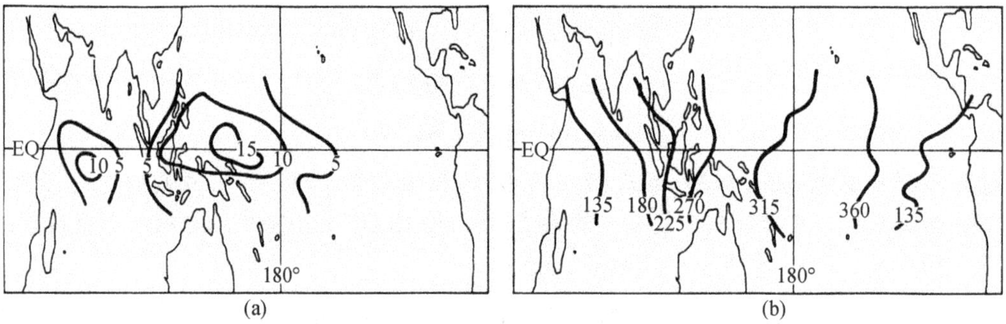

图 7.7　1950 ~ 1978 年 10°S ~ 10°N 印度洋-太平洋地面风 u 分量距平场集 $\tilde{\boldsymbol{U}}'$ 的 CEOF 第一特征向量 $\boldsymbol{z}_1$(引自 Barnett, 1983)

(a)空间振幅函数；(b)空间位相函数

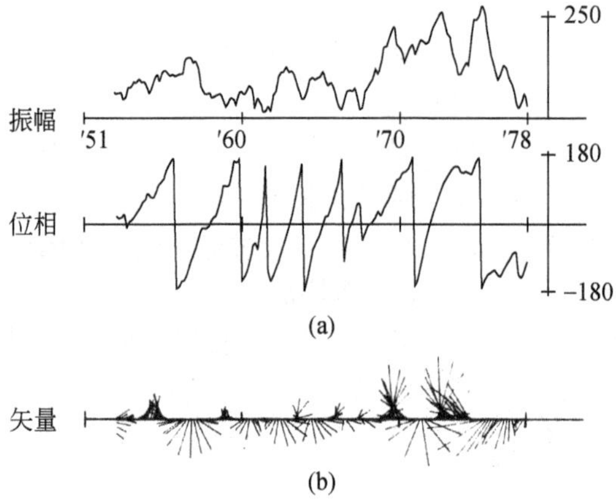

图 7.8　$\tilde{\boldsymbol{U}}'$ 的 CEOF 第一特征向量 $\boldsymbol{z}_1$ 的第 51 ~ 78 时段时间系数 $\boldsymbol{t}_1$(引自 Barnett, 1983)

(a)标量形式；(b)矢量形式

2. 赤道 850hPa 风 u 分量中准 40 天分量场序列

王盘兴等(1993)用 Murakami(1979)方法从 1980-11-01 ~ 1981-03-15(冬半年)和 1981-06-26 ~ 09-10(夏半年)两时段逐日 90°E ~ 90°W 赤道上 850 hPa 层格点 u 资料($\Delta\lambda=5°$)中滤出准 40 天振荡分量,并处理为逐候平均场序列 $\boldsymbol{U}'$,$m=37$、$n=27$;然后用 CEOF 方法分析两时段的 $\boldsymbol{U}'$,得到了它们的主要时空振幅位相图 AP_h、$h=\overline{1,3}$。图 7.9(a)、(b)是两时段的 AP_1。可见:准 40 天振荡沿赤道传播的方向存在地区差异,图 7.9(a)(冬半年)西传占优势(120°E ~ 140°W,110°W 以东),东传是局部的(120°E 以西,140° ~ 110°W);图 7.9(b)中以东传为主(100°E 以东),只在局部地区(100°E 以西)例外。准 40 天振荡沿赤道传播的快慢也存在明显的地区差异,这在图 7.9(b)(夏半年)上表现得最为明显,在 100° ~ 130°E(南洋群岛区域或印度洋、太平洋交界处)间东传速率慢,而 130°E 以东东传明显加快;这似乎表明,下垫面状况影响传播速率。这里,用一张 AP_h 图直接给出了第 h 个正交模决定的振荡特征,相对而言,它较传统显示方法直观。

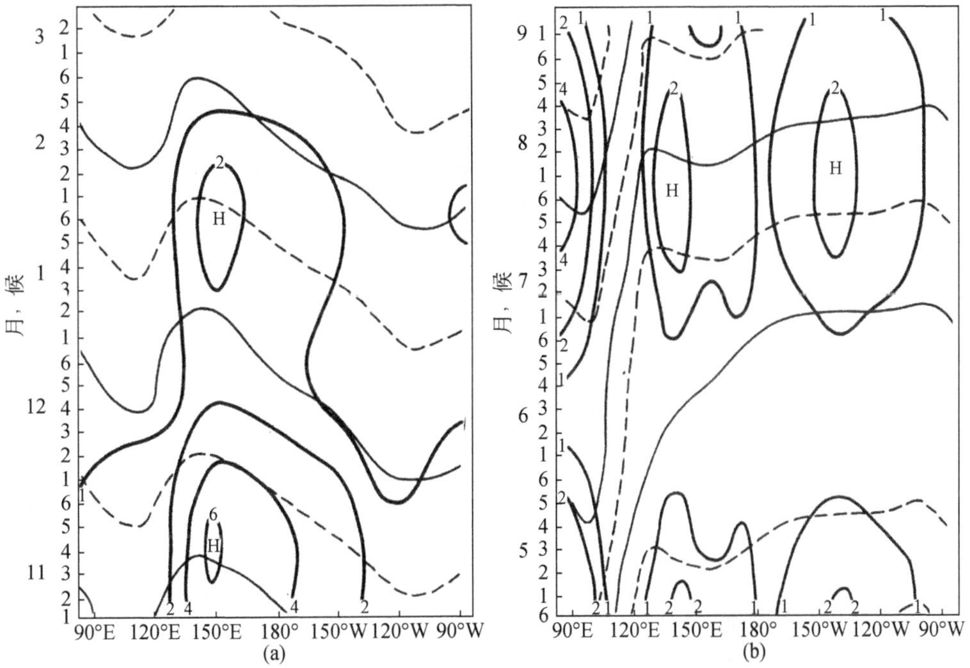

图 7.9　850hPa u 分量准 40 天振荡 CEOF 分析的 AP_1 图

(a)1980-11 ~ 1981-03($\rho_1=81.5\%$);(b)1981-04 ~ 09($\rho_1=61.7\%$)。

细实、虚线分别为 0°、180°等位相线,粗实线为等振幅线

为克服直观显示方法只适用于空域一维(沿直线或曲线)场分析的局限性,对空间二维场时间序列的 CEOF 分析,可以在求得其主要特征向量及其时间系数后,先按传统显示法作粗分析,再据粗分析结果在二维区域内选择一条或数条系统移动和传播特征明显的路径,然后用直观显示法的 AP_h 图简明地表示出这些路径上的振荡传播特征。

7.4　多变量 EOF 分析

7.4.1　分析对象与目的

MEOF 分析方法的直接分析对象，是相同时域上两个或两个以上不同变量场时间序列组成的多变量场时间序列 $\boldsymbol{H}$，因为 MEOF 分析得到的单个标准化特征向量 $\tilde{z}_h$ 是两个或两个以上变量的联合表达(Lorenz,1956)，并按时间系数 $\boldsymbol{t}_h$ 变化，故 MEOF 分析方法可以揭示多个变量场间的耦合关系(Bertherton et al.,1992)。为简明，下面以 $\boldsymbol{F}$、$\boldsymbol{G}$ 两个变量场时间序列组成的 $\boldsymbol{H}$ 为例，介绍该方法。

7.4.2　方法要点

用两个不同变量场序列矩阵 $\boldsymbol{F}_{m_1\times n}$、$\boldsymbol{G}_{m_2\times n}$ 组成矩阵

$$\boldsymbol{H}_{m'}=\begin{pmatrix}\boldsymbol{F}_{m_1\times n}\\ \boldsymbol{G}_{m_2\times n}\end{pmatrix} \tag{7.29}$$

其中，$m'=m_1+m_2$；$\boldsymbol{H}_{m'\times n}$ 是 MEOF 分析的直接对象。$\boldsymbol{H}$ 的 i 行行向量 $\boldsymbol{h}_i$ 是 $\boldsymbol{F}$ 的行向量 $\boldsymbol{f}_i$(当 $i=\overline{1,m_1}$ 时)或 $\boldsymbol{G}$ 的行向量 $\boldsymbol{g}_i$($i>m_1$ 时)；为消除不同要素、不同场点间模方差异，$\boldsymbol{f}_i$、$\boldsymbol{g}_i$ 应取标准化距平序列，故 $\boldsymbol{h}_i$ 是 E^n 中的单位向量；而 $\boldsymbol{H}$ 的 j 列列向量

$$\boldsymbol{h}_j=(\underbrace{h_{j1}\quad h_{j2}\quad\cdots\quad h_{jm_1}}_{f_j}\quad\underbrace{h_{j(m_1+1)}\quad h_{j(m_1+2)}\quad\cdots\quad h_{jm'}}_{g_j})^{\mathrm{T}},\quad j=\overline{1,n} \tag{7.30}$$

是 $\mathrm{E}^{m'}$ 中的向量，它由两个场 $\boldsymbol{f}_i$、$\boldsymbol{g}_i$ 组成。

1. 相关系数方阵 $\boldsymbol{D}$ 结构分析

MEOF 分析中，$\boldsymbol{H}$ 的经验正交函数 $\tilde{z}_h$ 是相关系数方阵 $\boldsymbol{D}=\boldsymbol{H}\boldsymbol{H}^{\mathrm{T}}$ 的标准化特征向量，时间系数 $\boldsymbol{t}_h$ 是 $\boldsymbol{H}$ 在 $\tilde{z}_h$ 上的投影向量，故 $\boldsymbol{D}$ 的结构决定了 MEOF 分析的性质和主要统计量的意义。这里，对 $\boldsymbol{D}$ 的结构做简要分析。

由式(7.29)，$\boldsymbol{D}$ 可写成分块矩阵(假定 $m_1<m_2$)

$$\boldsymbol{D}_{m'\times m'}=\begin{pmatrix}\boldsymbol{A}_{m_1\times m_1} & \boldsymbol{C}_{m_1\times m_2}\\ \boldsymbol{C}^{\mathrm{T}}_{m_2\times m_1} & \boldsymbol{B}_{m_2\times m_2}\end{pmatrix} \tag{7.31}$$

子矩阵 $\boldsymbol{A}_{m_1\times m_1}=\boldsymbol{F}\boldsymbol{F}^{\mathrm{T}}$、$\boldsymbol{B}_{m_2\times m_2}=\boldsymbol{G}\boldsymbol{G}^{\mathrm{T}}$ 是 $\boldsymbol{F}$、$\boldsymbol{G}$ 的自相关系数方阵，是第 6 章 EOF 分析中的 $\boldsymbol{A}$、$\boldsymbol{B}$ 矩阵；子矩阵 $\boldsymbol{C}_{m_1\times m_2}=\boldsymbol{F}\boldsymbol{G}^{\mathrm{T}}$ 及其转置 $\boldsymbol{C}^{\mathrm{T}}$ 是 $\boldsymbol{F}$、$\boldsymbol{G}$ 的互相关系数矩阵，它是第 8 章奇异值分解的对象。可见，$\boldsymbol{D}$ 是包含了 $\boldsymbol{F}$、$\boldsymbol{G}$ 自相关($\boldsymbol{A}$、$\boldsymbol{B}$)、互相关($\boldsymbol{C}$、$\boldsymbol{C}^{\mathrm{T}}$)全部信息的矩阵，它决定了 MEOF 分析方法及导出统计量意义的复杂性，以下分析之。

2. $\tilde{z}_h$、$\boldsymbol{t}_h$ 结构分析

$\boldsymbol{D}$ 是元素为 $d_{ii'}=(\boldsymbol{h}_i,\boldsymbol{h}_{i'})$ 的实对称非负定矩阵，用 Jacobi 法可求得其非零特征值、标准

化特征向量、时间系数 λ_h、$\tilde{z}_h$、t_h、$h=\overline{1,H}$，标准化特征向量 $\tilde{z}_h$ 是 $E^{m'}$ 中的向量，时间系数 $t_h=\tilde{z}_h^T H$ 是 E^n 中的向量；$H=\min(m',n-1)$，是非零特征值个数。

标准化特征向量 $\tilde{z}_h$、时间系数 t_h 可分解为描述式(7.29)中 F、G 的两个部分，$\tilde{z}_h$ 的分解为

$$\begin{aligned}\tilde{z}_h&=(\hat{x}_h \quad \hat{y}_h)^T\\&=(\underbrace{\tilde{z}_{h1} \quad \tilde{z}_{h2} \quad \cdots \quad \tilde{z}_{hm_1}}_{\hat{x}_h} \quad \underbrace{\tilde{z}_{h(m_1+1)} \quad \tilde{z}_{h(m_1+2)} \quad \cdots \quad \tilde{z}_{h(m_1+m_2)}}_{\hat{y}_h})^T\end{aligned} \tag{7.32}$$

它由子空间 E^{m_1}、E^{m_2} 中的 $\hat{x}_h$、$\hat{y}_h$ 两部分构成，$\hat{x}_h$、$\hat{y}_h$ 在各自的子空间中不正交，也不标准，故以上标“^”标识，它们与 $E^{m'}$ 中 $\tilde{z}_h$ 的关系是 $\|\hat{x}_h\|^2+\|\hat{y}_h\|^2=\|\tilde{z}_h\|^2=1$。时间系数 t_h 的分解式为

$$\begin{aligned}&t_h=\tilde{z}_h^T H=\hat{q}_h+\hat{r}_h\\&\hat{q}_h=\hat{x}_h^T F, \quad \hat{r}_h=\hat{y}_h^T G\end{aligned} \tag{7.33}$$

t_h、$\hat{q}_h$、$\hat{r}_h$ 都是 E^n 中的向量，它们的 j 时刻的值为

$$\begin{aligned}&t_{hj}=(\tilde{z}_h,h_j)=\sum_{i=1}^{m'}\tilde{z}_{ih}h_{ij}\\&\hat{q}_{hj}=(\hat{x}_h,f_j)=\sum_{i=1}^{m_1}\hat{x}_{ih}f_{ij}, \quad \hat{r}_{hj}=(\hat{y}_h,g_j)=\sum_{i=1}^{m_2}\hat{y}_{ih}g_{ij}\end{aligned} \tag{7.34}$$

t_h 为 E^n 中的正交向量，它与特征值 λ_h 的关系为 $\|t_h\|^2=\lambda_h$；$\hat{q}_h$、$\hat{r}_h$ 不是 E^n 中的正交向量，$(\hat{q}_h,\hat{r}_{h'})\neq 0$、$(\hat{q}_h,\hat{q}_{h'})\neq 0$、$(\hat{r}_h,\hat{r}_{h'})\neq 0$，对一切的 h、h'成立。

3. 模方拟合率分析

对通常的场序列 $F_{m_1\times n}$、$G_{m_2\times n}$，合成序列 $H_{m'\times n}$ 的模方 $S=\|H\|^2=\|F\|^2+\|G\|^2=S_f+S_g$；对 H 作 MEOF 所得的第 h 个正交分量 $H_h=\tilde{z}_h t_h$ 的模方 $S_h=\|H_h\|^2=\lambda_h$。由式(7.32)、式(7.33)，S_h 可分解为 $S_h=S_{hf}+S_{hg}$，其中 $S_{hf}=\lambda_h\|\hat{x}_h\|^2$、$S_{hg}=\lambda_h\|\hat{y}_h\|^2$；因为 $S_h=\lambda_h$、$S_{hf}=\lambda_{hf}$、$S_{hg}=\lambda_{hg}$，故它也可看作 λ_h 的分解。由此得第 h 个(前 h 个)正交模对 H、F、G 的模方拟合率(累积模方拟合率)为

$$\begin{aligned}&\rho_h=S_h/S=\lambda_h/S, &&P_h=\sum_{h'=1}^{h}\rho_{h'}\\&\rho_{hf}=S_{hf}/S_f=\lambda_h\|\hat{x}_h\|^2/S_f, &&P_{hf}=\sum_{h'=1}^{h}\rho_{h'f}\\&\rho_{hg}=S_{hg}/S_g=\lambda_h\|\hat{y}_h\|^2/S_g, &&P_{hg}=\sum_{h'=1}^{h}\rho_{h'g}\end{aligned}$$

当 $F_{m_1\times n}$、$G_{m_2\times n}$ 为 $m_1=m_2=m$ 的标准化距平场时间序列时，$S=m'=2m$，$S_f=S_g=m$，上式简化为

$$\rho_h = S_h/(2m) = \frac{1}{2}\lambda_h/m, \qquad P_h = \sum_{h'=1}^{h}\rho_{h'}$$

$$\rho_{hf} = \lambda_h \|\hat{\boldsymbol{x}}_h\|^2/m = 2\rho_h\|\hat{\boldsymbol{x}}_h\|^2, \quad P_{hf} = \sum_{h'=1}^{h}\rho_{h'f}$$

$$\rho_{hg} = \lambda_h \|\hat{\boldsymbol{y}}_h\|^2/m = 2\rho_h\|\hat{\boldsymbol{y}}_h\|^2, \quad P_{hg} = \sum_{h'=1}^{h}\rho_{h'g}$$

此式用于实例分析。

4. 耦合关系分析

MEOF 分析方法主要正交模 $\tilde{\boldsymbol{z}}_h$、$\boldsymbol{t}_h$ 是否能揭示 $\boldsymbol{F}$、$\boldsymbol{G}$ 的耦合关系,可以从以下两个方面分析。

1)相关性

定义同序 $\hat{\boldsymbol{q}}_h$、$\hat{\boldsymbol{r}}_h$ 的相关系数为

$$r_h = \frac{(\hat{\boldsymbol{q}}_h, \hat{\boldsymbol{r}}_h)}{\|\hat{\boldsymbol{q}}_h\|\|\hat{\boldsymbol{r}}_h\|} \tag{7.35}$$

它是度量 MEOF 分析第 h 个正交模 $\tilde{\boldsymbol{z}}_h$ 中与 $\boldsymbol{F}$、$\boldsymbol{G}$ 对应的 $\hat{\boldsymbol{x}}_h$、$\hat{\boldsymbol{y}}_h$ 耦合紧密程度的统计量,r_h 越大耦合越紧密。

2)均衡性

用同序 ρ_{hf}、ρ_{hg}定义均衡度

$$\gamma_h = \frac{\min(\rho_{hf}, \rho_{hg})}{\max(\rho_{hf}, \rho_{hg})}$$

γ_h 在[0,1]上取值,γ_h 越大,构成 $\tilde{\boldsymbol{z}}_h$、$\boldsymbol{t}_h$ 的两个部分($\hat{\boldsymbol{x}}_h$、$\hat{\boldsymbol{q}}_h$,$\hat{\boldsymbol{y}}_h$、$\hat{\boldsymbol{r}}_h$)越均衡,它反映的 $\boldsymbol{F}$、$\boldsymbol{G}$ 的耦合关系越好;反之,γ_h 越小,$\tilde{\boldsymbol{z}}_h$ 反映的耦合关系越差。

当场序列 $\boldsymbol{F}$、$\boldsymbol{G}$ 为 $m_1=m_2$ 的标准化距平场序列时,

$$\gamma_h = \frac{\min(\|\hat{\boldsymbol{x}}_h\|^2, \|\hat{\boldsymbol{y}}_h\|^2)}{\max(\|\hat{\boldsymbol{x}}_h\|^2, \|\hat{\boldsymbol{y}}_h\|^2)} \tag{7.36}$$

此式用于实例 γ_h 的计算(李丽平等,2018)。

分析主要模态的 r_h、γ_h,可以判断 MEOF 分析中 $\boldsymbol{F}$、$\boldsymbol{G}$ 间耦合关系的好差。在第 8 章 8.4 节中,还用它们比较了 MEOF、SVD 方法在揭示 $\boldsymbol{F}$、$\boldsymbol{G}$ 耦合(相关)关系功能上的差异。

7.4.3 程序设计

MEOF 程序可直接利用程序 SEOF,只需要将 m 设置为 $m'=m_1=m_2$。另外,增加均衡度 γ_h 的计算程序。

7.4.4 应用实例

这里给出李丽平等(2018)所做的 MEOF 分析结果。

1. 分析对象

分析对象是 1951 ~ 2010 年中国 160 站季气温($\boldsymbol{F}$)、降水($\boldsymbol{G}$)标准化距平场序列,按式(7.29),$\boldsymbol{H}_{m\times n}$由 $\boldsymbol{F}_{160\times60}$、$\boldsymbol{G}_{160\times60}$构成,$m_1=m_2=160$、$n=60$,故 $m=320$、$n=60$。

2. 模方拟合率

由表7.2的ρ_h、P_h知,冬、夏$\boldsymbol{H}$的前10个分量的ρ_h均大于按自由度均分的模方$\bar{\rho}=S/H=1/59=1.70\%$;前3个分量的$\rho_h$均大于$5\times\bar{\rho}=8.48\%$;且冬、夏$P_3$分别为52.0%、37.5%,故称前3个为主要分量,它们是分析重点。

表7.2 中国160站60年季$\boldsymbol{F}$、$\boldsymbol{G}$的MEOF分析的ρ_h、P_h (单位:%)

季节	统计量	h									
		1	2	3	4	5	6	7	8	9	10
冬季	λ_h	98.9	39.6	28.0	16.6	12.5	11.7	8.1	7.2	5.8	5.6
	ρ_h	30.9	12.4	8.8	5.2	3.9	3.7	2.5	2.2	1.8	1.8
	P_h	30.9	43.3	52.0	57.2	61.1	64.8	67.3	69.6	71.3	73.1
夏季	λ_h	55.9	34.5	29.8	15.9	14.3	13.3	9.4	8.2	7.7	6.8
	ρ_h	17.5	10.8	9.3	5.0	4.5	4.2	3.0	2.6	2.4	2.1
	P_h	17.5	28.2	37.5	42.5	47.0	51.1	54.1	56.6	59.0	61.1

3. 时空特征

图7.10、图7.11给出了冬、夏季$\boldsymbol{H}$的前3个标准化经验正交函数$\tilde{\boldsymbol{z}}_h$,它由$\hat{\boldsymbol{x}}_h$(左)、$\hat{\boldsymbol{y}}_h$(右)构成;图7.12、图7.13给出了冬、夏季$\tilde{\boldsymbol{z}}_h$的时间系数$\boldsymbol{t}_h$,图7.14、图7.15给出了冬、夏季$\boldsymbol{t}_h$的分量$\hat{\boldsymbol{q}}_h$、$\hat{\boldsymbol{r}}_h$。

1)空域特征

通过比较MEOF分析前3个$\tilde{\boldsymbol{z}}_h$的$\hat{\boldsymbol{x}}_h$、$\hat{\boldsymbol{y}}_h$(图7.10、图7.11)与第6章$\boldsymbol{F}$、$\boldsymbol{G}$的EOF分析前3个$\tilde{\boldsymbol{x}}_h$、$\tilde{\boldsymbol{y}}_h$(图6.9、图6.10),简要说明MEOF分析结果的空域特征。

冬季,图7.10与图6.9、图6.10的$\hat{\boldsymbol{x}}_1$-$\tilde{\boldsymbol{x}}_1$、$\hat{\boldsymbol{y}}_2$-$-\tilde{\boldsymbol{y}}_1$、$\hat{\boldsymbol{x}}_3$-$\tilde{\boldsymbol{x}}_2$极为相似(注:$\hat{\boldsymbol{y}}_2$-$-\tilde{\boldsymbol{y}}_1$也称$\hat{\boldsymbol{y}}_2$-$\tilde{\boldsymbol{y}}_1$相反),其余$\hat{\boldsymbol{x}}_h$、$\hat{\boldsymbol{y}}_h$与$\tilde{\boldsymbol{x}}_h$、$\tilde{\boldsymbol{y}}_h$不相似;夏季,图7.11与图6.11、图6.12的$\hat{\boldsymbol{x}}_h$-$\tilde{\boldsymbol{x}}_h$、$h=\overline{1,3}$极相似或反相似,$\hat{\boldsymbol{y}}_1$-$\tilde{\boldsymbol{y}}_3$、$\hat{\boldsymbol{y}}_2$-$\tilde{\boldsymbol{y}}_1$、$\hat{\boldsymbol{y}}_3$-$\tilde{\boldsymbol{y}}_2$也相似或反相似。可见,MEOF分析的某些主要特征向量$\tilde{\boldsymbol{z}}_h$主要由一个$\hat{\boldsymbol{x}}_h$或一个$\hat{\boldsymbol{y}}_h$构成,或者说MEOF分析的一个主要正交模往往侧重于描述两种异常要素场中的一种;如冬季$\tilde{\boldsymbol{z}}_1$、$\tilde{\boldsymbol{z}}_2$分别主要描写$\boldsymbol{F}$、$\boldsymbol{G}$,夏季$\tilde{\boldsymbol{z}}_1$主要描写$\boldsymbol{F}$。我们称它为主要正交模的不均衡现象。

2)时域特征

类似地,将冬季图7.12的$\boldsymbol{t}_h$与冬季EOF分析中$\tilde{\boldsymbol{x}}_h$、$\tilde{\boldsymbol{y}}_h$的时间系数$\boldsymbol{q}_h$、$\boldsymbol{r}_h$(图6.13、图6.14)比较,其$\boldsymbol{t}_1$-$\boldsymbol{q}_1$、$\boldsymbol{t}_2$-$\boldsymbol{r}_1$、$\boldsymbol{t}_3$-$\boldsymbol{q}_2$存在显著相关;将夏季图7.13的$\boldsymbol{t}_h$与夏季EOF分析中$\tilde{\boldsymbol{x}}_h$、$\tilde{\boldsymbol{y}}_h$的时间系数$\boldsymbol{q}_h$、$\boldsymbol{r}_h$(图6.15、图6.16)比较,其$\boldsymbol{t}_h$-$\boldsymbol{q}_{h'}$的相关明显强于$\boldsymbol{t}_h$-$\boldsymbol{r}_{h'}$。

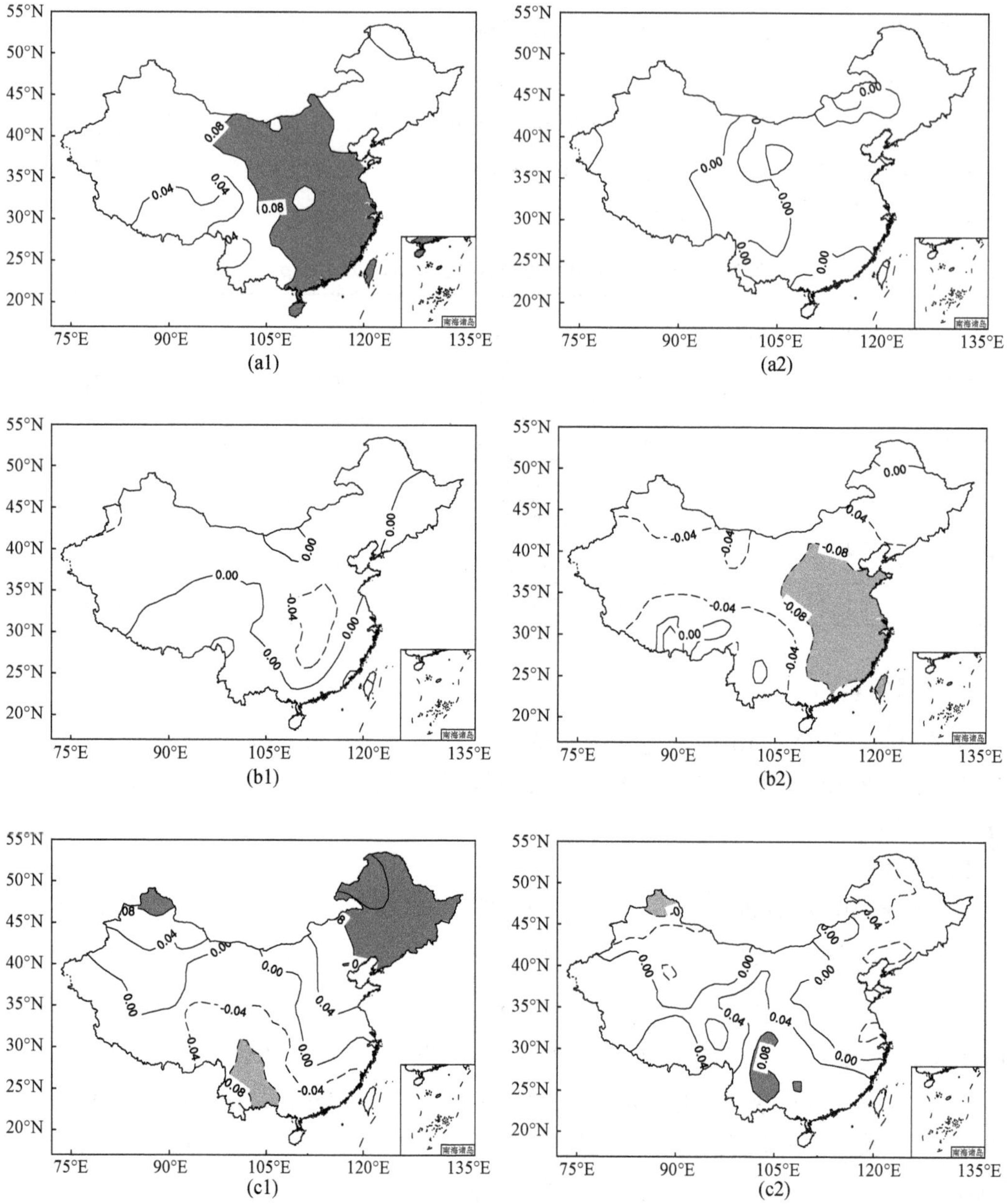

图 7.10　冬季中国 160 站 60 年 $\boldsymbol{F}$、$\boldsymbol{G}$ MEOF 分析的特征向量 $\tilde{z}_h$ 及其分量 $\hat{\boldsymbol{x}}_h$(左)、$\hat{\boldsymbol{y}}_h$(右)

(a) $\tilde{z}_1(\hat{\boldsymbol{x}}_1、\hat{\boldsymbol{y}}_1)$;(b) $\tilde{z}_2(\hat{\boldsymbol{x}}_2、\hat{\boldsymbol{y}}_2)$;(c) $\tilde{z}_3(\hat{\boldsymbol{x}}_3、\hat{\boldsymbol{y}}_3)$

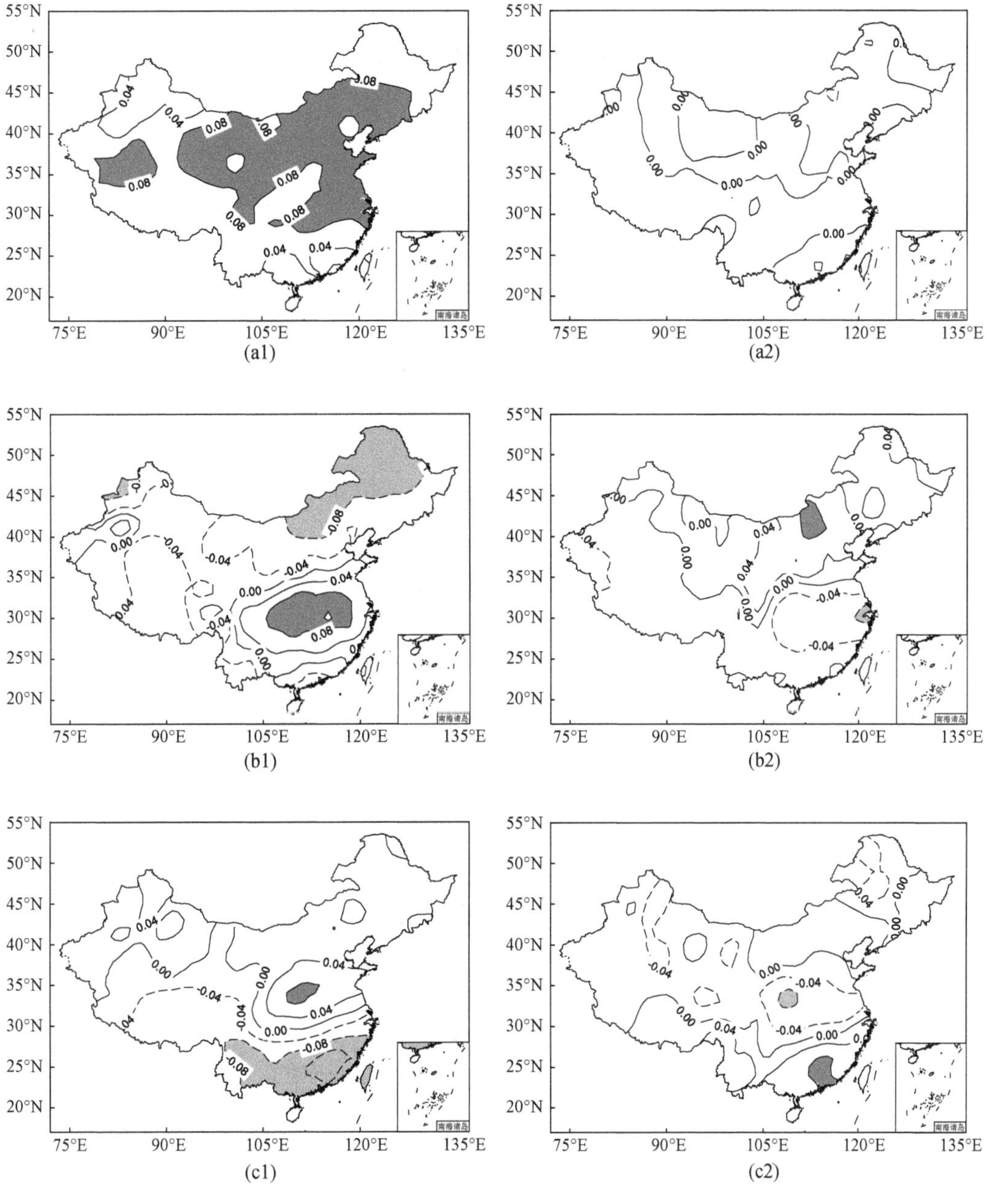

图7.11　夏季中国160站60年 $\boldsymbol{F}$、$\boldsymbol{G}$ MEOF分析的特征向量 $\tilde{z}_h$ 及其分量 $\hat{\boldsymbol{x}}_h$(左)、$\hat{\boldsymbol{y}}_h$(右)

(a) $\tilde{z}_1(\hat{\boldsymbol{x}}_1、\hat{\boldsymbol{y}}_1)$;(b) $\tilde{z}_2(\hat{\boldsymbol{x}}_2、\hat{\boldsymbol{y}}_2)$;(c) $\tilde{z}_3(\hat{\boldsymbol{x}}_3、\hat{\boldsymbol{y}}_3)$

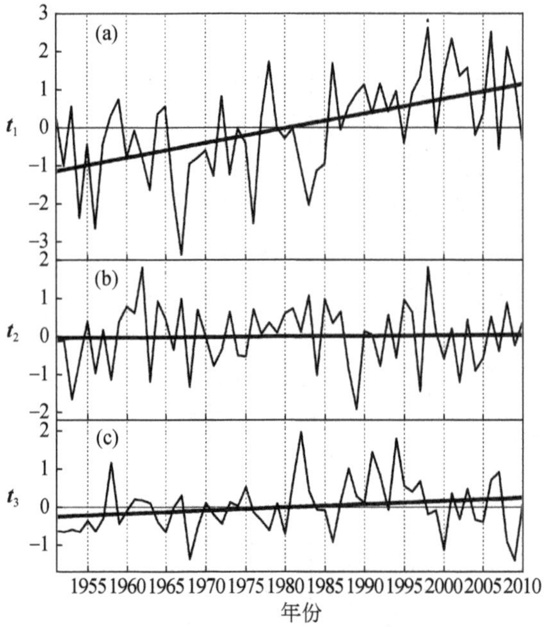

图 7.12　冬季中国 160 站 60 年 $\boldsymbol{F}$、$\boldsymbol{G}$ MEOF 分析的时间系数

(a)$\boldsymbol{t}_1$；(b)$\boldsymbol{t}_2$；(c)$\boldsymbol{t}_3$。粗直线是线性趋势 $\boldsymbol{t}_{hl}$

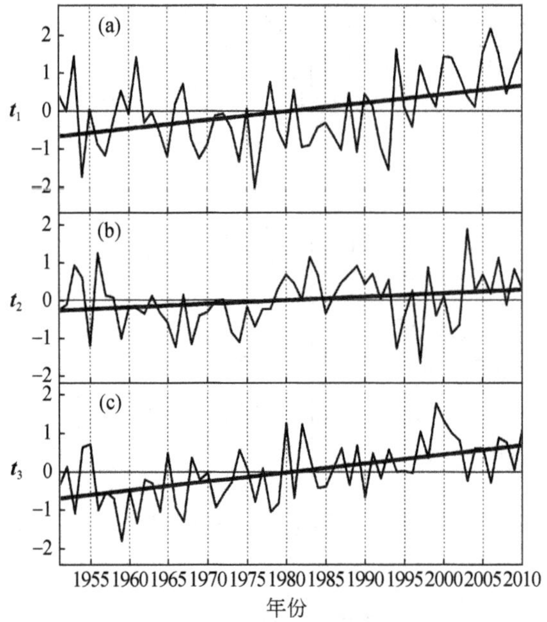

图 7.13　夏季中国 160 站 60 年 $\boldsymbol{F}$、$\boldsymbol{G}$ MEOF 分析的时间系数

(a)$\boldsymbol{t}_1$；(b)$\boldsymbol{t}_2$；(c)$\boldsymbol{t}_3$。粗直线是线性趋势 $\boldsymbol{t}_{hl}$

由 EOF 分析中冬夏 $\boldsymbol{q}_h$、$h=\overline{1,3}$中线性趋势显著知，MEOF 分析的 $\boldsymbol{t}_h$，除冬季 $\boldsymbol{t}_2$ 外，其余均主要反映 $\boldsymbol{F}$ 的时变特征。因此，MEOF 分析时间系数也反映了其正交模 $\tilde{\boldsymbol{z}}_h$、$\boldsymbol{t}_h$ 的不均衡性。

另外,图7.14、图7.15是冬、夏季 $\boldsymbol{t}_h$ 中 $\hat{\boldsymbol{x}}_h$、$\hat{\boldsymbol{y}}_h$ 分量的时间系数 $\hat{\boldsymbol{q}}_h$、$\hat{\boldsymbol{r}}_h$,它们据式(7.33)给出的算法求得。比较图7.14和图7.12,冬季 $\hat{\boldsymbol{q}}_1$-$\boldsymbol{t}_1$、$\hat{\boldsymbol{r}}_2$-$\boldsymbol{t}_2$ 演变十分相似(即显著相关);比较图7.15和图7.13,夏季前3个同序 $\hat{\boldsymbol{q}}_h$-$\boldsymbol{t}_h$ 演变十分相似,而同序 $\hat{\boldsymbol{r}}_h$-$\boldsymbol{t}_h$ 演变相似较差。原因在于季 $\tilde{\boldsymbol{z}}_h$ 主要由 $\hat{\boldsymbol{q}}_h$ 或 $\hat{\boldsymbol{r}}_h$ 对应的一个 $\hat{\boldsymbol{x}}_h$ 或 $\hat{\boldsymbol{y}}_h$ 构成,这又与MEOF分析主要模态结构的均衡性差有关。

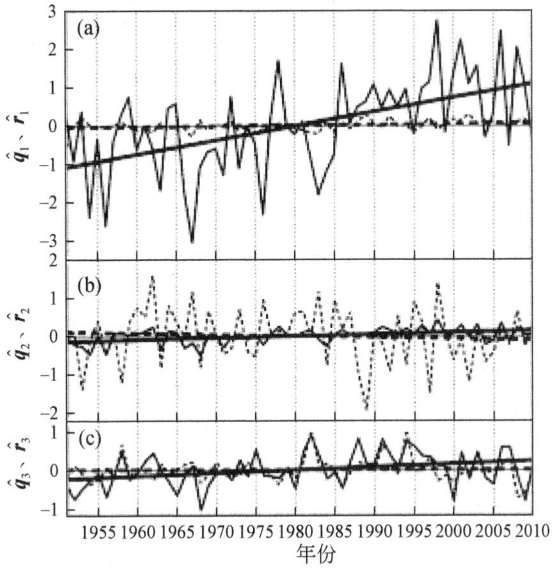

图7.14 构成冬季中国160站60年 $\boldsymbol{F}$、$\boldsymbol{G}$ MEOF分析时间系数 $\boldsymbol{t}_h$ 的 $\hat{\boldsymbol{q}}_h$(实线)、$\hat{\boldsymbol{r}}_h$(虚线)

(a) $\hat{\boldsymbol{q}}_1$、$\hat{\boldsymbol{r}}_1$;(b) $\hat{\boldsymbol{q}}_2$、$\hat{\boldsymbol{r}}_2$;(c) $\hat{\boldsymbol{q}}_3$、$\hat{\boldsymbol{r}}_3$。实(虚)斜线为趋势线 $\hat{\boldsymbol{q}}_{hl}$($\hat{\boldsymbol{r}}_{hl}$)

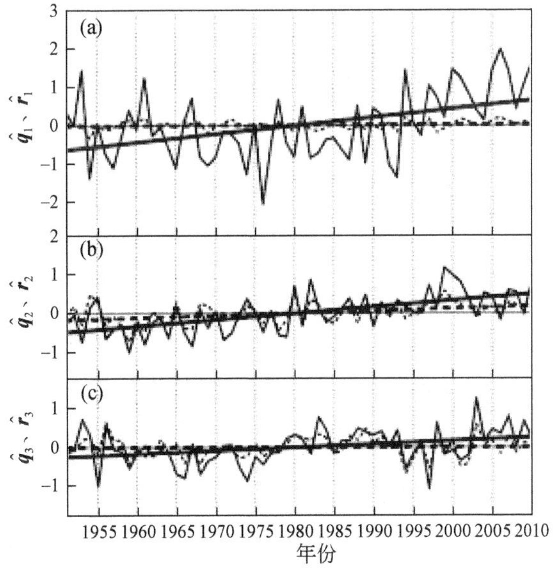

图7.15 构成夏季中国160站60年 $\boldsymbol{F}$、$\boldsymbol{G}$ MEOF分析时间系数 $\boldsymbol{t}_h$ 的 $\hat{\boldsymbol{q}}_h$(实线)、$\hat{\boldsymbol{r}}_h$(虚线)

(a) $\hat{\boldsymbol{q}}_1$、$\hat{\boldsymbol{r}}_1$;(b) $\hat{\boldsymbol{q}}_2$、$\hat{\boldsymbol{r}}_2$;(c) $\hat{\boldsymbol{q}}_3$、$\hat{\boldsymbol{r}}_3$。实(虚)斜线为趋势线 $\hat{\boldsymbol{q}}_{hl}$($\hat{\boldsymbol{r}}_{hl}$)

4. 耦合关系

用式(7.35)、式(7.36)计算实例的第 h 个正交模态的相关系数 r_h、均衡度 γ_h(表 7.3),据此分析主要正交模态中与 $\boldsymbol{F}$、$\boldsymbol{G}$ 对应的两部分($\hat{\boldsymbol{x}}_h$、$\hat{\boldsymbol{q}}_h$ 和 $\hat{\boldsymbol{y}}_h$、$\hat{\boldsymbol{r}}_h$)的耦合关系。

由表 7.3 知,构成 MEOF 分析主要正交模($\overline{1,3}$)的两个部分的相关性(见 r_h)较强,也存在夏季强于冬季的特点;但也存在个别(冬季 r_h)相关弱的现象。主要正交模的均衡性(见 γ_h)则较差,冬季的 γ_1、γ_2 和夏季的 γ_1 均很小;这与空域分析结果一致。可见,从实例 MEOF 分析主要模态的 r_h、γ_h 看,MEOF 分析方法不一定能揭示 $\boldsymbol{F}$、$\boldsymbol{G}$ 之间的耦合关系。

表 7.3　中国 160 站 60 年季 $\boldsymbol{F}$、$\boldsymbol{G}$ MEOF 分析同序 $\hat{\boldsymbol{q}}_h$、$\hat{\boldsymbol{r}}_h$ 的 r_h 和 γ_h

季节	统计量	h									
		1	2	3	4	5	6	7	8	9	10
冬季	r_h	**0.476**	0.293	**0.595**	**0.548**	**0.476**	0.096	0.116	0.271	−0.037	0.125
	γ_h	0.05	0.15	0.67	0.96	0.52	0.23	0.20	0.52	0.54	0.67
夏季	r_h	**0.611**	**0.850**	**0.762**	**0.542**	**0.696**	**0.542**	**0.372**	**0.493**	**0.662**	**0.528**
	γ_h	0.09	0.56	0.56	0.49	0.79	0.96	0.96	0.89	0.41	0.41

注:粗体 r_h 值通过 EMC 法信度 $\alpha=0.05$ 显著性检验

物理学中耦合关系是指两个或两个以上体系或运动形式通过相互作用而彼此影响、以致联合起来的现象。从两个中心化场序列的 MEOF 分析方法的原理看,它可以揭示的是两个变量场序列的自相关(由 $\boldsymbol{A}$、$\boldsymbol{B}$ 决定)及互相关(由 $\boldsymbol{C}$、$\boldsymbol{C}^{\mathrm{T}}$ 决定)联系,后者应该是"耦合"关系的基本含义。理论和实际分析表明,MEOF 分析方法可能不是实现互相关联系分析的最好方法。在第 8 章中,我们将通过它与奇异值分解(SVD)方法的比较,做深入讨论。

7.5　旋转 EOF 分析

7.5.1　分析目的与对象

1. 分析目的

EOF 分析实践表明,一个大区域上的中心化要素距平或标准化距平场序列 $\boldsymbol{F}$,其 SEOF 分析(或主成分分析 SPV)所得主要空域、时域上的正交模 $\tilde{\boldsymbol{x}}_h$、$\boldsymbol{t}_h$(或 $\boldsymbol{x}_h$、$\tilde{\boldsymbol{t}}_h$)通常反映全域环流异常的特征,而难以反映局域环流异常的特征。REOF 分析方法通过对主成分(SPV)分析得到的部分正交模($\boldsymbol{x}_h$、$\tilde{\boldsymbol{t}}_h$, $h=\overline{1,\hat{H}}$、$\hat{H}<H$)作方差最大(Varimax)旋转,使旋转后的单个空域模态(载荷向量 $\hat{\boldsymbol{x}}_h$)具有明显的空域局域特性,而其时域模态 $\hat{\tilde{\boldsymbol{t}}}_h$(公因子)能反映 $\hat{\boldsymbol{x}}_h$ 的时变特征,且仍具独立性。故 REOF 分析的目的是得到能够反映 $\boldsymbol{F}$ 的局域特征的空域、时域模态 $\hat{\boldsymbol{x}}_h$、$\hat{\tilde{\boldsymbol{t}}}_h$,它实际为统计学中的因子分析(张尧庭、方开泰,2013)。

2. 分析对象

REOF 分析对象一般取标准化距平场序列，为简便，以 $\boldsymbol{F}_{m\times n}$ 记几何标准化距平场序列 $\tilde{\boldsymbol{F}}'_{m\times n}$，式(6.24)给出的 EOF 分析式为

$$\boldsymbol{F}_{m\times n}=\tilde{\boldsymbol{X}}_{m\times H}\boldsymbol{T}_{H\times n}=\sum_{h=1}^{H}\tilde{\boldsymbol{x}}_h\boldsymbol{t}_h \tag{7.37}$$

式中，$H=\min(m,n-1)$为非零特征值及正交模数，它是 $\boldsymbol{F}$ 的秩；$\tilde{\boldsymbol{x}}_h$、$\boldsymbol{t}_h$ 分列为矩阵 $\tilde{\boldsymbol{X}}$、$\boldsymbol{T}$ 的第 h 列、行向量，是第 h 个标准化特征向量及其时间系数。

用式(7.37)的前 $\hat{H}$ 个正交模重建 $\boldsymbol{F}$ 得

$$\hat{\boldsymbol{F}}_{m\times n}=\tilde{\boldsymbol{X}}_{m\times\hat{H}}\boldsymbol{T}_{\hat{H}\times n}=\sum_{h=1}^{\hat{H}}\tilde{\boldsymbol{x}}_h\boldsymbol{t}_h \tag{7.38}$$

$\hat{\boldsymbol{F}}_{m\times n}$是 REOF 的直接分析对象。因为 $\|\hat{\boldsymbol{F}}\|^2=\sum_{h=1}^{\hat{H}}\lambda_h$、$\|\boldsymbol{F}\|^2=m$，故两者模方比 $P_{\hat{H}}=\|\hat{\boldsymbol{F}}\|^2/\|\boldsymbol{F}\|^2=\sum_{h=1}^{\hat{H}}\lambda_h\Big/m$。

从几何角度看，$\hat{\boldsymbol{F}}$ 是 $\boldsymbol{F}$ 在 $\tilde{\boldsymbol{x}}_h$、$h=\overline{1,\hat{H}}$支成的子空间中的分量，截断数为 $\hat{H}$。这意味着，重建过程已将 $\boldsymbol{F}$ 在 $\tilde{\boldsymbol{x}}_h$、$h=\overline{\hat{H}+1,H}$支成的子空间中的分量 $\hat{\boldsymbol{E}}=\sum_{h=\hat{H}+1}^{H}\tilde{\boldsymbol{x}}_h\boldsymbol{t}_h$ 作为“噪声”舍弃了。

实际分析中 $\hat{H}$ 的选择是一个重要问题。张尧庭和方开泰(2013)指出，在理论上还没有一个公认的选择 $\hat{H}$ 的标准。吴洪宝和吴蕾(2005)全面分析和讨论了选择 $\hat{H}$ 的多种标准，强调在试验基础上，运用专业知识(这与 $\boldsymbol{F}$ 的分析经验有关)选取合适的 $\hat{H}$。我们认为，$\hat{H}$ 的选择要尽可能使入选正交模的 $\rho_h>\bar{\rho}$(注：$\bar{\rho}=1/H$)，因为，$\rho_h<\bar{\rho}$ 的正交模很可能已是“噪声”；在此基础上，由分析目的和分析对象 $\boldsymbol{F}$ 确定 $\hat{H}$ 的取值。

7.5.2　原理与方法

吴洪宝和吴蕾(2005)简要给出了 REOF 分析原理和实施方法，张尧庭和方开泰(2013)则给出了该方法主要公式的详细证明。下面，从计算需要出发综合介绍之。

1. 原理

对式(7.38)$\hat{\boldsymbol{F}}_{m\times n}=\tilde{\boldsymbol{X}}_{m\times\hat{H}}\boldsymbol{T}_{\hat{H}\times n}$右端的 $\tilde{\boldsymbol{X}}$、$\boldsymbol{T}$ 作线性变换

$$\boldsymbol{X}_{m\times\hat{H}}=\tilde{\boldsymbol{X}}_{m\times\hat{H}}\boldsymbol{\Lambda}^{1/2}_{\hat{H}\times\hat{H}},\quad \tilde{\boldsymbol{T}}_{\hat{H}\times n}=\boldsymbol{\Lambda}^{-1/2}_{\hat{H}\times\hat{H}}\boldsymbol{T}_{\hat{H}\times n} \tag{7.39}$$

式中，$\boldsymbol{\Lambda}^{1/2}=\mathrm{diag}(\sqrt{\lambda_1}\quad\sqrt{\lambda_2}\quad\cdots\quad\sqrt{\lambda_{\hat{H}}})$、$\boldsymbol{\Lambda}^{-1/2}=\mathrm{diag}(1/\sqrt{\lambda_1}\quad 1/\sqrt{\lambda_2}\quad\cdots\quad 1/\sqrt{\lambda_{\hat{H}}})$，是 $\hat{H}$ 阶对角阵，且 $\boldsymbol{\Lambda}^{1/2}$、$\boldsymbol{\Lambda}^{-1/2}$互逆。变换式(7.39)使式(7.38)中 $\boldsymbol{T}$ 的第 h 行行向量 $\boldsymbol{t}_h$ 标准化为 $\tilde{\boldsymbol{t}}_h$，使 $\tilde{\boldsymbol{X}}$ 的第 h 列列向量 $\tilde{\boldsymbol{x}}_h$ 非标准化为 $\boldsymbol{x}_h$，

$$\tilde{\boldsymbol{t}}_h=\boldsymbol{t}_h/\sqrt{\lambda_h},\quad \boldsymbol{x}_h=\sqrt{\lambda_h}\tilde{\boldsymbol{x}}_h \tag{7.40}$$

$\tilde{\boldsymbol{t}}_h$ 称为公因子(common factor),$\boldsymbol{x}_h$ 是 $\boldsymbol{F}$(或 $\hat{\boldsymbol{F}}$)在公因子 $\tilde{\boldsymbol{t}}_h$ 上的载荷向量(loading vector)。因为式(7.38)中的 $\tilde{\boldsymbol{x}}_h$、$\boldsymbol{t}_h$ 可有非零常数倍之差,故变换式(7.39)不改变 $\boldsymbol{x}_h$、$\tilde{\boldsymbol{t}}_h$ 作为特征向量、时间系数的基本性质,即 $\boldsymbol{F}$ 在 $\boldsymbol{x}_h$、$\tilde{\boldsymbol{t}}_h$ 上的投影向量模方取极值,$\boldsymbol{x}_h$、$\tilde{\boldsymbol{t}}_h$ 满足正交性 $\boldsymbol{x}_h \perp \boldsymbol{x}_{h'}$、$\tilde{\boldsymbol{t}}_h \perp \tilde{\boldsymbol{t}}_{h'}$、$h \neq h'$。

为了使单个载荷向量 $\boldsymbol{x}_h$ 最大限度地反映场异常的局域特征,在 $\boldsymbol{x}_h$ 内部方差最大原则下对式(7.39)的 $\boldsymbol{X}$、$\tilde{\boldsymbol{T}}$ 中的 $\boldsymbol{x}_h$、$\tilde{\boldsymbol{t}}_h$ 作正交旋转(Varimax 旋转)(张尧庭、方开泰,2013)。一次正交旋转对 $\boldsymbol{X}$、$\tilde{\boldsymbol{T}}$ 中的一对($h=p$、q)$\boldsymbol{x}_h$、$\tilde{\boldsymbol{t}}_h$ 进行,为此,在 $\mathrm{E}^{\hat{H}}$ 中构造旋转矩阵 $\boldsymbol{\Gamma}$、$\boldsymbol{\Gamma}^{\mathrm{T}}$[式(1.78)、式(1.79)],以 $\boldsymbol{\Gamma}$、$\boldsymbol{\Gamma}^{\mathrm{T}}$ 作用 $\boldsymbol{X}$、$\tilde{\boldsymbol{T}}$ 得

$$\hat{\boldsymbol{X}}=\boldsymbol{X}\boldsymbol{\Gamma} \quad \hat{\tilde{\boldsymbol{T}}}=\boldsymbol{\Gamma}^{\mathrm{T}}\tilde{\boldsymbol{T}} \tag{7.41}$$

式左上标“ ^”为“旋转”标识,$\hat{\boldsymbol{X}}$($\hat{\tilde{\boldsymbol{T}}}$)是对 $\boldsymbol{X}$($\tilde{\boldsymbol{T}}$)中第 p、q 列(行)作旋转变换的结果。由 1.5 节 $\boldsymbol{\Gamma}$ 性质知,因载荷向量 $\boldsymbol{X}$ 的 p、q 列列向量 $\boldsymbol{x}_p$、$\boldsymbol{x}_q$ 的模 $\sqrt{\lambda_p}$、$\sqrt{\lambda_q}$ 不等,故旋转后的载荷向量 $\hat{\boldsymbol{x}}_p$、$\hat{\boldsymbol{x}}_q$ 各自的模方改变,但模方之和不变,即 $\|\hat{\boldsymbol{x}}_p\| \neq \|\boldsymbol{x}_p\|=\lambda_p$、$\|\hat{\boldsymbol{x}}_q\| \neq \|\boldsymbol{x}_q\|=\lambda_q$,$\|\hat{\boldsymbol{x}}_p\|^2+\|\hat{\boldsymbol{x}}_q\|^2=\|\boldsymbol{x}_p\|^2+\|\boldsymbol{x}_q\|^2=\lambda_p+\lambda_q$;旋转变换使 $\hat{\boldsymbol{x}}_p$、$\hat{\boldsymbol{x}}_q$ 的交角改变,因此它们不再正交($\langle\hat{\boldsymbol{x}}_p,\hat{\boldsymbol{x}}_q\rangle \neq \pi/2$)。由 1.5 节,因 $\tilde{\boldsymbol{t}}_p$、$\tilde{\boldsymbol{t}}_q$ 是标准正交向量,旋转改变了它们的方向,但不改变其标准正交性,即仍有 $\|\hat{\tilde{\boldsymbol{t}}}_p\|=\|\hat{\tilde{\boldsymbol{t}}}_q\|=1$、$\hat{\tilde{\boldsymbol{t}}}_p \perp \hat{\tilde{\boldsymbol{t}}}_q$,$\hat{\tilde{\boldsymbol{t}}}_p$、$\hat{\tilde{\boldsymbol{t}}}_q$ 仍为公因子。

对 $\boldsymbol{X}$、$\tilde{\boldsymbol{T}}$ 的 REOF 计算由多轮次的旋转变换完成。其关键是,每次对式(7.41)$\boldsymbol{X}$ 的 p、q 列向量 $\boldsymbol{x}_p$、$\boldsymbol{x}_q$ 的旋转所取转角 φ,均使旋转后的载荷向量 $\hat{\boldsymbol{x}}_p$、$\hat{\boldsymbol{x}}_q$ 在经公共度(communality)订正后 $\hat{\boldsymbol{x}}'_p$、$\hat{\boldsymbol{x}}'_q$(右上标“′”为公共度订正标识)的内部方差和达最大。经多轮次旋转变换,当 $\hat{\boldsymbol{X}}$ 的所有列向量 $\hat{\boldsymbol{x}}_h$、$h=\overline{1,\hat{H}}$的内部方差和达最大时,REOF 计算结束。

2. *方差最大(Varimax)旋转方法*

这里,载荷向量 $\boldsymbol{x}_h$ 的方差即前述“内部方差”,张尧庭和方开泰(2013)称“相对方差”,以 $\boldsymbol{x}_p$ 为例,它被定义为

$$V_p=\frac{1}{m}\sum_{i=1}^{m}\left(\frac{x_{ip}^2}{h_i^2}-\frac{1}{m}\sum_{i=1}^{m}\frac{x_{ip}^2}{h_i^2}\right)^2=\frac{1}{m^2}\left[m\sum_{i=1}^{m}\left(\frac{x_{ip}^2}{h_i^2}\right)^2-\left(\sum_{i=1}^{m}\frac{x_{ip}^2}{h_i^2}\right)^2\right] \tag{7.42}$$

h_i、$i=\overline{1,m}$为公共度。V_p 定义中取 x_{ip}^2是为了消除 x_{ip}符号不同的影响;除以 h_i^2 是为了消除各个变量(以 i 标识)对公因子依赖程度不同的影响,称为公共度订正。

一次旋转 $\boldsymbol{\Gamma}$ 对一对载荷向量进行,以 $\boldsymbol{x}_p$、$\boldsymbol{x}_q$ 记旋转前载荷向量,$\hat{\boldsymbol{x}}_p$、$\hat{\boldsymbol{x}}_q$ 记旋转后载荷向量,变换关系为

$$\hat{\boldsymbol{x}}_{ip}=\boldsymbol{x}_{ip}\cos\varphi+\boldsymbol{x}_{iq}\sin\varphi, \quad \hat{\boldsymbol{x}}_{iq}=-\boldsymbol{x}_{ip}\sin\varphi+\boldsymbol{x}_{iq}\cos\varphi \tag{7.43}$$

式(7.39)中 $\boldsymbol{X}$ 的 i 点公共度为

$$h_i=\|\boldsymbol{x}_i\|=\sqrt{\sum_{h=1}^{\hat{H}}x_{ih}^2} \tag{7.44}$$

h_i 实质是 $\hat{H}$ 截断后载荷向量矩阵 $\boldsymbol{X}$ 的第 i 行行向量(第 i 点的分量)$\boldsymbol{x}_i$ 的模,或是重建的场序列 $\hat{\boldsymbol{F}}$ 的第 i 行行向量(重建的第 i 点时间序列)$\hat{\boldsymbol{f}}_i$ 的模(即 $h_i = \|\hat{\boldsymbol{f}}_i\| = \sqrt{\sum_{j=1}^{m} \hat{f}_{ij}^2}$);因截断破坏了 $\boldsymbol{F}$ 在时域上的标准化,故 $\|\boldsymbol{x}_i\|$、$\|\hat{\boldsymbol{f}}_i\|$在空域上不均匀。可见,公共度订正本质是对 $\hat{\boldsymbol{F}}$ 的标准化。

根据张尧庭和方开泰(2013),经公共度订正的、旋转后的载荷向量的内部方差和定义为

$$\begin{aligned}\hat{V} &= \hat{V}_p + \hat{V}_q \\ &= \frac{1}{m^2}\left[m\sum_{i=1}^{m}\left(\frac{\hat{x}_{ip}^2}{h_i^2}\right)^2 - \left(\sum_{i=1}^{m}\frac{\hat{x}_{ip}^2}{h_i^2}\right)^2\right] + \frac{1}{m^2}\left[m\sum_{i=1}^{m}\left(\frac{\hat{x}_{iq}^2}{h_i^2}\right)^2 - \left(\sum_{i=1}^{m}\frac{\hat{x}_{iq}^2}{h_i^2}\right)^2\right] \\ &= \frac{1}{m^2}\left[m\sum_{i=1}^{m}\left(\frac{\hat{x}_{ip}^4}{h_i^4} + \frac{\hat{x}_{iq}^4}{h_i^4}\right) - \left(\sum_{i=1}^{m}\frac{\hat{x}_{ip}^2}{h_i^2}\right)^2 - \left(\sum_{i=1}^{m}\frac{\hat{x}_{iq}^2}{h_i^2}\right)^2\right]\end{aligned} \tag{7.45}$$

用式(7.43)将式(7.45)中的 $\hat{x}_{ip}$、$\hat{x}_{iq}$ 变为旋转前的 x_{ip}、x_{iq},再利用三角函数的倍角公式和降幂公式,得

$$\begin{aligned}m^2\hat{V} = {}& m\sum_{i=1}^{m}\left(\frac{x_{ip}^2}{h_i^2} + \frac{x_{iq}^2}{h_i^2}\right)^2 - \sum_{i=1}^{m-1}\sum_{i'=i+1}^{m}\left(\frac{x_{ip}}{h_i}\frac{x_{i'p}}{h_i} + \frac{x_{iq}}{h_i}\frac{x_{i'q}}{h_i}\right)^2 + \frac{1}{2}\left(A^2 - m\sum_{i=1}^{m}\mu_i^2\right)\sin^2 2\varphi \\ &+ \frac{1}{2}\left(B^2 - m\sum_{i=1}^{m}v_i^2\right)\cos^2 2\varphi + \frac{1}{2}\left(\frac{m}{2}D - AB\right)\sin 4\varphi\end{aligned} \tag{7.46}$$

右端第1、2项为常数,第3、4、5项随 φ 而变。

令 $\mathrm{d}\hat{V}/\mathrm{d}\varphi = 0$,可得

$$\frac{\mathrm{d}\hat{V}}{\mathrm{d}\varphi} = [mC-(A^2-B^2)]\sin 4\varphi - (mD-2AB)\cos 4\varphi = 0$$

解出

$$\varphi = \frac{1}{4}\arctan\frac{D-2AB/m}{C-(A^2-B^2)/m} \tag{7.47}$$

式中,

$$\mu_i = x_{ip}'^2 - x_{iq}'^2 = \left(\frac{x_{ip}}{h_i}\right)^2 - \left(\frac{x_{iq}}{h_i}\right)^2, \quad v_i = 2x_{ip}'x_{iq}' = \frac{2x_{ip}x_{iq}}{h_i^2}$$

$$A = \sum_{i=1}^{m}\mu_i, \quad B = \sum_{i=1}^{m}\nu_i, \quad C = \sum_{i=1}^{m}(\mu_i^2 - \nu_i^2), \quad D = 2\sum_{i=1}^{m}\mu_i\nu_i$$

它们都可由旋转前的载荷向量 $\boldsymbol{x}_p$、$\boldsymbol{x}_q$ 求得。当 $\boldsymbol{\Gamma}$ 中的 φ 按式(7.47)取值时,变换 $\boldsymbol{\Gamma}$ 使旋转后的载荷向量 $\hat{\boldsymbol{x}}_p$、$\hat{\boldsymbol{x}}_q$ 的内部方差和达极大值。

为使 $\boldsymbol{X}$ 中的 $\hat{H}$ 个载荷向量内部方差和达最大,按式(7.41)对 $\boldsymbol{X}$ 作多轮旋转变换,后一轮旋转变换对前一轮旋转变换结果 $\hat{\boldsymbol{X}}$、$\hat{\hat{\boldsymbol{T}}}$ 进行。一轮旋转变换的总次数为 $\binom{\hat{H}}{2} = \hat{H}(\hat{H}-1)/2$。结束一轮旋转变换后按下式计算 $\hat{\boldsymbol{X}}$ 的空间总方差,

$$\hat{V}=\sum_{h=1}^{\hat{H}}\hat{V}_h=\sum_{h=1}^{\hat{H}}\left[\frac{1}{m}\sum_{i=1}^{m}\left(\frac{\hat{x}_{ih}^2}{h_i^2}\right)^2-\left(\frac{1}{m}\sum_{i=1}^{m}\frac{\hat{x}_{ih}^2}{h_i^2}\right)^2\right] \tag{7.48}$$

统计第 k 轮旋转变换后 $\hat{\boldsymbol{X}}^{(k)}$ 的内部方差和 $\hat{V}^{(k)}$ 的增量 $\mathrm{d}\hat{V}^{(k)}=\hat{V}^{(k)}-\hat{V}^{(k-1)}$，当 $\hat{V}^{(k)}$ 不再明显增大，即 $\mathrm{d}\hat{V}^{(k)}$ 趋于 0 时，结束旋转。

7.5.3　几何实质

根据上述分析，REOF 方法统计量的几何意义可概括为：①旋转载荷向量 $\hat{\boldsymbol{x}}_h$ 是 $\boldsymbol{F}$ 在旋转后的公因子 $\hat{\boldsymbol{t}}_h$ 上的投影场，由 1.5 节知，$\hat{\boldsymbol{x}}_h$、$h=\overline{1,\hat{H}}$相互不正交，它们已不是 $\boldsymbol{F}$ 的经验正交函数，也不是 $\boldsymbol{A}=\boldsymbol{F}\boldsymbol{F}^{\mathrm{T}}$ 的特征向量。②旋转后的公因子 $\hat{\boldsymbol{t}}_h$ 标准正交，$\hat{\boldsymbol{t}}_h$ 反映 $\hat{\boldsymbol{x}}_h$ 的时变特征；显然，$\hat{\boldsymbol{t}}_h$ 也不是 $\boldsymbol{F}$ 的特征向量的时间系数。③$\hat{\lambda}_h=\|\hat{\boldsymbol{x}}_h\|^2$ 是旋转后第 h 个模态 $\hat{\boldsymbol{F}}_h=\hat{\boldsymbol{x}}_h\hat{\boldsymbol{t}}_h$ 的模方$\|\hat{\boldsymbol{F}}_h\|^2$，显然它也不是 $\boldsymbol{A}$ 的特征值；旋转前后 $\hat{\boldsymbol{F}}$ 载荷总量不变，即 $\sum_{h=1}^{\hat{H}}\hat{\lambda}_h=\sum_{h=1}^{\hat{H}}\lambda_h$，但各模态载荷 $\hat{\lambda}_h$ 差异变小（与 λ_h 比），这正是因子分析所需要的效果；$\hat{\lambda}_h$、$\hat{\rho}_h$ 是第 h 个公因子在拟合$\|\hat{\boldsymbol{F}}\|^2$ 中重要性的绝对、相对度量。

需要强调的是，REOF 分析方法与前四种拓展 EOF 方法存在本质差异，其最终结果 $\hat{\boldsymbol{x}}_h$、$\hat{\boldsymbol{t}}_h$ 不再具有 $\boldsymbol{F}$ 的经验正交函数及时间系数的基本几何性质，因此不再是 $\boldsymbol{F}$ 的经验正交函数及时间系数。

7.5.4　演例

Lorenz（1956）关于 EOF 分析方法的论文中给出了一个 $m=3$、$n=5$ 的海平面气压场（SLP）场序列，其原始场、距平场及几何标准化距平场序列分别为

$$\boldsymbol{F}_{3\times5}=\begin{pmatrix}1028&1026&1020&1009&1012\\1022&1025&1020&1015&1008\\1019&1015&1010&1013&1023\end{pmatrix} \tag{7.49a}$$

$$\boldsymbol{F}'_{3\times5}=\begin{pmatrix}9&7&1&-10&-7\\4&7&2&-3&-10\\3&-1&-6&-3&7\end{pmatrix} \tag{7.49b}$$

$$\tilde{\boldsymbol{F}}'_{3\times5}=\begin{pmatrix}9/\sqrt{280}&7/\sqrt{280}&1/\sqrt{280}&-10/\sqrt{280}&-7/\sqrt{280}\\4/\sqrt{178}&7/\sqrt{178}&2/\sqrt{178}&-3/\sqrt{178}&-10/\sqrt{178}\\3/\sqrt{104}&-1/\sqrt{104}&-6/\sqrt{104}&-3/\sqrt{104}&7/\sqrt{104}\end{pmatrix} \tag{7.49c}$$

式(7.49c)中，280、178、104 是距平序列 $\boldsymbol{f}'_1$、$\boldsymbol{f}'_2$、$\boldsymbol{f}'_3$的模方。我们选式(7.49c)作为 REOF 分析方法演例的分析对象，并将其记为 $\boldsymbol{F}$。

为此，先对 $\boldsymbol{A}=\boldsymbol{F}\boldsymbol{F}^{\mathrm{T}}$ 作 EOF 分析，求得特征值、标准化特征向量及其时间系数 λ_h、$\tilde{\boldsymbol{x}}_h$、$\boldsymbol{t}_h$、

$h=\overline{1,3}$(表7.4),并按式(7.41)将 $\tilde{x}_h$、t_h 变换为载荷向量,公因子 x_h、$\tilde{t}_h$、$h=\overline{1,3}$(表7.5)。

表7.4　REOF方法演例分析对象 F 的 λ_h、$\tilde{x}_h$、t_h($h=\overline{1,3}$)

h	λ_h	$\tilde{x}_h$			t_h				
		$i=1$	2	3	$j=1$	2	3	4	5
1	1.988	0.606	0.702	−0.373	0.427	0.659	0.361	−0.410	−1.036
2	0.975	0.512	0.014	0.859	0.532	0.137	−0.473	−0.562	0.365
3	0.037	0.609	−0.712	−0.351	−0.011	−0.084	0.136	−0.100	−0.038

表7.5　REOF方法演例旋转前的载荷向量 x_h、公因子 $\tilde{t}_h$($h=\overline{1,3}$)

h	x_h			$\tilde{t}_h$				
	$i=1$	2	3	$j=1$	2	3	4	5
1	0.855	**0.990**	−0.526	0.303	0.467	0.256	−0.291	−0.735
2	0.505	0.015	**0.848**	0.539	0.139	−0.479	−0.569	0.369
3	0.118	**−0.137**	−0.068	0.055	−0.437	0.705	−0.520	0.197

注:粗体为 x_h 中绝对值最大的 x_{hi}

1. 演例1($\hat{H}=2$)

REOF方法($\hat{H}=2$)的分析对象是由表7.5中前两个正交模构成的 $X_{3\times2}$、$\tilde{T}_{2\times5}$。其分析步骤如下:

(1)由 $X_{3\times2}$ 求得公共度场

$$h=(0.993\quad 0.991\quad 0.998)^{\mathrm{T}} \tag{7.50}$$

它用于对 x_1、x_2 作公共度订正。

(2)进行第一轮、第1次(p、$q=1$、2)旋转变换:先求得式(7.47)右数据:$A=1.007$、$B=0.009$、$C=-0.189$、$D=1.600$;再按式(7.47)求得 $\varphi_{12}^{(1)}=26.868°$,并用 $\varphi_{12}^{(1)}$ 代入式(1.78)、式(1.79)构造 $\boldsymbol{\Gamma}$、$\boldsymbol{\Gamma}^{\mathrm{T}}$,完成式(7.41)旋转变换,求得旋转后的载荷 $\boldsymbol{\Lambda}$、载荷向量 $\hat{X}$、公因子 $\hat{\tilde{T}}$(表7.6)。

表7.6　REOF方法演例($\hat{H}=2$)的旋转载荷 $\hat{\lambda}_h$、载荷向量 $\hat{x}_h$、公因子 $\hat{\tilde{t}}_h$

h	$\hat{\lambda}_h$	$\hat{x}_h$			$\hat{\tilde{t}}_h$				
		$i=1$	2	3	$j=1$	2	3	4	5
1	1.784	**0.991**	0.702	−0.373	0.513	0.480	0.014	−0.156	−0.491
2	1.178	0.068	−0.423	**0.994**	0.346	0.085	0.543	0.378	0.660

注:粗体为 $\hat{x}_h$ 中绝对值最大的 $\hat{x}_{hi}$

对 $\hat{H}=2$ 的REOF分析,其每一轮旋转总次数 $\binom{2}{2}=1$,旋转总轮数 $k=1$,故表7.6的 $\hat{x}_h$、$\hat{\tilde{t}}_h$、$h=\overline{1,2}$ 是REOF($\hat{H}=2$)的最终结果。$\hat{x}_1$ 的分量绝对极大值(0.991)大于表7.5中 x_1 的

极大值(0.990)，而其分量绝对极小值(0.373)明显小于表7.5中 $\boldsymbol{x}_1$ 的绝对极小值(0.526)，旋转使 $\hat{\boldsymbol{x}}_1$ 的内部方差增大；$\hat{\boldsymbol{x}}_2$ 的分量绝对最大值(0.994)明显大于 $\boldsymbol{x}_2$(0.848)，绝对最小值(0.068)只略大于 $\boldsymbol{x}_2$(0.015)，旋转也使 $\hat{\boldsymbol{x}}_2$ 的内部方差增大。因此，REOF分析方法扩大了空间模内部方差，达到了揭示异常场局域特征的目的。比较 λ_h、$\hat{\lambda}_h$，得 $\lambda_1>\hat{\lambda}_1$、$\hat{\lambda}_2>\lambda_2$，旋转使载荷在不同公因子上的分配趋于均匀。

(3)按式(7.48)求得旋转前、后载荷向量 $\boldsymbol{X}_{3\times2}$、$\hat{\boldsymbol{X}}_{3\times2}$ 的内部方差和 $\hat{V}^{(0)}$、$\hat{V}^{(1)}$，以 $\mathrm{d}\hat{V}^{(1)}$ 记其增量 $\hat{V}^{(1)}-V^{(0)}$，它们的值为

$$\hat{V}^{(0)}=0.535,\quad \hat{V}^{(1)}=1.101,\quad \mathrm{d}\hat{V}^{(1)}=\hat{V}^{(1)}-\hat{V}^{(0)}=0.566 \tag{7.51}$$

可见，旋转明显增大了载荷向量内部方差，故演例定量论证了REOF方法确有揭示异常场局域特征的分析功能。

通过REOF方法演例($\hat{H}=2$)，我们可以了解REOF一次旋转计算的过程。还可以用计算结果验证：旋转公因子 $\hat{\tilde{\boldsymbol{t}}}_h$ 保留了标准、正交性($\|\hat{\tilde{\boldsymbol{t}}}_1\|=\|\hat{\tilde{\boldsymbol{t}}}_2\|=1$，$\hat{\tilde{\boldsymbol{t}}}_1\perp\hat{\tilde{\boldsymbol{t}}}_2$)；旋转载荷向量 $\hat{\boldsymbol{x}}_h$ 已失去正交性($\langle\hat{\boldsymbol{x}}_1,\hat{\boldsymbol{x}}_2\rangle=114.00°\neq90°$)；单个 $\hat{\boldsymbol{x}}_h$ 的模方发生变化($\|\hat{\boldsymbol{x}}_h\|^2\neq\|\boldsymbol{x}_h\|^2$、$h=1$、2)，但模方和不变($\|\hat{\boldsymbol{x}}_1\|^2+\|\hat{\boldsymbol{x}}_2\|^2=\|\boldsymbol{x}_1\|^2+\|\boldsymbol{x}_2\|^2$)。还可以用小扰动法验证式(7.51)中 $\hat{V}^{(1)}$ 是 $\hat{\boldsymbol{x}}_h$、$h=\overline{1,2}$内部方差和的极大值(注：用 $\varphi_{12\pm}^{(1)}=\varphi_{12}^{(1)}\pm\varepsilon$ 替代 $\varphi_{12}^{(1)}$，求出相应的 $V_+^{(1)}$、$V_-^{(1)}$，它们均小于 $V^{(1)}$)。显然，$\hat{\boldsymbol{x}}_h$、$\hat{\tilde{\boldsymbol{t}}}_h$ 已不是 $\boldsymbol{F}$ 的经验正交函数、时间系数。

2. 演例2($\hat{H}=3$)

REOF方法($\hat{H}=3$)的分析对象就是表7.5中的 $\boldsymbol{X}_{3\times3}$、$\tilde{\boldsymbol{T}}_{3\times5}$。其分析步骤如下：

(1)由 $\boldsymbol{X}_{3\times3}$求得公共度

$$\boldsymbol{h}=(1\quad1\quad1)^{\mathrm{T}}$$

因为分析对象 $\boldsymbol{F}$[式(7.49)]是标准化距平序列构成的矩阵，所有场点的公共度均为1，故不必作公共度订正。

(2)对 $\hat{H}=3$ 的 $\boldsymbol{X}_{3\times3}$、$\tilde{\boldsymbol{T}}_{3\times5}$作第 k 轮、第 l 次旋转变换。每轮旋转总次数为 $L=\binom{3}{2}=3$，第 $l=1$、2、3次旋转取$(p,q)=(1,2)$、$(1,3)$、$(1,3)$，结束第 k 轮旋转时得载荷 $\hat{\lambda}_h^{(k)}=\|\hat{\boldsymbol{x}}_h\|^2$、$h=\overline{1,\hat{H}}$及载荷向量 $\hat{\boldsymbol{x}}_h^{(k)}$、公因子 $\hat{\tilde{\boldsymbol{t}}}_h^{(k)}$，如表7.7所示。

表7.7　REOF方法演例($\hat{H}=3$)的载荷 $\hat{\lambda}_h$、旋转载荷向量 $\hat{x}_h$、公因子 $\hat{\tilde{t}}_h$

h	$\hat{\lambda}_h^{(k)}$	$\hat{\boldsymbol{x}}_h^{(k)}$			$\hat{\tilde{\boldsymbol{t}}}_h^{(k)}$				
		$i=1$	2	3	$j=1$	2	3	4	5
1	1.744	**0.996**	0.880	−0.088	0.517	0.454	0.050	−0.546	−0.476
2	1.166	0.056	−0.415	**0.995**	0.339	−0.039	−0.613	−0.322	0.636
3	1.160	0.069	**−0.231**	0.041	0.062	−0.470	0.643	−0.527	0.291

注：粗体为 $\hat{\boldsymbol{x}}_h$ 中绝对值最大的 $\hat{x}_{hi}$

表 7.7 的 $\hat{\boldsymbol{x}}_h$、$h=\overline{1,3}$中 $\hat{\boldsymbol{x}}_h$ 的分量绝对值$|\hat{x}_{hi}|$的差异(极大减极小)明显大于 $\boldsymbol{x}_h$,可见,旋转使 $\hat{\boldsymbol{x}}_h$ 内部方差增大。而从 λ_h、$\hat{\lambda}_h$、$h=\overline{1,3}$的关系 $\lambda_1>\hat{\lambda}_1$、$\hat{\lambda}_2$、$\hat{\lambda}_3>\lambda_2$ 知,旋转使载荷在不同公因子上的分配趋于均匀。所以说,REOF 分析方法具有揭示异常场区域特征的能力。

(3)按式(7.47)求 k 轮、l 次转角 $\varphi_l^{(k)}$,按式(7.48)求 $\boldsymbol{X}$ 的内部总方差 $\hat{V}^{(0)}=\sum\limits_{h=1}^{H}\hat{V}_h^{(0)}$,按式(7.48)求 $\hat{\boldsymbol{X}}^{(k)}$的内部总方差 $\hat{V}^{(k)}=\sum\limits_{h=1}^{\hat{H}}\hat{V}_h^{(k)}$,按 $\mathrm{d}\hat{V}^{(k)}=\hat{V}^{(k)}-\hat{V}^{(k-1)}$ 计算内部总方差轮际增量。对 REOF 方法演例($\hat{H}=3$),取 $\varepsilon=\hat{H}\times10^{-4}=3\times10^{-4}$控制计算,当轮次 $k=2$ 时 $\mathrm{d}\hat{V}^{(2)}<\varepsilon$,计算完成。表 7.8 给出其 $\varphi_l^{(k)}$ 及 $\hat{V}^{(k)}$、$\mathrm{d}\hat{V}^{(k)}$。

表 7.8　演例中 $\hat{H}=3$ 时的 $\varphi_l^{(k)}$ 及 $\hat{V}^{(k)}$、$\mathrm{d}\hat{V}^{(k)}$

k	$\varphi_1^{(k)}/(°)$	$\varphi_2^{(k)}/(°)$	$\varphi_3^{(k)}/(°)$	$\hat{V}^{(k)}$	$\mathrm{d}\hat{V}^{(k)}$
0	—	—	—	0.5202	—
1	26.720	2.479	−5.935	1.0942	0.5740
2	0.204	0.728	−0.045	1.0944	0.0002

通过演例 2($\hat{H}=3$),可以了解 REOF 计算全过程(逐轮多次),包括用 ε 控制整个计算过程。虽然在实际分析中罕见 $\hat{H}=H$ 的 REOF 分析工作,但演例 2($\hat{H}=3$)有重要意义:如由 $\boldsymbol{h}=(1\quad1\quad1)^{\mathrm{T}}$ 知,公共度订正的目的是使 REOF 的分析对象 $\boldsymbol{F}$ 的载荷在自然基上均匀;又如,用表 7.7 的 $\hat{\boldsymbol{x}}_h$、$h=\overline{1,3}$可验证它们不正交,内部方差总和达极大。这正是 REOF 方法单个模态可以突出局域特征的反映。

应当指出,按因子分析原理,对 $\boldsymbol{F}(\hat{H}=H)$ 的 REOF 分析,可以不经 EOF 分析直接完成。例如,对演例($\hat{H}=3$),可经施密特(Schimidt)正交化方法直接求得式(7.49)$\tilde{\boldsymbol{F}}'_{3\times5}$的一个公因子矩阵

$$\tilde{\boldsymbol{T}}_{3\times5}=\begin{pmatrix}0.538 & 0.418 & 0.060 & -0.598 & -0.418\\ -0.275 & 0.318 & 0.182 & 0.504 & -0.732\\ 0.143 & 0.388 & -0.870 & 0.259 & 0.077\end{pmatrix}\tag{7.52}$$

其行向量 $\tilde{\boldsymbol{t}}_h$、$h=\overline{1,3}$标准正交;$\boldsymbol{F}_{3\times5}$在 $\tilde{\boldsymbol{t}}_h$ 上的载荷向量矩阵为

$$\boldsymbol{X}_{3\times3}=\boldsymbol{F}_{3\times5}\tilde{\boldsymbol{T}}_{3\times5}^{\mathrm{T}}=\begin{pmatrix}1.000 & -0.000 & -0.000\\ 0.837 & 0.547 & -0.000\\ -0.029 & -0.870 & 0.492\end{pmatrix}\tag{7.53}$$

载荷为

$$\boldsymbol{\Lambda}=(1.701\quad 1.056\quad 0.242)^{\mathrm{T}} \tag{7.54}$$

按 7.5.2 节中方差最大旋转方法的步骤对式(7.53)的 $\boldsymbol{X}_{3\times3}$、式(7.52)的 $\tilde{\boldsymbol{T}}_{3\times5}$ 作旋转变换，可以殊途同归地求得与表 7.7 相同的旋转载荷向量 $\hat{\boldsymbol{x}}_h$，公因子 $\hat{\tilde{\boldsymbol{t}}}_h$、$h=\overline{1,3}$。

7.5.5 应用实例

这里以中国月降水年际异常的 REOF 分析(谭言科,2002)为例。

1. 资料及处理

为对中国月降水年际异常作区划，谭言科(2002)作了一个 REOF 分析。分析使用中国气象局 1951 ~ 1999 年(49 年)逐月 160 站降水量资料 $R(i,j)$、$i=\overline{1,m}$、$j=\overline{1,n}$，其中 $m=160$、$n=588$。资料处理步骤如下：

首先，将 i 站的 $t_m(t_m=\overline{1,12})$ 月、$t_y(t_y=\overline{1,49})$ 年降水量多年序列 $R(t_m,t_y)$ 化为标准正态化降水指数 $Z(t_y)$(McKee et al.,1993)，

$$Z(t_y)=\frac{6}{C_s}\left[\frac{C_s}{2}\Phi(t_y)+1\right]^{1/3}-\frac{6}{C_s}+\frac{C_s}{6} \tag{7.55}$$

其中，样本长度为 49，t_m 月多年平均降水量 $\bar{R}=\sum_{t_y=1}^{49}R(t_y)\Big/49$，降水标准差 $\sigma=\sqrt{\sum_{t_y=1}^{49}[R(t_y)-\bar{R}]^2\Big/49}$，标准化变量 $\Phi(t_y)=[R(t_y)-\bar{R}]/\sigma$，偏态系数 $C_s=\sum_{t_y=1}^{49}[R(t_y)-\bar{R}]^3\Big/(49\sigma^3)$。由此得多年逐月场序列

$$Z(i,j)、i=\overline{1,160}、j=\overline{1,588} \tag{7.56}$$

式中，$j=12(t_y-1)+t_m$。$Z(i,j)$ 是具有时(t_m,t_y)空(i)可比较性的降水量异常相对指标。

2. REOF 分析

将 $Z(i,j)$ 作时域上的二次中心化、标准化处理，得

$$\tilde{Z}'(i,j)、i=\overline{1,160}、j=\overline{1,588} \tag{7.57}$$

它是 EOF 的对象 $\tilde{\boldsymbol{Z}}'_{m\times n}$。对它作 EOF 分析，按 North 准则，从中选出前 $\hat{H}=8$ 个正交模态 λ_h、$\tilde{\boldsymbol{x}}_h$、$\boldsymbol{t}_h$，构成 $\tilde{\boldsymbol{X}}_{160\times8}$、$\boldsymbol{T}_{8\times588}$，它们拟合了展开对象 $\tilde{\boldsymbol{Z}}'$ 总模方 $\|\tilde{\boldsymbol{Z}}'\|^2$ 的 42.38%。

将特征向量及其时间系数矩阵 $\tilde{\boldsymbol{X}}$、$\boldsymbol{T}$ 转换为载荷向量及相应公因子矩阵 $\boldsymbol{X}$、$\tilde{\boldsymbol{T}}$，对它们作 REOF 分析，得旋转后的载荷向量、公因子 $\tilde{\boldsymbol{x}}_h$、$\hat{\tilde{\boldsymbol{t}}}_h$、$h=\overline{1,8}$ 及它们对 $\tilde{\boldsymbol{Z}}'_{m\times n}$ 总模方的拟合率 $\hat{\rho}_h$、$h=\overline{1,8}$。

3. 结果分析

载荷分析：第 h 个旋转公因子载荷向量的模方 $\|\hat{\boldsymbol{x}}_h\|^2$ 占 $\|\tilde{\boldsymbol{Z}}'\|^2$ 的比例 $\hat{\rho}_h$ 如表 7.9 所

示。由原理知,前 8 个载荷向量的总模方占了 $\|\tilde{\boldsymbol{Z}}'\|^2$ 的 42.38%。其中,黄淮东部型 $\|\hat{\boldsymbol{x}}_h\|^2$ 最大,占 $\|\tilde{\boldsymbol{Z}}'\|^2$ 的 8.05%,长江中下游型(7.03%)和华南型(7.01%)次之,其余则均不足 5%。

表 7.9　谭言科(2002)例中 $h=\overline{1,8}$ 的 $\hat{\rho}_h$ 及 $\hat{x}_h$ 高值区位置

统计量	h							
	1	2	3	4	5	6	7	8
$\hat{\rho}_h$/%	8.05	7.03	7.01	4.50	4.33	4.07	3.83	3.56
高值区位置	黄淮东部	长江中下游	华南	华北	黄淮西部	东北	西南	西北

载荷向量分析:图 7.16 给出了前 4 个旋转公因子的载荷向量,其上显著载荷均集中在位置不同的一个局部区域。图 7.17 集中了 8 个载荷向量上值≥0.4 的区域,可见,它们出现在不同的局部区域,几乎覆盖了全国范围。值得注意的是,前 6 个载荷向量均位于 105°E 以东的我国东、中部区域,形成无缝覆盖;西部(105°E 以西)的新疆、西藏、青海则存在许多空白区;这与第 9 章要讨论的中国 160 站站网的不均匀性有关。

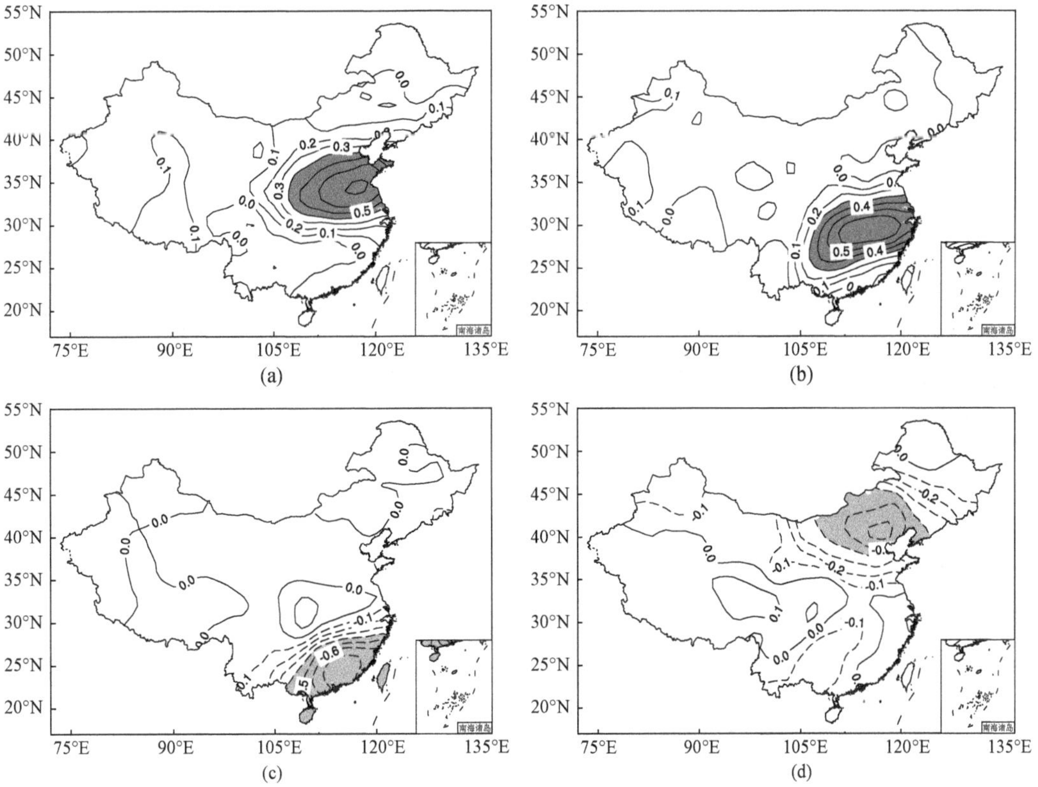

图 7.16　中国 160 站标准化降水指数 REOF 分析的前 4 个载荷向量

(a)黄淮东部型;(b)长江中下游型;(c)华南型;(d)华北型。阴影区表示载荷值≥0.4

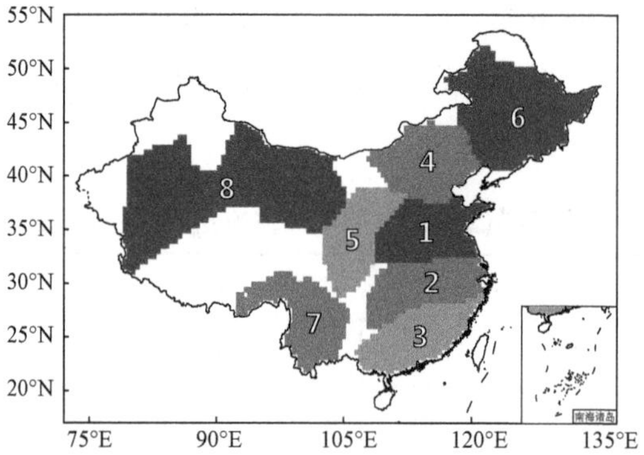

图 7.17　中国 160 站标准化降水指数 REOF 分析的 $\hat{\boldsymbol{x}}_h$、$h=\overline{1,8}$汇总(引自谭言科,2002)

阴影区(标号为 h)是 $x_{ih} \geqslant 0.4$ 的区域

谭言科(2002)所得单个载荷向量上均只出现一个高载荷区(中心),但这并不是旋转载荷向量的固有特征。Horel(1981)、覃军(2005)以及吴洪宝和吴蕾(2005)用 REOF 方法分析大气环流遥相关结构及区域气候异常,得到的单个旋转载荷向量上均存在两个或两个以上的高载荷区(中心)。

7.6　小　　结

(1)介绍了与 EOF 分析有关的五种方法,它们用于不同分析对象和分析目的,称为拓展的 EOF 分析方法;从几何角度分析了它们的实质及导出量意义、性质,给出了实施方案和应用实例。

(2)前四种分析方法(VEOF、EEOF、CEOF 和 MEOF)的实质同第 6 章的 SEOF;所得经验正交函数和时间系数是分析对象(直接的或构造的)在投影向量模方取极值意义下得到的典型场和时间序列,投影向量模方即特征值。给出了 VEOF 分析对象的标准化处理,EEOF 分析对象构造中时滞 τ 的取值,CEOF 分析结果的直观显示的方法;讨论了 MEOF 分析揭示的两个场序列间关系的问题,应予重视。

(3)旋转 EOF 分析方法是统计学中的因子分析方法,SEOF 仅是构建 REOF 分析对象 $\hat{\boldsymbol{F}}$ 的工具,REOF 与 SEOF 分析方法的几何实质相反(注:指变化信息在正交模上的分散、集中);REOF 所得载荷 $\hat{\boldsymbol{\lambda}}_h$、旋转公因子 $\hat{\hat{\boldsymbol{t}}}_h$ 及载荷向量 $\hat{\boldsymbol{x}}_h$ 已不是 EOF 分析中特征值 $\boldsymbol{\lambda}_h$、时间系数 $\boldsymbol{t}_h$ 及特征向量 $\tilde{\boldsymbol{x}}_h$。

参 考 文 献

丁裕国,施能,1992. 气象场经验正交函数不同展开方案收敛性问题的探讨[J]. 大气科学,16(4):436-443.

郭富印,冯国环,石中岳,等,1983. Fortran 算法汇编:第三分册[M]. 北京:国防工业出版社.

蒋正新,施国梁,1988. 矩阵理论及其应用[M]. 北京:北京航空学院出版社.

李丽平,马晨誉,倪语蔓,等,2018. 中国冬夏季气温和降水异常耦合关系的 SVD 与 MEOF 分析对比[J]. 大气科学学报,41(5):647-656.

覃军,2005. 北极涛动年际、年代际变化特征的诊断研究[D]. 南京:南京信息工程大学.

燃料化学工业部石油地球物理勘探局计算中心站,等,1994. 地震勘探数字技术[M]. 北京:科学出版社.

谭言科,2002. 热带印度洋海气系统的特征及变异机理[D]. 南京:南京气象学院.

王盘兴,1981. 气象向量场自然正交展开方法及其应用[J]. 南京气象学院学报,4(1):37-48.

王盘兴,张国华,1985. 1979 年 5 ~7 月东亚和南亚季风区 700 毫巴环流分析[J]. 热带气象,1(2):99-107.

王盘兴,刘家铭,沈素红,1991. IAP GCM 模式大气背景环流及其在 El Niño 年的异常[J]. 南京气象学院学报,14(4):503-509.

王盘兴,徐建军,李曙光,等,1993. 准 40 天振荡沿指定路径传播的复经验正交函数分析[J]. 应用气象学报,16(增刊):39-44.

王盘兴,吴洪宝,徐建军,1994. 复经验正交函数分析结果的直观显示[J]. 南京气象学院学报,17(4):448-454.

吴洪宝,吴蕾,2005. 气候变率诊断和预测方法[M]. 北京:气象出版社.

张尧庭,方开泰,2013. 多元统计分析引论[M]. 武昌:武汉大学出版社.

Barnett T P,1983. Interaction of the monsoon and Pacific trade wind system at interannual time scales,Part I:The equctorical zones[J]. Monthly Weather Review,111(4):756-773.

Bretherton C S,Smith C,Wallace J M,1992. An intercomparison of methods for finding coupled patterns in climate data[J]. Journal of Climate,5(6):541-560.

Horel J D,1981. A rotated principal component analysis of the interannual variability of the Northern Hemisphere 500 mb height field[J]. Monthly Weather Review,109(10):2080-2092.

Kidson J W, 1975. Eigenvector analysis of monthly mean surface data[J]. Monthly Weather Review, 103(3): 177-186.

Kutzback J E,1967. Empirical eigenvectors of sea level pressure surface temperature and precipitation complexes over North America[J]. Journal of Applied Meteorology,6(5):791-802.

Lorenz E N,1956. Empirical orthogonal functions and statistical weather prediction[R]//Scientific Report No. 1, MIT Statistical Forecasting Project, Air force Research Laboratories, office of Aerospace Research, USAF, Bedford,MA.

McKee T B,Doesken N J,Kleist J,1993. The relationship of drought frequency and duration to time scales[C]. Proceedings of the 8th Conference of Applied Climatology. Anaheim:179-184.

Murakami M, 1979. Large- scale aspects of deep convection activity over the GATE area[J]. Monthly Weather Review,107(8):994-1013.

North G R,Bell T L,Cahalan R F,1982. Sampling errors in estimation of empirical orthogonal function[J]. Monthly Weather Review,110(7):699-706.

Prohaska J T,1976. A technique analyzing the linear relationships between two meteorology fields[J]. Monthly Weather Review,104(11):1345-1353.

Rasmusson E M,Arkin P A,Chen W Y,1981. Biennial variations in surface temperature over the United States as revealed by singular decomposition[J]. Monthly Weather Review,109(3):587-598.

Walsh J E,Richman M B,1981. Seasonality in the associations between surface temperatures over the United States and the North Pacific Ocean[J]. Monthly Weather Review,109(4):767-783.

Wang B,1992. The vertical structure and development of the ENSO anomaly mode during 1979-1989[J]. Journal of Atmospheric Sciences,49(8):698-712.

Weare B C,Nasstom J S,1982. Examples of extended empirical orthogonal function analysis[J]. Monthly Weather Review,110(6):481-485.

复 习 题

1. 矢量场 EOF(VEOF)分析方法的分析对象是什么？以距平风分量场时间序列 $\boldsymbol{U}'_{m\times n}=(u'_{ij})_{m\times n}$、$\boldsymbol{V}'_{m\times n}=(v'_{ij})_{m\times n}$为例，写出 VEOF 分析方法的基本步骤。VEOF 分析中 $\tilde{\boldsymbol{F}}'$的标准化要怎样进行？

2. 扩展 EOF(EEOF)分析方法的分析目的是什么？结合 Weare 和 Nasstom(1982)实例，阐述构造场集 $\boldsymbol{G}$ 的基本物理考虑及时滞 τ 的选择原则。

3. 复 EOF(CEOF)分析方法的分析目的是什么？CEOF 分析方法的直接分析对象 $\boldsymbol{F}$ 的物理内涵与 EEOF 的 $\boldsymbol{G}$ 有何相同、不同之处？CEOF 分析结果的传统显示方法有何不足？直观显示方法对实变量场序列 $\boldsymbol{F}$ 中的场有何要求？

4. 多变量 EOF(MEOF)分析方法的分析目的是什么？物理学中耦合关系的确切含义是什么？为什么说 MEOF 分析的主要模态($\boldsymbol{z}_h$、$\boldsymbol{t}_h$)不一定能揭示场序列 $\boldsymbol{F}$、$\boldsymbol{G}$ 间的耦合关系？[提示：根据式(7.31)$\boldsymbol{D}$ 的结构对耦合关系做理论分析；根据实例中的冬季分析结果给出反例]。

5. 旋转 EOF(REOF)分析方法的分析目的是什么？为什么 REOF 分析的直接分析对象 $\hat{\boldsymbol{F}}_{m\times n}$[式(7.38)]是 EOF 的分析对象 $\boldsymbol{F}$ 滤除噪音的结果？构造 $\hat{\boldsymbol{F}}_{m\times n}$时，截断数 $\hat{H}$ 的确定要考虑哪些问题？主成分 $\tilde{\boldsymbol{t}}_h$(旋转后记为 $\hat{\tilde{\boldsymbol{t}}}_h$，称为公因子)、载荷向量 $\boldsymbol{x}_h$(旋转后记为 $\hat{\boldsymbol{x}}_h$，称为 $\hat{\boldsymbol{F}}$ 在公因子上的载荷向量)的几何性质在旋转前后发生了哪些变化？对于 $\boldsymbol{F}$，REOF 分析的 $\hat{\boldsymbol{x}}_h$、$\hat{\tilde{\boldsymbol{t}}}_h$ 与 EOF 分析的 $\tilde{\boldsymbol{x}}_h$、$\boldsymbol{t}_h$ 的根本差别是什么(提示：从经验正交函数、时间系数的几何性质考虑)？

第8章 奇异值分析及应用

在大气科学中,奇异值分解(Singular Value Decomposition,SVD)方法主要用于两种要素场时间序列间最强相关联系的分析及数字图像处理。与EOF分析的取名相对应,它也可称为奇异向量(Singular Vector)分析。由于SVD方法对计算条件要求甚高,直到20世纪70年代、80年代才在大气科学中得到实际应用。最早的工作由Weare(1977)、Wallace和Gutzler(1981)、Roger(1984)以及Palmer和Sun(1985)做出,在图像的数字处理方面的应用可参考Moik(1980),中译本见文献(莫伊克,1987)。国内将SVD方法用于大气环流及气候异常分析的早期工作可参考孙照渤等(1991)、赵红旭和葛玲(1991)的工作,后得到广泛引用。SVD方法依据的数学原理可参考Golub和Kahan(1965)、Golub和Reinsch(1970)、柳重堪(1982)及张尧庭和方开泰(2013)。吴洪宝和吴蕾(2005)系统地介绍了SVD方法的原理及应用。类似于6.1节中对EOF分析方法的介绍,本节从几何角度简要地阐明SVD方法原理,给出其主要统计量的意义。在计算问题和应用实例中,侧重介绍王盘兴等(1997)、Wang等(2001)、李丽平等(2018)所做的SVD工作。

8.1 SVD方法原理

8.1.1 分析对象

SVD方法的分析对象为两种要素场的时间序列$\boldsymbol{F}$、$\boldsymbol{G}$,其矩阵形式为

$$\boldsymbol{F}=\begin{pmatrix} f_{11} & f_{12} & \cdots & f_{1n} \\ f_{21} & f_{22} & \cdots & f_{2n} \\ & \cdots & \cdots & \\ f_{m11} & f_{m12} & \cdots & f_{m1n} \end{pmatrix},\quad \boldsymbol{G}=\begin{pmatrix} g_{11} & g_{12} & \cdots & g_{1n} \\ g_{21} & g_{22} & \cdots & g_{2n} \\ & \cdots & \cdots & \\ g_{m21} & g_{m22} & \cdots & g_{m2n} \end{pmatrix} \tag{8.1}$$

其中,行序i即场点序s,i行行向量$\boldsymbol{f}_i$、$\boldsymbol{g}_i$是i场点要素时间序列;列序j即时刻序t,j列列向量$\boldsymbol{f}_j$、$\boldsymbol{g}_j$是j时刻要素场。$\boldsymbol{F}$、$\boldsymbol{G}$的元素f_{ij}、g_{ij}即i点、j时刻值。与MEOF的分析对象式(7.29)相同,$\boldsymbol{F}$、$\boldsymbol{G}$的场点数m_1、m_2一般不等,但时间序列长度均为n。

因场$\boldsymbol{f}_j$、$\boldsymbol{g}_j$可视为E^{m_1}、E^{m_2}中一个向量,序列$\boldsymbol{f}_i$、$\boldsymbol{g}_i$是E^n中的一个向量,故$\boldsymbol{F}$、$\boldsymbol{G}$既可视为E^{m_1}、E^{m_2}中的向量的集合(元素个数n)

$$\boldsymbol{F}=\{\boldsymbol{f}_j,j=\overline{1,n}\},\quad \boldsymbol{G}=\{\boldsymbol{g}_j,j=\overline{1,n}\} \tag{8.2}$$

也可视为E^n中的向量的集合(元素个数m_1、m_2)

$$\boldsymbol{F}=\{\boldsymbol{f}_j,j=\overline{1,m_1}\},\quad \boldsymbol{G}=\{\boldsymbol{g}_j,j=\overline{1,m_2}\} \tag{8.3}$$

实际分析中,$\boldsymbol{F}$、$\boldsymbol{G}$通常取两种基本类型:要素的距平场序列$\boldsymbol{F}'$、$\boldsymbol{G}'$或标准化距平场序列

$\tilde{\boldsymbol{F}}'$、$\tilde{\boldsymbol{G}}'$。

为便于讨论 SVD 方法原理，给出一个演例。其分析对象的距平形式为

$$\boldsymbol{F}'=\begin{pmatrix}-3 & 3 & -1 & -2 & 3\\ -2 & 4 & -3 & -1 & 2\end{pmatrix}$$
$$\boldsymbol{G}'=\begin{pmatrix}-3 & 3 & -1 & -2 & 3\\ 1 & -3 & 2 & 1 & -1\end{pmatrix} \tag{8.4}$$

它们的 $m_1=m_2=2$、$n=5$，这里取 $m_1=m_2=2$ 是为了直观地显示 SVD 方法的原理和结果的几何意义。与之对应的标准化距平场集为

$$\tilde{\boldsymbol{F}}'=\begin{pmatrix}-0.530 & 0.530 & -0.177 & -0.354 & 0.530\\ -0.343 & 0.686 & -0.514 & -0.171 & 0.343\end{pmatrix}$$
$$\tilde{\boldsymbol{G}}'=\begin{pmatrix}-0.530 & 0.530 & -0.177 & -0.354 & 0.530\\ 0.250 & -0.750 & 0.500 & 0.250 & -0.250\end{pmatrix} \tag{8.5}$$

场集式(8.4)、式(8.5)的相空间图像如图 8.1、图 8.2 所示。

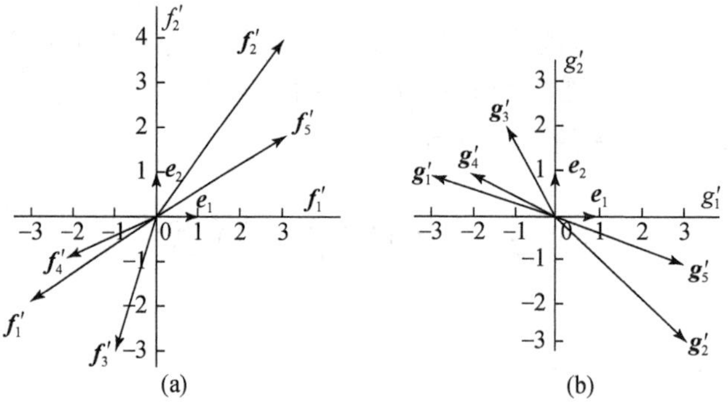

图 8.1　演例式(8.4)距平场集 $\boldsymbol{F}'$、$\boldsymbol{G}'$在 E^2 中的图像

(a)$\boldsymbol{F}'$；(b)$\boldsymbol{G}'$

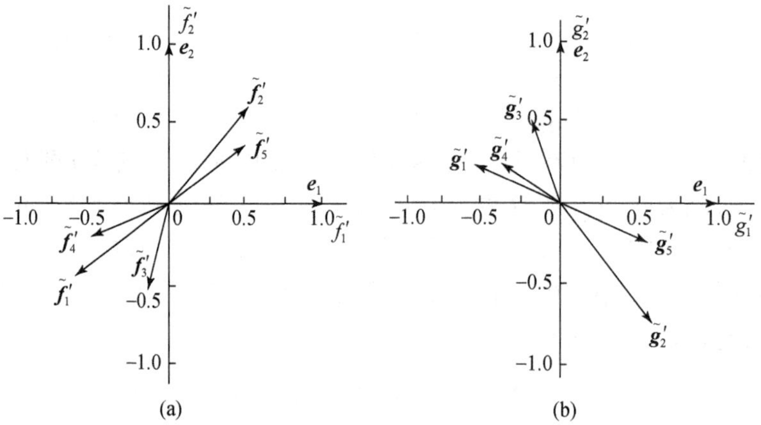

图 8.2　演例式(8.5)标准化距平场集 $\tilde{\boldsymbol{F}}'$、$\tilde{\boldsymbol{G}}'$在 E^2 中的图像

(a)$\tilde{\boldsymbol{F}}'$；(b)$\tilde{\boldsymbol{G}}'$

8.1.2 SVD 方法的几何实质

我们的分析目的,是揭示两种要素场随时间变化中的最强相关空间型及其时变特征。从几何角度看,问题归结为寻找 E^{m_1}、E^{m_2} 中的标准化向量 $\tilde{\boldsymbol{x}}$、$\tilde{\boldsymbol{y}}$,使场集 $\boldsymbol{F}'$、$\boldsymbol{G}'$(或 $\tilde{\boldsymbol{F}}'$、$\tilde{\boldsymbol{G}}'$)的全部元素在其上投影向量 $\boldsymbol{q}$、$\boldsymbol{r}$(均是 n 维时间序列,是 E^n 中的向量)的内积平方 $(\boldsymbol{q},\boldsymbol{r})^2$ 取极值。

为此,在 m_1、m_2 维空间中设单位自由向量(方向待定、长度为 1)$\boldsymbol{x}$、$\boldsymbol{y}$,它们满足

$$\|\boldsymbol{x}\|=1,\quad \|\boldsymbol{y}\|=1 \tag{8.6}$$

其等价的约束条件为

$$\varphi_1(\boldsymbol{x})=1-\|\boldsymbol{x}\|^2=0,\quad \varphi_2(\boldsymbol{y})=1-\|\boldsymbol{y}\|^2=0 \tag{8.7}$$

满足式(8.6)或者式(8.7)的 $\boldsymbol{x}(\boldsymbol{y})$ 实际为标准化向量 $\tilde{\boldsymbol{x}}(\tilde{\boldsymbol{y}})$。此时,$j$ 时刻的场 $\boldsymbol{f}_j$、$\boldsymbol{g}_j$ 在 $\tilde{\boldsymbol{x}}$、$\tilde{\boldsymbol{y}}$ 上的投影为

$$q_j=(\boldsymbol{f}_j,\tilde{\boldsymbol{x}})=\tilde{\boldsymbol{x}}^{\mathrm{T}}\boldsymbol{f}_j,\quad r_j=(\boldsymbol{g}_j,\tilde{\boldsymbol{y}})=\tilde{\boldsymbol{y}}^{\mathrm{T}}\boldsymbol{g}_j \tag{8.8}$$

全部 q_j、r_j、$j=\overline{1,n}$ 构成 E^n 中的投影向量

$$\boldsymbol{q}=\tilde{\boldsymbol{x}}^{\mathrm{T}}\boldsymbol{F}=(q_1\quad q_2\quad \cdots\quad q_n),\quad \boldsymbol{r}=\tilde{\boldsymbol{y}}^{\mathrm{T}}\boldsymbol{G}=(r_1\quad r_2\quad \cdots\quad r_n) \tag{8.9}$$

它们随 $\tilde{\boldsymbol{x}}$、$\tilde{\boldsymbol{y}}$ 方向的变化而变化,是 $\tilde{\boldsymbol{x}}$、$\tilde{\boldsymbol{y}}$ 的泛函,即 $\boldsymbol{q}(\tilde{\boldsymbol{x}})$、$\boldsymbol{r}(\tilde{\boldsymbol{y}})$。

类似于我们在 EOF 分析方法研究中的处理,构造泛函

$$V(\tilde{\boldsymbol{x}},\tilde{\boldsymbol{y}})=(\boldsymbol{q},\boldsymbol{r})^2=\{(\tilde{\boldsymbol{x}}^{\mathrm{T}}\boldsymbol{F})(\tilde{\boldsymbol{y}}^{\mathrm{T}}\boldsymbol{G})^{\mathrm{T}}\}^2=\{\tilde{\boldsymbol{x}}^{\mathrm{T}}\boldsymbol{F}\boldsymbol{G}^{\mathrm{T}}\tilde{\boldsymbol{y}}\}^2=\{\tilde{\boldsymbol{x}}^{\mathrm{T}}\boldsymbol{C}\tilde{\boldsymbol{y}}\}^2 \tag{8.10}$$

式右

$$\boldsymbol{C}_{m_1\times m_2}=\boldsymbol{F}\boldsymbol{G}^{\mathrm{T}} \tag{8.11}$$

为相关函数矩阵:对距平场集 $\boldsymbol{F}'$、$\boldsymbol{G}'$,$\boldsymbol{C}$ 是协方差矩阵;对几何标准化距平场集 $\tilde{\boldsymbol{F}}'$、$\tilde{\boldsymbol{G}}'$,$\tilde{\boldsymbol{C}}$ 是相关系数矩阵。$\boldsymbol{C}$、$\tilde{\boldsymbol{C}}$ 的第 i 行、i' 列的元素分别为

$$c_{ii'}=(\boldsymbol{f}'_i,\boldsymbol{g}'_{i'})=\boldsymbol{f}'_i\boldsymbol{g}'_{i'}=\sum_{j=1}^{n}f'_{ij}g'_{i'j}$$

$$\tilde{c}_{ii'}=(\tilde{\boldsymbol{f}}'_i,\tilde{\boldsymbol{g}}'_{i'})=\tilde{\boldsymbol{f}}'_i\tilde{\boldsymbol{g}}'_{i'}=\sum_{j=1}^{n}\tilde{f}'_{ij}\tilde{g}'_{i'j}$$

$c_{ii'}$ 是 i 点 F 要素与 i' 点 G 要素的协方差,$\tilde{c}_{ii'}$ 是 i 点 F 要素与 i' 点 G 要素的相关系数。$\boldsymbol{C}$ 的 i 行行向量 $\boldsymbol{c}_i$ 是 i 点 F 序列与 G 场的协方差图,i' 列列向量 $\boldsymbol{c}_{i'}$ 是 i' 点 G 序列与 F 场的协方差图。$\tilde{\boldsymbol{C}}$ 的 i 行行向量 $\boldsymbol{q}$、$\boldsymbol{r}$ 是 i 点 F 序列与 G 场的一点相关系数图(one point correlation map),i' 列列向量 $\tilde{\boldsymbol{c}}_{i'}$ 是 i' 点 G 序列与 F 场的一点相关系数图。故 $\boldsymbol{C}$、$\tilde{\boldsymbol{C}}$ 是 $\boldsymbol{F}$、$\boldsymbol{G}$ 的相关函数场集,它包含了 $\boldsymbol{F}$、$\boldsymbol{G}$ 相关的全部信息。可见,两种情况下式(8.10)的泛函 $V(\tilde{\boldsymbol{x}},\tilde{\boldsymbol{y}})$ 都是序列 $\boldsymbol{q}$、$\boldsymbol{r}$ 相关函数的平方,是 $\boldsymbol{F}$、$\boldsymbol{G}$ 中 $\tilde{\boldsymbol{x}}$、$\tilde{\boldsymbol{y}}$ 形态场分量相关程度的度量。

问题归结为求式(8.10)给出的 $V(\tilde{\boldsymbol{x}},\tilde{\boldsymbol{y}})$ 的极值 μ 和相应的 $\tilde{\boldsymbol{x}}$、$\tilde{\boldsymbol{y}}$。为此,类似于 EOF 分

析方法,构造拉格朗日函数

$$L(\boldsymbol{x},\boldsymbol{y})=V(\boldsymbol{x},\boldsymbol{y})+\mu(1-\|\boldsymbol{x}\|^2)+\mu(1-\|\boldsymbol{y}\|^2) \tag{8.12}$$

其中,拉格朗日乘数 μ 及 $\boldsymbol{x}$、$\boldsymbol{y}$ 是联立方程

$$\begin{cases}\partial L(\boldsymbol{x},\boldsymbol{y})/\partial x=0\\ \partial L(\boldsymbol{x},\boldsymbol{y})/\partial y=0\\ \varphi_1(\boldsymbol{x})=0\\ \varphi_2(\boldsymbol{y})=0\end{cases} \tag{8.13}$$

的解。

由线性代数,式(8.13)的前两式等价于 EOF 分析中出现的线性齐次方程组

$$\begin{cases}(\boldsymbol{A}-\mu\boldsymbol{I})\boldsymbol{x}=\boldsymbol{0}\\ (\boldsymbol{B}-\mu\boldsymbol{J})\boldsymbol{y}=\boldsymbol{0}\end{cases} \tag{8.14}$$

式中,$\boldsymbol{A}$、$\boldsymbol{B}$ 分别为 m_1、m_2 阶实对称非负定方阵

$$\boldsymbol{A}=\boldsymbol{C}\boldsymbol{C}^{\mathrm{T}},\quad \boldsymbol{B}=\boldsymbol{C}^{\mathrm{T}}\boldsymbol{C} \tag{8.15}$$

$\boldsymbol{I}$、$\boldsymbol{J}$ 分别为 m_1、m_2 阶单位方阵;μ 即 $\boldsymbol{A}$、$\boldsymbol{B}$ 的特征值;$\boldsymbol{0}$ 为 m_1、m_2 维空间中的零列向量。

用 Jacobi 法求得式(8.14)中 $\boldsymbol{A}$、$\boldsymbol{B}$ 的特征值 μ_h 和标准化特征向量。因为 $\tilde{\boldsymbol{x}}_h(\tilde{\boldsymbol{y}}_h)$ 是 $\boldsymbol{A}(\boldsymbol{B})$ 的特征向量,故它具正交性,即 $\tilde{\boldsymbol{x}}_h\perp\tilde{\boldsymbol{x}}_{h'}$、$\tilde{\boldsymbol{y}}_h\perp\tilde{\boldsymbol{y}}_{h'}$、$h\neq h'$;$H$ 为非 0 特征值总个数,它是 $\boldsymbol{C}$ 或 $\boldsymbol{A}$、$\boldsymbol{B}$ 的秩,对实际问题,$H=\min(m_1,m_2,n-1)$。

奇异值分解指对相关函数矩阵 $\boldsymbol{C}$ 的如下分解

$$\boldsymbol{C}=\tilde{\boldsymbol{X}}\boldsymbol{M}^{1/2}\tilde{\boldsymbol{Y}}^{\mathrm{T}}=\sum_{h=1}^{H}(\sqrt{\mu_h}\,\tilde{\boldsymbol{x}}_h\tilde{\boldsymbol{y}}_h^{\mathrm{T}})=\sum_{h=1}^{H}\boldsymbol{C}_h \tag{8.16}$$

$\boldsymbol{M}=\mathrm{diag}(\mu_1\quad\mu_2\quad\cdots\quad\mu_H)$,$\mu_h$ 是矩阵 $\boldsymbol{A}$、$\boldsymbol{B}$ 的第 h 个非 0 特征值,在 SVD 中称 μ_h 为 $\boldsymbol{C}$ 的第 h 个奇异值(柳重堪,1982);$\tilde{\boldsymbol{x}}_h$、$\tilde{\boldsymbol{y}}_h$ 是与特征值 μ_h 对应的 $\boldsymbol{A}$、$\boldsymbol{B}$ 的标准化特征向量,也是与奇异值 μ_h 对应的 $\boldsymbol{C}$ 的标准化奇异向量;为叙述方便,$\tilde{\boldsymbol{x}}_h$、$\tilde{\boldsymbol{y}}_h$ 也称为 $\boldsymbol{C}$ 的左、右标准化奇异向量。式(8.16)右端的 $\boldsymbol{C}_h=\sqrt{\mu_h}\,\tilde{\boldsymbol{x}}_h\tilde{\boldsymbol{y}}_h^{\mathrm{T}}$ 是 $\boldsymbol{C}$ 的第 h 个分量(或第 h 个特征矩阵);类似于 EOF 分解式(6.24)中的 $\boldsymbol{F}_h$,式(8.16)中的 $\boldsymbol{C}_h$ 也具正交性 $\boldsymbol{C}_h\perp\boldsymbol{C}_{h'}$、$h\neq h'$。

图 8.3、图 8.4 给出了演例中场集 $\boldsymbol{F}'$、$\boldsymbol{G}'$[式(8.4)]和 $\tilde{\boldsymbol{F}}'$、$\tilde{\boldsymbol{G}}'$[式(8.5)]及其奇异向量 $\boldsymbol{x}_h$ 和 $\boldsymbol{y}_h$、$h=\overline{1,2}$;图中 $\boldsymbol{x}_h$、$\boldsymbol{y}_h$ 是 $\tilde{\boldsymbol{x}}_h$、$\tilde{\boldsymbol{y}}_h$ 适当的放大或缩小(乘了非零常数倍),它不改变 $\tilde{\boldsymbol{x}}_h$、$\tilde{\boldsymbol{y}}_h$ 的方向,因此仍具奇异向量性质。容易看出:图 8.3 中场集 $\boldsymbol{F}'$中的 $\boldsymbol{f}_j'$、$j=1$、3、4 集中于 E^2 的第 3 象限,$\boldsymbol{f}_j'$、$j=2$、5 集中于 E^2 的第 1 象限,它们与 $\boldsymbol{G}'$位于第 2、4 象限的同序元素间存在很好的对应关系,决定了式(8.10) $V(\tilde{\boldsymbol{x}},\tilde{\boldsymbol{y}})$ 在 $(\tilde{\boldsymbol{x}},\tilde{\boldsymbol{y}})=(\tilde{\boldsymbol{x}}_1,\tilde{\boldsymbol{y}}_1)$、$(\tilde{\boldsymbol{x}}_2,\tilde{\boldsymbol{y}}_2)$ 时取极大值、极小值。图 8.4 中场集 $\tilde{\boldsymbol{F}}'$、$\tilde{\boldsymbol{G}}'$元素在 E^2 中的分布特征与图 8.3 类似,其 $V(\tilde{\boldsymbol{x}},\tilde{\boldsymbol{y}})$ 也在 $h=1$、2 时的 $(\tilde{\boldsymbol{x}}_h,\tilde{\boldsymbol{y}}_h)$ 上取极大值、极小值。

从几何角度看,奇异向量 $\boldsymbol{x}_h$、$\boldsymbol{y}_h$ 是使场集 $\boldsymbol{F}$、$\boldsymbol{G}$ 全部元素在其上的投影向量 $\boldsymbol{q}_h$、$\boldsymbol{r}_h$ 的内积平方 $(\boldsymbol{q}_h,\boldsymbol{r}_h)^2$ 取极值的空间型(即场);当 $\boldsymbol{F}$、$\boldsymbol{G}$ 为距平或标准化距平场集时,$\tilde{\boldsymbol{x}}_1$、$\tilde{\boldsymbol{y}}_1$ 给出了 $\boldsymbol{F}$、$\boldsymbol{G}$ 的最强相关空间型。因此,SVD 方法是求中心化场序列极强相关空间型的方法。

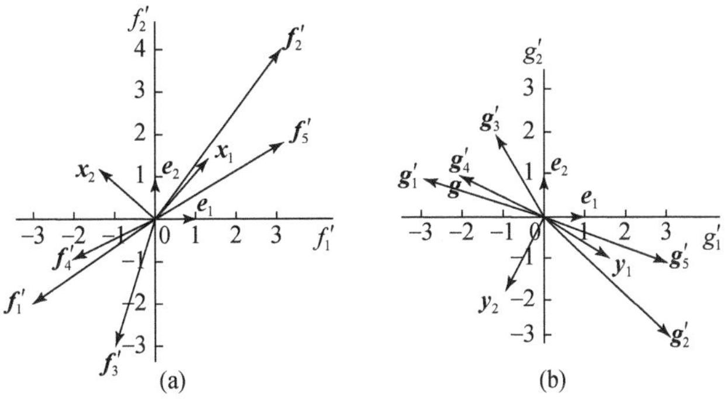

图 8.3　演例式(8.4)$\boldsymbol{F}'$、$\boldsymbol{G}'$与奇异向量 $\boldsymbol{x}_h$、$\boldsymbol{y}_h$(模为 2)的关系

(a)$\boldsymbol{F}'$与 $\boldsymbol{x}_h$;(b)$\boldsymbol{G}'$与 $\boldsymbol{y}_h$

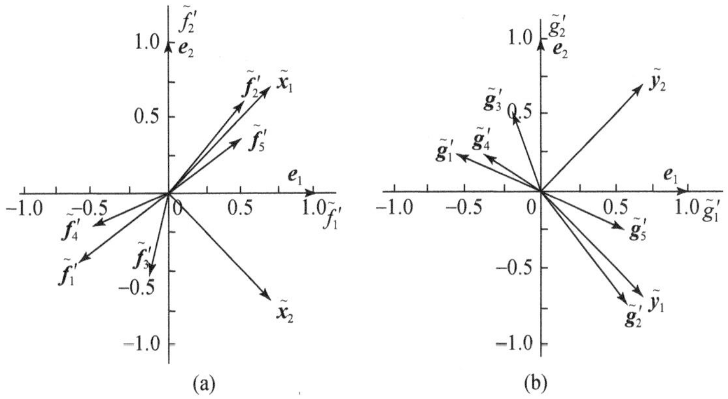

图 8.4　演例式(8.5)$\tilde{\boldsymbol{F}}'$、$\tilde{\boldsymbol{G}}'$与奇异向量 $\tilde{\boldsymbol{x}}_h$、$\tilde{\boldsymbol{y}}_h$ 的关系

(a)$\tilde{\boldsymbol{F}}'$与 $\tilde{\boldsymbol{x}}_h$;(b)$\tilde{\boldsymbol{G}}'$与 $\tilde{\boldsymbol{y}}_h$

8.1.3　主要统计量的几何意义及性质

SVD 方法的主要统计量是:相关矩阵 $\boldsymbol{C}$ 的奇异值 μ_h,标准化奇异向量 $\tilde{\boldsymbol{x}}_h$、$\tilde{\boldsymbol{y}}_h$,时间系数 $\boldsymbol{q}_h$、$\boldsymbol{r}_h$,模方(累积模方)拟合率 $\rho_h(P_h)$ 及 ${}_f\rho_h$、${}_g\rho_h({}_fP_h$、${}_gP_h)$,异型相关系数 r_h。下面对其几何意义和性质作简要介绍。

1. μ_h,$\tilde{\boldsymbol{x}}_h$、$\tilde{\boldsymbol{y}}_h$

奇异值 $\mu_h=(\boldsymbol{q}_h,\boldsymbol{r}_h)^2$ 是泛函 $V(\tilde{\boldsymbol{x}}_h,\tilde{\boldsymbol{y}}_h)=(\boldsymbol{q},\boldsymbol{r})^2$ 的极值,是 $\boldsymbol{F}$、$\boldsymbol{G}$ 极强相关型的绝对度量。注意,$(\boldsymbol{q},\boldsymbol{r})\neq(\boldsymbol{q},\boldsymbol{r})/(\|\boldsymbol{q}\|\|\boldsymbol{r}\|)$,故这里“极强相关”指 $\boldsymbol{q}$、$\boldsymbol{r}$ 协方差平方取极值,而非相关系数平方取极值。

$\tilde{\boldsymbol{x}}_h$、$\tilde{\boldsymbol{y}}_h$ 是 $\boldsymbol{C}$ 的第 h 对标准化奇异向量,$\boldsymbol{F}$、$\boldsymbol{G}$ 在 $\tilde{\boldsymbol{x}}_h$、$\tilde{\boldsymbol{y}}_h$ 上的投影向量 $\boldsymbol{q}_h$、$\boldsymbol{r}_h$ 的内积平方取极值 μ_h,故 $\tilde{\boldsymbol{x}}_h$、$\tilde{\boldsymbol{y}}_h$ 是 $\boldsymbol{F}$、$\boldsymbol{G}$ 中第 h 对重要的相关空间型。因为奇异向量 $\tilde{\boldsymbol{x}}_h(\tilde{\boldsymbol{y}}_h)$、$h=\overline{1,H}$是实

对称非负定方阵 $\boldsymbol{A}(\boldsymbol{B})$ 的特征向量，故它们是 $E^{m_1}(E^{m_2})$ 中的正交向量组，即 $\tilde{\boldsymbol{x}}_h \perp \tilde{\boldsymbol{x}}_{h'}(\tilde{\boldsymbol{y}}_h \perp \tilde{\boldsymbol{y}}_{h'})$、$h \neq h'$。从几何角度看，投影与被投影向量 $\tilde{\boldsymbol{x}}_h$、$\tilde{\boldsymbol{y}}_h$ 的模无关，故它们可有非零常数倍之差，这在绘制奇异向量图 $\tilde{\boldsymbol{x}}_h$、$\tilde{\boldsymbol{y}}_h$ 时有用。

2. 时间系数 $\boldsymbol{q}_h$、$\boldsymbol{r}_h$

从几何角度看，时间系数序列 $\boldsymbol{q}_h$、$\boldsymbol{r}_h$ 是场序列 $\boldsymbol{F}$、$\boldsymbol{G}$ 在 $\tilde{\boldsymbol{x}}_h$、$\tilde{\boldsymbol{y}}_h$ 上的投影向量。因 $\tilde{\boldsymbol{x}}_h$、$\tilde{\boldsymbol{y}}_h$ 是标准化向量，故有

$$\boldsymbol{q}_h = \tilde{\boldsymbol{x}}_h^{\mathrm{T}} \boldsymbol{F}, \quad \boldsymbol{r}_h = \tilde{\boldsymbol{y}}_h^{\mathrm{T}} \boldsymbol{G} \tag{8.17}$$

是 $\boldsymbol{F}$、$\boldsymbol{G}$ 的第 h 对极强相关空间型 $\tilde{\boldsymbol{x}}_h$、$\tilde{\boldsymbol{y}}_h$ 的时变曲线。

SVD 方法中的时间系数序列 $\boldsymbol{q}_h$、$\boldsymbol{r}_h$ 有三个重要性质：①$\boldsymbol{q}_h$、$h=\overline{1,H}$及 $\boldsymbol{r}_h$、$h=\overline{1,H}$均为非正交系，即$\langle \boldsymbol{q}_h, \boldsymbol{q}_{h'} \rangle \neq \pi/2$、$\langle \boldsymbol{r}_h, \boldsymbol{r}_{h'} \rangle \neq \pi/2$、$h \neq h'$，这与 EOF 分析中 $\boldsymbol{t}_h$、$h=\overline{1,H}$为正交系存在根本差别。②同序 $\boldsymbol{q}_h$、$\boldsymbol{r}_h$ 间不正交，即$\langle \boldsymbol{q}_h, \boldsymbol{r}_h \rangle \neq \pi/2$，由性质$(\boldsymbol{q}_h, \boldsymbol{r}_h)^2$ 取极值 μ_h 知，

$$\langle \boldsymbol{q}_h, \boldsymbol{r}_h \rangle = \arccos \frac{(\boldsymbol{q}_h, \boldsymbol{r}_h)}{\|\boldsymbol{q}_h\| \|\boldsymbol{r}_h\|} = \arccos\left[\sqrt{\mu_h} / (\|\boldsymbol{q}_h\| \|\boldsymbol{r}_h\|)\right] \tag{8.18}$$

③异序 $\boldsymbol{q}_h$、$\boldsymbol{r}_h$ 间正交，即$\langle \boldsymbol{q}_h, \boldsymbol{r}_{h'} \rangle = \pi/2$、$h \neq h'$。

SVD 方法时间系数向量的上述性质直观地反映在图 8.5 中，单弧线为异序 $\boldsymbol{q}_h(\boldsymbol{r}_h)$ 交角，由性质①知，它不是直角；双弧线为同序 $\boldsymbol{q}_h$、$\boldsymbol{r}_h$ 交角，由性质②知，它是锐角；直角线为异序 $\boldsymbol{q}_h$、$\boldsymbol{r}_{h'}$间交角，对应性质③，它是直角。

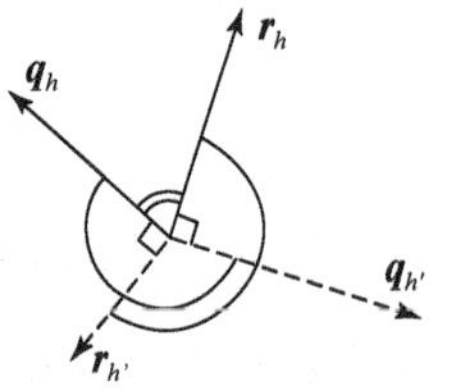

图 8.5　E^n 中 SVD 时间系数向量 $\boldsymbol{q}_h$、$\boldsymbol{r}_h$ 几何关系示意图$(h \neq h')$

3. 模方（累积模方）拟合率 $\rho_h(P_h)$ 和 ${}_f\rho_h$、${}_g\rho_h({}_fP_h$、${}_gP_h)$

在 SVD 方法中，涉及两类模方拟合率：一类是 $\tilde{\boldsymbol{x}}_h$、$\tilde{\boldsymbol{y}}_h$ 对相关函数矩阵 $\boldsymbol{C}=\boldsymbol{F}\boldsymbol{G}^{\mathrm{T}}$ 的模方拟合率 ρ_h、累积模方拟合率 P_h；另一类是 $\tilde{\boldsymbol{x}}_h(\tilde{\boldsymbol{y}}_h)$ 对 $\boldsymbol{F}(\boldsymbol{G})$ 自身的模方拟合率 ${}_f\rho_h({}_g\rho_h)$、累积模方拟合率 ${}_fP_h({}_gP_h)$。它们均为相对度量参数。

第一类模方拟合率：ρ_h 是第 h 对奇异向量 $\tilde{\boldsymbol{x}}_h$、$\tilde{\boldsymbol{y}}_h$ 对相关函数矩阵 $\boldsymbol{C}=\boldsymbol{F}\boldsymbol{G}^{\mathrm{T}}$ 的模方贡献，定义为

$$\rho_h = \|\boldsymbol{C}_h\|^2 / \|\boldsymbol{C}\|^2 = \mu_h / \|\boldsymbol{C}\|^2 = \mu_h \Big/ \sum_{i=1}^{m_1} a_{ii} = \mu_h \Big/ \sum_{i=1}^{m_2} b_{ii} \tag{8.19}$$

P_h 是前 h 对奇异向量对相关函数矩阵 $\boldsymbol{C}=\boldsymbol{F}\boldsymbol{G}^{\mathrm{T}}$ 的累积模方贡献，它定义为

$$P_h = \sum_{h'=1}^{h} \rho_{h'} \tag{8.20}$$

第二类模方拟合率：${}_f\rho_h({}_g\rho_h)$为第 h 个奇异向量 $\tilde{\boldsymbol{x}}_h(\tilde{\boldsymbol{y}}_h)$对距平或标准化距平场集 $\boldsymbol{F}(\boldsymbol{G})$

的方差贡献,因为 $\tilde{\boldsymbol{x}}_h(\tilde{\boldsymbol{y}}_h)$ 是标准正交向量,故

$$ {}_f\rho_h = \|\boldsymbol{q}_h\|^2/\|\boldsymbol{F}\|^2, \quad {}_g\rho_h = \|\boldsymbol{r}_h\|^2/\|\boldsymbol{G}\|^2 \tag{8.21} $$

${}_fP_h({}_gP_h)$ 是前 h 个奇异向量对场集的累积方差贡献,

$$ {}_fP_h = \sum_{h'=1}^{h} {}_f\rho_{h'}, \quad {}_gP_h = \sum_{h'=1}^{h} {}_g\rho_{h'} \tag{8.22} $$

由定义,第一类模方拟合率直接给出 SVD 统计量 $\tilde{\boldsymbol{x}}_h$、$\tilde{\boldsymbol{y}}_h$ 与 $\boldsymbol{F}$、$\boldsymbol{G}$ 相关性(即相关函数场集 $\boldsymbol{C}$)关系的评估,其重要性是显然的。第二类模方拟合率则给出 $\tilde{\boldsymbol{x}}_h(\tilde{\boldsymbol{y}}_h)$ 在拟合场集 $\boldsymbol{F}(\boldsymbol{G})$ 模方中所起作用的大小,它决定了该分量是否能为观测识别和是否可以被用于实际分析,故其重要性也不可低估。

4. 异型相关系数 r_h

SVD 方法的主要功能是从 $\boldsymbol{F}$、$\boldsymbol{G}$ 中分离出相关联系极强的空间型 $\tilde{\boldsymbol{x}}_h$、$\tilde{\boldsymbol{y}}_h$,而被它们描述的分量的相关程度的相对度量就是其时间系数 $\boldsymbol{q}_h$、$\boldsymbol{r}_h$ 的相关系数 r_h,r_h 又称**异型相关系数**。对中心化和标准中心化场集 $\boldsymbol{F}$、$\boldsymbol{G}$,$\boldsymbol{g}_h$、$\boldsymbol{r}_h$ 为中心化序列,故

$$ r_h = (\boldsymbol{q}_h, \boldsymbol{r}_h)/(\|\boldsymbol{q}_h\|\|\boldsymbol{r}_h\|) \tag{8.23} $$

由于确定极强相关型的原则是$(\boldsymbol{q},\boldsymbol{r})^2$ 取极值,而非 r^2 取极值,故 r_h、$h=\overline{1,H}$一般不作非升值排序。

至此,我们已得到了 SVD 方法的主要统计量 μ_h、$\tilde{\boldsymbol{x}}_h$、$\tilde{\boldsymbol{y}}_h$、$\boldsymbol{q}_h$、$\boldsymbol{r}_h$、$\rho_h(P_h)$、${}_f\rho_h({}_fP_h)$、${}_g\rho_h({}_gP_h)$ 和r_h、$h=\overline{1,H}$;并从几何角度阐明了 SVD 方法实质及其导出量的意义和性质。

8.2　计 算 问 题

SVD 方法的主要计算,是求解线性齐次方程组(8.14),它全同于 6.2 节,其通用程序设计也可在程序 SEOF 基础上进行。本节按算法要点、程序设计两个部分,对其作简要介绍。

8.2.1　算法要点

SVD 方法的主要计算,是求解式(8.14)中的两个线性齐次方程组,亦即求方程中 m_1、m_2 阶实对称、非负定方阵 $\boldsymbol{A}=\boldsymbol{C}\boldsymbol{C}^{\mathrm{T}}$、$\boldsymbol{B}=\boldsymbol{C}^{\mathrm{T}}\boldsymbol{C}$ 的特征值 μ_h 和特征向量 $\tilde{\boldsymbol{x}}_h$、$\tilde{\boldsymbol{y}}_h$。按柳重堪(1982),因为 $\boldsymbol{A}$、$\boldsymbol{B}$ 均由相关矩阵 $\boldsymbol{C}$、$\boldsymbol{C}^{\mathrm{T}}$ 之积构成,可以选择它们中阶数低的一个,用 Jacobi 法求出其特征值矩阵 $\boldsymbol{M}$ 及一个标准化特征值向量(即 $\boldsymbol{C}$ 的奇异向量)矩阵。设 $m_1 \leqslant m_2$,先求出 $\boldsymbol{A}$ 的 $\boldsymbol{M}_{m_1\times m_1}$及标准化左奇异向量矩阵 $\tilde{\boldsymbol{X}}$,再按

$$ \tilde{\boldsymbol{Y}} = \boldsymbol{C}^{\mathrm{T}}\tilde{\boldsymbol{X}}\boldsymbol{M}^{-1/2} \tag{8.24a} $$

求得 $\boldsymbol{C}$ 的标准化右奇异向量矩阵 $\tilde{\boldsymbol{Y}}$;反之,若 $m_1>m_2$,先求出 $\boldsymbol{B}$ 的 $\boldsymbol{M}_{m_2\times m_2}$及 $\tilde{\boldsymbol{Y}}$,再按

$$ \tilde{\boldsymbol{X}} = \boldsymbol{C}\tilde{\boldsymbol{Y}}\boldsymbol{M}^{-1/2} \tag{8.24b} $$

求得 $\boldsymbol{C}$ 的标准化左奇异向量矩阵 $\tilde{\boldsymbol{X}}$。式中,$\boldsymbol{M}^{-1/2}=(1/\sqrt{\mu_1} \quad 1/\sqrt{\mu_2} \quad \cdots \quad 1/\sqrt{\mu_H})$、$H=$

min(m_1 , m_2)。上述做法本质上与 EOF 分析算法中的“时空转换”相同,其优越性是最大限度节省了计算机资源(内存、CPU 时间)。

8.2.2 SVD 方法的程序设计

这里介绍一个我们设计的适于标量场时间序列 $\boldsymbol{F}$、$\boldsymbol{G}$ 的 SVD 标准化程序 SSVD。图 8.6 是 SSVD 程序设计框图。用户只需正确填写 7 个控制参数(SEOF 程序的参数 m 改为 m_1、m_2, ks 限于 0、1,其余参数不变)并按要求输入原观测场时间序列 $\boldsymbol{F}$、$\boldsymbol{G}$,运行 SVD 便可得到全部分析结果。

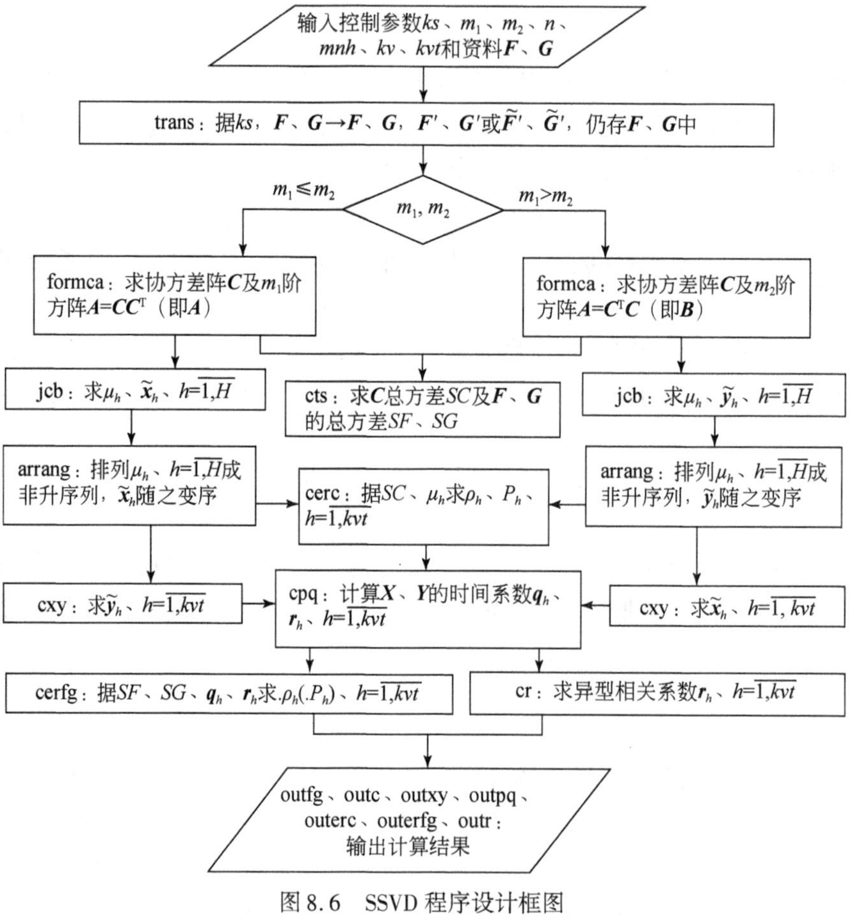

图 8.6　SSVD 程序设计框图

1. SSVD 程序说明

(1)控制参数(共 7 个):

m_1:$\boldsymbol{F}$ 场的格(站)点数;

m_2:$\boldsymbol{G}$ 场的格(站)点数;

n:时间序列长度;

mnh:min(m_1 , m_2);

ks：需分析的 $\boldsymbol{F}$、$\boldsymbol{G}$ 种类，$ks=0$、1 分别对应 $\boldsymbol{F}'(\boldsymbol{G}')$、$\tilde{\boldsymbol{F}}'(\tilde{\boldsymbol{G}}')$；

kv：输出 μ_h、ρ_h、P_h 及 ${}_f\rho_h$、${}_fP_h$ 和 ${}_g\rho_h$、${}_gP_h$ 的个数，即 $h=\overline{1,kv}(kv\leqslant mnh)$；

kvt：输出 $\tilde{\boldsymbol{x}}_h$、$\boldsymbol{q}_h$ 和 $\tilde{\boldsymbol{y}}_h$、$\boldsymbol{r}_h$ 的个数，即 $h=\overline{1,kvt}(kvt\leqslant mnh)$。

根据参数 m_1、m_2 大小，程序 SSVD 自动实现了式(8.24)算法。

(2)输入：原始形式的(即非中心化)场集 $\boldsymbol{F}$、$\boldsymbol{G}$ 资料。

如果输入资料已为 $\boldsymbol{F}'$、$\boldsymbol{G}'$，则选项 $ks=-1$、0 的分析结果与输入资料 $\boldsymbol{F}$、$\boldsymbol{G}$、选项 $ks=0$ 的分析结果相同。如果输入资料已为 $\tilde{\boldsymbol{F}}'$、$\tilde{\boldsymbol{G}}'$，则选项 $ks=-1$、0、1 的分析结果与输入资料 $\boldsymbol{F}$、$\boldsymbol{G}$、选项 $ks=1$ 的分析结果相同。

(3)主要输出(共4类)：

①模方拟合率分析结果(μ_h、$\sum_{h'=1}^{h}\mu_{h'}$、ρ_h、P_h、${}_f\rho_h$、${}_fP_h$、${}_g\rho_h$、${}_gP_h$、$h=\overline{1,kv}$)；

②标准化奇异向量($\tilde{\boldsymbol{x}}_h$、$\tilde{\boldsymbol{y}}_h$、$h=\overline{1,kvt}$)；

③标准化奇异向量的时间系数($\boldsymbol{q}_h$、$\boldsymbol{r}_h$、$h=\overline{1,kvt}$)；

④异型相关系数(r_h、$h=\overline{1,kvt}$)。

(4)子程序功能：

trans：按 $ks=0$、1 将 $\boldsymbol{F}$、$\boldsymbol{G}$ 处理为 $\boldsymbol{F}'$、$\boldsymbol{G}'$或 $\tilde{\boldsymbol{F}}'$、$\tilde{\boldsymbol{G}}'$；

formca：根据 m_1、m_2 的大小形成 $\boldsymbol{A}$ 或 $\boldsymbol{B}$；

jcb：用 Jacobi 法求 m_1、m_2 较小的方阵 $\boldsymbol{A}$ 或 $\boldsymbol{B}$ 的特征值 λ_h、$h=\overline{1,H}$，标准化奇异向量 $\tilde{\boldsymbol{x}}_h$(或 $\tilde{\boldsymbol{y}}_h$)、$h=\overline{1,kvt}$；

arrang：对 μ_h 作非升值排序，对应奇异向量顺序作相应变化；

cts：求 $\boldsymbol{F}$、$\boldsymbol{G}$、$\boldsymbol{C}$ 总模方 SF、SG、SC；

cerc：据 SC、μ_h 求 ρ_h、P_h、$h=\overline{1,kvt}$；

cxy：计算另一个奇异向量 $\tilde{\boldsymbol{y}}_h$(或 $\tilde{\boldsymbol{x}}_h$)、$h=\overline{1,kvt}$；

cpq：求标准化奇异向量 $\tilde{\boldsymbol{x}}_h$、$\tilde{\boldsymbol{y}}_h$ 的时间系数 $\boldsymbol{q}_h$、$\boldsymbol{r}_h$、$h=\overline{1,kvt}$；

cerfg：据 SF、SC、$\boldsymbol{q}_h$、$\boldsymbol{r}_h$ 求 ${}_f\rho_h$、${}_fP_h$(或 ${}_g\rho_h$、${}_gP_h$)、$h=\overline{1,kvt}$；

cr：求异型相关系数 r_h、$h=\overline{1,kvt}$；

out：输出计算结果(outc，$\boldsymbol{C}$；outxy，$\tilde{\boldsymbol{x}}_h$、$\tilde{\boldsymbol{y}}_h$；outpq，$\boldsymbol{q}_h$、$\boldsymbol{r}_h$；outerc，μ_h、ρ_h、P_h；outerfg，${}_f\rho_h$、${}_fP_h$ 和 ${}_g\rho_h$、${}_gP_h$；outr，r_h)。

2. 演例计算

$\boldsymbol{F}'$、$\boldsymbol{G}'$和 $\tilde{\boldsymbol{F}}'$、$\tilde{\boldsymbol{G}}'$取自演例式(8.4)、式(8.5)的数据；参数语句中 $m_1=2$、$m_2=5$、$n=5$、$mnh=2$、$kv=2$、$kvt=2$。表8.1给出了 $ks=0$、1(对应实际分析对象 $\boldsymbol{F}'$、$\boldsymbol{G}'$和 $\tilde{\boldsymbol{F}}'$、$\tilde{\boldsymbol{G}}'$)的计算结果。其中，$ks=0$、1 的数据是制作图8.3、图8.4中 $\boldsymbol{x}_1$、$\boldsymbol{x}_2$ 和 $\boldsymbol{y}_1$、$\boldsymbol{y}_2$ 的依据。表8.1的数据可供验证 SVD 主要统计量的性质用，也可供调试 SSVD 程序参考。

表 8.1　式(8.4)和式(8.5)$\boldsymbol{F}'$、$\boldsymbol{G}'$和 $\tilde{\boldsymbol{F}}'$、$\tilde{\boldsymbol{G}}'$的 SVD 主要结果

统计量	ks/分析对象	
	0/式(8.4)$\boldsymbol{F}'$、$\boldsymbol{G}'$	1/式(8.5)$\tilde{\boldsymbol{F}}'$、$\tilde{\boldsymbol{G}}'$
$\boldsymbol{C}$	$\begin{pmatrix} 32 & -19 \\ 29 & -23 \end{pmatrix}$	$\begin{pmatrix} 1.000 & -0.840 \\ 0.879 & -0.986 \end{pmatrix}$
$\boldsymbol{A}$	$\begin{pmatrix} 1385 & 1365 \\ 1365 & 1370 \end{pmatrix}$	$\begin{pmatrix} 1.705 & 1.707 \\ 1.707 & 1.745 \end{pmatrix}$
$\boldsymbol{M}=\begin{pmatrix} \lambda_1 & 0 \\ 0 & \lambda_2 \end{pmatrix}$	$\begin{pmatrix} 2742.52 & 0 \\ 0 & 12.48 \end{pmatrix}$	$\begin{pmatrix} 3.430 & 0 \\ 0 & 0.018 \end{pmatrix}$
$\tilde{\boldsymbol{X}}=(\tilde{\boldsymbol{x}}_1 \quad \tilde{\boldsymbol{x}}_2)$	$\begin{pmatrix} 0.709 & -0.705 \\ 0.705 & 0.709 \end{pmatrix}$	$\begin{pmatrix} 0.703 & 0.711 \\ 0.711 & -0.703 \end{pmatrix}$
$\tilde{\boldsymbol{Y}}=(\tilde{\boldsymbol{y}}_1 \quad \tilde{\boldsymbol{y}}_2)$	$\begin{pmatrix} 0.824 & -0.567 \\ -0.567 & -0.824 \end{pmatrix}$	$\begin{pmatrix} 0.717 & 0.697 \\ -0.697 & 0.717 \end{pmatrix}$
$\boldsymbol{Q}=\begin{pmatrix} \boldsymbol{q}_1 \\ \boldsymbol{q}_2 \end{pmatrix}$	$\begin{pmatrix} -3.54 & 4.95 & -2.82 & -2.12 & 3.54 \\ 0.70 & 0.72 & -1.42 & 0.70 & -0.70 \end{pmatrix}$	$\begin{pmatrix} -0.62 & 0.86 & -0.49 & -0.37 & 0.62 \\ -0.14 & -0.11 & 0.24 & -0.13 & 0.14 \end{pmatrix}$
$\boldsymbol{R}=\begin{pmatrix} \boldsymbol{r}_1 \\ \boldsymbol{r}_2 \end{pmatrix}$	$\begin{pmatrix} -3.04 & 4.17 & -1.96 & -2.21 & 3.04 \\ 0.88 & 0.77 & -1.08 & 0.31 & -0.88 \end{pmatrix}$	$\begin{pmatrix} -0.55 & 0.90 & -0.48 & -0.43 & 0.55 \\ -0.19 & -0.17 & 0.24 & -0.67 & 0.19 \end{pmatrix}$
$\begin{pmatrix} \rho_h \\ P_h \end{pmatrix}$	$\begin{pmatrix} 0.995 & 0.005 \\ 0.995 & 1.000 \end{pmatrix}$	$\begin{pmatrix} 0.995 & 0.005 \\ 0.995 & 1.000 \end{pmatrix}$
$\begin{pmatrix} {}_f\rho_h \\ {}_fP_h \end{pmatrix}$	$\begin{pmatrix} 0.939 & 0.061 \\ 0.939 & 1.000 \end{pmatrix}$	$\begin{pmatrix} 0.940 & 0.060 \\ 0.940 & 1.000 \end{pmatrix}$
$\begin{pmatrix} {}_g\rho_h \\ {}_gP_h \end{pmatrix}$	$\begin{pmatrix} 0.929 & 0.071 \\ 0.929 & 1.000 \end{pmatrix}$	$\begin{pmatrix} 0.920 & 0.080 \\ 0.920 & 1.000 \end{pmatrix}$
$\begin{pmatrix} r_h \\ r_h \end{pmatrix}$	$\begin{pmatrix} 0.996 \\ 0.958 \end{pmatrix}$	$\begin{pmatrix} 0.997 \\ 0.960 \end{pmatrix}$

8.3 应 用 实 例

这里给出 SVD 的两个实例：一是 Wang 等(2001)对热带海洋海气相互作用时空特征区域差异分析，包含五个洋区海表温度、1000hPa 风逐月标准化距平序列的 SVD；二是李丽平等(2018)完成的中国季气温、降水同期相关季节差异的分析，包含冬、夏两个季节气温、降水标准化距平序列的 SVD。两例所得结果及对方法的展示都很重要。

8.3.1 热带海洋海气相互作用时空特征的区域差异

1. 分析对象和资料

将 32.5°S ~ 32.5°N 间热带海洋的主要部分划分为等宽(50 经度)的五个洋区(表 8.2)，分析各区上月平均海表温度场($\boldsymbol{SST}$)、1000 hPa 风场 $\boldsymbol{V}_{1000}$ 的相关联系的时空结构，比较它们的区域差异。

表 8.2　热带(32.5°S ~ 32.5°N)海洋分区及 SST 和 V_{1000} 资料参数

洋区名称	代号	λ	m	n
热带西太平洋	WP	120° ~ 170°E	138	454
热带中太平洋	MP	175°E ~ 135°W	154	454
热带东太平洋	EP	130° ~ 80°W	146	454
热带大西洋	AO	50°W ~ 0°	132	454
热带印度洋	IO	50° ~ 100°E	130	454

使用了 NCEP/NCAR 40 年再分析计划提供的 1958 年 1 月 ~ 1995 年 10 月共 454 个月(n=454)的逐月平均海表温度、1000 hPa 风场资料。按 SVD 的要求，首先将它们处理为标准化海表温度距平场时间序列$\widetilde{\boldsymbol{SST}'}$(记为 $\boldsymbol{F}$)和标准化 1000 hPa 风距平场时间序列 $\tilde{\boldsymbol{V}}'_{1000}$(记为 $\boldsymbol{G}$)；其中，风场的处理方法见本书 7.1 节。取资料格距为 $\Delta\lambda\times\Delta\varphi=5°\times5°$，并去掉了区域内陆地、岛屿上格点的 $\boldsymbol{V}_{1000}$，故各区 $m_1=m_2=m$，但不同区域的 m 值不等(表 8.2)；各区 SVD 奇异值总数 $H=\min(m,2m,n-1)=m$。该例是相同格点网上两种不同资料的 SVD。

2. 模方分析

1)第一类模方拟合率

表 8.3 给出了各区 ρ_h；其显著性检验使用 MC 法(Shen and Lau, 1995; Iwasaka and Wallace, 1995)，实施步骤如下：①用正态随机数产生程序(刘德贵等, 1983)产生服从 $N(0,1)$分布的随机数，用它构造模拟 $\boldsymbol{G}$(即 $\tilde{\boldsymbol{V}}'_{1000}$)的 $\boldsymbol{G}_l$、$l=\overline{1,L}$，取 $L=1000$；$\boldsymbol{F}$(即$\widetilde{\boldsymbol{SST}'}$)不变。$\boldsymbol{F}$、$\boldsymbol{G}_l$ 为 $\boldsymbol{F}$、$\boldsymbol{G}$ 的第 l 次模拟场序列，是第 l 次 SVD 的对象。②完成 $\boldsymbol{F}$、$\boldsymbol{G}_l$、$l=\overline{1,L}$的 SVD，得 ρ_{hl}、$h=\overline{1,5}$、$l=\overline{1,L}$。将ρ_{hl}、$l=\overline{1,L}$作非升值排序，得 $\rho_{hl'}$、$l'=\overline{1,L}$，取 $\rho_{h\alpha}=\rho_{hl'_\alpha}$为 ρ_h 的信度为 α 的临

界值；临界值序数 $l'_\alpha=\alpha L$，对 $L=1000$，$l'_{0.001}=1$、$l'_{0.01}=10$、$l'_{0.05}=50$。③用 $\rho_{h\alpha}$ 对 ρ_h 作显著性检验。若 $\rho_h \geqslant \rho_{h\alpha}$，则 ρ_h 通过信度为 α 的 MC 法显著性检验。表 8.3 ρ_h 即按 MC 法检验，ρ_h 后（ ）内数字是 ρ_h 通过检验的最高信度值。

表 8.3　热带五洋区 SVD 的模方拟合率 ρ_h 及相应信度 α

洋区	h				
	1	2	3	4	5
WP	0.429(0.001)	0.228(0.001)	0.085	0.059	0.036
MP	0.750(0.001)	0.082	0.040	0.032	0.021
EP	0.659(0.001)	0.109	0.055	0.033	0.023
AO	0.460(0.05)	0.141(0.05)	0.123(0.05)	0.117(0.05)	0.037
IO	0.553(0.001)	0.128(0.05)	0.090	0.054	0.039

由表 8.3 可见：①ENSO 现象最明显的 EP、MP 有且只有一对显著奇异向量，对应 ρ_1 达到极高信度(0.001)。②属于典型季风区的 WP、IO 均有两对奇异向量显著，ρ_1、ρ_2 的信度均很高(0.001 或 0.05)。③AO 前 4 对奇异向量显著，但信度都较低(0.05)。分别称上面三类区域的海气相互作用为“一元型”、“二元型”和“多元型”。认为，“一元型”区域的海气相互作用仅与 El Niño(La Niña)事件有关，“二元型”区域海气相互作用与 ENSO 及季风两种因素有关。

2)第二类模方拟合率

表 8.4 给出了${}_f\rho_h$、${}_g\rho_h$。可见：表 8.3 中显著的奇异向量对 $\boldsymbol{F}$、$\boldsymbol{G}$ 方差的贡献均较大，特别是 $h=1$ 时；因此，分析结果有理论意义及应用价值。

表 8.4　热带五洋区 SVD 的${}_f\rho_h$、${}_g\rho_h$ 参数

洋区	${}_f\rho_1$	${}_g\rho_1$	${}_f\rho_2$	${}_g\rho_2$	${}_f\rho_3$	${}_g\rho_3$	${}_f\rho_4$	${}_g\rho_4$	${}_f\rho_5$	${}_g\rho_5$
WP	0.104	0.098	0.075	0.090	0.053	0.050	0.048	0.055	0.044	0.040
MP	0.203	0.143	0.051	0.088	0.049	0.053	0.046	0.066	0.032	0.069
EP	0.234	0.112	0.065	0.074	0.044	0.065	0.046	0.066	0.030	0.047
AO	0.132	0.104	0.119	0.064	0.056	0.091	0.079	0.079	0.030	0.064
IO	0.192	0.080	0.063	0.063	0.044	0.076	0.042	0.060	0.029	0.051

3. 时空特征分析

1)时域特征

由图 8.7，各区 $\boldsymbol{q}_1$、$\boldsymbol{r}_1$ 有如下主要特征：①MP、EP 区的 $\boldsymbol{q}_1$、$\boldsymbol{r}_1$ 与 ENSO 关系密切，曲线的峰(谷)与 El Niño(La Niña)事件阶段高度重合。②属于季风区的 WP、IO 区的 $\boldsymbol{q}_1$、$\boldsymbol{r}_1$ 与 ENSO 有一定关系(尤其是 IO)，但又不如 MP、EP 区两者关系密切。③AO 区的 $\boldsymbol{q}_1$、$\boldsymbol{r}_1$ 与 ENSO 基本无关。由图可见，各区的异型相关系数 $r_1 \doteq 1$。

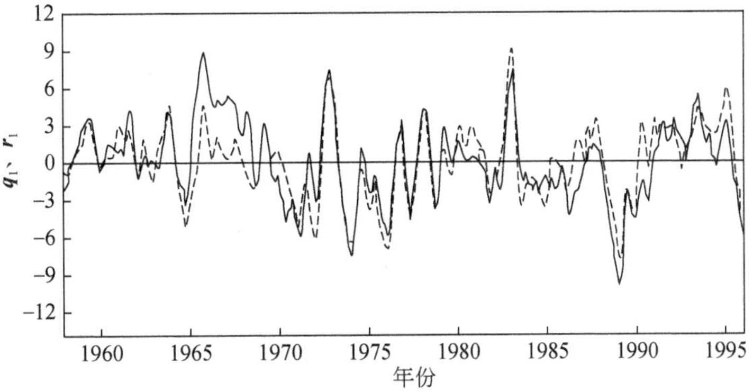
12
9
6
3
0
-3
-6
-9
-12
q_1、r_1
1960 1965 1970 1975 1980 1985 1990 1995
年份
(a)

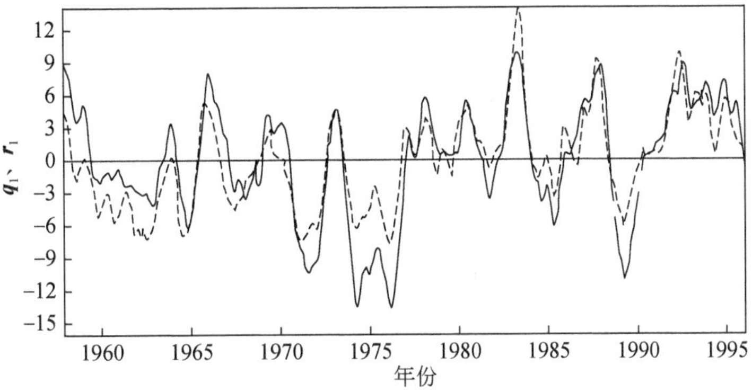
12
9
6
3
0
-3
-6
-9
-12
-15
q_1、r_1
1960 1965 1970 1975 1980 1985 1990 1995
年份
(b)

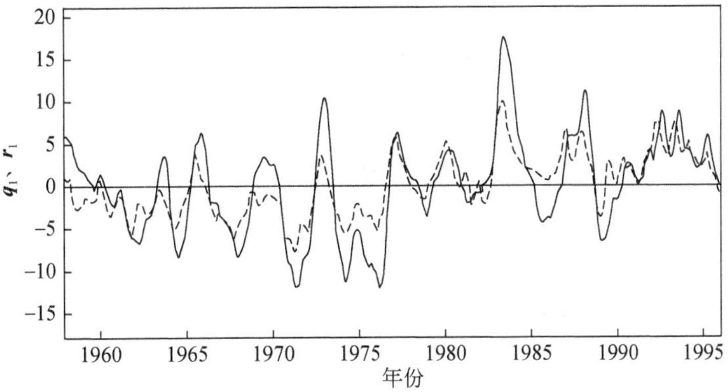
20
15
10
5
0
-5
-10
-15
q_1、r_1
1960 1965 1970 1975 1980 1985 1990 1995
年份
(c)

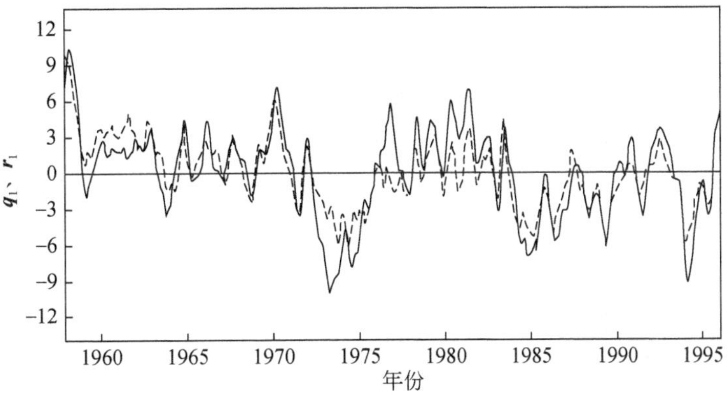
12
9
6
3
0
-3
-6
-9
-12
q_1、r_1
1960 1965 1970 1975 1980 1985 1990 1995
年份
(d)

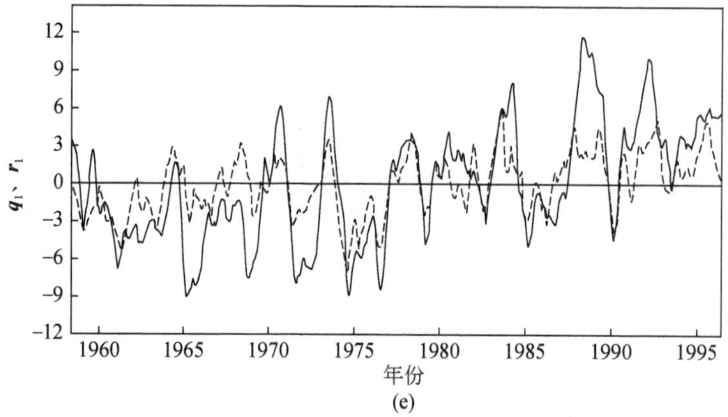

图 8.7　热带五个洋区 $\widetilde{SST}'$、$\tilde{V}'_{1000}$ SVD 的 q_1(实线)、r_1(虚线)

(a)热带西太平洋(WP);(b)热带中太平洋(MP);(c)热带东太平洋(EP);(d)热带大西洋(AO);(e)热带印度洋(IO)。时间轴上方粗实线、下方粗虚线分别给出了 El Niño(La Niña)事件时段

2)空域特征

太平洋区 x_1、y_1[图 8.8(a) ~ (c)]特点:①WP 区"C"形$\widetilde{SST}'$负值区及 MP 区赤道附近的$\widetilde{SST}'$正值区与赤道西风异常存在正相关;EP、MP 大范围$\widetilde{SST}'$正值区与 V'辐合区重合;这就是人们熟知的热带太平洋信风异常与 El Niño 事件的联系。②大西洋、印度洋[图 8.8(d)、(e)]x_1、y_1 上$\widetilde{SST}'$与 V'_{1000}配置的特点,读者可自行总结。

实例 1 表明,SVD 方法客观简明地揭示了热带海洋海气相互作用的基本特征,给出了不同洋区海气相互作用的差异。

8.3.2　中国季气温降水相关联系的季节差异

1. 分析对象和资料

李丽平等(2018)完成了中国 160 站 60 年(1951 ~ 2010 年)冬、夏季同期平均气温和降水场的 SVD,式(8.3)的 $\boldsymbol{F}$ 为气温标准化距平场序列 $\tilde{\boldsymbol{F}}'$,$\boldsymbol{G}$ 为降水标准化距平场序列 $\tilde{\boldsymbol{G}}'$,参数 $m_1=m_2=160$(站),$n=60$(年),故 $H=59$。该例是相同站网上两种不同要素场的 SVD。$\boldsymbol{C}=\boldsymbol{F}\boldsymbol{G}^{\mathrm{T}}$ 为气温、降水同期(即同年同季)互相关系数场集,其 i 行行向量 $\boldsymbol{c}_i$、$i=\overline{1,m_1}$,是 $\boldsymbol{f}_i$ 与 $\boldsymbol{g}_{i'}$、$i'=\overline{1,160}$的一点相关系数场,其 i'列列向量 $\boldsymbol{c}_{i'}$、$i'=\overline{1,m_2}$,是 i'点 $\boldsymbol{g}_{i'}$与 $\boldsymbol{f}_i$、$i=\overline{1,160}$的一点相关系数场;故 $\boldsymbol{C}$ 包含了 $\boldsymbol{F}$、$\boldsymbol{G}$ 中全部同期互相关信息,称 $\boldsymbol{C}$ 为互相关系数矩阵。这里,SVD 使用的资料 $\boldsymbol{F}$、$\boldsymbol{G}$ 与 5.2 节分析季同期局地相关系数场、6.3 节 SEOF 分析、7.4 节 MEOF 分析全同。

2. 模方分析

冬、夏季 $\boldsymbol{C}=\boldsymbol{F}\boldsymbol{G}^{\mathrm{T}}$ 的模方 $\boldsymbol{S}=\|\boldsymbol{C}\|^2$ 分别为 758.32、824.93,夏季 $\boldsymbol{F}$、$\boldsymbol{G}$ 同期相关强于冬季,与 5.2 节表 5.3 给出的局地同期相关夏强于冬的结论一致。

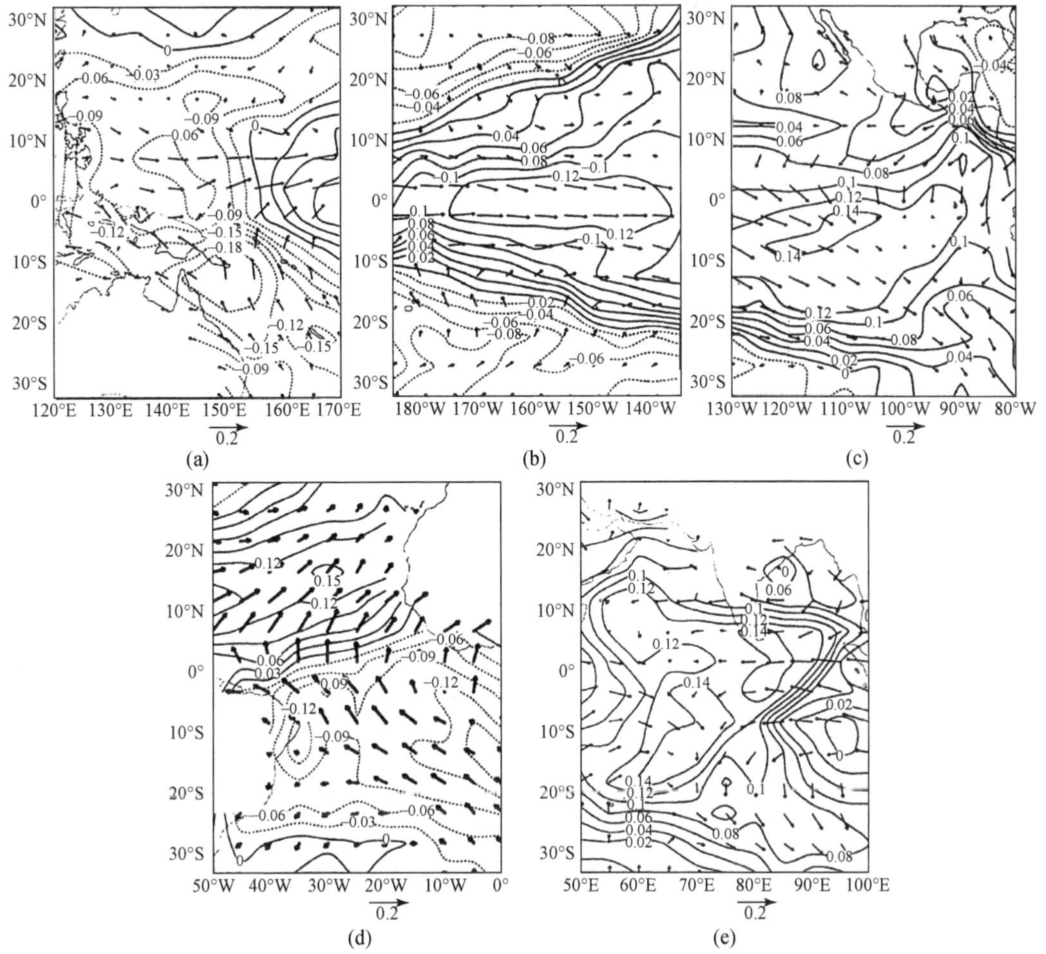

图 8.8　热带五个洋区$\widetilde{SST'}$、$\tilde{V}'_{1000}$ SVD 的 $\tilde{\boldsymbol{x}}_1$、$\tilde{\boldsymbol{y}}_1$(风矢量形式)

(a)热带西太平洋(WP);(b)热带中太平洋(MP);(c)热带东太平洋(EP);(d)热带大西洋;(e)热带印度洋。

等值线图为 $\tilde{\boldsymbol{x}}_1$(与$\widetilde{SST'}$相对应),矢量图为 $\tilde{\boldsymbol{y}}_1$(与 $\tilde{V}'_{1000}$ 相对应)

由表 8.5 和表 8.6 知:①第一类模方拟合率 ρ_h(对 $\|\boldsymbol{C}\|^2$ 的拟合率)随 h 增大迅速减小,前三对 P_3 冬、夏季分别达 85.3%、74.4%,且 ρ_3/ρ_4 分别达 2.42、2.79,故前三对正交模态对 $\|\boldsymbol{C}\|^2$ 的拟合最重要。②第二类模方拟合率${}_f\rho_h$、${}_g\rho_h$(对 $\|\boldsymbol{F}\|^2$、$\|\boldsymbol{G}\|^2$ 的拟合率)随 h 增大而减小的趋势存在,但它们不是严格的非升值序列;前 3 个奇异向量是拟合冬季的 $\|\boldsymbol{F}\|^2$、$\|\boldsymbol{G}\|^2$ 及夏季的 $\|\boldsymbol{F}\|^2$ 的最重要奇异向量,夏季${}_g\rho_3$ 的 $\tilde{\boldsymbol{y}}_3$ 不是拟合 $\|\boldsymbol{G}\|^2$ 的最重要奇异向量(${}_g\rho_3$ 是第四大值)。但从两类模方拟合率总体看,前 3 对正交模态对 $\|\boldsymbol{F}\|^2$、$\|\boldsymbol{G}\|^2$ 的拟合最重要,因此,选择前 3 对正交模($\tilde{\boldsymbol{x}}_h$、$\tilde{\boldsymbol{y}}_h$、$\boldsymbol{q}_h$、$\boldsymbol{r}_h$、$h=\overline{1,3}$),重点分析场序列 $\boldsymbol{F}$、$\boldsymbol{G}$ 互相关联系的时空特征。

表 8.5　1951 ~ 2010 年中国 160 站冬季气温、降水标准化距平场序列 SVD 的两类模方拟合率

（单位：%）

统计量	h									
	1	2	3	4	5	6	7	8	9	10
ρ_h	58.3	13.8	13.3	5.5	2.8	1.3	0.9	0.7	0.4	0.4
P_h	58.3	72.1	85.3	90.8	93.6	94.8	95.7	96.4	96.8	97.2
${}_f\rho_h$	48.7	15.5	10.6	5.1	3.2	1.8	1.9	1.1	0.1	0.1
${}_fP_h$	48.7	64.2	74.8	79.9	83.1	84.9	86.8	87.9	88.0	88.1
${}_g\rho_h$	10.5	9.7	10.7	6.4	5.5	4.8	2.5	4.0	1.9	2.3
${}_gP_h$	10.5	20.2	30.9	37.3	42.8	47.6	50.1	54.1	56	58.3

注：$\|\boldsymbol{C}\|^2=758.32$；$\|\boldsymbol{F}\|^2=\|\boldsymbol{G}\|^2=160$

表 8.6　1951 ~ 2010 年中国 160 站夏季气温、降水标准化距平场序列 SVD 的两类模方拟合率

（单位：%）

统计量	h									
	1	2	3	4	5	6	7	8	9	10
ρ_h	33.7	26.2	14.5	5.2	4.5	3.5	1.8	1.4	1.2	0.1
P_h	33.7	59.9	74.4	79.6	84.1	87.6	89.4	90.8	92.0	92.1
${}_f\rho_h$	18.6	17.3	20.1	5.0	4.3	5.4	2.9	2.9	1.7	1.5
${}_fP_h$	18.6	35.9	56.0	61.0	65.3	70.7	73.6	76.5	78.2	79.7
${}_g\rho_h$	8.6	7.1	5.0	4.5	5.6	3.5	3.0	2.4	3.1	2.6
${}_gP_h$	8.6	15.7	20.7	25.2	30.8	34.3	37.3	39.7	42.8	45.6

注：$\|\boldsymbol{C}\|^2=824.93$；$\|\boldsymbol{F}\|^2=\|\boldsymbol{G}\|^2=160$

3. 时空特征分析

1）空域特征

因为 $\boldsymbol{F}$、$\boldsymbol{G}$ 是标准化距平场序列，故奇异向量 $\tilde{\boldsymbol{x}}_h$、$\tilde{\boldsymbol{y}}_h$（图 8.9、图 8.10）分别是季气温、降水的典型异常分布。观察夏季同序奇异向量，$\tilde{\boldsymbol{x}}_h$ 上的显著正（深阴影区）、负（浅阴影区）异常区基本与 $\tilde{\boldsymbol{y}}_h$ 上的反号显著异常区一致，表明中国夏季热旱、凉涝是常见的异常配置，这与周晓霞等（2007）从单站季气温、降水局地同期相关分析得出的结论一致。

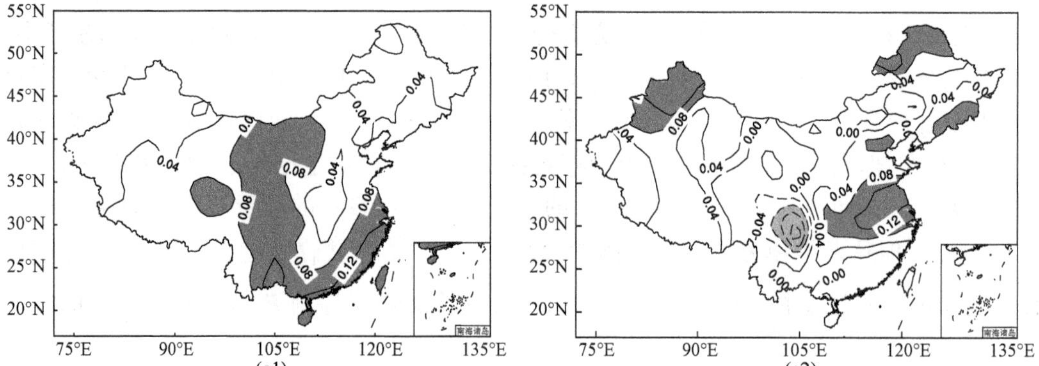

(a1)　　(a2)

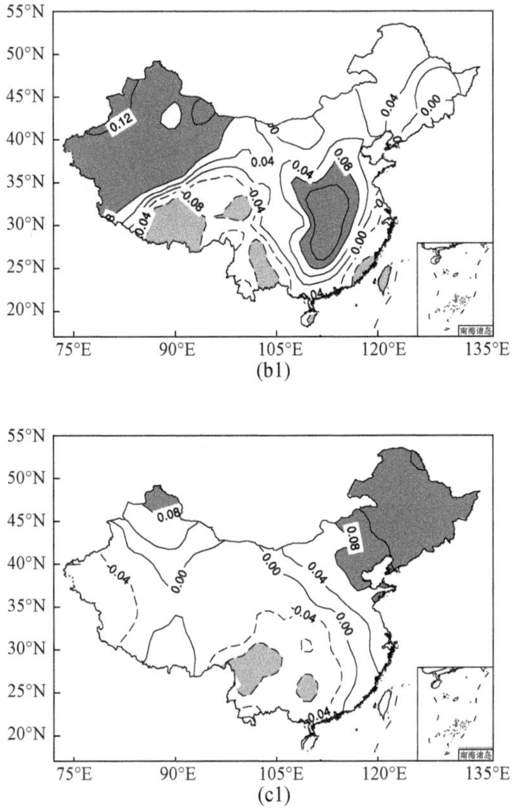

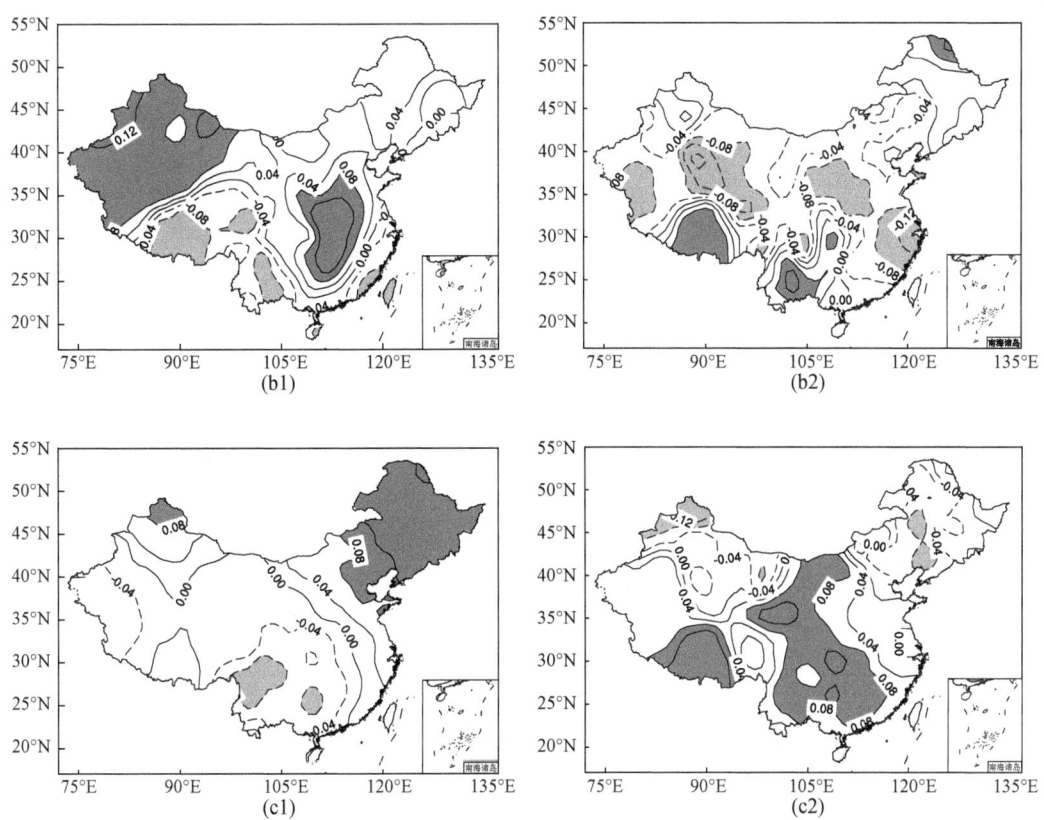

图 8.9　冬季中国160站60年 $\boldsymbol{F}$、$\boldsymbol{G}$ SVD 标准化奇异向量 $\tilde{\boldsymbol{x}}_h$(左)、$\tilde{\boldsymbol{y}}_h$(右)

(a) $\tilde{\boldsymbol{x}}_1$、$\tilde{\boldsymbol{y}}_1$;(b) $\tilde{\boldsymbol{x}}_2$、$\tilde{\boldsymbol{y}}_2$;(c) $\tilde{\boldsymbol{x}}_3$、$\tilde{\boldsymbol{y}}_3$

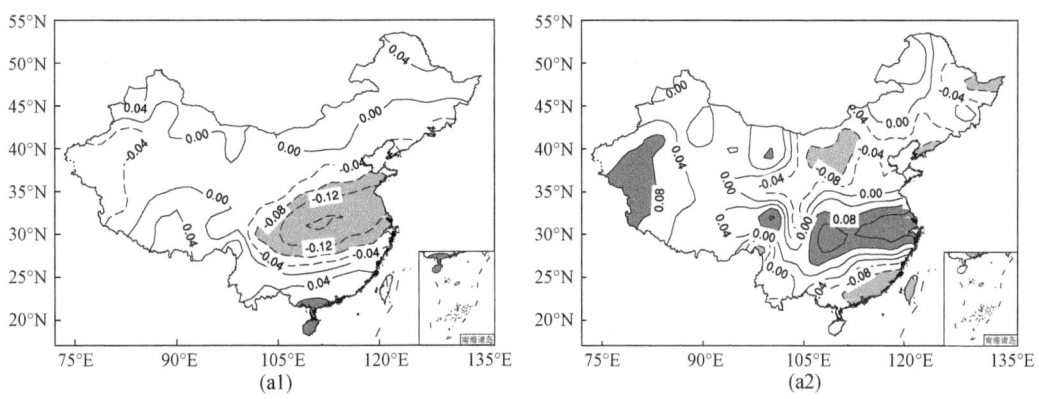

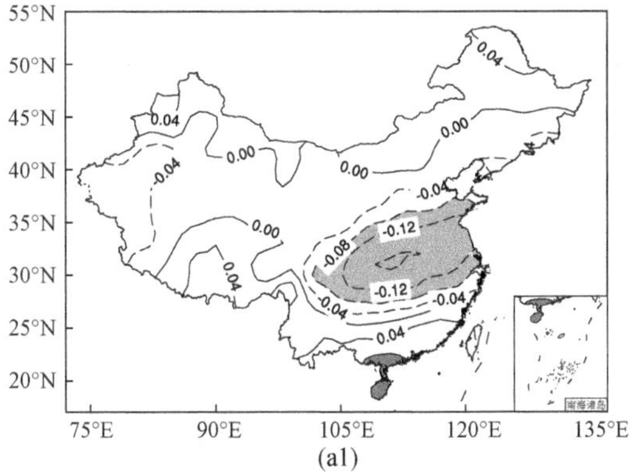

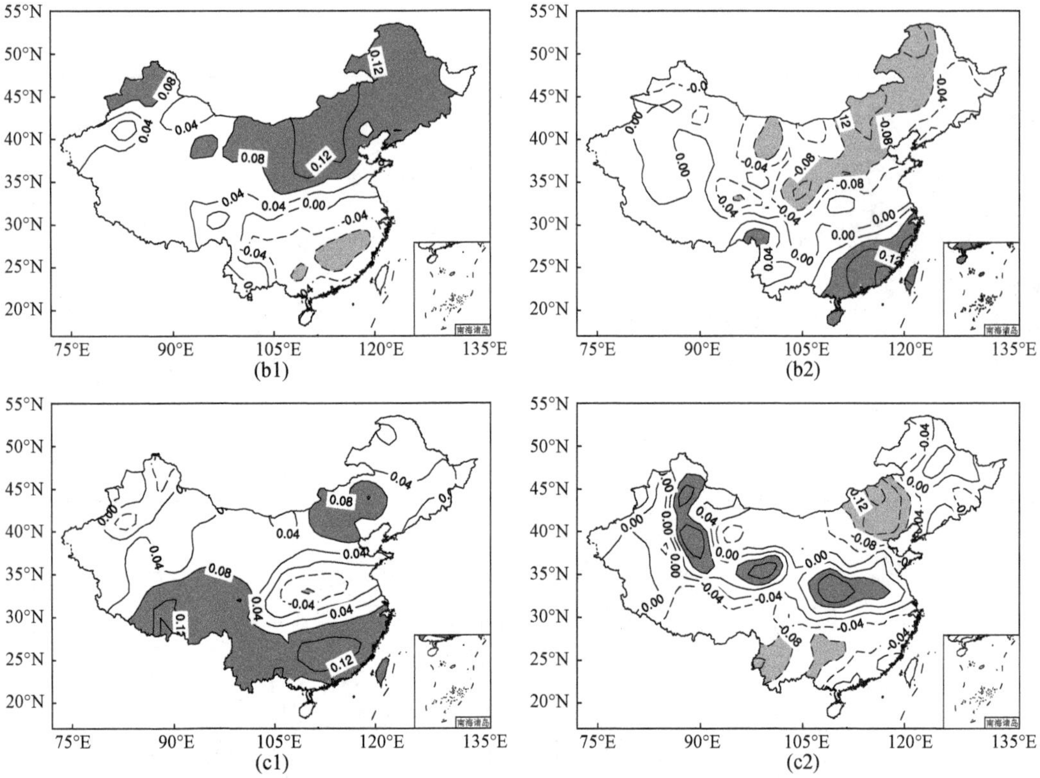

图 8.10　夏季中国 160 站 60 年 $\boldsymbol{F}$、$\boldsymbol{G}$ SVD 标准化奇异向量 $\tilde{\boldsymbol{x}}_h$(左)、$\tilde{\boldsymbol{y}}_h$(右)

(a)$\tilde{\boldsymbol{x}}_1$、$\tilde{\boldsymbol{y}}_1$;(b)$\tilde{\boldsymbol{x}}_2$、$\tilde{\boldsymbol{y}}_2$;(c)$\tilde{\boldsymbol{x}}_3$、$\tilde{\boldsymbol{y}}_3$

奇异向量图的另一特征,是图上高绝对值区(深、浅阴影区)主要出现在我国中、东部地区(约 100°E 以东),该特征也出现在 EOF 分析所得的特征向量 $\tilde{\boldsymbol{x}}_h$、$\tilde{\boldsymbol{y}}_h$(图 6.9 ~ 图 6.12)上,它是由中国 160 站站网的空间不均匀性所致,这将在第 9 章详细论述。

2)时域特征

$\boldsymbol{q}_h$、$\boldsymbol{r}_h$(图 8.11、图 8.12)是 $\boldsymbol{F}$、$\boldsymbol{G}$ 中 $\tilde{\boldsymbol{x}}_h$、$\tilde{\boldsymbol{y}}_h$ 的时间系数序列,实斜线给出了它们的趋势分量 $\boldsymbol{q}_{hl}$、$\boldsymbol{r}_{hl}$,虚曲线给出了它们的年代际变化分量 $\boldsymbol{q}_{hs}$、$\boldsymbol{r}_{hs}$。从 $\boldsymbol{q}_h$、$\boldsymbol{r}_h$ 中分离出年代际分量(趋势分量),并用 EMC 法对它们作显著性检验的方法见第 3 章(第 5 章),显著性检验结果列于表 8.7。

由图 8.11、图 8.12 及表 8.7 可见,气温时间系数 $\boldsymbol{q}_h$,除夏季 $\boldsymbol{q}_1$ 外,其余 $\boldsymbol{q}_{hs}$、$\boldsymbol{q}_{hl}$ 均显著;降水时间系数 $\boldsymbol{r}_{hs}$、$\boldsymbol{r}_{hl}$ 只有少数(5/12)显著,其 S_{hs}、r^* 也明显低于气温。由谐波分析知,时域 $j=\overline{1,n}$ 上的序列 $\boldsymbol{x}$ 的趋势 $\boldsymbol{x}_l$ 由正弦谐波 $\boldsymbol{s}_k$、$k=\overline{1,n/2-1}$ 的线性和构成,在 $\|\boldsymbol{s}_k\|$ 相同情况下,$\boldsymbol{s}_k$ 对 $\boldsymbol{x}_l$ 的贡献随波数 k 增大而减小;因此,年代际分量 $\boldsymbol{x}_s$ 强与趋势分量 $\boldsymbol{x}_l$ 强是关联的。总之,$\boldsymbol{q}_h$、$\boldsymbol{r}_h$、$h=\overline{1,3}$ 中年代际分量与趋势项的上述特征,容易理解。

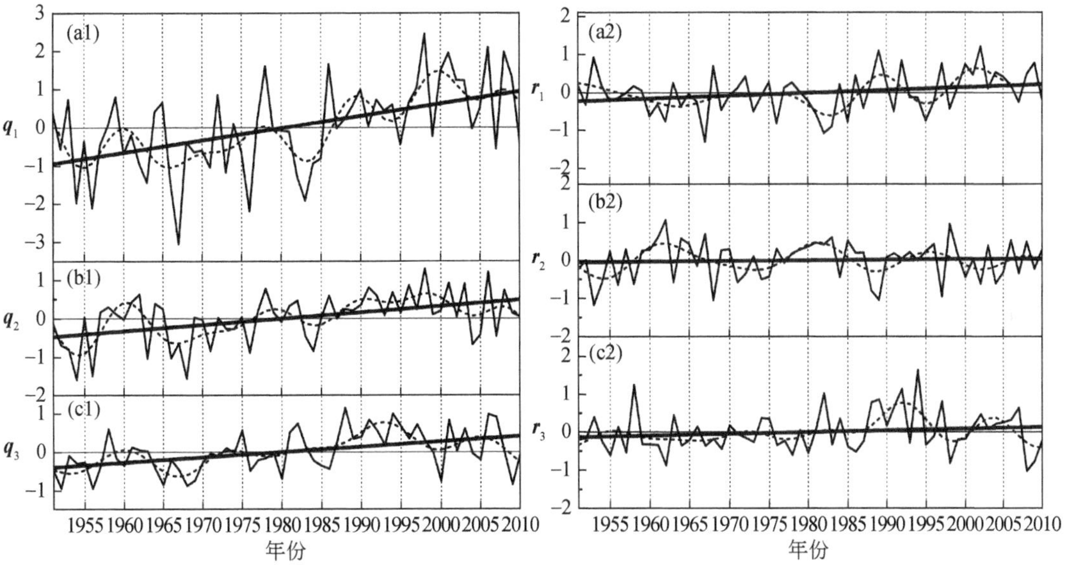

图 8.11　冬季中国 160 站 60 年 $\boldsymbol{F}$、$\boldsymbol{G}$ SVD 标准化奇异向量的时间系数 $\boldsymbol{q}_h$(左)、$\boldsymbol{r}_h$(右)

(a)$\boldsymbol{q}_1$、$\boldsymbol{r}_1$;(b)$\boldsymbol{q}_2$、$\boldsymbol{r}_2$;(c)$\boldsymbol{q}_3$、$\boldsymbol{r}_3$。实直线为趋势项 $\boldsymbol{q}_{hl}$、$\boldsymbol{r}_{hl}$,虚曲线为年代际分量 $\boldsymbol{q}_{hs}$、$\boldsymbol{r}_{hs}$

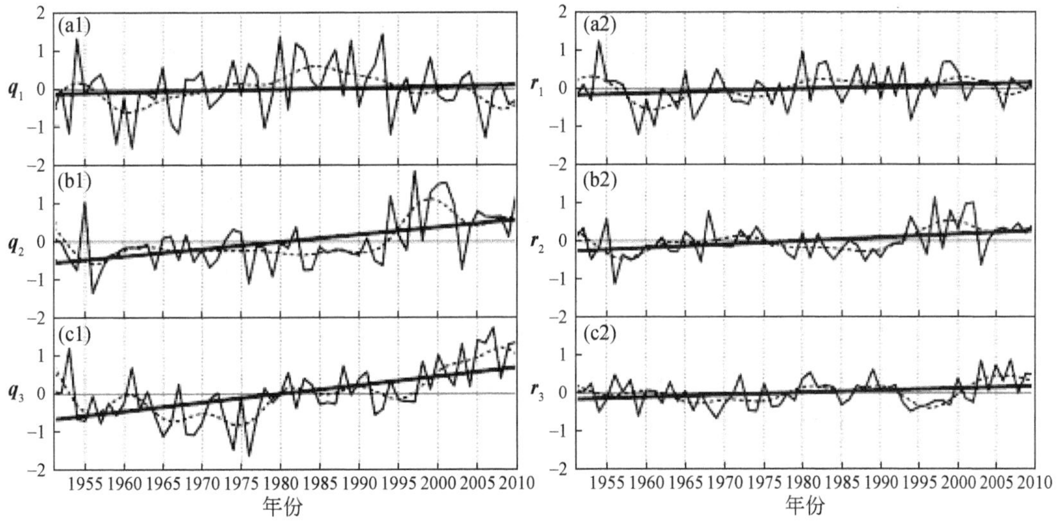

图 8.12　夏季中国 160 站 60 年 $\boldsymbol{F}$、$\boldsymbol{G}$ SVD 标准化奇异向量的时间系数 $\boldsymbol{q}_h$(左)、$\boldsymbol{r}_h$(右)

(a)$\boldsymbol{q}_1$、$\boldsymbol{r}_1$;(b)$\boldsymbol{q}_2$、$\boldsymbol{r}_2$;(c)$\boldsymbol{q}_3$、$\boldsymbol{r}_3$。实直线为趋势项 $\boldsymbol{q}_{hl}$、$\boldsymbol{r}_{hl}$,虚曲线为年代际分量 $\boldsymbol{q}_{hs}$、$\boldsymbol{r}_{hs}$

表 8.7　实例 2 中 SVD 时间系数趋势项的 r_h^*、年代际分量的模方 S_{hs} 的显著性检验

分析对象	统计量	冬季			夏季		
		$h=1$	2	3	$h=1$	2	3
$\boldsymbol{q}_{hl}$	r_h^*	**0.490**	**0.441**	**0.450**	0.098	**0.491**	**0.546**
$\boldsymbol{r}_{hl}$	r_h^*	0.224	0.055	0.146	0.203	**0.363**	**0.271**

续表

分析对象	统计量	冬季			夏季		
		$h=1$	2	3	$h=1$	2	3
$\boldsymbol{q}_{hs}$	s_{hs}	**3.074**	**3.045**	**3.356**	1.087	**3.384**	**6.000**
$\boldsymbol{r}_{hs}$	s_{hs}	**2.007**	1.324	1.377	1.218	**2.242**	**2.495**

注：r_h^* 是 $\boldsymbol{q}_{hl}$、$\boldsymbol{r}_{hl}$ 的类相关系数，s_{hs} 是 $\boldsymbol{q}_{hs}$、$\boldsymbol{r}_{hs}$ 的模方；粗体为通过信度 $\alpha=0.05$ 的显著性检验，$t_{0.05,58}=0.254$、$F_{0.05}(12,47)=1.892$

4. 相关分析

同序时间系数 $\boldsymbol{q}_h$、$\boldsymbol{r}_h$ 的同期相关系数 r_h 被称为异型相关系数，它们的年代际分量 $\boldsymbol{q}_{hs}$、$\boldsymbol{r}_{hs}$ 的相关系数记为 r_{hs}，年际分量 $\boldsymbol{q}_{hf}$、$\boldsymbol{r}_{hf}$ 的相关系数记为 r_{hf}；因 $\boldsymbol{q}_h$、$\boldsymbol{r}_h$ 是中心化序列，故 r_h、r_{hs}、r_{hf} 的算式为

$$r_h=(\boldsymbol{q}_h,\boldsymbol{r}_h)/(\|\boldsymbol{q}_h\|\|\boldsymbol{r}_h\|)$$
$$r_{hs}=(\boldsymbol{q}_{hs},\boldsymbol{r}_{hs})/(\|\boldsymbol{q}_{hs}\|\|\boldsymbol{r}_{hs}\|)$$
$$r_{hf}=(\boldsymbol{q}_{hf},\boldsymbol{r}_{hf})/(\|\boldsymbol{q}_{hf}\|\|\boldsymbol{r}_{hf}\|)$$

由第 3 章，其 t 变量自由度分别为 58、11、46。表 8.8 给出了冬、夏季 r_h、r_{hs}、r_{hf}、$h=\overline{1,3}$ 的值，它们都通过了信度 $\alpha=0.05$ 的 EMC 法显著性检验。可见，由 SVD 方法给出的中国季同期气温、降水主要模态($h=\overline{1,3}$)间的三种异型相关系数均显著，且夏季相关强于冬季。因为 r_h、r_{hs}、r_{hf} 均为正，奇异向量 $\tilde{\boldsymbol{x}}_h$、$\tilde{\boldsymbol{y}}_h$ 上显著相关区符号相反，故局域高温少降水或低温多降水是主要异常配置，这与第 5 章的单站分析结论一致。

表 8.8 中国 160 站季 60 年 F、G SVD 的异型相关系数 r_h、r_{hs}、r_{hf} 及其显著性检验

统计量	冬季			夏季		
	$h=1$	2	3	$h=1$	2	3
r_h	**0.582**	**0.521**	**0.588**	**0.823**	**0.831**	**0.683**
r_{hs}	**0.720**	**0.389**	**0.755**	**0.670**	**0.916**	**0.809**
r_{hf}	**0.504**	**0.600**	**0.523**	**0.866**	**0.783**	**0.598**

注：粗体为通过信度 $\alpha=0.05$ 的显著性检验

实例 2 表明，SVD 方法客观简明地揭示了中国季气温、降水同期相关的基本特征，给出了夏季两者相关强于冬季的结论。

8.4 SVD 与 MEOF 分析结果比较

MEOF(多变量 EOF)分析方法，是拓展 EOF 分析方法中仅有的，用于两种($\boldsymbol{F}$、$\boldsymbol{G}$)或两种以上不同要素场序列耦合关系的分析方法；由 7.4 节 $\boldsymbol{F}$、$\boldsymbol{G}$ 的 MEOF 分析方法介绍知，MEOF 分析揭示的耦合关系即相关关系，这种相关关系由 $\boldsymbol{F}$、$\boldsymbol{G}$ 的自相关和互相关两部分组成，分别由式(7.31)中 $\boldsymbol{A}$、$\boldsymbol{B}$ 和 $\boldsymbol{C}$ 表达。相对于 MEOF 分析方法，本章介绍的 SVD 方法，是揭示

$\boldsymbol{F}$、$\boldsymbol{G}$ 间由 $\boldsymbol{C}$ 表达的纯互相关关系，它与 MEOF 分析方法的差别是明显的。这里，用 8.3 节 SVD、7.4 节 MEOF 分析方法对中国 160 站 60 年季气温、降水标准化距平场序列 $\boldsymbol{F}$、$\boldsymbol{G}$ 的分析结果，通过比较它们的主要正交模的相关关系及不均衡性，论证 SVD 方法在揭示 $\boldsymbol{F}$、$\boldsymbol{G}$ 互相关关系上的优越性。

8.4.1　相关性比较

这里，相关性指由 SVD、MEOF 分析方法揭示的同序正交模（分别与 $\boldsymbol{F}$、$\boldsymbol{G}$ 对应）间的相关关系，它由同序时间系数 $\boldsymbol{q}_h$、$\boldsymbol{r}_h$（$\hat{\boldsymbol{q}}_h$、$\hat{\boldsymbol{r}}_h$）的相关系数 r_h 度量。对中心化距平场序列 $\boldsymbol{F}$、$\boldsymbol{G}$，SVD、MEOF 分析的时间系数 $\boldsymbol{q}_h$、$\boldsymbol{r}_h$ 均为中心化序列，它们的相关系数算式为

$$r_h=(\boldsymbol{q}_h,\boldsymbol{r}_h)/(\|\boldsymbol{q}_h\|\|\boldsymbol{r}_h\|)$$

表 8.9 给出了中国 160 站 60 年季 $\boldsymbol{F}$、$\boldsymbol{G}$ SVD、MEOF 分析的 r_h、$h=\overline{1,10}$。

对 r_h 的显著性检验使用了 EMC 法，其实施步骤如下：①将场序列 $\boldsymbol{F}$ 写作 $\boldsymbol{f}_j$、$j=\overline{1,n}$（注：也可对 $\boldsymbol{G}$ 进行），按 2.2.2 节中方法将其作 L 次随机排序，得 $\boldsymbol{F}_l$、$\boldsymbol{G}$、$l=\overline{1,L}$，取 $L=1000$；$\boldsymbol{G}$（即 $\tilde{\boldsymbol{G}}'$）不变。$\boldsymbol{F}_l$、$\boldsymbol{G}$ 为 $\boldsymbol{F}$、$\boldsymbol{G}$ 的第 l 次模拟场序列，是第 l 次 SVD、MEOF 分析的对象。②完成 $\boldsymbol{F}_l$、$\boldsymbol{G}$、$l=\overline{1,L}$的 SVD 或 MEOF 分析，求得它们的 r_{hl}、$h=\overline{1,10}$、$l=\overline{1,L}$。将 r_{hl}、$l=\overline{1,L}$作非升值排序，得 $r_{hl'}$、$l'=\overline{1,L}$，取 $r_{h\alpha}=r_{hl'_\alpha}$为 r_h 的信度为 α 的临界值；临界值序数 $l'_\alpha=\alpha L$，对 $\alpha=0.05$、$L=1000$，$l'_{0.05}=50$。③用 $r_{h\alpha}$对 r_h 作显著性检验。若 $r_h\geqslant r_{h\alpha}$，则 r_h 通过信度为 α 的 EMC 法显著性检验。

从 EMC 法原理（见第 2 章）及实施步骤看，用它对 SVD、MEOF 分析中统计量 ρ_h、γ_h 作显著性检验比用 MC 法合理，因为它保留了 $\boldsymbol{F}$、$\boldsymbol{G}$ 的实际空间分布特点。应该指出，EMC 法不能用于 $\boldsymbol{F}$ EOF 分析中 ρ_h 的显著性检验；因为步骤①随机排序得到的 $\boldsymbol{F}_l$ 与 E^m 中 $\boldsymbol{F}$ 的结构相同，$\boldsymbol{F}_l$ EOF 分析的 ρ_{hl}、$h=\overline{1,H}$、$l=\overline{1,L}$全同于 $\boldsymbol{F}$，不能求得临界值 $\rho_{h\alpha}$、$h=\overline{1,H}$。

表 8.9　中国 160 站 60 年季 $\boldsymbol{F}$、$\boldsymbol{G}$ 的 SVD、MEOF 分析同序时间系数的相关系数 r_h

季节	方法	h									
		1	2	3	4	5	6	7	8	9	10
冬季	SVD	**0.582**	**0.521**	**0.589**	**0.704**	**0.686**	**0.651**	**0.726**	**0.707**	**0.823**	**0.720**
	MEOF	**0.476**	0.293	**0.595**	**0.548**	**0.476**	0.096	0.116	0.271	-0.037	0.125
夏季	SVD	**0.823**	**0.831**	**0.683**	**0.855**	**0.778**	**0.779**	**0.818**	**0.814**	**0.858**	**0.859**
	MEOF	**0.611**	**0.850**	**0.762**	**0.542**	**0.696**	**0.542**	**0.372**	**0.493**	**0.662**	**0.528**

注：粗体为通过 EMC 法信度 $\alpha=0.05$ 的显著性检验

由表 8.9 知：①SVD 方法给出的多数正交模（冬 9/10、夏 8/10）的 r_h 大于 MEOF；SVD 方法的 r_h 均通过信度 $\alpha=0.05$ 的 EMC 法显著性检验，而 MEOF 分析方法冬季 r_h、$h=2$、$\overline{6,10}$未通过显著性检验。②SVD 的主要模态的 r_h（$h=\overline{1,3}$）值稳定，而 MEOF 的 r_h 则起伏大，甚至出现不显著值（冬季 r_2）。③SVD 的夏季 r_h 全部大于冬季同序 r_h，集中反映了中国 $\boldsymbol{F}$、$\boldsymbol{G}$ 相关性

夏强冬弱的季节变化特征,该结果与 $\boldsymbol{F}$、$\boldsymbol{G}$ 局地同期相关分析结果(见第 5 章)相同。上述相关分析结果差异,是由两种分析方法分析原理差异决定的。

8.4.2 均衡性比较

均衡性是指描述分析对象 $\boldsymbol{F}$ 与 $\boldsymbol{G}$ 的同序正交模 $\tilde{\boldsymbol{x}}_h$、$\boldsymbol{q}_h$ 与 $\tilde{\boldsymbol{y}}_h$、$\boldsymbol{r}_h$ 在拟合 $\boldsymbol{F}$、$\boldsymbol{G}$ 模方中的差异。类似于 MEOF 分析中均衡度 γ_h 的定义[式(7.36)],对相同分析对象($\boldsymbol{F}$、$\boldsymbol{G}$ 为 $m_1=m_2$ 的标准化距平场序列),SVD 中的均衡度 γ_h 定义为

$$\gamma_h=\frac{\min({}_f\rho_h,{}_g\rho_h)}{\max({}_f\rho_h,{}_g\rho_h)} \tag{8.25}$$

表 8.10 给出了中国 160 站 60 年季 $\boldsymbol{F}$、$\boldsymbol{G}$ SVD、MEOF 分析的 γ_h、$h=\overline{1,10}$;式中 ${}_f\rho_h$、${}_g\rho_h$ 引自表 8.5 和表 8.6,MEOF 的 γ_h 引自表 7.4。

表 8.10 中国 160 站 60 年季 $\boldsymbol{F}$、$\boldsymbol{G}$ 的 SVD、MEOF 分析同序正交模的均衡度 γ_h 比较

季节	方法	h									
		1	2	3	4	5	6	7	8	9	10
冬季	SVD	**0.22**	**0.63**	**0.99**	0.80	**0.58**	**0.38**	**0.76**	0.28	0.05	0.04
	MEOF	0.05	0.15	0.67	**0.96**	0.52	0.23	0.20	**0.52**	**0.54**	**0.54**
夏季	SVD	**0.46**	0.41	0.25	**0.90**	0.77	0.65	**0.97**	0.83	**0.55**	**0.58**
	MEOF	0.09	**0.56**	**0.56**	0.49	**0.79**	**0.96**	0.96	**0.89**	0.41	0.41

注:粗体为 SVD、MEOF 方法 γ_h 的相对高值

由表 8.10 知:冬季 SVD 方法主要正交模的 $\gamma_h(h=\overline{1,3})$ 均大于 MEOF,夏季 SVD 主要正交模的 γ_2、γ_3 虽小于 MEOF,但其值差异相对较小(与冬季 MEOF 的 γ_1、γ_2 远小于 SVD 相比)。故 SVD 方法所得主要正交模的均衡性优于 MEOF 分析。

上述相关性、均衡性比较表明,若将 $\boldsymbol{F}$、$\boldsymbol{G}$ 的耦合关系理解为它们的互相关关系,则 SVD 方法是揭示 $\boldsymbol{F}$、$\boldsymbol{G}$ 之间耦合关系的较好方法,MEOF 分析方法则存在明显缺陷。

8.5 小　　结

(1)SVD 方法用于两种要素场($\boldsymbol{F}$ 和 $\boldsymbol{G}$)序列间相关联系的分析;它与相关分析的目的相同(揭示相关)、对象不同(相关分析为 $\boldsymbol{f}$、$\boldsymbol{g}$),而与 EOF 分析的目的($\boldsymbol{F}$ 或 $\boldsymbol{G}$ 的时空结构)、对象($\boldsymbol{F}$ 或 $\boldsymbol{G}$)均不同。

(2)SVD 方法的计算归结于求距平场序列 $\boldsymbol{F}'$、$\boldsymbol{G}'$ 或标准化距平场序列 $\tilde{\boldsymbol{F}}'$、$\tilde{\boldsymbol{G}}'$ 乘积矩阵 $\boldsymbol{C}$ 的奇异值 μ_h,奇异向量 $\tilde{\boldsymbol{x}}_h$、$\tilde{\boldsymbol{y}}_h$ 及时间系数 $\boldsymbol{q}_h$、$\boldsymbol{r}_h$,求 μ_h、$\tilde{\boldsymbol{x}}_h$、$\tilde{\boldsymbol{y}}_h$ 的计算全同于 EOF 分析中求 $\boldsymbol{C}$、$\boldsymbol{C}^{\mathrm{T}}$ 的 λ_h、$\tilde{\boldsymbol{x}}_h$。SVD 方法主要统计量 μ_h、$\tilde{\boldsymbol{x}}_h$、$\tilde{\boldsymbol{y}}_h$、$\boldsymbol{q}_h$、$\boldsymbol{r}_h$ 的意义均可以从几何角度得到直观解释。

(3)从环流异常分析与预报目的出发的 SVD 方法,其分析对象为距平或标准化距平场

序列;此时,SVD 的主要目的是求两种要素场序列间极强相关联系的空间型($\tilde{\boldsymbol{x}}_h$、$\tilde{\boldsymbol{y}}_h$)及其时变特征($\boldsymbol{q}_h$、$\boldsymbol{r}_h$)。

(4)SVD、MEOF 分析方法在揭示 $\boldsymbol{F}$、$\boldsymbol{G}$ 相关上接近,存在可比较性;但定量分析表明,SVD 方法同序正交模的相关系数 r_h、均衡度 γ_h 均明显大于 MEOF,因此在场序列互相关关系的分析上,SVD 方法明显优于 MEOF 分析。

参考文献

拉梅奇 C S,1978. 季风气象学[M]. 冯秀藻,等译. 北京:科学出版社.

李丽平,马晨誉,倪语蔓,等,2018. 中国冬夏季气温和降水异常耦合关系的 SVD 与 MEOF 分析对比[J]. 大气科学学报,41(5):647-656.

柳重堪,1982. 正交函数及其应用[M]. 北京:国防工业出版社.

刘德贵,费景高,于泳江,等,1983. Fortran 算法汇编:第二分册[M]. 北京:北京国防工业出版社.

莫伊克 J G,1987. 遥感图像的数字处理[M]. 徐建平,张青山,王瑛译. 北京:气象出版社.

孙照渤,章基嘉,华莱士 J M,1991. 冬季北大西洋地区海表温度与500 百帕高度的奇异值分解[J]. 南京气象学院学报,14(3):287-292.

王盘兴,周伟灿,王欣,等,1997. 气象向量场奇异值分解方法及其应用[J]. 南京气象学院学报,20(2):152-157.

王盘兴,周伟灿,王欣,等,1998. 赤道太平洋区域风应力与海表温度年际异常的奇异值分解[J]. 应用气象学报,9(3):265-282.

吴洪宝,吴蕾,2005. 气候变率诊断和预测方法[M]. 北京:气象出版社.

张尧庭,方开泰,2013. 多元统计分析引论[M]. 武汉:武汉大学出版社.

赵红旭,葛玲,1991. 北半球臭氧总量及大气环流与臭氧总量年际异常的联系[J]. 南京气象学院学报,14(增刊):473-481.

周晓霞,王盘兴,段明铿,等,2007. 我国季平均气温和降水局地同时相关的时空特征[J]. 应用气象学报,18(5):601-609.

Golub G H, Kahan W, 1965. Calculating the singular values and pseudo-inverse of a matrix[J]. SIAM Journal on Numerical Analysis: Series B, 2(2): 205-224.

Golub G H, Reinsch C, 1970. Singular value decomposition and least squares solutions [J]. Numerische Mathematik, 14(5): 403-420.

Iwasaka N, Wallace J M, 1995. Large scale air sea interaction in the Northern Hemisphere from a view point of variation of surface heat flux by SVD analysis[J]. Journal of Meteorogical Society of Japan, 73(4): 781-794.

Kalnay E, Kanamitsu M, Kistler R, et al., 1996. The NCEP/NCAR 40-year reanalysis project[J]. Bulletin of the American Meteorological Society, 77(3): 437-471.

Moik H, 1980. Digital processing of remotely sensed images[R]// NASA SP-431. NASA, Washington D. C..

Palmer T N, Sun Z B, 1985. A modelling and observational study of the relationship between sea surface temperature in the north-west Atlantic and the atmospheric general circulation[J]. Quarterly Journal of the Royal Meteorological Society, 111(470): 947-975.

Roger J C, 1984. The association between the North Atlantic Oscillation and the Southern Oscillation in the Northern Hemisphere[J]. Monthly Weather Review, 112(10): 1999-2015.

Shen S, Lau K M, 1995. Biennial oscillation associated with the East Asian summer monsoon and tropic sea surface temperature[J]. Journal of Meteorogical Society of Japan, 73(1): 105-124.

Wallace J M, Gutzler D S, 1981. Teleconnections in the geopotential height field during the Northern Hemisphere winter[J]. Monthly Weather Review, 109(4): 784-812.

Wang P X, He J H, Guo P W, et al., 2001. Regional differences of temporal- spatial characteristics of air- sea interactions in tropical oceans[J]. Acta Meteorologica Sinica, 15(4): 407-419.

Weare B, 1977. Empirical orthogonal analysis of Atlantic Ocean surface temperature[J]. Quarterly Journal of the Royal Meteorological Society, 103(437): 467-478.

复 习 题

1. SVD 方法的分析对象和分析目的是什么？

2. 试述 SVD 方法的主要步骤；其主要统计量有哪些？

3. 当 SVD 的对象 $\boldsymbol{F}$、$\boldsymbol{G}$ 为距平场序列（即 $\boldsymbol{F}'$、$\boldsymbol{G}'$）和标准化距平场序列（即 $\tilde{\boldsymbol{F}}'$、$\tilde{\boldsymbol{G}}'$）时，相关函数矩阵 $\boldsymbol{C}=\boldsymbol{F}\boldsymbol{G}^{\mathrm{T}}$ 及其元素 $c_{ii'}$ 的统计意义是什么？$\boldsymbol{x}_1$、$\boldsymbol{y}_1$ 是否是相关系数最大的空间型？为什么？

4. 给定距平场序列 $\boldsymbol{F}'_{m_1\times n}$、$\boldsymbol{G}'_{m_2\times n}$，从几何角度阐述第一对奇异向量 $\boldsymbol{x}_1$、$\boldsymbol{y}_1$ 及奇异值 μ_1 是怎样确定的？$\boldsymbol{x}_2$、$\boldsymbol{y}_2$ 及 μ_2 是怎样确定的？据此阐述 $\boldsymbol{x}_h$、$\boldsymbol{y}_h$ 及 μ_h 的环流意义。

5. 根据时间系数 $\boldsymbol{q}_h$、$\boldsymbol{r}_h$、$h=\overline{1,H}$ 在相空间中的关系（图 8.5），说明 $\boldsymbol{q}_h$、$\boldsymbol{r}_h$ 的内部、外部相关特点。

6. 根据 8.4 节、7.4 节中相关系数矩阵 $\boldsymbol{C}$、$\boldsymbol{D}$ 分析及实例，阐明 SVD 和 MEOF 分析方法所揭示的 $\boldsymbol{F}$、$\boldsymbol{G}$ 间的相关和耦合关系的主要差别？为揭示 $\boldsymbol{F}$、$\boldsymbol{G}$ 之间的最强互相关联系，应当采用 SVD、MEOF 分析方法中的哪一种？为什么？

7*. 参照第 6 章复习题第 7* 题，将与距平场序列

$$\boldsymbol{F}_{2\times5}=\begin{pmatrix}-3 & 3 & -1 & -2 & 3\\ -2 & 4 & -3 & -1 & 2\end{pmatrix}、\boldsymbol{G}_{2\times5}=\begin{pmatrix}-3 & 3 & -1 & -2 & 3\\ 1 & -3 & 2 & 1 & -1\end{pmatrix}$$

对应的 E^2 中的单位自由向量 $\boldsymbol{x}$、$\boldsymbol{y}$ 写作 $\boldsymbol{x}=\cos\alpha_f\boldsymbol{e}_1+\sin\alpha_f\boldsymbol{e}_2$，$\boldsymbol{y}=\cos\alpha_g\boldsymbol{e}_1+\sin\alpha_g\boldsymbol{e}_2$，则投影向量 $\boldsymbol{p}_x\boldsymbol{F}$、$\boldsymbol{p}_y\boldsymbol{G}$ 内积平方为

$$\mu(\boldsymbol{x},\boldsymbol{y})=(\boldsymbol{p}_x\boldsymbol{F},\boldsymbol{p}_y\boldsymbol{G})^2=\left\{\sum_{j=1}^{n}\left[(f_{1j}\cos\alpha_f+f_{2j}\sin\alpha_f)(g_{1j}\cos\alpha_g+g_{2j}\sin\alpha_g)\right]\right\}^2=\mu(\alpha_f,\alpha_g)$$

要求：

a）取分辨率 $\Delta\alpha_f=\Delta\alpha_g=1°$，写出计算场序列 $\boldsymbol{F}_{2\times n}$ 在 $\boldsymbol{x}$ 上、$\boldsymbol{G}_{2\times n}$ 在 $\boldsymbol{y}$ 上的投影向量内积平方 $\mu(\alpha_f,\alpha_g)$，$\alpha_f=\overline{0,360}$、$\alpha_g=\overline{0,360}$ 的程序；

b）完成 $\mu(0:360,0:360)$ 的计算；

c）在如下图上绘制 $\mu(\alpha_f,\alpha_g)$ 的等值线图，以 H、L 分别标注高、低中心，并给出其极值 μ_1、μ_2 及它们出现的位置 $(\alpha_{f_1},\alpha_{g_1})$、$(\alpha_{f_2},\alpha_{g_2})$ 值（精确到 1°），求出奇异值 μ_h，$h=\overline{1,2}$ 对应的标准化左、右奇异向量 $\boldsymbol{x}_h$、$\boldsymbol{y}_h$，$h=\overline{1,2}$；

d）根据 $\mu(\alpha_f,\alpha_g)=\mu(\boldsymbol{x},\boldsymbol{y})$ 图，说明 SVD 方法实质及主要统计量（μ_h、$\boldsymbol{x}_h$、$\boldsymbol{y}_h$）的几何意义。

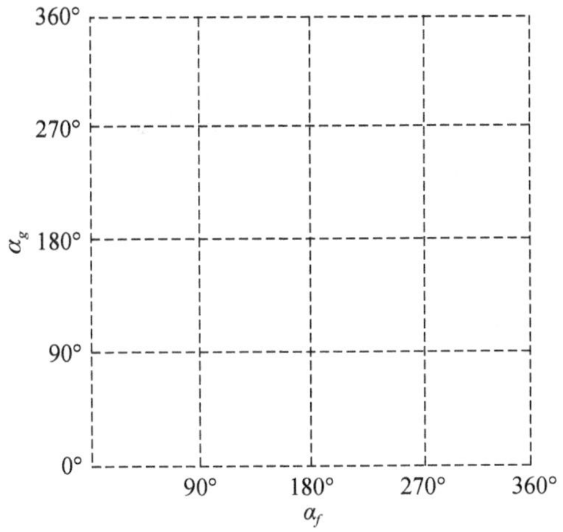

$\mu(\alpha_f,\alpha_g)=\mu(\boldsymbol{x},\boldsymbol{y})$图

第 9 章　气候资料空间均匀化订正及应用

气候资料是气候及其异常分析的基本依据，它们通常以格、站点网上场的时间序列形式给出。在时域上，时间间隔的选取一般是均匀的，即 Δt 为常数。而在空域上，格、站点网一般是不均匀的；这里，不均匀指单个格、站点代表的面积 ΔS 不是常数。站点的空间不均匀性是显然的；而如矩形均匀经纬格点网，它们沿纬圈（或经线）的一维格点网是均匀的，但球面二维格点网不均匀。本书第 2 ~ 8 章涉及的环流分析方法，以及用格（站）点资料求区域均值、模方、特征向量、奇异向量等统计量的常用方法，均假定格、站点网是空间均匀的，这与气候资料的实际情形不符。若不加以处理就将它们用于实际分析，所得结果必然是失真的和需加订正的（Buell，1971；Dyer，1975；Morin et al.，1979；Karl et al.，1982；祝昌汉，1992；丁裕国，1993；丁裕国、江志红，1995）。为此，需据分析目的，按随机函数论要求（卡札凯维奇，1974），对气候资料作空间均匀化订正。格点网上的气候资料，如 NCEP/NCAR 或 ECMWF 再分析资料，其空间平均值及 EOF 分析的均匀化订正问题已经得到解决（Chung and Nigam，1999）。这里，主要根据我们最近的研究（王盘兴等，2011；周国华等，2011，2012；谢瑶瑶等，2013；罗小莉等，2011，2015），结合中国 160 站站网年、季气温、降水资料，给出站点网全国平均气温计算及 EOF 分析、SVD 方法的空间均匀化订正方法及其应用。

9.1　站网不均匀性度量参数

站网不均匀性是指站点在地理区域上分布不均匀的现象。以中国 160 站站网（图 9.1）为例，其东南部（Ⅰ区：97.5°E 以东，37.5°N 以南）站点分布密集，东北部（Ⅱ区：105°E 以东，37.5°N 以北）次之，西北部（Ⅲ区：105°E 以西，37.5°N 以北）站点分布稀疏，西南部（Ⅳ区：97.5°E 以西，37.5°N 以南）站点极为稀少；Ⅰ至Ⅳ区面积比约为 385 : 203 : 173 : 199，站数

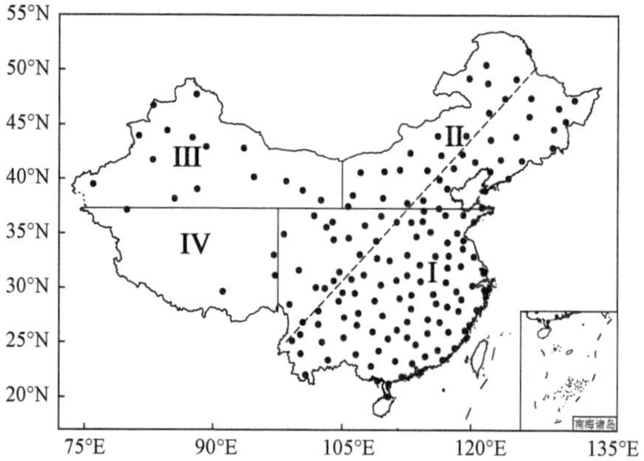

图 9.1　中国 160 站站网不均匀性示意

实线为区域分界线，虚线为胡焕庸线。注：原文献中Ⅰ、Ⅳ区分界线为 95°E，这里改为 97.5°E

比为 103∶41∶12∶4；站网的不均匀性是极其明显的。为定量描述站网不均匀性，本节先一般地定义站网中 s 站站域面积 d_s 及 s 站站网密度 m_s 两个度量参数；再结合中国 160 站站网给出 d_s、m_s 计算方案，完成 d_s、m_s、$s=\overline{1,160}$的计算；最后通过 d_s、m_s 图的分析，论证 d_s、m_s 用以描述站网不均匀性的合理性。d_s、m_s 的应用则在本章其余各节给出。

9.1.1　d_s、m_s 的定义

设由 m 个测站构成的站网覆盖区域为 Ω，面积为 D，其第 s 站在球面上的位置 $p_s=(\lambda_s,\varphi_s)$已知。选定 p_s 为极点、面积为 S_0 的球冠区 Ω_s（图 9.2），S_0 中有属于站网的面积 D_s、测站 $\hat{m}_s$ 个。由此，定义 s 站站域面积 d_s、站网密度 m_s 为

$$d_s=D_s/\hat{m}_s,\quad m_s=S_0/d_s \tag{9.1}$$

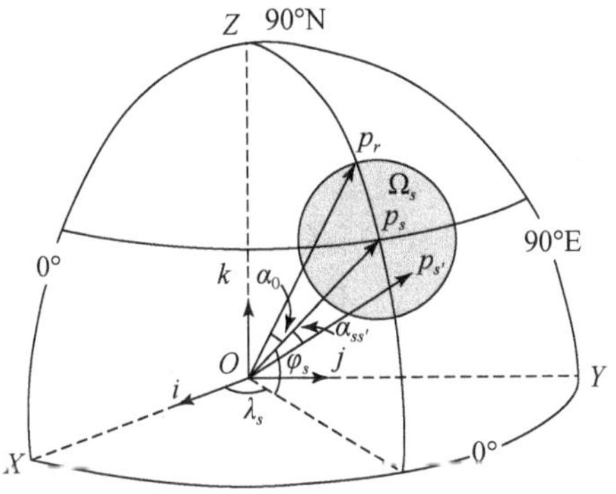

图 9.2　计算 m_s、d_s 的坐标系

为计算 d_s、m_s，需先选定 S_0，然后确定 Ω_s 中属于站网的面积 D_s 和属于站网的测站数 $\hat{m}_s$，最后据式(9.1)求得 d_s、m_s。其确定方法如下：①S_0 是与站网、要素有关的一个面积常数，需据分析经验选定，目的是使 d_s、m_s 的计算结果较好反映站网不均匀性。②D_s 的计算依赖于站网区域 Ω_s 边界线的地理信息，如球冠区 Ω_s 内无 Ω_s 的边界线通过，则 s 站为内陆站，其 $D_s=S_0$；若 Ω_s 中有 Ω_s 的边界线通过，则 s 站为边界站，其 D_s 是 Ω_s 中属于 Ω 的部分的面积，$D_s<S_0$。③为确定 $\hat{m}_s$，需建立地心直角坐标系 $O\text{-}XYZ$（图 9.2），其原点 O 在地心，轴 X、Y 指向赤道上的$(\lambda,\varphi)=(0°,0°)$、(90°E,0°)点，$Z$ 轴指向北极点。对给定站网，s、s'站所在位置 p_s、$p_{s'}$的地理参数(λ_s,φ_s)、$(\lambda_{s'},\varphi_{s'})$已知，两测站间的球面距离$\overset{\frown}{p_sp_{s'}}$为

$$\overset{\frown}{p_sp_{s'}}=a\alpha_{ss'} \tag{9.2}$$

式中，a 为地球平均半径，取 6371km；$\alpha_{ss'}$为位置向量$\overline{Op_s}$、$\overline{Op_{s'}}$的球面角距离(rad)，算式为

$$\begin{aligned}\alpha_{ss'}&=\angle p_sOp_{s'}=\arccos[(\overline{Op_s},\overline{Op_{s'}})/(\|\overline{Op_s}\|\|\overline{Op_{s'}}\|)]\\&=\arccos(\cos\varphi_s\cos\lambda_s\cos\varphi_{s'}\cos\lambda_{s'}+\cos\varphi_s\sin\lambda_s\cos\varphi_{s'}\sin\lambda_{s'}+\sin\varphi_s\sin\varphi_{s'})\end{aligned} \tag{9.3}$$

式中，(,)、‖　‖为内积、模算符。由式(9.3)可求得站网全部测站间的球面角距离 $\alpha_{ss'}$，s、$s'=\overline{1,m}$。由选定的 Ω_s 的面积 S_0 及地球半径 a，可求出 p_s 至 Ω_s 边界上任意点 p_r 的球面角距离

$$\alpha_0 = \arccos \frac{1-S_0}{2\pi a^2} \tag{9.4}$$

当 $\alpha_{ss'} \leqslant \alpha_0$ 时，s'站落在 s 站的 Ω_s 上；故可引进判别函数

$$I_{ss'} = \begin{cases} 1, & \alpha_{ss'} \leqslant \alpha_0 \\ 0, & \alpha_{ss'} > \alpha_0 \end{cases}$$

其中，落在 Ω_s 上的站点总数 $\hat{m}_s = \sum_{s'=1}^{160} I_{ss'}$，它是包含 s 站在内的落在 Ω_s 上的测站总数。

选定 S_0 并求 D_s、$\hat{m}_s$ 后，就可由式(9.1)求出 d_s、m_s，其具体方法见中国 160 站站网 d_s、m_s 的计算。

9.1.2　中国 160 站站网 d_s、m_s 的计算与分析

1. 计算

中国陆地面积约 $960\times10^4\text{km}^2$，中国 160 站站网的站均面积约为 $6\times10^4\text{km}^2$；由图 9.1 知，该站网不均匀性极其明显。因为主要气候量(季、月平均气压，以及风、气温、降水)及其异常的单站代表性较好，我们根据经验选取 Ω_s 的面积 $S_0=50\times10^4\text{km}^2$，对应 $\alpha_0\approx0.063\text{rad}\approx3.558°$；它保证了 $\hat{m}_s$ 的均值在 8(站)以上，因此保证了 d_s、m_s 的质量。图 9.3 给出了 $S_0=50\times10^4\text{km}^2$时，中国 160 站站网的 Ω_s 覆盖区域示意，它较好地覆盖了除西藏局部及南海诸岛外的绝大部分中国陆地区域。图 9.3 上的 Ω_s 边界线是图 9.2 上以 s 站为北极点的极冠区边界，在比例相等的矩形图上，它类似于椭圆，简称类椭圆；记图 9.2 中 s 站 Ω_s 的边界上任意点为 p_r，它位于(λ,φ)，以$\overline{Op_r}$替代式(9.3)中的 s'，则可导出 Ω_s 边界线经度 λ 随纬度 φ 变化的方程

$$\lambda = \lambda_s - \arccos \frac{\cos\alpha_0 - \sin\varphi_s \sin\varphi}{\cos\varphi_s \cos\varphi}$$

式中，α_0 为式(9.4)的 Ω_s 的角半径。故 λ 是以 S_0、λ_s、φ_s 为参数并随 φ 变化的函数。

根据 Ω_s 边界线位置变量 λ、φ 的上述关系，可以给出 $S_0=50\times10^4\text{km}^2$ 时中国 160 站 Ω_s 的边界线(图 9.3)。根据图 9.3，可将测站分为边界站、内陆站两类，边界站的 Ω_s 有海岸线

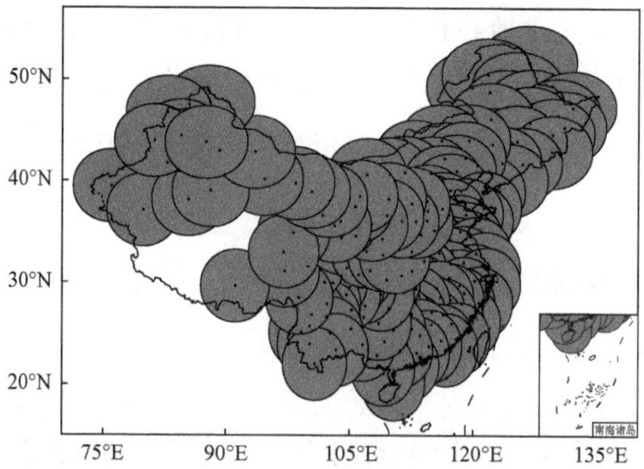

图 9.3　中国 160 站站网 Ω_s 覆盖区域示意图($S_0=50\times10^4\text{km}^2$)

或陆地国界线通过,内陆站的 Ω_s 则没有。由此得中国 160 站中有 56 个内陆站、104 个边界站。内陆站的 $D_s=S_0$;边界站 D_s 通过 $\Delta\lambda=\Delta\varphi=0.25°$ 的细网格求得(王盘兴等,2011),其 $D_s<S_0$。

表 9.1 给出了阿勒泰(代表陆地边界站)、兰州(代表内陆站)、上海(代表海洋边界站)的 D_s、$\hat{m}_s$ 及 d_s、m_s 值,图 9.4 给出了计算用图,其 Ω_s 边界取自图 9.3。本书末附表 A 给出了中国 160 站的 d_s、m_s。

表 9.1　阿勒泰、兰州、上海的 $\hat{m}_s$、m_s 和 D_s、d_s

站序 s	站名	λ_s/°E	φ_s/°N	$\hat{m}_s$	m_s	D_s	d_s
156	阿勒泰	88.08	47.73	1	2.20	0.454	0.454
138	兰州	103.88	36.05	9	9.00	1.000	0.111
56	上海	121.46	31.41	10	24.41	0.413	0.041

注:$\hat{m}_s$、m_s 的单位为站/(50×10^4 km²);D_s、d_s 的单位为 50×10^4 km²

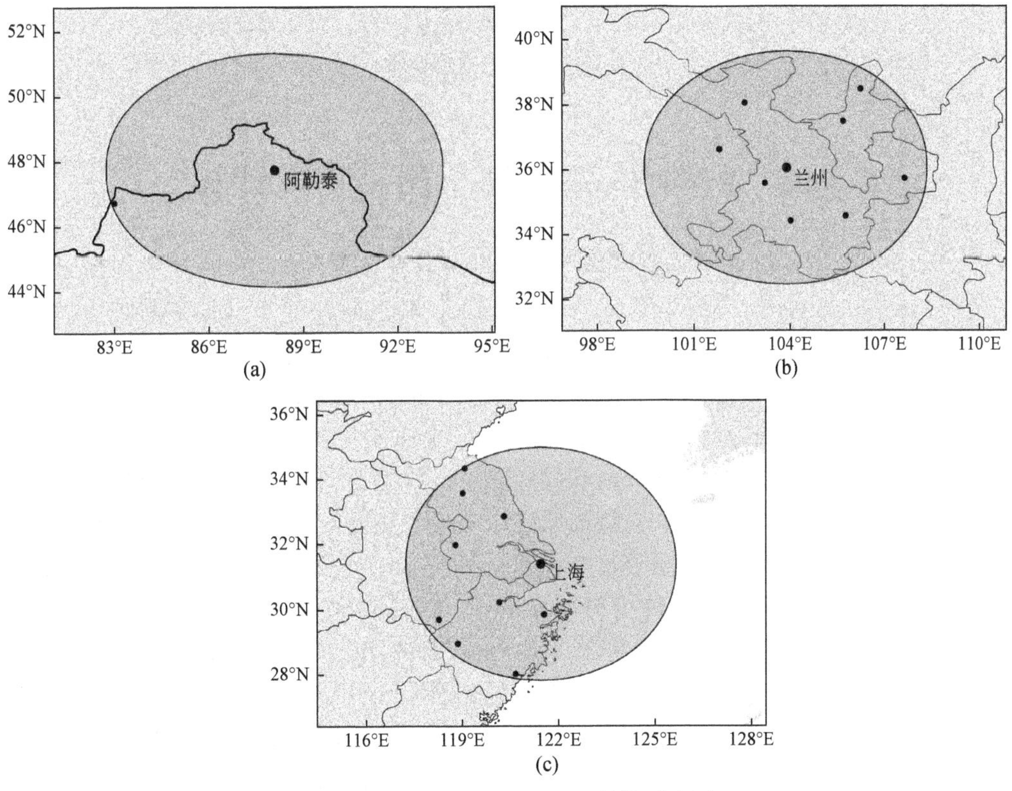

图 9.4　两类(三种)测站 Ω_s 结构示意图

(a)阿勒泰(陆地边界站);(b)兰州(内陆站);(c)上海(海洋边界站)。类椭圆区域为 Ω_s 覆盖区域,圆点为覆盖区域内其他台站,浅阴影区为陆地,白色区为海洋,黑色曲线为陆地国境线

2. m_s、d_s 分析

由图 9.5 可见,中国 160 站站网密度 m_s 从我国东南部向西、向北减小,而站域面积 d_s 则

呈增大趋势。m_s 极大值24.95 出现在青岛，相应的 $d_s=0.04$；m_s 极小值1.05 出现在和田，相应的 $d_s=0.952$ 为极大值。与图 9.1 对照，m_s、d_s 图均能定量地描述中国 160 站的站网不均匀性。

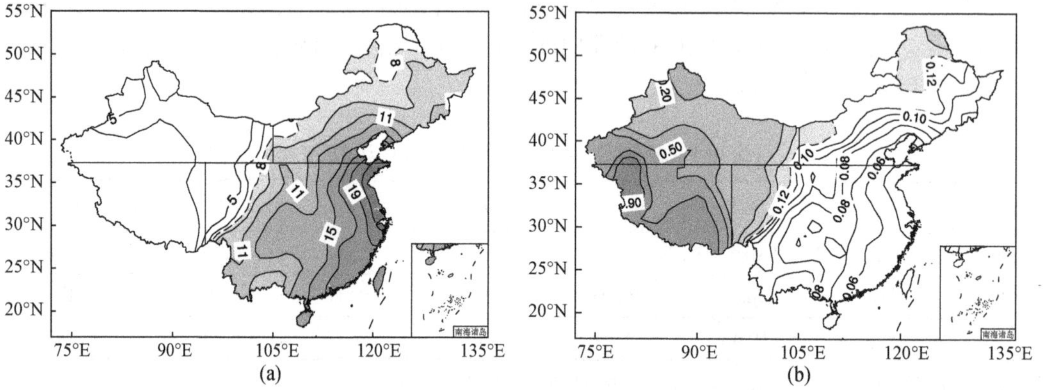

图 9.5　中国 160 站站网不均匀性度量参数分布

(a)站网密度 m_s(单位:站/(50×10^4km^2))；(b)站域面积 d_s(单位:50×10^4km^2)。直线是与图 9.1 对应的区域分界线；虚线近似为 m_s、d_s 的全国平均值；阴影区为大于平均值的区域

9.2　中国年、季气温全国平均值计算

全球增暖研究要求计算全球或区域平均气温及其变化。例如：IPCC 第 4 次报告估计，最近百年(1906 ~ 2005 年)全球年平均气温增高了 0.74℃；而近 50 年增暖趋势加大，增温率达 0.13℃/10a(Solomon et al.，2007)。近百年中国年平均地表气温明显增加，升温幅度为 0.5 ~ 0.8℃，比同期全球升温幅度平均值略高；近 50 年(1951 ~ 2004 年)，全国年平均地表气温增加 1.1℃，增温速率为 0.22℃/10a，明显高于全球或北半球同期平均增温速率(丁一汇等，2006)。增暖还存在明显的季节和区域差异；以我国为例，冬、春季是增暖最明显的季节，三北地区(西北、华北、东北)和青藏高原是增暖最明显的地区(陈隆勋等，1991；祝昌汉，1992；丁一汇、戴晓苏，1994；左洪超等，2004；任国玉等，2005a，2005b；唐国利、任国玉，2005；张晶晶等，2006；王劲松等，2008；陈少勇等，2009)。赵宗慈等(2005)发现，因资料及算法的差异，不同作者提供的我国 20 世纪后 50 年(1950 ~ 1999 年)增温速率分别为 0.73℃/50a、0.77℃/50a、0.92℃/50a、0.64℃/50a，存在明显差异。这里介绍周国华等(2011)采用 1951 ~ 2008年中国 160 站站网的年、季气温资料序列 $\boldsymbol{F}$ 及本书附表 A 所给站域面积 d_s、$s=\overline{1,160}$，计算中国全国平均气温序列，分析其气候及异常特征的结果。

9.2.1　资料及算法

用我国 160 站 1951 ~ 2009 年逐月平均气温资料求得 1951 ~ 2008 年 58 年年、季平均气温场序列，j 年春、夏、秋季季平均分别是 j 年 3 ~ 5 月、6 ~ 8 月、9 ~ 11 月 3 个月的平均，j 年冬

季季平均是 j 年 12 月和次年 1 月、2 月 3 个月的平均，j 年年平均是 j 年的上述四季均值的平均。它们的矩阵形式均为

$$\boldsymbol{F}=\begin{pmatrix} f_{11} & f_{12} & \cdots & f_{1n} \\ f_{21} & f_{22} & \cdots & f_{2n} \\ \vdots & \vdots & & \vdots \\ f_{m1} & f_{m2} & \cdots & f_{mn} \end{pmatrix} \tag{9.5}$$

其中，i 行行向量 $\boldsymbol{f}_i$ 是第 i 站该要素的时间序列，长度 $n=58$ 年；j 列列向量 $\boldsymbol{f}_j$ 是 j 年全国气温场，站点总数 $m=160$。以 $\bar{\boldsymbol{f}}$ 记气候场，其元素 $\bar{f}_i = \sum_{j=1}^{n} f_{ij} \Big/ n$；以 $\boldsymbol{f}'_j$ 记 j 年距平场，$\boldsymbol{f}'_j=\boldsymbol{f}_j-\bar{\boldsymbol{f}}$，其元素 $f'_{ij}=f_{ij}-\bar{f}_i$；场序列 $\boldsymbol{F}'$ 与式(9.5)结构相同。

利用站域面积 d_i、$i=\overline{1,160}$（以下用 i 替代 s 作站序）构造第一类面积权重系数场向量

$${}_1\boldsymbol{w}=({}_1w_1 \quad {}_1w_2 \quad \cdots \quad {}_1w_m)^{\mathrm{T}} \tag{9.6}$$

其 i 站分量为

$${}_1w_i = d_i \Big/ \sum_{i=1}^{m} d_i$$

显然，$0<{}_1w_i<1$，$\sum_{i=1}^{m} {}_1w_i = 1$。站点分布密集区域 d_i 小、${}_1w_i$ 小；反之，d_i 大、${}_1w_i$ 大。由此得 $\bar{\boldsymbol{f}}$、$\boldsymbol{f}_j$ 和 $\boldsymbol{f}'_j$ 站网均匀化订正后的全国平均值计算式为

$$\begin{aligned} [\bar{\boldsymbol{f}}] &= {}_1\boldsymbol{w}^{\mathrm{T}}\bar{\boldsymbol{f}} = \sum_{i=1}^{m} {}_1w_i \bar{f}_i \\ [\boldsymbol{f}_j] &= {}_1\boldsymbol{w}^{\mathrm{T}}\boldsymbol{f}_j = \sum_{i=1}^{m} {}_1w_i f_{ij} \\ [\boldsymbol{f}'_j] &= {}_1\boldsymbol{w}^{\mathrm{T}}\boldsymbol{f}'_j = \sum_{i=1}^{m} {}_1w_i f'_{ij} \end{aligned} \tag{9.7}$$

9.2.2　气候分布及全国平均值

图 9.6 给出了年和冬季、夏季气温的气候分布。我国东南部测站密集区（I 区）年、冬夏季均为高温区，新疆测站稀疏区夏季为另一高温区。

表 9.2 给出了按式(9.7)求得的年、季气温气候全国平均值 $[\hat{\bar{\boldsymbol{f}}}]$，还给出了其算术平均值 $[\bar{\boldsymbol{f}}]$。因为我国东南站网密集区绝大部分区域的年、季气温气候值均高于全国平均值，算术平均求得的全国平均气候值 $[\bar{\boldsymbol{f}}]$ 不适当地放大了 I 区高值区的权重，其值明显高于真值。本书方法求得的 $[\hat{\bar{\boldsymbol{f}}}]_1$ 与丁裕国和江志红（1995）用另一种面积权重方案（其站域面积为省、区面积除以该省、区测站总数，但不计西藏自治区）计算的气温气候值 $[\hat{\bar{\boldsymbol{f}}}]_2$ 差异较小，它们均明显低于 $[\bar{\boldsymbol{f}}]$。

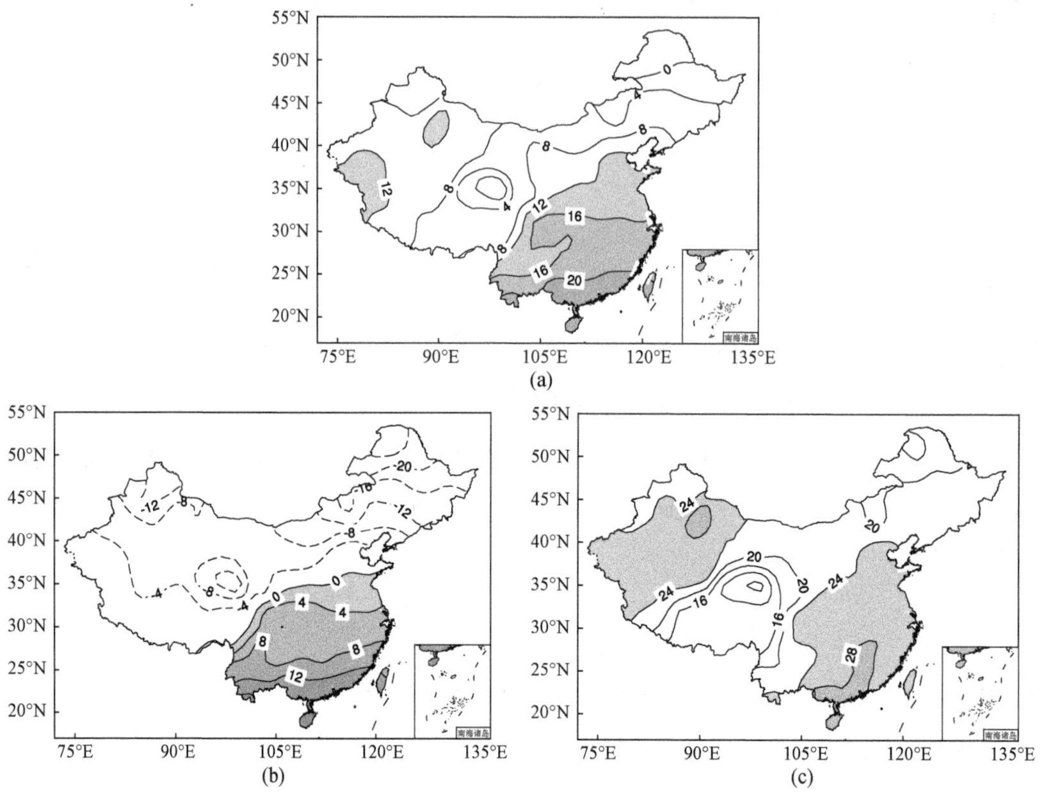

图 9.6　中国 1951 ~ 2008 年气温气候图(单位:℃)

(a)年(≥12);(b)冬季(≥0);(c)夏季(≥24)。括号内值为阴影区标准,等值线间隔为 4

表 9.2　1951 ~ 2008 年全国年、季平均气温值$[\hat{\bar{f}}]$、$[\bar{f}]$　　(单位:℃)

参数	年	冬	春	夏	秋
$[\hat{\bar{f}}]_1$	10.7	-2.9	11.9	22.6	11.0
$[\hat{\bar{f}}]_2$	10.4	-3.2	11.5	22.5	10.9
$[\bar{f}]$	12.6	0.0	13.2	23.8	13.3

注:$[\hat{\bar{f}}]_1$、$[\hat{\bar{f}}]_2$ 分别用本书、丁裕国和江志红(1995)权重方案求得

9.2.3　异常全国平均值及升温率

图 9.7 是全年和冬、夏季气温异常的全国平均$[\hat{f}'_j]$值[由式(9.7)求得]的演变曲线。可见:①全国平均的年和冬季气温异常年际变化明显大于夏季。方差分析(表 9.3)表明,冬季对全年的贡献最大(47.7%),夏季最小(11.7%),冬季约为夏季的 4 倍。②年、季距平的全国平均值曲线中存在显著线性分量(以直线表示)和年代际变化分量(以虚线表示)。方差分析(表 9.4)表明,除春、秋季$[\hat{f}'_j]$的年代际分量外,其余年、季 ρ_l、ρ_s 均在$[\hat{f}'_j]$的构成中

显著。

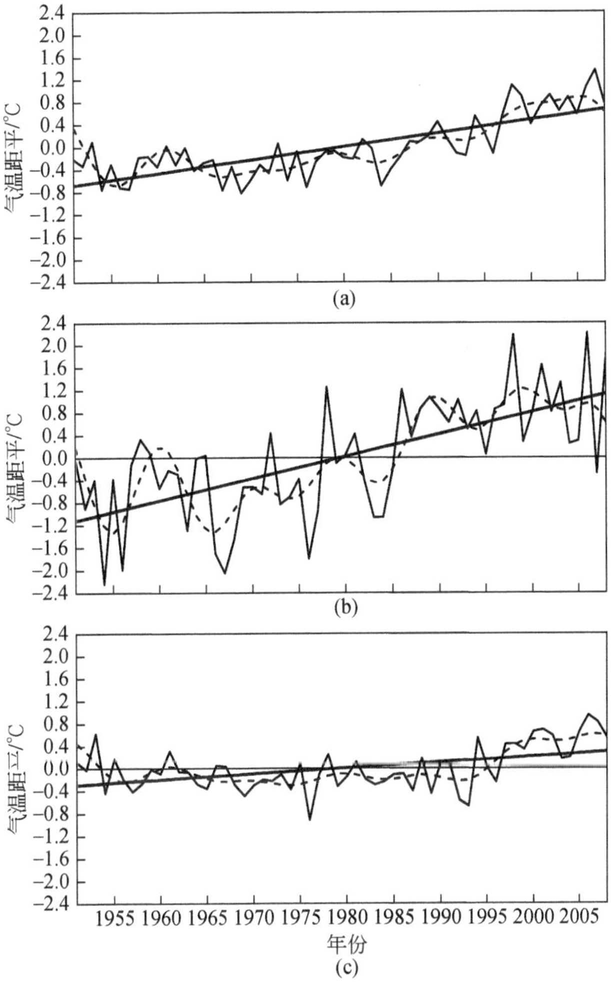

图9.7　1951~2008年全国平均气温距平演变曲线(单位:℃)

(a)年;(b)冬季;(c)夏季。实直线为线性分量,虚线为年代际变化分量

表9.3　58年(1951~2008年)中国季平均气温的总方差 S 及对四季总和的贡献 ρ

参数	冬	春	夏	秋	合计
S/℃^{2}	2.3	1.1	0.6	0.8	4.8
ρ/%	47.7	23.4	11.7	17.2	100.0

表9.4　58年(1951~2008年)中国年、季平均气温的总方差 S、线性趋势、年代际变化方差 S_l、S_s 及 S_l、S_s 对 S 的方差贡献 ρ_l、ρ_s

参数	年	冬	春	夏	秋
S/℃^{2}	0.53	2.31	1.13	0.57	0.84
S_l/℃^{2}	0.21	0.55	0.25	0.08	0.17

续表

参数	年	冬	春	夏	秋
ρ_l/%	**39.4**	**23.7**	**22.2**	**14.8**	**20.6**
S_s/℃^{2}	0.31	0.97	0.45	0.25	0.33
ρ_s/%	**59.3**	**41.9**	39.3	**43.6**	40.0

注：粗体为通过信度 α=0.01 的显著性检验，$F_{0.01}(1,56)=7.13$，$F_{0.01}(12,45)=2.62$

升温率 ΔT 是由线性趋势引起的分析时段内的升(+)、降(-)温总量。表 9.5 给出了任国玉等(2005b)提供的 1951～2004 年的年、季全国平均升温率(记为 $\Delta\hat{T}$)，以及由王盘兴等(2011)计算方案和 160 站气温资料求得的两种全国平均升温值 $\Delta\hat{T}_{58}$、$\Delta\hat{T}_{54}$。$\Delta\hat{T}$ 与 $\Delta\hat{T}_{54}$ 的显著差异出现在夏季，$\Delta\hat{T}$=0.8℃/54a，约为 $\Delta\hat{T}_{54}$ 的 3 倍。周国华等(2011)指出 $\Delta\hat{T}_{54}$、$\Delta\hat{T}$ 的差异是由站网不均匀性造成的。

表 9.5　气温变化幅度的全国平均值　　(单位：℃)

参数	年	冬	春	夏	秋
$\Delta\hat{T}_{58}$	1.4	2.3	1.5	0.6	1.2
$\Delta\hat{T}_{54}$	1.1	2.2	1.1	0.3	0.9
$\Delta\hat{T}$	1.3	2.1	1.5	0.8	1.1

注：$\Delta\hat{T}_{58}$($\Delta\hat{T}_{54}$)用 1951～2008 年(1951～2004 年)160 站气温资料求得，引自周国华等(2011)；$\Delta\hat{T}$ 是任国玉等(2005b)提供的与 $\Delta\hat{T}_{54}$ 对应的值

9.3　显著相关区面积及其显著性检验

5.2 节介绍了一张相关系数图 $\boldsymbol{r}$ 的显著性检验方法，即 Livezey 法(Livezey and Chen, 1983)。设 $\boldsymbol{r}$ 由 m 个格(站)点上的相关系数 r_i、$i=\overline{1,m}$ 构成，其中 k 个 r_i 通过信度 α 的显著性检验，称 k 为通过检验格(站)点数，则据伯努利(Bernoulli)定理，可由 m、α 确定 k 的临界值 k_α；当 $k \geqslant k_\alpha$ 时，图 $\boldsymbol{r}$ 通过信度 α 的显著性检验。

但是，Livezey 法确定 k_α 的方法隐含了两个假定：一是格(站)点网空间均匀，二是 r_i 独立；但对绝大部分的气候资料，这两个假设都不成立。因此，Livezey 和 Chen(1983)给出的基于 k 的 $\boldsymbol{r}$ 显著性检验方法存在缺陷。孙晓娟(2013)利用气候资料均匀化订正，引入一个新统计量——$\boldsymbol{r}$ 的显著相关区面积 $\hat{S}$，用它替代显著相关格(站)点数 k，可以消除格(站)点网不均匀的影响，弥补由假定一不成立带来的 Livezey 法的缺陷；然后用 EMC 法对 $\hat{S}$ 作显著性检验，则可消除 r_i 相关的影响。下面简要介绍其原理，并给出格(站)点网上 $\boldsymbol{r}$ 图相关区面积 $\hat{S}$ 的计算方法，以及 $\hat{S}$ 的显著性检验的两个实例。

9.3.1 原理

设场 $\boldsymbol{r}$ 的面积为 S, $\boldsymbol{r}$ 的显著相关格(站)点为 $k'=\overline{1,k}$,它们的面元面积或站域面积为 $d_{k'}$、$k'=\overline{1,K}$,则显著相关区面积

$$\hat{S}=\sum_{k'=1}^{K} d_{k'} \tag{9.8}$$

以 $\hat{S}$ 替代 k 度量 $\boldsymbol{r}$ 的相关程度,消除了格(站)点网不均匀性影响。另外,可以用 S、$\hat{S}$ 构造一个无量纲统计量

$$\gamma=\hat{S}/S \tag{9.9}$$

它是 $\boldsymbol{r}$ 上显著相关面积 $\hat{S}$ 占场总面积 S 的比例;按统计学原理,在 X、Y 无相关假设下,样本相关系数场 $\boldsymbol{r}$ 的 $\hat{S}$ 应在 αS 上下取值,γ 应在信度 α 上下取值,若 $\hat{S}$ 显著大于 αS、γ 显著大于 α,则 $\boldsymbol{r}$ 来自相关母体 X、Y。

用 EMC 法对 $\hat{S}(\gamma)$ 作显著性检验,需首先求得信度 α 下 $\hat{S}(\gamma)$ 的临界值 $\hat{S}_\alpha(\gamma_\alpha)$, $\hat{S}_\alpha(\gamma_\alpha)$ 可通过对 $\boldsymbol{X}$(或 $\boldsymbol{Y}$)随机排序 L 次,并计算 $\boldsymbol{r}_l$、$l=\overline{1,L}$的 $\hat{S}_l(\gamma_l)$、$l=\overline{1,L}$求得;若 $\hat{S}\geqslant\hat{S}_\alpha$(或 $\gamma\geqslant\gamma_\alpha$),则可判断 $\boldsymbol{r}$ 来自相关母体。在下面的实例中,我们给出 $\hat{S}$、γ 值,但只对 $\hat{S}$ 作显著性检验。

9.3.2 格点网 $\hat{S}$ 计算及检验实例

孙晓娟(2013)用 Hadley 中心的全球月平均海平面气压(SLP)场资料确定了北半球冬季五个大气活动中心,它们是冰岛低压(LIC)、北大西洋高压(HNA)、蒙古高压(HMO)、阿留申低压(LAL)和北太平洋高压(HNP);在此基础上,按王盘兴等(2007)给出的方法定义了它们的强度 P 和中心位置指数 $\vec{C}=(\lambda_c,\varphi_c)$,给出了它们的冬季环流指数 P、$\vec{C}$ 的多年序列。用 1951~2010 年($n=60$)的 P、$\vec{C}$ 与北半球同期 NCEP/NCAR 季平均气温(可降水量)场序列 $\boldsymbol{T}(\boldsymbol{R})$ 计算出四组共 20 张相关系数图 $\boldsymbol{r}$(见本书第 10 章图 10.19~图 10.22);对每张 $\boldsymbol{r}$ 图上的格点相关系数 $r(i,j)$ 或 $\vec{r}(i,j)$,作信度 $\alpha=0.05$ 的显著性检验,求得了显著相关格点数 k,标出了显著相关区。

因为 NCEP/NCAR T、R 的北半球格点位于 $\lambda_i=i\Delta\lambda$、$\varphi_j=j\Delta\varphi$, $i=\overline{0,143}$、$j=\overline{0,36}$、$\Delta\lambda=\Delta\varphi=\pi/72$,故北半球格点总数 $m=144\times(36+1)=5328$(注:为编程方便,北极点处理为 144 个格点)。将 $\Delta\lambda$、$\Delta\varphi$ 代入式(5.39),易得(λ_i,φ_j)格点对应单位半径球面元面积 $d(i,j)$。在 $\boldsymbol{r}$ 显著相关格点已知的情况下,可由式(9.8)、式(9.9)求得其 $\hat{S}$、γ。用 EMC 法对 $\hat{S}$、γ 作信度 $\alpha=0.05$ 的显著性检验,结果列于表 9.6。

表 9.6　1951 ~ 2009 年冬季北半球 ACA 指数与同期 T、R 场显著相关区面积 $\hat{S}(\gamma)$ 及显著性检验

ACA 指数 ~ 要素场	LIC	HNA	HMO	LAL	HNP
P-T(图 10.19)	**2.21** (0.352)	**2.06** (0.328)	**0.97** (0.154)	**2.11** (0.336)	**1.75** (0.279)
P-R(图 10.20)	**1.58** (0.252)	**1.94** (0.309)	**0.76** (0.121)	**1.78** (0.283)	**1.44** (0.229)
$\vec{C}$-T(图 10.21)	**0.78** (0.124)	0.57(0.091)	0.51(0.081)	**0.82** (0.131)	0.43(0.068)
$\vec{C}$-R(图 10.22)	0.52(0.083)	0.52(0.083)	0.27(0.043)	**0.83** (0.132)	0.34(0.054)

注：$\hat{S}$ 的单位为 $40.664\times10^6\ \mathrm{km}^2$；粗体 $\hat{S}$ 通过信度 $\alpha=0.05$ 的 EMC 法显著性检验

由表 9.6，北半球冬季五个大气活动中心（ACA）的异常与北半球同期气候异常相关显著，其主要特点为：①ACA 强度与同期北半球 T、R 相关均显著；但 P-T 相关强于 P-R，大洋上四个 ACA 的 P-T、P-R 相关又分别显著强于陆上 ACA（HMO）的 P-T、P-R。②ACA 位置与同期北半球 T、R 的相关要弱得多，只有高纬大洋上的 LIC 的 $\vec{C}$-T 及 LAL 的 $\vec{C}$-T、$\vec{C}$-R 相关显著，其余均不显著。

9.3.3　站点网 $\hat{S}$ 计算及检验实例

这里给出孙晓娟（2013）完成的中国 160 站站点网上两种相关系数图 $\boldsymbol{r}$ 相关区面积 $\hat{S}$（占比 γ）的计算和对 $\hat{S}$ 的显著性检验结果，以及它们与 Livezey 法检验结果的比较，$\hat{S}$ 的计算使用了本书附表 A 提供的中国 160 站站域面积 d_s、$s=\overline{1,160}$ 及图 5.4 上的显著相关站站序 $k'=\overline{1,K}$。

1. 中国 60 年 160 站季气温、降水局地同期相关系数场 $\boldsymbol{r}$

表 9.7 中的 $\hat{S}$ 是用图 5.4 及本书附表 A 的 d_s、$s=\overline{1,160}$ 按式（9.8）求得的，γ 是按式（9.9）求得的；$\hat{S}$ 检验用 EMC 法，k 值检验用 Livezey 法。可见，两种方法显著性检验结果定性相同（四季均显著），定量则存在微小差异（$\hat{S}$ 次强为冬、春季，k 次强为春、冬季）。

表 9.7　中国 60 年 160 站季气温、降水局地同期 r 场 $\hat{S}(\gamma)$、k 的显著性检验（$\alpha=0.05$）

参数	冬(12 月 ~ 次年 2 月)	春(3 ~ 5 月)	夏(6 ~ 8 月)	秋(9 ~ 11 月)
$\hat{S}(\gamma)$	**6.077** (0.317)	**5.397** (0.281)	**14.550** (0.758)	**4.308** (0.224)
k	**40**	**58**	**127**	**37**

注：$\hat{S}$ 的单位为 $50\times10^4\ \mathrm{km}^2$；粗体 $\hat{S}$、k 分别通过信度 $\alpha=0.05$ 的 EMC 法、Livezey 法显著性检验

2. 冬季北半球大气活动中心强度与中国 160 站同期气温、降水相关系数场 $\boldsymbol{r}$

用孙晓娟（2013）提供的冬季北半球五个大气活动中心（ACA）的强度 P 序列，计算了 1951 ~ 2009 年它们与中国 160 站同期气温 T、降水 R 的相关系数场 $\boldsymbol{r}$（图 9.8、图 9.9）。可见，P-T 的相关明显强于 P-R，显著相关主要是高纬 ACA 的 P-T。

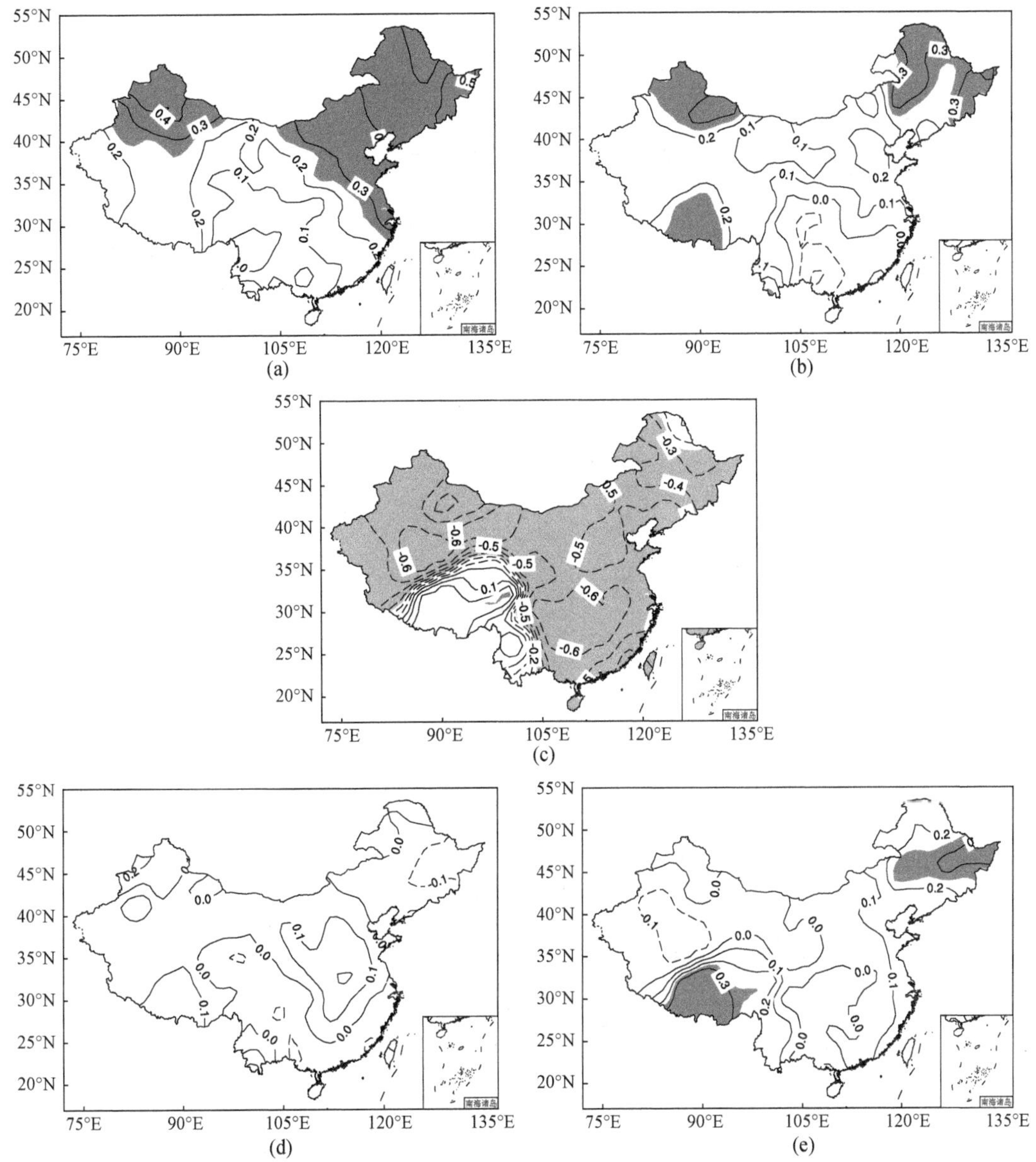

图9.8　1951～2009年冬季北半球ACA强度指数P与中国160站地面气温同期相关系数场$\boldsymbol{r}$
(a)LIC;(b)HNA;(c)HMO;(d)LAL;(e)HNP。图中阴影区为通过信度$\alpha=0.05$的t检验显著相关区域

统计了图上通过信度$\alpha=0.05$的t检验的站数k,计算显著相关区面积$\hat{S}$。在信度$\alpha=0.05$下分别用Livezey法和EMC法对$\boldsymbol{r}$的显著站数k、显著相关区面积$\hat{S}$作了显著性检验,结果列于表9.8、表9.9。可见,两种方法检验结果的差别是明显的:10个相关系数场$\boldsymbol{r}$中,通过Livezey法(对k)检验的有7个$\boldsymbol{r}$场,其中,P-T的3个,P-R的4个;而通过EMC法(对$\hat{S}$)检验的只有4个$\boldsymbol{r}$场,其中,P-T的3个,P-R的只有1个。参照图9.8、图9.9,通过$\hat{S}$的EMC法检验结果更合乎实际。

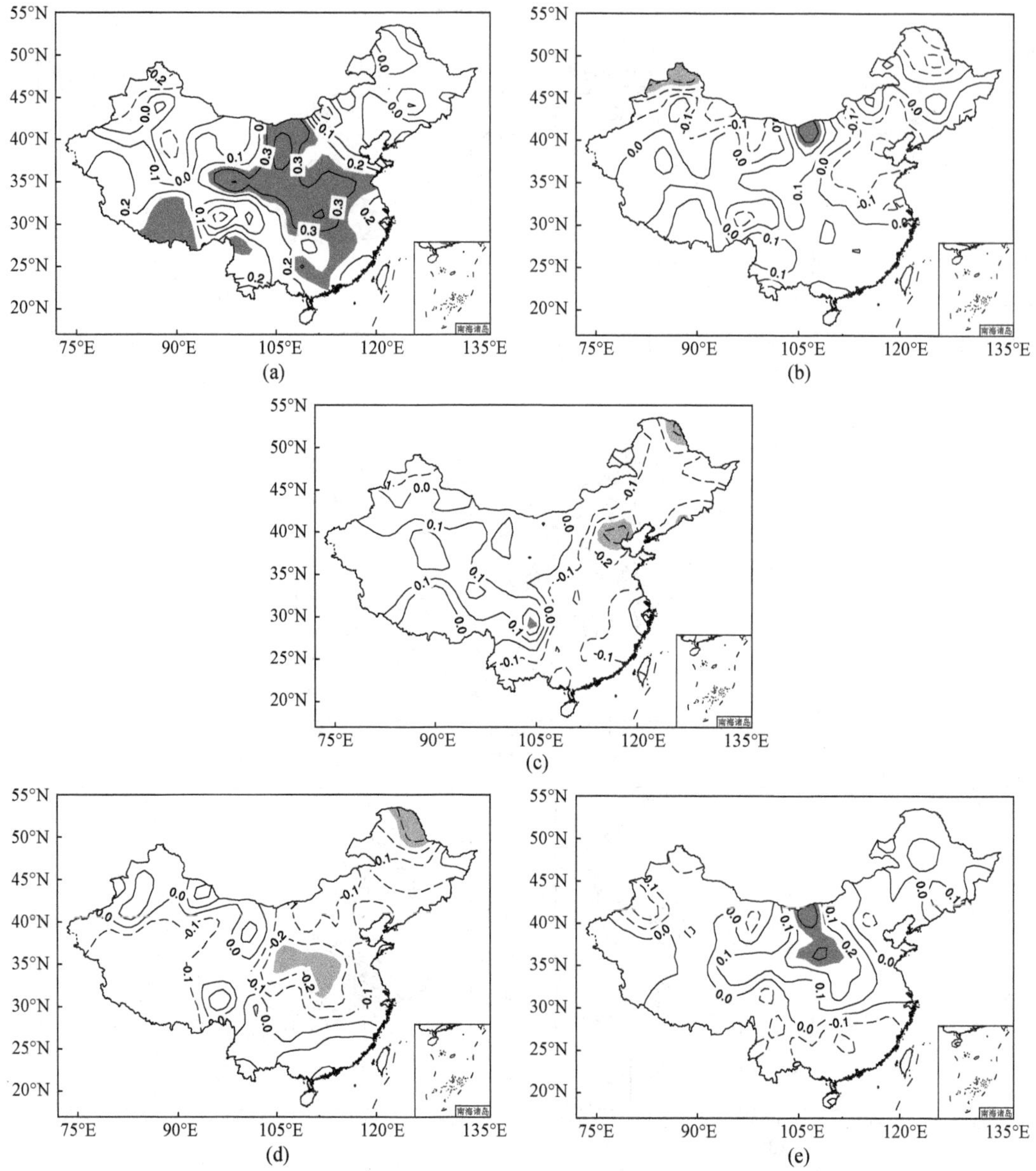

图 9.9　1951 ~ 2009 年冬季北半球 ACA 强度指数 P 和中国 160 站降水同期相关系数场 r

(a) LIC; (b) HNA; (c) HMO; (d) LAL; (e) HNP。图中阴影区为通过 $\alpha=0.05$ 的 t 检验显著相关区域

表 9.8　1951 ~ 2009 年冬季北半球 ACA 强度指数 P 与中国同期 160 站气温 (T)、降水 (R) 的显著相关站数 k 及 Livezey 法的检验　　(单位:个)

强度指数	气候场	LIC	HNA	HMO	LAL	HNP
P	T	**66**	**35**	**146**	1	10
	R	**54**	8	**13**	**19**	**15**

注:粗体为通过信度 $\alpha=0.05$ 的显著性检验

表 9.9　1951～2009 年冬季北半球 ACA 强度指数 P 与中国同期 160 站气温(T)、降水(R)的显著相关区面积 $\hat{S}$ 及 EMC 法的检验(单位:$50\times10^4\text{km}^2$)

强度指数	气候场	LIC	HNA	HMO	LAL	HNP
P	T	**7.361**	**4.337**	**15.985**	0.156	2.030
	R	**5.268**	1.209	0.939	1.683	0.891

注:粗体为通过信度 $\alpha=0.05$ 的 EMC 法显著性检验

对照表 9.8、表 9.9 与图 9.8、图 9.9,基于站网空间均匀化订正求得的 $\hat{S}$ 及其 EMC 法显著性检验结果表明,中国冬季 T 与北大西洋 ACA(LIC、HNA)和内陆 ACA(HMO)相关显著,而 R 仅与 LIC 相关显著,P-T 的相关联系远较 P-R 强,它与以往的分析结果更接近。可见,通过 $\hat{S}$ 分析冬季 ACA 的 P 与中国 T、R 的相关联系,要明显好于 Livezey 法(Livezey and Chen,1983)。

按随机函数论,当资料格(站)点网不均匀性明显时,用 $\hat{S}(\gamma)$ 替代 k 作 $\boldsymbol{r}$ 的显著性检验,更合乎统计学原理。

9.4　改进的 EOF 分析方法(AEOF)

按随机函数论(卡札凯维奇,1974),第 6(8)章的 EOF 分析(SVD)方法是数学中广泛应用的、将函数按某种标准正交函数系展开成级数的离散化形式。因此将 EOF 分析(SVD)方法用于气候问题分析时,要求气候资料在时域和空域上的取样满足均匀性。格(站)点网上的气候资料一般能满足时域上的均匀性,但却很难严格满足空域上的均匀性,后者指每个格(站)点代表的区域面积相等。若直接对这种气候资料作 EOF 分析(SVD),得到的空域特征(特征向量、奇异向量、载荷向量)和时域特征(时间系数、主成分、公因子)必然是失真的。Chung 和 Nigam(1999)采用面积权重因子 $\sqrt{\cos\varphi}$(φ 为格点所在纬度)对均匀经纬矩形格点网资料($\Delta\lambda$、$\Delta\varphi$ 为常数)作了均匀化订正,使其分析结果得到改进。王盘兴等(2011)用站点网站域面积 d_s、$s=\overline{1,m}$ 构造了第二类权重函数 ${}_2\boldsymbol{w}_s$、$s=\overline{1,m}$,用它对站网气候资料作了均匀化订正,可以改进 EOF 分析(SVD)方法的分析效果,它们为改进的 EOF 分析方法(简记为 AEOF)和改进的 SVD 方法(简记为 ASVD)。9.4 节、9.5 节分别介绍 AEOF 分析、ASVD 方法原理,并用实例论证其效果。

9.4.1　AEOF 分析方法原理

第 6 章中 EOF 分析的对象 $\boldsymbol{F}_{m\times n}$ 一般为中心化(标准中心化)场序列 $\boldsymbol{F}'(\tilde{\boldsymbol{F}}')$,这里选择中心化场序列,即距平场序列 $\boldsymbol{F}'_{m\times n}$ 为分析对象,并将其简记为

$$\boldsymbol{F}_{m\times n}=\begin{pmatrix} f_{11} & f_{12} & \cdots & f_{1n} \\ f_{21} & f_{22} & \cdots & f_{2n} \\ \vdots & \vdots & & \vdots \\ f_{m1} & f_{m2} & \cdots & f_{mn} \end{pmatrix} \tag{9.10}$$

此时,m 阶方阵

$$\boldsymbol{A}_{m\times m}=\boldsymbol{F}_{m\times n}\boldsymbol{F}^{\mathrm{T}}_{m\times n} \tag{9.11}$$

是协方差或相关系数矩阵,元素 $a_{ii'}$ 是场点 i、i' 上 F 序列 f_i、$f_{i'}$ 的协方差或相关系数。

$\boldsymbol{F}$ 的 EOF 分析指对 $\boldsymbol{F}$ 的如下正交分解

$$\boldsymbol{F}=\sum_{h=1}^{H}\boldsymbol{x}_h\boldsymbol{t}_h=\sum_{h=1}^{H}\boldsymbol{F}_h \tag{9.12}$$

其中,$H=\min(m,n-1)$是正交模态总个数;$\boldsymbol{x}_h$ 是 $\boldsymbol{A}$ 的第 h 个标准化特征向量,为简化符号,省略上标"~",$\boldsymbol{x}_h$ 是 m 维列向量;$\boldsymbol{t}_h$ 是 $\boldsymbol{F}$ 关于 $\boldsymbol{x}_h$ 的时间系数,记为 n 维行向量;$\boldsymbol{F}_h$ 是 $\boldsymbol{F}$ 的第 h 个正交分量,是 $m\times n$ 矩阵。

以 S_h 记$\|\boldsymbol{F}_h\|^2$,由 $\boldsymbol{x}_h$、$h=\overline{1,H}$的标准正交性,得

$$S_h=\|\boldsymbol{F}_h\|^2=\|\boldsymbol{t}_h\|^2=\lambda_h \tag{9.13}$$

以 S 记$\|\boldsymbol{F}\|^2$,由 $\boldsymbol{F}_h$、$h=\overline{1,H}$的正交性得第 h 个(前 h 个)模态的模方(累计模方)拟合率 $\rho_h(P_h)$

$$\begin{aligned}\rho_h&=\lambda_h/S\\ P_h&=\sum_{h'=1}^{h}\rho_{h'}\end{aligned} \tag{9.14}$$

AEOF 是对空间均匀化订正资料 $\hat{\boldsymbol{F}}$ 的 EOF 分析。对格(站)点网资料,用其第 i 个格(站)点代表的面积 d_i、$i=\overline{1,m}$构造第二类面积权重系数对角矩阵

$${}_2\boldsymbol{W}=\mathrm{diag}({}_2w_1\quad {}_2w_2\quad \cdots\quad {}_2w_m) \tag{9.15}$$

其主对角线上第 i 个元素为

$${}_2w_i=\sqrt{d_i\Big/\sum_{i=1}^{m}d_i}=\sqrt{{}_1w_i} \tag{9.16}$$

式中,$0<{}_2w_i<1$、$\sum_{i=1}^{m}{}_2w_i^2=1$。如将第一类面积权重系数向量 $\boldsymbol{w}$ 写为对角矩阵${}_1\boldsymbol{W}=\mathrm{diag}({}_1w_1\quad {}_1w_2\quad \cdots\quad {}_1w_m)$,则有${}_1\boldsymbol{W}={}_2\boldsymbol{W}^2$、${}_1w_i={}_2w_2^2$。

利用权重系数矩阵${}_2\boldsymbol{W}$与${}_1\boldsymbol{W}$,得 $\boldsymbol{F}$、$\boldsymbol{A}$ 空间均匀化订正结果

$$\begin{aligned}\hat{\boldsymbol{F}}&={}_2\boldsymbol{W}\boldsymbol{F}\\ \hat{\boldsymbol{A}}&={}_2\boldsymbol{W}\boldsymbol{F}\boldsymbol{F}^{\mathrm{T}}{}_2\boldsymbol{W}={}_2\boldsymbol{W}\boldsymbol{A}{}_2\boldsymbol{W}={}_1\boldsymbol{W}\boldsymbol{A}\end{aligned} \tag{9.17}$$

式中,上标"^"为均匀化订正符号,$\hat{\boldsymbol{F}}$、$\hat{\boldsymbol{A}}$ 已完全(对格点网)或较好(对站点网)地消除了 EOF 分析中空间不均匀性的影响。

AEOF 是对 $\hat{\boldsymbol{F}}$ 的 EOF 分析,得 $\hat{\boldsymbol{F}}$ 的正交分解

$$\hat{\boldsymbol{F}}=\sum_{h=1}^{H}\hat{\boldsymbol{x}}_h\hat{\boldsymbol{t}}_h=\sum_{h=1}^{H}\hat{\boldsymbol{F}}_h \tag{9.18}$$

式右端,上标"^"为 AEOF 分析结果标识,$\hat{\boldsymbol{x}}_h$、$\hat{\boldsymbol{t}}_h$ 是 AEOF 分析的第 h 个标准化特征向量及其时间系数;式(9.18)是与式(9.12)相对应的 AEOF 分解式。

类似地,可求得 AEOF 的第 h 个模态$\hat{\boldsymbol{F}}_h$ 的模方 $\hat{S}_h$,它与第 h 个特征值 $\hat{\lambda}_h$(已作非升值排序)及时间系数 $\hat{\boldsymbol{t}}_h$ 的关系为

$$\hat{S}_h = \|\hat{\boldsymbol{F}}_h\|^2 = \|\hat{\boldsymbol{t}}_h\|^2 = \hat{\lambda}_h \tag{9.19}$$

因 $\hat{\boldsymbol{F}}$ 的模方为 $\hat{S} = \sum_{h=1}^{H} \hat{\lambda}_h = \|\hat{\boldsymbol{F}}\|^2$,故得第 h 个、前 h 个正交模态对 $\hat{\boldsymbol{F}}$ 的模方拟合率 $\hat{\rho}_h$、累积模方拟合率 $\hat{P}_h$ 算式

$$\begin{aligned} \hat{\rho}_h &= \hat{\lambda}_h / \hat{S} \\ \hat{P}_h &= \sum_{h'=1}^{h} \hat{\rho}_{h'} \end{aligned} \tag{9.20}$$

$\hat{\rho}_h$($\hat{P}_h$)是 AEOF 分析的模方(累积模方)拟合率。

9.4.2　效果验证方案

据随机函数论,AEOF、EOF 分析结果均是 D 域上空间连续场时间序列积分方程解的近似,但因 AEOF 分析在一定程度上消除了测站不均匀分布的影响,故 AEOF 分析方法所得结果(模方拟合率、时空特征)更接近积分方程的解,在理论上应当优于 EOF 分析结果。这里给出 AEOF、EOF 分析的模方拟合率和空间特征的比较方案。

1. 模方拟合率比较

AEOF 的分析对象 $\hat{\boldsymbol{F}}$ 较 EOF 的分析对象 $\boldsymbol{F}$ 更接近于随机函数场(它是连续场)序列,故模方拟合率比较对$\|\hat{\boldsymbol{F}}\|^2$ 拟合进行。为此,用${}_2\boldsymbol{W}$ 对 $\boldsymbol{F}$ 的 EOF 分解式(9.12)作站网均匀化订正,得

$$\hat{\boldsymbol{F}} = \sum_{h=1}^{H} \boldsymbol{x}_h^+ \boldsymbol{t}_h = \sum_{h=1}^{H} \boldsymbol{F}_h^+ \tag{9.21}$$

式中,右上标"+"为正变换符号,$\boldsymbol{x}_h^+ = {}_2\boldsymbol{W}\boldsymbol{x}_h$,$\boldsymbol{F}_h^+ = {}_2\boldsymbol{W}\boldsymbol{F}_h$ 为 $\boldsymbol{x}_h$、$\boldsymbol{F}_h$ 的正变换。因为${}_2\boldsymbol{W}$ 不是正交变换矩阵,故 $\boldsymbol{x}_h^+$ 不再正交,即

$$(\boldsymbol{x}_h^+, \boldsymbol{x}_{h'}^+) \neq 0, \quad h \neq h' \tag{9.22}$$

但由 $\boldsymbol{t}_h$ 的正交性得

$$(\boldsymbol{F}_h^+, \boldsymbol{F}_{h'}^+) = (\boldsymbol{t}_h^+, \boldsymbol{t}_{h'}^+)(\boldsymbol{x}_h^+, \boldsymbol{x}_{h'}^+) = 0, \quad h \neq h' \tag{9.23}$$

即 $\boldsymbol{F}_h^+$ 仍正交。由此求得 EOF 分析中第 h(前 h)个正变换分量 $\boldsymbol{F}_h^+$ 对 $\hat{\boldsymbol{F}}$ 的模方拟合率 ρ_h^+(累积模方拟合率 P_h^+)为

$$\begin{aligned} \rho_h^+ &= \|\boldsymbol{F}_h^+\|^2 / \hat{S} \\ P_h^+ &= \sum_{h'=1}^{h} \rho_{h'}^+ \end{aligned} \tag{9.24}$$

ρ_h^+(P_h^+)是 EOF 分析正交模态消除了站网不均匀性后的模方拟合率(累积模方拟合率),

因此是可以与 AEOF 分析中 $\hat{\rho}_h(\hat{P}_h)$ 比较的量；若 AEOF 分析主要模态的 $\hat{\rho}_h(\hat{P}_h)$ 大于(明显大于)EOF 分析的 $\rho_h^+(P_h^+)$，则可判定 AEOF 分析效果优于(明显优于)EOF 分析。

2. 空间特征比较

空间特征比较对序列 $\boldsymbol{f}_i$ 的模方场

$$\boldsymbol{s}=(s_1 \quad s_2 \quad \cdots \quad s_m)^{\mathrm{T}} \tag{9.25}$$

进行，其元素 $s_i=\|\boldsymbol{f}_i\|^2=\sum_{j=1}^{n}f_{ij}^2$，是 i 点总异常的度量。基于常用气象绘图软件(如 GrADS)的内插功能，用它绘制的 $\boldsymbol{s}$ 图是随机函数模方场较好的近似，故 $\boldsymbol{s}$ 图可作为定性判断主要空间正交模 $\hat{\boldsymbol{x}}_h$、$\boldsymbol{x}_h$ 描述 $\boldsymbol{F}$ 优劣的标准。

为此需用${}_2\boldsymbol{W}$ 的逆矩阵${}_2\boldsymbol{W}^{-1}$ 将 $\hat{\boldsymbol{x}}_h$、$\hat{\boldsymbol{F}}_h$ 逆变换为 $\hat{\boldsymbol{x}}_h^-={}_2\boldsymbol{W}^{-1}\hat{\boldsymbol{x}}_h$、$\hat{\boldsymbol{F}}_h^-={}_2\boldsymbol{W}^{-1}\hat{\boldsymbol{F}}_h$。类似于式(9.22)、式(9.23)，$\hat{\boldsymbol{x}}_h^-$、$h=\overline{1,H}$不正交，即$(\hat{\boldsymbol{x}}_h^-,\hat{\boldsymbol{x}}_{h'}^-)\neq 0,h\neq h'$，但$\hat{\boldsymbol{F}}_h^-$、$h=\overline{1,H}$仍正交，即$(\hat{\boldsymbol{F}}_h^-,\hat{\boldsymbol{F}}_{h'}^-)=0,h\neq h'$。因此，$\hat{\boldsymbol{x}}_h^-$、$\boldsymbol{x}_h$ 与 $\boldsymbol{s}$ 的图具有可比较性，若低序 $\hat{\boldsymbol{x}}_h^-$ 的图形较 $\boldsymbol{x}_h$ 更相似于 $\boldsymbol{s}$，则可判定 AEOF 分析效果优于 EOF 分析。

9.4.3 应用实例

以中国 160 站 60 年(1951～2010 年)夏季气温距平场序列 $\boldsymbol{F}_{160\times 60}$($\boldsymbol{F}$ 是中心化，但不是标准中心化场序列)的 EOF 分析为例，给出 AEOF、EOF 分析方法的分析效果比较。

1. 模方拟合率

由表 9.10 可见，主要模态($h=\overline{1,6}$)的模方拟合率 $\hat{\rho}_h\geqslant\rho_h^+$，其中，$h=1$、3、4 的 $\Delta\rho\geqslant 1.0\%$；$\hat{P}_h$ 恒大于 P_h^+，前少数个模态($h=6$)ΔP_h 随 h 增大。因此，模方拟合率的定量分析表明，AEOF 分析效果明显优于 EOF 分析。

表 9.10　中国夏季气温距平场序列 AEOF、EOF 分析的模方拟合率比较（单位：%）

h	1	2	3	4	5	6	7	8	9	10
$\hat{\rho}_h$	34.5	11.5	10.6	7.8	6.4	4.8	3.0	2.8	2.1	1.7
ρ_h^+	32.6	11.4	8.3	6.8	6.3	4.6	3.9	3.2	2.4	1.8
$\Delta\rho_h$	1.9	0.1	2.3	1.0	0.1	0.2	-0.9	-0.4	-0.3	-0.1
$\hat{P}_h$	34.5	46.0	56.6	64.4	70.7	75.6	78.5	81.3	83.4	85.1
P_h^+	32.6	43.9	52.2	59.0	65.3	69.9	73.8	77.0	79.4	81.2
ΔP_h	1.9	2.1	4.4	5.4	5.4	5.7	4.7	4.3	4.0	3.9

注：$\Delta\rho_h=\hat{\rho}_h-\rho_h^+$，$\Delta P_h=\hat{P}_h-P_h^+$

2. 空间特征

图 9.10、图 9.11、图 9.12 分别是 $\boldsymbol{F}$ 的 $\boldsymbol{s}$、AEOF 的$\hat{\boldsymbol{x}}_h^-$、EOF 的 $\boldsymbol{x}_h$，AEOF 分析所得的 $\hat{\boldsymbol{x}}_h$ 图见罗小莉等(2011)。由图 9.10，中国夏季气温异常模方随纬度增加而增大，纬向分布比较

均匀;全国约分为三带,40.0°N 以北为高异常带,尤以三北(西北、华北和东北)地区北部为大,27.5°~40.0°N 为中等异常带,27.5°N 以南为低异常带。

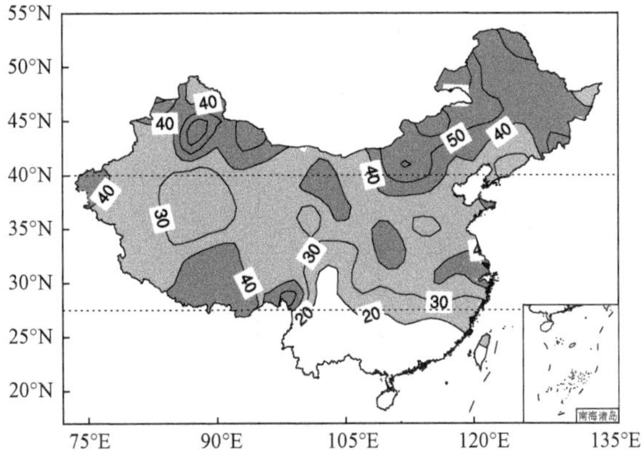

图 9.10　中国 1951~2010 年夏季气温距平序列 $\boldsymbol{f}_i$ 的模方场 $\boldsymbol{s}$(单位:℃^{2})

等值线间隔为 10;浅阴影区大于 20,深阴影区大于 40

将 $\hat{\boldsymbol{x}}_h^-$(图 9.11)、$\boldsymbol{x}_h$(图 9.12)与 $\boldsymbol{s}$(图 9.10)作比较,显然有:$\hat{\boldsymbol{x}}_h^-$($h=\overline{1,3}$)的高绝对值区(阴影区)主要集中在我国的中、高纬地区(以高纬为主),且纬向分布比较均匀;而 $\boldsymbol{x}_h$($h=$

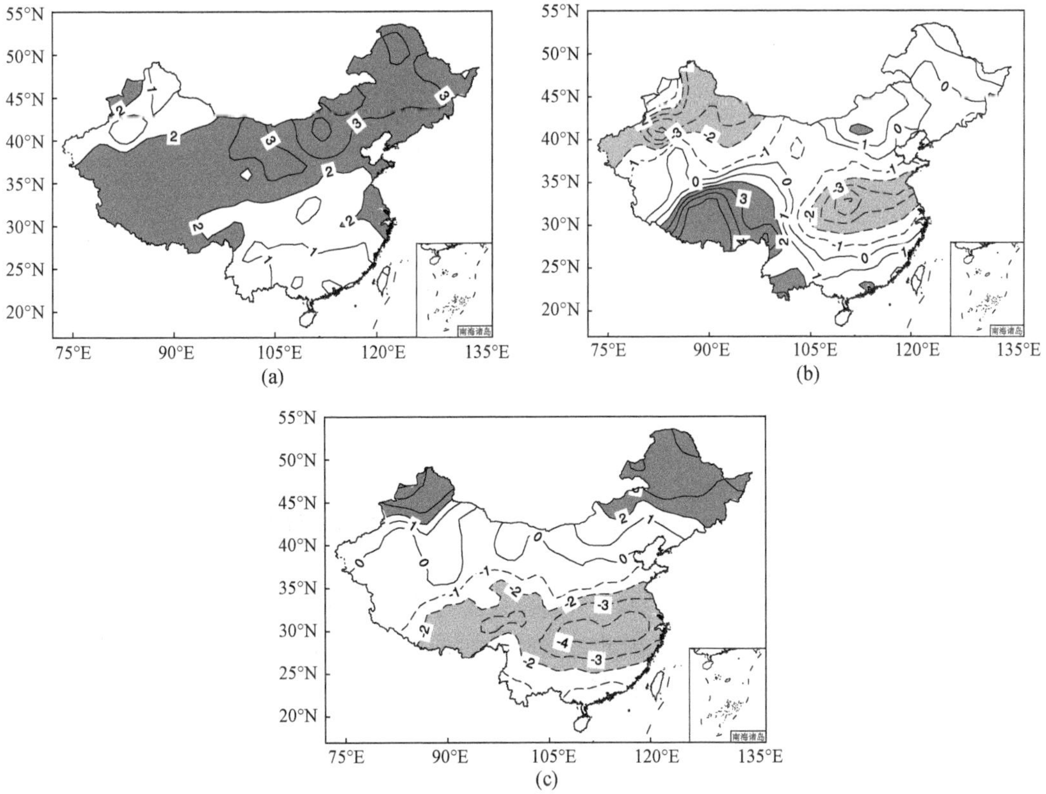

图 9.11　中国夏季气温距平场序列 AEOF 分析标准化特征向量的逆变换场(×10)

(a)$\hat{\boldsymbol{x}}_1^-$;(b)$\hat{\boldsymbol{x}}_2^-$;(c)$\hat{\boldsymbol{x}}_3^-$。等值线间隔为 1;深阴影区≥2;浅阴影区≤-2

$\overline{1,3}$)的高绝对值区分布在我国低、中、高纬,且主要集中在我国东部(100°E 以东)。就拟合 $\boldsymbol{s}$(图 9.10)而言,$\hat{\boldsymbol{x}}_h^-(h=\overline{1,3})$ 明显好于 $\boldsymbol{x}_h(h=\overline{1,3})$;出现这种差异的原因,是站网均匀化订正增大了 d_i 大的西北部测站的异常模方,减小了 d_i 小的东南部测站的异常模方。因此,就空间特征而言,AEOF 分析明显优于 EOF 分析(罗小莉等,2011;王盘兴等,2011)。

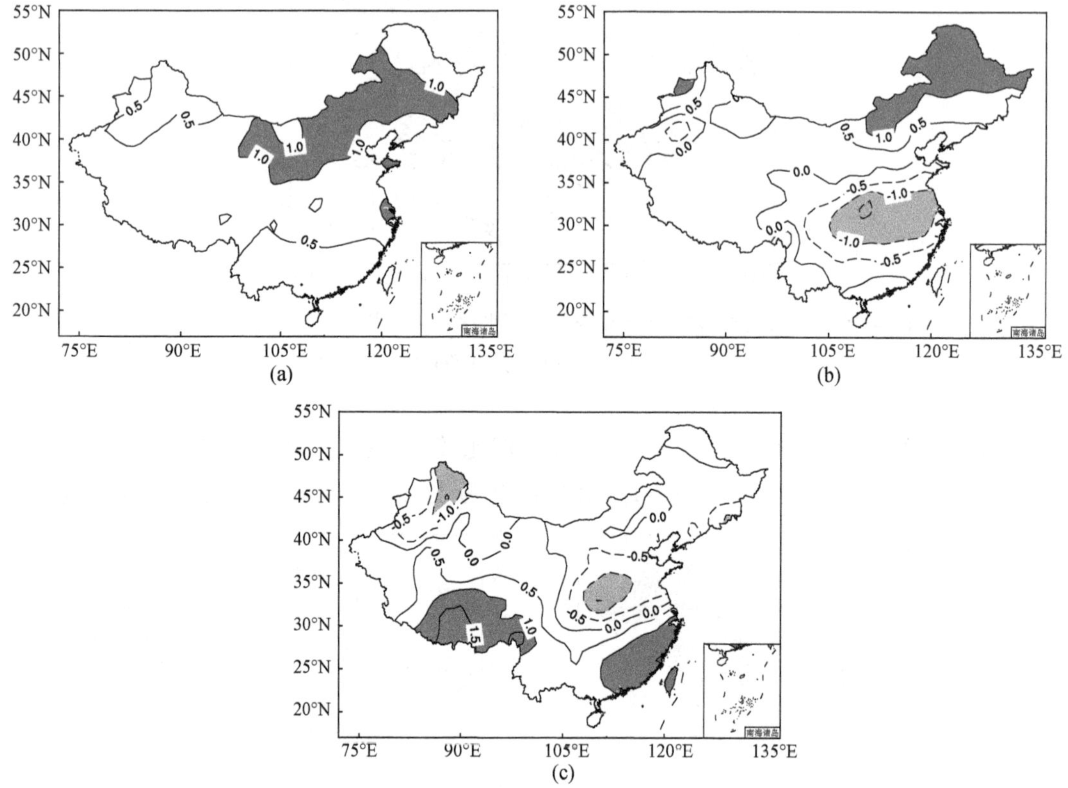

图 9.12　中国夏季气温距平场序列 EOF 分析标准化特征向量(×10)

(a)$\boldsymbol{x}_1$;(b)$\boldsymbol{x}_2$;(c)$\boldsymbol{x}_3$。等值线间隔为 0.5;深阴影区≥1;浅阴影区≤-1

综上,站点网资料的 AEOF 方法分析效果明显优于 EOF;同时说明,上述分析中引进气候资料的空间均匀化订正是必要的和有效的。

9.5　改进的 SVD 方法(ASVD)

类似于 EOF 分析,从随机函数论角度考虑,SVD 方法用于气候问题分析时,也要求气候资料在空间域上的取样满足均匀性,因此有了改进的 SVD 方法,即 ASVD 方法。本节先简单介绍 ASVD 方法原理,然后用实例验证 ASVD 方法的效果。

9.5.1　ASVD 方法原理

由第 8 章,SVD 分析对象一般为两个中心化(标准中心化)距平场 $\boldsymbol{F}$、$\boldsymbol{G}$,这里选择几何标准化距平场序列$\tilde{\boldsymbol{F}}'_{m_1\times n}$、$\tilde{\boldsymbol{G}}'_{m_2\times n}$为分析对象，并将其简记为

$$\boldsymbol{F}_{m_1\times n},\quad \boldsymbol{G}_{m_2\times n} \tag{9.26}$$

其中，m_1、m_2 为 $\boldsymbol{F}$、$\boldsymbol{G}$ 的场点数，n 为时间序列长度。同前，标准化对 $i(i')$ 行行向量，即 $i(i')$ 点要素距平时间序列 $\boldsymbol{f}_i, i=\overline{1,m_1}$ 和 $\boldsymbol{g}_{i'}, i'=\overline{1,m_2}$ 进行，故 $\|\boldsymbol{f}_i\|=\|\boldsymbol{g}_{i'}\|=1$。式(9.26)两矩阵之积

$$\boldsymbol{C}_{m_1\times m_2}=\boldsymbol{F}_{m_1\times n}\boldsymbol{G}^{\mathrm{T}}_{m_2\times n} \tag{9.27}$$

是奇异值分解(SVD)的直接对象，其 i 行、i'列元素为

$$c_{ii'}=(\boldsymbol{f}_i,\boldsymbol{g}_{i'})=\sum_{j=1}^{n}f_{ij}g_{i'j}$$

是 i 点 F 与 i'点 G 要素序列的相关系数；列向量 $\boldsymbol{c}_{i'}$、行向量 $\boldsymbol{c}_i$ 为 m_1、m_2 维向量

$$\boldsymbol{c}_{i'}=(c_{i'1}\quad c_{i'2}\quad \cdots\quad c_{i'm_1})^{\mathrm{T}}$$

$$\boldsymbol{c}_i=(c_{i1}\quad c_{i2}\quad \cdots\quad c_{im_2})^{\mathrm{T}}$$

$\boldsymbol{c}_{i'}$是 i'点 G 与 F 场序列的一点相关系数场，$\boldsymbol{c}_i$ 是 i 点 F 与 G 场序列的一点相关系数场；因此，矩阵 $\boldsymbol{C}$ 是相关系数场集。注意，$\boldsymbol{c}_{i'}$、$\boldsymbol{c}_i$ 一般为非中心化场。

SVD 指对 $\boldsymbol{C}$ 的如下正交分解

$$\boldsymbol{C}_{m_1\times m_2}=\sum_{h=1}^{H}\sqrt{\lambda_h}\,\boldsymbol{x}_h\boldsymbol{y}_h^{\mathrm{T}}=\sum_{h=1}^{H}\boldsymbol{C}_h \tag{9.28}$$

$\lambda_h>0$ 是 $\boldsymbol{C}$ 的第 h 个正交模态的奇异值，已作非升序排列；m_1、m_2 维列向量 $\boldsymbol{x}_h$、$\boldsymbol{y}_h$ 是 $\boldsymbol{C}$ 的左(与场集 $\boldsymbol{C}$、$\boldsymbol{F}$ 对应)、右(与场集 $\boldsymbol{C}^{\mathrm{T}}$、$\boldsymbol{G}$ 对应)标准化奇异向量；$H\leqslant(m_1,m_2,n-1)$是模态总数。SVD 的一个重要性质(柳重堪，1982)是，用相关系数矩阵 $\boldsymbol{C}$ 构造的方阵

$$\boldsymbol{A}_{m_1\times m_1}=\boldsymbol{C}_{m_1\times m_2}\boldsymbol{C}^{\mathrm{T}}_{m_1\times m_2},\quad \boldsymbol{B}_{m_2\times m_2}=\boldsymbol{C}^{\mathrm{T}}_{m_1\times m_2}\boldsymbol{C}_{m_1\times m_2} \tag{9.29}$$

的特征值 λ_h 就是 $\boldsymbol{C}$ 的奇异值，它们的标准化特征向量 $\boldsymbol{x}_h$、$\boldsymbol{y}_h$，即 $\boldsymbol{C}$ 的标准化左、右奇异向量，满足

$$\begin{aligned}&\|\boldsymbol{x}_h\|=1,\quad \|\boldsymbol{y}_h\|=1\\&(\boldsymbol{x}_h,\boldsymbol{x}_{h'})=0,\quad (\boldsymbol{y}_h,\boldsymbol{y}_{h'})=0,\quad h\neq h'\end{aligned} \tag{9.30}$$

但因为 $\boldsymbol{c}_{i'}$、$\boldsymbol{c}_i$ 均为非中心化场，所以 $\boldsymbol{x}_h$、$\boldsymbol{y}_h$ 也均为非中心化场。

SVD 方法中的时间系数序列为

$$\boldsymbol{q}_h=\boldsymbol{x}_h^{\mathrm{T}}\boldsymbol{F},\quad \boldsymbol{r}_h=\boldsymbol{y}_h^{\mathrm{T}}\boldsymbol{G} \tag{9.31}$$

它们均是 n 维行向量；因 $\boldsymbol{F}$、$\boldsymbol{G}$ 为中心化向量，故 $\boldsymbol{q}_h$、$\boldsymbol{r}_h$ 为中心化向量。由第 8 章知，同序 $\boldsymbol{q}_h$、$\boldsymbol{r}_h$ 不正交，其内积平方等于奇异值，即$(\boldsymbol{q}_h,\boldsymbol{r}_h)^2=\lambda_h$；但异序 $\boldsymbol{q}_h$、$\boldsymbol{r}_h$ 正交，即$(\boldsymbol{q}_h,\boldsymbol{r}_{h'})=0, h\neq h'$。$\boldsymbol{q}_h(\boldsymbol{r}_h)$内部不正交，即$(\boldsymbol{q}_h,\boldsymbol{q}_{h'})\neq 0$、$(\boldsymbol{r}_h,\boldsymbol{r}_{h'})\neq 0, h\neq h'$。

SVD 方法中第 h 对正交模态 $\boldsymbol{x}_h$、$\boldsymbol{y}_h$ 对 $\boldsymbol{C}$ 的方差贡献 ρ_h 和前 h 个模态的累积模方拟合率 P_h 为

$$\begin{aligned}&\rho_h=\|\boldsymbol{C}_h\|^2/\|\boldsymbol{C}\|^2=\lambda_h\Big/\sum_{h=1}^{H}\lambda_h\\&P_h=\sum_{h'=1}^{h}\rho_{h'}\end{aligned} \tag{9.32}$$

ASVD 方法是对空间均匀化订正资料 $\hat{\boldsymbol{F}}$、$\hat{\boldsymbol{G}}$ 的 SVD，对标准化距平场序列资料 $\boldsymbol{F}$、$\boldsymbol{G}$ 订正使用的第二类站域面积订正权重系数对角阵为

$$
\begin{aligned}
{}_2\boldsymbol{W}_f &= \mathrm{diag}({}_2w_{f1} \quad {}_2w_{f2} \quad \cdots \quad {}_2w_{fm_1}) \\
{}_2\boldsymbol{W}_g &= \mathrm{diag}({}_2w_{g1} \quad {}_2w_{g2} \quad \cdots \quad {}_2w_{gm_2})
\end{aligned} \tag{9.33}
$$

F、G 场 i、i' 站权重系数分别为 ${}_2w_{fi} = \sqrt{{}_2d_{fi}/\sum_{i=1}^{m_1} {}_2d_{fi}}$，${}_2w_{gi'} = \sqrt{{}_2d_{gi'}\Big/\sum_{i'=1}^{m_2} {}_2d_{gi'}}$，显然 $0<{}_2w_{fi}$、${}_2w_{gi'}<1$。

用 ${}_2\boldsymbol{W}_f$、${}_2\boldsymbol{W}_g$ 分别订正 $\boldsymbol{F}$、$\boldsymbol{G}$，得

$$
\hat{\boldsymbol{F}} = {}_2\boldsymbol{W}_f \boldsymbol{F}, \quad \hat{\boldsymbol{G}} = {}_2\boldsymbol{W}_g \boldsymbol{G} \tag{9.34}
$$

它们的积

$$
\hat{\boldsymbol{C}} = \hat{\boldsymbol{F}}\hat{\boldsymbol{G}}^{\mathrm{T}} = ({}_2\boldsymbol{W}_f \boldsymbol{F})({}_2\boldsymbol{W}_g \boldsymbol{G})^{\mathrm{T}} = {}_2\boldsymbol{W}_f \boldsymbol{F}\boldsymbol{G}^{\mathrm{T}}\, {}_2\boldsymbol{W}_g = {}_2\boldsymbol{W}_f \boldsymbol{C}\, {}_2\boldsymbol{W}_g \tag{9.35}
$$

所以 $\hat{\boldsymbol{C}}$ 也可用 ${}_2\boldsymbol{W}_f$、${}_2\boldsymbol{W}_g$ 直接对 $\boldsymbol{C}$ 订正得到。$\hat{\boldsymbol{C}}$ 已完全（对格点网）或较好（对站点网）地消除了格、站点网空间不均匀性的影响，其元素 $\hat{c}_{ii'}$ 是经站网均匀化订正后的相关系数，站点密集区 $|\hat{c}_{ii'}|<|c_{ii'}|$，反之亦然。

ASVD 是对 $\hat{\boldsymbol{C}}$ 的 SVD。由 ASVD 方法得 $\hat{\boldsymbol{C}}$ 的正交分解

$$
\hat{\boldsymbol{C}} = \sum_{h=1}^{H} \sqrt{\hat{\lambda}_h}\, \hat{\boldsymbol{x}}_h \hat{\boldsymbol{y}}_h^{\mathrm{T}} = \sum_{h=1}^{H} \hat{\boldsymbol{C}}_h \tag{9.36}
$$

$\hat{\lambda}_h$ 及 $\hat{\boldsymbol{x}}_h$、$\hat{\boldsymbol{y}}_h$ 是 ASVD 方法的第 h 个奇异值及标准化左、右奇异向量，$\hat{\boldsymbol{C}}_h$ 是 $\hat{\boldsymbol{C}}$ 的正交分量。与式(9.28)中的 $\boldsymbol{x}_h$、$\boldsymbol{y}_h$ 及 $\boldsymbol{C}_h$ 相同，$\hat{\boldsymbol{x}}_h$、$\hat{\boldsymbol{y}}_h$ 及 $\hat{\boldsymbol{C}}_h$ 均为正交向量，$\hat{\lambda}_h = \|\hat{\boldsymbol{C}}_h\|^2$ 是与 $\hat{\boldsymbol{C}}_h$ 对应的奇异值。

ASVD 的时间系数序列

$$
\hat{\boldsymbol{q}}_h = \hat{\boldsymbol{x}}_h^{\mathrm{T}} \hat{\boldsymbol{F}}, \quad \hat{\boldsymbol{r}}_h = \hat{\boldsymbol{y}}_h^{\mathrm{T}} \hat{\boldsymbol{G}} \tag{9.37}
$$

与式(9.31)中的 $\boldsymbol{q}_h$、$\boldsymbol{r}_h$ 相同，$\hat{\boldsymbol{q}}_h$、$\hat{\boldsymbol{r}}_h$ 是中心化向量。同序 $\hat{\boldsymbol{q}}_h$、$\hat{\boldsymbol{r}}_h$ 不正交，其 $(\hat{\boldsymbol{q}}_h, \hat{\boldsymbol{r}}_h)^2 = \hat{\lambda}_h$；但异序 $\hat{\boldsymbol{q}}_h$、$\hat{\boldsymbol{r}}_h$ 正交，即 $(\hat{\boldsymbol{q}}_h, \hat{\boldsymbol{r}}_{h'}) = 0, h \neq h'$。$\hat{\boldsymbol{q}}_h(\hat{\boldsymbol{r}}_h)$ 内部不正交，即 $(\hat{\boldsymbol{q}}_h, \hat{\boldsymbol{q}}_{h'}) \neq 0$、$(\hat{\boldsymbol{r}}_h, \hat{\boldsymbol{r}}_{h'}) \neq 0$，$h \neq h'$。

类似于 SVD，ASVD 方法的第 h 个模态的模方拟合率 $\hat{\rho}_h$ 和前 h 个模态的累积模方拟合率 $\hat{P}_h$ 为

$$
\begin{aligned}
\hat{\rho}_h &= \|\hat{\boldsymbol{C}}_h\|^2 / \|\hat{\boldsymbol{C}}\|^2 = \hat{\lambda}_h \Big/ \sum_{h=1}^{H} \hat{\lambda}_h \\
\hat{P}_h &= \sum_{h'=1}^{h} \hat{\rho}_{h'}
\end{aligned} \tag{9.38}
$$

9.5.2　效果验证方案

类似于 AEOF 与 EOF 分析的关系，据随机函数论，ASVD 分析所得结果（模方拟合率、时

空特征等)在理论上应当优于 SVD。这里给出 ASVD、SVD 分析的模方拟合率和空域特征的比较方案。

1. 模方拟合率比较

ASVD 的 $\hat{\rho}_h(\hat{P}_h)$ 较 SVD 的 $\rho_h(P_h)$ 更接近于随机函数相关系数场(它是连续场)集合的 SVD 模方拟合率的真值,故比较对 $\|\hat{\boldsymbol{C}}\|^2$ 的拟合进行。为此,用 ${}_2\boldsymbol{W}_f$、${}_2\boldsymbol{W}_g$ 对式(9.27)作正变换,结果以右上角"+"标识,

$$\hat{\boldsymbol{C}} = \sum_{h=1}^{H} \sqrt{\lambda_h}\boldsymbol{x}_h^+\boldsymbol{y}_h^{+\mathrm{T}} = \sum_{h=1}^{H} \boldsymbol{C}_h^+ \tag{9.39}$$

式左 $\hat{\boldsymbol{C}} = {}_2\boldsymbol{W}_f\boldsymbol{C}\,{}_2\boldsymbol{W}_g^{\mathrm{T}}$,式中 $\boldsymbol{x}_h^+ = {}_2\boldsymbol{W}_f\boldsymbol{x}_h$、$\boldsymbol{y}_h^+ = {}_2\boldsymbol{W}_g\boldsymbol{y}_h$,式右 $\boldsymbol{C}_h^+ = {}_2\boldsymbol{W}_f\boldsymbol{C}_h\,{}_2\boldsymbol{W}_g^{\mathrm{T}}$。由 $\boldsymbol{C}_h^+$ 可求得 SVD 方法第 h 个模态的正变换场对 $\hat{\boldsymbol{C}}$ 的模方拟合率

$$\rho_h^+ = \|\boldsymbol{C}_h^+\|^2 / \|\hat{\boldsymbol{C}}\|^2 \tag{9.40}$$

若主要模态的 $\hat{\rho}$ 明显大于 ρ^+,则可定量判断 ASVD 方法明显优于 SVD。但由于式(9.38)中的 $\boldsymbol{C}_h^+$($\boldsymbol{C}_h$ 的正变换)不正交,故没有类似于式(9.24)中的 P_h^+ 表达式。

2. 空间特征比较

空间特征比较对 $\boldsymbol{C}$ 的行向量模方场 ${}_f\boldsymbol{s}$(由 $\boldsymbol{A} = \boldsymbol{C}\boldsymbol{C}^{\mathrm{T}}$ 的主对角线元素构成的向量)和列向量模方场 ${}_g\boldsymbol{s}$(由 $\boldsymbol{B} = \boldsymbol{C}^{\mathrm{T}}\boldsymbol{C}$ 的主对角线元素构成的向量)进行,

$$\begin{aligned} {}_f\boldsymbol{s} &= ({}_fs_1 \quad {}_fs_2 \quad \cdots \quad {}_fs_{m_1})^{\mathrm{T}} \\ {}_g\boldsymbol{s} &= ({}_gs_1 \quad {}_gs_2 \quad \cdots \quad {}_gs_{m_2})^{\mathrm{T}} \end{aligned} \tag{9.41}$$

利用绘图软件的空间均匀化功能,比较在 ${}_f\boldsymbol{s}$、${}_g\boldsymbol{s}$ 与 SVD 的 $\boldsymbol{x}_h(\boldsymbol{y}_h)$ 和 ASVD 的 $\hat{\boldsymbol{x}}_h^-(\hat{\boldsymbol{y}}_h^-)$ 间进行,其中

$$\hat{\boldsymbol{x}}_h^- = {}_2\boldsymbol{W}_f^{-1}\hat{\boldsymbol{x}}_h, \quad \hat{\boldsymbol{y}}_h^- = {}_2\boldsymbol{W}_g^{-1}\hat{\boldsymbol{y}}_h \tag{9.42}$$

9.5.3 应用实例

谢瑶瑶等(2013)以中国 60 年(1951 ~2010 年)160 站冬季(12 月 ~ 次年 2 月)平均气温与降水量同期相关分析为例,验证其 ASVD 分析的改进效果。其式(9.26)的 $\boldsymbol{F}$ 为气温的标准化距平场序列,$\boldsymbol{G}$ 为降水量的标准化距平场序列,$\boldsymbol{C}$ 为气温、降水相关系数场集合。$\hat{\boldsymbol{F}}$、$\hat{\boldsymbol{G}}$、$\hat{\boldsymbol{C}}$ 是它们的均匀化订正结果。对 $\boldsymbol{C}$、$\hat{\boldsymbol{C}}$ 作 SVD,得订正前、后奇异值分解结果。下面给出其模方拟合率和空间特征比较。

1. 模方拟合率比较

由表 9.11 可知,中国冬季气温、降水的同期相关最主要 4 个模态($h = \overline{1,4}$)的 $\hat{\rho}_h$ 均大于 ρ_h^+,可见站网均匀化订正改进了 SVD 方法的分析效果。

表 9.11　中国冬季气温、降水同期相关系数矩阵 C 的 ASVD、SVD 模方拟合率比较

（单位:%）

h	1	2	3	4	5	6	7	8	9	10
$\hat{\rho}_h$	43.5	23.2	16.0	6.1	3.2	1.3	1.1	0.9	0.7	0.6
ρ_h^+	39.3	16.4	14.0	5.7	6.7	1.1	1.5	0.9	0.8	0.8
$\Delta\rho_h$	4.2	6.8	2.0	0.4	−3.5	0.2	−0.4	0.0	−0.1	−0.2

注：$\Delta\rho_h = \hat{\rho}_h - \rho_h^+$

2. 空间特征比较

图 9.13(a)上 i 站值 ${}_f s_i = \|\boldsymbol{c}_i\|^2 = \sum_{i'=1}^{160} c_{ii'}^2$ 是 i 点气温序列与降水场序列相关系数的模方，图 9.13(b)上 i' 站值 ${}_g s_i{}' = \|\boldsymbol{c}_{i'}\|^2 = \sum_{i=1}^{160} c_{ii'}^2$ 是 i' 点降水序列与气温场序列相关系数的模方。${}_f\boldsymbol{s}$ 图[图 9.13(a)]上高值区连片地出现在 37.5°N 以南的南方地区，高值中心位于东南、西南沿海（东海、南海），分布的组织性强；${}_g\boldsymbol{s}$ 图[图 9.13(b)]上高值区分散出现在南方的长江流域（共 2 片）和北方的西北、东北、华北（共 4 片），分布的组织性差；这与冬季气温、降水异常的空间代表性强弱有关。

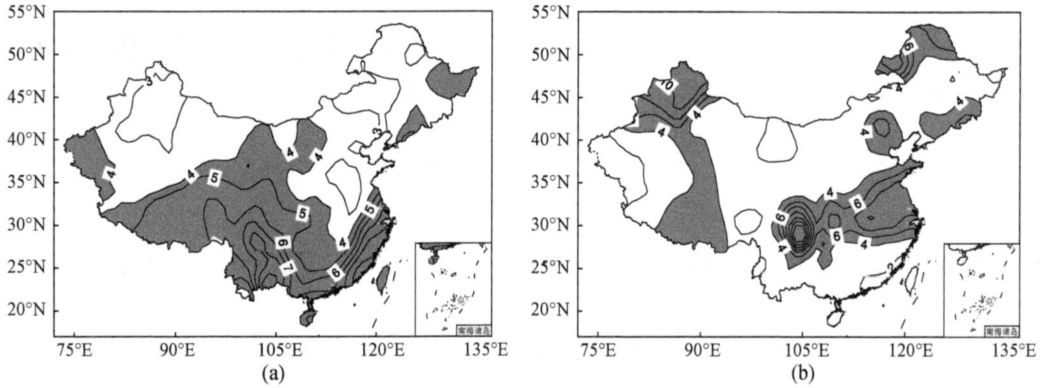

图 9.13　中国 160 站 1951～2010 年冬季气温、降水同期相关系数场的模方场

(a) ${}_f\boldsymbol{s}$（单站气温与降水场）；(b) ${}_g\boldsymbol{s}$（单站降水与气温场）。等值线间隔为 1(a)、2(b)，阴影区≥4

$\hat{\boldsymbol{x}}_1$、$\hat{\boldsymbol{x}}_2$ 是 $\boldsymbol{C}$ 的 ASVD 分析的前两个标准化左奇异向量（谢瑶瑶等，2013），其第一左奇异向量逆变换场 $\hat{\boldsymbol{x}}_1^-$[图 9.14(a)]的高绝对值区与 ${}_f\boldsymbol{s}$ 高值区分布十分相似；而 SVD 第一左奇异向量 $\boldsymbol{x}_1$[图 9.15(a)]的高绝对值区只在站点密集的 100°E 以东区域相似。第二左奇异向量逆变换场 $\hat{\boldsymbol{x}}_2^-$[图 9.14(b)]的高绝对值区有两块位于 105°E 以西，其西南一块位置与 ${}_f\boldsymbol{s}$ 高值区接近，西北一块也部分地与 ${}_f\boldsymbol{s}$ 重合；而 $\boldsymbol{C}$ 的第二左奇异向量 $\boldsymbol{x}_2$[图 9.15(b)]的高绝对值区只有一块位于西部（新疆），且其位置在 ${}_f\boldsymbol{s}$ 的低值区，差异较大。谢瑶瑶等（2013）对 ${}_g\boldsymbol{s}$[图 9.13(b)]与 ASVD 前两个逆变换场 $\hat{\boldsymbol{y}}_h^-$ 和 SVD 前两个奇异向量 $\boldsymbol{y}_h$ 的关系也作了分析，结果类似于对 ${}_f\boldsymbol{s}$ 与左奇异向量关系的分析。ASVD 与 SVD 的空间特征比较表明，ASVD 分析效果也明显优于 SVD。

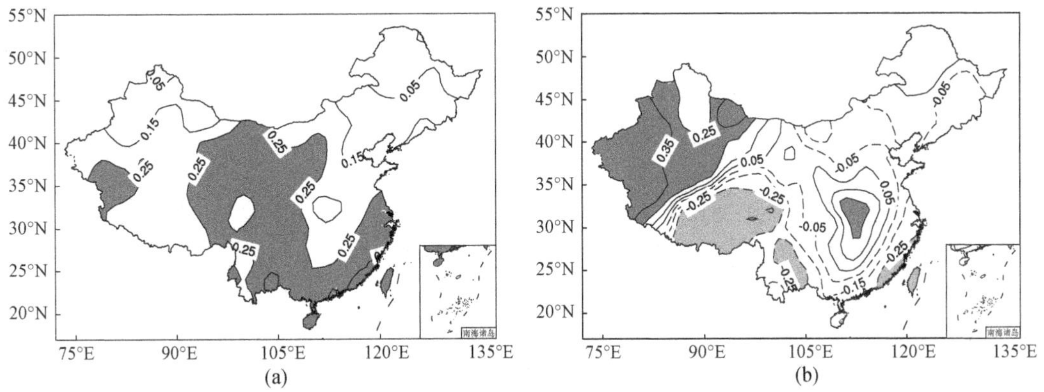

图 9.14　中国 160 站 1951 ~ 2010 年冬季气温、降水同期相关系数矩阵 ASVD 前两个左奇异向量的逆变换场

(a)$\hat{\boldsymbol{x}}_1^-$;(b)$\hat{\boldsymbol{x}}_2^-$。等值线间隔为 0.1,阴影区为绝对值≥0.25

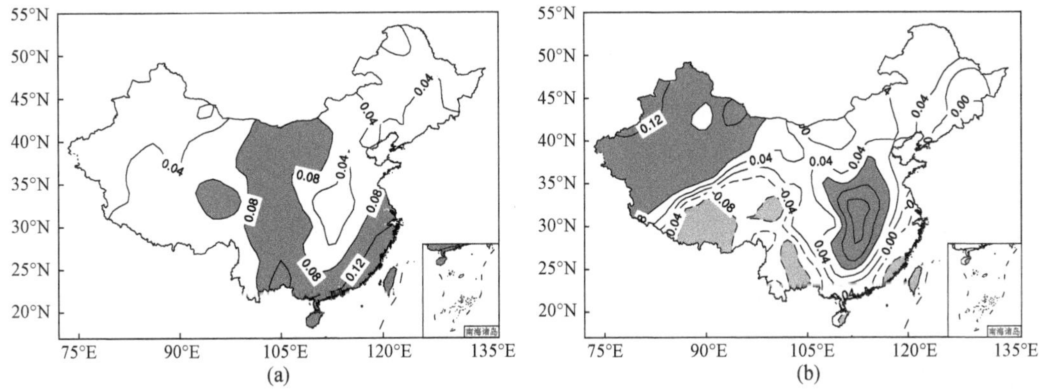

图 9.15　中国 160 站 1951 ~ 2010 年冬季气温、降水同期相关系数矩阵 SVD 前两个左奇异向量场

(a)$\boldsymbol{x}_1$;(b)$\boldsymbol{x}_2$。等值线间隔为 0.04,阴影区为绝对值≥0.08

综上,在站网资料的 SVD 分析中,引进气候资料的空间均匀化订正是必要的和有效的。

9.6 小　　结

(1)分析了格、站点网上大气环流和气候资料的空间不均匀性,它们不能满足一些统计方法及统计量对所用资料的要求,需要对它们作空间均匀化订正。给出了具有普适性的站网不均匀性的度量参数——站网密度 m_s、站域面积 d_s 的定义和算法,用它求得了中国 160 站站网的 m_s、d_s、$s=\overline{1,160}$。

(2)给出了站网资料空间均匀化订正在中国年、季气温和降水空间平均值计算中的应用;用实例验证了计算方案的必要性和有效性。

(3)分析了 Livezey 相关系数图 $\boldsymbol{r}$ 显著性检验法的缺陷,给出了图 $\boldsymbol{r}$ 的新统计量——显著相关区面积 $\hat{S}$(占比 γ)的定义及算法,以及 $\hat{S}(\gamma)$ 显著性检验的 EMC 法;用实例验证了新方法的合理性。

(4)给出了站网资料空间均匀化订正在 EOF 分析和 SVD 方法中的应用方案,得到了改进的 EOF 分析、SVD 方法(AEOF、ASVD);用实例验证了它们的必要性和有效性。

参考文献

陈隆勋,邵永宁,张清芬,等,1991. 近四十年我国气候变化的初步分析[J]. 应用气象学报,2(2):164-174.

陈少勇,郭忠祥,高蓉,等,2009. 我国东部季风区冬季气温的气候变暖特征[J]. 应用气象学报,20(4):479-485.

邓爱军,陶诗言,陈烈庭,1989. 我国汛期降水的 EOF 分析[J]. 大气科学,13(3):289-295.

丁一汇,戴晓苏,1994. 中国近百年来的温度变化[J]. 气象,20(12):19-26.

丁一汇,任国玉,石广玉,等,2006. 气候变化国家评估报告(I):中国气候变化的历史和未来趋势[J]. 气候变化研究进展,2(1):3-8.

丁裕国,1993. EOF 在大气科学研究中的新进展[J]. 气象科技,3(1):10-19.

丁裕国,江志红,1995. 非均匀站网 EOFs 展开的失真性及其修正[J]. 气象学报,53(2):247-253.

卡札凯维奇 Д И,1974. 随机函数论原理及其在水文气象中的应用[M]. 章基嘉译. 北京:科学出版社:245-270.

柳重堪,1982. 正交函数及其应用[M]. 北京:国防工业出版社.

罗小莉,李丽平,王盘兴,等,2011. 站网均匀化订正对中国夏季气温 EOF 分析的改进[J]. 大气科学,35(4):620-630.

罗小莉,李丽平,王盘兴,等,2015. 改进的经验正交函数分析方法及其效果验证[J]. 大气科学学报,38(1):120-125.

任国玉,初子莹,周雅清,等,2005a. 中国气温变化研究最新进展[J]. 气候与环境研究,10(4):701-716.

任国玉,郭军,徐铭志,等,2005b. 近 50 年中国地面气候变化基本特征[J]. 气象学报,63(6):942-956.

孙晓娟,2013. 冬季北半球大气活动中心异常规律和遥联成因研究[D]. 南京:南京信息工程大学.

唐国利,任国玉,2005. 近百年来我国地表气温变化的再分析[J]. 气候与环境研究,10(4):791-798.

王劲松,费晓玲,魏锋,2008. 中国西北近 50 a 来气温变化特征的进一步研究[J]. 中国沙漠,28(4):724-732.

王盘兴,卢楚翰,管兆勇,等,2007. 闭合气压系统环流指数的定义及计算[J]. 南京气象学院学报,30(6):730-735.

王盘兴,罗小莉,李丽平,等,2011. 中国气候资料站网均匀化订正的一种方案及应用[J]. 大气科学学报,34(1):8-13.

谢瑶瑶,王盘兴,李丽平,等,2013. 改进的 SVD 方法及其效果验证[J]. 大气科学学报,36(4):466-471.

张晶晶,陈爽,赵昕奕,2006. 近 50 年中国气温变化的区域差异及其与全球气候变化的联系[J]. 干旱区资源与环境,20(4):1-6.

赵宗慈,王绍武,徐影,等,2005. 近百年我国地表气温趋势变化的可能原因[J]. 气候与环境研究,10(4):808-817.

周国华,王盘兴,罗小莉,等,2011. 基于 160 站资料的我国表面气温异常特征[J]. 应用气象学报,22(3):283-291.

周国华,罗小莉,王盘兴,等,2012. 中国冬季气温异常 EOF 分析的改进[J]. 大气科学学报,35(2):295-303.

祝昌汉,1992. 我国气温变化诊断方法探讨[J]. 应用气象学报,3(增刊):112-118.

左洪超,吕世华,胡隐樵,2004. 中国近 50 年气温及降水量的变化趋势分析[J]. 高原气象,23(2):238-244.

Buell E C,1971. Integral equation representation for factors analysis[J]. Journal of Atmospheric Sciences,28(8):1502-1505.

Chung C,Nigam S,1999. Weighting of geophysical data in principal component analysis[J]. Journal of Geophysical Research,104(D14):16925-16928.

Dyer T G J,1975. Assignment of rainfall stations into homogeneous group:An application of PCA[J]. Quarterly Journal of the Royal Meteorological Society,101(430):1005-1013.

Karl T R,Koscielny A J,Diaz H F,1982. Potential error in the application principal component (eigenvector) analysis to geophysical data [J]. Journal of Applied Meteorology,21(8):1183-1186.

Livezey R E,Chen W Y,1983. Statistical field significance and its determination by Mante Carlo techniques[J]. Monthly Weather Review,111(1):46-59.

Morin G,Fortin J P,Sockanska W,et al.,1979. Use of PCA to identify homogeneous precipitation stations for optimal interpolation[J]. Water Resources Research,15(6):1841-1850.

Solomon S,Qin D H,Manning M,et al.,2007. IPCC (2007) climate change 2007:the physical science basis. Contribution to 2007:Climate change 2007:IPCC WG1 AR4 Report[R]. Cambridge:Cambridge University Press.

复 习 题

1. 以NCEP/NCAR气候资料格点网、中国160站站点网为例,说明格(站)点网的不均匀性的含义。

2. 气候资料空间均匀化订正的目的是什么? Chung和Nigam(1999)是怎样解决均匀矩形格点网上资料的均匀化订正的? 王盘兴等(2011)是怎样解决中国160站站点网资料的均匀化订正的?

3. 结合中国160站站网,试述s站站域面积d_s、站网密度m_s的定义,并说明S_0、D_s、$\hat{m}_s$分别指什么? S_0的选择要考虑哪些因素?

4. 以$\bar{f}_s$、$\bar{g}_s$,$s=\overline{1,160}$记中国160站冬、夏季气温气候场$\bar{\boldsymbol{f}}$、降水气候场$\bar{\boldsymbol{g}}$,为什么算术平均值$\hat{\bar{f}}=\sum_{s=1}^{160}\bar{f}_s/160$、$\hat{\bar{g}}=\sum_{s=1}^{160}\bar{g}_s/160$会高估气候全国平均$[\bar{\boldsymbol{f}}]$、$[\bar{\boldsymbol{g}}]$的真值?(提示:要考虑$[\bar{\boldsymbol{f}}]$、$[\bar{\boldsymbol{g}}]$是什么,中国冬、夏季$\bar{\boldsymbol{f}}$、$\bar{\boldsymbol{g}}$分布特点,中国站网分布特点。)

5. 相关系数图的显著相关区面积$\hat{S}$是什么? 什么情况下相关系数图的显著性检验要以$\hat{S}$替代显著相关站数k作为被检验的统计量?

6. AEOF分析方法中怎样做格(站)点网资料的均匀化订正? 举例说明订正的必要性和有效性。

7. ASVD方法中怎样做格(站)点网资料的均匀化订正? 举例说明订正的必要性和有效性。

8. 若要计算某省(自治区)站网的d_s、m_s,需要知道哪些地理信息? 试写出某省(自治区)站网的d_s、m_s的计算方案。

第 10 章　闭合气压系统环流指数及应用

闭合气压系统是指气压场中由闭合等压线(等高线)围成的高压、低压,环流指数是一组描述环流系统(性状)特征的数,闭合气压系统环流指数广泛地应用于大气环流分析。对同一环流系统,不同作者定义了不同的环流指数,孙晓娟等(2010,2011)列举和分析了一些作者定义的蒙古高压、阿留申低压环流指数。环流指数的定义一般基于动力学和统计学两个方面的考虑,动力学考虑赋予环流指数明确的物理意义,统计学考虑是为方便其在分析及预测中的应用。海平面气压场中的大气活动中心(ACA)及自由大气中高压、低压环流指数在业务应用中十分重要,以中国国家气候中心发布的环流指数(国家气候中心,2011)为例,在74 种环流指数中,与高压、低压有关的环流指数有 57 种,占 77%。

本章介绍王盘兴等(2007,2010)提出的一种闭合气压系统环流指数的定义和计算方法。该方法的特点是,其定义和计算方法对所有闭合气压系统(包含了等压面高度场、海平面气压场中的高压、低压系统)是统一的,由此得到的环流指数[面积 S、强度 P、中心位置(λ_c, φ_c)]便于多种应用。大量计算、分析(王盘兴等,2007;陈延聪等,2009;管树轩等,2009;麻巨慧等,2009a,2009b;洪芳玲,2011;刘晴晴等,2011;任律等,2011;孙晓娟,2013;Wang et al., 2012;Sun et al., 2017)表明,该方法在闭合气压系统气候及异常规律分析,它们与区域气候异常关系分析,以及它们与外强迫关系分析等方面,都取得了较好的分析效果。下面先介绍闭合气压系统环流指数的定义与计算(王盘兴等,2007,2010);以 1000hPa 等压面冬季蒙古高压为例,给出等压面上闭合气压系统环流指数的定义、计算及其应用(麻巨慧等,2009a,2009b;刘晴晴等,2011);最后介绍该方法在冬季北半球 ACA 度量、遥联及其与外强迫、区域气候异常关系分析中的应用。

10.1　闭合气压系统环流指数定义及计算

这里以冬季季、月平均 1000hPa 等压面上蒙古高压(简记为 HMO)为例,用 1948 ~ 2007 年 60 个冬季的 NCEP/NCAR 再分析资料,定义 t 年 HMO 冬季和$\overline{12,2}$月三种环流指数,给出它们的计算方案。t 年冬季指 t 年 12 月和 t+1 年 1 月、2 月的 3 个月,月所属年份同习惯。

10.1.1　S、P 的定义和计算方案

1. 定义

记 t 年 1000hPa 位势高度场为 $f(\lambda,\theta,t)$,则该年冬季某月 HMO 的面积、强度指数定义为

$$
\begin{aligned}
S(t) &= \iint\limits_{D(t)} \mathrm{d}s \\
P(t) &= \iint\limits_{D(t)} | f(\lambda,\theta,t) - f_0 | \, \mathrm{d}s
\end{aligned}
\tag{10.1}
$$

式中，λ 为经度；θ 为余纬，$\theta=\pi/2-\varphi$。

面积指数 $S(t)$ 是 t 年搜索域 Ω 中由 f 场中特征等值线 f_0（气候值）围成的区域 $D(t)$（称为计算域）的面积；强度指数 $P(t)$ 是 t 年场量与 f_0 的绝对差 $|f(t)-f_0|$ 在 $D(t)$ 上的积分。由定义，无论对高压、低压，$S(t)$、$P(t)$ 均为正值；其值越大，该年系统越大、越强。

对季、月平均图上某 ACA 闭合气压系统环流指数的计算，Ω、f_0 不随 t 变化，但可以随季节（月份）而变化，它们是在全面分析气压场多年序列的基础上确定的。图 10.1 是冬季季、月 60 年 HMO 的 $f_0(t)$ 综合图及搜索域 Ω，可见，Ω 与 $f_0(t)$、$t=\overline{1,60}$将 HMO 的主体与其余高值系统作了合理分割，由它们确定的 $D(t)$ 和求得的 HMO 的 $S(t)$、$P(t)$，意义清晰。图 10.2 给出了 2007 年冬季季、月 HMO 的 Ω、f_0、$D(t)$ 三者关系，注意其 $D(t)$ 不一定是 f_0 围成的全部区域。

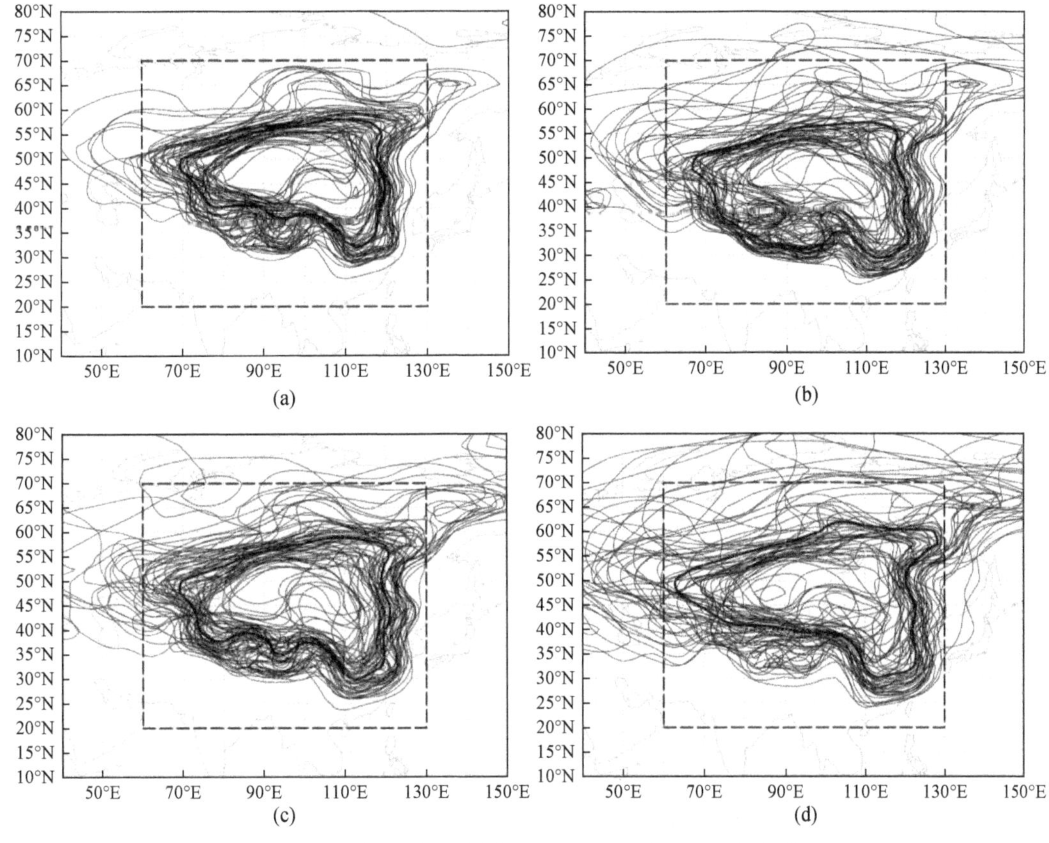

图 10.1　1948 ~ 2007 年冬季季、月平均 1000hPa 高度场 HMO 特征等高线 f_0 综合图

(a)冬季；(b)12 月；(c)1 月；(d)2 月。细(粗)实线为逐年(气候)场 f_0 线，粗虚线矩形为 Ω 边界；

(a)、(b)、(c)图中 f_0 = 220gpm，(d)图中 f_0 = 200gpm

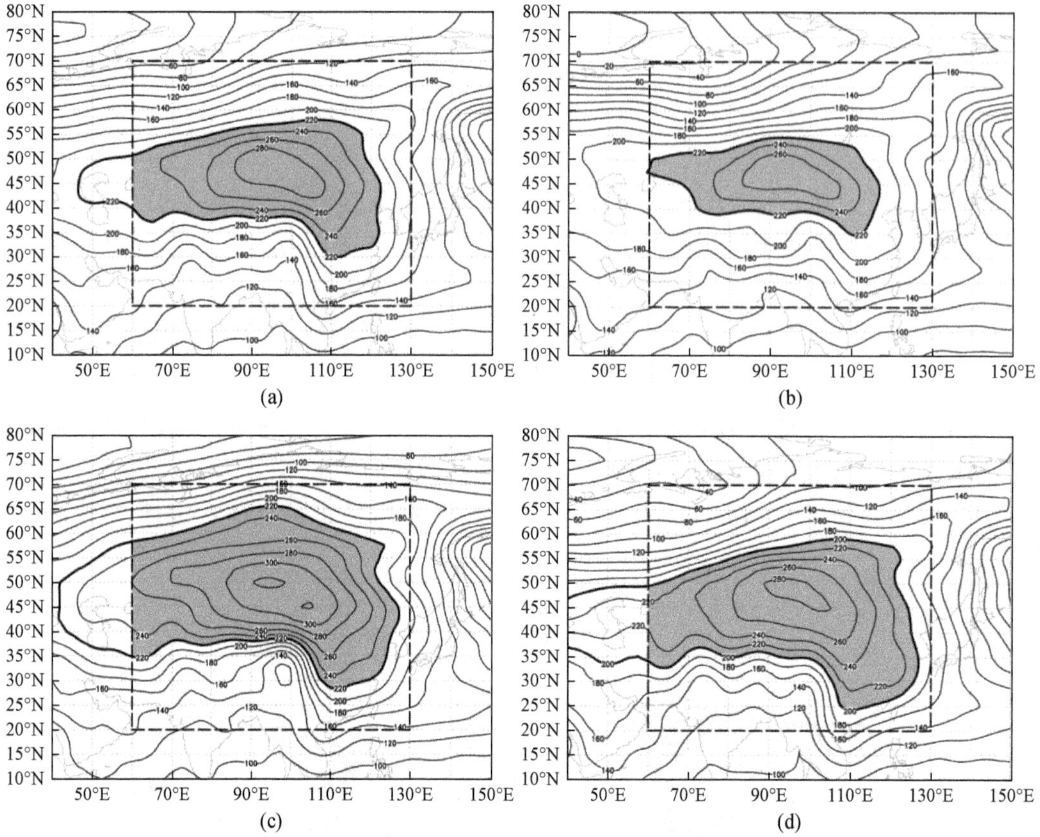

图 10.2　2007 年冬季季、月 1000hPa 位势高度场中 HMO 的 f_0、Ω、$D(t)$（单位：gpm）

(a)2007 年冬季；(b)2007 年 12 月；(c)2008 年 1 月；(d)2008 年 2 月。粗实线为特征等值线 f_0，粗虚线矩形区为搜索区 Ω，阴影区为计算区域 $D(t)$；(a)、(b)、(c)图中 $f_0=220$gpm，(d)图中 $f_0=200$gpm

2. 计算方案

实际计算在单位半径球面上的地理坐标系(λ,θ)中进行。

使用 NCEP/NCAR、ECMWF 再分析资料，它分布在均匀矩形经度、余纬格点网上，其基本参数为格距 $\Delta\lambda=\Delta\theta=\pi/72=2.5°$，纬圈、经线等分数 $m=144$、$n=72$；故格点(λ,θ)与格点序数(i,j)关系为 $\lambda(i,j)=i\Delta\lambda$、$\theta(i,j)=j\Delta\theta$，$i=\overline{0,m-1}$、$j=\overline{0,n}$，由此得 t 年 f 场的多年序列的离散形式为 $f(i,j,t)$、$i=\overline{0,m-1}$、$j=\overline{0,n}$。因此，$S(t)$、$P(t)$的差分计算式为

$$S(t)=\sum_{i,j}\Delta S(i,j),\quad P(t)=\sum_{i,j}\Delta P(i,j,t) \tag{10.2}$$

式中，$\Delta S(i,j)$是以(i,j)格点为中心的面元面积，

$$\Delta S(i,j)=\begin{cases}2\pi\left(1-\cos\dfrac{\Delta\theta}{2}\right), & j=0,n \quad （南、北极点）\\ 2\Delta\lambda\sin(j\Delta\theta)\sin\dfrac{\Delta\theta}{2}, & j=\overline{1,n-1} \quad （非极点）\end{cases} \tag{10.3}$$

$\Delta P(i,j,t)$是 t 年(i,j)格点所在面元上的元压差（元位势高度差），它是格点压差（位势高度

差)绝对值与元面积之积,

$$\Delta P(i,j,t)=|f(i,j,t)-f_0|\Delta S(i,j) \tag{10.4}$$

$\Delta S>0$、$\Delta P>0$,将它们代入式(10.2)求得逐年闭合气压系统的面积、强度指数序列,记为

$$S(t)、P(t),t=\overline{1,L} \tag{10.5}$$

且有 S、$P\geqslant 0$。

10.1.2 (λ_c,φ_c)的定义和计算方案

1. 定义

t 年某闭合气压系统的中心位置指数$(\lambda_c(t),\varphi_c(t))$定义为 $D(t)$ 上由气压场决定的重力场的"重心"位置。以 $\boldsymbol{r}$ 记球面上任意点(λ,θ)的位置矢量,$\boldsymbol{r}_c(t)$记球面上矢端在重心$(\lambda_c(t),\varphi_c(t))$的矢量,$\boldsymbol{r}(t)$、$\boldsymbol{r}_c(t)$分别是从球面上选定坐标原点$(\lambda_0,\theta_0)$出发至$(\lambda(t),\varphi(t))$、$(\lambda_c(t),\varphi_c(t))$的矢量,它对 NCEP/NCAR、ECMWF 再分析资料与大圆弧重合。故 $\boldsymbol{r}_c(t)$由以下差分方程定义

$$\sum_{i,j\in D(t)}\Delta P(i,j,t)[\boldsymbol{r}(i,j)-\boldsymbol{r}_c(t)]=0 \tag{10.6}$$

2. 计算方案

为计算 t 年 HMO 的(λ_c,φ_c),建立地心直角坐标系 $OXYZ$ 和球面直角坐标系 oxy(图 10.3)。$OXYZ$ 是原点在地心的三维直角坐标系,其基向量 $\vec{i}$、$\vec{j}$、$\vec{k}$ 是矢端分别位于单位半径球面上(λ,θ)为$(0,\pi/2)$、$(\pi/2,\pi/2)$、$(\lambda,0)$点的单位向量。oxy 是原点在北极的球面曲线直角坐标系,其基向量 $\vec{e}_1$、$\vec{e}_2$ 是矢端分别位于单位半径球面上(λ,θ)为$(0,1)$、$(\pi/2,1)$点的单位向量。

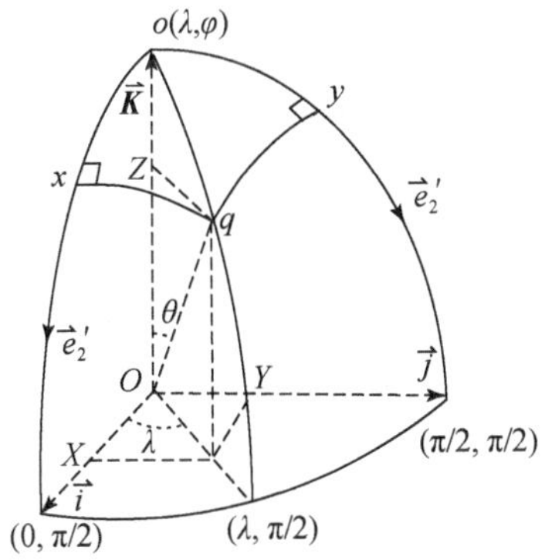

图 10.3　地理坐标(λ,θ)与单位半径球直角坐标系 $OXYZ$、oxy 三者关系
q 是球面上的任意点,它在 $OXYZ$ 中的坐标为(X,Y,Z),在 oxy 中的坐标为(x,y)

由图 10.3,球面上任意点 q 的地理坐标(λ,θ)与(X,Y,Z)间的转换关系为

$$\begin{pmatrix} X \\ Y \\ Z \end{pmatrix} = \begin{pmatrix} \sin\theta\cos\lambda \\ \sin\theta\sin\lambda \\ \cos\theta \end{pmatrix}, \begin{pmatrix} \lambda \\ \theta \end{pmatrix} = \begin{pmatrix} \arctan(Y/X) \\ \arccos Z \end{pmatrix} \tag{10.7}$$

根据球面直角三角形计算公式,可导出点 q 的地理坐标(λ,θ)向球面直角坐标(x,y)的正、逆转换关系为

$$\begin{pmatrix} x \\ y \end{pmatrix} = \begin{pmatrix} \arctan(\tan\theta\cos\lambda) \\ \arctan(\tan\theta\sin\lambda) \end{pmatrix}, \begin{pmatrix} \lambda \\ \theta \end{pmatrix} = \begin{pmatrix} \arctan(\tan y/\tan x) \\ \operatorname{arccot}(\tan^2 x+\tan^2 y)^{1/2} \end{pmatrix} \tag{10.8}$$

据式(10.8)左式正转换关系,可将 t 年场 $f(\lambda,\theta)$ 转换为 $f(x,y)$,并在坐标系 oxy 中求得 t 年的该闭合气压系统的中心位置

$$\begin{pmatrix} x_c(t) \\ y_c(t) \end{pmatrix} = \begin{pmatrix} \sum\limits_{i,j\in D(t)} x(i,j)\Delta P(i,j,t)\Big/P(t) \\ \sum\limits_{i,j\in D(t)} y(i,j)\Delta P(i,j,t)\Big/P(t) \end{pmatrix} \tag{10.9}$$

而据式(10.8)右式逆转换关系,可将 t 年的(x_c,y_c)转换为(λ_c,θ_c)。由此求得逐年 HMO 的中心位置指数序列,记为

$$(\lambda_c(t),\theta_c(t)),\quad t=\overline{1,L} \tag{10.10}$$

王盘兴等(2007)将式(10.2)右式、式(10.8)左式求出的闭合系统强度指数及位置参数多年序列

$$P(t)、(x_c(t),y_c(t)),\quad t=\overline{1,L} \tag{10.11}$$

视为一个力学系统,定义了该系统的气候中心位置指数

$$\begin{pmatrix} \bar{x}_c \\ \bar{y}_c \end{pmatrix} = \begin{pmatrix} \sum\limits_{t=1}^{L} x_c(t)P(t)/P \\ \sum\limits_{t=1}^{L} y_c(t)P(t)/P \end{pmatrix} \tag{10.12}$$

再由式(10.8)左式将$(\bar{x}_c,\bar{y}_c)$转换为该系统的气候中心位置指数$(\bar{\lambda}_c,\bar{\theta}_c)$。

由于(λ_c,θ_c)的计算依赖于球面直角三角形计算公式,而式(10.8)只适用于单位半径球面上三边和小于 π 的球面直角三角形。因此,基于图 10.3 坐标系的计算方案只适用于中、高纬闭合气压系统(如 LIC、LAL、HMO)中心位置指数(λ_c,θ_c)的计算。对低纬闭合气压系统(如 HNA、HNP)中心位置的计算,需引进一组与搜索区 Ω 有关的新的地理坐标系(λ',θ')、地心直角坐标系 $OX'Y'Z'$ 和球面曲线直角坐标系 $ox'y'$,这里给出其算法。

3. 低纬系统计算方案

低纬系统的搜索域 Ω 一般可处理为 λ-θ 平面上的矩形域$[\lambda_w-\lambda_e,\theta_n-\theta_s]$(注:极冠区可理解为 0°~360°E、$0\sim\theta_s$ 的矩形区域),这里 λ_w、λ_e 为 Ω 的西、东界所在经度,θ_n、θ_s 为北、南界所在余纬(图 10.2)。为准确计算低纬系统的(λ_c,θ_c),建立新地理坐标系(λ',θ'),其北极点 O' 取在 Ω 的中心点(λ_0,θ_0)上,$\lambda_0=(\lambda_w+\lambda_e)/2$、$\theta_0=(\theta_n+\theta_s)/2$;新系的南极点位于$(\lambda_0\pm\pi,\pi-\theta_0)$。新系的经线 $\lambda'=0$ 沿 $\lambda=\lambda_0$ 经线指向南极,经线 $\lambda'=\pi/2$ 从 O' 点出发垂直于 $\lambda=\lambda_0$ 经线指向新的南极点,它们分别是新球面曲线直角坐标系 $o'x'y'$ 的 x'、y' 轴。对新地理坐标系(λ',θ')建立

相应的 $o'x'y'$ 和 $OX'Y'Z'$ 坐标系，它们的相互关系全同于(λ,θ)、oxy 与 $OXYZ$。

由 1.3.4 节正交变换及其矩阵知，坐标系 $OX'Y'Z'$ 是 $OXYZ$ 绕 $\vec{k}$ 轴逆转 λ_0 角、再绕 $\vec{j}$ 轴逆转 θ_0 角所得，故原点位于地心的直角坐标系 $OXYZ$、$OX'Y'Z'$ 的基向量间关系为

$$\begin{pmatrix}\vec{i}'\\ \vec{j}'\\ \vec{k}'\end{pmatrix}=\begin{pmatrix}\cos\theta_0\cos\lambda_0 & \cos\theta_0\sin\lambda_0 & -\sin\theta_0\\ -\sin\lambda_0 & \cos\lambda_0 & 0\\ \sin\theta_0\cos\lambda_0 & \sin\theta_0\sin\lambda_0 & \cos\theta_0\end{pmatrix}\begin{pmatrix}\vec{i}\\ \vec{j}\\ \vec{k}\end{pmatrix} \tag{10.13}$$

由此得球面上任意点 $q(\lambda,\theta)$ 的坐标(X,Y,Z)、(X',Y',Z')间的正、逆转换关系为

$$\begin{pmatrix}X'\\ Y'\\ Z'\end{pmatrix}=\begin{pmatrix}X\cos\theta_0\cos\lambda_0+Y\cos\theta_0\sin\lambda_0-Z\sin\theta_0\\ -X\sin\lambda_0+Y\cos\lambda_0\\ X\sin\theta_0\cos\lambda_0+Y\sin\theta_0\sin\lambda_0+Z\cos\theta_0\end{pmatrix} \tag{10.14}$$

$$\begin{pmatrix}X\\ Y\\ Z\end{pmatrix}=\begin{pmatrix}X'\cos\theta_0\cos\lambda_0-Y'\sin\lambda_0+Z'\sin\theta_0\cos\lambda_0\\ X'\cos\theta_0\sin\lambda_0+Y'\cos\lambda_0+Z'\sin\theta_0\sin\lambda_0\\ -X'\sin\theta_0+Z'\cos\theta_0\end{pmatrix} \tag{10.15}$$

利用正转换关系式(10.14)，可将求低纬闭合气压系统中心位置指数(λ_c,θ_c)的问题转入新坐标系中进行。因为新坐标系的北极点(即 o')位于 Ω 中心，计算涉及的球面直角三角形内角和一般不超过 π，故新坐标系中(λ_c',θ_c')的计算将是精确的。而(λ_c',θ_c')可经逆转换关系式(10.7)、式(10.15)返还原坐标系，再利用式(10.8)、式(10.9)求得低纬系统中心位置指数(λ_c,θ_c)。

因 Ω 中心点(λ_0,θ_0)可在整个球面域上取值，故低纬系统(λ_c,θ_c)计算方案理论上也包含了高纬系统(λ_c,θ_c)的计算，是求气压系统(λ_c,θ_c)的普适计算方案。这已在实际计算中得到验证(王盘兴等，2010)。

10.2　蒙古高压的气候及异常特征

按 10.1 节，用 1948～2007 年(60 年)冬季季、月 1000hPa 位势高度场资料，定义了 HMO 环流指数 S、P 及(λ_c,θ_c)，计算了它们的时间序列，以 $I(j)$ 代表 j 年环流指数 S、P、λ_c、φ_c 之一，则其时间序列可一般表达为 $I(j)$、$j=\overline{1,60}$，并可按时域上的环流分解(见本书第 2 章)，得

$$I(j)=\bar{I}+I'(j)\text{、}j=\overline{1,60} \tag{10.16}$$

$\bar{I}=\sum\limits_{j=1}^{60}I(j)\Big/60$ 为其气候平均，$I'(j)=I(j)-\bar{I}$、$j=\overline{1,60}$ 为距平序列，可据其分析 HMO 的气候及异常特征。

10.2.1　气候与气候变率分析

1. 气候平均

因季、12 月、1 月的 f_0 全为 220gpm，故由表 10.1 的 $\bar{P}(\bar{S})$ 知，12 月 HMO 最强(大)，1 月

次之。2 月的 $f_0=200$gpm，小于 12 月、1 月的 220gpm，故其 $\bar{S}$、$\bar{P}$ 与 12 月、1 月不可直接相比；而由图 10.4 知，2 月 220gpm 等值线包围区域(深色阴影区)明显小于 12 月、1 月，故 2 月 HMO 较 12 月、1 月弱(小)。由 $\bar{\lambda}_c$、$\bar{\varphi}_c$ 知，HMO 中心位置 1 月较 12 月、2 月略偏东，冬季 HMO 逐月北移。

表 10.1　1948/1949 ~ 2007/2008 年 HMO S、P、λ_c、φ_c 的气候平均值

参数	冬季	12 月	1 月	2 月
$\bar{S}$/rad^2	0.17	0.24	0.21	0.22
$\bar{P}$/(gpm · rad^2)	3.65	5.23	5.19	7.62
$\bar{\lambda}_c$/(°E)	97.9	96.9	98.9	96.8
$\bar{\varphi}_c$/(°N)	47.5	45.4	47.0	49.2

注：rad^2 = 1 对应地表实际面积约 40.664×10^6km^2

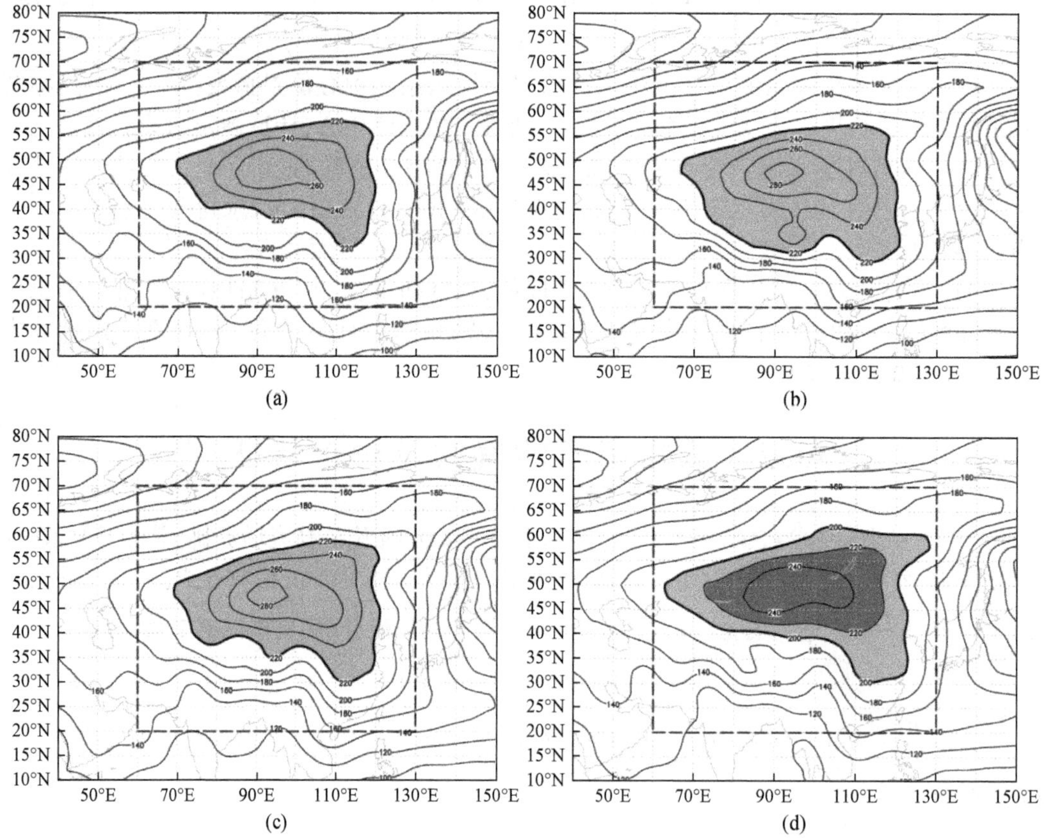

图 10.4　1948 ~ 2007 年冬季季、月平均 1000hPa 气候位势高度场中 HMO 的 f_0、Ω、D

(a)冬季；(b)12 月；(c)1 月；(d)2 月。粗实线为特征等值线 f_0，单位：gpm；粗虚线矩形区为搜索区 Ω，阴影区为计算区域 D；(a)、(b)、(c)图中 $f_0=220$gpm，(d)图中 $f_0=200$gpm

2. 气候变率

由表10.2知，HMO指数S、P气候变率1月最小，12月、2月次之。HMO中心位置指数λ_c的气候变率略大于φ_c，但因φ_c处纬圈与经圈长度之比为$\cos\varphi_c$，故HMO中心位置异常基本上是各向同性的；图10.5给出了60年HMO中心的地理分布。

表10.2　1948～2007年冬季季、月HMO环流指数的气候变率σ

参数	冬季	12月	1月	2月
σ_S/rad^2	0.06	0.10	0.07	0.12
σ_P/(gpm·rad^2)	2.55	5.94	3.95	5.75
σ_{λ_c}/(°)	4.45	4.71	5.16	5.77
σ_{φ_c}/(°)	1.88	3.27	2.70	3.63

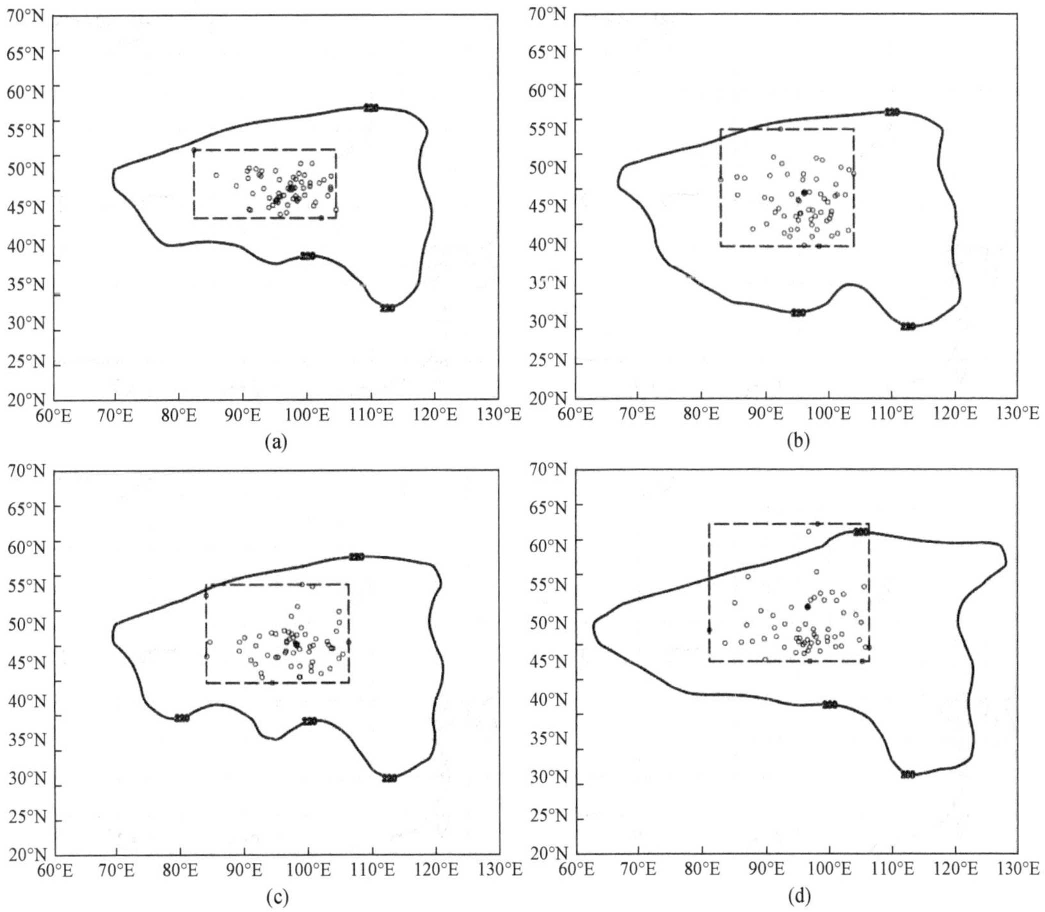

图10.5　1948～2007年冬季季、月1000hPa的HMO中心位置(λ_c,φ_c)分布

(a)冬季；(b)12月；(c)1月；(d)2月。○(●)为历年(气候)中心位置，矩形为中心出现范围，粗实线为气候图上的f_0线；(a)、(b)、(c)图中f_0=220gpm，(d)图中f_0=200gpm

分析(表 10.3)表明,HMO 的 S、P 强相关,即面积大时强度也大,故异常分析只需择一进行;实际分析对强度指数 P 进行。

表 10.3　冬季季、月 HMO 指数 S、P 的相关系数 r

参数	冬季	12 月	1 月	2 月
r_{S-P}	0.936	0.927	0.900	0.873

10.2.2　异常的时空特征分析

因标准化不改变 P'、(λ_c', φ_c') 序列的时域特征,故它们的时域特征分析对其标准化距平 $\tilde{P}'$、$(\tilde{\lambda}_c', \tilde{\varphi}_c')$ 序列进行。

1. P'的时域特征

用第 3 章中谐波分析方法,从图 10.6 的季、月 $\tilde{P}'$中分离出年代际变化分量 $\tilde{P}_s'$(也称慢变分量),它由波数 $k=\overline{1,6}$(k 波的周期 $T_k=60/k$a)的 6 个 10 年以上的周期振荡构成。冬季和

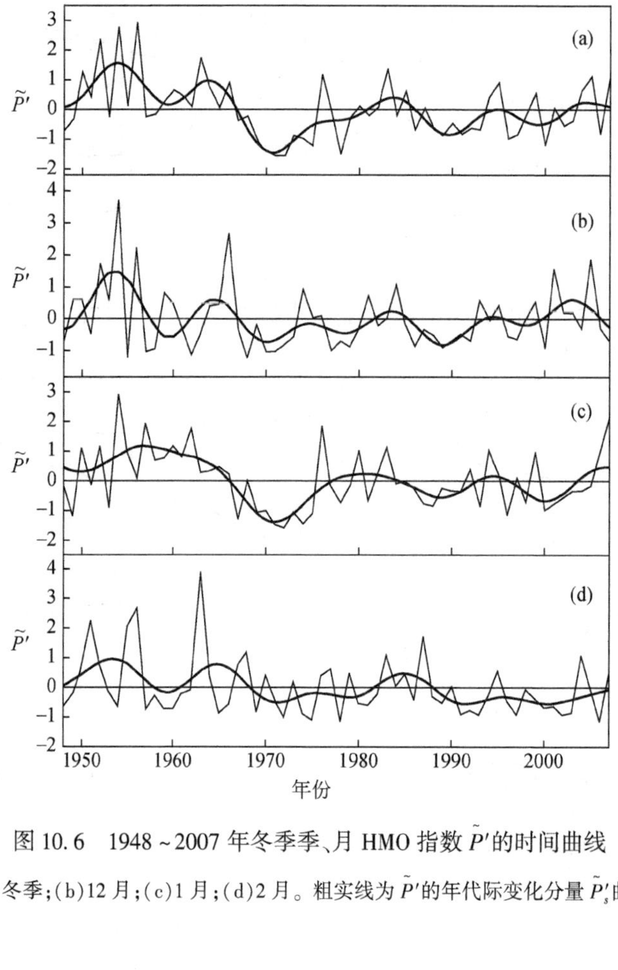

图 10.6　1948～2007 年冬季季、月 HMO 指数 $\tilde{P}'$的时间曲线

(a)冬季;(b)12 月;(c)1 月;(d)2 月。粗实线为 $\tilde{P}'$的年代际变化分量 $\tilde{P}_s'$曲线

1月 $\tilde{P}'$年代际变化分量 $\tilde{P}'_s$是显著的(通过信度 $\alpha=0.05$ 的 F 检验),20世纪60年代中期以前 $\tilde{P}'$处在高值期,HMO最强;60年代末和70年代,$\tilde{P}'$处在低值期,HMO最弱;80年代后期至21世纪初以偏低值为主,HMO偏弱。$\tilde{P}'$的这种变化趋势与同期全球增暖的趋势基本一致。

值得注意的是,近年来 $\tilde{P}'\geqslant 0$ 时有发生。如2005年冬季、2007年冬季1月(即2008年1月)的 $\tilde{P}'$均为自1983年冬季、1955年1月以来的最大值,且2005年12月和2005年冬季2月(即2006年2月)的 $\tilde{P}'$分别达到了1987年、1967年以来的最大值。这些情况连同后面将要分析的2007年冬季、2008年1月的 $\tilde{P}'$极端增大事件,可能预示着HMO强度已进入一个如20世纪80年代的阶段性增强时期。在全球 CO_2 等温室气体持续增多的背景下,HMO强度异常可能并不是单调减弱。

2. (λ_c,φ_c)的空域特征

由图10.7可见,HMO中心位置异常(λ'_c,φ'_c)也存在明显的年代际变化。λ'_c在20世纪60年代中期以前较大,中心偏东;60年代中期至80年代末较小,中心偏西;80年代末至21世纪初,无显著异常。φ'_c在50年代中前期较小,中心偏南;50年代中期至70年代末期较大,中心偏北;70年代末至21世纪初较小,异常偏南,尤以12月、2月最明显,且持续时间很长;但近年来季和12月、1月的 φ'_c显著正异常(中心偏北)时有发生。

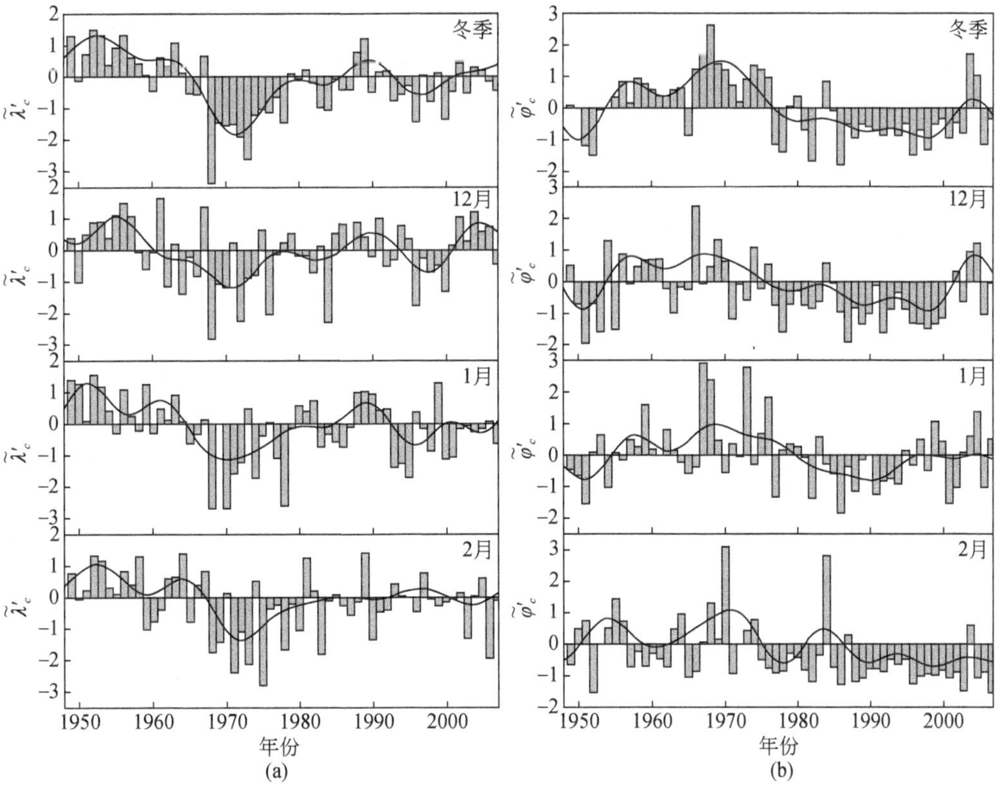

图10.7　1948～2007年冬季季、月HMO中心位置异常的演变

(a) $\tilde{\lambda}'_c$;(b) $\tilde{\varphi}'_c$。实线为年代际变化分量 $\tilde{\lambda}'_{cs}$、$\tilde{\varphi}'_{cs}$

10.2.3　P 与 λ_c、φ_c 的相关分析

由表 10.4 可见，冬季环流指数 P-λ_c 和 12 月、2 月 P-φ_c 的同期正相关显著（信度 $\alpha=0.05$）；相应地，这些季、月应有 HMO 强年中心位置偏东和偏北，反之亦然。许多（5/8）季、月，P-λ_c、P-φ_c 间相互独立，故（λ_c，φ_c）有独立分析价值。

表 10.4　HMO 强度 P 指数和中心位置（λ_c，φ_c）的相关系数

相关系数	冬季	12 月	1 月	2 月
P-λ_c	**0.419**	0.076	0.254	0.195
P-φ_c	0.104	**0.499**	0.036	**0.433**

注：粗体表示通过信度 $\alpha=0.05$ 的显著性检验

综上所述，用 10.1 节定义的环流指数可以表示 60 年来 HMO 的强度（大小）和位置。通过分析其自身变化及相互关系，可以客观地认识 HMO 的异常变化规律。

10.3　蒙古高压与中国同期气候、天气关系

环流指数的价值，很大程度上体现在它与区域气候异常及天气变化关系分析中的应用。下面给出冬季 HMO 环流指数与同期中国气温（T）、降水（R）关系的分析结果。

10.3.1　与气候异常的关系

先给出 HMO 冬季季、月环流指数 P、φ_c 与同期中国 160 站温度（T）、降水（R）的相关分析，资料长度为 1951～2007 年共 57 年。

1. P 与中国 T、R 的相关

由图 10.8，P 与中国同期 160 站 T 的显著相关区 r 均为负值，其中通过信度 $\alpha=0.05$ 显著性检验的站点数均在 139 站以上（表 10.5），远高于 Livezey 和 Chen（1983）提出的相关分布图显著性检验标准（对 160 站，$\alpha=0.05$ 的临界站点数为 13）。可见，HMO 强（弱）年，中国（西南地区除外）冬季气温整体偏低（偏高）。而由 HMO 的 P 与中国同期 160 站 R 的相关系数分布图（略），统计得表 10.5 中 P-R 的显著相关站数知，只有 12 月的 r 通过 Livezey 和 Chen（1983）标准的显著性检验。可见，HMO 强度与中国同期降水的相关不显著（12 月除外）。

因此，HMO 强度与中国冬季季、月大部分地区气温异常存在显著负相关关系，而与降水异常无显著相关。

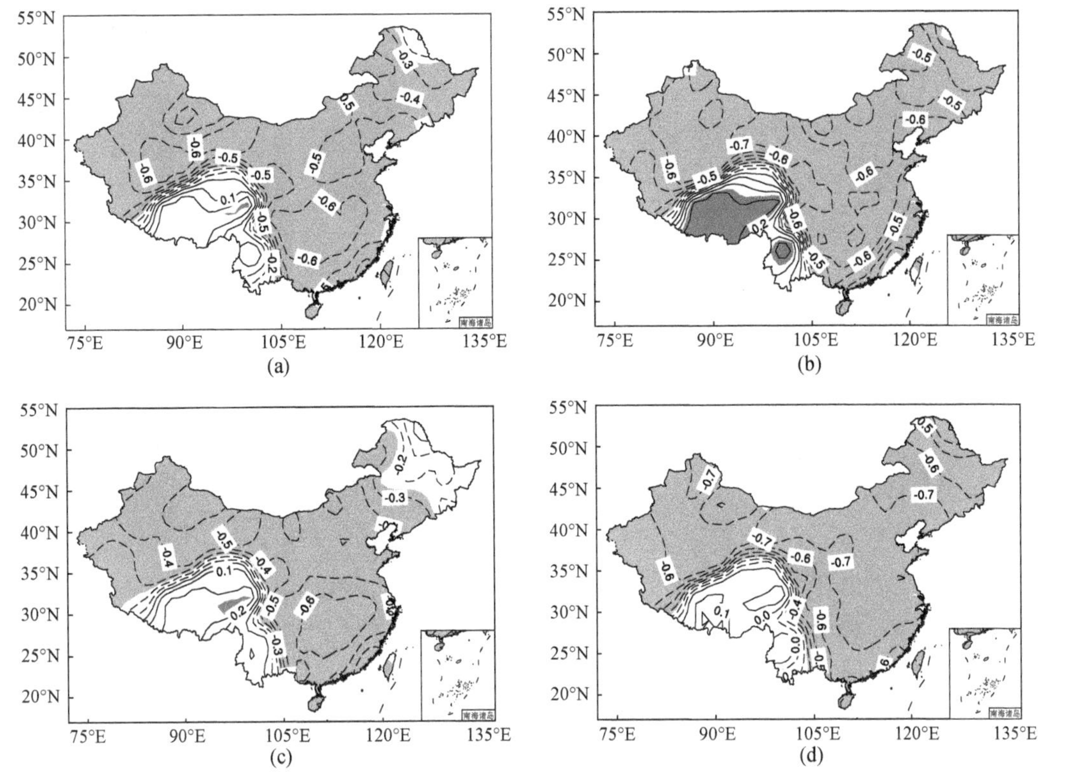

图 10.8　1951～2007 年冬季季、月 HMO 指数 P 与中国 160 站同期气温的相关系数分布(阴影区 $|r| \geq r_{0.05}$)
(a)冬季;(b)12 月;(c)1 月;(d)2 月

表 10.5　1951～2007 年冬季 HMO 环流指数 P 与中国同期 160 站气温、降水的显著相关站数

相关系数	冬季	12 月	1 月	2 月
P-T	**142**	**139**	**143**	**146**
P-R	9	**23**	7	9

注:粗体表示通过信度 $\alpha=0.05$ 的 Livezey 显著性检验

2. φ_c 与中国 T、R 的相关

利用 φ_c 与中国同期 160 站 T、R 的相关系数图(图 10.9),统计得信度 $\alpha=0.05$ 下 $|r| \geq r_\alpha$ 站点数(表 10.6)。据 Livezey 判据,φ_c-T 显著负相关,HMO 中心位置异常偏北(偏南)的年份,中国除西南、华南、东南沿海外的大部分区域气温异常偏低(偏高)。而 φ_c-R 不显著(12 月除外)。

冬季 HMO 的 P、φ_c 与中国同期 T、R 相关强弱悬殊的特征与第 5 章相关分析结论一致,证明了 HMO 是中国冬季气候异常的直接控制系统。

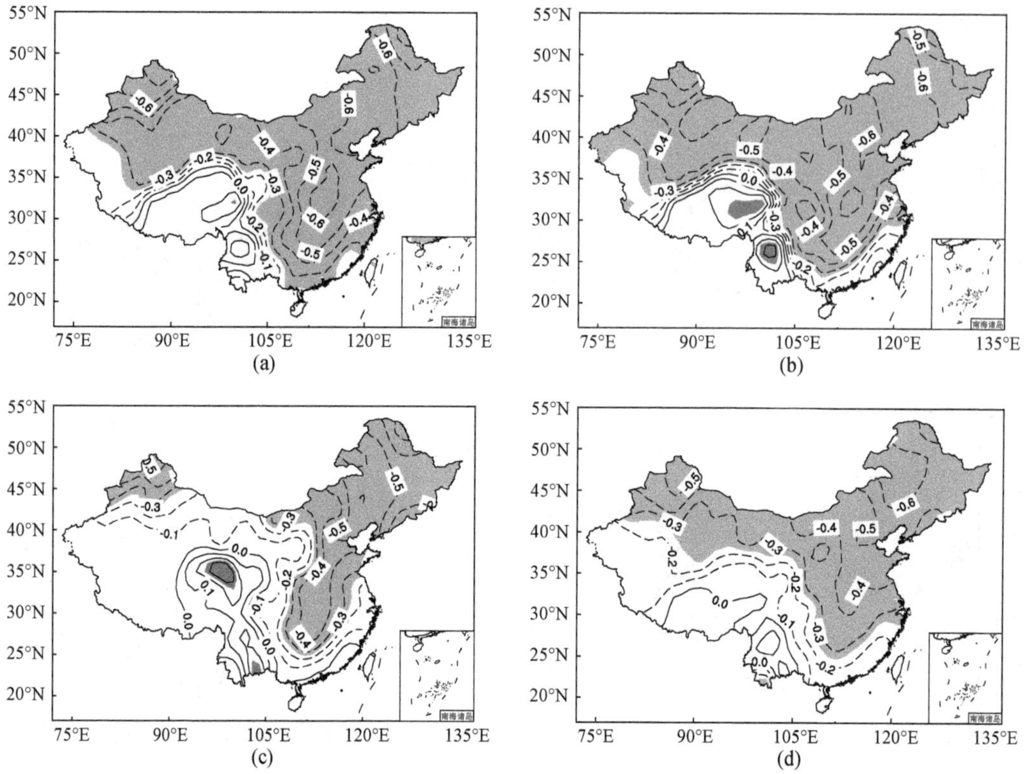

图 10.9　1951 ~ 2007 年冬季季、月 HMO 指数 φ_c 与中国 160 站同期气温的相关系数分布（阴影区 $|r| \geqslant r_{0.05}$）
(a)冬季;(b)12 月;(c)1 月;(d)2 月

表 10.6　1951 ~ 2007 年冬季 HMO 环流指数 φ_c 与中国 160 站气温、降水的显著相关站数

相关系数	冬季	12 月	1 月	2 月
φ_c-T	**133**	**107**	**74**	**89**
φ_c-R	11	**24**	7	12

注:粗体表示通过信度 $\alpha = 0.05$ 的 Livezey 显著性检验

3. 与极端异常的关系

2008 年 1 月 10 日 ~ 2 月 2 日,中国南方大部分地区出现了一次长达 24 天的持续低温雨雪和冰冻天气过程(简称"0801 南方雪灾"),它发生在长期暖冬的背景下,对社会生活和经济建设造成了严重影响,是一次突发的极端气候异常事件。HMO 指数与极端气候异常事件也存在很密切的关系。

由表 10.7,2008 年 1 月 HMO 指数 $P = 15.55$、$S = 0.35$ 是 60 年中 P、S 的第二高值(S 为并列第二高值);2 月的 $P(S)$ 也出现了明显的正异常,分别为 60 年中第 12、16(并列)个高值年,弱于 1 月。由图 10.10 可见,2008 年 1 月、2 月的 HMO 特征等高线 f_0 范围异常偏大,超出了图 10.1(c)、(d) 中所有年份 f_0 的西伸范围,极有利于同期中国 1 月、2 月出现低温。该

年冬季的 $P(S)$ 是 60 年中第 9(并列第 9)个强正异常年。因此,“0801 南方雪灾”与同期 HMO 极端加强有关。

表 10.7　2008 年 HMO 环流指数 P、S 与其气候值的对比

	1 月		2 月		冬季(12 月 ~ 次年 2 月)	
	P	S	P	S	P	S
2008 年	15.5	0.35	12.63	0.34	7.43	0.25
异常排序	2	(2)	12	(16)	9	(9)
气候平均	5.19	0.21	8.08	0.25	4.53	0.19

注:( )为并列的正异常序数

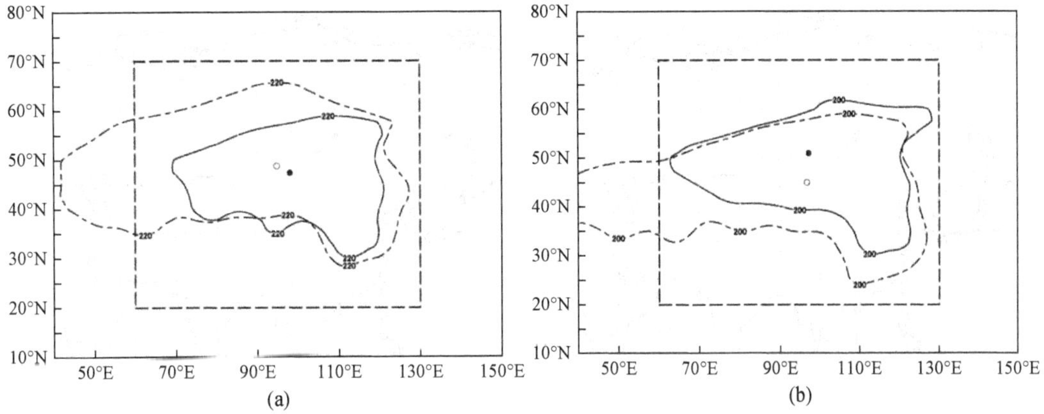

图 10.10　2008 年 1000hPa HMO 中心位置、特征线 f_0(闭合长短虚线)与气候图上中心、特征线 f_0(闭合实线)的比较

(a)1 月;(b)2 月。○(●)为 2008 年(气候)的 HMO 中心

10.3.2　天气关系分析

10.1 节给出的闭合气压系统环流指数定义和计算,也适合于瞬时气压场这一类气压系统的描述。麻巨慧等(2009a)将其用于“0801 南方雪灾”期间 HMO 过程与我国南方区域天气过程关系的分析,下面简要介绍其主要结果。

中国气象科学研究院灾害天气国家重点实验室(2008)的科学报告(No. LaSW—SR001)给出了该过程中我国南方区域(110° ~ 120° E,22° ~ 35° N)平均的逐日降水量和气温(图 10.11)。可见,这次南方雪灾由接连发生的 4 次中期降温、降水过程构成,发生时段分别为 1 月 10 ~ 16 日(Ⅰ)、18 ~ 22 日(Ⅱ)、25 ~ 29 日(Ⅲ)及 1 月 31 日 ~ 2 月 2 日(Ⅳ)。

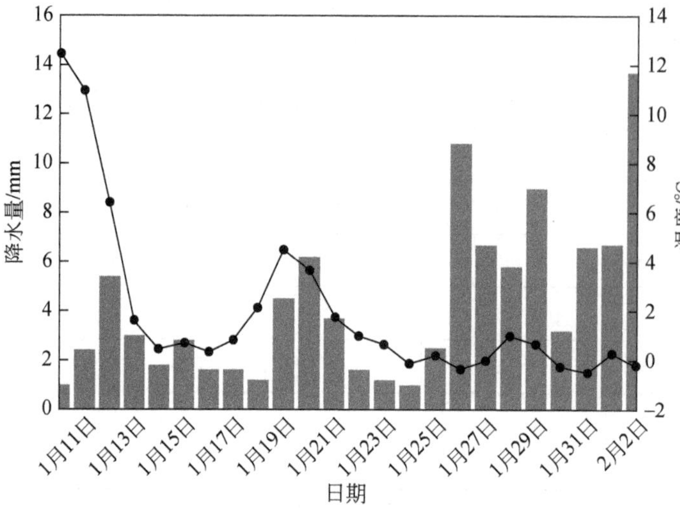

图 10.11　“0801 南方雪灾”期间我国南方区域(110°～120°E,22°～35°N)平均的逐日降水量(直方图;单位:mm)和气温(折线图;单位:℃)变化

(引自中国气象科学研究院灾害天气国家重点研究室,2008)

分析认为,造成此次异常事件的环流原因是欧亚大陆高纬不断分裂南下的冷空气与北上暖湿气流在中国南方地区持续对峙。中高纬 500hPa 欧亚大陆阻塞形势的维持、低纬西太平洋副高的异常偏西北和 La Niña 事件等有利于上述对峙形成。问题在于,历史上上述海、气系统的异常事件同时发生的频数较多,而如“0801 南方雪灾”的极端气候异常事件却罕见。麻巨慧等(2009a)认为,这次极端气候异常事件的发生与对流层下部强大的 HMO 持续存在,并不断分裂出冷空气直接有关。因此,有必要对 2008 年 1 月 10 日～2 月 2 日 HMO 逐日活动情况作客观分析,并将它与历年同期作比较。

1. 隆冬逐日 HMO 环流指数

按 10.1 节给出的方法,确定隆冬(1 月 1 日～2 月 10 日)逐日 1000hPa 位势高度图上的 HMO 的搜索区 Ω 为 60°～140°E、25°～75°N,它适用于所有年份,但每年 HMO 的特征等高线 $f_0(t)$ 如表 10.8 所示;表中 $f_0(t)$ 是在仔细分析 t 年 1 月 1 日～2 月 10 日(隆冬)1000hPa 位势高度图后得到的,它既要保证该年逐日 Ω 内存在 $f_0(t)$ 线,又能使绝大多数逐日图上 $f_0(t_d,t)$ 线围成的主要区域位于 Ω 内(图 10.12)。因此,$f_0(t)$ 给出了 t 年隆冬 HMO 的平均强度。

表 10.8　1951～2008 年隆冬(1 月 1 日～2 月 10 日)1000hPa 上 HMO 特征等高线值 f_0

(单位:gpm)

年代	0	1	2	3	4	5	6	7	8	9
1950	—	240	260	260	260	240	260	200	240	200
1960	240	240	260	280	240	240	240	240	220	240

续表

年代	0	1	2	3	4	5	6	7	8	9
1970	200	180	240	200	260	220	240	280	200	220
1980	240	240	260	240	260	180	220	260	260	220
1990	240	220	260	240	220	240	240	220	260	200
2000	220	240	220	260	220	240	240	200	260	—

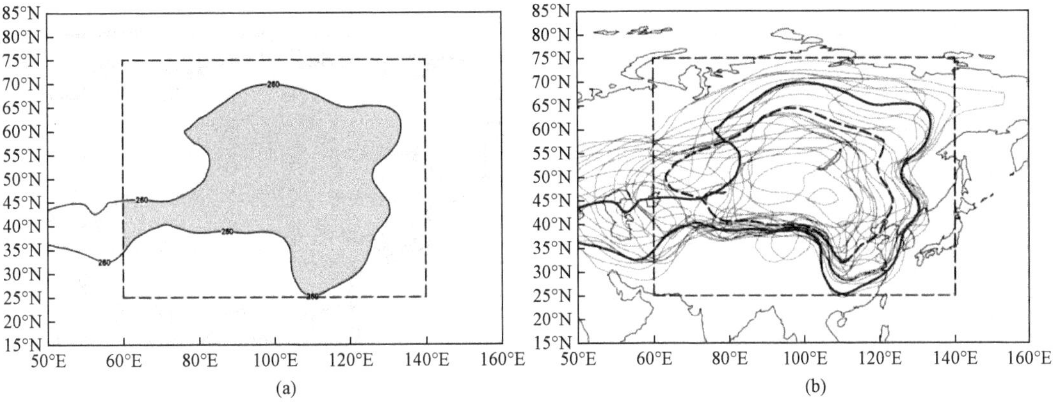

图 10.12 “0801 南方雪灾”期间 1000hPa HMO 特征等高线(f_0=260gpm)图

(a)1 月 15 日图上的f_0 线;(b)逐日 f_0 线综合图。虚线矩形为搜索区 Ω;粗实线、粗虚线分别为 1 月 15 日及相应 24 天平均图上的 f_0 线

2. “0801 南方雪灾”期间 HMO 的中期活动

由表 10.8,20 世纪 50 年代、80 年代是隆冬 HMO 异常强年($f_0(t)\geqslant$260gpm),其出现频次均为 4 次,明显高于其他年代的 2 次,故 2008 年 HMO 异常加强,具有突然性。

由图 10.13(a),“0801 南方雪灾”期间 HMO 的 P、φ_c 指数有 4 次明显的中期过程。每次过程为强 HMO 的南下减弱,它们超前于 4 次降水过程,有一定预报意义。由图 10.13(b),过程Ⅰ、Ⅱ的 HMO 中心自西伯利亚向东南移动,伴随强度加强减弱和路径的“之”字形转折,最终停于蒙古东、西部;过程Ⅲ、Ⅳ的 HMO 中心在蒙古中西部小范围内作路径不规则的移动,伴有强度单调减弱。四次过程均结束于 P 的减小,表明有冷空气从高压主体分离出来,造成抵达我国南方的四次寒潮过程。

应予指出,直接用同期国家气象中心工作用地面天气图和 NCEP/NCAR 1000hPa 高度图上逐日 HMO 中心位置、高度值绘制的综合动态图(图略),不能给出有序的 HMO 中心活动路径。由此证明,引进逐日 HMO 环流指数 P、(λ_c,φ_c)替代天气图上的读数,对于 HMO 中期活动的客观分析更为有益。

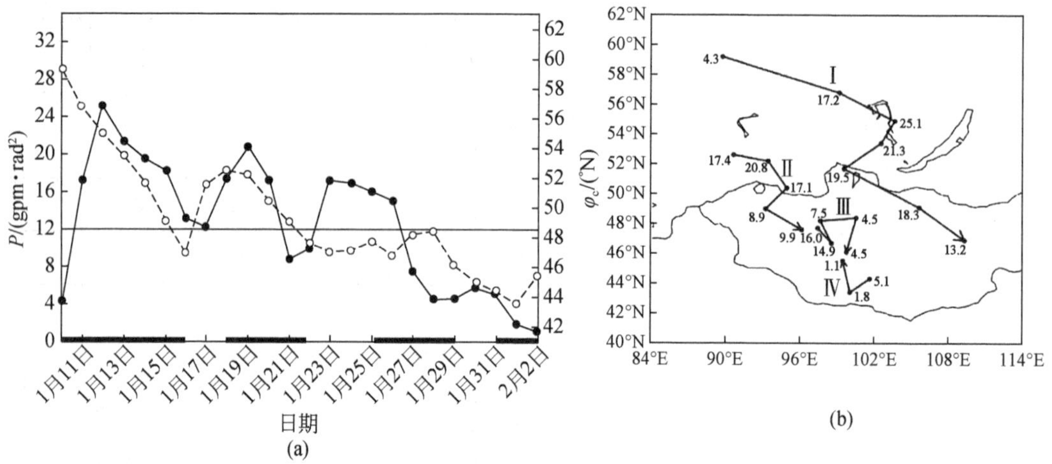

图 10.13　“0801 南方雪灾”期间 1000hPa 上 HMO 的逐日 P、λ_c、φ_c 图(f_0=260gpm)

(a) P、φ_c(细水平线是平均值 $\bar{P}$=12.08gpm · rad²、$\bar{\varphi}_c$=49.45°N,横轴上的粗线段为 4 次降水过程);

(b) HMO 动态图(带箭头的一条折线为一次过程,λ_c、φ_c 决定中心位置,点旁数字为 $P(t_d)$)

10.4　冬季北半球大气活动中心指数及应用

大气活动中心(Atmospheric Center of Action,ACA)是月平均海平面气压(SLP)场中全年或季节地存在于特定地理区域的巨大高压、低压系统,全年存在的称为永久性大气活动中心,季节存在的称为半永久性大气活动中心。它们是对流层下部气压场中的定常波,行星尺度大气下界面的纬向不均匀热力、动力强迫是其重要成因(叶笃正、朱抱真,1958)。摩擦使这些稳定存在的高压(低压)系统控制的对流层下部广大区域存在大气运动的辐散(辐合),自由大气中必然存在补偿性大气运动的辐合(辐散),从而形成高压(低压)区对流层中占优势的下沉(上升)运动,从而决定了 ACA 控制区的降水分布;同时,这些高压(低压)系统中的经向风的纬向分布,对区域气温分布也有深刻影响;故 ACA 是区域气候的重要成因。而 ACA 的异常,必然导致区域气候的异常。因此,ACA 及其异常是大气环流理论及短期气候预测研究的重要对象。

为定量表示 ACA(主要是面积、强度、位置),仅 20 世纪 90 年代以来,不同作者就给出了 ACA 指数的多种定义和算法。由于资料限制和着眼点差异,这些指数用于环流异常及短期气候预测分析时,往往缺乏分析结果的可比较性。孙晓娟等(2010,2011)分析和比较了冬季蒙古高压、阿留申低压的 5 种指数(Trenberth,1990;郭其蕴,1994;Beamish et al.,1997;朱乾根等,1997;Overland et al.,1999;龚道溢、王绍武,1999;侯亚红等,2007;刘晴晴等,2011;Wang et al.,2012),结果表明,不同学者定义的同一 ACA 的指数,用于分析 ACA 异常特征及与区域气候异常关系时,所得结果有时出现明显的差别。因此需要统一 ACA 指数的定义,并使用质量可靠的海平面气压场资料计算它们。

2010 年以来,孙晓娟等(2010,2011,2013,2015)按王盘兴等(2007,2010)给出的方法定

义了北半球冬季季、月 ACA 指数，并利用英国 Hadley 气候中心整理的 1850～2010 年全球月平均 SLP 实时数据集(HadSLP2r，见 http://www.metoffice.gov.uk/hadobs/hadslp2r/，网格距为 5°×5°)资料，计算了它们的 60 年序列(冬季、1 月值见本书附表 B、C)。在此基础上，对 ACA 的气候和异常，ACA 与北半球气温、降水气候和异常的关系，ACA 的遥联，ACA 与海洋外强迫的相关作了全面分析；最后，给出了冬季北半球 ACA 的区划(Sun et al., 2017)。本节对此作简要介绍。

10.4.1　冬季北半球 ACA 及其环流指数

1. ACA

由冬季北半球季、月 SLP 气候图(图 10.14)见，冬季北半球有 5 个 ACA。中高纬的冰岛

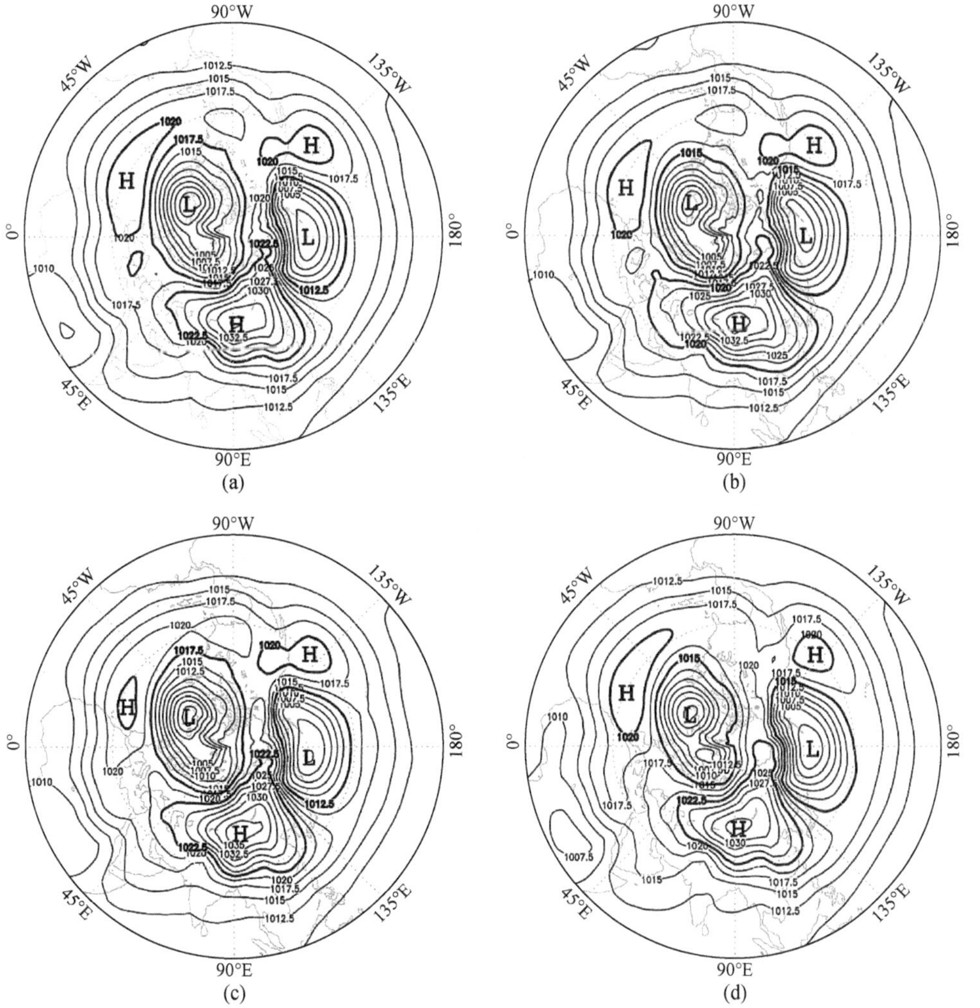

图 10.14　1850～2009 年北半球冬季季、月 SLP 气候场(单位：hPa)

(a)冬季；(b)12 月；(c)1 月；(d)2 月。粗实线是 ACA 外围闭合等压线，等值线间隔 2.5hPa

低压(LIC)、蒙古高压(HMO)、阿留申低压(LAL)有 2 条以上闭合等压线($\Delta p=2.5\text{hPa}$),它们是强 ACA;低纬的北大西洋高压(HNA)和北太平洋高压(HNP)只有 1 条闭合等压线,它们是弱 ACA。这 5 个 ACA 是本节研究对象。

2. ACA 指数

按 10.1 节定义了每个 ACA 的指数,并用 Hadley 中心 1850～2009 年冬季季、月 SLP 资料求得了每个 ACA 的冬季季、月环流指数的 160 年序列,记为

$$S(t)、P(t)、(\lambda_c(t),\varphi_c(t))、t=\overline{1,160} \qquad (10.17)$$

其中,冬季、1 月的指数 P、λ_c、φ_c 列于本书附表 B、C。

按式(10.17)计算 ACA 指数时,需首先确定搜索域 Ω(图 10.15),它由气候图上 ACA 所在地理区域确定,不随年份(t)变化。因为 ACA 的特征等压线 p_0 值由气候图确定,它不但可以随季(月)变化,还有可能在一些年份的季、月平均图上 $\boldsymbol{f}(t)$ 不出现 p_0 等压线。例如,对弱 ACA(HNA、HNP),在 1850～2009 年季、月 $\boldsymbol{f}(t)$ 图上,HNA Ω 上不出现 p_0 等压线的年份分别为 9 年、35 年,分别占 5.6%、21.9%;HNP 分别为 17 年、23 年,分别占 10.6%、14.4%;按 10.1 节,这些年份不存在 ACA。但这些年份的 ACA 只是偏弱,并非不存在,称这些年份为 ACA 弱年;为此,孙晓娟等(2013)引入了如表 10.9 所给的辅助特征等压线,其值 $\hat{p}_0<p_0$。根据 $\hat{p}_0$ 可以求出所有年份(共 160 年)的相应 ACA 环流指数 $\hat{P}(t)$、$(\hat{\lambda}_c,\hat{\varphi}_c)$。然后,用非弱年 $P(t)$、$\hat{P}(t)$ 建立一元线性回归方程 $P=a+b\times\hat{P}$,将弱年 ACA 强度指数 $\hat{P}(t)$(与 $\hat{p}_0$ 对应)订正到正常年份的 $P(t)$(与 p_0 对应),弱年 ACA 的强度指数 $P(t)<0$;而将弱年 ACA 的中心位置指数$(\lambda_c(t),\varphi_c(t))$直接取为$(\hat{\lambda}_c(t),\hat{\varphi}_c(t))$。本书附表 B、C 中 $P(t)<0$ 即源于此。

表 10.9　1850～2009 年北半球冬季季、月 ACA 特征(辅助特征)等压线值 $p_0/\hat{p}_0$

(单位:hPa)

ACA	LIC	HNA	HMO	LAL	HNP
$p_0/\hat{p}_0$	1008	1020/1018(冬季、1 月) 1022/1018(12 月、2 月)	1030(冬季、2 月) 1028(12 月、1 月)	1008	1020/1018

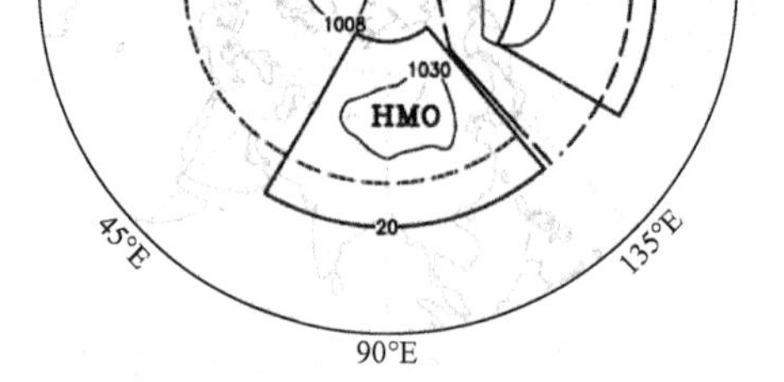

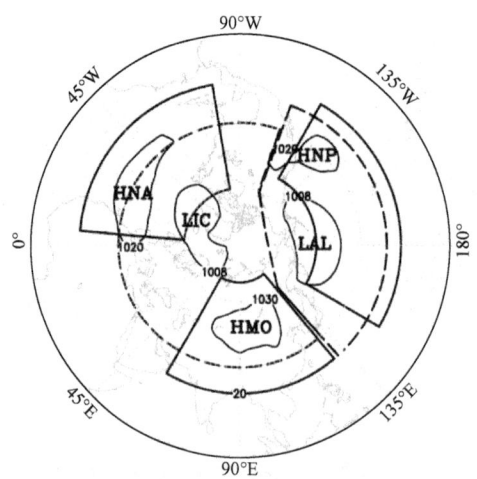

图 10.15　1850～2009 年北半球冬季季、月 ACA 搜索域 Ω

实线围成的区域是 HNA、HMO 的 Ω,虚线围成的两个区域分别是 LIC 的 Ω 和 LAL、HNP 共有的 Ω

表 10.10 给出了冬季和 1 月的 ACA 指数 S、P、λ_c、φ_c 的同期相关系数，据此可作 ACA 指数的独立性分析。结果表明：①S-P 存在强正相关，ACA 强年，$D(t)$ 面积大，二者不独立。②P-λ_c、P-φ_c 的同期相关以 HMO 最强，HMO 强年中心位置偏西北，二者不独立；大西洋上 LIC、HNA 的 P-λ_c、P-φ_c 相关也较强，ACA 强年一般有中心位置偏东北（1 月 LIC、冬季 HNA 的 P-λ_c 例外）。③中心位置指数 λ_c-φ_c 的同期相关以低纬洋面上的两个 ACA 最强，λ_c、φ_c 不独立；高纬洋面上冬季 LIC、1 月 LAL 的 λ_c-φ_c 分别为强显著正、负相关；内陆系统 HMO 的 λ_c、φ_c 不相关。由于冬季季、月北半球 ACA 指数 S、P 不独立，分析选 P 进行。

表 10.10　1850～2009 年北半球（冬季/1 月）ACA 指数的同期相关系数

相关系数	LIC	HNA	HMO	LAL	HNP
$r_{S,P}$	**0.937/0.917**	**0.875/0.900**	**0.935/0.929**	**0.896/0.912**	**0.916/0.919**
r_{P,λ_c}	**0.398**/0.091	0.055/**0.334**	**−0.276/−0.244**	**0.646/0.246**	−0.060/**−0.707**
r_{P,φ_c}	**0.515/0.450**	**0.326/0.458**	**0.446/0.494**	0.006/−0.174	−0.189/0.084
r_{λ_c,φ_c}	**0.728**/−0.136	**0.277/0.651**	−0.013/0.192	0.162/**−0.670**	**0.421/0.349**

注：粗体为通过信度 $\alpha=0.01$ 的显著性检验

由表 10.11 可见：①高纬洋面低压 ACA（LIC、LAL）及低纬洋面高压 ACA（HNA、HNP）的 $\bar{P}$、σ_P 值相当（注：p_0 相同时，它可比较），高纬大陆高压 HMO 的 $\bar{P}$、σ_P 差异明显大于低纬洋面高压。②LIC 中心在北极圈附近，$\bar{\varphi}_c$ 较 LAL 偏北约15°，HMO 中心则位于48°N 附近，$\bar{\varphi}_c$ 介于二者之间；HNA、HNP 中心均位于33°N 附近，$\bar{\varphi}_c$ 相差不足 1°。③北大西洋上的 LIC、HNA 的 $\bar{\lambda}_c$ 只差约1.5°，几乎为正北南分布；北太平洋上的 LAL、HNP $\bar{\lambda}_c$ 相差 44°，为明显的西北–东南方向分布；HMO 中心的 $\bar{\lambda}_c$ 偏向北太平洋上的 ACA。④北大西洋上的 ACA 中心位置 λ_c、φ_c 的气候变率明显大于北太平洋；大陆上 HMO 中心位置气候变率最小。图 10.16 直观地显示了北半球冬季 ACA 中心位置的气候平均及变率。

表 10.11　1850～2009 年北半球（冬季/1 月）ACA 指数的气候平均和气候变率

ACA 指数	LIC	HNA	HMO	LAL	HNP
$\bar{P}/\sigma_P$	1.00/0.690	0.30/0.253	0.40/0.208	0.93/0.598	0.09/0.104
$\bar{\lambda}_c/\sigma_{\lambda_c}$	333.60/8.84	332.06/8.81	96.00/2.43	184.70/5.76	228.75/3.00
$\bar{\varphi}_c/\sigma_{\varphi_c}$	66.36/4.16	33.11/2.42	48.37/1.41	51.67/1.61	32.29/1.88

注：1 rad^2 对应地表实际面积约 40.664×10^6 km^2；$\bar{P}$、σ_P 的单位为 hPa · rad^2，$\bar{\lambda}_c$ 的单位为°E、$\bar{\varphi}_c$ 的单位为°N，σ_{λ_c} 和 σ_{φ_c} 的单位为°

3. 冬季 ACA 与气温、可降水气候场的关系

由图 10.17，高纬海洋区的 LIC、LAL 中心位于所在纬度的高 $\bar{T}$、多 $\bar{R}$ 区西部，副热带海洋

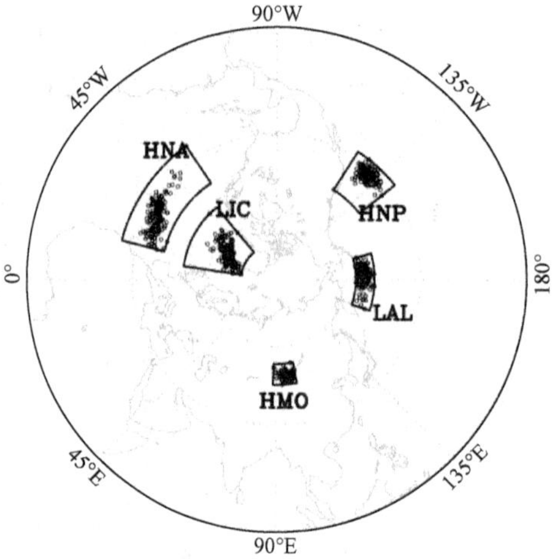

图 10.16　1850～2009 年北半球冬季 ACA 中心位置散布图

上的 HNA、HNP 中心位于所在纬度的高 $\bar{T}$、多 $\bar{R}$ 区东部，亚洲内陆的 HMO 中心位于低 $\bar{T}$、少 $\bar{R}$ 区中后部；分析使用了 NCAR/NCEP 全球再分析月平均资料的气温、可降水量。ACA 与 $\bar{T}$、$\bar{R}$ 的上述关系可以用冬季同一纬度海温远高于陆温及对流层下部 ACA 的经向环流分量对热量、水汽的输送来解释。

ACA 与 $\bar{T}$、$\bar{R}$ 的关系可通过 ACA 中心的定常波 $\bar{T}^*$、$\bar{R}^*$ 纬向剖面图（图 10.18）更清楚地显示，图上关系可分为三类：大洋上的 ACA 中心均位于高 $\bar{T}$、多 $\bar{R}$ 区，但 $\bar{T}^*$、$\bar{R}^*$ 的主要正值区位于低压 ACA 的东方［图 10.18(a)、(d)］和高压 ACA 的西方［图 10.18(b)、(e)］的偏南气流中；内陆的高压 ACA 中心则位于 $\bar{T}^*$、$\bar{R}^*$ 负值区［图 10.18(c)］，冷高属性明显。因此，冬季北半球 ACA 与同期 T、R 的区域气候分布关系密切。

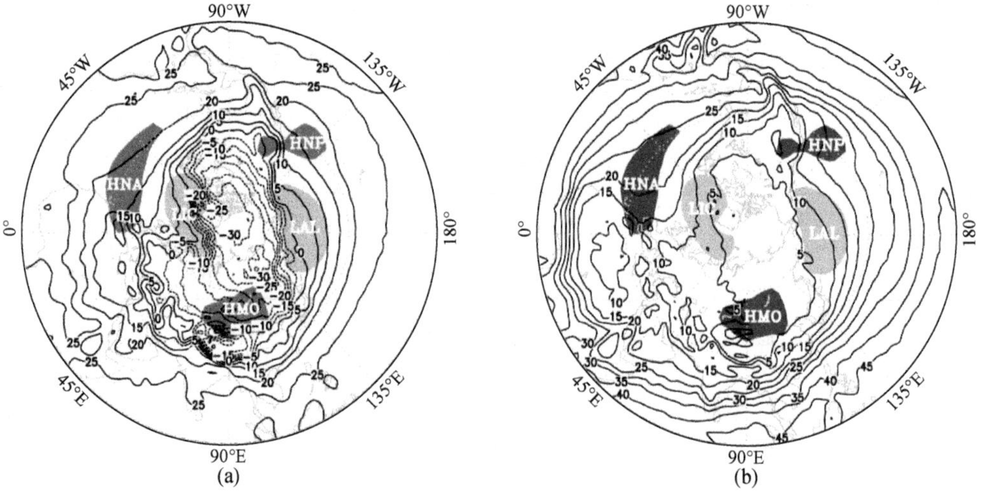

图 10.17　1951～2009 年冬季北半球 ACA（阴影区）与 T、R 气候场的关系

(a) 平均地面气温（单位：℃）；(b) 总可降水量（单位：mm）

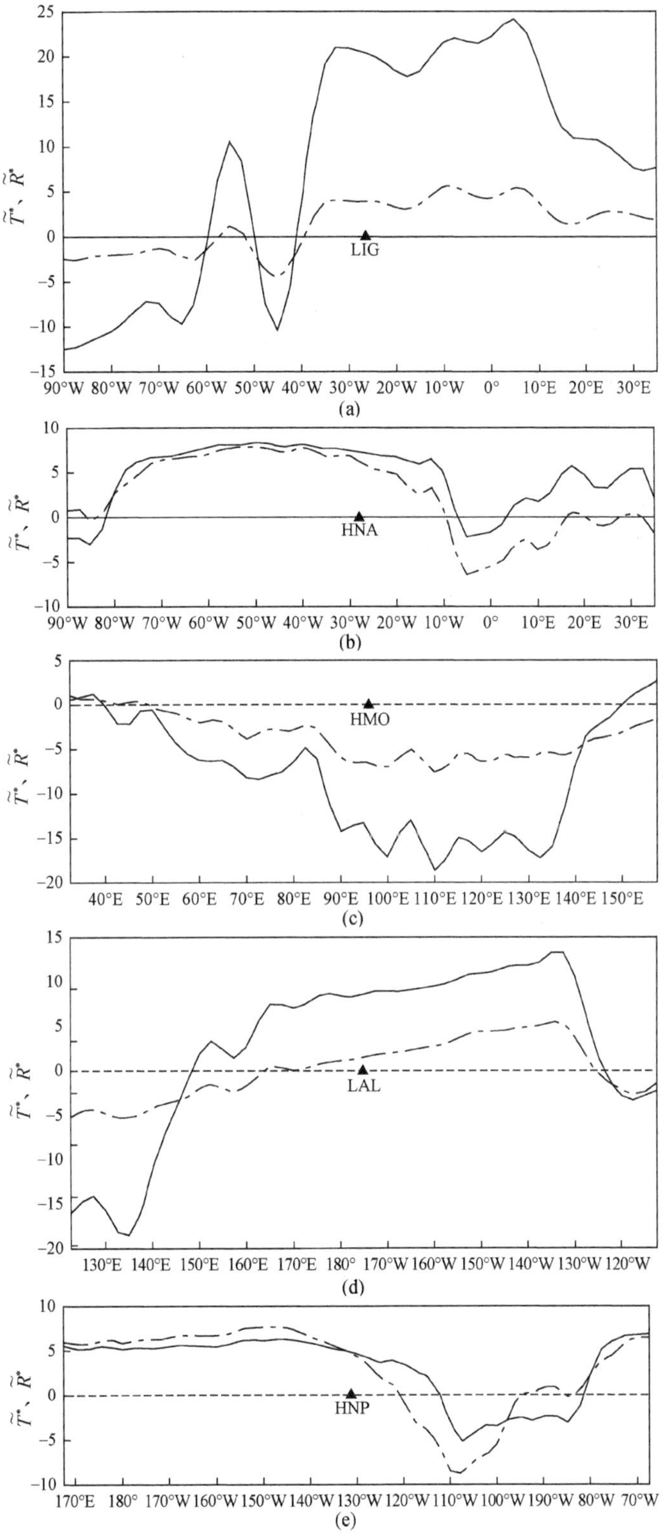

图 10.18　1951 ~2009 年冬季北半球 ACA 中心(▲)与定常波 $\bar{T}^*$(实线,单位:℃)、$\bar{R}^*$(虚线,单位:mm)的关系

(a)LIC;(b)HNA;(c)HMO;(d)LAL;(e)HNP

10.4.2　ACA 指数与区域气候异常的同期相关

求得了 1951 ~ 2009 年冬季(12 月 ~ 次年 2 月)的 ACA 指数与同期北半球格点气温、可降水量的相关系数场(图 10.19、图 10.20),用 EMC 方法(见 10.5 节),对格点相关系数及相关系数图作了显著性检验。下面给出主要分析结果。

1. *P* 指数与 *T*、*R* 的同期相关

先分析 ACA 的 *P* 指数与 *T* 的同期相关(图 10.19)。北大西洋上的 LIC、HNA 的 *P*-*T* 同期相关系数图[图 10.19(a)、(b)]十分相似,特点为:LIC、HNA 强年,北大西洋至北美一侧的北冰洋区域,以及副热带北非至地中海以东地区 *T* 偏低(显著负相关区);欧洲至东北亚,以及北美大陆南部地区 *T* 偏高(显著正相关区);显著相关区集中在太平洋、印度洋以外的副热带、中高纬大陆和极地洋区,热带三大洋区基本上是无相关区。

北太平洋上的 LAL、HNP 与同期 *T* 的相关系数图[图 10.19(d)、(e)]上的显著相关区主要分布在热带、副热带洋区,面积很大;除热带印度洋、西太平洋区域外,分布区域也相似。图 10.19(d)、(e)的明显差异在对应显著相关区相关性质相反,LAL 强年中纬中、东太平洋、墨西哥湾、热带东中太平洋 $\bar{T}'$ 分别为-、+、-、+,而 HNP 强年,副热带中、东太平洋、墨西哥湾、热带东中太平洋 $\bar{T}'$ 分别为+、-、+、-。

亚洲大陆上的 HMO 与同期 *T* 的相关系数图[图 10.19(c)]上的显著相关区面积明显小于其他四个 ACA,特点是:HMO 强年,亚洲大陆腹地至西北太平洋 *T* 偏低(显著负相关区),外热带中太平洋和极地海洋 *T* 偏高(显著正相关区)。显然,HMO 是与中国同期 *T* 异常关系最密切的 ACA,HMO 强年中国 *T* 偏低(西南区域除外),这与 10.3 节的分析结果一致。

再分析 ACA 的 *P* 指数与同期 *R* 的同期相关(图 10.20)。它们保留了图 10.19 的基本结构(指+、-显著相关位置),区别在于其面积较小、组织性减弱;这应当与季、月 *R* 的代表性小于 *T* 有关。

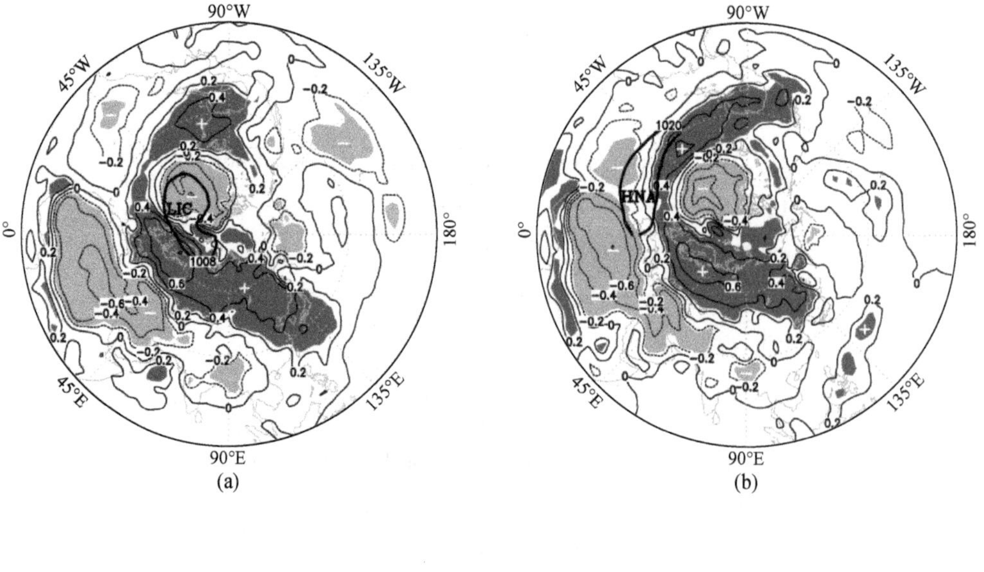

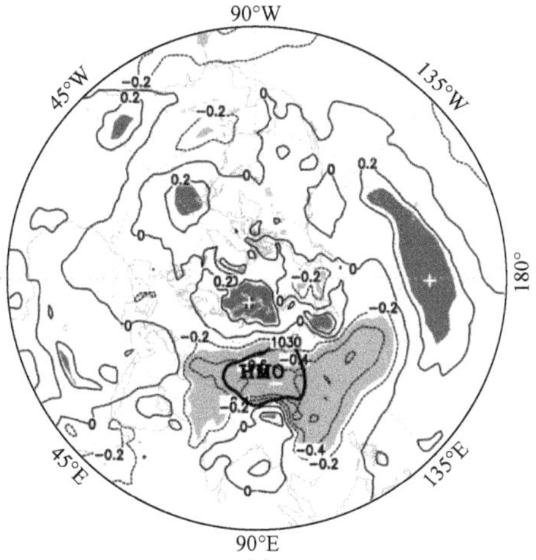

(c)

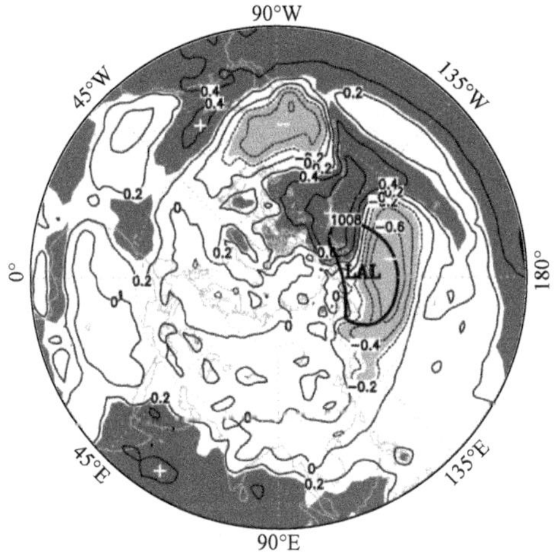

(d)

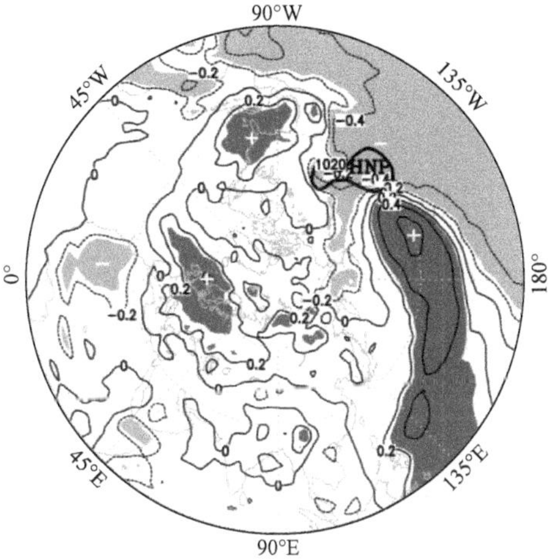

(e)

图 10.19　1951～2009 年北半球冬季 ACA 的 P 与 T 的同期相关系数场

(a) LIC；(b) HNA；(c) HMO；(d) LAL；(e) HNP。粗实线为 ACA 的 p_0 线；深(浅)阴影区为 r 通过了信度 $\alpha=0.05$ 的正(负)显著性检验

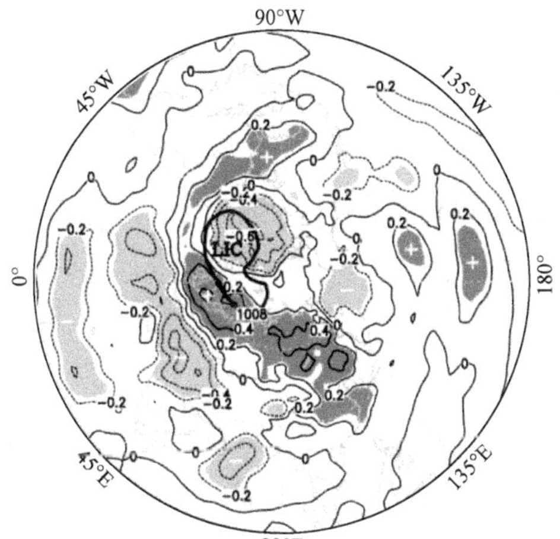

(a)

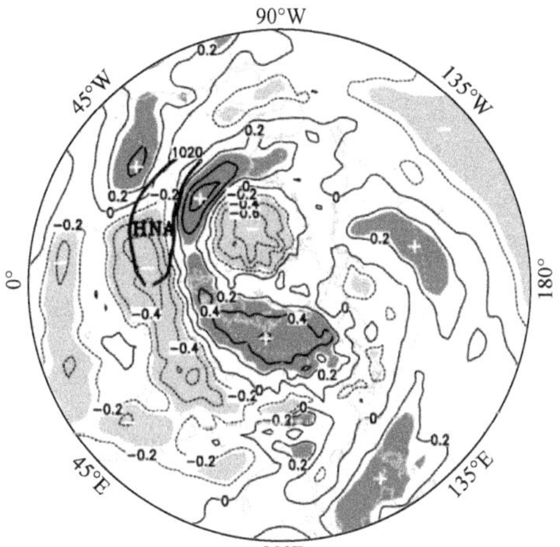

(b)

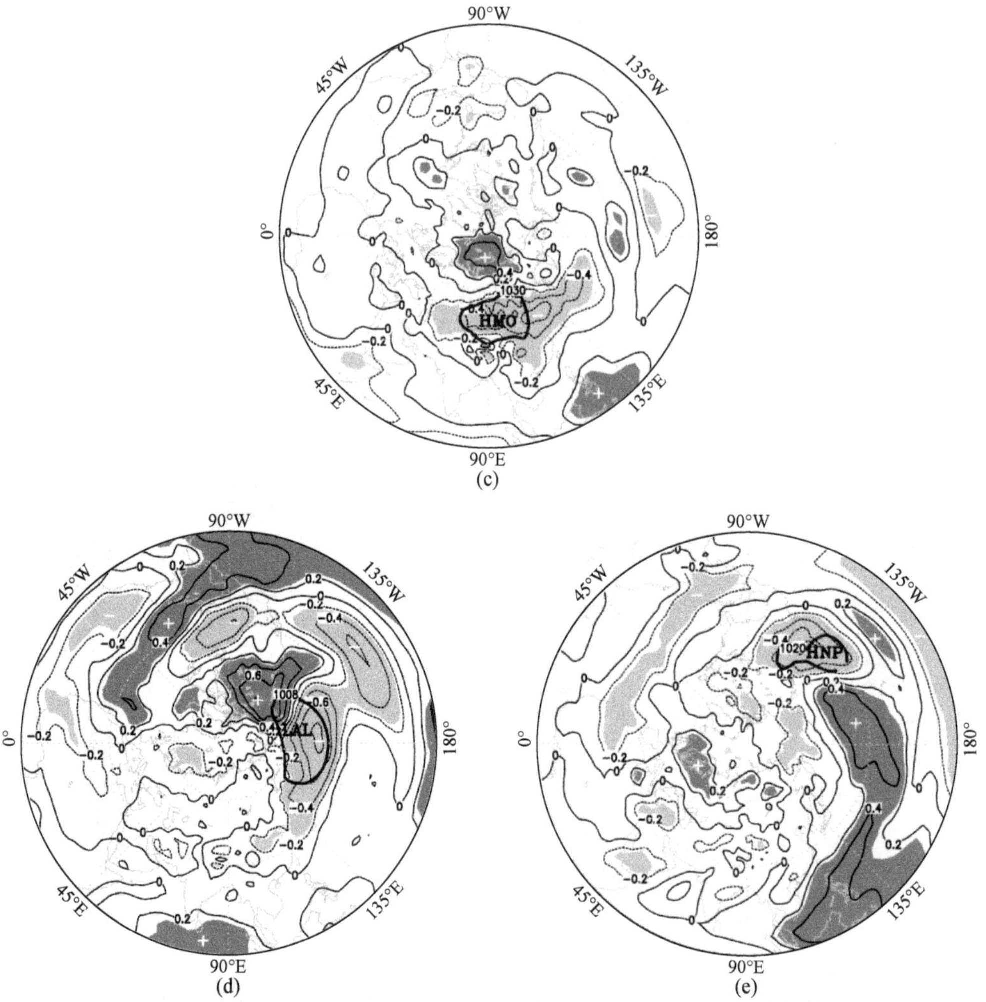

图 10.20　1951 ~ 2009 年北半球冬季 ACA 的 P 与 R 的同期相关系数场

(a) LIC;(b) HNA;(c) HMO;(d) LAL;(e) HNP。粗实线为 ACA 的 p_0 线;深(浅)阴影区为 r 通过了信度 $\alpha=0.05$ 的正(负)显著性检验

值得指出,ACA 的 P 指数与 T、R 的相关系数图有如下特点:①两大洋上的四个 ACA,其强度与北半球 T、R 的显著相关区均具有波状外传的结构(-、+、-)。②多数 ACA 的 P 与中心所在区域气温、降水呈负相关(除 HNA 外),即高压、低压越强,气温越低、降水越少。③北大西洋上的两个 ACA(LIC 和 HNA),其 P 与 T、R 的相关系数图十分相似,其上显著相关区偏于中高纬度;而太平洋上的两个 ACA(LAL 和 HNP)的 P 与 T、R 的相关系数图则为反相似,且其上显著相关区偏于低纬度;其深层原因与 ACA 遥联性质有关,将在后面作分析。

2. (λ_c, φ_c) 指数与 T、R 的同期相关

为分析 ACA 中心位置 $\vec{C}$ 异常与北半球同期 $T(R)$ 的相关,构造了复数形式的相关系数 $r_c=r_\lambda+\mathrm{i}r_\varphi$,式中 r_λ、r_φ 分别为 $T(R)$ 与 λ_c、φ_c 的同期相关系数,向东、向北为 r_λ、r_φ 正值;由此

求得的 r_c 用矢量形式给出。用 EMC 方法逐点检验了 $|r_c|$ 的显著性。下面简要分析其特征。

由 $\vec{C}$-T、$\vec{C}$-R 的 r_c 图(图 10.21、图 10.22)，其上显著相关区面积分别明显小于 P-T、P-R 的 r 图(图 10.19、图 10.20)，说明 ACA 中心位置 $\vec{C}$ 与半球气候异常的相关明显弱于 P。

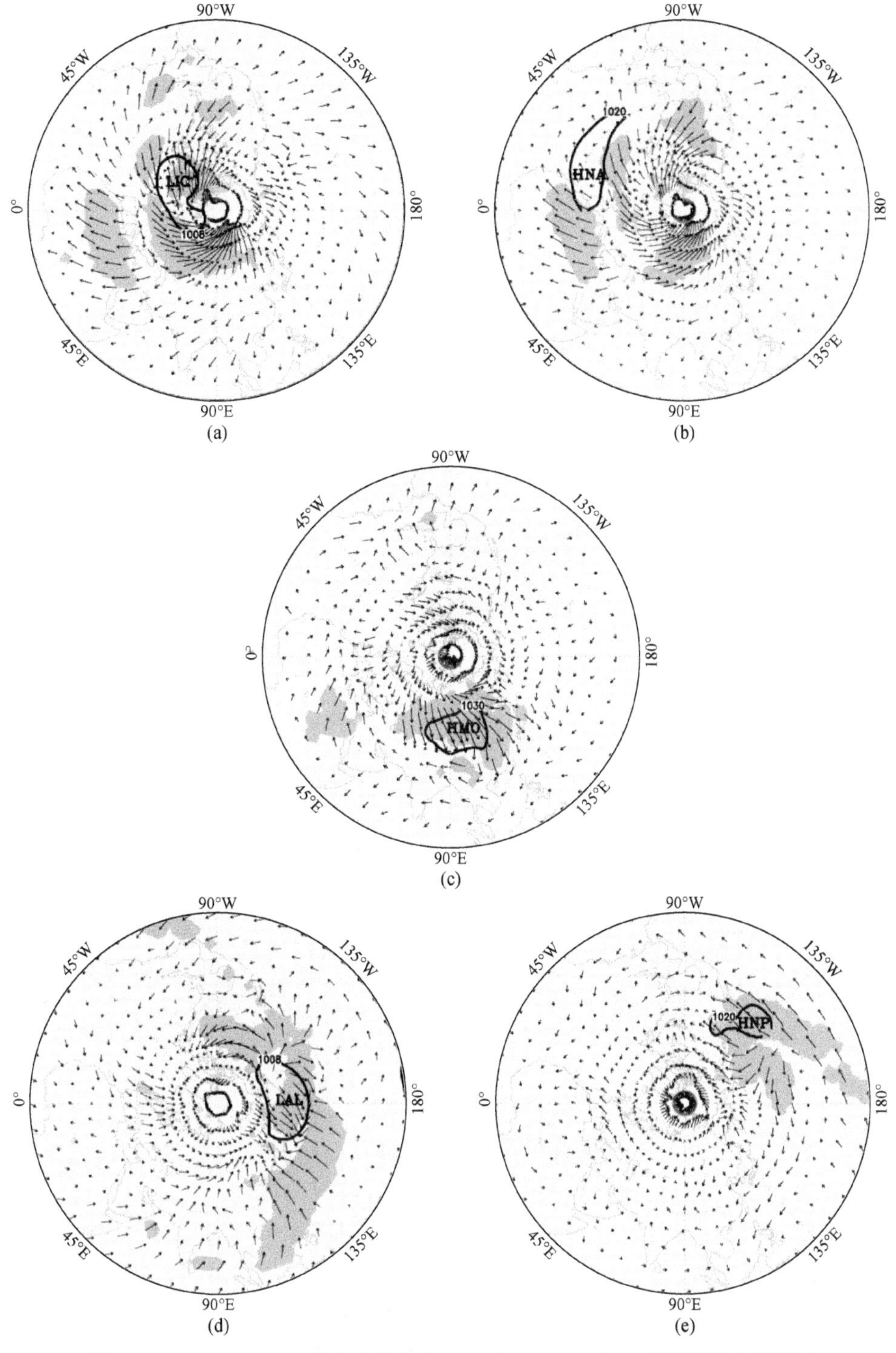

图 10.21　1951～2009 年北半球冬季 ACA 的(λ_c,φ_c)与 T 的同期相关系数场

(a) LIC；(b) HNA；(c) HMO；(d) LAL；(e) HNP。粗实线为 ACA 的 p_0 线；深(浅)阴影区为模 $|r_c|$ 通过了信度 $\alpha=0.05$ 的显著性检验

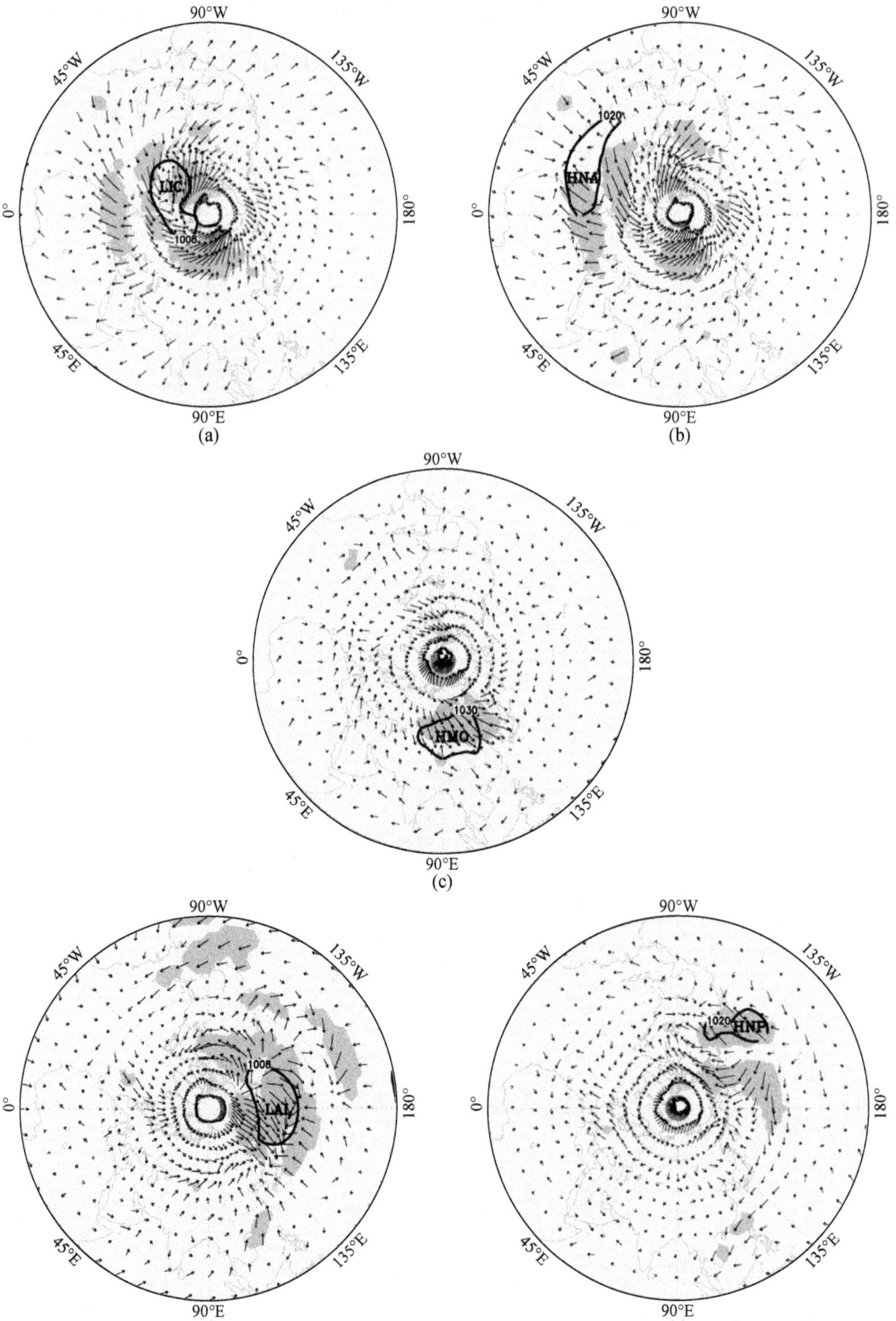

图 10.22　1951～2009 年北半球冬季 ACA 的(λ_c,φ_c)与 R 的同期相关系数场

(a) LIC;(b) HNA;(c) HMO;(d) LAL;(e) HNP。粗实线为 ACA 的 p_0 线;

深(浅)阴影区为模 $|r_c|$ 通过了信度 $\alpha=0.05$ 的显著性检验

9.3 节给出了四组图的显著相关面积 $\hat{S}$ 及占北半球面积的比例 γ，并用 EMC 法对 $\hat{S}$ 作了信度 $\alpha=0.05$ 的显著性检验(表 9.6)，可见，r 的显著性远强于 r_c，故这里不再对 r_c 作细致分析。

综上，冬季北半球 ACA 与同期北半球区域气候相关的主要特征是：①P-T、P-R 的相关分别远强于 $\vec{C}$-T、$\vec{C}$-R；P-T 的相关又远强于 P-R。②海洋 ACA(LIC、HNA、LAL、HNP) P-T、P-R 的相关远强于内陆 ACA(HMO)。③对中国气候异常而言，HMO 的影响最强。

10.4.3　冬季北半球 ACA 的遥联

前人关于气压场遥联的研究，主要从以下两种基本定义出发：一是由 Walker 和 Bliss (1932)给出的“涛动”(Oscillation)，它们是月(季)平均 SLP 场中高压与低压间的遥联。据此确定的三大“涛动”是：①北大西洋涛动(NAO)，它是北大西洋上冰岛低压(LIC)、亚速尔高压(也称北大西洋高压，HNA)间的负相关联系；②北太平洋涛动(NPO)，它是北太平洋上阿留申低压(LAL)、夏威夷高压(也称北太平洋高压，HNP)间的负相关联系；③南方涛动(SO)，它是热带东南太平洋高压、热带印度洋低压间的负相关联系。二是由 Wallace 和 Gutzler(1981)给出的“遥相关型”(Teleconnection Pattern)，它们是月、季平均 SLP 场或等压面高度场自身的遥联。据此给出冬季北半球 SLP 场中的 3 个遥相关型是北大西洋型(NA)、北太平洋型(NP，含太平洋东部和西部型)和纬际遥相关型。冬季北半球 500hPa 位势高度场中的 5 个遥相关型是大西洋东部型(EA)、大西洋西部型(WA)、太平洋-北美型(PNA)、太平洋西部型(WP)和欧亚型(EU)。比较遥联的两种基本定义(“涛动”“遥相关型”)，其共同点是两者均为气压场的显著同期负相关联系，即相隔遥远两地间气压异常的跷跷板式(seesaw)的联系。而它们的明显区别是：①“涛动”以 ACA 为基础，是环流实体高压、低压异常间的联系；“遥相关型”则以气压异常为基础，不一定是高压、低压异常间的联系。②“涛动”只对 SLP，“遥相关型”则对所有层次气压场。

孙晓娟等(2015)、Sun 等(2017)用 10.1 节求得的冬季北半球 5 个 ACA 的指数(P、λ_c、φ_c)，用综合相关分析方法，分析冬季北半球 ACA 间的显著同期相关联系，是从第一种基本定义出发的遥联研究。但对原定义有两点突破：一是突破了只对 ACA 强度分析的限制，将 ACA 位置异常也作为分析的对象；二是突破了只分析显著负相关的限制，而包含了显著正相关。对所揭示的 ACA 遥联，定义了遥联指数，分析它们与北半球同期气候异常的关系以及与海洋外强迫的关系，并据此给出了冬季北半球 ACA 的一种区划。这里简要介绍其主要结果。

1. ACA 强遥联及其性质

由图 10.1，冬季北半球季、月 SLP 气候图上的 5 个 ACA 间共可构成 $\binom{5}{2}=10$ 对两两组合；其中，低压-高压间的组合 $\binom{2}{1}\binom{3}{1}=6$ 对，高压-高压间的组合 $\binom{3}{2}=3$ 对，低压-低压间的组合 $\binom{2}{2}=1$ 对。本节用综合相关分析方法分析 ACA 间遥联间相关的强弱与性质。

综合相关分析方法是分析不同环流系统 A、B(这里指不同的两个 ACA)相关关系的方法。设环流系统 A、B 的性质和状态由 K_A、K_B 个随机变量描述,则 A、B 的相关与否,可以通过这些随机变量样本相关系数(总对数 $K=K_A\times K_B$)中的显著相关对数 $\hat{K}$ 来描述;A、B 的 $\hat{K}$ 值越大,则 A、B 母体间存在相关的可能性越大。

由前,描述冬季或 1 个月、1 个 ACA 的指数均为 3 个(P、λ_c、φ_c),两个 ACA 构成 9 对相关关系,由 9 个 r 定量描述;冬季由 4 个时段构成(季、12 月、1 月、2 月),故描述冬季两个 ACA 的综合相关涉及 36 对相关关系,由 $K=36$ 个 r 定量描述。用 t 检验法对每个相关系数 r 作信度 $\alpha=0.05$、自由度 $n-2=158$ 的显著性检验,得到通过显著性检验的相关系数个数 $\hat{K}$(表 10.12)。

由 Livezey 法确定的临界值 $\hat{K}_\alpha=4$;按此标准检验在同一信度 $\alpha=0.05$ 下,ACA 间 10 对同期相关均显著。但是,ACA 不同指数间存在一定相关性,临界值 $\hat{K}_\alpha=4$ 偏低;故从表 10.12 中选出 $\hat{K}$ 值明显偏大的三对 ACA(LAL-HNP、LIC-HNA、LIC-HMO),认为它们是冬季北半球 ACA 间强遥联,它们的 $\hat{K}$ 值分别为 27、26 和 19,且它们都是高压与低压间的遥联。

表 10.12　1850～2009 年冬季北半球不同 ACA 间指数显著相关系数个数 $\hat{K}$($K=36$)

A	LIC	LIC	LIC	LIC	HMO	HMO	HMO	LAL	LAL	HNP
B	HNA	HMO	HNP	LAL	HNP	LAL	HNA	HNP	HNA	HNA
$\hat{K}$	**26**	**19**	10	8	8	8	9	**27**	10	9

注:粗体为强遥联的 $\hat{K}$

2. ACA 强遥联的类型

冬季北半球 ACA 间的三对强遥联是 LIC-HNA、LIC-HMO 和 LAL-HNP,表 10.13 给出了它们的强度 P 间的相关系数及 t 检验结果;可见,LIC-HNA 间季、月 P 间为正相关,LIC-HMO 和 LAL-HNP 季、月 P 间为负相关,LIC-HMO 强遥联弱于海洋上的两对强遥联。由式(10.1)强度 P 的定义知,P 从极大值变化到极小值、对应高压(低压)系统从极大(负)异常到极大负(正)异常;故 LIC-HNA 强正相关表示它们同时加强、同时减弱的关系,这符合"涛动"的经典定义;LIC-HMO 及 LAL-HNP 强负相关则表示它们一个加强一个减弱的关系,不符合"涛动"的经典定义。

表 10.13　1850～2009 年冬季季、月强度指数间的同期相关系数 r 及其显著性检验

时期	LIC-HNA	LIC-HMO	LAL-HNP
冬季	**0.553**	**−0.271**	**−0.372**
12 月	**0.444**	**−0.172**	**−0.189**
1 月	**0.433**	**−0.178**	**−0.313**
2 月	**0.471**	**−0.282**	**−0.340**

注:粗体为通过信度 $\alpha=0.05$ 的显著性检验

我们称 ACA 强度间的正相关(对应气压负相关)的遥联为"涛动"遥联,LIC-HNA 遥联属"涛动"遥联;而称 ACA 强度间的负相关(对应气压正相关)的遥联为"非涛动"遥联,LIC-

HMO、LAL-HNP 遥联属"非涛动"遥联。图 10.23 给出了两者在 SLP 场[(a)、(b)]和 SLP 异常场[(c)、(d)]上差异的示意图。

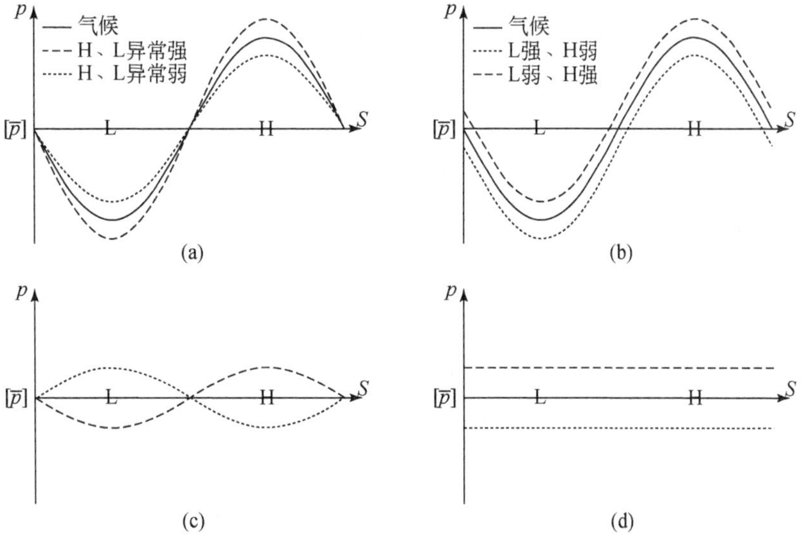

图 10.23 "涛动""非涛动"遥联差异示意图

(a)气压场中的"涛动"遥联;(b)气压场中的"非涛动"遥联;(c)气压距平场中的"涛动"遥联;(d)气压距平场中的"非涛动"遥联。$[\bar{P}]$是高压(H)、低压(L)中心连线上 SLP 场的时空平均值,p、p'分别为气压、气压距平

3. ACA 强遥联的指数

研究中常借助于遥联指数客观定量地描述遥联,如 Jone 等(1997)用北大西洋涛动指数 NAO 描述冬季 SLP 场中北大西洋上 HNA-LIC 的遥联;Wallace 和 Gutzler(1981)用欧亚遥相关型指数描述冬季 500hPa 高度场中中纬欧亚大陆纬向遥联;龚道溢和王绍武(1999)用北太平洋涛动指数 NPO 描述冬季 SLP 中北太平洋国际日期变更线东侧(180°~160°W)经向遥联。这里先根据冬季北半球 ACA 遥联的性质,用 ACA 的强度异常定义 3 个 ACA 遥联指数,分析它们之间的关系,再将它们与上述文献定义的遥联指数作简要比较。

因为冬季北半球 ACA 间的三对强遥联主要表现为强度 P 之间的显著相关,故据表 10.13 给出的 P 间的正、负相关,用 ACA 强度指数标准化距平 $\tilde{P}'$之和(正相关)、差(负相关),定义相应 ACA 强遥联指数。

t 年北大西洋 ACA 遥联指数为

$$\mathrm{NAO}'(t)=\tilde{P}'_{\mathrm{LIC}}(t)+\tilde{P}'_{\mathrm{HNA}}(t) \tag{10.18}$$

t 年北大西洋–欧亚大陆 ACA 遥联指数为

$$\mathrm{AEU}'(t)=\tilde{P}'_{\mathrm{LIC}}(t)-\tilde{P}'_{\mathrm{HMO}}(t) \tag{10.19}$$

t 年北太平洋 ACA 遥联指数为

$$\mathrm{NP}'(t)=\tilde{P}'_{\mathrm{LAL}}(t)-\tilde{P}'_{\mathrm{HNP}}(t) \tag{10.20}$$

它们(NAO′、AEU′、NP′)均为中心化序列。据定义式,LIC、HNA 强年 NAO′为正值,LIC

强年、HMO 弱年 AEU′为正值,LAL 强年、HNP 弱年 NP′为正值;反之则 NAO′、AEU′、NP′为负值。图 10.24 给出了 3 个 ACA 遥联指数及其年代际变化分量的曲线,在 160 年(1850～2009 年)、59 年(1951～2009 年)ACA 遥联指数中,它们的年代际变化分量都是显著的。本书附表 D、E 给出了 3 个 ACA 遥联冬季、1 月的遥联指数。

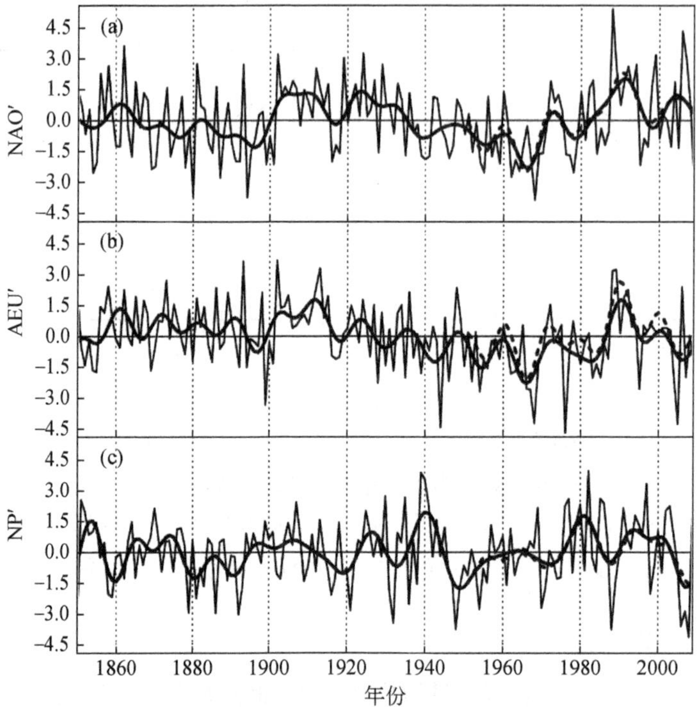

图 10.24　冬季北半球 ACA 遥联指数及其年代际变化分量

(a) NAO′(LIC～HNA);(b) AEU′(LIC～HMO);(c) NP′(LAL～HNP)。粗实线(1850～2009 年)和粗虚线(1951～2009 年)为年代际变化分量

3 个 ACA 遥联指数的相关分析结果(表 10.14)表明,北大西洋 ACA 遥联与北大西洋-欧亚大陆 ACA 遥联(即 NAO′-AEU′)的关联远强于北太平洋 ACA 遥联与其他两者(即 NP′-NAO′、NP′-AEU′)的关联,特别是年代际尺度上的关联(r_s);故可认为,北大西洋、欧亚大陆上的 3 个 ACA(LIC、HNA、HMO)与北太平洋上的 2 个 ACA(LAL、HNP)相互独立。

表 10.14　冬季北半球 ACA 遥联指数间的相关系数

分析时段	NAO′-AEU′			NAO′-NP′			AEU′-NP′		
	r	r_s	r_f	r	r_s	r_f	r	r_s	r_f
1850～2009 年	**0.663**	**0.613**	**0.671**	**−0.319**	−0.034	**−0.411**	**−0.300**	−0.075	**−0.372**
1951～2009 年	**0.594**	**0.791**	**0.486**	**−0.307**	0.028	**−0.427**	−0.181	0.049	−0.272

注:粗体通过信度 $\alpha=0.05$ 的显著性检验

选择 20 世纪 80 年代以来文献给出的冬季相应地理区域的 3 种遥联指数作为比较对象,它们分别是:

北大西洋涛动指数(Jone et al.,1997),定义式为

$$NAO(t)=\tilde{p}_0'(\text{Gibraltal 站})-\tilde{p}_0'(\text{Reykjavik 站}) \tag{10.21}$$

Gibraltal 站(5°22′W,36°07′N)、Reykjavik 站(21°85′W,64°09′N)分别位于图10.14上北大西洋高压、冰岛低压中心附近;$\tilde{p}_0'$为t年季(月)平均SLP标准化距平值。

欧亚遥相关型指数(Wallace and Gutzler,1981),定义式为

$$EU(t)=-\frac{1}{4}\tilde{Z}'(20°E,55°N)+\frac{1}{2}\tilde{Z}'(75°E,55°N)-\frac{1}{4}\tilde{Z}'(145°E,40°N) \tag{10.22}$$

$\tilde{Z}'$为t年季(月)平均500hPa等压面上位势高度标准化距平值。

北太平洋遥相关型指数(龚道溢、王绍武,2000),定义式为

$$NP(t)=\tilde{p}_0'(180°\sim160°W,20°N)-\tilde{p}_0'(180°\sim160°W,60°N) \tag{10.23}$$

$\tilde{p}_0'$为t年季(月)平均SLP标准化距平值。因式(10.23)右端第1项取值位置(180°~160°W,20°N)远离该季节北太平洋副高中心[图10.14(a)],故它不是经典意义(Walker and Bliss,1932)的"涛动"指数,本书称它为遥相关型指数,改记为NP。

图10.25给出了ACA遥联指数[式(10.18)~式(10.20)]与文献的遥联指数[式(10.21)~式(10.23)]的关系,可见NAO′-NAO为强显著正相关[图10.25(a)],可认为它们是描述北大西洋涛动的两种等价的遥联指数。NP′与NP无相关,因为NP′描写的是LAL-HNP的遥联,而NP描写的是北太平洋国际日期变更线附近的"遥相关型",二者环流意义不

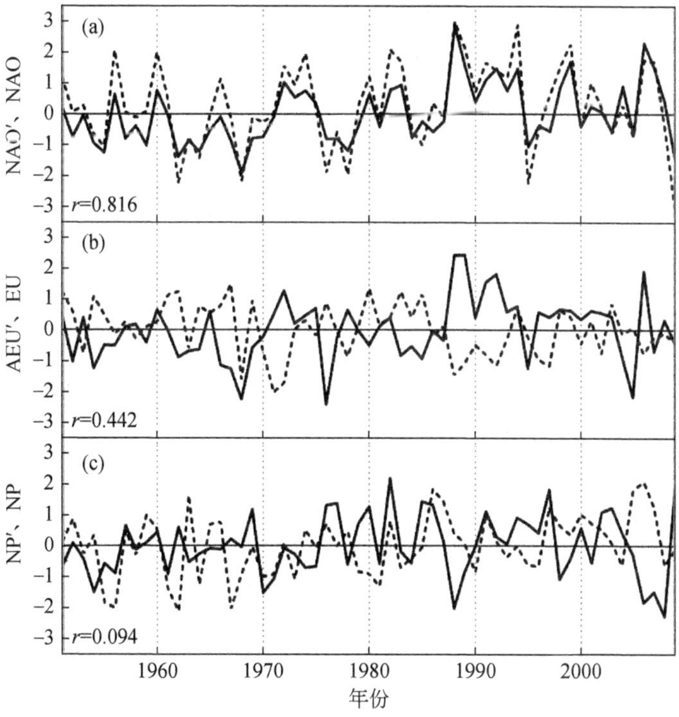

图10.25　1951~2009年冬季北半球ACA标准化遥联指数演变曲线

(a)NAO′(LIC~HNA);(b)AEU′(LIC~HMO);(c)NP′(LAL~HNP)。实、虚线分别为NAO′、NAO(a),AEU′、EU(b)和NP′、NP(c);图中r值通过信度$\alpha=0.05$的显著性检验

同，无相关是可以理解的；事实上，冬季北太平洋不存在经典意义（Walker and Bliss，1932）的“涛动”。AEU′、EU 的定义分别依据 SLP、H_{500} 的遥联，二者环流意义差异很大，但它们之间存在显著负相关关系［图 10.25(b)］，表明 500hPa 位势高度场欧亚“遥相关型”与 SLP 场的“非涛动”遥联（LIC-HMO）存在紧密联系。

10.4.4　ACA 遥联与区域气候异常的相关

这里简要分析冬季北半球 3 对 ACA 遥联与北半球同期气候异常（气温 T、降水 R）的相关。

因为 NAO′是 LIC、HNA 的 P 的标准化距平之和，而 LIC、HNA 的 P-T 与 P-R 相关系数图［图 10.19(a)、(b)与图 10.20(a)、(b)］的结构相似，故 NAO′-T、NAO′-R 相关系数图［图 10.26(a)与图 10.27(a)］分别与它们相似。因为 NP′是 LAL、HNP 的 P 标准化距平之差，

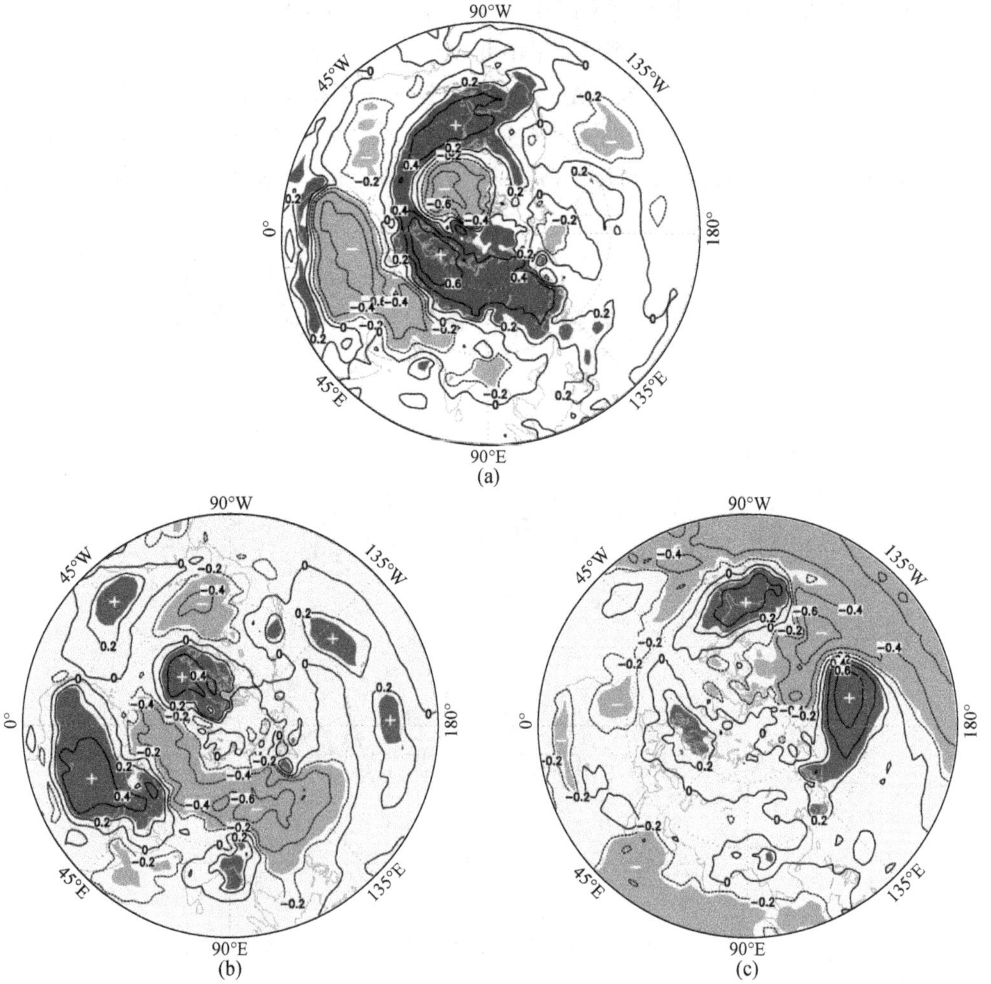

图 10.26　1951～2009 年北半球冬季 ACA 遥联指数与 T 的同期相关系数场

(a) NAO′(LIC-HNA)；(b) AEU′(LIC-HMO)；(c) NP′(LAL-HNP)。深(浅)阴影区为信度 $\alpha=0.05$ 的显著正(负)相关区

而 LAL、HNP 的 P-T、P-R 的相关系数图[图 10.19(d)、(e)与图 10.20(d)、(e)]的结构相反,故 NP′-T、NP′-R 的相关系数图[图 10.26(c)与图 10.27(c)]分别与 LAL 的 P-T、P-R 的相关系数图[图 10.19(d)与图 10.20(d)]相似。AEU′-T、AEU′-R 相关系数图[图 10.26(b)与图 10.27(b)]主要相似于 LIC 的 P-T、P-R 相关系数图[图 10.19(a)与图 10.20(a)],局部与 HMO 的 P-T、P-R 相关系数图[图 10.19(c)与图 10.20(c)]有关,可由上述原理分析得知。

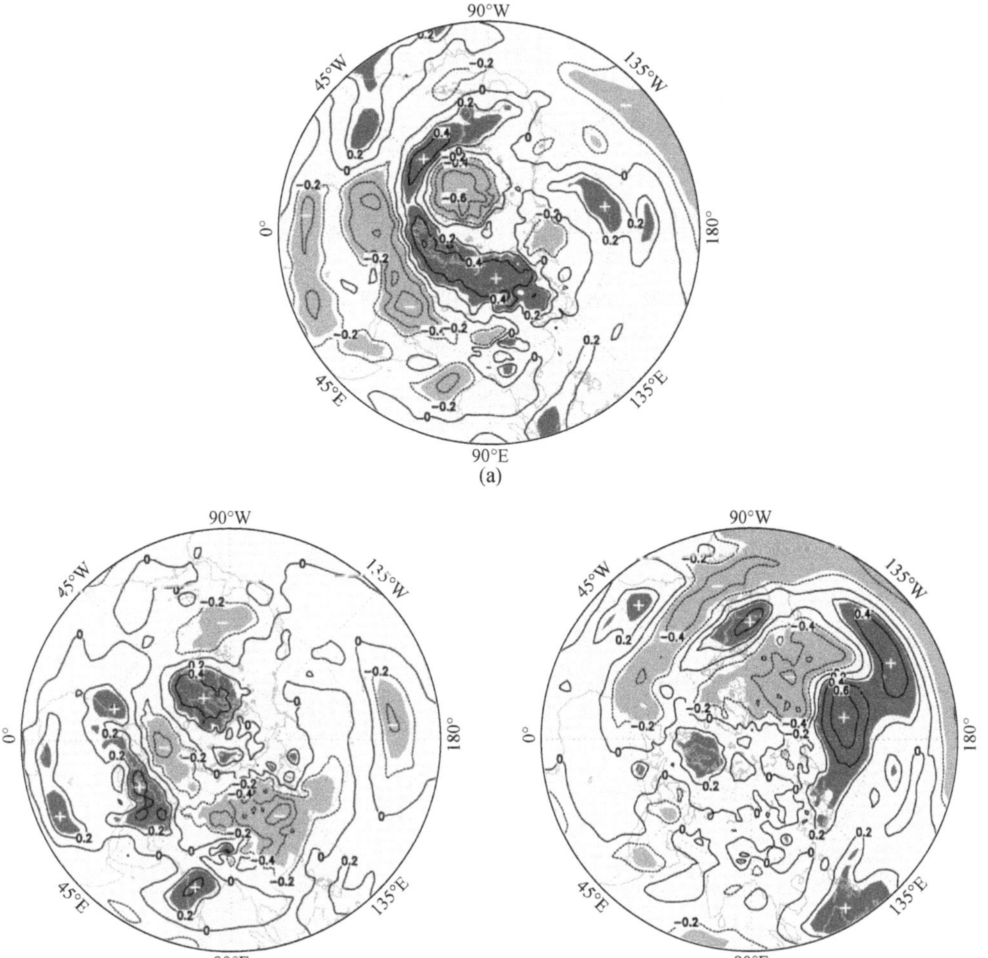

图 10.27　1951～2009 年北半球冬季 ACA 遥联指数与 R 的同期相关系数场

(a) NAO′(LIC-HNA);(b) AEU′(LIC-HMO);(c) NP′(LAL-HNP)。深(浅)阴影区为信度 $\alpha=0.05$ 的显著正(负)相关区

10.4.5　ACA 及其遥联与海洋外强迫的关系

ACA 是 SLP 中的定常波,ACA 遥联是 ACA 异常的关联,其成因应与地球表面的热力强迫异常有关。冬季北半球中高纬海冰(SI)、低纬海表温度(SST)异常(即北半球热机、冷源

异常)有较强的持续性,且年际差异明显,故将它们看作 ACA 异常及 ACA 遥联的两个外强迫因子,作如下分析。

1. 海洋异常的两个指数

海冰异常是中高纬海况最主要的异常,它直接影响中高纬海洋、大气系统的热量平衡,并通过海气相互作用及大气内部动力过程,影响包括 ACA 在内的大气环流系统。

用英国 Hadley 气候中心提供的 1979 ~ 2009 年北半球月海冰密度的格点资料,求得了 45°N 以北海域 D 上 t 年海冰总面积

$$\mathrm{SI}(t)=\sum_{(\lambda,\varphi)\in D}\mathrm{SI}(\lambda,\varphi,t)=\sum_{(\lambda,\varphi)\in D}\frac{\rho(\lambda,\varphi,t)\pi a^2}{90}\cos\varphi\sin 0.5 \tag{10.24}$$

将其作为北半球中高纬海冰月面积指数;式中,$\mathrm{SI}(\lambda,\varphi,t)$是 t 年格点(λ,φ)所在面元$(\Delta\lambda=\Delta\varphi=1°)$的海冰面积,$\rho(\lambda,\varphi,t)$是 t 年以(λ,φ)为中心面元上海冰面积与面元面积之比(海冰密度),取 $\mathrm{SI}(t)$的单位为 $\pi a^2\sin 0.5/90$。t 年冬季 $\mathrm{SI}(t)$是 t 年 12 月、$t+1$ 年 1、2 月 SI 的平均。

由图 10.28,SI 与同期北半球 500hPa 极涡强度 PV 强正相关(王盘兴等,2007);海冰偏多年,极涡偏强。据此,用 PV 长序列($n=59$ 年)资料替代 SI 短序列($n=31$ 年)资料,用于中高纬海冰与 ACA 异常及 ACA 遥联的相关分析。

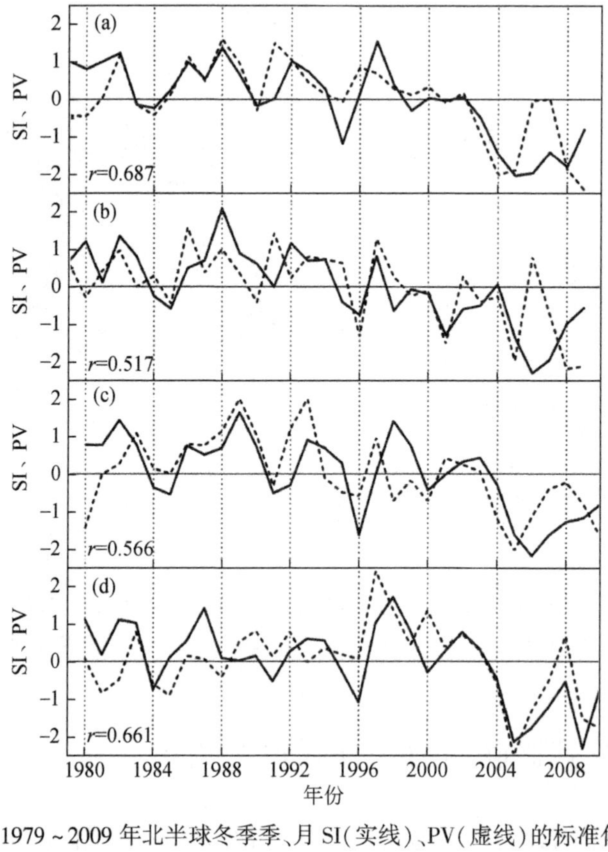

图 10.28　1979 ~ 2009 年北半球冬季季、月 SI(实线)、PV(虚线)的标准化距平曲线

(a)冬季;(b)12 月;(c)1 月;(d)2 月。r 是 SI 与 PV 的相关系数,均通过信度 $\alpha=0.05$ 的显著性检验

热带中东太平洋 El Niño、La Niña 事件是低纬海表温度(SST)异常最强的信号,它对全球大气环流及区域气候异常有重大影响(Horel,1981;Hoskins and Karoly,1981;Rasmusson and Wallace,1983;Huang and Wu,1989; Trenberth,1990;Trenberth and Hurrel,1994;Graham et al.,1994;Lau,1997;黄荣辉、陈金中,2002;Deser et al.,2004)。ONI(Oceanic Niño Index)是 NOAA 用以表征与 El Niño、La Niña 事件有关的热带东太平洋海表温度(SST)异常的指数,它定义为 Niño3.4 区(5°N ~5°S,120° ~170°W)海表温度距平的 3 个月滑动平均。这里用它来表示热带太平洋 SST 异常。

PV 指数和 ONI 指数,将用于中高纬海冰异常和热带太平洋 SST 异常对 ACA 及 ACA 遥联影响的分析。

2. PV、ONI 与 ACA 指数的相关分析

极涡强度 PV 与 ACA 指数的相关分析(表 10.15)表明,PV 与高纬系统 LIC、HMO 的同期相关最显著,极涡强年,LIC 异常偏强、季和 1 月中心位置偏北,HMO 异常偏弱、中心位置偏东南;但 PV 与同是高纬系统的 LAL 相关不显著。PV 与低纬副热带系统 HNP、HNA 和大西洋系统 LIC、HNP 的相关明显偏弱。

表 10.15 1951 ~2009 年北半球冬季季、月 PV 与 ACA 指数间的同期相关系数

时期	LIC			HNA			HMO			LAL			HNP		
	P	λ_c	φ_c	P	λ_c	φ_c	P	λ_c	φ_c	P	λ_c	φ_c	P	λ_c	φ_c
冬季	**0.434**	0.245	**0.277**	0.193	0.208	0.118	**-0.330**	**0.322**	**-0.488**	0.093	0.241	**0.350**	0.094	-0.187	**-0.404**
12 月	**0.375**	0.083	0.202	0.152	0.125	-0.152	**-0.432**	**0.310**	**-0.495**	-0.008	0.242	0.253	0.098	**-0.313**	**-0.257**
1 月	**0.465**	0.194	**0.324**	**0.334**	**0.273**	0.174	**-0.424**	**0.444**	**-0.525**	-0.045	0.110	0.252	0.183	-0.109	-0.060
2 月	**0.496**	0.136	0.107	0.225	-0.013	**-0.270**	**-0.342**	0.158	**-0.497**	0.182	**0.268**	0.244	-0.013	0.142	**-0.295**

注:粗体为通过信度 $\alpha=0.05$ 的显著性检验

ONI 指数与 ACA 遥联指数的相关分析(表 10.16)表明,ONI 与北太平洋上的 LAL、HNP 的同期相关最显著,El Niño 年,LAL 异常偏弱,中心位置偏西(12 月除外),HNP 异常偏强,中心位置偏西(12 月、2 月除外)。ONI 指数与大西洋上的 HNA、LIC 和亚欧大陆上的 HMO 无相关。

表 10.16 1951 ~2009 年北半球冬季季、月 ONI 与 ACA 指数间的同期相关系数

时期	LIC			HNA			HMO			LAL			HNP		
	P	λ_c	φ_c	P	λ_c	φ_c	P	λ_c	φ_c	P	λ_c	φ_c	P	λ_c	φ_c
冬季	-0.093	-0.081	-0.218	-0.128	**0.345**	0.017	-0.208	-0.033	-0.175	**0.456**	**0.477**	0.139	**-0.346**	**0.283**	0.118
12 月	0.029	0.103	-0.230	0.039	-0.097	**-0.386**	-0.238	0.053	-0.122	0.143	0.209	0.138	**-0.265**	-0.249	-0.089
1 月	-0.145	-0.027	-0.169	0.005	0.070	0.156	-0.053	-0.148	-0.209	**0.375**	**0.390**	0.099	-0.105	**0.515**	**0.584**
2 月	0.004	-0.235	-0.021	-0.128	0.106	-0.026	-0.091	0.057	-0.078	**0.311**	**0.265**	-0.050	**-0.353**	0.029	0.189

注:粗体为通过信度 $\alpha=0.05$ 的显著性检验

3. PV、ONI 与 ACA 遥联的相关分析

PV 与 ACA 遥联指数的相关分析(表 10.17)表明,极涡强度 PV 与冬季季、月 ACA 遥联指数 NAO′、AEU′显著正相关,尤以 PV 与 AEU′的正相关最强;极涡强年,北大西洋 ACA 遥联(NAO′)和北大西洋-欧亚大陆 ACA 遥联(AEU′)均加强,相应地有 LIC 和 HNA 加强、HMO 减弱。极涡强度 PV 与北太平洋 ACA 遥联(NP′)无相关。而 ONI 只与冬季季、月 ACA 遥联指数 NP′显著正相关;El Niño 年,北太平洋 ACA 遥联加强(NP′为正值),相应地 HNP 减弱、LAL 加强。ONI 与北大西洋 ACA 遥联(NAO′)和北大西洋-欧亚大陆 ACA 遥联(AEU′)均无相关。

表 10.17　1951～2009 年北半球冬季季、月 PV、ONI 与 ACA 遥联指数的同期相关系数

ACA 遥联指数	PV				ONI			
	冬季	12 月	1 月	2 月	冬季	12 月	1 月	2 月
NAO′	**0.341**	**0.293**	**0.455**	**0.431**	−0.157	0.035	−0138	−0.156
AEU′	**0.486**	**0.534**	**0.591**	**0.516**	0.073	0.177	−0.061	0.058
NP′	0.000	−0.068	−0.143	0.117	**0.584**	**0.270**	**0.459**	**0.420**

注:粗体为通过信度 $\alpha=0.05$ 的显著性检验

分析(表 10.18)表明,冬季季、月 PV 与 ONI 无相关,故作为外强迫源的中高纬海冰与低纬 SST 的年际变化具有相对独立性。它们各自影响同期一定地理区域的 SLP 场,导致 SLP 场异常。中高纬海冰异常主要影响北大西洋上的 LIC、欧亚大陆上的 HMO 以及与之有关的北大西洋及北大西洋-欧亚大陆 ACA 遥联(用 NAO′、AEU′度量);热带太平洋 SST 异常(表现为 El Niño、La Niña 事件)主要影响北太平洋上的 LAL、HNP 及北太平洋 ACA 遥联(用 NP′度量)。可见,海洋外强迫对 ACA 及其遥联的影响存在明显的区域差异。黄士松等(1992)指出,热带和极地是大气的热源和冷源所在。上述分析表明,SI、ONI 作为它们的代表,深刻影响了冬季北半球大气环流和区域气候异常。

表 10.18　1951～2009 年冬季季、月 PV 与 ONI 的同期相关系数

相关系数	冬季	12 月	1 月	2 月
r	0.074	0.217	−0.061	0.022

10.4.6　ACA 区划

根据 10.4.2～10.4.5 节的分析,可以将冬季北半球季、月 SLP 场中的 5 个 ACA 分作相对独立的两个部分(图 10.29):属于区域Ⅰ的 3 个 ACA 是 LIC、HNA、HMO,它们由 ACA 强遥联 NAO′、AEU′紧密联系,其异常受中高纬海冰异常控制,主要影响北大西洋、欧亚大陆和北美中高纬气候异常;属于区域Ⅱ的 2 个 ACA 是 LAL、HNP,它们由 ACA 强遥联 NP′紧密联系,其异常受热带太平洋海温异常控制,主要影响北太平洋、北美大陆和低纬印度洋气候异

常。中高纬海冰和低纬海温的年际异常具有相对独立性,区域Ⅰ和Ⅱ的气候异常也具有相对独立性,ACA 及其遥联是其媒介。

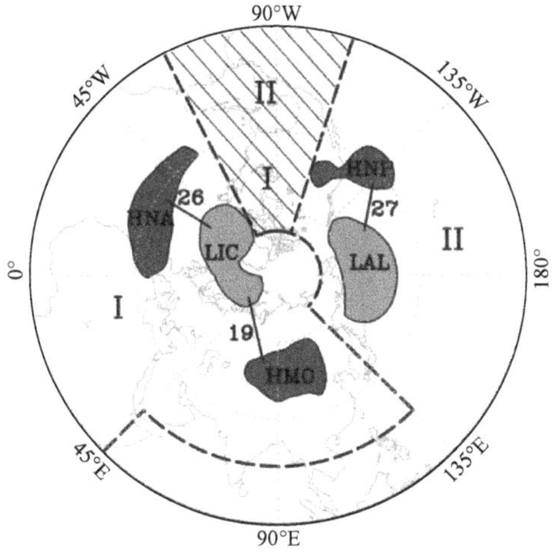

图 10.29　冬季北半球 ACA 区划

阴影区是 ACA 的中心区,实(虚)连线给出了"涛动"("非涛动")ACA 强遥联,线上数字为 $\hat{K}$ 值;粗虚线为Ⅰ、Ⅱ区划分界线,斜线区为Ⅰ、Ⅱ区重叠部分

10.5　小　　结

(1)给出了闭合气压系统一组环流指数[面积 S、强度 P、中心位置(λ_c,φ_c)]的严格定义;对均匀经纬格点网上的等压面高度场、海平面气压场气候资料给出了它们的算法。

(2)计算了 1000hPa 层冬季季、月蒙古高压(HMO)环流指数 S、P、(λ_c,φ_c)的 60 年(1948 ~2007 年)序列,用它们分析了 HMO 的气候及异常特征,以及 HMO 与中国同期气温、降水异常的相关关系,论证了 HMO 环流指数在环流异常及气候分析中的应用价值。

(3)计算了 1000hPa 层 1951 ~2008 年 1 月 1 日 ~2 月 10 日蒙古高压(HMO)逐日环流指数序列,论证了它们在中期天气过程变化及中期预报中的应用价值。

(4)用 SLP 场气候资料计算了冬季季、月北半球 5 个大气活动中心(冰岛低压、北大西洋高压、蒙古高压、阿留申低压、北太平洋高压)的环流指数,用它们系统地分析了 ACA 与区域气候异常、ACA 的遥联以及它们与海洋外强迫异常的关系;在此基础上,揭示了北半球 SLP 异常的两个相对独立区域——大西洋欧亚区、太平洋北美区,其上 ACA 异常成因及对区域气候的影响差异显著。

参 考 文 献

陈延聪, 王盘兴, 周国华, 等, 2009. 夏季南亚高压的一组环流指数及其初步分析[J]. 大气科学学报, 32(6): 101-107.

龚道溢, 王绍武, 1999. 全球变暖可能影响的研究[J]. 地理学报, 54(2): 125-133.

管树轩, 王盘兴, 麻巨慧, 等, 2009. 北半球 10hPa 极地涡旋环流指数定义及分析[J]. 高原气象, 28(4):

777-785.
郭其蕴, 1994. 东亚冬季风的变化与中国气温异常的关系[J]. 应用气象学报, 5(2): 219-225.
国家气候中心, 2011. 74 项环流指数[EB/OL]. http://ncc.cma.gov.cn/Website/index.php? ChannelID=43&WCHID=5.
洪芳玲, 2011. 冬季冰岛低压一组环流指数在气候研究中的应用[D]. 南京: 南京信息工程大学.
侯亚红, 杨修群, 李刚, 2007. 冬季西伯利亚高压变化特征及其与中国气温的关系[J]. 气象科技, 35(5): 646-650.
黄荣辉, 陈金中, 2002. 平流层球面大气地转适应过程和惯性重力波的激发[J]. 大气科学, 26(3): 289-303.
黄士松, 杨修群, 谢倩, 1992. 北极海冰对大气环流与气候影响的观测分析和数值试验研究[J]. 海洋学报, 14(6): 32-46.
刘晴晴, 王盘兴, 徐祥德, 等, 2011. 蒙古高压一组环流指数及与中国同期气候异常关系分析[J]. 热带气象学报, 27(6): 889-898.
洛伦茨 E N, 1976. 大气环流的性质和理论[M]. 北京: 科学出版社.
麻巨慧, 王盘兴, 李丽平, 等, 2009a. “0801 南方雪灾”与同期蒙古高压中期活动的关系[J]. 大气科学学报, 32(5): 652-660.
麻巨慧, 王盘兴, 郭栋, 等, 2009b. 南半球 10hPa 极地涡旋环流的多尺度变化特征分析[J]. 高原气象, 28(6): 1299-1307.
马晓青, 丁一汇, 徐海明, 等, 2008. 2004/2005 年冬季强寒潮事件与大气低频波动关系的研究[J]. 大气科学, 32(2): 380-394.
任律, 王盘兴, 李丽平, 等, 2011. 印度低压异常特征及与印度、中国同期降水相关的分析[J]. 热带气象学报, 27(4): 509-518.
孙晓娟, 2013. 北半球冬季大气活动中心异常规律和遥联成因研究[D]. 南京: 南京信息工程大学.
孙晓娟, 王盘兴, 智海, 等, 2010. 蒙古高压若干环流指数及与我国冬季气温异常相关的分析和比较[J]. 高原气象, 29(6): 1493-1500.
孙晓娟, 王盘兴, 智海, 等, 2011. 阿留申低压四种环流指数的分析与比较[J]. 大气科学学报, 34(1): 74-84.
孙晓娟, 王盘兴, 汪学良, 等, 2013. 冬季北太平洋副高面积和强度指数的一个计算方案[J]. 大气科学学报, 36(5): 586-592
孙晓娟, 王盘兴, 汪学良, 2015. 冬季北半球大气活动中心的环流指数及其应用[J]. 大气科学学报, 38(6): 785-795.
王盘兴, 卢楚翰, 管兆勇, 等, 2007. 闭合气压系统环流指数的定义及计算[J]. 南京气象学院学报, 30(6): 730-735.
王盘兴, 赵辉, 任律, 等, 2010. 闭合气压系统中心位置指数的计算方案[J]. 大气科学学报, 33(5): 520-526.
叶笃正, 朱抱真, 1958. 大气环流的若干基本问题[M]. 北京: 科学出版社.
张家诚, 1981. 长期天气预报方法论概要[M]. 北京: 农业出版社.
中国气象科学研究院灾害天气国家重点实验室, 2008. 2008 年 1 月中国南方低温雨雪冰冻极端天气特征与成因分析[R]//科学报告: No. LaSW-SR001. 北京.
朱乾根, 施能, 吴朝珲, 等, 1997. 近百年北半球冬季大气活动中心的长期变化及其与中国气候[J]. 气象学报, 55(6): 750-758.
Beamish R J, Neville C E M, Cass A J, 1997. Production of Fraser River sockeye salmon (*Oncorhynchus nerka*)

in relation to decadal-scale changes in the climate and the ocean[J]. Canadian Journal of Fisheries and Aquatic Sciences, 54(3): 543-554.

Deser C, Magnusdottir G, Saravanan R, 2004. The effects of North Atlantic SST and sea ice anomalies on the winter circulation in CCM3. Part II: Direct and indirect components of the response[J]. Journal of Climate, 17(5): 877-889.

Graham N E, Barnett T P, Wilde R, et al., 1994. On the roles of tropical and midlatitude SSTs in forcing interannual to interdecadal variability in the winter Northern Hemisphere circulation[J]. Journal of Climate, 7(9): 1416-1441.

Horel J D, 1981. A rotated principal component analysis of the interannual variability of the Northern Hemisphere 500mb height field[J]. Monthly Weather Review, 109(10): 2080-2092.

Hoskins B J, Karoly D J, 1981. The steady linear response of a spherical atmosphere to thermal and orographic forcing[J]. Journal of the Atmospheric Sciences, 38(6): 1179-1196.

Huang R H, Wu Y F, 1989. The influence of ENSO on the summer climate change in China and it's mechanism [J]. Advances in Atmospheric Sciences, 6(1): 21-32.

Jones P D, Jonsson T, Wheeler D, 1997. Extension to the North Atlantic Oscillation using early instrumental pressure observations from Gibraltar and south-west Iceland[J]. International Journal of Climatology, 17(13): 1433-1450.

Lau N C, 1997. Interactions between global SST anomalies and the midlatitude atmospheric circulation[J]. Bulletin of the American Meteorological Society, 78(1): 21-33.

Livezey R E, Chen W Y, 1983. Statistical field significance and its determination by Mante Carlo techniques[J]. Monthly Weather Review, 111(1): 46-59.

Overland J E, Adams J M, Bond N A, 1999. Decadal variability of the Aleutian Low and its relation to high-latitude circulation[J]. Journal of Climate, 12(5): 1542-1548.

Rasmusson E M, Wallace J M, 1983. Meteorological aspects of El Niño/Southern Oscillation[J]. Science, 222(4629): 1195-1202.

Sun X J, Wang P X, Wang J X L, 2017. An assessment of the atmospheric centers of action in the Northern Hemisphere winter[J]. Climate Dynamics, 48(3):1031-1047.

Trenberth K E, 1990. Recent observed interdecadal climate changes in the Northern Hemisphere[J]. Bulletin of the American Meteorological Society, 71(7): 988-993.

Trenberth K E, Hurrell J W, 1994. Decadal atmosphere-ocean variations in the Pacific[J]. Climate Dynamics, 9(6): 303-319.

Wallace J M, Gutzler S, 1981. Teleconnections in the geopotential height field during the Northern Hemisphere winter[J]. Monthly Weather Review, 109(4): 784-812.

Walker G T, Bliss E W, 1932. World Weather V[J]. Memorial Royal Meteorological Society, 4(36): 53-84.

Wang B, Lin H, Zhang Y S, et al., 2004. Definition of South China Sea monsoon onset and commencement of the East Asia summer monsoon[J]. Journal of Climate, 17(4): 699-710.

Wang P X, Wang J X, Zhi H, et al., 2012. Circulation indices of the Aleutian low pressure system: definitions and relationships to climate anomalies in the Northern Hemisphere[J]. Advances in Atmospheric Sciences, 29(5): 1111-1118.

复 习 题

1. 大气环流和气候异常分析中引入环流指数的目的是什么？10.1 节定义的闭合气压

系统环流指数 S、P、(λ_c,φ_c)的物理意义是什么?

2. 结合图 10.1、图 10.2,说明闭合气压系统环流指数 S、P、(λ_c,φ_c)定义时使用的搜索域 Ω、特征等值线 f_0、计算域 $D(t)$ 的确切含义。

3. 经典定义中大气活动中心(ACA)指何种环流系统?为什么它们与三维大气环流、区域气候(注:以气温、降水为例)及其异常有紧密关系?

4. 冬季北半球有哪些 ACA?其中哪些是永久性、半永久性 ACA?利用 ACA 中心与定常波 $\bar{T}^*$、$\bar{R}^*$ 图(图 10.18),说明 ACA 与区域气候的关系。

5. 据图 10.19 ~ 图 10.22,简要归纳冬季北半球 ACA 与同期气候异常的关系;比较两大洋(NA、NP)、内陆 ACA 与同期区域气候异常关系的差别;比较 ACA 强度 P、中心位置(λ_c,φ_c)与区域气候异常相关的强弱。

6. 基于环流指数确定冬季北半球 ACA 间遥联的方法是什么?哪 3 对 ACA 遥联最强?它们与经典"涛动""遥相关型"的相同点和不同点是什么?

7. 图 10.29 将冬季 SLP 异常分为Ⅰ区、Ⅱ区两个部分的主要分析依据是什么?

8. 中国冬季气候及异常主要与哪些 ACA 相关?怎样理解冬季 ENSO 与中国气候异常间的关联?

附录:平均经圈环流质量流函数 ψ 的简易算法

平均经圈环流是由$[v]\vec{j}+[\omega]\vec{k}$ 决定的子午面上的环流(注:$[\omega]$或为$[w]$),它常用质量流函数 ψ 图表示,ψ 图兼具直观、定量性质。这里给出 ψ 的定义及叠加算法。

1. ψ 定义

对某季(月),已知$[v]$、$[\omega]$,它们是纬度 φ、气压 p 的函数。根据洛伦茨(1976),$[v]\vec{j}+[\omega]\vec{k}$ 的质量流函数 ψ 定义为

$$2\pi a\cos\varphi[v]=g\frac{\partial\psi}{\partial p}$$
$$2\pi a^2\cos\varphi[\omega]=-g\frac{\partial\psi}{\partial\varphi} \qquad (附录-1)$$

其差分显式为

$$\Delta_y\psi=\frac{2\pi a\cos\varphi[v]}{g}\Delta p$$
$$\Delta_z\psi=\frac{-2\pi a^2\cos\varphi[\omega]}{g}\Delta\varphi \qquad (附录-2)$$

式中,$\Delta_y\psi=\psi_{上}-\psi_{下}$是单位时间(秒)内通过图 2. 20(a)等 φ 面上压差 Δp 的环带的向北质量输送总量,环带压差 $\Delta p=p_{上}-p_{下}<0$(高差 $\Delta z=z_{上}-z_{下}>0$)、周长约为 $2\pi a\cos\varphi$;$\Delta_z\psi=\psi_{北}-\psi_{南}$是单位时间(秒)内通过图 2. 20(b)上球带的向上质量输送总量,球带纬差 $\Delta\varphi=\varphi_{北}-\varphi_{南}$、宽度为 $\Delta y=a\Delta\varphi>0$($\varphi$ 的单位是 rad),周长约为 $2\pi a\cos\varphi$。

2. 迭代法

ψ 的传统算法是迭代法(吴国雄、Tibaldi,1988),吴国雄和刘还珠(1987)使用该方法计算了 ECMWF 资料的 ψ。

3. 叠加法

王盘兴(1994)假定大气质量守恒和环流定常,并忽略地形及地面气压 p_0(即$[\bar{p}_0]$)的纬际差异(令 $p_0=1013.25$hPa),给出了一个 ψ 的简易算法;该方法与迭代法的最大差别是用叠加替代迭代,故称其为叠加法,叠加法较迭代法简单。该方法使用式(附录-1)中的上式

$$\psi(p)=\frac{2\pi a\cos\varphi}{g}\int[v](p)\mathrm{d}p \qquad (附录-3)$$

的差分式,假定海平面 $p=p_0$、大气顶 $p=0$ 处 $\psi=0$、$[v]=0$,自下而上(自上而下)求得了纬度 φ 上的质量流函数廓线 $\psi(p)\uparrow$($\psi(p)\downarrow$);并引进相应的权重系数 $W(p)\uparrow$($W(p)\downarrow$),得其加权和

$$\psi(p)=W(p)\uparrow\times\psi(p)\uparrow+W(p)\downarrow\times\psi(p)\downarrow \qquad (附录-4)$$

由此得到满足质量守恒和环流定常的 ψ。顾兴军等(2004)、秦育婧等(2006)用实际资料计

算了 ψ，对子午面上同一$[v]$资料，叠加法与迭代法计算结果相同，从而论证了叠加法的合理性。

图 2.18 的 ψ 即用该方法算出。这里以图 2.18 的计算为例，扼要介绍该算法。

（1）计算使用 NCEP/NCAR 月平均经向风分量（v）资料，其值给出在 17 个等压面（p_k = 1000hPa、925hPa、850hPa、700hPa、600hPa、500hPa、400hPa、300hPa、250hPa、200hPa、150hPa、100hPa、70hPa、50hPa、30hPa、20hPa、10hPa）上的球面 $\lambda-\varphi$ 均匀矩形格点网上，格距 $\Delta\lambda=\Delta\varphi=2.5°$，格点位于 $\lambda_i=i\Delta\lambda_i$、$\varphi_j=j\Delta\varphi_j$，$i=\overline{0,143}$，$j=\overline{-36,36}$。为求图 2.18 中的 ψ，先求得冬季（12 月～次年 2 月）、夏季（6～8 月）40 年（1958～1997 年）v 的纬圈平均气候场资料

$$[v](j,k),j=\overline{-36,36},k=\overline{1,17} \tag{附录-5}$$

（2）在子午面上建立如附图 1 所示的格点网。横轴为纬度，格点序数 $j=-36$、36 分别对应南、北极点，$j=0$ 为赤道。纵轴为层序数 k 与等压面气压 p_k，其对应关系如附图 1 所示；$k=\overline{1,17}$即 NCEP/NCAR 再分析资料的等压面层序，$k=0$、18 分别为海平面、大气顶。附表 1 给出了相邻等压面压差 $\Delta p(k,k+1)=p_k-p_{k+1}$。

附表 1　相邻等压面压差 $\Delta p(k,k+1)$　　（单位：hPa）

k	0	1	2	3	4	5	6	7	8	9	10	11	12	13	14	15	16	17
$k+1$	1	2	3	4	5	6	7	8	9	10	11	12	13	14	15	16	17	18
$\Delta p(k,k+1)$	13.25	75	75	150	100	100	100	100	50	50	50	50	30	20	20	10	10	10

（3）计算 $\psi\uparrow$、$\psi\downarrow$。写出式（附录-3）的两个差分公式。由下而上的差分公式为

$$\psi(j,k)\uparrow=\psi(j,k-1)\uparrow-\frac{2\pi a\cos\varphi_j}{g}\frac{[v](j,k-1)+[v](j,k)}{2}\Delta p(k-1,k),\quad k=\overline{1,18} \tag{附录-6}$$

边界条件 $\psi(j,0)\uparrow=0$；由上而下积分公式为

$$\psi(j,k)\downarrow=\psi(j,k+1)\downarrow+\frac{2\pi a\cos\varphi_j}{g}\frac{[v](j,k+1)+[v](j,k)}{2}\Delta p(k,k+1),\quad k=\overline{17,0} \tag{附录-7}$$

边界条件 $\psi(j,18)\downarrow=0$。注意，米、千克、秒制中式（附录-6）、式（附录-7）中 Δp 的单位是 Pa，1hPa $=10^2$Pa。

（4）计算 ψ。如附图 2 构造权重函数 $W(k)\uparrow=p(k)/p(0)$（向上线性减小）、$W(k)\downarrow=[p(0)-p(k)]/p(0)$（向下线性减小）、$k=\overline{0,18}$，$W(k)\uparrow+W(k)\downarrow=1$；按

$$\psi(j,k)=W(k)\uparrow\times\psi(j,k)\uparrow+W(k)\downarrow\times\psi(j,k)\downarrow \tag{附录-8}$$

求得附图 1 中极点外所有格点上的 $\psi(j,k)$ 值。按质量守恒定律，南、北极点（$j=-36$、36）上的全部 $\psi(k)$ 值均为 0。由此求得附图 1 格点网上的全部 ψ 值

$$\psi(j,k),j=-36、36,k=\overline{0,18} \tag{附录-9}$$

附图 2 即按上述建议算法求得；为简便，附录中 ψ 即$[\bar{\psi}]$。

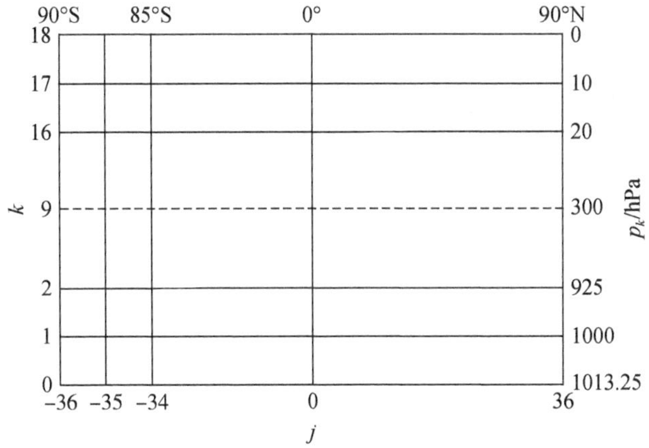

附图 1 计算 ψ 使用的子午面上格点网

j 为经向格点序,k 为层序,p_k 为 k 层气压

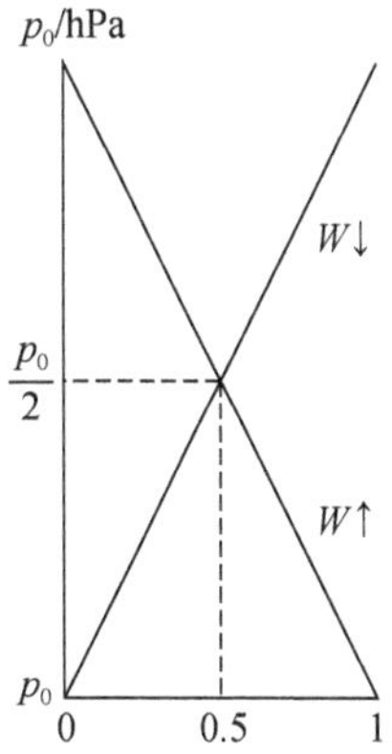

附图 2 权重函数 $W\uparrow$、$W\downarrow$ 示意图

参 考 文 献

顾兴军,王盘兴,李丽平,2004. 平均经圈环流质量流函数两种计算方案的比较[J]. 南京气象学院学报,27(1):11-19.

洛伦茨 E N,1976. 大气环流的性质和理论[M]. 北京大学地球物理系气象专业译. 北京:科学出版社.

秦育婧,王盘兴,管兆勇,等,2006. 两种再分析资料的 Hadley 环流比较[J]. 科学通报,5(12):1469-1474.

王盘兴,1994. 垂直低分辨率 GCM 模式大气平均经圈环流的诊断[J]. 南京气象学院学报,17(2):200-204.

吴国雄,Tibaldi S,1988. 关于大气平均经圈环流的一种计算方案[J]. 中国科学(B 辑),25(4):442-450.

吴国雄,刘还珠,1987. 时间平均全球大气环流统计图集[M]. 北京:气象出版社.

附　　表

附表 A　中国 160 站站网站域面积 d_s、站网密度 m_s

站序 s	站名	λ/(°E)	φ/(°N)	d_s	m_s
1	呼玛	126.65	51.72	0.151	6.63
2	博克图	121.92	48.77	0.151	6.61
3	海拉尔	119.75	49.22	0.114	8.79
4	图里河	121.70	50.45	0.126	7.94
5	嫩江	125.23	49.17	0.107	9.35
6	齐齐哈尔	123.92	47.38	0.124	8.09
7	海伦	126.97	47.43	0.111	9.05
8	富锦	131.98	47.23	0.094	10.68
9	佳木斯	130.17	46.49	0.117	8.52
10	鸡西	130.95	45.28	0.090	11.17
11	哈尔滨	126.77	45.75	0.099	10.13
12	牡丹江	129.60	44.57	0.091	10.95
13	乌兰浩特	122.05	46.08	0.120	8.30
14	通辽	122.27	43.60	0.111	9.00
15	长春	125.22	43.90	0.120	8.31
16	延吉	129.47	42.88	0.089	11.27
17	通化	125.90	41.68	0.095	10.52
18	沈阳	123.43	41.77	0.086	11.60
19	朝阳	120.45	41.55	0.071	13.99
20	营口	122.20	40.67	0.065	15.27
21	丹东	124.33	40.05	0.077	13.03
22	大连	121.63	38.90	0.050	19.96
23	林东	119.40	43.98	0.118	8.47
24	锡林浩特	116.07	43.95	0.113	8.81
25	朱日和	112.90	42.40	0.115	8.69
26	多伦	116.47	42.18	0.099	10.12
27	赤峰	118.97	42.27	0.079	12.70
28	承德	117.93	40.97	0.080	12.45
29	张家口	114.88	40.78	0.091	11.00
30	呼和浩特	111.68	40.82	0.115	8.72

续表

站序 s	站名	$\lambda/(°E)$	$\varphi/(°N)$	d_s	m_s
31	包头	109.85	40.66	0.124	8.08
32	陕坝	107.10	40.58	0.131	7.62
33	北京	116.28	39.93	0.076	13.24
34	天津	117.17	39.10	0.065	15.41
35	石家庄	114.42	38.03	0.070	14.30
36	德州	116.22	37.29	0.061	16.48
37	邢台	114.50	37.07	0.082	12.23
38	安阳	114.37	36.12	0.071	14.00
39	烟台	121.26	37.36	0.047	21.17
40	青岛	120.33	36.07	0.040	24.95
41	潍坊	119.08	36.70	0.051	19.63
42	济南	116.98	36.68	0.049	20.21
43	临沂	118.35	35.05	0.046	21.59
44	菏泽	115.26	35.15	0.052	19.22
45	新浦	119.10	34.36	0.046	21.89
46	清江	119.03	33.60	0.044	22.54
47	徐州	117.22	34.19	0.052	19.06
48	蚌埠	117.37	32.95	0.065	15.41
49	阜阳	115.83	32.93	0.059	17.07
50	郑州	113.65	34.72	0.063	16.00
51	南阳	112.58	33.03	0.071	14.00
52	信阳	114.05	32.13	0.067	15.00
53	东台	120.32	32.87	0.045	22.16
54	南京	118.80	32.00	0.052	19.23
55	合肥	117.23	31.87	0.053	19.04
56	上海	121.46	31.41	0.041	24.21
57	杭州	120.17	30.23	0.048	20.81
58	安庆	117.05	30.53	0.066	15.05
59	屯溪	118.28	29.71	0.060	16.65
60	九江	115.59	29.45	0.059	17.00
61	汉口	114.13	30.62	0.067	15.00
62	钟祥	112.57	31.17	0.077	13.00
63	岳阳	113.08	29.38	0.071	14.00
64	宜昌	111.30	30.70	0.071	14.00
65	常德	111.68	29.05	0.077	13.00

续表

站序 s	站名	$\lambda/(°E)$	$\varphi/(°N)$	d_s	m_s
66	宁波	121.56	29.86	0.046	21.76
67	衢县	118.87	28.97	0.050	20.07
68	温州	120.67	28.02	0.054	18.59
69	浦城	118.53	27.92	0.052	19.07
70	福州	119.28	26.08	0.053	18.90
71	永安	117.35	25.97	0.059	17.02
72	贵溪	117.21	28.30	0.060	16.72
73	南昌	115.92	28.60	0.063	16.00
74	广昌	116.33	26.85	0.052	19.09
75	吉安	114.97	27.12	0.056	18.00
76	赣州	114.95	25.85	0.061	16.40
77	长沙	113.04	28.12	0.063	16.00
78	衡阳	112.60	26.90	0.077	13.00
79	郴县	112.59	25.45	0.071	14.14
80	零陵	111.36	26.14	0.063	16.00
81	芷江	109.68	27.45	0.063	16.00
82	厦门	118.08	24.48	0.056	17.83
83	梅县	116.12	24.30	0.057	17.58
84	汕头	116.68	23.40	0.049	20.35
85	曲江	113.58	24.80	0.061	16.29
86	河源	114.68	23.73	0.054	18.35
87	广州	113.19	23.08	0.058	17.17
88	阳江	111.97	21.87	0.059	17.06
89	湛江	110.40	21.22	0.070	14.31
90	海口	110.35	20.03	0.060	16.56
91	桂林	110.30	25.33	0.083	12.00
92	柳州	109.23	24.22	0.074	13.46
93	梧州	111.18	23.29	0.063	15.78
94	南宁	108.35	22.82	0.073	13.68
95	北海	109.10	21.48	0.074	13.53
96	百色	106.60	23.90	0.102	9.79
97	遵义	106.88	27.70	0.077	13.00
98	贵阳	106.72	26.58	0.077	13.05
99	毕节	105.23	27.30	0.067	15.00
100	兴仁	105.18	25.43	0.086	11.58

续表

站序 s	站名	$\lambda/(°E)$	$\varphi/(°N)$	d_s	m_s
101	榕江	108.53	25.97	0.083	12.00
102	恩施	109.47	30.28	0.071	14.00
103	达县	107.50	31.20	0.067	15.00
104	酉阳	108.77	28.83	0.071	14.00
105	重庆	106.48	29.52	0.067	15.00
106	南充	106.08	30.80	0.071	14.00
107	内江	105.05	29.58	0.071	14.00
108	绵阳	104.68	31.47	0.083	12.00
109	成都	104.02	30.67	0.077	13.00
110	宜宾	104.60	28.80	0.067	15.00
111	雅安	103.00	29.98	0.083	12.00
112	康定	101.97	30.05	0.091	11.00
113	西昌	102.27	27.90	0.077	13.03
114	会理	102.25	26.65	0.071	14.10
115	丽江	100.47	26.83	0.099	10.15
116	大理	100.18	25.70	0.103	9.72
117	保山	99.22	25.13	0.082	12.17
118	昆明	102.68	25.02	0.085	11.79
119	临沧	100.22	23.95	0.085	11.83
120	蒙自	103.38	23.38	0.102	9.80
121	景洪	100.80	22.02	0.090	11.17
122	甘孜	100.00	31.62	0.143	7.00
123	德钦	98.90	28.50	0.096	10.44
124	昌都	97.17	31.15	0.247	4.04
125	拉萨	91.13	29.67	0.891	1.12
126	西安	108.93	34.30	0.100	10.00
127	天水	105.75	34.58	0.100	10.00
128	岷县	104.01	34.43	0.111	9.00
129	汉中	107.03	33.07	0.077	13.00
130	安康	109.03	32.72	0.083	12.00
131	郧县	110.49	32.51	0.091	11.00
132	长治	113.04	36.03	0.077	13.00
133	太原	112.55	37.78	0.071	14.00
134	临汾	111.32	36.05	0.077	13.00
135	榆林	109.70	38.23	0.091	11.00

续表

站序 s	站名	$\lambda/(°E)$	$\varphi/(°N)$	d_s	m_s
136	延安	109.50	36.60	0.111	9.00
137	西峰镇	107.63	35.73	0.083	12.00
138	兰州	103.88	36.05	0.111	9.00
139	中宁	105.67	37.48	0.083	12.00
140	银川	106.22	38.48	0.111	9.01
141	西宁	101.77	36.62	0.125	8.00
142	临夏	103.18	35.58	0.143	7.00
143	玛多	98.22	34.92	0.333	3.00
144	玉树	97.02	33.02	0.250	4.00
145	武威	102.55	38.05	0.143	7.00
146	张掖	100.43	38.93	0.250	4.00
147	酒泉	98.48	39.77	0.316	3.17
148	敦煌	94.68	40.15	0.325	3.08
149	吐鲁番	89.20	42.93	0.322	3.10
150	库车	82.95	41.72	0.309	3.23
151	喀什	75.98	39.47	0.541	1.85
152	和田	79.93	37.13	0.952	1.05
153	且末	85.55	38.15	0.500	2.00
154	若羌	88.17	39.03	0.500	2.00
155	哈密	93.52	42.82	0.251	3.99
156	阿勒泰	88.08	47.73	0.454	2.20
157	塔城	83.00	46.73	0.156	6.41
158	乌苏	84.66	44.43	0.174	5.76
159	伊宁	81.33	43.95	0.150	6.69
160	乌鲁木齐	87.62	43.78	0.327	3.06

注：本表由罗小莉计算。d_s 的单位为 $50\times10^4\mathrm{km}^2$；$m_s$ 的单位为站/($50\times10^4\mathrm{km}^2$)

附表 B　冬季北半球 ACA 环流指数(1850～2009 年)

年份	LIC			HNA			HMO			LAL			HNP		
	P	λ_c	φ_c	P	λ_c	φ_c	P	λ_c	φ_c	P	λ_c	φ_c	P	λ_c	φ_c
1850	1.75	330.46	62.27	0.47	326.83	32.18	0.17	100.38	48.58	0.29	180.45	52.93	0.36	224.31	33.63
1851	0.83	333.73	64.44	0.63	336.24	34.22	0.43	98.41	49.39	1.83	189.88	50.66	-0.04	232.33	31.98
1852	0.98	341.08	64.38	0.23	332.88	32.44	0.66	94.25	47.99	2.18	188.17	51.95	0.08	229.92	32.76
1853	1.23	345.02	71.99	0.44	332.63	33.02	0.48	96.11	46.13	1.10	190.66	52.34	0.01	230.98	32.68
1854	0.78	339.66	65.86	-0.17	327.54	30.90	0.65	97.13	49.21	1.03	189.45	50.20	-0.02	232.92	31.69

续表

年份	LIC			HNA			HMO			LAL			HNP		
	P	λ_c	φ_c	P	λ_c	φ_c	P	λ_c	φ_c	P	λ_c	φ_c	P	λ_c	φ_c
1855	0.99	326.06	58.98	-0.12	328.54	30.16	0.73	99.89	52.99	1.14	192.61	50.02	-0.04	233.64	30.68
1856	2.56	327.71	66.99	0.40	328.90	33.03	0.54	99.76	49.34	1.19	186.84	49.40	0.14	231.86	33.66
1857	1.67	327.88	67.71	0.17	337.24	35.96	0.33	101.63	49.82	1.04	184.27	49.52	0.04	230.27	31.44
1858	2.81	341.87	71.88	0.40	334.74	36.04	0.41	99.00	49.25	0.01	174.41	48.81	0.12	228.63	32.67
1859	1.62	327.22	63.21	0.25	329.58	31.63	0.36	96.26	50.37	0.27	186.04	53.78	0.18	227.03	32.75
1860	0.92	324.45	58.91	0.11	325.41	29.19	0.37	96.01	49.25	0.69	183.89	50.47	0.05	229.21	32.51
1861	1.09	317.89	63.28	0.04	314.34	28.43	0.51	100.68	50.29	1.06	179.27	49.59	0.10	230.57	34.23
1862	2.39	342.64	69.50	0.80	332.25	35.73	0.32	96.72	47.23	0.29	184.79	52.14	0.09	228.42	31.17
1863	1.17	329.86	66.17	0.23	332.88	34.21	0.42	97.88	48.97	1.32	184.29	52.32	0.08	227.89	31.53
1864	0.77	331.58	64.07	0.03	329.69	29.57	0.39	97.54	48.32	1.16	188.84	50.11	-0.04	233.65	31.46
1865	2.17	334.97	65.87	0.44	329.85	33.12	0.32	98.22	47.82	0.36	184.33	49.06	0.10	229.65	32.64
1866	1.26	337.41	65.56	0.21	341.61	34.17	0.51	97.87	47.48	1.08	188.16	51.64	0.06	229.38	31.94
1867	2.34	328.88	66.61	0.24	339.80	34.26	0.41	100.30	49.06	0.51	188.54	52.40	0.06	229.38	32.02
1868	1.84	335.55	65.53	0.33	331.87	31.54	0.39	98.04	47.35	0.97	182.96	51.80	0.05	229.77	33.14
1869	0.28	327.98	60.58	0.06	322.05	31.07	0.50	93.72	49.15	1.30	179.79	51.65	0.06	229.62	33.85
1870	0.23	320.61	60.66	0.11	330.83	32.66	0.25	95.98	48.79	1.87	187.41	50.26	0.01	231.55	31.75
1871	1.63	328.67	61.60	0.16	328.11	30.32	0.40	93.55	48.62	1.20	185.25	51.18	0.03	229.98	31.63
1872	1.30	331.87	62.22	0.23	333.62	31.76	0.31	93.49	49.02	0.20	180.31	53.45	0.04	228.54	31.56
1873	2.38	348.31	71.37	0.29	342.87	36.05	0.22	96.39	46.96	0.90	184.29	51.26	0.01	230.47	30.07
1874	0.40	320.06	60.07	0.17	328.91	31.90	0.21	97.20	49.06	1.27	180.48	50.31	0.07	231.90	36.48
1875	1.25	325.29	63.15	0.07	345.25	35.11	0.12	100.35	49.48	0.43	187.21	53.02	0.08	226.98	31.13
1876	1.46	328.45	62.26	0.16	332.40	31.15	0.36	96.72	48.04	1.31	188.29	50.38	0.02	232.01	32.62
1877	1.50	335.26	68.33	0.50	345.92	37.64	0.54	96.57	48.4	1.57	189.87	54.66	0.06	225.81	30.17
1878	0.43	318.10	57.77	0.02	334.98	31.80	0.38	94.71	49.81	1.30	186.23	52.36	0.10	228.87	31.93
1879	1.24	337.26	68.85	0.21	335.42	37.62	0.17	97.51	48.00	0.33	174.85	53.34	0.27	222.75	32.12
1880	0.02	342.06	65.84	-0.19	313.82	32.19	0.33	95.40	46.81	0.96	185.05	50.98	0.01	230.43	30.13
1881	2.28	341.99	70.44	0.62	335.30	35.01	0.37	98.84	46.83	0.34	182.51	54.63	0.20	224.96	31.85
1882	1.52	327.31	63.01	0.38	325.11	32.11	0.43	96.31	49.37	0.88	179.85	50.18	0.14	229.45	34.00
1883	1.45	343.35	70.15	0.36	332.10	34.36	0.21	97.07	46.57	0.06	167.33	49.82	0.09	227.79	32.38
1884	1.09	332.18	62.18	0.08	328.59	29.90	0.48	94.38	48.43	0.98	183.63	50.71	0.01	232.79	32.85
1885	0.27	327.84	64.75	0.26	331.64	34.36	0.41	89.10	48.24	0.92	183.06	53.30	0.03	229.90	31.11
1886	2.03	338.28	70.13	0.43	328.97	34.64	0.19	93.56	47.54	0.03	178.26	54.86	0.22	224.26	31.79
1887	0.09	321.94	59.73	0.02	342.84	35.12	0.22	97.99	48.78	0.99	182.75	51.20	0.03	230.05	31.73
1888	0.93	328.36	66.88	0.31	334.59	34.27	0.41	97.20	48.43	1.49	182.37	53.08	0.10	228.20	33.64

续表

年份	LIC			HNA			HMO			LAL			HNP		
	P	λ_c	φ_c	P	λ_c	φ_c	P	λ_c	φ_c	P	λ_c	φ_c	P	λ_c	φ_c
1889	1.67	328.25	65.15	0.36	327.32	34.29	0.13	91.83	47.44	0.12	165.47	53.36	0.07	226.69	30.99
1890	0.87	322.02	64.54	0.16	336.27	35.38	0.17	95.43	47.63	0.54	184.04	52.11	0.02	230.05	31.54
1891	0.54	341.25	64.48	0.06	334.74	32.81	0.26	97.37	49.48	1.21	183.81	53.99	0.14	224.89	31.05
1892	0.66	321.66	59.13	0.01	341.85	32.79	0.58	95.97	50.80	0.16	166.91	50.79	0.25	225.04	34.36
1893	3.02	338.24	68.67	0.34	328.20	33.60	0.22	97.61	47.76	0.95	178.82	53.11	0.25	226.10	32.11
1894	0.02	309.56	62.97	-0.20	312.20	30.77	0.39	96.42	49.45	0.95	175.81	49.74	-0.02	231.16	32.56
1895	0.66	337.78	69.96	0.14	344.71	36.47	0.29	99.90	48.74	0.84	187.28	51.60	0.06	229.96	31.63
1896	0.73	327.40	61.03	0.24	333.53	31.06	0.34	94.58	48.14	1.65	185.00	53.44	0.10	226.43	30.84
1897	0.94	334.70	66.00	0.48	335.28	34.79	0.45	93.64	48.24	1.22	183.92	53.15	0.10	229.21	32.28
1898	1.83	331.80	63.95	0.19	327.78	29.94	0.18	99.40	47.52	0.85	183.85	50.20	0.11	230.55	33.81
1899	0.24	328.12	60.78	0.13	329.08	32.10	0.84	89.72	49.45	1.60	188.40	51.02	0.03	233.20	34.44
1900	1.38	329.86	65.14	0.06	340.52	32.62	0.55	97.68	47.16	1.08	183.58	51.33	0.03	230.56	31.70
1901	0.54	343.93	66.32	0.02	329.03	29.87	0.51	96.36	47.49	1.57	180.04	51.44	0.08	229.34	32.42
1902	3.31	334.67	67.69	0.36	338.11	34.02	0.30	100.05	46.62	0.37	175.11	51.34	0.08	229.42	33.05
1903	1.65	330.04	62.15	0.45	326.64	31.18	0.28	94.04	47.45	0.91	181.53	52.02	0.20	228.48	32.39
1904	1.57	341.82	69.72	0.60	336.72	35.27	0.24	98.01	46.52	1.04	180.15	50.95	0.03	231.63	34.26
1905	2.14	338.41	69.13	0.29	339.01	34.81	0.30	97.91	49.05	1.49	186.26	51.12	0.02	230.37	31.09
1906	1.17	338.57	69.59	0.82	334.49	37.63	0.34	95.83	48.20	0.79	176.32	47.24	0.01	230.82	31.42
1907	1.37	331.32	66.43	0.65	332.52	34.40	0.37	96.44	47.70	2.16	185.80	51.96	0.03	230.94	30.60
1908	1.21	327.45	66.51	0.25	332.38	34.17	0.26	95.41	47.18	1.30	179.13	52.69	0.05	229.24	30.36
1909	1.95	343.67	66.08	0.42	333.40	33.26	0.44	94.35	48.23	0.49	175.19	51.63	0.14	227.18	33.17
1910	1.64	332.98	67.62	0.38	335.30	34.96	0.44	96.48	47.38	1.11	178.72	51.53	0.17	227.03	32.67
1911	1.92	327.76	58.23	0.09	330.34	28.93	0.35	96.25	46.75	1.61	186.54	51.87	0.10	229.66	32.78
1912	2.59	327.07	64.83	0.45	327.83	31.36	0.35	100.67	48.65	0.72	180.82	49.75	0.13	227.98	33.54
1913	2.42	343.58	69.08	0.26	339.17	32.53	0.11	97.95	45.43	1.64	189.98	52.11	0.03	230.39	28.33
1914	1.45	341.49	62.93	0.41	330.72	31.94	0.32	92.14	48.13	0.64	187.11	53.28	0.01	227.57	30.05
1915	1.59	335.98	65.16	0.62	328.32	33.50	0.14	95.44	47.12	0.33	169.89	50.18	0.05	228.75	31.34
1916	0.62	314.31	61.13	0.02	325.10	30.31	0.45	100.74	49.61	0.61	183.57	48.59	0.23	227.77	33.95
1917	0.90	340.74	68.67	0.12	344.75	36.15	0.57	96.05	48.01	0.68	179.97	49.85	0.16	227.23	32.24
1918	0.69	325.94	58.87	0.10	340.18	31.82	0.49	95.54	48.68	1.78	190.16	53.15	0.07	226.85	31.03
1919	1.85	334.34	66.04	0.85	330.56	33.47	0.60	98.75	49.46	0.41	181.86	48.91	0.09	230.62	37.46
1920	1.31	336.31	68.87	0.25	338.55	33.27	0.39	96.61	46.49	0.75	190.94	53.60	0.12	226.28	30.85
1921	1.70	327.16	65.93	0.39	326.83	32.66	0.27	100.50	50.04	0.33	175.29	52.14	0.26	222.72	33.25
1922	1.79	332.41	65.87	0.55	330.32	33.23	0.44	97.22	47.80	0.74	180.74	49.96	0.09	228.93	33.13

续表

年份	LIC			HNA			HMO			LAL			HNP		
	P	λ_c	φ_c	P	λ_c	φ_c	P	λ_c	φ_c	P	λ_c	φ_c	P	λ_c	φ_c
1923	1.06	325.46	65.06	0.42	329.55	33.82	0.45	95.39	48.07	1.27	185.92	52.36	0.07	230.99	33.48
1924	2.22	341.21	68.06	0.77	326.80	33.06	0.37	95.75	46.79	1.08	181.75	49.44	0.06	230.32	32.04
1925	1.93	323.83	60.17	0.10	336.09	31.10	0.53	95.36	46.48	1.90	191.03	51.84	0.03	231.79	32.95
1926	1.04	329.97	66.67	0.51	333.79	34.66	0.59	96.27	48.29	1.55	185.24	52.15	0.07	225.53	30.70
1927	2.25	322.07	65.14	0.43	330.03	32.05	0.43	98.09	47.19	1.21	178.48	52.77	0.14	227.54	35.06
1928	0.52	316.40	60.84	0.17	331.20	33.52	0.70	96.44	49.65	1.78	178.20	51.08	0.13	229.14	35.64
1929	2.53	328.14	67.69	0.52	322.22	31.87	0.59	96.63	48.11	0.46	181.20	49.50	0.01	228.32	31.53
1930	1.08	330.87	66.39	0.55	335.85	35.40	0.69	91.15	49.48	2.45	190.24	53.98	0.05	225.85	29.77
1931	1.63	340.38	71.46	0.33	344.61	40.09	0.49	99.94	46.75	0.17	184.99	54.35	0.13	222.83	30.86
1932	1.27	324.97	65.98	0.13	321.06	33.06	0.80	95.15	49.71	0.55	183.18	52.58	0.36	224.15	33.05
1933	1.56	340.81	73.43	0.64	333.20	35.53	0.30	98.99	47.54	1.44	183.92	48.73	0.06	232.02	31.96
1934	1.89	336.60	69.45	0.31	330.62	32.28	0.32	96.87	46.43	0.99	180.72	52.28	0.03	229.57	33.40
1935	0.83	335.51	58.05	0.02	327.24	28.58	0.74	95.22	50.34	1.76	182.72	49.35	-0.06	232.85	32.19
1936	2.28	337.26	69.92	0.26	325.47	33.32	0.31	96.70	48.40	0.23	167.51	51.16	0.21	218.49	33.63
1937	0.75	331.81	67.90	0.33	337.75	36.25	0.51	96.98	49.55	0.98	181.36	49.50	0.01	225.94	30.06
1938	1.11	329.68	63.57	0.30	324.36	31.24	0.38	97.35	48.78	1.50	182.67	52.27	0.33	224.03	33.05
1939	0.82	318.01	57.34	0.02	332.55	29.66	0.69	98.51	48.42	2.48	190.50	49.68	-0.06	234.05	31.06
1940	0.49	320.87	59.55	0.10	336.24	31.75	0.23	98.20	47.29	2.23	190.11	50.95	-0.07	232.29	27.98
1941	0.46	319.85	59.91	0.15	340.96	34.68	0.35	97.58	48.73	1.91	188.34	51.68	0.01	229.73	30.05
1942	2.12	338.23	67.79	0.27	333.94	32.04	0.61	95.66	47.72	0.91	181.72	50.56	0.09	230.34	32.24
1943	1.37	342.29	71.67	0.53	336.59	37.12	0.54	98.75	47.45	1.81	186.29	52.21	0.06	227.11	28.77
1944	0.46	333.99	65.67	0.50	334.97	34.17	1.13	89.32	50.94	1.50	181.76	51.73	0.19	227.72	34.76
1945	0.97	325.56	61.88	0.18	338.93	33.28	0.17	96.16	46.98	1.70	184.65	53.02	0.08	230.56	32.69
1946	0.68	321.99	58.28	0.04	328.40	29.51	0.73	94.80	52.49	0.41	177.57	48.76	0.07	229.40	34.02
1947	0.92	328.81	63.03	0.10	342.87	32.51	0.41	98.09	47.53	0.54	180.78	52.72	0.14	227.51	33.47
1948	1.80	348.73	69.94	0.36	338.93	36.24	0.12	96.73	46.24	0.37	168.11	52.41	0.36	222.12	32.34
1949	1.19	333.91	64.05	0.47	316.78	33.59	0.23	97.04	48.85	0.13	161.76	49.36	0.11	226.25	32.69
1950	0.67	341.48	62.95	0.34	331.66	33.74	0.57	90.77	48.73	0.48	181.26	52.77	0.06	227.40	30.89
1951	1.30	350.52	68.82	0.36	339.49	35.76	0.42	94.58	47.62	0.55	181.79	53.44	0.12	223.12	30.82
1952	0.57	335.29	68.58	0.16	341.24	35.44	0.70	98.05	49.01	1.63	190.54	52.60	0.18	226.71	30.83
1953	0.95	323.92	63.58	0.38	327.34	32.98	0.31	94.51	47.94	0.79	190.14	52.16	0.12	227.69	31.41
1954	0.83	348.99	66.05	-0.07	321.43	31.37	0.88	95.70	48.95	0.55	180.47	52.38	0.29	224.07	33.28
1955	0.30	322.72	58.99	0.01	335.07	30.34	0.40	95.28	50.05	0.16	171.01	51.22	0.02	229.42	31.27
1956	1.45	332.00	63.10	0.52	329.45	32.34	0.83	99.52	49.52	0.33	176.49	47.48	0.12	226.14	35.04

续表

年份	LIC			HNA			HMO			LAL			HNP		
	P	λ_c	φ_c	P	λ_c	φ_c	P	λ_c	φ_c	P	λ_c	φ_c	P	λ_c	φ_c
1957	0. 76	346. 43	66. 67	0. 04	338. 78	34. 08	0. 35	96. 38	46. 68	1. 36	195. 50	53. 51	0. 01	231. 80	30. 04
1958	0. 90	325. 14	64. 56	0. 21	328. 78	31. 46	0. 37	96. 29	46. 90	0. 66	181. 69	52. 38	0. 03	228. 33	31. 79
1959	0. 51	333. 80	58. 99	0. 04	340. 17	31. 01	0. 45	94. 42	47. 30	1. 15	183. 64	53. 05	0. 08	227. 98	30. 78
1960	1. 53	331. 36	63. 88	0. 55	334. 76	33. 18	0. 43	94. 65	46. 98	1. 75	187. 13	52. 46	0. 13	229. 92	31. 99
1961	0. 86	343. 84	69. 20	0. 43	331. 17	33. 32	0. 43	95. 91	46. 92	0. 61	176. 34	48. 08	0. 18	226. 50	32. 34
1962	0. 12	318. 75	63. 17	0. 02	314. 66	30. 23	0. 48	95. 09	46. 36	1. 61	183. 56	47. 33	0. 07	232. 30	35. 71
1963	0. 91	321. 36	63. 97	-0. 06	327. 55	31. 34	0. 70	100. 30	47. 38	1. 59	187. 59	52. 51	0. 30	226. 87	33. 32
1964	0. 32	335. 81	68. 87	0. 02	341. 02	34. 68	0. 46	95. 26	47. 99	0. 67	178. 21	50. 60	0. 06	229. 22	32. 74
1965	1. 10	332. 73	55. 90	0. 03	341. 47	30. 27	0. 29	93. 27	46. 72	0. 90	179. 17	53. 89	0. 07	223. 51	32. 40
1966	1. 08	333. 39	64. 49	0. 29	338. 63	34. 33	0. 93	92. 83	49. 14	1. 21	181. 15	52. 96	0. 14	228. 25	32. 50
1967	0. 50	351. 04	70. 15	0. 12	344. 17	34. 93	0. 76	98. 77	48. 96	0. 95	180. 97	48. 24	0. 02	231. 15	33. 23
1968	0. 06	335. 66	59. 08	-0. 24	285. 23	31. 44	0. 97	88. 11	51. 45	0. 29	170. 22	52. 92	-0. 06	229. 23	29. 79
1969	0. 54	332. 11	62. 08	0. 15	336. 66	33. 48	0. 52	95. 56	48. 18	1. 88	187. 70	51. 18	0. 01	232. 84	29. 34
1970	0. 72	330. 54	64. 45	0. 09	333. 91	32. 23	0. 46	97. 65	48. 74	0. 25	175. 23	51. 62	0. 24	225. 98	32. 30
1971	1. 11	328. 26	63. 37	0. 27	325. 47	31. 33	0. 33	95. 99	47. 71	0. 62	178. 63	51. 71	0. 14	226. 20	32. 35
1972	1. 67	336. 48	69. 08	0. 63	332. 39	33. 73	0. 25	95. 11	46. 38	0. 91	182. 98	51. 29	0. 01	230. 39	30. 38
1973	1. 54	336. 42	65. 23	0. 42	331. 11	32. 15	0. 60	94. 18	48. 57	0. 96	183. 58	52. 13	0. 11	229. 74	31. 51
1974	1. 84	340. 23	67. 59	0. 40	337. 24	33. 55	0. 61	97. 78	47. 91	1. 01	182. 54	52. 33	0. 21	226. 53	31. 72
1975	1. 55	350. 77	74. 04	0. 31	332. 56	37. 49	0. 42	97. 53	47. 41	2. 52	185. 10	50. 59	0. 21	227. 34	32. 76
1976	0. 54	325. 97	57. 94	0. 14	327. 32	28. 88	1. 21	93. 23	50. 06	1. 72	184. 60	50. 92	0. 11	229. 69	33. 87
1977	0. 68	330. 23	62. 09	0. 08	324. 33	28. 69	0. 46	95. 16	45. 74	0. 62	176. 31	53. 64	-0. 06	232. 97	30. 44
1978	0. 62	323. 30	56. 44	-0. 11	315. 16	30. 23	0. 10	94. 18	45. 46	1. 08	183. 63	49. 82	0. 12	222. 13	32. 29
1979	1. 01	324. 31	60. 75	0. 16	341. 45	33. 82	0. 49	96. 37	47. 24	1. 98	186. 19	48. 81	-0. 06	234. 74	30. 96
1980	0. 95	343. 84	69. 86	0. 76	340. 95	38. 08	0. 64	96. 47	48. 42	0. 35	181. 22	52. 12	0. 01	232. 83	32. 91
1981	0. 88	329. 67	60. 89	0. 20	327. 10	30. 72	0. 39	96. 77	46. 71	2. 56	193. 95	51. 77	0. 06	229. 41	31. 58
1982	1. 20	351. 84	70. 11	0. 72	341. 34	35. 71	0. 40	96. 97	45. 29	1. 05	181. 36	50. 48	-0. 06	227. 75	29. 41
1983	1. 13	337. 14	66. 06	0. 84	332. 46	34. 39	0. 83	93. 27	47. 81	0. 82	179. 58	51. 10	0. 12	229. 01	31. 85
1984	0. 67	323. 43	59. 36	0. 10	327. 44	29. 27	0. 55	95. 12	49. 78	2. 15	188. 76	50. 79	0. 15	226. 93	35. 22
1985	0. 48	318. 99	59. 85	0. 48	328. 75	31. 60	0. 63	96. 53	47. 64	2. 18	187. 10	52. 92	0. 01	234. 00	33. 03
1986	0. 67	323. 39	60. 35	0. 21	340. 85	31. 97	0. 36	98. 45	46. 59	1. 43	183. 53	53. 49	0. 04	230. 51	32. 03
1987	0. 86	332. 34	62. 95	0. 31	325. 41	30. 83	0. 55	94. 89	46. 97	0. 53	174. 03	52. 31	0. 13	228. 08	33. 53
1988	2. 98	348. 86	73. 15	1. 04	332. 68	35. 75	0. 30	98. 63	46. 35	0. 61	186. 79	53. 55	0. 39	226. 07	34. 61
1989	2. 93	338. 83	65. 72	0. 33	328. 86	31. 34	0. 28	100. 95	47. 90	1. 01	181. 93	49. 30	0. 17	228. 38	34. 06
1990	1. 14	324. 30	65. 25	0. 53	328. 19	33. 27	0. 38	95. 83	46. 39	1. 57	189. 77	54. 00	0. 08	230. 48	34. 78

续表

年份	LIC			HNA			HMO			LAL			HNP		
	P	λ_c	φ_c	P	λ_c	φ_c	P	λ_c	φ_c	P	λ_c	φ_c	P	λ_c	φ_c
1991	2.12	337.00	71.61	0.47	345.70	39.67	0.31	98.87	45.73	0.72	175.88	51.96	-0.04	231.70	31.68
1992	2.41	351.35	73.55	0.54	337.19	35.77	0.32	97.33	46.34	1.04	182.56	52.75	-0.04	229.16	32.58
1993	1.17	337.92	63.64	0.72	330.77	33.15	0.32	93.41	46.15	1.33	188.69	50.73	0.07	227.05	32.53
1994	2.15	344.70	66.91	0.66	337.86	33.30	0.61	96.10	47.07	1.40	179.91	50.49	-0.05	233.28	31.04
1995	0.49	326.27	64.62	0.03	324.27	30.91	0.75	94.63	46.88	1.26	185.88	50.73	0.01	230.47	30.09
1996	0.97	338.82	67.62	0.18	319.05	30.86	0.25	95.85	45.63	2.25	193.16	52.90	0.04	230.26	32.29
1997	0.97	336.42	64.48	0.08	344.81	34.21	0.31	95.53	47.13	0.94	183.00	54.18	-0.05	228.77	28.42
1998	1.45	338.48	67.07	0.65	333.64	34.80	0.39	94.86	46.19	0.92	183.04	52.25	0.28	226.96	31.23
1999	2.12	351.46	70.55	0.79	337.04	36.23	0.65	99.13	47.93	1.67	182.45	52.38	0.14	229.07	30.51
2000	0.83	331.31	61.56	0.23	326.93	30.75	0.28	95.79	48.34	0.97	186.80	54.07	0.09	226.69	30.63
2001	1.62	341.01	68.20	0.22	338.57	34.44	0.47	96.63	46.30	1.80	187.49	51.70	0.18	228.72	32.16
2002	1.28	319.03	60.99	0.29	331.09	31.10	0.37	97.93	46.74	1.94	185.55	52.63	0.01	232.49	30.78
2003	0.94	337.07	66.86	0.09	345.12	34.19	0.29	94.87	46.02	1.16	176.97	50.49	0.01	230.51	29.56
2004	1.11	349.60	72.61	0.83	340.96	40.59	0.84	95.88	50.52	1.15	183.20	53.49	0.02	237.43	44.21
2005	0.60	318.23	64.02	0.20	328.67	36.16	1.14	95.50	50.12	1.32	185.59	54.04	0.16	230.15	34.61
2006	2.56	333.71	67.07	0.92	334.46	34.20	0.34	93.42	44.76	1.07	177.21	53.26	0.51	224.93	33.86
2007	1.78	336.34	69.27	0.84	328.79	35.98	1.02	93.10	46.56	0.03	163.56	51.24	0.39	220.66	32.69
2008	1.09	322.04	64.24	0.54	317.80	31.59	0.39	90.37	47.29	2.24	190.30	49.30	0.34	220.67	35.44
2009	0.60	315.26	49.36	-0.25	304.20	25.00	0.49	93.56	50.58	0.25	175.23	51.62	-0.06	233.13	36.80

附表 C　1 月北半球 ACA 环流指数(1850～2009 年)

年份	LIC			HNA			HMO			LAL			HNP		
	P	λ_c	φ_c	P	λ_c	φ_c	P	λ_c	φ_c	P	λ_c	φ_c	P	λ_c	φ_c
1850	0.71	321.38	57.60	-0.16	323.47	30.83	0.73	98.65	51.86	2.15	182.48	50.72	-0.04	233.29	36.29
1851	2.94	329.56	62.70	0.28	332.64	31.38	0.50	103.61	49.99	0.63	185.93	49.05	0.21	230.07	33.74
1852	1.55	340.33	64.18	0.55	337.05	33.47	1.51	102.46	56.50	5.07	193.84	48.51	-0.10	236.34	32.55
1853	2.93	336.46	67.54	0.12	338.51	34.95	1.16	95.96	48.82	1.46	179.67	53.54	0.22	224.18	33.23
1854	1.57	332.28	66.18	0.26	331.04	32.06	0.72	95.10	46.34	0.22	161.56	54.95	-0.02	228.58	34.43
1855	0.46	319.67	57.38	-0.34	330.67	33.39	1.36	102.42	54.53	3.22	191.03	48.22	-0.03	233.43	31.40
1856	2.45	328.61	58.88	-0.35	332.03	29.46	1.56	103.81	54.43	1.70	191.56	46.43	0.01	236.70	34.13
1857	2.24	319.82	63.37	0.32	334.31	34.40	0.72	98.36	48.43	1.83	191.70	47.03	0.06	236.43	35.59
1858	2.51	330.33	72.73	0.35	347.03	40.44	0.36	101.66	48.04	2.12	185.40	49.69	0.10	230.89	32.33
1859	2.91	352.26	72.39	0.21	345.25	38.25	0.35	99.12	48.31	0.00	-135.00	87.86	0.08	229.04	32.70
1860	1.99	330.58	61.12	0.15	330.45	31.83	0.98	96.93	51.95	1.29	178.44	52.21	0.28	227.59	34.83

续表

年份	LIC			HNA			HMO			LAL			HNP		
	P	λ_c	φ_c	P	λ_c	φ_c	P	λ_c	φ_c	P	λ_c	φ_c	P	λ_c	φ_c
1861	1.42	316.44	59.47	-0.04	323.58	31.14	0.69	99.04	50.89	0.92	179.46	49.70	0.07	230.87	34.84
1862	1.41	327.87	61.80	-0.02	322.96	31.63	1.09	104.42	55.83	0.99	176.27	48.96	0.12	230.10	34.94
1863	2.26	356.03	68.28	0.15	336.05	35.07	0.56	96.27	45.85	0.42	188.76	52.58	0.06	229.10	31.29
1864	2.21	322.23	65.10	0.05	321.99	31.79	0.41	103.12	50.69	1.43	182.11	51.08	0.09	229.17	32.03
1865	1.75	352.85	63.93	0.02	325.69	30.20	0.60	97.08	47.07	1.33	186.64	48.03	-0.07	236.54	34.85
1866	3.72	350.73	69.24	0.09	349.28	35.08	0.67	99.52	46.59	0.84	184.79	47.13	0.11	230.76	32.60
1867	1.21	325.65	53.69	-0.34	337.06	28.91	0.81	97.10	47.51	1.10	189.17	49.27	-0.03	233.22	32.97
1868	2.68	327.20	62.40	-0.15	329.55	31.33	0.53	100.10	48.19	0.35	197.89	54.71	0.11	228.48	31.11
1869	2.39	323.73	62.94	0.09	323.66	29.83	0.53	97.88	47.59	0.94	181.00	53.13	0.08	229.31	33.39
1870	1.23	321.87	62.19	0.14	322.52	31.80	0.41	95.94	48.65	0.64	173.89	49.36	0.12	230.58	35.94
1871	0.47	328.38	68.27	0.46	332.01	38.19	0.42	95.85	48.81	2.43	188.26	50.12	-0.03	233.60	32.68
1872	2.46	333.55	60.95	0.03	337.01	31.20	0.65	94.70	49.15	1.94	187.39	49.51	0.03	233.07	34.62
1873	2.53	335.43	61.10	0.08	334.71	30.91	0.35	96.64	48.51	0.14	182.18	55.44	0.11	225.91	31.85
1874	3.90	2.43	72.99	0.20	343.79	36.74	0.51	96.77	46.37	1.11	184.90	50.15	0.07	229.63	30.69
1875	1.21	332.85	59.21	0.07	352.62	34.68	0.29	99.70	48.66	1.30	174.56	48.77	0.05	231.95	37.64
1876	2.06	324.20	67.47	0.07	352.39	38.04	0.36	98.27	47.81	0.78	174.13	52.90	0.16	225.38	33.08
1877	2.51	328.10	67.44	0.38	333.06	34.66	0.76	96.96	47.31	1.38	186.02	50.31	0.04	231.93	32.93
1878	1.06	346.44	71.54	0.48	347.49	39.26	0.69	97.44	47.47	1.86	191.00	52.36	-0.04	230.85	29.87
1879	1.22	313.79	58.37	0.08	333.21	31.78	0.63	93.08	48.05	1.55	188.65	52.11	0.09	230.63	32.90
1880	0.53	328.26	63.92	0.06	351.32	39.02	0.55	97.38	47.66	0.79	182.09	55.17	0.25	221.48	31.84
1881	0.12	351.81	64.24	-0.39	286.00	34.70	0.43	96.77	45.75	0.62	172.56	50.76	0.06	229.36	32.74
1882	2.90	340.87	70.64	0.47	343.90	36.78	0.38	100.97	46.31	0.10	164.22	51.04	0.15	226.16	33.12
1883	2.71	326.57	62.59	0.08	323.50	30.30	0.46	98.98	47.15	1.45	180.74	49.96	0.22	230.73	34.36
1884	2.33	349.55	70.30	0.46	341.51	36.62	0.31	98.09	45.73	0.39	180.48	50.69	0.22	228.71	33.40
1885	1.99	318.76	65.16	0.01	319.87	30.05	0.50	99.04	47.11	2.31	182.86	51.38	0.12	231.73	35.16
1886	0.43	356.75	63.21	0.20	331.34	34.92	0.46	90.75	47.62	0.87	184.99	50.68	-0.04	233.45	32.79
1887	3.56	332.76	72.26	0.15	330.60	35.62	0.29	102.92	50.16	0.02	209.05	56.74	0.75	220.27	33.49
1888	0.44	320.39	57.66	0.10	353.23	38.78	0.46	99.49	48.00	3.58	185.11	48.53	0.01	239.07	42.18
1889	0.92	336.38	70.83	0.14	342.16	37.65	1.60	97.17	49.62	2.02	186.43	51.75	0.14	230.01	34.47
1890	3.92	332.41	64.32	0.24	335.03	33.25	0.19	97.21	47.80	0.38	171.58	51.10	0.03	230.83	30.55
1891	0.38	326.86	60.01	0.07	344.41	35.97	0.74	92.93	49.02	0.98	183.56	51.93	0.11	231.69	35.64
1892	0.62	351.87	65.73	0.13	331.48	32.74	0.55	98.07	49.09	2.44	181.05	53.40	0.28	225.76	34.52
1893	0.06	312.04	58.28	-0.29	324.91	35.32	1.30	93.29	53.37	0.43	172.91	47.47	0.06	230.28	35.19
1894	1.98	336.61	64.29	0.03	329.98	32.39	0.45	95.51	46.55	0.42	171.04	50.71	0.13	228.87	32.34

续表

年份	LIC			HNA			HMO			LAL			HNP		
	P	λ_c	φ_c	P	λ_c	φ_c	P	λ_c	φ_c	P	λ_c	φ_c	P	λ_c	φ_c
1895	0.00	304.35	67.36	-0.23	321.01	33.57	1.08	92.79	51.53	0.63	170.24	49.14	0.02	227.20	32.97
1896	0.56	23.58	75.52	0.15	351.34	42.48	0.25	99.99	47.85	2.42	183.18	47.13	-0.07	234.49	29.66
1897	0.14	323.76	59.06	0.04	326.75	30.68	0.52	89.00	49.19	1.96	182.66	51.49	0.07	232.75	38.95
1898	2.91	343.42	71.01	0.25	345.84	38.32	0.39	99.00	45.15	0.12	204.80	57.99	0.46	223.11	33.26
1899	1.61	331.81	61.57	0.07	332.16	31.18	0.42	97.34	45.31	0.19	176.83	51.97	0.14	228.76	33.16
1900	1.54	322.40	66.39	0.29	338.34	36.40	1.57	91.44	50.93	1.15	193.24	51.27	0.03	234.02	34.93
1901	2.09	324.57	65.58	-0.14	326.50	31.99	0.42	99.84	46.77	0.16	182.43	51.98	0.04	229.67	33.16
1902	1.42	6.52	71.10	0.17	350.66	40.16	0.48	99.64	48.10	2.56	178.16	49.93	0.32	229.52	34.79
1903	2.97	325.40	62.27	-0.03	326.32	31.26	0.48	99.28	46.98	0.14	166.69	52.02	0.18	226.34	33.47
1904	2.20	335.98	65.69	0.31	334.57	32.71	0.67	98.18	47.90	0.80	177.69	49.81	0.50	227.02	33.92
1905	2.29	344.04	73.37	0.31	341.57	37.56	0.06	97.64	45.50	1.03	169.69	51.25	0.05	236.52	43.85
1906	2.54	339.25	68.03	0.13	347.51	36.49	0.76	98.31	49.53	0.83	181.59	49.99	0.03	231.09	32.30
1907	0.62	325.62	65.98	0.74	341.70	40.11	0.48	99.03	49.35	0.34	164.13	46.91	0.03	229.14	35.71
1908	2.61	327.86	70.05	0.25	328.35	34.78	0.49	100.77	47.19	3.78	189.52	47.80	0.02	233.50	33.17
1909	1.53	342.95	69.09	0.10	346.39	39.51	0.47	96.58	47.85	0.49	172.64	50.08	-0.06	232.52	29.80
1910	2.43	347.35	70.11	0.46	334.69	35.80	0.39	97.91	46.97	0.15	178.10	58.24	0.91	211.02	34.51
1911	1.92	331.45	71.12	0.48	339.18	39.17	0.33	98.85	48.39	0.40	174.08	46.35	0.08	229.27	33.71
1912	1.51	321.57	58.62	0.03	331.24	30.16	0.84	97.31	45.84	2.03	184.92	49.56	0.06	233.06	35.03
1913	2.37	328.64	62.69	0.21	316.16	29.99	0.19	99.61	47.05	0.77	171.56	48.98	0.11	227.31	34.71
1914	2.85	347.14	70.03	0.02	345.61	33.38	0.16	96.85	42.47	1.27	196.62	54.52	0.06	228.41	27.79
1915	1.20	350.39	64.50	0.10	337.04	34.24	0.94	101.01	54.39	1.85	191.94	52.18	0.01	230.45	29.23
1916	3.08	341.67	68.09	0.60	338.28	37.10	0.41	98.56	46.77	0.34	160.75	49.51	0.07	231.45	36.98
1917	0.57	313.45	61.86	-0.15	315.48	30.12	0.88	100.24	47.75	0.32	173.47	47.03	0.42	226.48	36.64
1918	1.95	339.48	62.96	-0.34	336.28	33.53	0.92	99.04	46.70	1.46	178.21	50.03	0.27	226.21	33.46
1919	1.35	325.28	61.82	0.05	337.99	32.61	1.46	94.02	50.80	1.80	192.88	52.46	0.04	234.25	35.02
1920	3.14	334.38	67.60	0.71	332.97	33.34	0.58	99.44	48.52	0.14	175.47	45.46	0.10	233.52	39.06
1921	3.76	358.86	71.61	0.43	341.54	34.55	0.62	97.94	44.33	0.31	172.56	52.93	0.39	221.33	32.28
1922	1.47	322.67	65.91	-0.02	319.17	33.02	1.20	100.96	53.60	1.53	177.45	52.20	0.44	222.82	34.41
1923	1.71	356.69	72.09	0.61	342.15	38.14	1.10	96.55	47.94	0.61	187.07	52.95	0.14	224.66	30.80
1924	2.43	323.90	63.30	0.24	318.36	31.46	0.48	95.42	46.12	1.70	184.56	50.41	0.07	236.26	39.26
1925	3.41	344.51	70.35	0.42	341.19	35.25	0.29	99.73	46.59	0.78	175.54	48.13	0.18	226.99	33.07
1926	2.57	322.84	62.21	0.11	331.96	31.50	0.65	97.63	46.20	2.77	188.92	51.89	0.07	233.80	36.79
1927	2.02	336.93	67.99	0.61	332.05	34.70	0.70	92.82	46.87	1.42	173.98	51.77	0.10	224.36	32.36
1928	5.06	325.00	68.56	0.63	335.28	33.81	0.76	98.07	46.55	1.66	183.40	53.50	0.19	230.29	35.88

续表

年份	LIC			HNA			HMO			LAL			HNP		
	P	λ_c	φ_c	P	λ_c	φ_c	P	λ_c	φ_c	P	λ_c	φ_c	P	λ_c	φ_c
1929	0.46	311.40	56.11	0.01	356.79	36.98	1.30	97.01	50.03	1.98	176.75	48.43	0.12	229.13	38.04
1930	3.52	339.93	67.87	0.52	318.03	31.01	1.02	95.81	46.39	1.11	171.78	49.44	0.03	238.57	49.15
1931	0.94	333.13	67.16	0.14	340.70	36.46	0.84	95.50	48.16	3.65	189.03	52.54	0.03	231.82	31.79
1932	4.02	350.17	73.13	0.36	347.18	36.08	0.64	98.88	45.05	0.34	177.18	51.42	0.65	222.34	33.63
1933	3.11	324.24	71.06	0.05	327.07	33.10	1.84	93.13	51.78	0.55	193.88	55.27	0.38	217.46	31.86
1934	2.95	339.48	72.18	0.39	343.06	35.40	1.03	98.06	48.36	2.49	185.11	49.16	0.33	228.90	33.43
1935	0.81	358.75	77.23	0.35	347.29	42.82	0.74	96.08	46.64	1.06	170.44	50.52	-0.07	234.99	35.52
1936	1.74	341.68	58.32	-0.18	319.93	29.20	0.96	97.33	49.11	2.31	182.30	48.95	0.01	228.86	30.53
1937	3.49	326.44	69.82	0.18	308.43	32.25	0.67	95.67	49.72	0.63	165.63	51.32	0.72	216.49	39.46
1938	2.59	339.61	69.58	0.34	340.71	34.91	1.43	96.30	49.95	1.33	187.22	50.70	0.06	227.25	32.01
1939	0.70	331.43	60.11	-0.07	318.96	29.81	0.67	99.58	47.35	1.56	188.26	52.44	0.28	223.62	31.96
1940	0.59	319.52	56.27	-0.27	326.01	28.93	1.46	100.73	53.84	3.44	185.99	46.74	-0.09	238.58	41.50
1941	0.10	320.71	58.12	-0.21	318.58	29.82	0.29	98.15	45.47	2.60	190.26	49.55	-0.07	233.04	29.40
1942	1.40	320.34	62.45	0.19	332.67	32.40	0.42	98.96	47.58	2.76	187.49	50.91	0.03	237.87	42.34
1943	1.63	327.36	59.82	-0.13	325.19	30.19	0.91	99.26	49.51	1.57	180.07	49.40	0.16	231.34	35.28
1944	2.54	355.72	70.86	0.29	348.16	37.49	1.07	101.15	47.94	3.35	188.34	52.03	0.05	230.13	31.06
1945	0.02	18.83	70.84	0.11	342.85	36.09	1.05	93.19	50.15	2.59	185.50	51.12	0.20	230.26	35.03
1946	2.05	324.50	63.40	0.21	330.64	32.35	0.24	95.58	45.16	2.04	181.65	53.23	0.32	228.81	33.54
1947	2.29	318.84	62.56	0.04	318.35	30.05	0.58	103.74	51.97	0.09	178.27	48.64	0.15	230.14	35.71
1948	2.57	342.07	63.48	0.06	336.99	31.71	0.33	97.81	45.90	1.08	186.10	53.28	0.18	230.30	37.03
1949	2.11	5.56	73.40	0.27	346.05	40.16	0.52	96.24	45.10	0.75	166.94	53.01	0.65	224.81	35.96
1950	0.84	324.50	62.26	0.34	301.40	32.38	0.06	107.17	50.66	0.12	162.08	47.11	0.09	228.07	33.25
1951	1.43	333.88	63.23	0.18	333.93	33.93	0.75	97.35	48.51	1.02	178.73	49.77	0.18	226.56	31.13
1952	1.75	346.33	67.43	0.57	334.31	35.94	0.44	93.80	45.49	0.65	190.99	54.30	0.05	223.06	28.40
1953	1.08	349.80	71.85	0.01	307.69	29.89	0.89	100.67	49.83	2.05	188.72	49.09	0.10	231.38	31.31
1954	0.57	319.46	61.37	0.29	333.54	34.83	0.27	96.45	48.48	0.25	189.27	51.53	0.03	228.66	29.44
1955	1.90	343.99	65.68	-0.34	340.84	29.62	1.50	97.04	45.51	1.77	185.13	53.30	0.42	221.95	31.60
1956	0.46	358.53	67.57	-0.28	337.06	34.86	0.85	94.45	48.70	0.31	174.76	50.89	-0.06	231.47	29.99
1957	2.70	331.31	69.80	0.35	334.65	33.65	0.45	99.42	46.35	0.65	168.36	50.27	0.32	223.66	36.76
1958	0.87	342.85	65.77	-0.22	341.42	34.34	1.17	96.71	47.95	2.73	192.47	52.50	0.02	230.74	31.19
1959	0.64	324.83	63.04	-0.14	323.54	31.32	0.98	94.23	46.37	0.73	182.75	52.37	0.02	230.42	32.24
1960	0.49	321.15	54.37	-0.14	330.37	31.23	0.83	100.95	50.61	1.74	179.11	51.53	0.05	229.62	33.66
1961	1.31	324.51	60.65	0.31	335.91	32.74	0.87	94.32	45.80	3.02	188.16	51.31	0.03	237.92	40.79
1962	2.80	338.38	68.50	0.56	326.39	33.60	0.73	96.71	45.85	0.45	170.84	46.48	0.48	229.50	36.74

续表

年份	LIC			HNA			HMO			LAL			HNP		
	P	λ_c	φ_c	P	λ_c	φ_c	P	λ_c	φ_c	P	λ_c	φ_c	P	λ_c	φ_c
1963	0.00	280.00	65.00	-0.22	306.59	31.27	1.14	96.62	47.92	2.97	178.23	45.47	0.36	229.43	41.53
1964	1.56	337.09	71.18	0.12	356.50	43.36	0.61	102.09	46.29	2.06	189.49	53.43	0.43	224.91	31.93
1965	1.39	331.80	63.82	0.03	334.91	32.15	0.61	94.99	47.10	1.32	185.98	49.78	0.06	230.24	34.47
1966	0.82	330.17	50.69	-0.35	328.72	31.50	0.63	94.55	46.61	2.56	181.61	51.49	0.09	225.44	31.84
1967	0.47	323.27	60.83	0.06	349.45	34.47	1.14	95.89	45.93	1.25	178.73	52.81	0.12	229.65	32.54
1968	0.75	338.19	65.88	0.28	346.04	38.24	0.54	99.57	49.25	0.72	164.91	46.79	0.05	230.79	33.78
1969	0.19	342.60	58.00	-0.37	306.87	36.23	1.40	87.22	52.00	0.64	164.85	52.26	-0.08	227.86	35.72
1970	2.08	339.06	64.81	-0.32	324.21	27.62	0.73	100.89	47.97	0.96	184.40	47.95	0.03	234.75	29.44
1971	1.92	323.13	63.96	-0.13	326.76	29.95	0.78	95.21	45.76	0.11	189.37	43.05	0.27	228.69	34.58
1972	1.97	322.98	66.53	0.10	319.94	30.94	0.62	97.49	48.15	0.32	176.15	50.79	0.21	226.69	33.86
1973	3.48	330.83	64.22	0.20	341.92	33.97	0.42	98.82	45.94	0.76	183.14	52.28	0.05	230.04	29.21
1974	2.67	345.70	67.59	0.32	331.33	31.59	0.90	100.42	53.06	1.29	175.46	44.54	0.03	230.96	32.95
1975	1.07	349.65	69.04	0.20	343.23	34.37	0.54	97.90	45.71	0.60	175.92	50.74	0.38	225.64	33.73
1976	0.43	320.94	57.06	0.26	337.39	38.15	0.61	98.55	46.73	2.28	179.84	51.45	0.28	229.02	34.63
1977	1.24	340.05	66.96	-0.20	330.58	29.06	2.27	94.02	52.40	3.47	183.50	48.58	0.08	232.25	37.79
1978	0.04	353.62	66.75	0.55	331.04	34.77	0.60	94.78	44.20	2.72	183.89	50.74	-0.08	236.01	35.54
1979	0.45	321.21	57.61	-0.32	304.79	31.58	0.61	91.97	46.60	1.62	177.87	52.35	0.01	234.51	43.35
1980	1.63	349.91	73.14	-0.26	330.59	32.18	0.81	95.99	48.02	1.01	177.47	44.89	-0.09	235.53	34.47
1981	0.67	328.64	62.04	0.81	343.65	40.04	1.38	97.61	48.21	4.11	186.66	50.42	-0.06	235.35	35.41
1982	2.67	357.51	69.70	0.01	349.29	34.07	0.54	99.07	47.04	0.68	180.61	50.01	0.15	226.81	33.86
1983	1.76	343.60	65.86	0.97	343.57	37.21	0.76	98.17	45.04	2.77	193.24	50.56	-0.09	232.93	29.85
1984	1.03	314.63	54.60	1.09	332.52	34.49	1.17	95.85	48.27	1.39	183.38	48.58	0.34	229.65	35.86
1985	1.49	330.87	64.88	-0.24	326.35	28.46	0.92	99.45	47.93	3.05	184.01	49.78	0.16	233.98	40.12
1986	0.54	317.41	59.16	1.15	330.87	34.44	0.71	95.53	46.20	2.87	194.07	51.83	0.01	236.17	34.82
1987	1.75	339.78	63.12	-0.24	329.97	30.95	0.71	98.70	45.95	2.57	188.70	53.31	0.10	230.59	31.48
1988	3.20	344.47	72.46	0.37	329.22	31.69	0.44	94.97	46.07	1.80	180.13	53.93	0.10	231.30	31.90
1989	2.75	334.03	65.66	0.79	339.39	36.57	0.36	100.20	45.87	0.64	183.63	54.36	0.59	224.10	33.60
1990	1.69	329.72	64.96	0.59	332.00	33.11	0.69	100.40	48.22	1.69	183.92	54.23	0.21	224.44	33.52
1991	2.35	342.34	73.73	0.28	333.75	33.68	0.64	101.04	48.20	1.25	182.72	47.33	0.09	232.53	36.67
1992	5.30	348.07	73.51	0.20	356.01	45.44	0.70	99.11	44.00	3.53	190.32	52.06	0.01	233.22	34.50
1993	1.57	344.78	65.07	0.46	340.85	34.62	0.79	99.24	45.57	0.35	177.78	51.14	0.01	238.52	50.00
1994	1.46	340.56	64.52	0.69	330.55	34.08	0.41	93.68	44.86	1.03	182.65	51.66	0.14	231.69	35.55
1995	1.00	327.46	62.40	0.48	340.71	33.73	1.05	93.88	45.82	2.48	193.18	49.54	-0.10	235.32	28.90
1996	1.36	341.79	72.69	-0.20	310.19	30.96	0.97	91.36	47.25	0.96	171.06	48.57	0.06	229.78	31.01

续表

年份	LIC			HNA			HMO			LAL			HNP		
	P	λ_c	φ_c	P	λ_c	φ_c	P	λ_c	φ_c	P	λ_c	φ_c	P	λ_c	φ_c
1997	0.47	338.52	63.19	-0.25	311.70	30.82	0.40	101.51	47.23	2.28	185.22	47.71	-0.03	235.23	33.04
1998	1.44	337.63	64.34	0.02	335.89	32.18	1.01	95.35	48.14	2.90	192.23	49.29	-0.10	233.32	26.83
1999	1.47	354.34	72.25	0.28	326.52	32.65	0.51	96.06	46.86	1.34	175.57	50.61	0.16	228.47	32.16
2000	1.07	329.01	62.24	0.29	342.62	40.67	1.30	102.85	50.55	0.28	187.99	54.48	0.14	230.67	30.62
2001	3.31	338.02	68.01	0.10	334.51	31.19	0.61	98.56	49.13	2.78	188.09	52.28	0.18	228.52	31.40
2002	2.14	337.24	68.89	0.18	339.46	34.27	0.31	97.69	44.48	1.29	183.48	53.38	0.24	228.63	32.92
2003	1.94	329.42	61.26	0.37	335.87	33.37	0.74	98.15	44.68	2.87	192.06	49.04	0.06	236.68	38.47
2004	2.14	348.63	70.59	0.04	342.61	33.42	0.51	96.90	47.88	1.24	185.55	48.83	0.04	232.42	33.55
2005	1.84	323.25	69.88	0.86	344.73	39.68	0.81	94.34	49.07	2.00	178.71	47.26	0.03	237.27	45.07
2006	4.15	357.69	71.24	0.26	327.77	36.46	1.05	95.09	52.51	1.53	190.36	53.95	0.46	219.73	31.37
2007	1.88	339.60	67.26	0.75	342.33	37.59	1.41	94.74	44.57	1.05	181.85	53.53	0.99	224.89	37.50
2008	3.25	326.69	65.55	0.56	335.49	35.22	2.11	92.54	48.76	1.04	169.83	53.24	0.23	211.76	32.80
2009	0.61	312.96	56.28	0.49	322.67	30.22	0.99	95.09	46.15	0.70	183.39	48.63	0.75	226.35	38.78

附表 D　冬季北半球 ACA 遥联指数(1850～2009 年)

年份	NAO′	AEU′	NP′	年份	NAO′	AEU′	NP′	年份	NAO′	AEU′	NP′	年份	NAO′	AEU′	NP′
1850	1.40	2.05	-3.86	1868	0.98	1.13	0.26	1886	1.65	2.36	-2.95	1904	1.66	1.46	0.57
1851	0.70	-0.53	2.54	1869	-2.35	-1.66	0.71	1887	-2.78	-0.59	0.48	1905	1.26	1.99	1.42
1852	-0.66	-1.42	1.99	1870	-2.22	-0.53	2.15	1888	-0.42	-0.29	0.65	1906	1.94	0.40	0.34
1853	0.53	-0.19	0.86	1871	0.00	0.77	0.84	1889	0.85	2.13	-1.35	1907	1.56	0.54	2.44
1854	-2.54	-1.66	0.99	1872	-0.20	0.73	-0.93	1890	-1.10	0.78	-0.17	1908	-0.25	0.84	0.81
1855	-2.03	-1.74	1.44	1873	1.60	2.73	0.53	1891	-1.97	-0.13	-0.21	1909	1.50	1.05	-1.41
1856	2.30	1.45	-0.24	1874	-1.74	-0.10	0.57	1892	-1.99	-1.50	-3.02	1910	0.89	0.60	-0.66
1857	0.10	1.17	0.47	1875	-0.90	1.57	-0.93	1893	2.73	3.65	-1.70	1911	0.15	1.43	0.85
1858	2.66	2.44	-2.02	1876	-0.24	0.72	1.12	1894	-3.74	-1.51	0.92	1912	2.54	2.41	-0.93
1859	0.35	0.95	-2.16	1877	1.16	-0.09	1.17	1895	-1.48	-0.10	-0.05	1913	1.54	3.31	1.57
1860	-1.22	-0.11	-0.21	1878	-2.29	-0.87	0.33	1896	-0.98	-0.24	0.91	1914	0.73	0.90	0.09
1861	-1.25	-0.54	-0.07	1879	-0.36	1.31	-2.93	1897	0.27	-0.47	0.20	1915	1.76	1.96	-0.81
1862	3.63	2.26	-1.26	1880	-3.72	-1.22	0.63	1898	0.41	2.12	-0.52	1916	-2.01	-0.93	-2.08
1863	-0.39	0.01	0.55	1881	2.76	1.86	-2.24	1899	-2.13	-3.35	1.50	1917	-1.21	-1.10	-1.29
1864	-1.76	-0.42	1.47	1882	0.71	0.47	-0.76	1900	-0.75	-0.31	0.64	1918	-1.60	-1.02	1.42
1865	1.89	1.94	-1.24	1883	0.53	1.43	-1.65	1901	-2.13	-1.33	0.97	1919	3.05	0.13	-1.06
1866	-0.33	-0.29	0.35	1884	-1.09	-0.39	0.66	1902	3.23	3.69	-1.03	1920	-0.10	0.36	-0.78
1867	1.35	1.76	-0.61	1885	-1.57	-1.24	0.37	1903	1.18	1.38	-1.29	1921	1.01	1.50	-2.83

续表

年份	NAO′	AEU′	NP′	年份	NAO′	AEU′	NP′	年份	NAO′	AEU′	NP′	年份	NAO′	AEU′	NP′
1922	1.78	0.81	-0.51	1944	-0.35	-4.42	-0.20	1966	-0.28	-2.57	-0.21	1988	5.44	3.21	-3.75
1923	0.21	-0.29	0.57	1945	-0.87	0.92	1.19	1967	-1.79	-2.59	0.51	1989	2.56	3.23	-1.50
1924	3.27	1.77	0.35	1946	-1.85	-2.19	-0.87	1968	-3.86	-4.24	0.22	1990	0.76	0.16	0.04
1925	0.20	0.59	2.01	1947	-1.26	-0.30	-1.33	1969	-1.62	-1.38	2.16	1991	1.94	1.92	2.16
1926	0.53	-0.99	1.04	1948	1.04	2.36	-3.73	1970	-1.59	-0.83	-2.71	1992	2.64	2.29	0.74
1927	1.97	1.53	-0.21	1949	0.59	0.95	-1.72	1971	-0.32	0.36	-1.81	1993	1.55	0.49	0.18
1928	-1.57	-2.27	0.84	1950	-0.68	-1.43	-0.66	1972	1.92	1.55	0.06	1994	2.73	0.52	1.80
1929	2.73	1.17	-0.21	1951	0.32	0.20	-1.12	1973	0.90	-0.32	-0.42	1995	-2.16	-2.56	1.36
1930	0.75	-1.41	2.73	1952	-1.53	-2.20	0.11	1974	1.26	0.07	-1.30	1996	-0.87	0.54	0.84
1931	0.68	0.34	-1.85	1953	-0.11	0.22	-0.72	1975	0.48	0.56	-1.22	1997	-1.27	0.25	3.34
1932	-0.64	-1.67	-3.43	1954	-2.06	-2.69	-2.75	1976	-1.65	-4.69	2.27	1998	1.68	0.56	-2.01
1933	1.80	1.15	0.95	1955	-2.52	-1.15	-0.81	1977	-1.69	-0.89	2.61	1999	3.20	0.29	-0.69
1934	0.97	1.54	0.48	1956	1.17	-1.55	-1.48	1978	-2.52	0.75	-1.00	2000	-0.88	0.19	1.04
1935	-1.71	-2.02	2.68	1957	-1.73	-0.25	1.30	1979	-0.89	-0.56	1.49	2001	0.23	0.42	-0.99
1936	1.34	2.15	-2.52	1958	-0.86	-0.14	-0.07	1980	1.39	-1.36	2.33	2002	0.01	0.41	2.03
1937	-0.60	-1.03	0.66	1959	-2.09	-1.09	0.27	1981	-0.93	-0.26	-0.87	2003	-1.27	0.30	2.26
1938	-0.20	0.12	-1.55	1960	1.40	0.49	0.79	1982	1.59	0.15	3.97	2004	1.90	-2.09	0.87
1939	-1.72	-1.79	3.88	1961	-0.05	-0.49	-1.59	1983	1.97	-2.01	-0.28	2005	-1.33	-4.27	-0.50
1940	-1.89	-0.06	3.57	1962	-2.74	-1.80	1.14	1984	-1.62	-1.34	-0.95	2006	4.35	2.41	-3.59
1941	-1.73	-0.68	2.21	1963	-1.92	-1.71	-1.11	1985	-0.40	-2.00	2.62	2007	2.91	-1.98	-2.85
1942	1.15	0.48	-0.23	1964	-2.45	-1.41	-0.34	1986	-1.19	-0.42	2.38	2008	0.72	0.04	-4.10
1943	1.09	-0.27	1.57	1965	-1.28	0.53	-0.05	1987	-0.52	-1.06	0.26	2009	-3.10	-1.15	3.43

附表 E　1 月北半球 ACA 遥联指数(1850～2009 年)

年份	NAO′	AEU′	NP′	年份	NAO′	AEU′	NP′	年份	NAO′	AEU′	NP′	年份	NAO′	AEU′	NP′
1850	1.41	-1.67	1.13	1860	-1.06	0.24	0.13	1870	-0.31	0.43	-1.87	1880	-3.40	0.78	0.37
1851	1.00	2.23	-4.77	1861	-0.99	1.28	0.32	1871	0.15	-0.84	-1.07	1881	2.00	-1.95	1.34
1852	0.88	0.04	0.37	1862	0.35	-0.88	0.57	1872	0.38	-1.68	1.10	1882	0.55	-1.56	0.38
1853	0.07	0.17	0.37	1863	-0.02	-1.22	-0.26	1873	2.05	-2.54	-0.05	1883	1.43	-1.59	1.42
1854	-2.94	2.86	-2.64	1864	-0.55	-0.30	-0.96	1874	-0.89	-0.60	-0.34	1884	-0.35	-0.79	-0.97
1855	-1.11	1.52	-0.93	1865	1.52	-1.96	0.41	1875	-0.09	-1.21	0.73	1885	-1.19	0.57	-0.39
1856	0.89	-0.45	-0.81	1866	-2.22	0.74	-0.58	1876	1.34	-0.60	-0.47	1886	1.57	-2.79	4.49
1857	1.24	-1.63	-0.88	1867	-0.22	-1.35	0.89	1877	0.31	0.57	-1.35	1887	-1.51	0.56	-2.77
1858	1.16	-2.03	1.08	1868	0.28	-1.08	0.16	1878	-0.85	0.27	-0.38	1888	-0.93	3.05	-0.58
1859	0.10	0.45	0.85	1869	-0.64	-0.31	0.66	1879	-1.56	0.71	1.18	1889	2.20	-3.39	0.45

续表

年份	NAO′	AEU′	NP′	年份	NAO′	AEU′	NP′	年份	NAO′	AEU′	NP′	年份	NAO′	AEU′	NP′
1890	-0. 75	-1. 09	0. 72	1920	-0. 75	-1. 09	0. 72	1950	-0. 32	0. 38	0. 60	1980	1. 92	1. 82	-3. 64
1891	-0. 37	-0. 30	-0. 19	1921	-0. 37	-0. 30	-0. 19	1951	1. 25	-0. 72	0. 29	1981	-1. 59	0. 55	0. 78
1892	0. 44	-1. 75	1. 45	1922	0. 44	-1. 75	1. 45	1952	-1. 21	1. 07	-0. 81	1982	3. 41	-0. 75	-2. 49
1893	0. 82	-0. 54	2. 45	1923	0. 82	-0. 54	2. 45	1953	-0. 77	-0. 05	0. 58	1983	2. 95	1. 16	1. 06
1894	0. 90	-2. 20	-0. 08	1924	0. 90	-2. 20	-0. 08	1954	-1. 57	1. 88	1. 10	1984	-2. 08	1. 20	-1. 48
1895	0. 55	-0. 63	0. 02	1925	0. 55	-0. 63	0. 02	1955	-2. 73	1. 55	0. 06	1985	2. 90	0. 22	-2. 07
1896	0. 75	0. 44	0. 49	1926	0. 75	0. 44	0. 49	1956	1. 42	-1. 58	1. 67	1986	-2. 52	1. 11	-1. 32
1897	1. 01	-1. 39	-2. 91	1927	1. 01	-1. 39	-2. 91	1957	-2. 15	1. 99	-1. 89	1987	0. 60	-0. 72	-0. 57
1898	-0. 49	-0. 43	-0. 11	1928	-0. 49	-0. 43	-0. 11	1958	-2. 09	1. 71	0. 06	1988	3. 32	-2. 28	3. 07
1899	1. 52	-1. 48	5. 18	1929	1. 52	-1. 48	5. 18	1959	-2. 23	1. 47	-0. 77	1989	2. 25	-1. 01	0. 10
1900	1. 11	-1. 16	0. 69	1930	-0. 91	1. 07	-2. 73	1960	-0. 01	0. 80	-2. 12	1990	0. 25	-0. 14	-0. 09
1901	-0. 74	0. 54	-1. 00	1931	2. 68	-2. 32	3. 67	1961	2. 20	-0. 95	2. 69	1991	0. 60	-0. 61	-2. 72
1902	0. 65	-1. 94	0. 48	1932	0. 82	1. 63	2. 08	1962	-2. 96	2. 73	-0. 38	1992	4. 21	-3. 13	0. 38
1903	0. 48	-2. 47	-0. 26	1933	1. 78	-0. 32	-0. 07	1963	-0. 40	-0. 10	0. 86	1993	1. 47	-0. 63	0. 38
1904	-0. 80	1. 09	-1. 08	1934	-0. 35	0. 94	-0. 70	1964	-0. 85	0. 06	-0. 31	1994	0. 68	1. 13	-2. 24
1905	2. 59	-2. 04	0. 70	1935	-1. 21	0. 64	-1. 53	1965	-2. 62	0. 64	-1. 36	1995	-1. 95	1. 35	0. 04
1906	-2. 19	1. 52	2. 51	1936	1. 60	-1. 75	3. 74	1966	-1. 61	2. 29	0. 07	1996	-1. 79	-0. 45	-1. 70
1907	-1. 54	0. 34	0. 63	1937	1. 28	1. 05	-0. 32	1967	-0. 63	0. 48	0. 22	1997	-1. 74	1. 95	-2. 69
1908	-0. 82	2. 29	-0. 88	1938	-1. 81	0. 86	0. 58	1968	-3. 27	3. 22	-0. 39	1998	0. 01	-0. 25	0. 18
1909	3. 00	-1. 65	1. 05	1939	-2. 57	3. 00	-3. 15	1969	-1. 29	-0. 33	-0. 11	1999	0. 07	1. 76	1. 11
1910	2. 67	-2. 13	2. 36	1940	-2. 84	0. 44	-2. 20	1970	-0. 73	-0. 15	1. 94	2000	-0. 92	0. 36	-1. 12
1911	-0. 93	1. 51	1. 43	1941	-0. 32	-0. 44	-1. 86	1971	-0. 13	-0. 41	1. 43	2001	1. 43	-2. 51	0. 64
1912	1. 34	1. 02	0. 79	1942	-1. 14	0. 61	-0. 04	1972	0. 25	-0. 97	0. 19	2002	0. 96	-0. 31	-1. 82
1913	0. 81	-1. 25	-0. 63	1943	1. 07	0. 17	-2. 34	1973	2. 05	-1. 15	-0. 43	2003	-0. 30	-0. 71	-0. 33
1914	2. 31	-2. 65	0. 83	1944	-1. 87	2. 47	-0. 83	1974	0. 90	-1. 32	2. 03	2004	2. 56	-0. 13	-1. 12
1915	0. 51	-0. 94	-1. 67	1945	0. 35	-1. 51	0. 32	1975	-0. 40	0. 36	-0. 12	2005	0. 32	0. 77	1. 53
1916	1. 63	-0. 30	-0. 20	1946	0. 02	-0. 86	1. 35	1976	-2. 48	5. 24	-2. 30	2006	4. 08	-0. 46	4. 71
1917	4. 54	-2. 98	0. 03	1947	0. 35	-1. 77	0. 54	1977	0. 71	0. 17	-2. 41	2007	1. 34	3. 47	0. 83
1918	-1. 78	2. 71	-0. 64	1948	0. 61	-0. 85	3. 27	1978	-3. 25	1. 32	-0. 86	2008	2. 39	-0. 70	3. 83
1919	2. 74	-0. 87	-0. 26	1949	-0. 35	-0. 85	1. 01	1979	-2. 69	1. 45	-0. 78	2009	-2. 72	1. 85	-3. 59